真地表地震成像技术

赵邦六　胡　英　梁　奇　等著

石油工业出版社

内容提要

本书介绍了地震成像技术发展历程、真地表地震技术的内涵和实现方案，以及真地表成像的技术思路和关键技术、应用效果等。通过在塔里木盆地、准噶尔盆地等地区的成像处理实践，提出技术应用对策，介绍技术应用效果，说明复杂地区应用真地表地震成像技术的优势。

本书可供从事石油地质、地球物理勘探专业的研究人员及高等院校相关专业师生参考。

图书在版编目（CIP）数据

真地表地震成像技术 / 赵邦六等著 . — 北京：石油工业出版社，2023.5

ISBN 978-7-5183-6011-6

Ⅰ. ①真… Ⅱ. ①赵… Ⅲ. ①地震层析成像 - 研究 Ⅳ. ① P631.4

中国国家版本馆 CIP 数据核字（2023）第 086037 号

出版发行：石油工业出版社

（北京安定门外安华里 2 区 1 号　100011）

网　址：www.petropub.com

编辑部：（010）64523746

图书营销中心：（010）64523633

经　　销：全国新华书店

印　　刷：北京中石油彩色印刷有限责任公司

2023 年 5 月第 1 版　2023 年 5 月第 1 次印刷

787×1092 毫米　开本：1/16　印张：18.5

字数：450 千字

定价：160.00 元

（如出现印装质量问题，我社图书营销中心负责调换）

《真地表地震成像技术》撰写组

赵邦六　胡　英　梁　奇　王春明　张　才
周　辉　崔　栋　李国发　李文科　侯思安
首　皓　曹　宏　韩永科　曾庆才　曾　忠
董世泰　李　萌　阎艺璇

前　言

油气地震勘探的最终目标是寻找埋藏于地下的油气藏，因此油气藏的定位、识别、描述与评价是油气地震勘探的核心任务。基于叠前地震数据和其他相关先验信息的地震波成像技术是为油气藏定位提供地下三维空间信息的最关键方法。地震成像方法涉及数学、物理领域的理论和算法，成像技术发展与计算机领域的高性能运算、海量数据存储、大数据管理和三维可视化技术水平紧密相连，且与地质认识密不可分，可以说地震成像的精度直接决定了地震勘探的成败。因此，地震波成像技术一直是油气勘探领域的重点和热点研究方向。

随着全球范围内油气勘探不断向深层、深水和复杂地表等新领域拓展，我国中西部含油气盆地中的复杂地表、复杂构造探区（简称“双复杂”探区）已成为中国油气战略接替重点领域。经过 20 多年持续攻关研究，双复杂探区的地震数据采集技术、地震波成像技术取得了长足进步，已成为提高油气勘探成功率的重要技术保障。以“两宽一高”（宽频、宽方位、高密度）三维地震观测和高精度近地表调查为核心的双复杂探区地震数据采集技术已基本成熟，以起伏地表为偏移基准面的叠前深度偏移也取得可喜进步。但由于“双复杂”探区近地表剧烈起伏和地下构造复杂形变的影响，地震资料成像处理成果难以更精细、更准确地落实构造的形态和空间位置，难以实现更有效的油气圈闭分析与评价，需要寻找更加切合实际的叠前深度域地震成像方法。

叠前深度偏移技术作为复杂构造地震成像关键技术普遍受到业界的高度重视。传统的陆地地震资料处理方法是依靠时间域静校正解决复杂地形校正和近地表速度变化的问题，一般采用直接剥离复杂近地表对其地下构造的影响，之后再开展深度域速度建模和叠前深度偏移处理。而“双复杂”探区表层特点是地形崎岖和近地表岩性复杂变化，中深层特点是剧烈构造变形和速度横向变化。这些复杂地表、复杂地下地质结构特征使得原本适合简单地表及横向构造缓慢变化情形下的时间域地震波成像技术失去了理论假设的合理性。本质上，时间域的动校正、叠加速度分析、叠后时间偏移、叠前时间偏移的理论假设都基于炮检点在一个水平面上和地下介质是水平层状。时间域静校正的目的是消除地表崎岖和低降速带的存在所引起的道间时差对共中心点道集双曲时距关系的影响。这样的应用场景在“双复杂”探区已不复存在，即使采用大平滑浮动面做常规时间域处理，地震波场也被严重破坏。这种时间域简化近地表结构的静校正和简化地下波场的动校正等处理技术，必然为后续的深度域速度建模和叠前深度偏移成像引入“不可接受”的误差。因此，探索真地表全深度域地震波成像处理技术是解决“双复杂”探区地震波准确成像难题的必由之路。

事实上，起伏地表偏移、“真”地表偏移的概念在20世纪就有学者提出，有关“真”地表地震成像或起伏地表偏移的文献也见于一些期刊或专业会议论文。学术界认识到在复杂山地区开展深度域成像处理需要从起伏地表面开始进行偏移，即：直接应用叠前深度偏移速度建模代替静校正，从“真”地表开始进行速度反演和偏移成像。但绝大多数相关文献的内容是对某项速度反演方法、偏移算法或技术攻关应用例子的介绍，鲜见从方法、技术和应用实例等多个层面系统地介绍如何实现真地表地震成像的专业文献。工业界至今未形成适合“双复杂”探区真地表地震叠前深度偏移的时间域处理、深度域速度建模和偏移等配套技术系列，尤其缺少适合地表高程剧烈起伏、近地表速度纵横向剧烈变化的深度域速度建模技术和软件产品。

针对中国中西部双复杂探区地震深度域成像面临的技术难题，笔者围绕地震时间域波场保真处理、深度域速度建模和偏移方法等开展了长达十余载的方法研究和配套技术攻关实践，基本形成了一套真地表全深度地震成像处理技术体系，也配套开发了适合真地表成像的全深度速度建模软件。为进一步推动我国双复杂探区地震深度域偏移向真地表成像方向发展，普及、推广真地表全深度地震成像方法和技术，准确落实双复杂探区地质构造和油气圈闭，实现中西部油气勘探大突破和有效开发，在调研国内外双复杂探区地震成像技术进展的基础上，重点结合中国石油深度域地震成像技术研发和技术攻关成果编写《真地表地震成像技术》一书。本书既包含时间域和深度域地震资料处理方法，也含有工业界实用化的创新技术和全新的技术流程，是一部聚焦地震成像且理论联系实际的专业读物。

本书由赵邦六、胡英总体策划和组织编写。全书共分为六章。第一章由胡英、周辉、赵邦六、梁奇、曹宏、韩永科、曾庆才等编写，主要介绍地震偏移和速度反演方法研发与技术应用历程，以及双复杂条件下真地表地震成像技术国内外发展现状。第二章由赵邦六、胡英、王春明、张才、崔栋、李国发等编写，以自主设计的库车模型成像实验为主，主要介绍影响真地表成像的主要因素、真地表地震成像技术内涵与实现策略等。第三章由赵邦六、胡英、王春明、张才、梁奇、侯思安等编写，主要介绍真地表叠前数据波场保真处理关键技术。第四章由胡英、赵邦六、张才、王春明、周辉、崔栋、侯思安、李萌等编写，主要介绍真地表全深度速度建模与偏移技术。第五章由赵邦六、梁奇、王春明、李文科、崔栋、首皓等编写，主要介绍真地表成像技术在天山南北、四川盆地周缘、柴达木盆地英雄岭等双复杂探区的应用实践。第六章由赵邦六、胡英、曹宏、梁奇、周辉等编写，对真地表成像下一步攻关方向和地震成像技术发展趋势进行展望。

库车模型成像处理实验由赵邦六、胡英设计。库车模型由韩永科设计，模型构建与数值模拟由韩永科、王春明等完成，曹宏从复杂介质地震波场分析和构造建模角度为全深度速度模型表征提供技术支持。库车模型成像实验由胡英、崔栋、吕孟、张才、王春明、李国发、张平民、王棣等完成。王春明、首皓、崔栋、张征、董世泰、刘依谋、李文科、曾同生、叶月明、陈见伟、王棣等为本书第五章编写提供了地震资料处理报告或基础数据。全书由赵邦六、胡英、梁奇统稿。王华忠教授承担了全书的审稿工作，并为笔者提供复杂山地地震成像理论方法支持。曾忠、侯思安、阎艺璇等对书稿文字进行校对修改，中国石油勘探开发研究院油气地球物理研究所为本书的编写提供人力和技术保障，中国石油勘探开发研究院杭州分院和西北分院为配合书稿的编写提供了相应的基础数据支持。

本书撰写过程中，得到中国石油勘探开发研究院、相关油气田公司及相关院校的领导、专家教授的大力支持与帮助，在此一并表示诚挚感谢。由于水平有限，书中可能仍存在不妥之处，恳请读者批评指正。

作者：赵邦六

2022年12月26日于北京

目 录

第一章　地震成像技术发展历程

地震成像技术在油气勘探开发工业链条中起着透视地下油气藏结构的作用，在整个油气勘探过程中具有至关重要的地位。随着油气勘探目标的复杂变化，以及计算机的不断发展，地震成像理论、方法和技术也在持续进步。地震成像的主要任务是系统估计地下介质的速度等参数，实现油气勘探目标的准确定位。勘探地震学家以人工激发的地震波场在地下复杂介质中传播的物理和数学规律为指导，在贝叶斯（Bayes）参数估计理论框架下，依据地震数据采集技术（数字记录、存储、传输、显示等）情况，构建了与当时的计算机技术水平相适应的地震波成像技术。贝叶斯参数估计理论奠定了地震波成像理论数学基础，通过某种映射（如波动方程）建立起了模型参数与叠前观测数据之间的预测关系，要求输入的叠前地震数据尽可能是宽频、宽方位、高密度、高信噪比，并且提供尽可能丰富的先验信息降低多解性。现阶段复杂区实际观测数据难以满足该要求，无法完全预测叠前地震观测数据中包含的各种复杂波现象。例如，贝叶斯参数估计理论下的全波形反演（FWI）是比较完美的地震波成像方法，但在复杂介质变化（小尺度、强变化）情形下它表现出高度非线性特性，因此在经典的勘探地震中，往往把正问题（波动方程对数据的预测关系）退化成线性问题，形成以地震波层析成像和最小二乘叠前深度偏移为代表的反问题，层析成像解决背景速度估计问题，最小二乘叠前深度偏移解决带限反射系数（或速度扰动量）估计问题。

实际上，石油工业界常用的偏移成像思想和方法是由物理现象与波传播算子相结合导出的，具有明确的物理意义和几何意义。地表观测的波场是地表主动（人工）源产生的地震下行波遇到地下介质波阻抗异常体时产生的上行绕射波场，所有地下介质中的波阻抗异常体产生的上行波场的叠加形成地表观测波场。地震波成像就是把所有地表接收的、由所有炮激发的上行绕射波场退到或收敛到产生它们的波阻抗异常体上的地震数据处理技术，克希霍夫积分偏移成像就是直接按上述物理逻辑实现的。单平方根波动方程偏移是按正向外推炮点（端）激发波场与反向外推接收点（端）波场，并求两者的相关值的方式进行成像。双平方根波动方程偏移是按炮点和检波点同时向下延拓的方式，把炮点和检波点外推到波阻抗异常体处按成像条件（上行波出发时刻为零）提取成像值进行成像。

地震波成像技术的发展总是在理论与实践的矛盾冲突中不断向前演化、推进。实际的地震波成像技术发展常常由石油工业界的需求驱使，但又受当时技术发展条件的制约。在我国中西部复杂山地，地震成像面临着由复杂地表和复杂地质构造条件引起的一系列技术难题，其精度难以满足油气勘探需求，地表和地下双复杂探区的高精度地震勘探需求迫使发展适合真地表成像的深度域地震资料处理技术系列。

第一节 地震成像方法发展历程

一、地震成像算法发展历程

地震成像理论可以认为是由如下几位学者里程碑式的工作支撑起来的。Hagedoorn（1954）的论文提出地表记录就是地下所有二次震源产生的绕射波的叠加，奠定了输出道和输入道地震波偏移成像的基本概念。Claerbout（1971）奠定了单程波波动方程深度外推和成像条件的波动方程偏移理论基础。Bleistein（1984）建立了地震波保真成像（角度反射系数估计）的理论基础。Tarantola（1984，2005）奠定了贝叶斯参数估计理论下的参数反演方法（如全波形反演）在勘探地震中应用的理论基础。另外，Loewenthal（1976）提出爆炸反射面概念划分了叠后偏移和叠前偏移；Hubral（1977）提出成像射线概念界定了时间偏移和深度偏移。地震波偏移成像方法或技术的发展历程大致可以分为起步阶段、早期计算偏移阶段、叠后偏移阶段和叠前偏移阶段，也可以分为几何作图法、绕射偏移、射线类积分偏移、单程波偏移、双程波偏移、反演类偏移等几类方法（其主要发展脉络和代表性人物及方法见附录 1）。

1. 几何作图法

20 世纪 60 年代以前，地震偏移成像技术是依赖手工的一种制图技术（古典偏移方法），偏移的理论依据是空间映射原理的思想，代表性的方法有用于叠后地震记录的圆弧切线法和线段移动法、用于叠前记录的椭圆切线法和交会法。在早期的操作中，忽略了地震波在传播过程中产生的信号衰减，仅得到反射点的空间位置。Rieber（1936）首次阐明了地震波传播过程、地震波速度和反射界面之间的关系，这使得勘探地震学家对地震波传播等概念有了较为贴切的认识。

2. 绕射叠加偏移与射线类积分偏移

Hagedoorn（1954）提出地表记录就是地下所有二次震源产生的绕射波的叠加，理论上奠定了绕射叠加偏移的基本概念，尤其是他提出的输出道成像观点，使得绕射叠加偏移的具体实现成为可能。

20 世纪 70 年代之后，地震偏移成像技术发展迅速，这一阶段是利用波场传播概念解释地震波成像的时期，波动方程偏移方法应运而生。Schneider（1978）通过波动方程克希霍夫积分解从理论上构建了绕射叠加偏移的具体做法。克希霍夫积分法由于在成像过程中用射线追踪计算地震波从炮点到成像点以及从成像点到接收点的走时，进而获取该接收道的振幅，加权叠加至该成像点，作为该成像点的振幅贡献的一部分，因此，人们习惯上将其划分为射线类积分法偏移。克希霍夫积分法自提出至今，已经发展成为地震成像的主要方法。射线类偏移方法可分为克希霍夫偏移和束偏移等。

克希霍夫积分偏移最初用于叠前时间偏移（PSTM），时间偏移方法需要假设介质横向速度不变，是仅仅把绕射波收敛到绕射顶点上的成像技术。克希霍夫叠前时间偏移最初是建立在共中心点（CMP）道集上的，后来有了共偏移距道集叠前时间偏移、共炮点叠前时间偏移、共检波点叠前时间偏移等多种道集叠前时间偏移方法。Gardener（1990）在叠前时间成像方法中引入了倾角时差校正（DMO）。该方法先对原始数据做倾角时差校正，然后按照常规克希霍夫叠前时间偏移方法进行叠前偏移成像（PSI），这样的数据可以进行标准流程的速度分析，最终的叠加剖面为偏移结果。秦福浩等（1998）在克希霍夫积分偏移基础上，使用克希霍夫全波偏移公式，研究了纵波和转换波的联合偏移成像。Berryhill（1996）提出了非成像炮集叠前时间偏移方法（NIM），该方法对偏移距重新定义，然后利用克希霍夫积分公式完成偏移成像。Fowler（1997）改进了非成像炮集偏移方法，提出了倾角时差校正—叠前成像方法（DMO-PSI）。该方法的倾角时差校正与速度有关，叠前成像与速度无关，在叠加之前先对共成像点道集进行倾角时差校正，然后用常规克希霍夫叠前时间偏移方法进行偏移成像。Bancroft 等（1994）定义了等效偏移距偏移（EOM），将旅行时的双平方根方程转化为以等效偏移距为变量的单平方根方程，然后对共等效偏移距道集完成叠前时间偏移成像；Wang 等（1996）、Li（1997）、王伟等（2007）、许卓等（2007）、Guirigay 等（2010）对等效偏移距方法基本原理做了改进，并将它应用于转换波的叠前时间偏移技术，等效偏移距法使转换波的处理流程变得简捷。由于等效偏移距偏移方法是将等效震源与等效检波点放在一起，相当于自激自收，地震波的射线路径不符合 Snell 定律，所以等效偏移距方法也有一定的缺陷。Wang 等（2002）基于共偏移距的思想，对射线路径重新定义，引入了虚拟偏移距（Pseudo-offset），随后对该方法予以完善（Wang 等，2005）。张丽艳等（2008）研究了虚拟偏移距方法，将其应用于各向同性和各向异性介质的转换波叠前时间保幅偏移中。虚拟偏移距方法的叠前时间偏移（POM）与等效偏移距偏移成像十分相似，都是先抽取共转换点（CCSP）道集，然后对共转换点道集按照绕射路径进行叠加求和来实现叠前时间偏移。但是这两种方法又有不同之处，虚拟偏移距叠前时间偏移方法在道集映射方式上与等效偏移距偏移不同，虚拟偏移距叠前时间偏移方法定义了虚拟炮点和虚拟检波点，其射线路径符合 Snell 定律。马婷（2011）将等效偏移距偏移方法、倾角时差校正—叠前成像方法和非成像炮集三种叠前时间偏移成像做了对比研究，发现等效偏移距偏移方法的成像效果比倾角时差校正—叠前成像方法和非成像炮集的成像效果明显。曹佳佳（2013）对比研究了等效偏移距偏移和叠前时间偏移两种不同转换波叠前时间偏移方法的成像结果，分析了影响叠前时间偏移方法的因素及该方法的优越性。Li 等（2001）分析研究了各向异性介质转换波叠前时间偏移成像方法技术。

克希霍夫积分叠前时间偏移计算需要反复使用两点（一个点为地表炮点或检波点，另一个为地下成像点）之间的射线走时。在横向非均匀介质中，弯曲射线法在计算走时的时候虽然考虑了速度的横向变化，但并未引入高阶导数的概念，也就是说，虽然利用了炮点坐标和成像点坐标的横向变化来描述速度的空间变化特征，但仍然假设了炮点或成像点两侧的走时是对称的。而在横向非均匀介质中，地表点（炮点、接收点）走时在地表点两侧是不对称的，成像点走时在成像点两侧也是不对称的。非对称走时计算方法给出了计算单程波算子旁轴走时的简便公式，将走时表示成空间变量（地表点到地下成像点的水平距离）的多项式，将频率—波数域单平方根算子表示成波数的多项式，在进行克希霍夫积分叠前时间偏移时，运用 Lie 代数积分、指数映射和鞍点法将走时多项式的系数与单平方根算子的系数联系起来，在对称项基础上增加了非对称项，能够有效提高走时计算精度，改善地震波的聚焦效果（刘洪等，2009）。

基于高频近似假设的克希霍夫积分偏移方法在给定深度域速度模型的前提下，可以实现叠前深度偏移（PSDM）。克希霍夫叠前深度偏移具有很大的灵活性，表现在：第一，可以任意选定成像点位置，因而可以很容易地实现局部目标的成像；第二，可以任意选定成像输入道，即可以任意定义对应地下成像点的偏移孔径；第三，如果走时是通过射线追踪来求取的，那么就可以通过控制地下射线的角度信息选定参与成像的数据；第四，还可以利用上述角度信息计算地下的偏移张角及地质构造的倾角；第五，具有很高的计算效率；第六，对观测系统具有良好的适应性，可以适应复杂的地表条件及不规则的观测系统；第七，可以灵活高效地抽取共成像点道集，有利于质量控制和速度分析。

由于成像条件是由射线追踪方法获得的，因此其易受多路径等问题的影响。针对多值走时等问题，Hill（1990，2001）提出的基于克希霍夫方法的高斯束偏移，将炮点和检波点波场分解成一些小的射线束，这些射线束按照角度排列，从一个地面位置发射出来的多射线束，可以非常精确地用射线追踪方法来模拟其传播，彼此不受影响，但又能重叠，使得能量可以在炮检点及成像点之间的空间区域内多路径传播，部分解决了多路径问题，提高了精度。直接将叠后高斯束偏移的思想应用于叠前，计算效率往往较低，Hill 提出了适用于共炮检距、共方位角数据的叠前高斯束偏移方法，成功地解决了计算效率问题。随后，有人对上述方法进行了拓展，将高斯束偏移用于共炮集、真振幅以及各向异性介质的偏移成像，不但适用于不同道集的叠前数据及复杂的地表条件，还可以用于弹性波多分量叠前资料的偏移成像处理，并能够抽取不同类型的成像道集进行偏移速度分析。此外，国外公司提出控制束叠前深度偏移方法。与高斯束偏移需对 τ–p 域内每一个采样点进行偏移不同，控制束偏移只需对 τ–p 域内满足假定条件的采样点进行偏移。高斯束偏移具有较高的计算效率和成像精度，尤其适用于三维深度域偏移成像，可作为一种三维迭代速度建模的有效工具（李振春，2014）。

3. 单程波偏移

由于积分偏移算法中包含射线追踪的环节，易受多路径等问题的影响，虽然可以通过射线束方法加以克服，但并未完全解决。基于波动方程的偏移方法借助波动方程实现波场的延拓，利用适当的成像条件实现偏移成像，具有更高的计算精度。

Claerbout（1971）首次提出波动方程偏移成像理论和方法，利用单程波波动方程有限差分方法，实现了叠后资料的时间偏移，随后，基于波动方程的偏移方法层出不穷。鉴于多维傅里叶变换具有的保结构特性，与波动方程在频率—波数域的本征方程结合，Stolt（1978）提出了 F–K（频率—波数）偏移方法。F–K 域方法本质上是常速介质中波动方程的解析解法，具有精度高和计算效率高的特点，缺点是它仅仅适用于常速介质。波动方程偏移可根据所使用的波动方程类型分为单程波波动方程偏移和双程波波动方程偏移。波动方程偏移主要用于叠前深度偏移，也可用于叠前时间偏移。例如，董春晖等（2009）利用单程波波动方程，基于稳相点原理推导出单道数据的地震波走时和振幅计算方法，发展了一个振幅和走时表驱动的叠前时间偏移算法，可依据同相轴是否被拉平确定叠加速度或修正近地表速度模型，也可依据拟成像的构造倾角，自适应地确定偏移孔径，既减少了偏移计算量，也压制了偏移噪声。

由于时间偏移方法只考虑了由单程波波动方程推导得到的绕射方程，而忽略了时移方程或薄透镜项，时间偏移方法用均方根速度进行偏移，不能对横向速度变化明显的复杂构造精确成像，因此，需要发展既考虑绕射方程，又考虑时移方程的深度偏移方法。

20 世纪 90 年代中后期开始进入叠前深度偏移阶段。叠前深度偏移方法有射线类的克希霍夫积分法和高斯束法，基于单程波波动方程的相移偏移法、相移偏移 + 插值法、有限差分法、高阶分裂法、裂步傅里叶法、相位屏法、广义屏法、傅里叶有限差分法、傅里叶有限差分 + 插值法等。单程波波动方程偏移可以分为基于双平方根（DSR）单程波波动方程的炮检距域偏移和基于单平方根（SSR）单程波波动方程的共炮集偏移两类。

为了提高真振幅成像的精度，张宇（2006）提出的真振幅单程波方程偏移方法具有一定的代表性，此偏移方法基于更为准确的上、下行波方程，可以最大限度地保留振幅能量，较好地实现真振幅成像。

单程波叠前深度偏移方法的优势表现在没有层内多次反射的干扰、运算量相对较小；可以直接在双平方根单程波波动方程偏移过程中获取偏移距域共成像点道集，无须额外的计算量，效率高。因此，可以根据偏移距域共成像点道集的聚焦程度进行偏移速度分析，获得更合理的速度模型。受到倾角和介质纵横向速度变化剧烈程度的限制、偏移算子推导复杂、不能对回折波和棱柱波成像等不足的影响，单程波波动方程深度偏移速度优化方法没有在工业界推广应用。

4. 双程波偏移

双程波偏移又称逆时偏移（RTM），该方法由于使用了双程波波动方程，克服了单程波波动方程叠前深度偏移方法的不足。与基于射线追踪的克希霍夫偏移和基于单程波方程的偏移相比，逆时偏移计算波场的精度较高，能适应复杂构造成像，无倾角限制，从原理上讲可以应用全波场信息进行成像，也可以对回折波、棱柱波等成像，并使多次反射波收敛聚焦。

逆时偏移技术的研究起源于 20 世纪 80 年代。1983 年，Whitmore、Baysa 等和 McMechan 先后提出了逆时偏移的概念。同年，Loewenthal 等提出了空间—频率域的逆时偏移。1984 年，Levin 阐述了逆时偏移的基本原理。此时的成像条件主要是依赖于爆炸反射面原理的叠后成像条件。从此，逆时偏移的基本理论得到了不断发展，也逐渐应用于实际地震资料处理。1987 年，Hildebrand 等利用逆时偏移技术对波阻抗界面成像效果显著。Chang 等于 1987 年提出弹性波逆时偏移方法，1989 年提出三维声波方程逆时偏移方法，1994 年又提出了三维声波方程叠前逆时偏移方法，为逆时偏移技术的发展作出了巨大贡献。这一阶段，逆时偏移的研究主要集中在双程波波动方程求解、适应复杂构造、去除低频成像噪声、减小计算量和存储量等方面。

进入 21 世纪以来，随着计算机技术的飞速发展以及理论研究的深入，油气勘探与开发对地震资料精度的要求愈来愈高，对地震偏移成像质量要求愈来愈苛刻，地震偏移成像技术研究与应用进入活跃期。这一时期，最显著的特点之一是计算机硬件（PC 机集群、GPU 等）技术的飞速发展极大地促进了叠前偏移技术的工业化应用，成像精度大幅度提高，地震偏移成像技术进入空前发展的新阶段，逆时偏移再次成为地球物理学界的研究热点。声波逆时偏移的研究日趋成熟且已进入实用化阶段，多家地球物理服务公司相继推出逆时偏移软件（李振春，2014）。基于声学近似的各向异性介质的逆时偏移方法、单程波真振幅偏移、真振幅逆时偏移和多分量地震资料的弹性波逆时偏移也得到了较大发展与完善。

逆时偏移受到速度突变界面的反射和成像条件的影响，会引起低频偏移噪声问题。逆时偏移计算量和硬盘读写量大，存在效率低、抽取角度域共成像点道集困难等问题。目前，对低频噪声的压制方法可分为三类：第一类是采取叠后处理，即对计算得到的逆时偏移成像结果进行滤波去噪，包括拉普拉斯滤波等；第二类是根据噪声的来源消除波场中的背向反射，例如，采用无反射全波动方程（Baysal 等，1984）和平滑偏移速度场等；第三类是在成像过程中进行选择性成像，即构建成像条件。Yoon 等（2006）利用 Poynting 矢量设计出角度滤波器，以压制逆时偏移中的大角度成像噪声。Guitton 等（2006）提出了最小平方滤波算法，把假象的消除当成是信号与噪声的分离问题达到尽可能保护反射层的目的。Liu 等（2011）提出了上行与下行方向的波场分离成像条件，只对不同传播路径震源波场和检波器波场进行互相关成像。Fei 等（2015）指出了波场分离中上行震源波场与下行检波点波场相关成像会在速度梯度变化剧烈区域造成界面假象。Shen 等（2015）利用希尔伯特变换构建解析信号波场，实现了显式波场分离，进一步精确了成像条件。Xue 等（2018）将波场按八个方向进行分离，有效地压制了 VSP 逆时偏移中存在的噪声和假象。

除成像噪声问题外，较大的存储量和计算量也是逆时偏移面临的挑战。为了减少存储，Symes 等（2007）提出了检查点技术，以存储某些时刻的震源波场来进行全时段震源波场的重构。Clapp（2009）提出随机边界法，通过在有效计算区域之外设置一定宽度的边界区域，在此边界区域内速度值随机变化，不能形成震源波场的相干同相轴，将震源波场最终两个时刻的全空间波场作为初始条件，逆时重构震源波场，从而避免海量震源波场的存储。即使随机边界削弱了相关噪声，但也不能完全压制，仍有明显的成像噪声。王保利等（2012）提出有效边界存储策略，利用存储与差分算子长度相同的吸收边界波场来实现波场重构，从而极大减少了硬盘存储负荷。Nguyen 等（2015）论述了弹性波逆时偏移中的三种波场重构方法以及两种成像条件。Li 等（2018）发现利用声波算子能够有效减少弹性波逆时偏移中的计算量。Zhou 等（2020）提出局部相关成像条件，在震源波场外推过程中只保存一个短时窗内的震源直达波场，在检波点波场逆时外推过程中，根据保存的直达波到达时间，读取保存的直达波场与检波点波场相关值，得到了成像效果良好的偏移结果，且保存的震源波场的数据量大幅减少。

5. 最小二乘偏移

最小二乘（LS）偏移是一种基于线性反演理论的真振幅成像方法，其思路是在宏观速度背景模型的基础上，估计出一个最优化的扰动部分对偏移结果进行迭代更新。该方法具有更高的成像精度，是实现地震成像理论由常规地下地质体的几何结构描述向真振幅成像的推进与发展，也是实现高精度储层反演的关键。在计算机水平尚处于早期阶段时，研究人员就将最小二乘法引入地震反演中。1984 年，Lailly 等就已认识到地震逆问题和常规叠前偏移存在内在的联系，即任何一种偏移方法都可以看作地震逆问题迭代中的第一步。随着计算机技术的飞速发展，各种偏移算子与最小二乘反演结合而形成了对应的最小二乘偏移方法。从早期计算效率高的克希霍夫偏移发展到计算时间长的逆时偏移，最小二乘意义下的线性反演成像已经融入所有的常规偏移中。

最早的最小二乘偏移就是射线类的最小二乘克希霍夫偏移。Cole 等（1992）早期用最小二乘克希霍夫偏移来减少由于绕射点的观测孔径限制带来的偏移假象。Nemeth 等（1999）将最小二乘克希霍夫算法引入地震偏移中以求取地下反射系数，总结出了该算法具有压制偏移噪声、改善成像分辨率、均衡振幅等优点。Duquet 等（2000）证实了相比于常规克希霍夫偏移，最小二乘偏移能很好地压制由起伏地表照明不足和不规则数据或粗网格采样数据引起的成像误差。另一种射线类偏移和最小二乘方法的结合就是最小二乘高斯束偏移（黄建平等，2016）。针对单程波波动方程，主要发展了最小二乘裂步傅里叶偏移、最小二乘傅里叶有限差分偏移和最小二乘广义屏偏移。针对双程波类最小二乘偏移，发展了最小二乘逆时偏移。逆时偏移由于其本身计算量就非常大，所以直到近几年，最小二乘逆时偏移（LSRTM）才逐渐发展起来并成为研究热点。其实，Dai 等（2010）最先将逆时偏移算子引入最小二乘线性反演框架中，而后 Dai 等（2013）又发展了基于多震源数据和平面波相位编码的最小二乘逆时偏移。Yao 等（2012）提出了非线性最小二乘逆时偏移，该方法的稳健性更好，更适应三维地震数据的处理。

6. 各向异性和黏弹性偏移

大量研究表明，地球介质存在各向异性，不考虑介质各向异性的偏移算子必然导致反射点归位不准确，或造成偏移假象。因此，研究各向异性介质的偏移方法对地下构造精准成像十分重要（牟永光等，2007；李振春，2014）。从 20 世纪 90 年代开始，对各向异性偏移成像技术的研究一直是一个热点问题。现今在各向同性介质弹性波偏移理论尚不完善的情况下，实现各向异性介质全弹性波偏移成像必然存在诸多问题，如计算量大、各向异性参数获取困难、缺乏相应的各向异性资料的预处理技术等。因此，各向异性偏移技术的研究目前主要集中在横向各向同性（TI）介质，包括垂直各向异性（VTI）介质、水平各向异性（HTI）介质和倾斜各向异性（TTI）介质。即便是 VTI 介质，若要实现全弹性波偏移仍然需要纵、横波速度和三个各向异性参数场。针对这些问题，工业界普遍的做法是采用参数简化、弱各向异性近似、声学近似等方法来降低各向异性介质偏移成像的难度（撒利明等，2015）。

基于声学近似方程和纯 P 波方程的 TI 介质偏移成像技术是各向异性介质偏移成像技术的重要进展。各向异性介质偏移算法大部分是在声学介质偏移算法的基础上发展起来的，一般限制在 TI 介质中，并都具有一定的假设条件。Meadows 等（1986）最早实现了椭圆各向异性介质的频率—波数域 Stolt 偏移，随后又研究了横向各向同性介质的相移法偏移（Meadows 等，1994）。在射线类偏移方面，Sena 等（1993）、Hokstad（2000）研究了各向异性多分量克希霍夫偏移；Alkhalifah（1995）研究了 VTI 介质高斯束叠前深度偏移；Zhu 等（2007）进行了高斯束各向异性深度偏移的相关研究。Alkhalifah 等（1995）在 VTI 介质的速度分析中提出了一个新的等效参数，进一步减少了各向异性参数的个数，对各向异性理论的实际应用起了很大的推动作用。而在波动方程类偏移方面，可谓百花齐放。Alkhalifah（1998，2000）最早提出了 VTI 介质声学近似方程，成为很多各向异性介质偏移成像的基础。在此思路基础上，众多学者提出了不同的各向异性声学近似方程，并由此发展出了众多的各向异性逆时偏移算法（Zhou 等，2006；Duveneck 等，2008）。声学近似方程虽然不能完全去除横波，但是相对于弱各向异性近似（Thomesen，1986）、椭圆各向异性近似（Helbig，1983；Dellinger 等，1988）和小倾角近似（Cohen，1996），它对纵波的运动学描述更加精确。然而，研究表明，TTI 介质声波逆时偏移在对称轴倾角变化剧烈的情况下会出现波场不稳定的问题，对于该问题很多学者进行了相应的研究。Fletcher 等（2009）通过引入有限的横波速度提出了一种新的 TTI 介质稳定波动方程，并用于 TTI 介质逆时偏移。虽然这种做法可以解决稳定性问题，但是引入了横波波场，对纵波的成像有一定影响。Zhang 等（2011）在共轭算子的基础上提出了稳定 TTI 声波方程，得到了适应工业生产要求的稳定的 TTI 介质逆时偏移算法，并成功应用于墨西哥湾宽方位数据的地震成像。Duveneck 等（1986）从本构关系出发同样得到了稳定的 TTI 介质声波方程，理论上解决了 TTI 介质逆时偏移过程中出现的不稳定问题。

另一方面，Grechka 等（2004）对 VTI 声波方程中的横波进行了详细研究，分析了横波残留的原因，指出这种令横波速度为零的方法并不能完全消除横波。为了消除横波干扰，一些学者又提出了各向异性纯 P 波方程（Etgen 等，2009；Liu 等，2009；Crawley 等，2010；Pestana 等，2011；Zhan 等，2011）。各向异性纯 P 波方程因为没有横波干扰、稳定性好，近几年受到广泛关注。Pestana 等（2010）利用快速扩展法（REM）实现了 TTI 介质逆时偏移，得到了高质量的成像结果。Zhan 等（2013）联合伪谱法和有限差分法实现了 TTI 介质纯声波逆时偏移，计算效率明显提高。程玖兵等（2013）提出了一种新的标量波动方程，称为视 P 波（qP 波）伪纯模式波动方程，将其用于横向各向同性介质叠前标量逆时偏移中，获得了较好的应用效果。Sava 等（2015）在各向异性介质中应用扩展成像条件实现逆时偏移成像，同时研究了有误差存在的初始速度模型对最终成像结果的影响。

TI 介质声波偏移方法在实际生产中取得了较好的应用效果，各向异性介质逆时偏移方法经过十几年的发展也逐渐进入实用阶段。目前，国外多家地球物理服务公司成功地将各向异性逆时偏移应用到墨西哥湾等地的复杂构造、盐体及盐下构造的成像处理中，取得了令人满意的效果。经过多年技术积累后，各向异性介质的逆时偏移技术，特别是 TTI 介质逆时偏移方法已较为成熟。

如果地质构造沿某个方向沉积的同时又受到横向拉伸，在与沉积方向垂直的平面上，地震波传播的各向同性也会受到影响，这就可能形成旋转坐标下的倾斜正交各向异性（Tilted Orthorhombic Anisotropy）。在这种情形下，各类拟声波方程组都可以从倾斜各向异性推广到倾斜正交各向异性的正演或偏移方程（Fowler 等，2011；Zhang 等，2011）。各向异性地震资料处理的奠基人 Thomsen 认为，现实世界中的各向异性至少是倾斜正交类型，所以此类偏移有着更加广阔的应用前景。特别是随着高密度全方位角地震采集的广泛实施，倾斜正交偏移比 TTI 偏移更容易在地下角度域将各个方位角的共成像点道集拉平，因而可以更充分地利用全方位角采集的数据信息以提高成像质量和精度（Wu 等，2013）。

地下介质是具有吸收衰减特性的，将吸收衰减特性考虑在偏移过程中，可以比较准确地补偿吸收衰减导致的振幅减小和相位畸变。Causse 等（2000）采用黏滞声波方程进行叠前逆时偏移。Zhang 等（2010）发展了一种全新的时间域黏滞声波方程，将该方程进行逆时偏移方法测试，成像结果相比传统方法的结果具有更好的振幅保持特性。Zhao 等（2014）在黏滞声波介质中，采用优化的时空域有限差分法求解波场，并在逆时偏移中进行互相关成像，相对于传统成像结果，该方法在一定程度上提高了界面的成像质量。Li 等（2016）提出了一种基于含分数阶拉普拉斯算子的黏滞声波方程的逆时偏移方案以补偿黏滞效应，该方法使深部能量得到了增强，提高了成像的连续性。Zhao 等（2018）基于解耦的分数阶拉普拉斯算子黏弹性波动方程提出了一种稳定的补偿方法，使成像结果兼顾了精度和稳定性。Wang 等（2019）在黏声波逆时偏移稳定化算子的基础上，发展了一种黏弹性波逆时偏移稳定化算子，该方案能够处理黏弹性补偿引起的数值不稳定性问题，相对于传统方法有更好的保真度和稳定性。陈汉明等（2020）利用反演思路逐步补偿地震波的吸收衰减，较好地解决了传统衰减补偿型逆时偏移方法的不稳定问题，能稳定地补偿介质的黏滞性，获得高分辨率的地下反射率模型。

二、地震成像方法工业化应用进程

地震波偏移成像算法与观测系统和介质复杂程度是密切相关的。地震波偏移成像的技术发展也随着地震观测方式、计算机技术的不断提升而演变，所考虑的介质复杂度也不断地提升。从各向同性介质二维叠后时间偏移、二维叠前时间偏移、二维叠后深度偏移发展到三维叠后深度偏移、三维叠前时间偏移、三维叠前深度偏移，再继续发展到各向异性介质三维叠前深度偏移，直到目前的最小二乘逆时深度偏移、弹性介质三维叠前深度偏移等。计算复杂度逐步提升，对复杂介质的适应性逐步增强。

1. 叠后偏移

早期的地震勘探多为二维地震勘探，炮点和检波点布设于同一条测线上，相应的偏移方法也是二维形式的地震偏移。其中，应用最广泛的偏移方法是 15° 和 45° 有限差分法单程波偏移，其对应的最大地层倾角分别为 15° 和 45°。为了实现更大角度地层的地震成像，*F*–*K* 域相移法及其衍生的 Stolt 偏移逐渐取得了工业化应用。*F*–*K* 域相移法偏移虽然能够实现大角度成像，但不能很好地适应地下速度的横向变化，为此，串联偏移和剩余偏移成为当时复杂构造大角度成像的主要技术。所谓的串联偏移就是将地层速度按式（1-1-1）进行分解：

$$v^2=\sum_{j=1}^{n}v_j^2 \quad (1\text{-}1\text{-}1)$$

式中　v——地层速度，m/s；

v_j——分解后的速度，m/s。

然后按照分解后的速度进行多次 15° 有限差分法偏移。剩余偏移的基本思想与串联偏移类似，也需要分解速度场，将速度的平方分解为与深度有关的背景速度和剩余速度的平方和，即

$$v^2=v_1^2+v_2^2 \quad (1\text{-}1\text{-}2)$$

式中　v_1——与深度有关的背景速度，m/s；

v_2——剩余速度，m/s。

首先采用第一个速度进行 Stolt 偏移，然后再采用第二个速度进行有限差分偏移。这样既利用了 Stolt 偏移大角度成像的优点，也利用了有限差分横向变速的特点，实现了横向变速大角度构造地震成像。

随着二维地震勘探发展为三维地震勘探，地震偏移方法也由二维发展成为三维。但是，由于计算机内存容量和运行效率的限制，最早的三维偏移是以两步法实现的。具体做法是，首先对三维主测线依次进行二维偏移，然后将三维数据分选为联络测线，再依次对联络测线进行二维偏移。20 世纪 90 年代初，向量机的出现推动真正意义上的三维偏移，偏移技术以有限差分为主，克希霍夫偏移、*F*–*K* 偏移作为补充技术进行使用。

叠后深度偏移几乎与叠后时间偏移同时在工业界取得了实际应用。但是，由于该方法

对叠加数据的质量和速度模型的精度要求较高，其理论优势在实际地震数据处理中未得到充分发挥，其应用的广度远远不及叠后时间偏移，工业界鲜有利用叠后深度偏移进行地震成像的实例和报道。相对而言，基于 Hubral 成像射线理论的叠后时间偏移校正技术在工业界取得了相对广泛的应用。其基本思想是，当上覆地层速度存在横向变化时，绕射双曲线的顶点并非在绕射点的正上方，其与实际位置的偏离程度可以通过成像射线进行追踪和确定。因此，当将时间域的等 T_0 图构造解释成果转换为深度域构造解释成果时，需要利用成像射线进行时深转换和误差校正，这种方法在工业界归类为图偏移技术。这种构造成图校正技术本质上也包含了深度偏移的基本思想，在国内西部地区复杂构造成图工作中得到了较为广泛的应用。

2. 叠前时间偏移

除了速度模型和偏移算法之外，叠后偏移的质量还取决于叠加剖面对零炮检距剖面的近似程度。爆炸反射界面模型是叠后偏移的成像条件，依据这个模型，只有当叠加剖面能够近似零炮检距剖面时，叠后偏移才能取得理想效果。很显然，叠加技术本身只适合于水平层状介质，当地下构造较为复杂时，叠加剖面本身就很难取得理想效果，更不用说等价于零炮检距剖面了。因此，叠后偏移技术的局限性使其很难实现复杂构造的高质量成像。

叠后时间偏移并没有直接走向叠前时间偏移，中间经历了叠前部分偏移的历史阶段。叠前部分偏移也称为炮检距延拓技术，除了这两个名字之外，其接受程度最高的名字是倾角时差校正（DMO）技术。理论上已经证明：对于常速介质，运用动校正、倾角时差处理之后再进行叠后偏移就等价于叠前时间偏移。从实现方式来说，倾角时差校正和叠前时间偏移非常类似，所不同的是，三维倾角时差校正的脉冲响应并非三维曲面，而依然是二维曲线，该特点极大地提高了三维倾角时差校正的运行效率。在计算机资源严重不足的情况下，尽管这种方法存在明显的理论缺陷，但这种叠前偏移技术以其快速高效的优势率先在工业界取得了推广和应用。为突破倾角时差校正技术的常速介质假设，后期又发展了能够适应垂向变速的倾角时差校正速度分析技术及更为复杂的偏移到零偏移距（MZO）技术，但这些技术应用历史很短。随着计算机技术的进步，这两项倾角时差校正技术很快被真正的叠前时间偏移技术所取代。

叠前时间偏移技术在工业界的大规模应用得益于高性能计算机集群（PC-Cluster）技术的支撑和推动，PC-Cluster 成本低、算力强，非常适合于海量地震数据的高效处理。应用最早也是应用最为广泛的叠前时间偏移方法是克希霍夫叠前时间偏移，尽管该方法在理论上存在一些缺陷，但其实用性非常突出。第一，克希霍夫积分偏移可以对任意选定的位置进行成像，比如，可以对特定测线、甚至特定测线的具体层位进行单独成像，这一特点非常适合于工业生产中的试验分析和目标处理；第二，可以任意选定成像输入道，也就是说可以任意定义对应地下成像点的偏移孔径；第三，如果走时是通过射线追踪求取的，那么便可以通过控制地下射线的角度信息选定参与成像的数据样点；第四，克希霍夫积分偏移还具有很高的计算效率及对不规则观测系统的适应性，可以适应任意复杂的地表条件与不规则观测系统。以上优点使克希霍夫叠前时间偏移在实际生产中占有绝对的优势地位。

当然，克希霍夫叠前时间偏移在成像精度和保幅性能上要弱于基于波动方程的叠前时间偏移，但是由于叠前时间偏移技术本身就具有理论上的局限性和应用上的近似性，无论哪种类型的叠前时间偏移都没有准确地考虑地震波的实际传播路径和传播特征，都不能实现强横向变速介质的高精度成像。因此，尽管地震资料处理系统中具备了波动方程叠前时间偏移的软件模块，但基于波动方程的叠前时间偏移在工业界并未取得实质性大规模应用。

3. 叠前深度偏移

叠前深度偏移技术在工业界的大规模应用除了得益于计算机技术的进步之外，也得益于速度建模技术的发展和野外采集技术的进步。相对于叠前时间偏移，叠前深度偏移对速度模型精度具有更高的要求，速度建模技术的进步将叠前深度偏移的理论优势转换为地震成像的实际效果。另外，宽方位高覆盖的野外地震数据也为叠前深度偏移提供了基础保障。

与叠前时间偏移一样，在工业界应用最早的叠前深度偏移也是基于克希霍夫积分的偏移方法。1993 年，菲利普斯石油公司宣布使用叠前深度偏移技术在墨西哥湾盐下勘探获得成功，拉开了克希霍夫积分叠前深度偏移技术规模化应用的序幕。在中国，叠前深度偏移技术的探索性应用始于 1995 年胜利油田的古潜山勘探和 1998 年的大港油田千米桥潜山勘探。但是，由于缺乏配套的速度建模技术，其应用效果并未得到充分体现。有一段时间甚至出现了叠前时间偏移和叠前深度偏移孰优孰劣的争论。2008 年，采用层析反演速度建模技术，叠前深度偏移在塔里木油田碳酸盐岩缝洞型油气藏地震勘探中取得明显效果。不同于碎屑岩油气藏，碳酸盐岩缝洞型油气藏的地震反射特征是串珠状反射，因此，对地震成像的定位精度要求更高，时间偏移剖面的横向偏差直接影响了缝洞型油气藏的定位和钻井设计深度。一些利用时间偏移剖面所确定的油藏，在钻井失利后经过深度偏移处理重新侧钻获得了高产油气流。叠前深度偏移技术在塔里木油田碳酸盐岩油气藏的成功应用，极大地推动了深度偏移技术在国内的大规模应用。

高斯束偏移可以看作是对克希霍夫偏移技术的改进和完善，它在很大程度上克服了克希霍夫偏移的射线焦散区及阴影区问题，改善了克希霍夫偏移的保幅性能。射线束偏移的实现过程大致可以分为三步：首先，将地震数据划分为一系列局部的区域；其次，利用倾斜叠加将局部区域内的地震记录分解为不同方向的平面波（也就是束）；最后，再利用射线走时和振幅将平面波进行映射成像。射线束偏移具有克希霍夫偏移的高效性和灵活性，且其成像效果要优于常规的克希霍夫偏移。

在高斯射线束偏移走向工业界规模化应用之前，受墨西哥湾盐丘成像的启发和引导，基于双程波方程的逆时偏移（RTM）技术引发了学术界的浓厚兴趣和工业界的热切期待。由于逆时偏移直接对波动方程进行求解，不存在射线类偏移的高频近似及单程波偏移的倾角限制，可以利用棱柱波等波场信息正确处理多路径问题，具有适用于复杂区域和高陡构造成像等优点。逆时偏移技术的出现是地震成像技术发展的里程碑，是目前较为精确的深度偏移成像方法。逆时偏移方法提出于 1983 年，但直到 2005 年之后才在工业界取得规模化应用。虽然该技术取得了一定程度的工业化应用，但广泛程度还远远不及克希霍夫叠前深度偏移。其原因除了计算效率和计算成本之外，速度建模精度在很大程度上是制约该技术大规模应用的主要障碍。逆时偏移和全波形反演是两项相辅相成的技术，全波形反演能为逆时偏移提供可靠的速度模型，是逆时偏移最为重要的支撑技术，逆时偏移技术的理论优势需要在高精度速度模型的基础上才能得到充分发挥和展示。

4. 各向异性偏移

目前的大多数偏移方法都是基于声学介质假设，没有考虑地下介质的弹性特征、吸收特征和各向异性特征。尽管基于声学介质假设的偏移方法在过去数十年取得了巨大成功，已经成为地震勘探的重要支柱技术，但客观地讲，实际地下介质并非简单的声学介质，实际地震波场也不是简单的标量波场，因此，实际成像效果大打折扣，只有采用与实际地下介质更为接近的模型进行地震成像才能够进一步提高地震勘探精度。

由于沉积和断裂等多种因素的作用，地下介质存在各向异性，不考虑介质各向异性的偏移算子必然导致反射点归位不准确或造成偏移假象。因此，各向异性介质偏移对地下构造精确成像具有非常重要的作用。自 20 世纪 90 年代开始，各向异性介质地震偏移一直是地球物理勘探领域的热点研究内容。各向异性偏移的理论和方法很多，但是，目前在工业界取得实质性应用的是横向各向同性介质声波偏移方法。各向异性声波方程是对实际介质地震波传播的一种近似，由于没有横波干扰，具有很好的稳定性和实用性。目前，国外公司已将各向异性逆时偏移方法成功地应用于墨西哥湾等盆地的复杂构造成像，国内也将各向异性克希霍夫偏移应用于多个区块的复杂构造成像，取得了明显的应用效果。

5. 黏弹性 Q 偏移

室内岩石物理分析和现场地震测量均表明，实际地层多为黏弹性介质。地震波在黏弹性介质传播时会出现振幅衰减和速度频散，主频信号衰减甚于低频信号，严重降低了地震信号的分辨率和探测深度。目前，反 Q 滤波是补偿吸收衰减常用方法，在高分辨率地震数据处理中发挥了重要作用。但是，反 Q 滤波的理论基础是一维黏滞声波方程，它不能很好地描述地震波在三维空间的传播规律和衰减特征。因此，将反 Q 滤波技术发展为黏滞声波偏移具有重要的应用价值。理论上讲，无论是射线理论的方法还是波动理论的方法，绝大多数声波偏移方法都可以扩展到黏滞声波偏移方法。但就应用情况而言，目前工业界普遍采用的还是基于克希霍夫积分的黏滞声波偏移。近年来，黏滞声波偏移技术在国内多个探区进行了实际应用，在提高地震数据分辨率和增强地震信号保幅性方面发挥了作用。

有两个最为关键的因素制约了黏滞声波偏移在工业界更大规模的应用。第一个因素是 Q 参数建模问题。黏滞声波偏移需要速度和 Q 因子两个参数，速度反演所依据的是不同空间位置地震信号旅行时间的差异，而 Q 因子反演所依据的是不同空间位置地震信号频率特征的变化，后者很容易受到环境噪声和波场干涉的影响，具有更大的反演难度，其可靠性要远远低于前者。第二个因素是稳定性和抗噪性问题。吸收补偿是对不同频率成分进行指数放大的过程，存在强烈的不稳定性和对噪声干扰的放大效应。黏滞声波偏移在补偿地震信号的同时，也放大了噪声干扰，特别是高频噪声干扰。为了抑制噪声放大所采用的限制方案，反过来也抑制了高频信号的恢复精度。因此，从应用的角度来看，提高 Q 因子建模精度和增强偏移方法对噪声干扰的适应性，是今后黏滞声波偏移最为重要的研究内容。

6. 弹性波偏移

由于实际地下介质并非简单的声学介质，实际地震波场也不是简单的标量波场，而是弹性波（包含纵波、横波和转换波）波场，因此，多波地震数据包含了更为丰富的地震波场信息。多波信息在构造成像、储层预测、油气检测和动态监测中应用，具有独特的理论优势和巨大的应用潜力，故针对多分量地震数据的弹性波偏移方法受到越来越多的关注。就目前的应用现状而言，将多分量地震数据分解为纵波资料和横波资料，然后分别用声波方程进行偏移成像依然是工业界的主流处理方式，并在多个区块取得了较好的应用效果。但是，上述处理方式无法保持弹性波场的矢量特征，在理论上具有明显的瑕疵，因此，很多学者从弹性波的基础理论出发，就多分量地震数据矢量波场偏移方法进行了长期的研究和探索。目前矢量波场地震成像的研究大致可以分为两类：一类是基于射线理论的弹性波偏移方法，包括克希霍夫积分法偏移和弹性波高斯束偏移；另外一类是基于弹性波方程的逆时偏移方法。目前，弹性波偏移的理论体系已经相对完善，但尚未在工业界规模化应用。原因之一是缺乏配套技术的支撑，包括矢量波场地表一致性处理技术、矢量波场噪声压制技术、纵横波速度联合建模技术等。另外一个原因是该技术尚未充分展示其超越声波偏移的潜在优势。

第二节 速度估计方法与速度建模技术发展历程

地震波成像包含背景速度建模和反射系数估计两个核心问题。在整个地震波成像中，背景速度建模有着重要作用，决定着偏移成像结果的质量。背景速度估计问题是一个严格的线性反演问题，尤其在复杂介质情况下，这是一个多解性很强的反问题，必须引入合适的先验信息，才有可能得到较为精确的结果。背景速度估计利用的信息主要是初至波走时和反射波走时，前者是建立浅层速度模型的主要方法，后者是建立中深层速度模型的主要方法。对于利用反射波走时的各种速度建模方法，背景层速度与反射界面深度是耦合的，通过偏移成像确定反射界面深度，为背景层速度估计提供了重要的先验信息。

速度建模是一个综合应用速度估计方法、交互速度分析软件、三维建模和可视化等技术构建具有一定地质逻辑，满足偏移成像要求的速度模型的过程。速度分析和速度反演等是利用相关数学公式进行速度估计的方法，人机交互速度分析、速度谱解释、构造解释、井震速度匹配等是解释性处理手段，三维空间插值、平滑、外推、可视化等是模型表征必备的速度建模基本功能。本节重点讨论速度估计方法和速度建模技术应用的发展历程，其主要发展脉络和代表性人物及方法见附录 2。

一、速度估计方法发展历程

速度估计问题是一个标准的反演问题，利用一定的泛函准则，基于给定的正问题或偏移方法，在当前速度模型的正演结果与实测结果的残差最小或偏移成像道集拉平时，认为该速度模型正确，据此推导出一定的算法，利用不同处理阶段的地震数据估计速度值。把偏移前的炮集或其他域道集地震数据统称为数据域数据（即偏移前道集数据），把偏移后的共成像点道集定义为成像域数据（即偏移后道集数据）。目前速度估计方法中有两大类构建目标泛函的准则，一是相关准则（或聚焦最佳准则），二是观测数据与预测数据逼近误差最小准则。建立目标泛函后，利用梯度导引类的优化算法或蒙特卡洛类的全局寻优方法，甚至枚举方法，实现各种意义下的速度模型的估计。根据不同处理阶段和不同准则下的泛函，把速度估计方法分成两大类，一是数据域或成像域相关准则（或聚焦最佳准则）下的速度估计方法，主要包括数据域共中心点道集动校正叠加速度分析、相似函数反演方法、成像域叠前时间偏移中动校正和反动校正（Derogoske 环速度分析）、深度聚焦速度分析、叠前时间偏移 / 叠前深度偏移成像道集剩余曲率速度分析或反演；二是数据域或成像域观测数据与预测数据的逼近误差能量最小准则下的速度估计方法，主要包括基于偏移和反偏移的层析反演方法、旅行时层析成像方法和全波形反演方法。

1. 最佳相关或聚焦准则速度分析技术

1）叠加速度分析技术

常规叠加速度分析法（Dix，1955）先通过共中心点道集得到叠加速度谱，然后从叠加速度谱中提取正确的叠加速度，最后根据 Dix 公式和倾角校正（倾角较大时）将叠加速度转化为深度域层速度和均方根速度。由于假设地层水平或者倾角较小，常规叠加速度分析法具有原理简单、计算效率高及应用范围广的优点，但同时也仅适用于简单的地质结构，对于复杂或者倾角较大的地层则不再适用（潘宏勋等，2006）。研究人员又提出了一种利用倾角时差校正消除倾角影响的叠加速度分析法，这种方法在一定程度上可以提高复杂地层速度分析的精度，但无法从根本上解决复杂构造速度建模问题，仍存在很大的不足。

2）偏移速度分析技术

常规叠加速度分析方法无法处理复杂地层，随着对地震勘探精度要求的不断提高，有必要发展一种新的技术来弥补这种缺点。偏移速度分析是叠前偏移技术的产物，偏移成像结果对由射线追踪原理求出的速度非常敏感，可以将速度分析与偏移成像相关联。偏移速度分析的过程可表示为两个关键环节：叠前深度偏移和成像道集偏移速度分析。基于偏移成像的速度分析方法有很多，如深度聚焦分析（DFA）、剩余曲率分析（RCA）和基于共聚焦点速度分析（CFA）等，且已经取得了很大的进展。

偏移速度分析有两个必要条件：一是如何认定偏移速度是否精确；二是当速度不够准确时，应当如何修改使之更加准确。目前，比较常用的基于叠前深度偏移道集的速度分析修正方法，分别是剩余曲率分析法和深度聚焦分析法。

（1）剩余曲率分析法。

剩余曲率分析法是 Al-Yahya 于 1989 年提出的，以共炮集偏移后的共成像点道集（CIG）是否拉平为原则评判偏移速度是否准确，反复迭代修正存在误差的速度模型的方法。如果用于叠前深度偏移的层速度模型正确，则用于叠加的共成像点道集的同相轴是水平的；如果用于叠前深度偏移的深度域层速度模型不正确，则用于叠加的叠前共成像点道集的同相轴是弯曲的，弯曲程度及方向取决于深度域层速度模型与真实速度的偏离程度。

剩余曲率分析主要包括三个方面：一是形成偏移后的共成像点道集；二是将剩余速度和剩余延迟联系起来，计算并拾取剩余延迟；三是将拾取的剩余速度与原始偏移速度模型相结合，修正速度形成新的更精准的速度模型。这种方法可以有效地使偏移速度分析与叠前深度偏移相结合，二者相互促进、相辅相成。该方法本质上是利用偏移成像后的能量聚焦信息来修正速度，方法灵活、操作方便，既可以与克希霍夫偏移联合，也可以与基于双程波动方程的逆时偏移相结合，使速度模型和偏移成像更加精确。

Deregowski（1990）提出了一种基于时间偏移的共偏移距道集的速度模型修正方式，在共成像点道集叠加前进行倾角时差校正，用以消除倾斜地层对成像结果造成的误差。由于是在时间域进行偏移处理，因而具有计算速度快的特点。在精度上也能大致满足要求，因而得以广泛使用。Lee 等（1992）提出的速度修正公式可以适应小倾角地层，使得剩余曲率分析方法适应性进一步提高。Liu 等于 1992—1997 年间进一步研究了偏移速度分析方法，对速度模型进行层位标定，允许不同层位的速度差别较大，使得速度模型更容易收敛，提高了速度模型的精度和迭代效率（Liu等，1992，1995；Liu，1997）。Meng等（1999）提出了适用于三维建模的反映偏移速度梯度变化的两步法偏移速度修正公式，此方法脱离了地层倾角的限制。李振春等（2003）提出基于线性加权的波动方程深度域层速度建模方法，通过定量计算深度域层速度误差与成像深度的关系，进行多种参数的偏移速度联合反演，深度域层速度模型精度进一步提高。Biondi等（2004）对角度域共成像点道集（ADCIGS）的运动学和动力学特征进行分析，用角度域共成像点道集进行深度域层速度模型修正，将用于深度偏移的速度建模技术推向了新的高度。

（2）深度聚焦分析法。

Doherty等（1974）结合层速度模型修正与道集聚焦进行分析，对单个共中心点道集用有限差分算法进行速度修正分析。Yilmaz等（1980）将深度聚焦分析应用到实际资料的叠前时间偏移处理中。Mackay等（1992）指出，深度聚焦分析本质就是根据叠加能量的大小衡量并拾取剩余速度误差。Lafond等（1993）针对实测数据采用剥层法做速度分析处理，取得了可喜的效果。Wang等（2006）对盐下复杂构造使用深度聚焦分析方法进行偏移速度扫描。刘守伟等（2007）结合了剩余曲率分析法和深度聚焦分析法，将其统一到角道集层面进行深度域层速度模型修正，提高了深度域层速度模型的精度。张凯（2008）推导了能够适应非水平地层的深度聚集分析角道集公式。

2. 最小误差准则速度估计方法

根据所使用的数据，层析成像技术可以分为反射层析、透射层析、折射层析，还可以分为利用走时信息的旅行时层析和利用波形信息的波形反演等。反射层析、透射层析、折射层析速度建模基于正演模拟数据和实测地震数据之间的匹配度，这些方法都属于旅行时层析，仅利用了地震波的走时信息。波形反演则利用了走时信息和地震波的波形，分为绕射层析和全波形反演。

在走时层析方法中需要计算地震波的旅行时，通常将地震波的传播路径抽象为射线，常规的射线走时层析中的射线代表了波的传播路径。用射线表示地震波的传播路径隐含着地震波频率很高的假设。这个假设与实际地震波的频率不一致，且在射线追踪的过程中经常遇到焦散和多路径等问题。为了克服以射线表示地震波传播的不足，用具有一定截面积的管状的胖射线来表示地震波的传播路径，此时的层析方法称为胖射线层析（Fat Tomo）。胖射线可以分为固定截面积胖射线和可变截面积胖射线两类。固定截面积胖射线层析称为胖射线层析，可变截面积胖射线又分为根据菲涅尔带确定射线截面积的菲涅尔体胖射线和高斯函数加权的高斯束胖射线，由此引申出菲涅尔体层析和高斯束层析。菲涅尔体层析优于胖射线层析，而高斯束层析的理论体系更加精确。

常规的层析方法利用了地震波走时，但是实际上炮集或检波点道集中同相轴的倾角也含有地下介质的速度信息。为了充分利用地震资料的信息，将同相轴的斜率也加入层析反演中，形成了斜率层析方法。立体层析技术属于斜率层析方法，它将炮点和检波点的位置、炮点和检波点处同相轴的斜率、走时都引入层析目标函数中，具有建模精度高的优势。

立体层析比射线层析、胖射线层析、菲涅尔体层析和高斯束层析利用的信息多，但波形信息还没有加以利用。波动方程层析方法既使用走时信息，还使用波形和相位信息。高斯束层析方法可以认为是一种介于胖射线层析和波动方程层析之间的方法。

1）射线走时层析成像技术

偏移速度分析法在一定程度上可以提高地震成像的精度，但仍然需要发展精度更高的速度建模方法来处理构造更为复杂的速度建模问题。层析成像技术来源于医学中的CT（Computerized Tomography），并于20世纪70年代引入地球物理学。从1976年Aki等将层析成像引入地震领域以来，地震层析成像技术就成为描述地下介质构造的有效方法之一。进入20世纪80年代，Bregman等（1989）、Mason（1981）将其应用到实际油气勘探中，而Dziewonski（1984）、Clayton等（1983）将此种方法用于全球地壳结构的研究。到了20世纪90年代，地震波层析成像方法已经成为国内外地球物理学家们研究的热门课题。

层析成像理论的基础是拉东变换（Radon Transform）：

$$u(r,\theta)=\int_L f(x,y,z)\mathrm{d}L \tag{1-2-1}$$

式中 $u(r,\theta)$——投影函数；

θ——入射波方向；

r——观测点位置；

$f(x,y,z)$——图像函数；

L——投影路径。

1917年数学家Radon证明：已知所有入射角θ的投影函数$u(r,\theta)$，可以唯一地恢复图像函数$f(x,y,z)$。在地震勘探的走时层析中，$u(r,\theta)$为地震走时，$f(x,y,z)$为地层速度函数的倒数，即慢度函数，L为射线路径。地震层析的目的是根据地震波走时，反演出地层的速度模型。根据拉东变换的原理，沿射线路径传播的信号累加了模型的某些性质（如慢度、衰减等），当多条射线路径从许多不同方向经过了该模型并接收了投影函数信息，就可以根据接收信息重建出该模型的信息（慢度或衰减强度）。

层析反演的对象是地下的连续介质，在进行层析成像时，可有两种处理连续介质的方式。一种是一开始就将介质离散化成一系列不相重叠的单元，每个单元的图像函数都是未知待求的。对每条射线，将线积分式（1-2-1）进行离散化为该射线通过的网格的图像函数值与对应网格内射线长度的乘积的累加形式，形成一个方程，多条射线对应的方程组成一个方程组，求解该方程组的解就得到模型的慢度信息的分布，取其倒数就转化成速度。另一种思路是将反演理论直接建立在对连续介质进行反演的基础上，称为连续模型参数反演。在地震层析成像中，通常都采用第一种方法。

在实际地震层析成像中，由于射线的分布不均，有的网格没有射线通过，在方程组中没有该网格的走时信息，对于这些网格，反演问题是欠定的。也有一些网格有很多射线通过，对于这些网格，反演问题是超定的。总体而言，走时层析反演问题是混定问题，通常不能用直接求逆法求解方程组的解。另外，当反演问题的未知参数量很大时，直接求逆法也是不可取的。因此，通常用迭代法求解方程组。射线路径依赖于介质的慢度分布，因此，在地震层析成像中模型参数与观测数据之间的关系是非线性的。在此情况下，给定某个参考模型进行走时的线性化，并采用逐次线性迭代解法来逐渐逼近非线性解。由于反演问题通常不是适定问题，因此，需要对反演问题进行适当的正则化（如假设模型是光滑的），这时反演问题的解才是稳定的，但会降低解的分辨率或精度。

地震层析成像存在分辨能力不足的问题，也即多解性问题，它的根源是反拉东变换的唯一性得不到保障。拉东变换的反变换表明：只有在已知所有角度的投影数据时才可以唯一地重建图像函数，而这在地震层析成像中是根本无法满足的。层析成像结果的优劣与射线追踪的准确性也有密切的关系，也就是说，射线追踪的弊端反映在层析反演结果的不准确性上。

走时层析类方法对初始模型的依赖性较低，并对地震波进行了高频近似，只利用地震波传播的走时信息，利用的数据量比较少，因此计算量小，并且在反演过程中对大型矩阵进行了稀疏化求解，使反问题的非线性较弱，目标函数局部极值的个数较少，因此有较高的计算效率。

在走时层析中，速度模型需要具有一定的光滑度，因此只能反映速度的变化趋势。此外，在反射层析中，还存在着许多其他缺点。首先存在同一反射层的地震波同相轴及其走时的连续拾取问题。传统的走时层析方法，地震波的走时信息是最基础的数据资料，但对于信噪比较低或者构造较复杂的地质条件，反射波同相轴信息会受到其他波场的干扰，导致连续同相轴和走时拾取不准确，从而影响速度的反演精度。其次存在反射层析反演的稳定性问题。在传统的反射波走时层析中，仅将地震波的走时信息作为已知条件应用到反演问题的运算中，不利用诸如振幅、地层倾角等其他信息进行约束，会导致层析反演矩阵出现大量的“零元素”（零值），使反演方程呈稀疏或者病态形式，从而使反演结果不稳定并且影响反演精度。这些问题一直阻碍着反射波走时层析在日益复杂的地质体速度建模中的应用。

为解决传统的反射波走时层析的缺点，需要改变现有拾取连续的同相轴信息的现状，在利用地震波走时信息建立反演方程的同时，还要利用地震波传播过程中其他的信息进行约束，以获得更稳定的解，从而获得更精确的速度反演结果。

2）*胖射线层析技术*

胖射线层析是从射线层析向波动层析过渡的探索，仅仅加宽了射线，其理论基础不够严格，利用波动理论的科学依据不足，仅停留在感性认识的层面。Hagedoorn（1954）首次提出了地震射线束的概念，认为其是联系射线和波动的桥梁，并定义了第一菲涅尔带的概念，其半径可以通过波的主频来计算，而地震波射线实际上是在这个范围内扰动，并且保持旅行时稳定不变。Michelena 等（1991）通过研究认识到两点间的旅行时受到菲涅尔带内速度的影响，将定义实际射线路径的复杂空间函数近似为宽度和高度都是常数的方程，这就是最早的胖射线方法，并提出一种新的模型参数化方式。这种模型参数化的优势在于同样的二维成像计算量大大减小，为三维速度建模提供了巨大的计算优势。Červený 等（1992）首次用旁轴近似法计算胖射线，给出了最普遍的第一菲涅尔带的定义，即利用最简单的旅行时间标准来判定，也定义了菲涅尔椭圆和菲涅尔半径等概念。Vasco 等（1995）提出了基于准轴体射线近似的菲涅尔体旅行时层析成像方法，并成功地应用于井间旅行时层析成像。Watanabe 等（1999）将胖射线层析应用于地震走时层析，用胖射线代替常规射线来表示波的传播。胖射线定义为比最短走时延迟小于半个周期的一系列波的集合，它是通过计算震源以及检波点处的走时得到的，避免了震源和检波点处的射线追踪，因此节省机时。Husen 等（2001）提出一种用胖射线来做局部地震层析的方法。Zhang 等（2009）提出一种应用优化松弛因子的胖射线层析，在每次迭代过程中推导出自动计算最优松弛因子的公式来加速收敛速度，进而提高胖射线追踪的效率。

较之于传统射线层析，通过使用胖射线来建立层析反演矩阵，可以降低对模型规则化的要求，这样能够降低矩阵的稀疏性，得到性状更好的层析矩阵。将此方法应用于各种不同的层析方法中，比如走时层析、偏移速度分析（MVA）、盐下速度建模、连井速度建模等。将胖射线算法应用于盐下速度分析，显著改善了盐下成像质量。在把地震与测井通过层析算法联系起来的联井层析方法中应用胖射线技术，通过迭代将深度误差降到最低，能有效提高层析结果的分辨率。常规射线层析认为旅行时是沿无限小宽度的射线路径的线性积分，而胖射线层析认为旅行时是体积分，其体积近似为第一菲涅尔带。因此，对于相同的初至时间和网格大小，胖射线对速度模型进行了更多的采样，对应的零空间的维数比常规射线更小。胖射线层析的出现，理论上使层析反演效果更好，更符合实际地震波的传播规律。

3）菲涅尔体层析技术

基于菲涅尔体的波形层析方法是近年来发展较快的重要方法。它利用射线周围的波动性质同时拟合走时和波场的振幅，其本质是有限频带层析的一种。

菲涅尔体射线层析成像是一种介于传统射线层析成像和波动方程层析成像之间的成像方法，成像质量优于传统射线层析成像，且计算量少于波动方程层析成像。康菲石油公司 Harlan（1990）在利用二维井间初至地震数据估计剪切波速度时，面临着两个问题，即井距较小（约 12.5 个波长）和高速石灰岩被低速页岩包裹。在这种情况下，高频地震射线不再适用，而采用菲涅尔体射线则可获得较为理想的结果，当地震波频率带宽为 70~280Hz 时，垂向分辨率约为 3m（Harlan，1990）。Harlan 的相关研究结果是将菲涅尔体射线应用于层析成像的较早实例，但受限于当时的技术条件，结果较为粗略。美国加利福尼亚大学 Vasco 等（1995）分别采用传统射线层析成像、菲涅尔体射线层析成像和波路径法层析成像三种方法对同一组由 Grimsel 岩石实验室采集的地震数据进行二维成像研究，结果表明波路径法层析成像的结果最佳，菲涅尔体层析成像结果与之相当但耗时更少，并指出菲涅尔体层析成像方法在研究地幔结构等方面有着巨大优势（Vasco 等，1995）。日本京都大学 Watanabe 等（1999）对三维直达波菲涅尔体层析成像进行研究后发现，该方法极大地降低了射线分布的稀疏程度，反演过程更加稳定，成像分辨率与波长相当，并引入自动平滑效果。苏黎世联邦理工学院 Husen 等（2001）收集了智利北部安托法加斯塔地区 700 多个地震事件的数据，用以对比传统射线层析成像方法和菲涅尔体射线层析成像方法的成像质量。结果显示，在模型参数化恰当的情况下，二者反演效果差异较小，但缩小网格间距后，菲涅尔体射线层析成像的结果几乎不变，而传统射线层析成像的质量明显降低，因此，模型参数化的差异对菲涅尔体射线层析成像的影响不大。此外，该方法还应用于地震定位研究。Grandjean 等（2004）采用 Java 语言开发了一套二维直达波菲涅尔体射线层析成像软件（JaTS），走时计算采用二阶快速行进法（Sethian 等，1999）。2006 年召开的第 76 届 SEG 年会上，Xu 等展示了利用菲涅尔体射线对 Sigsbee2a 盐丘模型进行成像的研究结果，认为该方法是一种可用于速度建模的实用工具。Claudio 等（2016）采用人工合成数据和实际数据中的初至走时进行近地表区域地震成像，发现菲涅尔体射线成像效果优于传统射线，当地震波长约为探测深度的 0.1 倍时效果最佳，可为全波形反演提供可靠的初始模型。Zelt 等（2016）则采用折射波走时数据进行近地表速度反演。

4）高斯束层析技术

在20世纪80年代，Červený 等率先将高斯射线束理论引入地球物理学中（Červený 等，1982，1984，1992；Červený，1983，2001；Hill，1990）。高斯束在地球物理学的应用中展现了其得天独厚的优势，由于高斯束的处处正则性，减少了整个波场中奇异值的出现，相对于射线层析，焦散问题迎刃而解。高斯束是包含一定有限宽度的射线束，在偏移过程中可以将某点看成附近所有高斯束的加权叠加，很明显依据距离的不同，相应的高斯束对该点的作用也不同。同理，将高斯束理论引入层析速度反演，利用对观测点作用的不同，将附近不同距离的高斯束进行加权叠加，可以将其与收集到的地震信息相关联。

Popov 等（2008）最早提出高斯束层析方法。高斯束层析方法利用高斯束算子来建立核函数，是一种介于胖射线和波动层析之间的层析方法。这种方法兼容了常规射线层析计算速度快、相对稳定的优点，通过在中心射线附近构建多个层析方程来减弱层析方程过于稀疏带来的病态程度，提高层析反演的精度。但是由于构建灵敏度矩阵时仍考虑的是射线，反演过程中还需要进行正则化处理来消除其病态性。

5）立体层析技术

立体层析反演方法是针对反射波走时层析同相轴拾取困难、反演结果不稳定等问题提出来的。立体层析最初来自苏联 Riabinkin 等（1957）提出的控制方向接收法（Controlled Directional Reception，CDR），这种方法在叠前数据体中根据局部相干同相轴来获取斜率信息，这就是立体层析反演方法的最初形式。1987年，斯坦福大学的 Sword 重新提出了此方法，并将其应用在某些工业地震处理工具中。

1998年，法国 Billette 等对控制方向接收法进行了改进，主要利用地震反射波走时以及梯度信息对宏观速度模型进行估算，这就是最早提出的立体层析反演方法。这种方法是控制方向接收法的一种泛化形式，也属于斜率层析的一种。相对于控制方向接收法来说，立体层析的反演过程更加简单，并且具有更高的稳定性（Lambaré，2004）。

Chalard 等（2002）、Billette 等（2003）利用斜率自动拾取的方法，把立体层析应用于2D 及 3D 数据体，使斜率拾取的准确性以及速度更新的效率有了大幅度提高。Le Bégat 等（2000）、Lambaré（2004）、Lambaré 等（2003，2004）在立体层析的实用化方面作出了突出的贡献。

在同一时间段内，Nguyen 等（2003）提出，为了得到更准确的宏观速度模型，立体层析数据空间的拾取可以在深度域进行，这样拾取到的数据点可以均匀地分布在模型中，并且对局部相干同相轴的概念可以做出更合理的解释。另外，Lavaud 等（2004）提出了叠后立体层析的概念，这种方法对数据空间的建立是基于共反射面元（CRS）叠加剖面的，避免了在叠前时间剖面上拾取相干同相轴。Lambaré 等（2003）提出了同时利用 PP 波与 PS 波局部同相轴信息的 PP—PS 多分量立体层析方法。Neckludov 等（2006）对“叠后”立体层析进行了改进，提出了“剩余立体层析反演”，即坚持围绕共反射面元曲线的变化来解释剩余速度更新量。

立体层析反演经过多年的发展，已经从时间域发展到深度域，从叠后发展到叠前，并且速度分析的参数，如叠加速度、共成像点道集剩余曲率信息、叠前时间信息等也都在立体层析中有了更好的应用。随着立体层析反演方法的不断成熟，其在众多实际资料的测试中已展现出更高的效率与稳定性，取得了良好的速度分析结果。

相比于传统的走时层析，立体层析同时把炮点、检波点的出射信息纳入反演过程中，使地震层析反演可以做到地表参数与地下参数的同时反演。值得一提的是，对数据空间的拾取是基于地震记录中局部相干同相轴的，而不需要对连续同相轴进行拾取，这样就大大减少了对复杂地质构造及低信噪比地震记录的处理难度，提高速度反演的精度。在立体层析中，判定速度模型是否正确的准则：在考虑每个炮检对的反射过程时，如果所设的反射点位置、入射角、反射角，以及从反射点分别射到炮点、检波点位置的旅行时之和及速度都正确时，则从反射点分别按入射方向和反射方向向炮点和检波点位置发射射线，当单程旅行时用完时，这两条射线分别从正确的位置以正确的方向从炮检点发射。根据此准则，构建实测走时和计算走时的残差函数作为目标函数，根据最优化理论，获取目标函数对于反射点位置、入射角、反射角和速度的梯度，形成线性代数方程组，修改初始模型，迭代反演获得修正后的速度模型。

6）波动方程层析技术

针对常规射线层析存在的问题，Devanvey（1984）、Tarantola（1984）等于20世纪80年代初提出了波动方程层析方法，全波形反演是其代表性的方法。全波形反演是在Born近似和Rytov近似下，通过逐渐修改给定的模型，使模型对应的模拟波场与观测波场达到最佳匹配，从而实现模型的求取。从理论上来说，由于全波形反演利用了地震波形的全部信息，包括走时、波形、振幅和相位，因此，全波形反演可以获得高分辨率的模型。模型数据和部分实际地震资料的全波形反演已经充分证明，全波形反演结果用于地震成像，成像质量改善明显。

全波形反演面临不少实际困难，表现在七个方面：（1）全波形反演效率低。在全波形反演过程中，需要模拟地震波场获得模拟波场与实测波场的残差，残差作为接收点处的震源进行逆时模拟获得伴随波场，伴随波场与正演模拟波场的相关是目标函数对未知参数的梯度，而梯度类最优化方法所需的信息计算量很大，导致效率低下。（2）由于模拟波场和伴随波场的求取顺序在时间方向是相反的，在求梯度时，需要预先求取全空间全时段正演模拟波场。由于正演模拟波场的数据量巨大，通常保存在硬盘上，在求梯度的过程中读取正演模拟波场，波场的保存占用巨大的存储空间，大量数据的读取也占用很长的时间。（3）全波形反演的目标函数通常是强非线性的，具有多个极值，如果初始模型不准确，迭代往往得不到全局最优解，而只能得到局部最优解。因此，准确的初始模型的构建对全波形反演来说至关重要，但高精度低波数初始模型的构建本身是具有挑战性的。（4）实际地震资料通常都是复杂的，地震子波是时变和空变的，加之噪声等因素的影响，从实际地震资料提取的子波不一定准确，对于以波形匹配为准则的全波形反演而言极其不利，这种子波的不匹配会导致模型的错误修正，反演结果不是真实模型的反映。（5）全波形反演以波动方程为基础，波动方程的种类很多，如声波方程、弹性波方程、黏滞声波方程、黏弹性波动方程、弹性各向异性波动方程、黏弹性各向异性波动方程等。在全波形反演过程中，预先假定某个工区的介质是声波介质、黏弹性介质或各向异性介质，一旦选定介质的特性后，所反演的参数就是描述这种介质特性的参数。例如，选定的介质为弹性声波介质，此时，只有纵波，没有横波，且无吸收衰减，所反演的参数只有纵波速度和密度，而实际介质可能具有黏滞性，在反演中无法考虑黏滞性对波形和走时的影响，这些影响就会因观测数据与模拟数据匹配而强行反映到纵波速度和密度参数上，导致反演结果的畸变。(6)地震数据中噪声的影响也不可避免，直接影响到波形信息的准确性。(7)全波形反演参数间的耦合关系复杂而难以解耦。在多参数反演中，多个参数对地震波的影响是耦合在一起的，不是相互独立的，因此，一个参数不能准确反演，另一个参数也是无法准确反演的，同时准确反演多个参数具有极大的难度，反演的参数越多，难度也越大。

针对上述问题，研究人员提出了相应的技术对策，例如，将时间域全波形反演转换到频率域以提高效率，在拉普拉斯域进行全波形反演以降低对初始模型的要求，波场重构以增加计算量减少存储量，卷积型目标函数消除子波的影响，震源编码多炮同时反演提高效率等。这些方法和思路或多或少地解决了不少面临的难题。随着计算机技术的发展和全波形反演理论和方法的深入研究，全波形反演逐渐在生产中得到了应用，尤其是在海洋地震资料中取得了一定的应用效果。但面向复杂多变的陆地资料和高精度要求，全波形反演方法还需要进一步研究和发展，才能全面走向实际生产。

二、速度估计与速度建模技术应用历程

速度建模指综合应用速度估计方法和计算机人机交互模型表征技术建立符合一定地质逻辑的宏观速度模型的过程，这个速度模型可以用于叠前时间偏移和叠前深度偏移运算，因此，速度建模技术应用过程和地震反演与偏移、构造解释、高性能计算能力的发展密切相关。与偏移成像方法类似，并不是所有的速度估计与速度建模方法都能开发成商业软件在实际生产中应用。从实际应用角度来看，伴随着地震资料处理技术从水平叠加、倾斜叠加、叠前时间偏移发展到叠前深度偏移，可以自然地把速度估计方法划分成叠加速度分析、偏移速度分析、层析速度反演和全波形反演四大类。最初应用都是从简单的叠加速度分析方法开始，随后应用不断出现的各种提升精度的成像域偏移速度分析方法，在偏移速度分析发展到一定程度很难再进一步提高速度建模精度时，与克希霍夫偏移和高斯束偏移方法相配套的层析速度反演方法逐渐应用于实际生产。随着逆时偏移等双程波动方程偏移在工业界的应用，当前更高精度的全波形反演方法得到了重视。目前，工业界基于反射波的偏移速度估计方法支持TTI各向异性介质速度建模，也能够适应宽方位采集数据的方位各向异性速度建模。

1. 时间域速度分析技术应用

时间域叠加速度分析工业化应用历程比较简单，在20世纪90年代以前，地震数字信号处理以批量处理为主，专业处理人员利用批量地震资料处理系统中生成速度谱的模块，编辑生成叠加速度谱，通过绘图仪打印出来大量的纸质速度谱，人工解释后再在计算机上录入速度分析点的速度函数，作为水平叠加和叠后偏移的输入参数，这一时期速度分析精度偏低、插值等配套方法不完备、分析效率不高。20世纪90年代初期，随着计算机工作站的出现，以交互速度分析为主的地震资料人机交互处理软件系统开始工业化应用。在1992年左右，美国CSD公司在中国率先推出方便灵活的交互速度分析模块，专业处理员不需要用专业绘图仪显示纸质速度谱图，只要利用鼠标点击工作站显示器上的速度谱即可实现叠加速度拾取和录入，还有相邻速度谱点拾取结果的投影、动校正、速度扫描叠加、速度编辑、插值、平滑、质控等多种交互速度分析功能，极大地缩短了地震资料处理周期。20世纪90年代后期，为了适应各向异性参数分析需要，叠加速度分析出现了基于高

阶动校正的速度分析模块，随着叠前时间和深度偏移各向异性速度分析功能的同步发展，高阶动校正曲线的叠加速度分析作为地震处理一个过渡性的技术在工业界未能得以广泛推广。

叠前时间偏移自 21 世纪初期开始规模化应用，叠前时间偏移速度分析技术应用历程与叠加速度分析十分相似，早期简单依靠叠加速度或倾角时差校正速度分析结果作为初始速度，经过速度百分比偏移测试后确定最终叠前时间偏移速度。比较有特色的是法国地球物理服务公司（CGG）2004 年在中国推出叠前时间偏移速度百分比扫描交互拾取模块，可以直观地在不同速度叠前时间偏移结果上直接拾取偏移速度。这个功能符合叠前时间偏移速度不受上覆和周边介质速度影响的特点，速度分析所见即所得。同时期内，各大服务公司相继推出叠前时间偏移速度分析功能，主要以交互剩余速度分析为主，通过对初始模型偏移后的共反射点（CRP）道集进行反偏移或反动校正，再进行均方根速度分析。2005 年前后，以色列帕拉代姆地球物理公司（Paradigm）、法国地球物理服务公司、美国西方地球物理公司先后推出弯曲射线叠前时间偏移方法，即利用时间域层速度进行偏移，与之相适应的偏移速度分析也出现了基于反演思想约束速度反演功能（如 2007 年前后以色列帕拉代姆公司推出约束层速度反演技术），作为 Dix 层速度转换功能的升级版，求取时间域层速度。为了适应 VTI 介质速度分析，在叠前时间偏移速度分析中增加了 η 谱分析，即适应远炮检距校平的等效 VTI 参数分析。为了适应高密度采集海量地震数据速度分析，各大服务公司相继推出了高密度自动速度分析功能（如 2006 年法国地球物理服务公司推出了 HDPICK 等自动速度分析系列功能模块）。对于信噪比较高的地震资料，通过高密度自动速度分析，再加上在 GPU 上运行的叠前时间偏移方法，工业界快速实现了海量数据的高效时间域偏移处理。可见，工业界叠前时间偏移速度分析技术应用一直向着如何适应高密度海量数据的高效速度分析方向发展。

2. 深度域速度建模技术应用

20 世纪 80 年代末期，墨西哥湾盐下构造勘探需求直接推动了叠前深度偏移技术的发展。目前，叠前深度域速度建模与偏移已经成为该区域常规生产处理流程，与之相应的速度反演和速度建模技术也得到迅速发展。从三维速度建模的角度考虑，速度建模不仅仅需要高端的速度反演算法，还需要配套的速度谱分析、剩余延迟谱分析、层位拾取等交互解释和三维可视化显示功能，速度分析和速度反演算法、交互速度解释和建模软件是完成叠前深度偏移速度建模的基本条件。经过近 30 年的发展，速度反演方法由最初的旅行时层析发展到现今的全波形反演，地质信息约束下的层析技术与全波形反演联合应用已经成为墨西哥湾盐构造成像的关键技术，地质解释驱动的盐构造建模方法使地震成像速度建模过程更有地质意义，有效提高了速度模型的精度。目前，深度域速度建模工业化软件可以适应海域和陆地简单地表区宽频、宽方位和高密度地震采集数据的叠前深度偏移成像处理需求。随着油气勘探向地表剧烈起伏、地下构造复杂的双复杂探区推进，学术界认识到真地表叠前深度偏移才是有效成像技术，但是缺少与之相应的从真地表开始包含高精度近地表和中深层的联合速度建模有效手段。

目前，工业界实现叠前深度偏移的速度建模思路大体一致。首先用一定的方法进行初始速度建模，然后用一定的偏移方法输出目标线的共反射点道集及偏移剖面，随后用不同的速度估计方法进行模型更新，最后进行三维偏移输出分析结果。实际应用最广泛的叠前深度偏移速度估计方法还是剩余速度分析和层析速度反演方法。常见的层析速度反演方法主要有模型驱动和数据驱动两大流派。根据速度估计和速度反演方法不同，配套的速度模型表征建模软件设计思路也不同，主流的速度建模软件主要适应层状模型和非层状模型两大类。层状模型适用于具有明显反射界面、地质构造相对简单的地区。非层状模型又分为块体模型和网格模型，适用于强烈构造运动背景下的地下目标（如盐下、逆掩断覆体之下的目标），在这些地区层状地层已经被剧烈的构造运动复杂化，层状模型不能准确地描述速度的分布规律。但是当复杂构造上覆地层可能存在较为简单且连续变化的地层时，可以把层状建模和非层状建模的思路结合起来，比较实用的方法是分区域采用不同的建模手段。回顾速度建模技术应用历程，可以将速度建模技术分为以下三个主要阶段。

第一阶段是以层状速度建模软件为主的应用阶段。这类速度建模软件的代表是以色列帕拉代姆地球物理公司于 20 世纪 90 年代中期推出的叠前深度偏移速度建模商业软件，至今在国内仍然是各大处理中心复杂构造成像的主要软件。这种基于构造解释的速度建模，通常做法是在叠后时间偏移剖面或叠前时间偏移剖面上进行横向追踪对比，拾取大套地层的分界面，开展以沿层速度分析和层析方法为主的剩余速度分析、层析射线追踪和层析反演。更新后的速度以解释的实体构造模型边界为速度分界面，块体内部或层间填入沿层分析得到的地震层速度，这类软件通常要求在层间速度为常速或均匀梯度变化，这种做法导致在速度变化较快的地区可能出现偏移结果聚焦性偏低的问题。这类建模方法受地质认识影响较大，适合构造模式认识较为清晰的地区，要求速度建模人员还要具备基本的地质概念及构造解释与构造建模能力，即处理、解释一体化完成速度建模工作。所建的速度模型的分辨率取决于构造解释的层数和三维空间构造建模的精细程度，一般来说，速度模型中的高波数成分较少。

第二阶段是以三维网格层析建模软件为主的应用阶段。以法国地球物理服务公司和美国西方地球物理公司为主的服务公司在 2006 年前后推出商业软件，国外处理中心广泛应用。这类建模方法以网格层析反演为主，层析算法中的正演射线追踪和反演矩阵构建以网格节点为主，其对地震资料的信噪比、共成像点道集上的剩余曲率、偏移剖面上的倾角等拾取精度要求较高。如果网格划分较小、拾取密度够高，反演得到的速度模型分辨率比层状建模法得到的速度模型分辨率高，模型展现的细节更丰富、对地质认识的依赖较小、对软件的交互性要求没有层状速度建模软件高。事实上，早期的软件大都以批量处理方式实现网格层析建模，人工控制较少；劣势是纯数据驱动的反演方法对地震数据品质和初始速度模型的要求较高，受反演方法的限制，可能陷入局部极值，导致反演结果存在一定的多解性。

第三阶段是将层状建模与网格建模相结合的混合速度建模阶段。2006 年前后，逆时偏移开始工业化应用，对深度域速度模型分辨率（即模型中的高波数成分）的要求提高了。2010 年起，法国地球物理服务公司和美国西方地球物理公司开始推出混合速度建模商业化软件。速度建模软件结合了模型驱动速度建模方法，利用地质规律较好的宏观背景速度趋势，以及数据驱动速度估计方法分辨率高的优势，方便用户实现构造导向约束下的高精度网格层析建模，减少速度反演多解性，所获得的速度模型既能反映宏观构造背景，又有细节变化，更符合逆时偏移等高精度偏移算法的要求。这类速度建模软件对数据管理、交互功能、可视化、并行处理等计算机应用层面的要求较高，对速度建模人员的应用水平要求也较高，软件开发和应用难度更大。随着叠前深度偏移方法进入油藏地球物理领域，近年来，法国地球物理服务公司、美国西方地球物理公司（已并入斯伦贝谢）、以色列帕拉代姆地球物理公司、中国石油集团东方地球物理勘探有限责任公司（BGP）等相继推出类似于高分辨率井控速度建模、断控层析等混合速度建模软件或模块，以更加方便地进行高效和高精度偏移速度建模工作。

3. 各向异性介质建模方法应用

研究表明，地球介质的弹性各向异性是普遍存在的。对于沉积环境相对稳定的薄互层和裂缝定向排列的裂缝型储层，都表现为弹性性质的各向异性特征，即在均匀各向异性介质中，地震波的传播速度随传播方向或传播方位而变化。水平层状的页岩地层在横向方向表现为各向同性，但在与垂直方向的夹角不同时则表现为各向异性，故此各向异性介质称为横向各向同性介质。以水平层状地层界面的法线方向为基准，地震波在某个方向传播，只要传播方向与法线所夹的角相同，则传播速度相同，因此，界面的法线就是一个对称轴。由于该对称轴是垂直于地面的，故这种介质称为 VTI 介质。如果地层发生产状的变化，该对称轴变得倾斜了，此时，这种介质称为 TTI 介质。当 VTI 介质以水平方向为轴翻转 90°，此时该介质称为 HTI 介质，具有水平的对称轴。如果在页岩地层中有与层面垂直的裂缝发育，此时这种介质称为正交各向异性介质。各向同性介质实际上只是各向异性介质的一种特例。

描述各向异性介质特性的参数比各向同性介质的参数要多出很多。对于各向同性介质而言，如果是声学介质，可以用纵波速度和密度两个参数刻画；如果是弹性介质，可以用纵横波速度和密度三个参数刻画；对于 VTI 介质而言，需要用垂直方向的纵横波速度、密度和 3 个 Thomson 参数（$\varepsilon, \delta, \gamma$）来表征。Thomson 参数的大小表征介质各向异性的强弱，ε 和 γ 分别表示纵波速度和横波速度的各向异性强度，δ 是与纵横波速度各向异性都有关的变异系数，当介质为各向同性介质时，Thomson 参数的值都为零。

1）VTI 各向异性介质速度建模

对于各向异性介质，由于速度的各向异性，引起波前面各向异性。各向异性介质空间点源产生的波前面不再是球面，而是相当复杂的曲面，并且随各向异性强度不同，曲面形状也不同，即使是单一反射界面产生的反射波，其同相轴也不再是双曲线型的，对于可能出现的横波奇异性而言，情况会更加复杂。在存在各向异性的情况下进行传统的速度建模，会产生以下局限：对于水平反射层，短排列的动校速度不等于均方根速度（Lyakhovisky 等，1971；Thomsen，1986），并且双曲型时距曲线方程只有对均匀各向同性以及椭圆各向异性介质才严格有效（Tsvankin 等，1994），在均匀各向异性介质中会产生非双曲时差，各向异性可以使水平反射层的正常时差速度产生误差，同样也会加大双曲时差的偏差（Banik，1984；Tsvankin 等，1994）。如果不做合适的考虑和分析，就可能造成速度估算的误差，进而影响叠加剖面的质量。

VTI 介质是最简单的各向异性介质，当地层产状基本水平时，可以用 VTI 介质刻画地下介质。大约在 1998 年以后，VTI 介质进入了工业化应用阶段。

针对 VTI 介质的建模，可以从各向同性介质的叠前深度偏移结果开始。应用各向同性介质模型，深度偏移结果中的层位与井中得到的层位的深度不吻合。造成这种现象的原因在于，利用地面采集的地震数据求取的速度要高于垂向速度。因此，各向同性介质深度偏移导致层位的成像深度大于井中实际地层层位的深度。

修正各向同性介质模型为各向异性介质模型的过程如下：

（1）应用平滑后的各向同性速度，通过垂向拉伸将各向同性深度模型转到时间域，形成各向同性介质的时间模型。

（2）在各向同性时间模型中，通过除以（$1+\delta$）对层速度进行比例，当δ为正值时，层速度变小。

（3）将比例后的时间模型转回到深度域，此时模型中层位的深度变浅、速度值变小，层位的深度将与井中层位的深度吻合。该方法保存了垂直旅行时，但由于已经应用错误的初始各向同性速度，忽视了横向速度变化而存在误差，因此，还需要估计ε的值。可以假定ε和δ成比例，即

$$\varepsilon=c\delta \tag{1-2-2}$$

式中　c——常数。

也可以利用较高阶速度的自动拾取分析较高阶剩余时差来求取。

（4）利用第（3）步求取的各向异性速度深度模型和各向异性参数进行各向异性深度偏移。

如果偏移后进一步利用常规的速度分析工具来估计较高阶剩余时差，可以通过以下方法实现：

（1）应用平滑后的各向异性速度模型将各向异性偏移共反射点道集转换到时间域。

（2）如果在初始偏移中应用的ε为0，用相关的均方根速度做反动校正；如果上述第（4）步偏移中的ε不为0，用给定的η值反动校掉较高阶的动校时差。

（3）把这些道集输入较高阶速度分析软件中，通过测量η参数来分析较高阶动校时差。从时间道集的剩余动校时差上求取的就是Alkhalifah的η参数：

$$\eta=(\varepsilon-\delta)/(1+2\delta) \tag{1-2-3}$$

需要注意的是它是一个等效η值，为了获得层η值，还需要进行类似Dix方式的转换。但这种转换仅对水平层是合理的，对于倾斜地层来说就需要应用各向异性层析的方法求解。

在有较好井控制的情况下，各向异性介质建模可以从浅到深地建立各向异性介质模型。对于井较密或者能够得到可靠的δ值的情况，可以用以下方法建模：（1）用井求取的速度场，此时已经考虑δ的影响或者用δ标定的地面地震速度进行偏移；（2）通过密集的自动拾取来恢复剩余二阶和更高阶动校时差效应，然后在反演中通过层析方式对已考虑各向异性的拾取值进行反演，修正速度的垂直分量和ε。

2）TTI和HTI各向异性介质速度建模

TTI各向异性速度建模与VTI各向异性速度建模实现过程类似，为了实现各向异性射线追踪，相比VTI各向异性速度模型，除了纵横波速度、密度和3个Thomson参数，TTI各向异性速度模型的建立还需求出各向异性地层对称轴的倾角和方位角。在实际生产中，对称轴的倾角和方位角常在叠前深度偏移结果上进行确定，对于方位各向异性介质，可以采用多方位层析的方法建模，以确定方位各向异性的影响。

大约从2010年开始，法国地球物理服务公司、美国西方地球物理公司和以色列帕拉

代姆地球物理公司等服务公司相继推出了商业化的 TTI 深度域速度建模功能，目前 TTI 各向异性速度建模技术在高陡构造地区普遍应用。但是对于宽方位数据的 HTI 各向异性速度建模技术还处于试验性应用阶段，商业化的建模工具相对不多。近年来在学术界热度很高的正交各向异性速度建模技术尚未形成商业化软件。在实际处理中，由于各向异性介质速度建模工具的应用对人员的地质知识、地球物理方法和计算机应用技巧等综合素质要求较高，全面应用见效尚需时日。

4. 近地表速度建模方法

在勘探地球物理学中，近地表通常指的是地表尚未成岩的低速地带，厚度大概从地表往下几十到几百米不等。虽然近地表介质厚度相对很小，但是它对地震波场却有极大的影响，对地球物理勘探数据的采集和处理均极为不利。因此，近地表建模具有十分重要的意义。

现在已提出的求取速度的方法有很多种，如叠加速度分析、偏移速度分析、面波法等速度分析方法，以及折射波法和微测井等直接测量法。

常规野外地震观测时，由于近地表层段具有覆盖次数低、反射同相轴少、偏移距大等特点而使叠加速度分析和偏移速度分析等方法难以适用近地表速度建模。

微测井是在一口或多口穿过低速带、降速带的井中进行速度测量的方法，一般采用井中激发、地面接收，地面激发、井中接收或井中激发、井中接收等方式。通过多次激发，利用折射波的斜率和透射波时距曲线拐点来确定低降速带速度和厚度。通过微测井法调查表层速度结构，能够比较准确地确定表层速度随深度的变化规律，尤其是速度结构变化大、低降速带比较厚的表层结构，其计算精度要优于其他方法。该方法基本不受地表条件的限制，适用范围较广，但这种方法在测定速度结构变化大以及低速带厚度较大的地区时，必须加密测点，导致成本高、效率低，一般仅用于表层结构调查的控制点测量。

小折射法根据折射波的基本理论，以直达波和折射波的时距曲线计算近地表速度和厚度。小折射法是一种常用的表层结构调查方法，具有成本低、操作简单、效率高等特点，对表层结构简单、地表平缓、低降速层变化较小的地区比较适用。表层结构调查利用小折射法同时用稀疏的微测井法加以校正，如果高速层埋藏较深，一般通过滚动炮点的观测方式，将折射波时距曲线首尾拼接解释。在地表条件相对复杂地区，存在着一些诸如折射界面不稳固、折射波难以识别的问题；在低降速带存在层速度倒转时，难以得到较高速度层下低速度层的速度信息；在观测段内地表起伏不平时，其速度测量结果会出现一定误差。

面波勘探多指瑞雷波勘探。在反射地震勘探中，面波通常都被作为干扰波剔除。但由于面波包含了频散等有用的关于地下介质的信息，利用这些信息可以反演得到近地表的横波速度，经转换可得到纵波速度，面波可以作为一种有用信号用于估计近地表速度模型。面波勘探较其他一些方法（如微测井、小折射法等）具有效率高、精度高、成本低等优点，并已广泛应用于地表及地质条件复杂的非沙漠区及地表起伏较小的沙漠区近地表地质调查。常规面波勘探方法探测深度相对较浅，最深不过 50~60m。面波法在油气地震勘探中应用还非常少。

由于以上方法存在的诸多问题，人们越来越重视近地表速度模型的建立方法研究，开始探讨初至波层析成像方法。到达接收点的波有许多类型，如直达波、折射波、回折波等，由于这些波大多是在近地表传播，它们的特点是在浅层传播能量很强、且可追踪性好，从走时中可以提取出丰富的近地表速度信息，因此从初至波中应用层析反演的方法提取近地表精确的速度信息成为首选。初至波走时层析速度建模方法是把地下介质离散成一个个相互毗连的小单元，利用射线追踪方法从射线路径和走时信息中获得速度模型。因为不需要任何构造信息，它对于地表起伏复杂情况下的初至信息拟合很好，而且能够对复杂的地下介质精确成像，所以这种方法使用较多，已成为工业界近地表速度建模的必用工具。

在陆地复杂地表区，为了获得相对可靠的近地表速度模型，常常需要综合应用走时层析、微测井、小折射、面波法等多种信息联合建模。

第三节　复杂地表、复杂构造区地震成像技术发展历程

复杂地表、复杂构造区大都位于盆山结合部，受多期构造运动影响，地表和地下地震地质条件都十分复杂，是典型的双复杂勘探区。双复杂探区地震勘探之所以困难的根本原因在于：复杂地表岩性变化、高程变化，以及剧烈的地下构造、岩性横向变化所引起的地震波场复杂化，且常伴随着地震原始资料信噪比较低，常规的以水平地表和水平层状介质假设为基础的时间域地震成像处理方法无法适应复杂地表和复杂地下结构带来的一系列技术难题。自20世纪80年代开始，国内外学者开始探讨复杂山地地震成像处理方法，但是受业务需求和技术难度各种因素的限制，复杂地表、复杂结构区地震成像处理技术发展与应用均较为缓慢。

一、国外复杂地表、复杂构造区地震成像技术发展历程

自20世纪70年代末开始，国外学术界开始探讨波场延拓类复杂山地地震成像方法。Berryhill（1979）提出了波动方程基准面校正的思想；后来Bevc（1997）通过将波场上延到水平地表，实现了非水平地表的成像。这种基于波动方程延拓的方式无法解决共检波点道集上的假频现象，而且波场延拓的填充速度误差又会引入新的时差。Rajasekaran等（1995）对山前带叠前深度偏移处理思路进行了详细阐述，提出应该抛弃常规的共中心点动校正处理思路，在高精度初至波走时反演的基础上，用逆时偏移算子直接在非水平地表上进行叠前深度偏移及剩余时差偏移速度估计。20世纪末，加拿大卡尔加里大学Lines领导的研究小组以落基山山前带模型数据和实际二维数据为例，论证了真地表叠前深度偏移的必要性，明确指出了复杂山地成像处理发展方向是从真实地表开始进行深度域速度建模和偏移，以此代替时间域静校正，解决复杂山地“静校不静”问题。Wiggins（1984）提出克希霍夫积分波场延拓方法，理论上可将非水平地表观测波场延拓到水平基准面上。实际上，因充填速度的不准确或不适用而引入的新时差还是会破坏后续的成像。Gray等（1995）、Yan等（2001）提出的非水平地表的克希霍夫积分叠前偏移，重点讨论了积分加权因子对成像精度的影响，没有针对性地讨论噪声压制及速度估计问题。Alkhalifah等（2004）利用基准面校正方法上延波场，实质上是在常速及直射线路径的假设下，校正从实际炮、检点到水平基准面的时差，实现水平基准面的克希霍夫积分叠前时间偏移。Wang等（2007）提出射线束叠加法压制非相干噪声，该方法适应非水平地表及水平地表的叠前时间偏移。Liu等（2011）提出的叠前深度偏移及速度分析流程，从速度建模角度分

析了非水平地表成像问题，但只是对该问题的初步探索。这些思路在理论上可行，用模型数据测试见到了效果，但是实际数据测试结果并不理想。

上述各种方法在理论上可行，但在实际数据处理过程中，受限于资料信噪比低、道间时差变化剧烈、背景速度的估计过程很可能不收敛及计算效率低等问题，使它们难以在实际中推广应用。

长期以来，复杂山地高陡构造地震成像技术在国际地球物理界一直是一个难题。国外油公司的勘探区块大都以海域和沙漠区为主，复杂山地地震勘探业务很少，仅在加拿大落基山前和南美洲的安第斯山前有少量勘探区块，所以山地地震资料处理及成像方法的研究并不活跃。20 世纪 90 年代末，以加拿大 Veritas 公司为代表的服务公司推出了从起伏地表开始叠前深度偏移的理念，这是解决前陆冲断带逆冲构造成像问题较为合理的思路，并且在加拿大落基山山前带、南美安第斯山前带的二维地震成像中见到了一定的应用效果。法国地球物理服务公司 2010 年对外推出了适合起伏地表叠前时间偏移的双平方根动校正和静校正分解模块，用来解决时间域数据如何适应起伏地表偏移的需要，速度建模方面推出基于初至波的回折波（Turning Wave）层析反演近地表速度，线性和非线性网格层析用于反射波速度建模，控制束偏移用于低信噪比资料成像；美国西方地球物理公司在 2010 年前后也推出了回折波层析近地表反演和构造导向约束反射波网格层析速度建模软件。虽然针对起伏地表速度建模推出了以层析反演为主的速度建模技术，但是回折波初至层析方法假设近地表速度呈梯度变化，并不适合剧烈起伏的山区和黄土塬地区，且没有系统考虑复杂近地表速度反演误差等对偏移的影响。总之，国外油气业务对双复杂探区地震成像技术需求较少，虽然国外公司在部分技术环节开展了理论和实践探索，并取得一定效果，但缺乏系统成熟的时间域、深度域配套技术解决方案，尚不能解决中国中西部诸如川西北龙门山、塔里木库车、新疆准噶尔南缘等前陆冲断带的地震成像问题。

二、国内复杂地表、复杂构造区地震成像技术发展历程

国内学者对复杂山地成像技术的研究早期阶段仍然延续时间域大平滑浮动基准面的处理思路。从 20 世纪 80 年代开始，在塔里木盆地和准噶尔盆地投入了大量地震工作量，但是相应的地震资料处理还是沿袭了以水平均匀介质假设为基础的叠后时间偏移技术。自 20 世纪 90 年代中期开始引进以色列帕拉代姆公司的叠前深度偏移处理技术，90 年代后期至 21 世纪初，在东部深层潜山成像中见到明显效果，但是直接在复杂山地应用叠前深度偏移处理成像未得到预期效果，深度偏移后地震剖面画弧现象严重，资料信噪比低，偏移后圈闭形态及空间位置与时间域成像相差太大。2010 年以前复杂山地叠前深度偏移技术应用并未在我国中西部各探区推广。究其原因，还是技术应用不合理，直接把国外适合墨西哥湾盐下成像技术应用到国内山地领域，出现了“水土不服”现象。因此，需要根据我国中西部复杂地表复杂构造区的实际情况，开发针对性的山地地震成像技术。

1996 年 1 月，孟尔盛先生通过中国石油学会物探委员会内部参考资料，推荐了 Kessler 在《勘探前沿（The Leading Edge）》1995 年第 9 期“深度处理的一个实例”，同时给中国石油勘探开发研究院北京院（以下简称北京院）刘雯林先生写信提出叠前深度偏移在山地处理中应该重视速度建模和偏移起始面问题。1999 年，钱荣钧等提出中间面解决方案，都是为了尽量减少低速带静校正给深度域速度估计带来的误差。2003 年起，中国

石油勘探与生产分公司（现为油气和新能源分公司）组织北京院地球物理所开展复杂山地高陡构造真地表成像技术研究攻关，在玉门窟窿山引进 Yilmaz 提出的超长排列采集技术思路，开展以超长排列初至波反演为主的真地表成像先导试验。实验表明，直接从真地表开始速度建模和偏移需要首先解决山地资料信噪比低和近地表速度建模精度不足的问题。之后，北京院的地震成像人员在中国石油勘探与生产分公司物探业务领导的指导下，开始关注如何修正时间域静校正方法和深度域速度建模技术，使之与起伏地表成像算法相匹配。2005 年，张研等提出前陆冲断带起伏地表地震深度域成像需要从地表相关的小圆滑面开始的技术对策。2006 年，徐凌等在塔里木库车山地叠前深度偏移处理攻关中明确提出，从地表小圆滑面开始进行地震波速度场保真处理和偏移成像的技术路线。当时，由于工业界还没有成熟的适合山地非规则采集地震资料的高精度初至波走时层析近地表速度建模技术，这个技术思路虽然在库车大北三维地震成像处理中见到一定效果，但未能得到大规模推广。研究团队认识到，解决双复杂探区地震成像问题需要从方法、技术、软件等方面开展系统化研究。自 2008 年起，历时十余载，北京院在国家重大专项的资助和中国石油勘探与生产分公司的组织下，开展了真地表全深度成像技术研究与攻关。“十二五”期间，形成了面向起伏地表叠前深度偏移的保持波场运动学特征的处理流程和起伏地表逆时偏移技术（Hu 等，2013）。2016 年底，对外发布了适合前陆冲断带双复杂探区的深度域整体速度建模技术和配套软件，首次在高精度近地表速度建模基础上，将偏移前数据处理面、速度建模与偏移起始面系统化考虑，形成了保持波场运动学特征的真地表全深度成像处理技术系列及流程（韩永科等，2012）。北京院成像团队在“十三五”期间将真地表全深度速度建模与成像技术及 iPreSeis 软件逐步应用到我国中西部主要前陆冲断带及复杂构造区，取得了较好的应用效果。在此期间国内以同济大学和中国石化为代表的研究团队也在进行复杂山地成像方法研究。王华忠等（2012，2013）发表了山前带地震勘探策略与成像处理方法，强调尽可能用同相叠加方法压制噪声，通过选取合适成像基准面以消除或减弱高波数道间时差对叠前成像的影响；中低波数道间时差由后续速度分析及成像消除，将静校正问题置于速度建模过程中加以解决。可见，国内外的研究思路和方向大体是一致的，即通过真地表偏移解决浅表层低速带静校正问题。而差异在于国内学者和工业界考虑山前带地震采集资料的特点，更重视提高偏移前数据信噪比处理和从地表出发的速度建模技术；国外学者更侧重于偏移方法本身如何适应剧烈起伏地表变化。由于受山地勘探业务活跃程度和资料处理难度大的影响，国外油公司和服务公司山地成像技术的研发投入不大，近些年来面向复杂山地地震成像技术发展的速度放慢。

总而言之，应对前陆冲断带等复杂地表复杂构造区地震数据采集和成像处理，需要一整套新理念、新方法，以及相应的技术体系和软件流程。基于高密度、宽方位地震数据采集，发展从真地表出发的全深度域地震成像处理与解释技术，是提高双复杂区油气勘探开发成功率和降低勘探成本的必经之路。

第二章　真地表地震成像技术内涵与实现策略

地震波成像由背景速度的层析成像和弹性参数扰动量（反射系数，波阻抗差等）的偏移成像组成。地震波偏移成像的本质是实现来自地下同一反射点的、不同炮检距的反（绕）射子波的归位同相位叠加。地震波成像的基本目标是假设已知正确的背景速度的条件下，基于叠前地震数据，采用合适的叠前偏移成像算法，得到地下非均匀介质扰动的三维图像。这些成像结果构成了油气藏定位、识别、描述与判断的基础信息。

上述地震波成像的理论抽象是完美的。但是，具体到千变万化的实际探区叠前数据体的成像处理，仅仅靠抽象的成像理论并不能很好地解决实际问题。当今，石油工业界遇到的最复杂的勘探场景应该是复杂地表条件、复杂构造变化和复杂油藏类型的集合体。我国塔里木、准噶尔、柴达木、四川等中西部前陆盆地的盆山结合部，北美洲的落基山，南美洲的安第斯山，伊朗的扎格罗斯山等探区就是此类复杂勘探场景的代表性区域。地质上，地形剧烈起伏、地表岩性横向变化大、地下构造多期冲断变形导致构造复杂、横向变速剧烈；数据中，道集道间时差剧变、缺乏连续的同相轴、信噪比极低；成像处理中，从浅到深的速度模型很难准确建立，很难得到可用于地震解释的偏移成像结果，形成了复杂山前带探区油气勘探的主要障碍。

虽然经过了多年探索，复杂山地地震成像技术尚未取得全面突破，主要原因是没有突破几十年来形成的常规处理方法与技术的约束，未能针对复杂山地和山前带地震勘探的特殊性孕育出有成效的处理思路、技术流程和相应软件工具（王华忠等，2012）。此时开展适合复杂地表、复杂构造区的真地表成像方法和配套技术研究意义十分重大，笔者团队坚持十余载探索双复杂探区深度域地震成像技术，从处理思路、处理流程到关键技术几方面开展系统性研究，形成了适合我国中西部双复杂探区的真地表地震成像技术，并且研制了相应的全深度速度建模与成像软件，有效支撑了勘探实践。

本章首先讨论双复杂探区真地表地震成像的必要性，其次分析常规处理方法的技术局限性，给出真地表地震成像技术内涵与系统化实现方案，最后分析影响真地表成像效果的关键因素，为后续开展真地表成像方法研究和技术研发奠定基础。

第一节　真地表地震成像的必要性

一、地震地质条件复杂性分析

理论和实践证明，叠前深度偏移遵循地震波在复杂介质中真实路径传播规律，是解决复杂构造成像问题的有效技术，自20世纪90年代后期开始已成为墨西哥湾海域盐下勘探的核心技术。在陆上含油气盆地的斜坡带和腹部等地表条件简单、地下构造复杂地区，叠前深度偏移技术已见到明显效果。但在我国前陆冲断带和山前带复杂构造勘探中的应用多年来迟迟未能全面突破，原因在于实现高质量的叠前深度偏移成像处理需要较高信噪比、均匀照明、宽方位、长偏移距的叠前地震数据体和较高精度的深度域速度模型。高信噪比的叠前数据来自地震数据采集技术和一系列时间域压噪处理技术进步，高精度的深度域速度模型一般是在高品质的叠前数据基础上依靠速度建模技术获取。受限于复杂山地地震资料品质和传统地震处理方法，复杂地表复杂构造叠前深度偏移技术应用难度大。主要原因在于剧烈抖动的道间时差和极低信噪比的叠前地震数据导致不能准确地建立近地表和中深层速度模型，这是山地地震数据成像处理困难的根本原因所在。

时间域地震处理方法自 20 世纪 60 年代到 80 年代基本成熟，后期虽然在个别方法上有深化研究，但是整体技术框架和方法原理没有本质变化。传统时间域地震处理方法以平缓地表和水平层状介质为假设条件，所面对的地震数据特点是：地表地形起伏不很大，除面波外地表散射噪声不很强，信噪比适中，地表高程变化和速度变化引起的接收点之间的时差基本可以用地表一致性假设下的静校正方法消除。

叠前深度偏移技术的工业化应用源自 20 世纪 90 年代墨西哥湾海域盐下勘探，虽然岩下构造复杂，但盐构造以上地层速度结构相对简单，地震资料信噪比较高，通过发展速度反演和逆时偏移等高端成像方法就可以解决深度域成像问题。我国一些含油气盆地斜坡带的地表条件较为简单，地形变化呈现较为光滑的缓慢变化趋势，相对高差不大，近地表低速带厚度不大且较为稳定，仅在地下存在速度横向变化较大的复杂构造（类似于渤海湾盆地的古潜山、松辽盆地深层火山岩、四川盆地斜坡带的深层火山岩等）。这类地区基本满足平缓地表应用条件，地震资料具备较高的信噪比，可以在时间域信号处理基础上直接开展起伏地表叠前深度偏移处理。这里所谓的起伏地表的实现方式是直接将时间域浮动基准面转换到深度域，形成较大平滑尺度的深度域速度建模和偏移起始面，可以直接运用时间域以静校正为主的处理方法。也就是说，传统的地震处理中可以将偏移前时间域数字信号处理与深度域速度建模和偏移直接嫁接在同一套流程中，即数据流从预处理开始，按照步骤串行下去，一直到深度域偏移成像。

显然，传统地震数据成像处理流程及关键技术并不适应双复杂探区地震波场传播的实际情况。我国前陆冲断带大都位于塔里木、准噶尔、柴达木、四川等中西部前陆盆地的盆山结合部，受多期构造运动影响，地表和地下地震地质条件都十分复杂。地表条件复杂多变，差别非常大，如从四川川西北地表森林密布、水系发育，到塔里木库车、准噶尔南缘地表荒漠、戈壁，从平缓丘陵地貌到地势起伏剧烈的山地地貌。地下地质条件和构造样式更是丰富多彩、差别较大，如从多滑脱层变形到高角度逆冲推覆构造，再到基底卷入及伴生的走滑断裂等复杂地质结构。因此，我国中西部含油气盆地周缘及山前冲断带是属于地表和地下结构均复杂的双复杂勘探领域，其典型地质特征是：地表地形起伏剧烈、高差大，近地表没有稳定的低速带，高速老地层出露，地层倾角大；地下构造复杂，多发育逆冲推覆构造和多次地层重复，速度纵横向变化大。

在这样的双复杂探区进行油气地震勘探，从地震数据采集、成像处理到地震地质解释均需要新的理念。深度域地质模式指导下的“两宽一高”地震数据采集、全深度域成像处理（时间域处理只能是必要的辅助手段）应该是无法回避的。合理的地震成像处理流程和相应的关键技术研究是要解决的重点问题。

二、地震波场复杂性分析

地表高程及地下构造的剧烈变化导致了双复杂探区地震波场极其复杂，具体表现在以下三个方面。

首先，就复杂地表而言，剧烈的高程及岩性变化导致了地震反射波到达时间的剧烈变化，同时地表结构和岩性的横向变化加剧了炮点激发环境和检波器耦合环境的差异，造成地震子波的振幅、频率和相位特性的空间差异。近地表吸收结构的剧烈变化进一步加大了地震子波及其频率特性的空间变化。反射波时距曲线不仅严重偏离双曲线形态，甚至在叠前道集中很难看到连续的同相轴。与复杂地表有关的面波、多次折射、非均质体散射等各类噪声不仅具有很强的传播能量，且波场特征的复杂性也很难用常规的方法进行描述、预测及压制，这些强地表噪声严重干扰甚至淹没了地下反射信号。另外，地表高程的剧烈变化严重畸变了噪声和地震信号的规则性，破坏了众多随机干扰和规则干扰压制方法的适用条件。

其次，就地下复杂构造而言，逆掩推覆、盐变形、复杂断裂等复杂构造导致地下速度剧烈变化，地震反射波波前面的形态及其能量分布异常复杂，出现交叉及多值等现象。在极端情况下，地震波能量大部分相互干涉而消失，仅有极小部分反传回地表。如此复杂的波前面反传回地表，其表现特点是空间展布范围广、波场连续性差、有效反射（散射）波能量低且空间分布极不均匀。这与简单构造区的横向介质缓变所形成的地震波波前相对稳定、波场的连续性强等特征构成鲜明对比，从而造成以反射波为主的常规速度反演方法和均匀采样的偏移方法在双复杂区存在不适应的问题。

再次，就地表与地下双复杂结构而言，两者对波场的影响并非简单的线性叠加关系，两个复杂系统的耦合进一步加剧了地震波场的复杂性。事实上，地震波传播不可能绕开浅层，浅层介质的复杂（包括高程剧变和速度横向变化大）严重改变波前面形态，使得传到中深层的波场变得十分复杂。因此，很多学者试图把复杂浅层对传播的影响剥离掉。很遗憾，剥离掉复杂浅层对波前面的影响依然需要比较精确的浅层（各向异性）速度模型（甚至 Q 值模型）。按照克希霍夫积分偏移理论分析，双复杂结构使得激发震源到绕射（反射）点、绕射（反射）点到接收点的路径十分复杂。地震波的到达时间不仅与走时路径有关，还与路径上的速度变化有关，因此，双复杂区的地震成像处理无法回避复杂地表和地下速度结构对地震波场的双重影响，保护近地表复杂波场运动学特征是满足双复杂区起伏地表偏移的关键，采取真地表地震成像是必然的选择。

综上所述，复杂近地表条件导致了地震炮集品质的下降，中深层复杂横向变速使得反射波同相轴不能用共中心点道集双曲关系描述，也不能用叠前时间偏移双平方根时距关系进行预测。剧变的道集时差、极低的信噪比、严重偏离时间域处理中各种时距关系对反射波同相轴的预测，迫使必须探索适应上述数据特点的全深度域成像处理流程和相应的方法技术来解决双复杂探区地震成像问题。

三、基于理论模型的成像处理问题分析

为了说明双复杂探区地震资料特点和真地表成像必要性，本书参照塔里木盆地库车前陆冲断带构造背景设计了一个能够代表双复杂区地质特点的二维速度模型，为描述方便在本书中称作库车模型，如图 2-1-1 所示。首先，地表地形起伏剧烈，自模型左侧向右侧地表整体抬升，模型中部的高大山体与山下斜坡区高差达 1000m。其次，山体区和山下近地表速度纵横向变化较大，高大山体老地层出露，速度范围为3500~4650m/s；左侧山下冲积扇速度变化较大，速度范围为 1500~3500m/s；近地表速度模型底界在图中用白色线表示，山下冲积扇最大厚度达 500m，本书后续模型试验提到的近地表速度指这条白色线以上的模型。第三，地下构造呈现双重结构，膏盐层上山体部分为自左向右的逆掩推覆构造，山体左侧膏盐层上斜坡区构造较为简单，整体是一个单斜结构，速度范围为 2500~4650m/s；山体右侧膏盐层上构造呈现向斜结构，速度逐渐增大，速度范围为 2500~4650m/s；盐构造呈现不规则形状，盐的速度为 3800m/s；膏盐体下为自右向左的逆推结构，表现为叠瓦状构造，速度为 4200~5500m/s。为了验证成像效果，在盐下叠瓦状构造之下设置了一个水平地层（海平面以下 7500m）作为衡量成像结果的参考层。

为了说明起伏地形和复杂近地表结构对地震波场的影响，把如图 2-1-1 所示的库车模型进行简化，如图 2-1-2 所示，保留与如图 2-1-1 所示库车双复杂速度模型一样的地形起伏变化，但是去掉了如图 2-1-1 所示的近地表低速带结构，直接用下伏地层速度向上外推构成，近地表以下的构造和速度与如图 2-1-1 所示的模型一致。

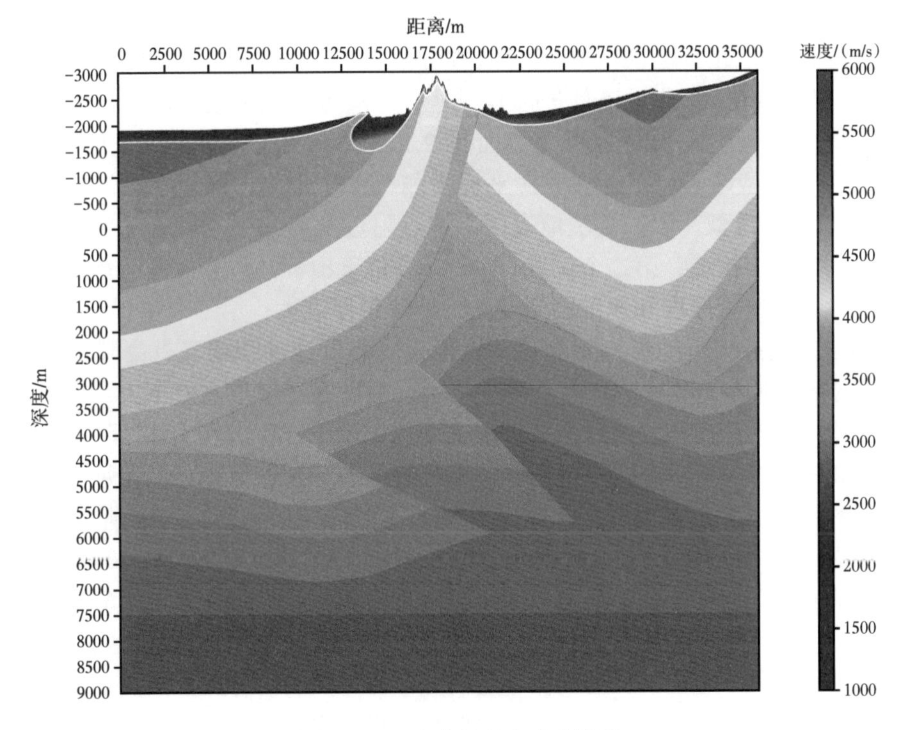

图 2-1-1　库车双复杂速度模型

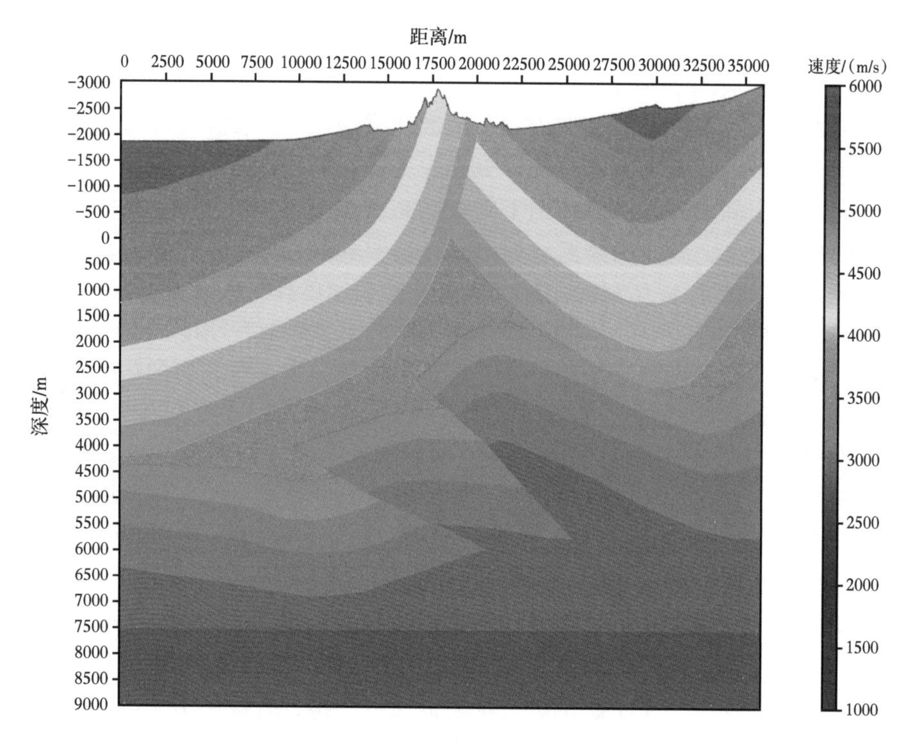

图 2-1-2　简化近地表结构的库车双复杂速度模型

参照库车山地二维地震观测系统，设计炮点距 30m，检波点距 30m，共中心点距 15m，每炮 640 道接收，应用 Tesseral 正演模拟软件分别对上述两个库车速度模型采用 20Hz 雷克子波、吸收地表、PML 边界条件进行有限差分声波方程数值模拟，输出最大炮检距为 9600m 数值模拟单炮用于后续模型实验。如图 2-1-3 所示为库车双复杂模型的地表高程曲线及选取的四个典型地表位置，图中横坐标为测线水平距离，纵坐标为海拔高程，第一个位置（6000m）在模型左侧的平缓地表区，炮点附近地形和近地表速度变化不大，低速带较薄，地下为单斜构造；第二个位置（15000m）位于山下冲积扇区域，炮点附近地形变化较大，近地表低速带厚度和速度剧烈变化，低速带厚度大；第三个位置（18000m）位于山体中心部位，炮点附近地形剧烈变化，近地表既有低速冲积扇又有高陡老地层出露地表；第四个位置（30000m）处于山体右侧小山区，炮点附近地形高差不大，近地表呈现向斜构造，虽然地下构造略微复杂，但是近地表结构比山下冲积扇和山体区域简单，低速带整体较薄。如图 2-1-4 所示为两种模型声波方程有限差分数值模拟的原始炮集，位置对应如图 2-1-3 所示。其中如图 2-1-4a、图 2-1-4c、图 2-1-4e 和图 2-1-4g 所示为库车双复杂速度模型数值模拟炮集，如图 2-1-4b、图 2-1-4d、图 2-1-4f 和图 2-1-4h 所示为简化近地表低速带后库车速度模型数值模拟炮集。两种模型数值模拟结果说明复杂地表结构和复杂地下构造是导致地震波场复杂化的主要因素。首先是复杂地下构造影响，这两个模型数值模拟结果均显示单炮上的反射同相轴走时并非以炮点为对称的双曲线形态，不符合水平层状介质假设，按照满足双曲线走时规律的动校正和水平叠加来处理不符合复杂波场传播规律，不利于偏移归位。其次是复杂地形和近地表结构的影响，对比同样位置的两组炮集记录，如图 2-1-4a、图 2-1-4c、图 2-1-4e 和图 2-1-4g 所示的炮集受起伏地形和近地表低速带的影响，即使是声波方程模拟结果，也可以观察到四个单炮上都存在明显的近地表相关噪声，如直达波以及直达波在近地表传播时遇到速度结构变化引起的散射波。在模型中部高大山体和山下巨厚冲积扇区域，地形和低速带变化剧烈，反射同相轴旅行时出现剧烈抖动，反射能量变弱，横向一致性变差。与图 2-1-4a、图 2-1-4c、图 2-1-4e 和图 2-1-4g 所示的炮集比较，图 2-1-4b、图 2-1-4d、图 2-1-4f 和图 2-1-4h 所示的炮集仅受地形变化影响，近地表没有低速带速度变化影响，可见除了地形变化区域由高程变化引起的线性散射噪声和旅行时变化外，没有近地表低速带变化引起的近地表散射噪声和能量变化，反射同相轴信噪比明显高于图 2-1-4a、图 2-1-4c、图 2-1-4e 和图 2-1-4g 所示单炮。这组试验说明双复杂介质的地震波场响应十分复杂，地震资料的品质主要受近地表低速带和地形的影响，波场的复杂性受地表和地下双重复杂性影响，与传统的水平层状介质的地震波场响应相差甚远，需要考虑保持有效反射波场传播特征的成像处理方法。为了说明双复杂区地震真地表成像的必要性、影响真地表成像的主要因素以及真地表成像策略等问题，本书选取如图 2-1-1 所示的库车双复杂模型展开一系列试验和讨论。

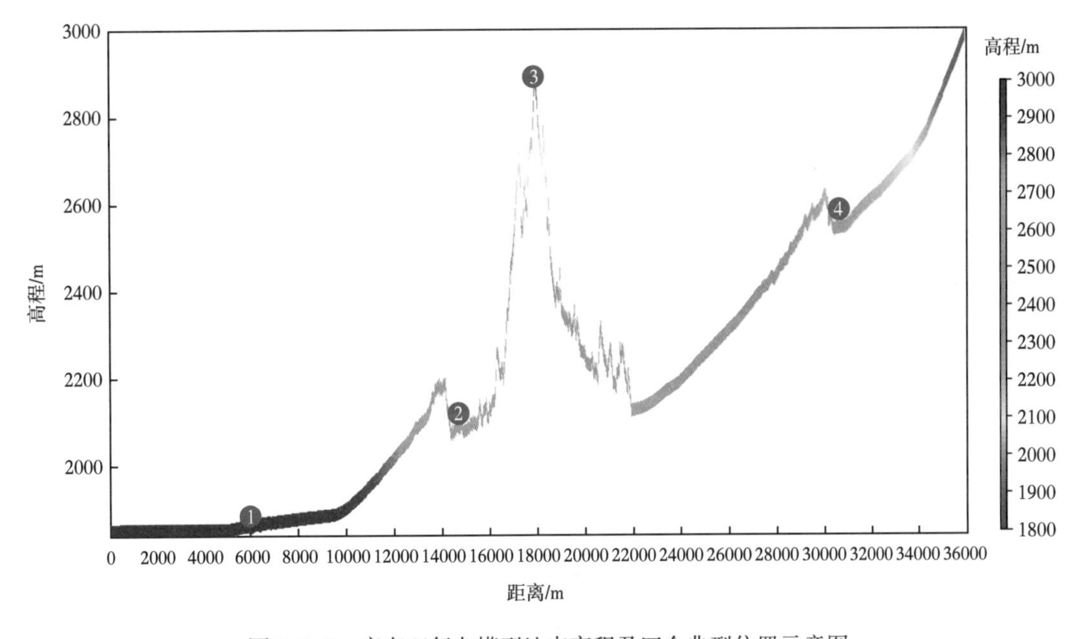

图 2-1-3　库车双复杂模型地表高程及四个典型位置示意图

为了说明时间域和深度域成像的区别以及真地表叠前深度偏移的必要性，分别对库车双复杂速度模型模拟的数据进行了水平叠加、叠前时间偏移和叠前深度偏移处理。根据水平叠加要求，应用数值模拟数据的初至计算了初至层析静校正量，将同一个共中心点内的炮检点都校正到满足动校正和叠加要求的共中心点面上，即在同一个共中心点内满足水平层状介质假设。如图 2-1-5 所示为对应图 2-1-3 四个典型地表位置的原始共中心点道集（图 2-1-5a、图 2-1-5c、图 2-1-5e 和图 2-1-5g）和应用层析静校正量以后的共中心点道集（图 2-1-5b、图 2-1-5d、图 2-1-5f 和图 2-1-5h），可见层析静校正后道集的反射同相轴更

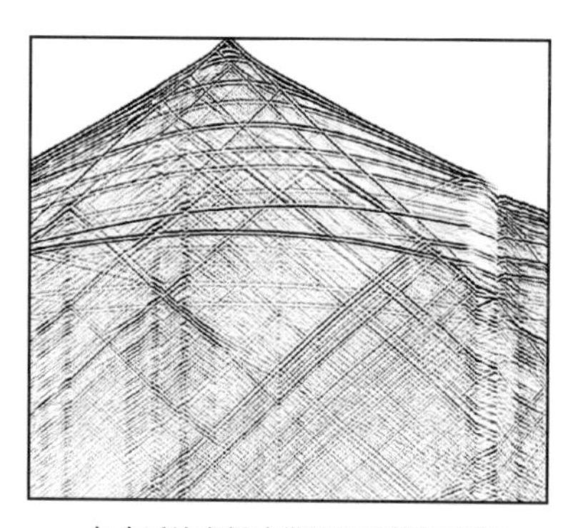

a. 包含近地表低速带的数值模拟炮集1

b. 不包含近地表低速带的数值模拟炮集1

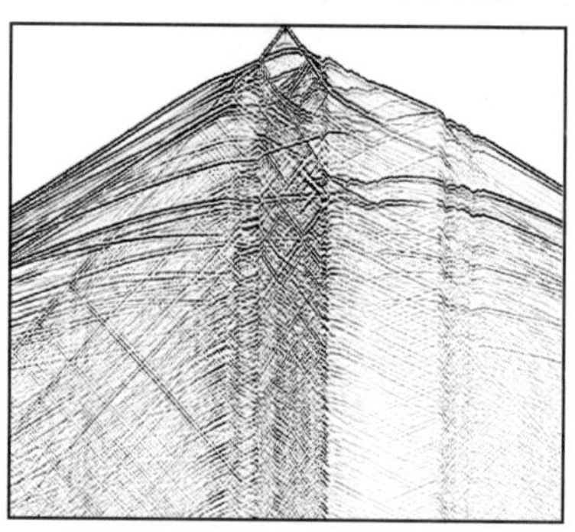

c. 包含近地表低速带的数值模拟炮集2

d. 不包含近地表低速带的数值模拟炮集2

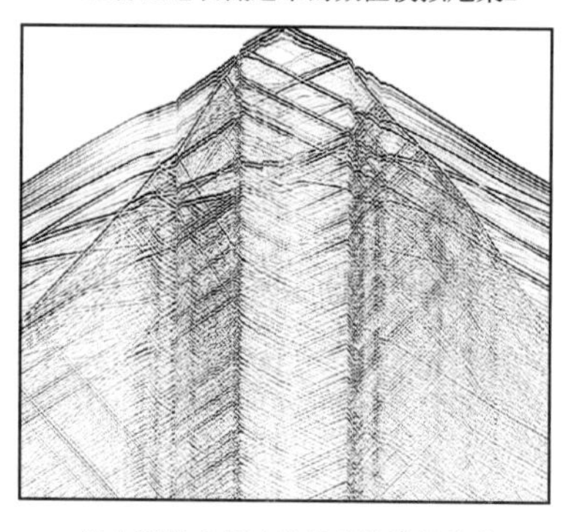

e. 包含近地表低速带的数值模拟炮集3

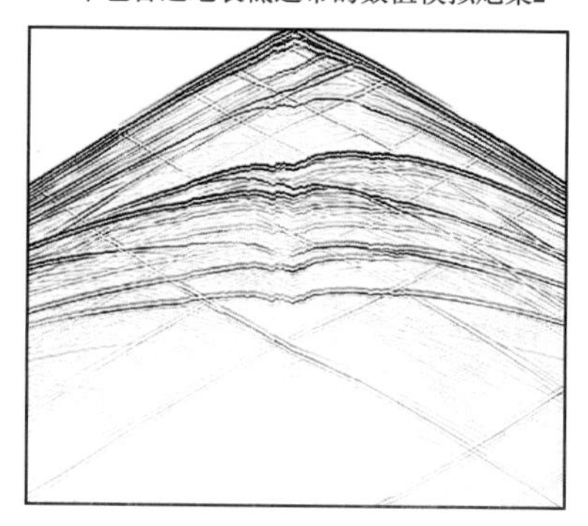

f. 不包含近地表低速带的数值模拟炮集3

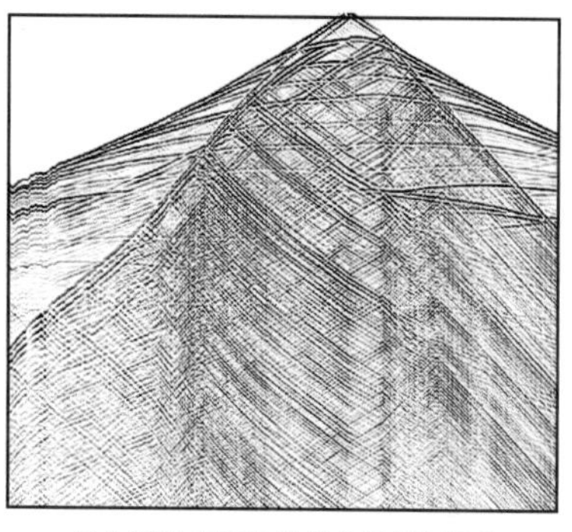

g. 包含近地表低速带的数值模拟炮集4

h. 不包含近地表低速带的数值模拟炮集4

图 2-1-4　库车双复杂速度模型四个典型位置数值模拟炮集记录

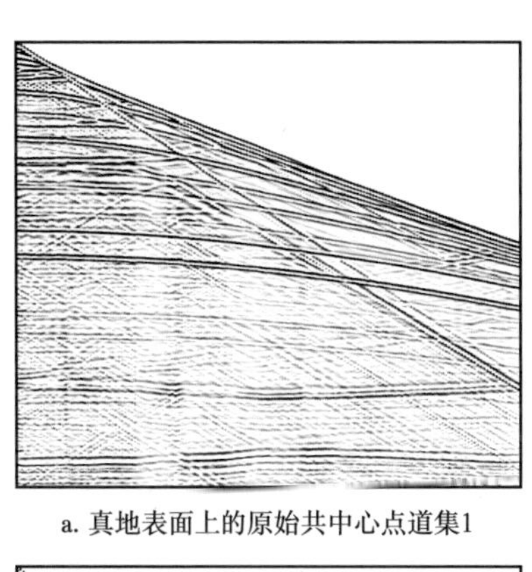

a. 真地表面上的原始共中心点道集1

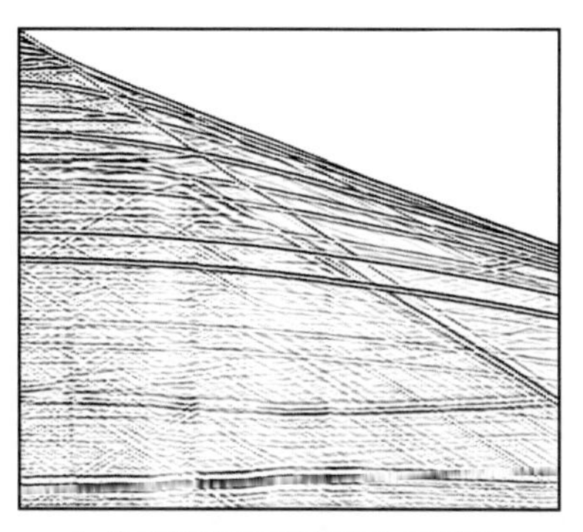

b. 应用静校正后的共中心点道集1

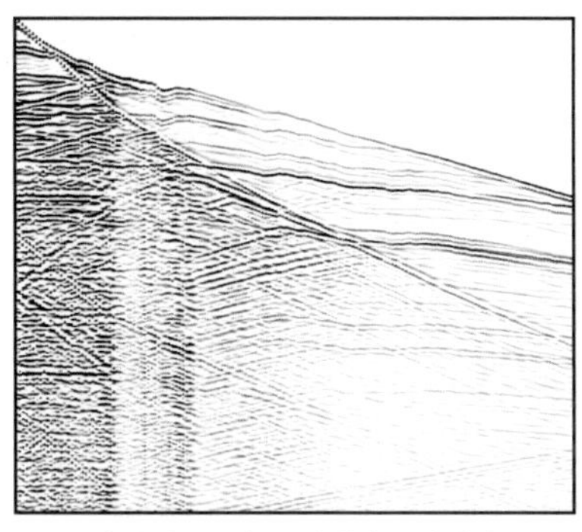

c. 真地表面上的原始共中心点道集2

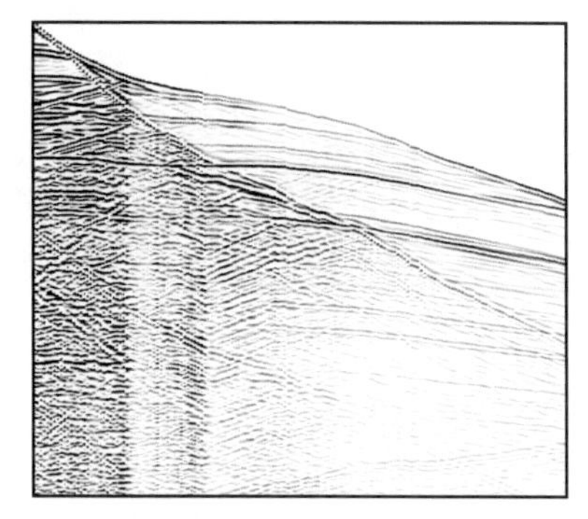

d. 应用静校正后的共中心点道集2

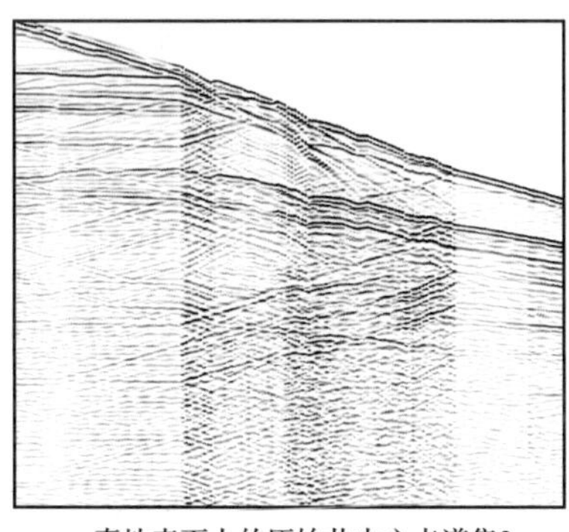

e. 真地表面上的原始共中心点道集3

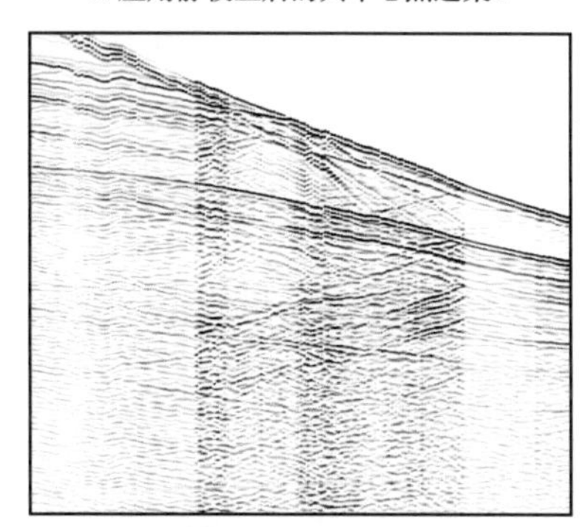

f. 应用静校正后的共中心点道集3

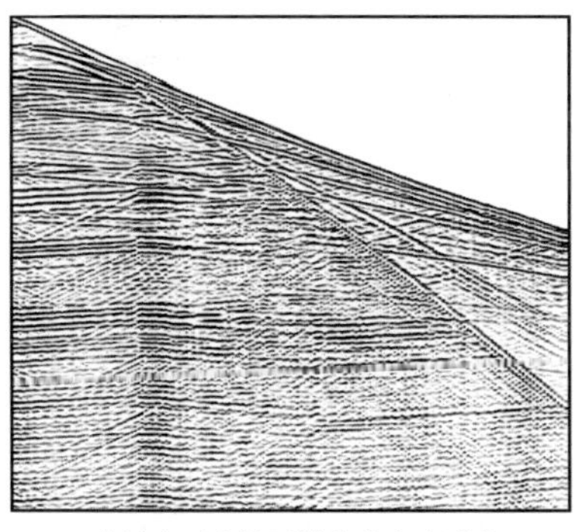

g. 真地表面上的原始共中心点道集4

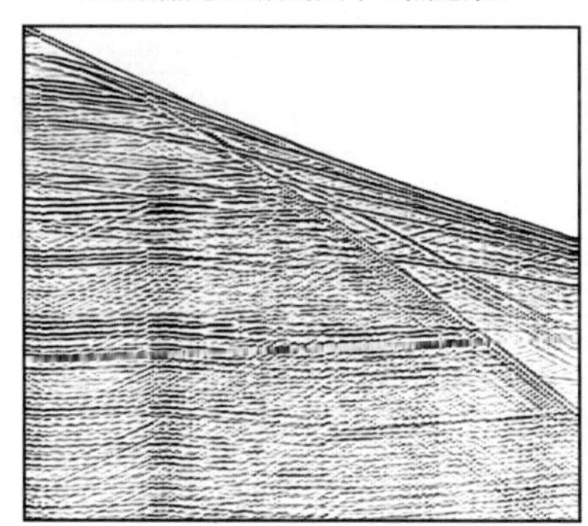

h. 应用静校正后的共中心点道集4

图 2-1-5　四个典型位置共中心点道集应用层析静校正量前后对比

加光滑，由地形变化引起的道间时差减小，但是位于山下冲积扇的位置 2 和位于山体区的位置 3 的共中心点初至同相轴的旅行时特征与实际传播的走时特征变化较大。然后又对应用了静校正量后的共中心点道集进行叠加速度分析、动校正和水平叠加，得到如图 2-1-6 所示的叠加速度和叠加剖面，在山体两侧和盐上部位基本能够反映理论模型的结构，但是山体部位的盐下叠瓦状构造反射特征杂乱。

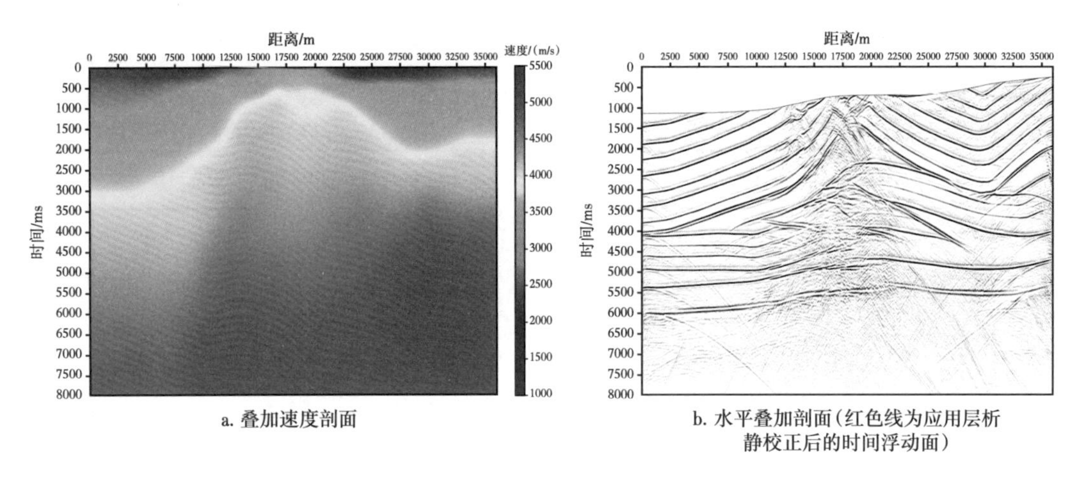

图 2-1-6　叠加速度剖面和水平叠加剖面

将叠加速度转成均方根速度后（图 2-1-7a）再进行克希霍夫叠前时间偏移，结果如图 2-1-7b 所示，同样发现山体部位的高陡构造和盐下叠瓦状构造不能正确成像，且盐下设置的水平层受上覆高速介质影响，成像结果出现上翘的假背斜构造，说明叠前时间偏移无法适应速度横向剧变的复杂构造成像要求。

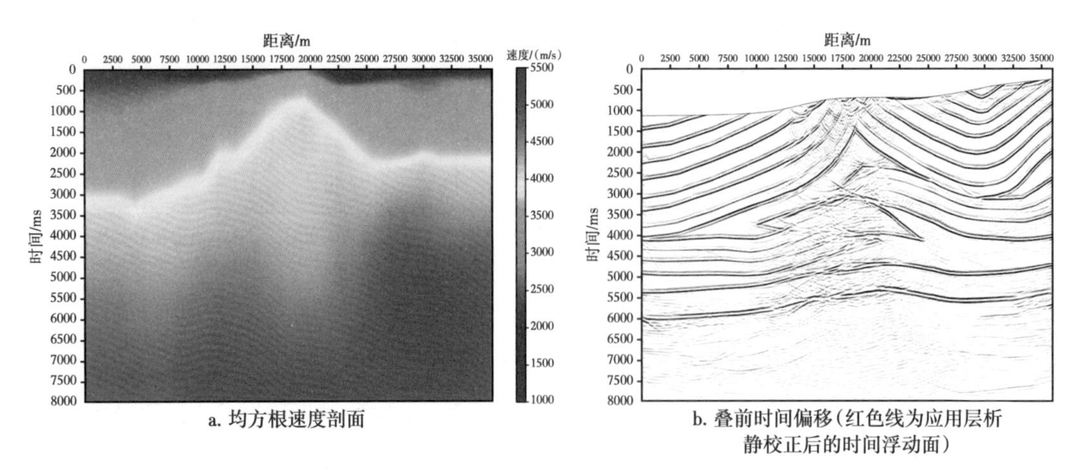

图 2-1-7　均方根速度剖面和叠前时间偏移结果

接着进行基于共中心点大平滑面的深度域成像试验，速度模型的表层低速带速度用与层析静校正一样的替换速度（3000m/s）填充，中深层速度模型用真实速度，应用层析静校正后的道集进行克希霍夫叠前深度偏移，这个过程与常规时间域静校正处理直接加上深度域速度建模和偏移过程近似，对剧烈起伏地表进行大尺度平滑，用替换速度代替近地表低速带速度，将偏移前共中心点道集校正到共中心点浮动基准面上。深度域速度模型和叠前深度偏移结果如图 2-1-8 所示，可见简化地形和表层速度模型后叠前深度偏移无法反映山体部位和盐下构造真实情况，说明表层校正方法和近地表速度模型对双复杂区的叠前深度偏移至关重要。

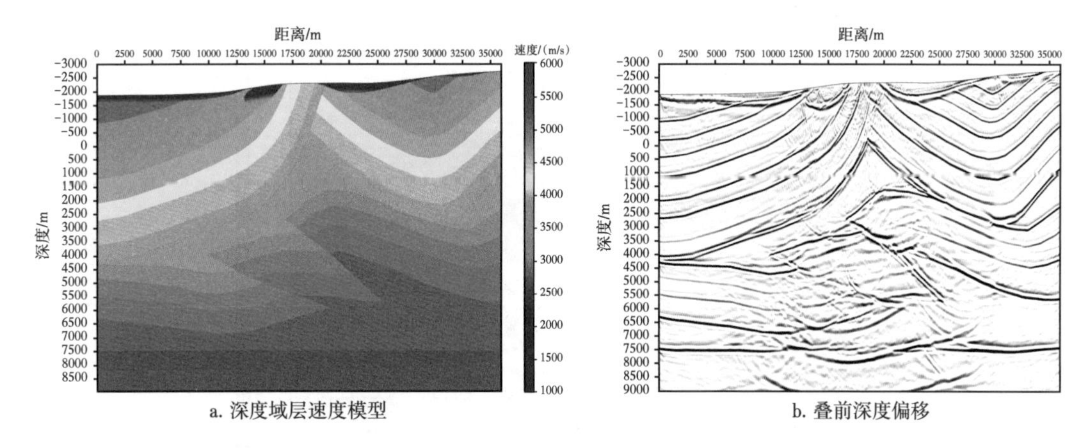

a. 深度域层速度模型　　b. 叠前深度偏移

图 2-1-8　应用静校正后校正到共中心点光滑面上构建的深度域层速度模型和叠前深度偏移结果

为了进一步说明真地表偏移的必要性，利用原始数值模拟数据（切除了直达波）和真实速度模型进行真地表克希霍夫叠前深度偏移试验，如图 2-1-9 所示为真实速度模型和正演道集在真实地表上直接进行克希霍夫叠前深度偏移的结果，如图 2-1-10 所示为将真实模型与成像结果叠合显示的结果，可见库车双复杂模型的复杂构造得到准确成像。从这个模型试验看出，叠前时间偏移无法对双复杂构造正确成像，叠前深度偏移才是适合速度横向剧变的复杂构造准确归位的有效成像技术。在已知速度模型的前提下，真地表叠前深偏移是双复杂区地震成像的有效技术手段，常规的时间域处理对剧烈起伏地形进行大平滑、对复杂近地表速度结构用常速度替换，简化了复杂山地和山前带的表层结构，无法反映山前冲积扇和山体区速度剧烈变化规律，破坏了浅表层复杂波场传播规律，从而影响了中深层成像效果，对于类似于库车山前这样的双复杂区，真地表的叠前深度域速度建模和偏移是关键的成像技术。

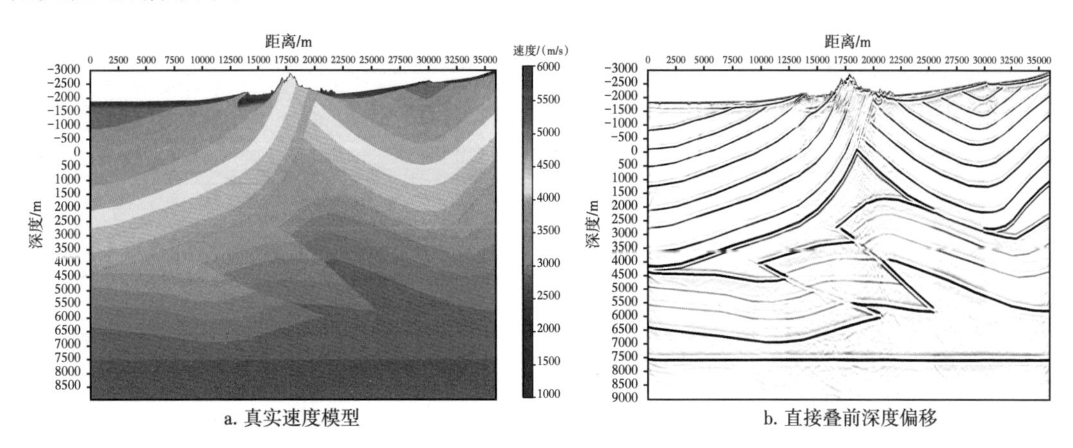

a. 真实速度模型　　b. 直接叠前深度偏移

图 2-1-9　真实速度模型和正演道集在真实地表上直接叠前深度偏移结果

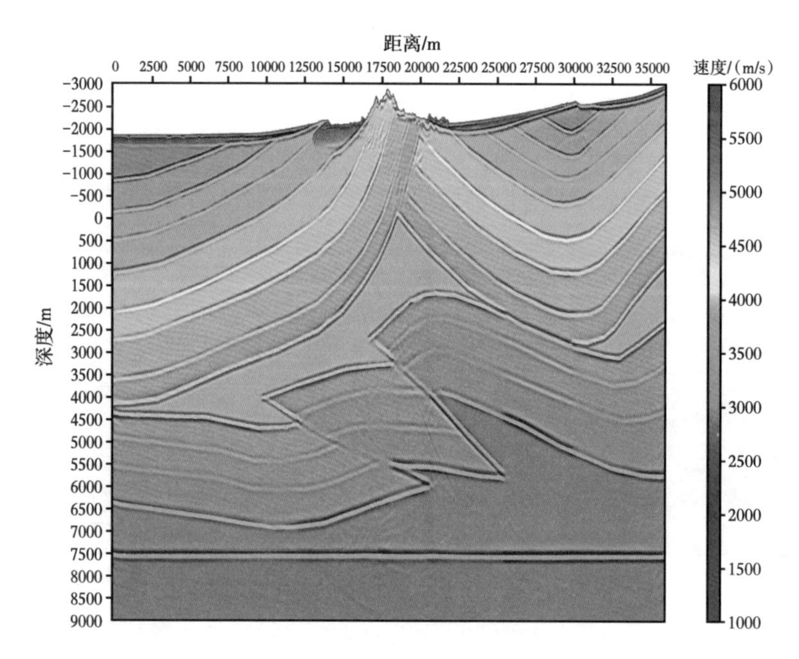

图 2-1-10　真实速度模型与叠前深度偏移结果的叠合显示

为了说明近地表速度模型对真地表成像的重要性，笔者用库车双复杂模型在真地表偏移条件下进行了近地表速度场对中深层成像效果的影响试验。把近地表速度模型简化，仿照时间域静校正用常速替换速度代替表层的做法，把近地表分别填充 1500m/s、2500m/s、3500m/s、4500m/s 的常速，近地表之下的速度模型不变，用这四个模型分别进行相同参数的真地表克希霍夫叠前深度偏移。如图 2-1-11—图 2-1-15 所示为真实模型和四个简化近地表模型及其对应的成像结果，通过与真实速度模型偏移结果对比，可以看出高大山体区浅部的高陡构造和逆掩推覆断层、盐下深层的叠瓦状构造和深部设计的水平地层成像结果均不理想。填充的 2500m/s 表层速度与近地表平均速度更接近，2500m/s 的成像结果略好，但是盐下叠瓦状构造和深部的平层成像效果仍然不能达到真实模型的偏移效果。

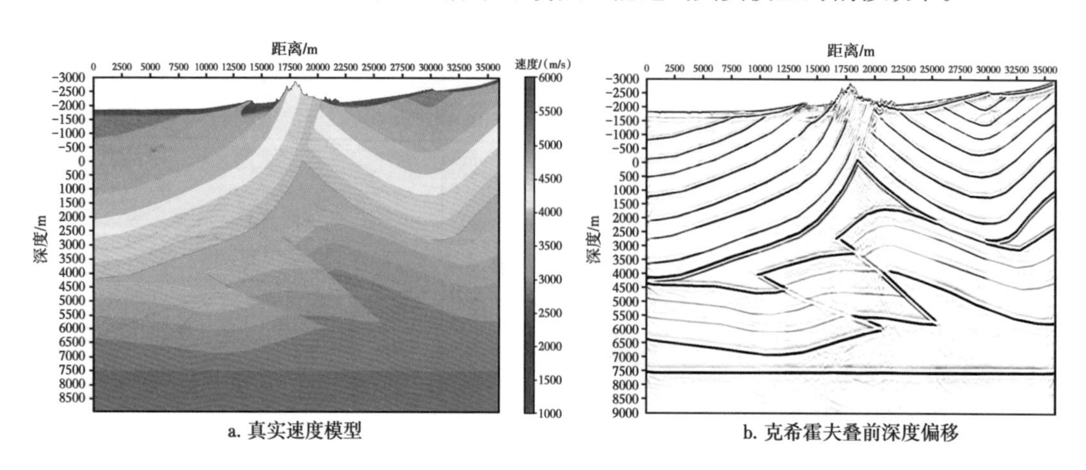

图 2-1-11　真实速度模型及克希霍夫叠前深度偏移结果

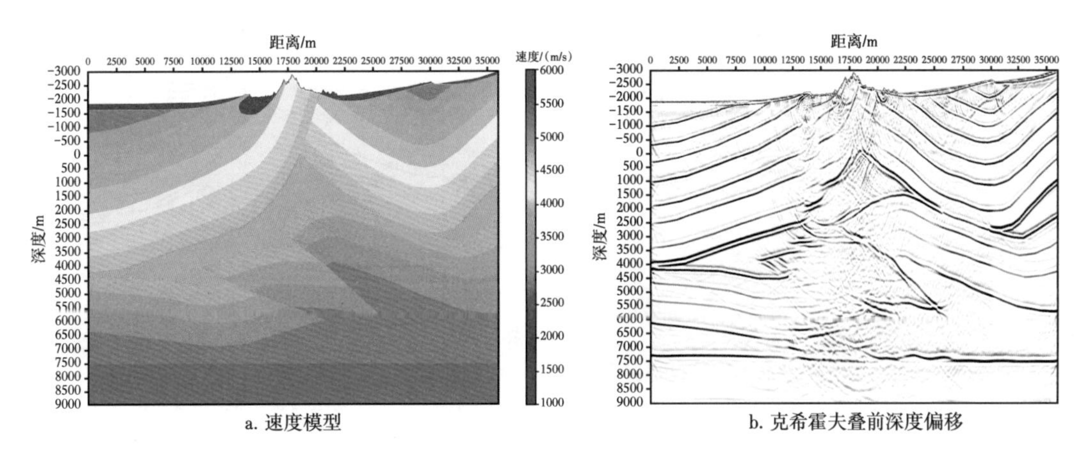

a. 速度模型　　b. 克希霍夫叠前深度偏移

图 2-1-12　用 1500m/s 充填低速带后的速度模型及克希霍夫叠前深度偏移结果

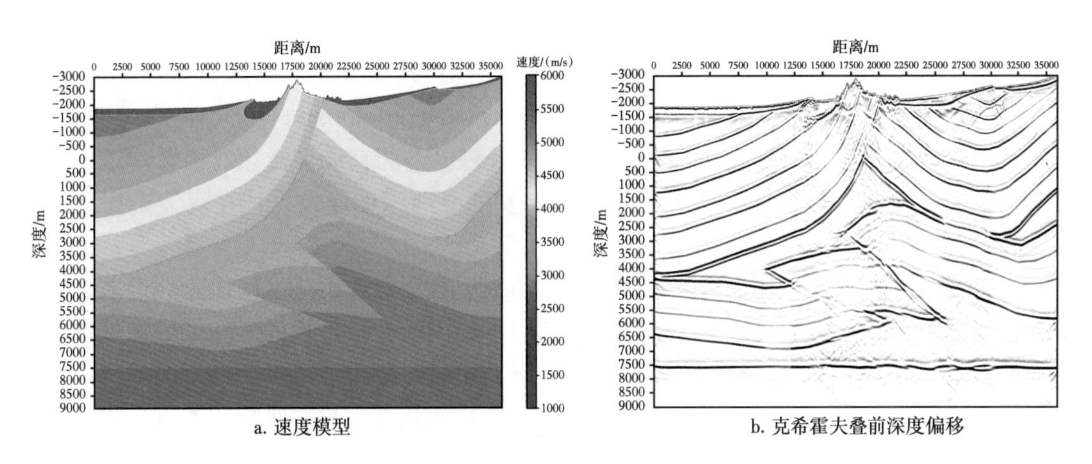

a. 速度模型　　b. 克希霍夫叠前深度偏移

图 2-1-13　用 2500m/s 充填低速带后的速度模型及克希霍夫叠前深度偏移结果

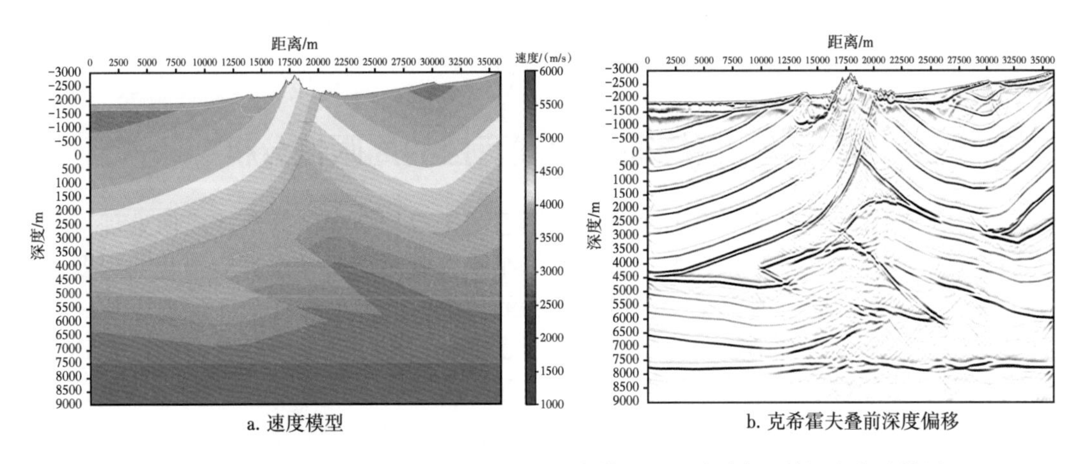

a. 速度模型　　b. 克希霍夫叠前深度偏移

图 2-1-14　用 3500m/s 充填低速带后的速度模型及克希霍夫叠前深度偏移结果

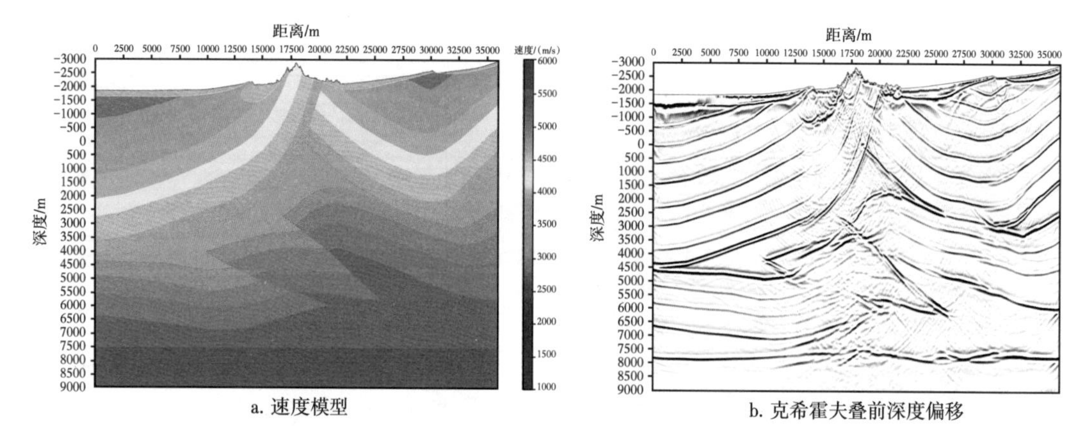

图 2-1-15　用 4500m/s 充填低速带后的速度模型及克希霍夫叠前深度偏移结果

系列数值试验说明，室内处理解决构造成像不准问题的关键是在处理过程中如何解决剧烈起伏地形和复杂近地表结构对地震波场运动学特征的影响，尽可能获得可靠的速度模型，尤其是表层速度模型，才能消除复杂表层引起的深层圈闭目标空间归位不准的问题。地表高程及近地表结构变化剧烈（包含速度横向快变的低降速带、巨厚冲积扇体、高陡高速老地层出露等情形），近地表速度模型对双复杂区真地表成像效果影响很大，致力于复杂近地表深度域建模，开展从真地表出发的叠前深度成像处理在双复杂探区十分必要。

总而言之，剧变道间时差和极低信噪的叠前地震数据导致不能准确地建立近地表和中深层速度模型是山地地震数据成像处理困难的根本原因所在。常规的时间域成像处理的理论假设不完全适用于复杂山地探区的地震地质条件。应对复杂地表复杂构造区地震数据采集和成像处理，需要一整套新理念及相应的技术体系和软件流程。研究的重点是优化或更新经典的地震成像处理技术和流程，使之符合深度域地震波传播的运动学特征，甚至是动力学特征，使地震波场满足从真实地表出发的叠前深度偏移需要。因此，发展从真实地表出发的全深度地震处理技术是提高双复杂区油气勘探效益的必经之路，从地震处理方法源头系统改进和优化现有处理技术，最终形成真地表成像技术系列。

第二节　传统地震处理方法的局限性分析

前面数值试验已经证明：叠前时间偏移不适用于双复杂探区的地震成像处理，在双复杂探区它不能给出地下复杂构造的正确成像结果，此时需要考虑真地表叠前深度偏移成像技术。但是，以叠前时间偏移成像为核心的传统时间域处理在大多数地表条件相对简单，地下以缓横向变化的层状介质为主的很多探区，应用还是十分普遍的。尤其是其中的静校正和去噪环节，即便在双复杂探区也是不能完全弃之不用的。因此，有必要理清传统时间域处理方法背后的理论假设、适用条件。据此，提出适用于双复杂探区的地震数据成像处理流程。

传统处理流程所面对的地震数据特点：地表高程起伏不很大，除面波外地表散射噪声不很强，信噪比适中，地表高程变化和速度变化引起的道间时差基本可以用地表一致性假设下的静校正方法解决。其处理流程关键技术特点：基本可以用动校正和倾角时差校正速度分析控制背景的速度变化；叠前时间偏移和叠前深度偏移对应的剩余曲率速度分析基本可以较好地估计偏移速度场；噪声和信号的特征可以在不同域中得到较有效的区分（王华忠等，2012）。

传统处理流程所面对地下介质特点：地表高程缓慢变化，近地表存在低降速带，在地表一致性假设下，近地表引起的道间时差可以由各种静校正方法消除，反射子波的振幅、相位、波形变化可以由地表一致性校正方法得到相对统一；低降速带下高速的反射地层构造变化相对简单，横向变速不严重。

传统处理流程中关键技术的理论假设：静校正的理论假设是任意地表位置处的静校正量不随偏移距变化。这就要求近地表（低降速带）速度比较低，到达或离开某个位置处的地震波基本垂直出射或垂直入射；动校正的理论假设是炮检点在同一基准面上，地下介质呈水平层状，介质速度可以由均方根速度（实际上是叠加速度）替代。叠前时间偏移的理论假设与动校正和倾角时差校正的理论假设是一样的。

传统时间域成像处理认为叠前地震数据是可以由动校正双曲时距关系和叠前时间偏移双平方根型时距关系描述的。凡是严重偏离这种时距关系的叠前地震数据不可能由传统时间域成像处理得到好的结果。前面数值试验已经清楚地说明了这一点。很显然，用均方根速度场代替层速度场进行波传播路径（时间）的计算是不可能在横向变速较大的情况下得到正确结果的，从克希霍夫绕射叠加的角度，清楚地看到这样做不可能得到聚焦于真实深度位置处的成像结果。本质上，叠前时间偏移是利用均方根速度把满足绕射时距关系同相轴上的反射地震子波加权叠加在绕射时距曲线顶点，叠前深度偏移是把满足绕射时距关系同相轴上地震子波加权叠加在产生绕射的绕射点处。Hubral（1977）提出的成像射线概念进一步界定了什么情形下必须用深度偏移成像。

下面重点分析影响地震波场运动学特点的几个关键处理方法的技术特点和方法局限性。

一、静校正方法的局限性

Sheriff（1995）对静校正的阐述：用于补偿由于地表高程变化、风化层厚度和速度变化对地震波道间时差的影响。其目的是获得在基准面上采集，且没有风化层或低速介质存在时的反射波到达时间。期望静校正后共中心点道集同相轴尽可能满足双曲时距关系。静校正的学术全称是地表一致性静校正，其中“地表一致性”和“静”是定语，限定了这个方法的应用条件和实现过程。

“地表一致性”的含义是某一地震道的静校正量只与炮点和检波点的地表位置有关，也就是说，共炮点道集有着相同的炮点静校正量，共检波点道集有着相同的检波点静校正量。为了使地表一致性条件成立，需要假设地震波在震源处沿垂直方向入射，在检波点处沿垂直方向出射。如图 2-2-1a 所示，这个假设条件在地表有低速风化层覆盖的条件下可近似成立。由于风化层的速度与下伏地层的速度差异较大，按照 Snell 定律，地震波在风化层中可以近似地认为沿垂直方向传播。

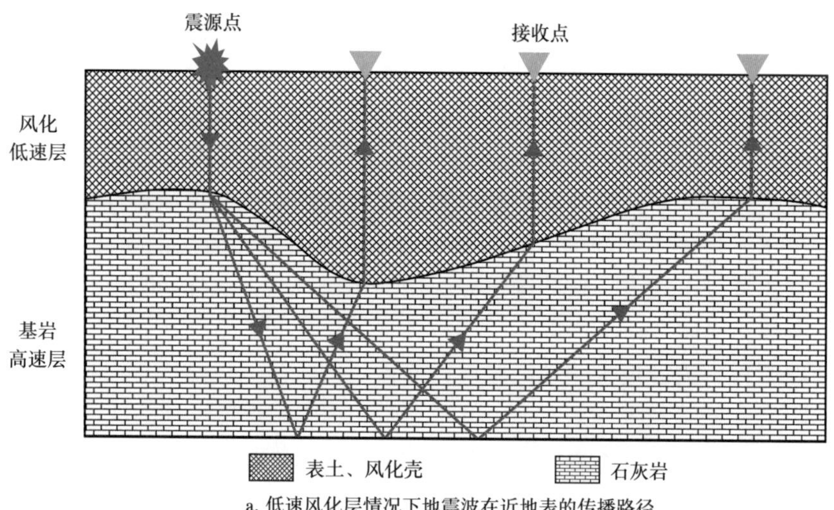

a. 低速风化层情况下地震波在近地表的传播路径

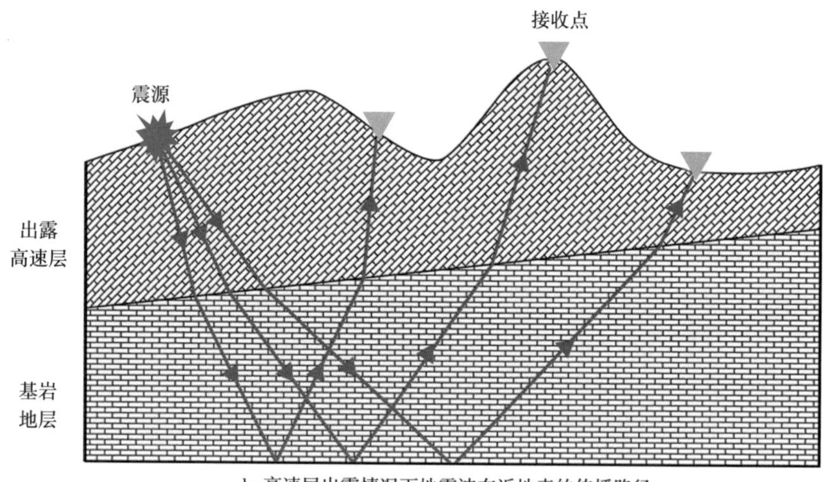

b. 高速层出露情况下地震波在近地表的传播路径

图 2-2-1　低速风化层和高速层出露情况下地震波在近地表的传播路径示意图

静校正中的“静”是相对于动校正中的“动”而言的。动校正是按照反射波时距曲线公式计算而来，对于一个共中心点道集中来自相同和不同反射层的不同炮检距的反射信号而言，动校正时移量是不同的，由此才会产生所谓的动校正拉伸问题。与动校正不同，不同炮检距、不同时刻的反射波只有一个时移量，这就是静校正中的“静”的体现。

山地、山前带近地表受构造运动影响，山体部位地层产状高陡，老地层出露地表，山前冲积扇部位有高速砾岩堆积，近地表速度变化快，低速带厚度大。在表层岩石速度与下伏地层速度较为接近的地区，如图 2-2-1b 所示，地震波波前面在震源和检波点处并非沿垂直方向入射和出射，其传播路径和旅行时间不仅与炮点和检波点的位置有关，还与炮检距和反射深度有关。因此，对于山地、山前带地震数据，静校正所需要的“地表一致性”和“静”两个前提条件不再成立，此时的静校正处理不仅很难取得预期效果，还可能会破坏后续的叠前深度偏移所需要的速度场信息，为深度域速度估计带来误差。

二、动校正和叠加成像方法的局限性

动校正的学术全称为双曲线动校正，其隐含有反射波旅行时为双曲线的基本假设。叠加成像的学术全称为水平同相叠加成像，其不仅隐含有地下为水平层状介质，也隐含有地表为水平的基本假设。本质上，共中心点道集的动校正也是一种叠前时间偏移，用均方根速度把来自地下同一反射点的反射子波拉平，然后叠加成像。这个过程还可以通过均方根速度扫描同时完成均方根速度的估计。只不过它仅仅适用于地表水平和地下介质也为水平层状的假设。

对于地下只有一个倾斜界面的情况，虽然二维共中心点道集中的地震反射依然呈现双曲线形态，但其反射点存在弥散现象。如图 2-2-2 所示，假设地下有一倾斜界面，以 M 为共中心点有四个不同炮检距的地震反射，S 为炮点位置，R 为检波点位置，A 是在倾斜界面上的反射点。可以看出，当反射界面倾斜时，共中心点道集中的反射信号并非来自同一反射点，随着炮检距增大，反射点向界面的上倾方向发生偏移。因此，共中心点道集接收的信息不再来自相同的反射点，而是一个反射段。这时的水平叠加实际上是共中心点叠加，而不是共反射点叠加。在地下构造复杂、横向速度变化剧烈的情况下，不同地层的反射波场和绕射波场相互重叠和干涉，共中心点道集中的波场十分复杂。复杂的传播路径使反射同相轴严重偏离双曲线形态，特别是在三维情况下，地震波的旅行时不仅与炮检距和地层倾角有关，还与炮检方位有关。此时无论采用什么样的动校正速度和动校正方法，都很难将所有地震道的同相轴校平，地震信号得不到同相叠加。此时，常规的叠加速度分析是失效的。

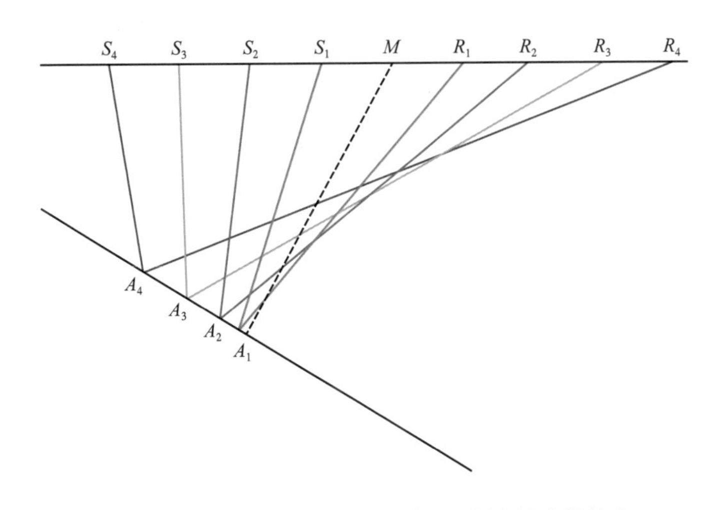

图 2-2-2 倾斜界面共中心点道集反射点的弥散效应

对于山地和山前带地震数据，除了地下构造的复杂性所导致的以上问题之外，地表高程和近地表结构的横向变化进一步加剧了地震反射的非双曲特征及共中心点道集反射点的弥散效应。如图 2-2-3 所示为加拿大 Foothill 山前带模型及其共中心点道集，共中心点道集中反射波时距曲线严重偏离了动校正和水平叠加所要求的双曲线特征，动校正和水平叠加不再适应于山前带地震数据处理。

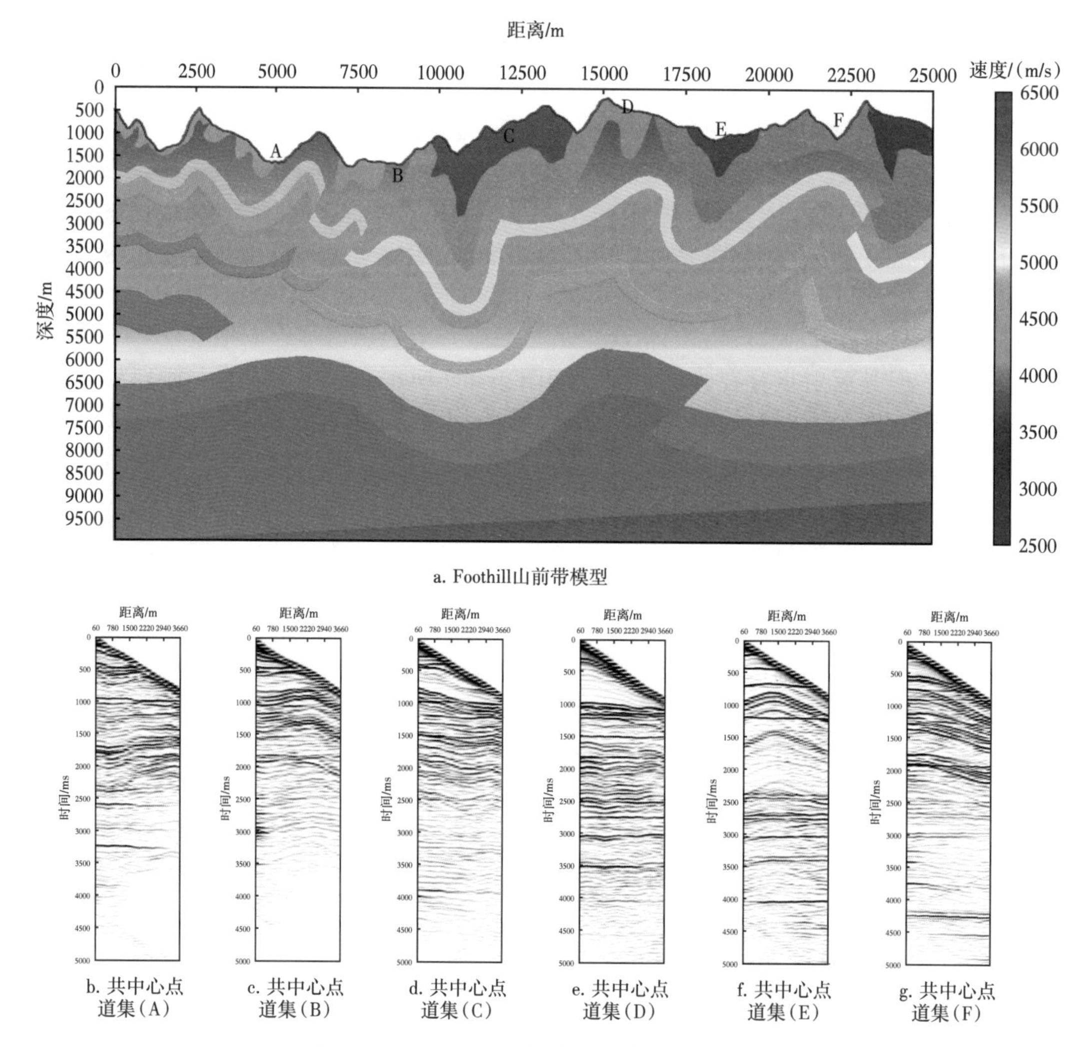

a. Foothill山前带模型

b. 共中心点道集(A)　c. 共中心点道集(B)　d. 共中心点道集(C)　e. 共中心点道集(D)　f. 共中心点道集(E)　g. 共中心点道集(F)

图 2-2-3　Foothill 山前带模型及其共中心点道集

三、时间偏移方法的局限性

叠前时间偏移具有绕射波时距曲线为双曲线的基本假设，它把数据空间中的绕射波同相轴上的地震子波沿双曲线轨迹进行叠加，将叠加能量放置到(时间域成像空间中)绕射时距曲线的顶点位置(确切讲是顶点处时间位置)，由此实现绕射波的收敛和归位。

成像射线概念清楚地界定了时间偏移对于横向变速的不适应性。在绕射波时距曲线顶点处向下打射线，射线在背景速度中传播，当射线走时与双曲线时距曲线顶点时间相等时，射线终止，终止点就是地下绕射点(或反射点)，这根射线即成像射线。如果地下介质呈水平层状，成像射线垂直向下；当地下介质构造缓变，成像射线偏离垂线不远；当地下介质构造随机左右倾斜，倾斜角度不大时成像射线也偏离垂线不远，这是时间偏移在横向缓变情形下可以较有效应用的理论基础；若地下介质横向变速很大，成像射线严重偏离垂线，时间偏移成像结果与深度偏移结果差异很大，时间偏移结果严重畸变了地下介质的真实结构。上述数值实验已经充分证明了这一点。

如图 2-2-4 所示利用一个简单的倾斜界面模型示意性地说明了成像射线所展示出的时间偏移存在根本问题。假设在倾斜地层之下有一个绕射点，绕射波到达倾斜界面之后，按照 Snell 定律改变传播方向，其到达地表位置的射线路径不再是一条直线。如图 2-2-4 所示，此时的绕射波时距曲线不仅不再是双曲线形态，且其顶点位置 *A* 也与绕射点位置 *B* 存在横向偏差。克希霍夫积分法时间偏移、相移偏移、*F-K* 偏移及有限差分法时间偏移都无法校正这种偏差，它们的聚焦成像结果都位于 *A* 点下方。这是时间偏移的固有缺陷，只能通过深度偏移才能得到根本解决。

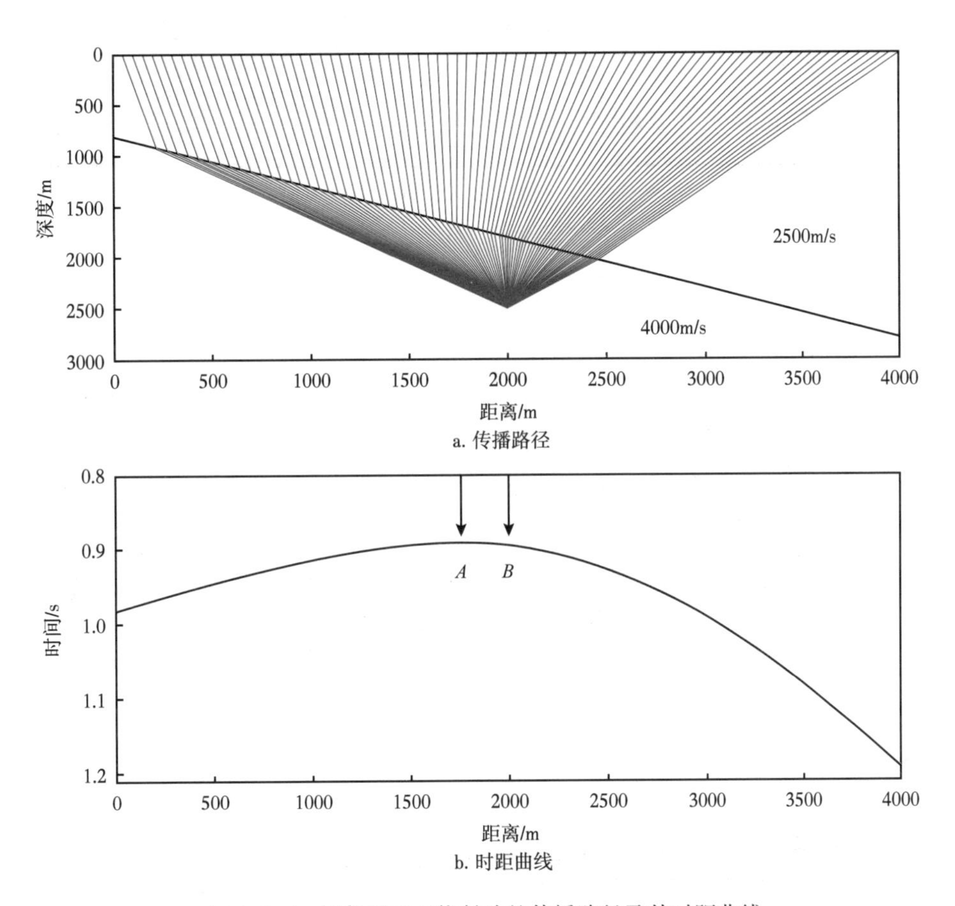

图 2-2-4　倾斜界面下绕射波的传播路径及其时距曲线

如图 2-2-5 所示大港油田设计的模型和偏移实验，其更加直观地展示了时间偏移存在的问题，其中，如图 2-2-5a 所示为一个复杂构造的速度模型，图中红色虚线圆圈之内从左到右依次有 6 个砂体，这 6 个砂体上覆地层的速度依次更加复杂。如图 2-2-5b 所示为叠前时间偏移成像结果，可以看出，与上覆地层速度的复杂性相对应，这 6 个砂体的成像效果从左到右也依次变差。该试验很好地展示了上覆地层速度横向变化对时间偏移成像质量的影响。如图 2-2-5c 所示为叠前深度偏移成像结果，由于深度偏移很好地考虑了上覆地层速度的横向变化及其速度变化引发的射线偏折，6 个砂体均得到了很好的成像。

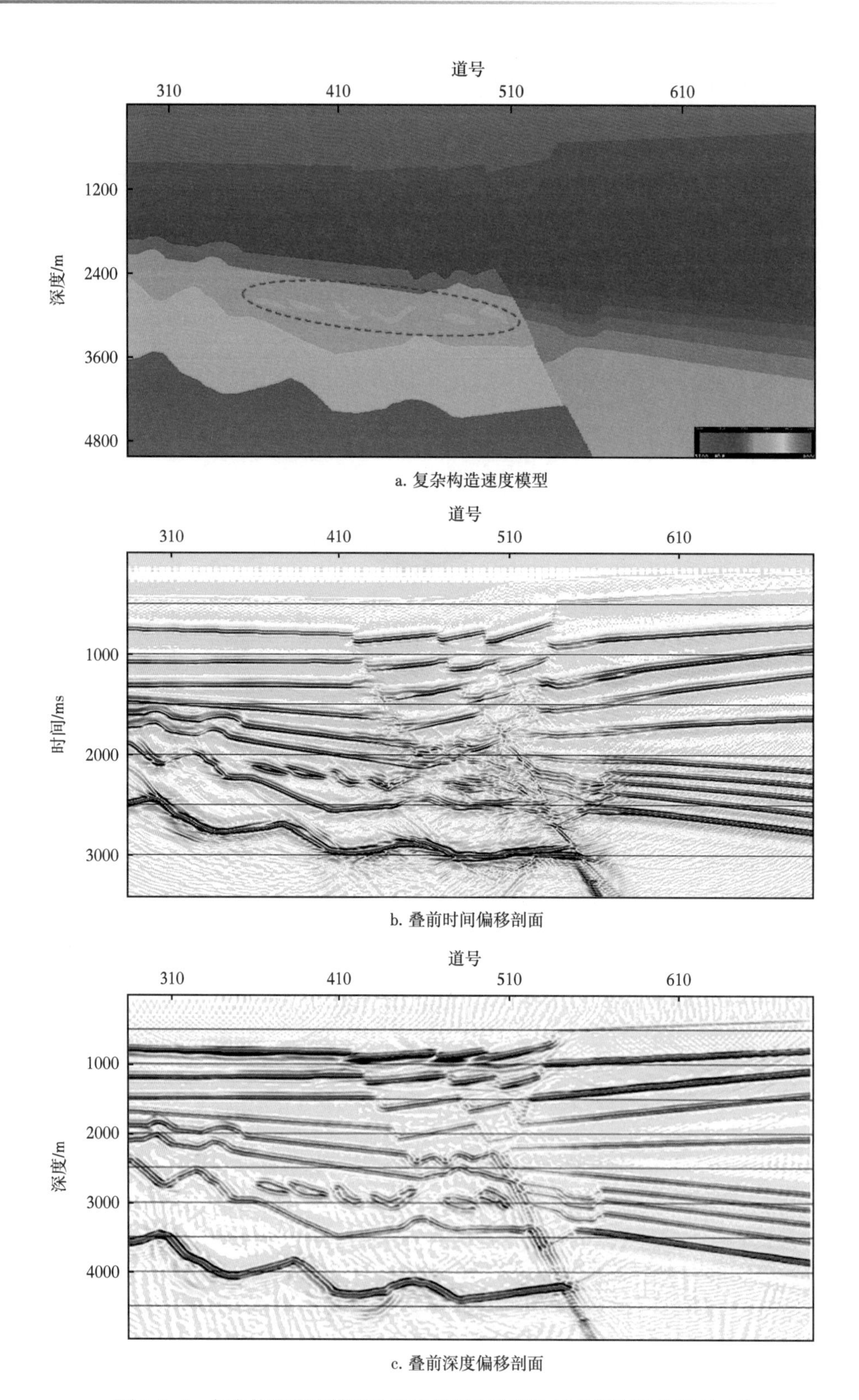

a. 复杂构造速度模型

b. 叠前时间偏移剖面

c. 叠前深度偏移剖面

图 2-2-5 复杂构造速度模型及其叠前时间偏移和叠前深度偏移剖面对比

四、山地及山前带探区速度估计及建模方法的局限性

山地及山前带地震成像处理的核心问题是如何基于道间时差剧变和信噪比很（极）低的叠前地震数据体，建立能满足偏移成像要求的偏移速度模型。从地震波成像的理论看，假如能建立山地及山前带探区从崎岖地表到深层的准确的偏移速度模型，利用真地表逆时偏移成像方法，可以得到地下介质准确的成像结果。但实际情况与偏移理论差距大，崎岖地表加上近地表岩性横向变化大导致叠前地震数据体道间时差剧变和信噪比很（极）低的，中深层构造及速度的横向变化进一步破坏了反射同相轴的连续性，这些因素使得山地及山前带探区的偏移速度模型建立变得十分困难。理论上，这是在解一个强非线性问题。

速度估计及建模的本质思想是利用不同炮检距的地震数据对任一地下介质单元的宽角度、均匀（穿透）照明，在数据域用理论模拟数据对实测数据的逼近误差最小原则，在成像域中利用共成像点道集的拉平原则，构建合理的层析反演方法（或扫描速度分析方法），实现背景速度的估计及建模。重要的数据基础是不同炮检距的地震数据有较高的信噪比。

在山地及山前带地震勘探中，假如可以通过宽方位高密度观测保证对任一地下介质单元的宽角度、均匀（穿透）照明，此时剧变的道间时差和极低信噪比实际上成了山地及山前带得到满足地质解释需求的成像结果的最大障碍。

1. 利用初至波信息的浅中层速度估计及建模

一般而言，在山地及山前带地震勘探中，单炮道集上信噪比最高的能够用于速度建模的地震波，主要是初至波及早至波（紧跟着初至后的波场）。

众所周知，初至波包含的可能是直达波（近偏移距）、浅层折射波（中深层折射波很难出现在初至中）及回折波。这些波不经反射直接穿透地层到达检波器，依据层析成像理论，它们可以用来估计它们所穿透的区域的速度。早至波中可能包含了多次折射波、回折波等，因此，利用早至波进行层析成像估计浅中层速度时，算法的收敛性还是值得深入探讨的。现阶段，实际地震处理项目实施中应用最多的仍然是基于初至波走时信息的速度反演技术。

假定波在一个既定的速度场中穿过，初至到达时与实测炮集中的初至到达时是一致的，既定的速度场就可以认为是正确的速度估计结果。这是地震波反演成像的基本逻辑或基本原则。详细地讲，假定有一个预知的速度场，波动方程（或射线理论）能正确地计算炮点到检波点的旅行时，若计算出的所有炮检对的初至到达时与对应的实测炮集中的旅行差的最小二乘结果很小（达到预定的值），则预知的速度场就是所要的速度反演结果。或者用层析成像方法更新速度场，直到旅行时差的最小二乘结果达到预定的值，最后的更新结果就是反演结果。这是参数估计的基本理论基础，全波形反演就是该理论的具体实例，该理论也包含了反射波层析成像。

全波形反演技术可以利用初至波和早至波进行速度估计，建立一个更精确的速度场，提高偏移成像的精度。全波形反演技术目前主要用在海上而且是深水情形，资料信噪比高，子波稳定，可以得到一个高精度反演结果。在陆上（尤其是山前带）探区的地震成像中，全波形反演技术尚未发挥作用，其中原因很多，主要是信噪比低。

虽然，初至波旅行时层析在陆上探区近地表建模中已经有了广泛的应用。近地表建模的精度也并不令人满意，主要原因是当前的油气地震勘探观测系统是针对中深层成像的。近地表速度估计与建模需要针对近地表的观测系统，目前显然是缺乏的。地表露头、微测

井、小折射等观测肯定有助于近地表建模，但目前多用于约束极浅层静校正计算，还不能满足真地表成像对近地表速度建模的要求。

复杂山地探区的速度建模是多解性非常强的反问题，目前可用信息（包括大炮数据、微测井、小折射等）一般情况下都不足以建立很好的速度模型。实际应用中要充分理解方法理论，做出最佳技术的组合，引入最合理的地质信息约束，得到最佳的结果。目前，不存在单一的方法或技术能解决复杂山地探区的速度建模问题。

2. 利用反射波信息的中深层速度估计及建模

多次覆盖的数据观测方式是地震勘探的核心特点。来自地下同一反射点、不同炮检距的反射地震子波，在速度正确时，成像深度应该是相同的，不叠加时它们应该是深度上排齐的。否则，就会存在成像深度差，就预示着偏移速度模型不正确。把成像深度差转换为剩余时差（Residual Moveout，RMO），并建立起剩余时差和剩余速度差之间的（线性）关系式，就构建起共成像点道集层析速度反演的理论基础。Symes（1991）根据共成像点（CIG）道集排齐情况，用反射子波对炮检距差分的平方和作为误差泛函构架了波动理论的成像道集层析反演方法，即所谓的 DSO（Differential Semblance Optimization）方法，但始终没有在工业界得到广泛应用。

射线理论共成像点道集层析成像方法是工业界最常用的中深层速度建模方法。其中，剩余时差（RMO）测量、层位拾取是控制射线理论共成像点道集层析速度估计精度的最关键步骤。在山地及山前带地震勘探中，信噪比低是精确获得剩余时差和反射层位的主要障碍。

在山地及山前带地震勘探中，时间域速度建模方法也能起到一定作用，目前是通过动校正速度分析得到初始偏移速度，再通过叠前时间偏移和反动校正开展剩余偏移速度分析，这就是 Derogowski 环速度分析方法。如图 2-2-6 所示为 Derogowski 环速度分析的工作

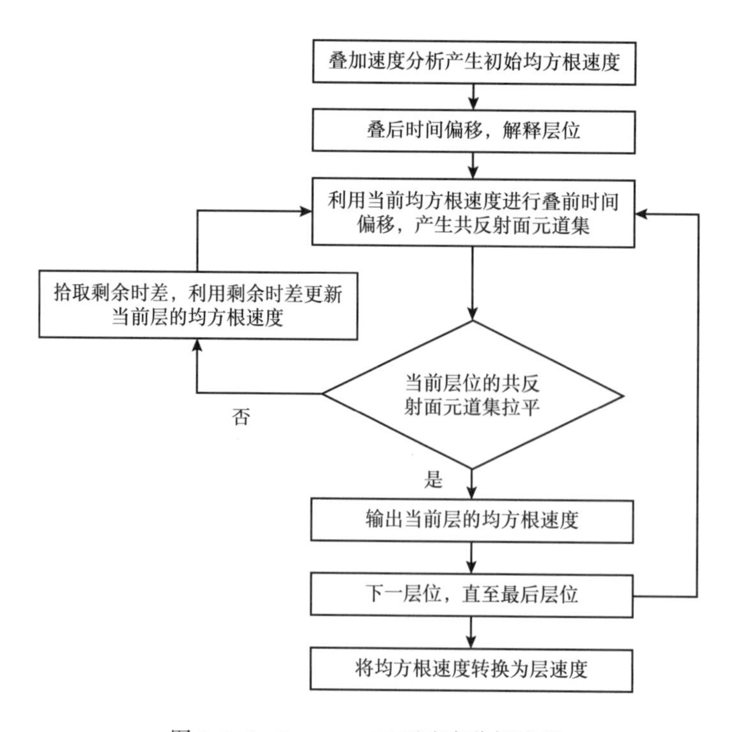

图 2-2-6　Derogowski 环速度分析流程

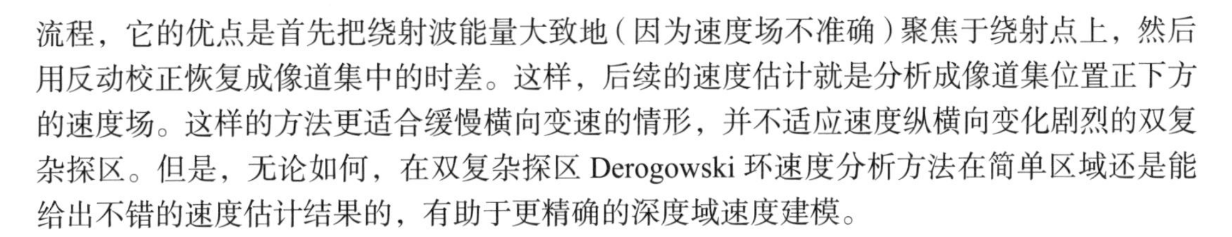

流程，它的优点是首先把绕射波能量大致地（因为速度场不准确）聚焦于绕射点上，然后用反动校正恢复成像道集中的时差。这样，后续的速度估计就是分析成像道集位置正下方的速度场。这样的方法更适合缓慢横向变速的情形，并不适应速度纵横向变化剧烈的双复杂探区。但是，无论如何，在双复杂探区 Derogowski 环速度分析方法在简单区域还是能给出不错的速度估计结果的，有助于更精确的深度域速度建模。

五、常规处理流程的局限性

大量实践表明，以平缓地表和水平层状介质为假设的传统处理方法和流程无法满足复杂地表和复杂构造区的成像需求。适用于简单地表探区叠前深度偏移成像处理流程也不适用丁双复杂探区的地震波成像处理。墨西哥湾探区存在复杂盐体迫使必须用叠前深度偏移成像技术，目前已经发展到全波形反演速度建模和各向异性介质逆时偏移阶段，取得了显著的勘探效果。但是，照搬这样的做法到双复杂探区依然是不可行的。双复杂探区地震成像处理的核心应归结为：基于道间时差剧变和信噪比很（极）低的叠前地震数据体，如何建立能满足地震偏移成像要求的偏移速度模型，并进而解决复杂构造的偏移成像问题。

双复杂探区目前的做法基本上是延续了基于时间域成像处理流程得到具有一定信噪比的叠前数据，并在时间域速度建模和叠前时间偏移成像结果基础上，开展深度域的速度建模和叠前深度偏移。这种简单的技术嫁接或拼接对于海域、陆地含油气盆地腹部和斜坡带的地震成像处理没有太大的问题，因为这些区域的地表条件较为简单，可以近似认为满足平缓地表条件，深度域地震成像处理技术在这些区域可以大规模应用，并且已见到一定的成像效果。但是，在中国中西部前陆盆地、北美洲的落基山、南美洲的安第斯山、伊朗的扎格罗斯山等前陆冲断带和山前带，地形剧烈起伏、地下构造多期冲断变形，虽然经过了多年探索，复杂山地深度域地震成像技术仍然没有实现全面突破。

由于山地和山前带探区油气地震勘探的极端复杂性，国外大型油气公司和地球物理服务公司在该领域的勘探活动并不活跃，投入不够，关于复杂山地地震成像处理方法的研究并不深入，没有发展出针对双复杂探区的、比较有效的成像处理技术和适用的软件系统。

中国石油在 20 世纪 90 年代就开始了在我国西部各大油气盆地边缘的油气勘探，一直到现在为止，山前带及山地都是我国重要的油气探区，并且取得了不错的勘探效果。

但是，这并不代表已经解决了双复杂探区的地震成像问题。双复杂探区地震勘探未获得突破的真正困难，是没有突破几十年来形成的传统处理方法和技术的约束，未能针对山前带地震勘探的特殊性孕育出成效显著的技术流程和相应软件系统（王华忠等，2013）。复杂地震波场和低信噪比资料的地震成像已经成为制约山地和其他复杂地表区复杂构造勘探的瓶颈技术。

第三节　真地表地震成像技术内涵与技术方案

双复杂探区的复杂浅层介质与复杂中深层介质形成一个整体，复杂的地形变化及近地表结构变化，与复杂的地下结构一起导致了地震波在这样的介质中传播后，野外地震采集接收到了以剧变道间时差、极低信噪比、极复杂波场变化为特征的叠前地震数据体。针对这样的数据体，发展出适用的地震成像处理流程和有效的关键技术，是双复杂探区地震勘探的至关重要的问题。进一步地说，基于道间时差剧变和信噪比很（极）低的叠前地震数据体建立能满足地震偏移成像要求的偏移速度模型更是问题的关键。因此，从真地表出发的全深度域叠前成像处理是合理的技术方案选择。

一、真地表地震成像技术内涵

山前带和山地探区最大的特征是地表崎岖、高速层出露地表、近地表缺乏低降速带，时间域成像处理的理论假设被严重破坏，不得不放弃时间域的处理流程和技术，必须采用真地表全深度域地震成像技术。

克希霍夫积分法叠前深度偏移是在正确的背景速度场中沿波传播的实际路径计算反射子波走时，把数据中的相应的反（绕）射子波加权叠加在反（绕）射点上。波动方程叠前深度偏移是在正确的背景速度场中模拟出炮点到成像点处的波场，并把地表观测的波场反推到成像点处，两个波场在成像点处的相关产生该点的成像结果。因此，从理论上讲，若能够建立比较准确的近地表速度模型和地下速度模型，即便横向变速较为严重，则无论是水平地表采集的波场还是起伏地表采集的波场，都可以不经过静校正处理直接从实际地表进行波场延拓和成像。这就是真地表全深度域地震成像的理论依据。

真地表叠前深度偏移表示为

$$m(x,y,z)=F\left\{\mathrm{d}\left[x_s,y_s,x_g,y_g,t,z_0=z_0(x,y)\right],v(x,y,z)\right\} \tag{2-3-1}$$

式中 F——叠前深度偏移算子；

$\mathrm{d}[x_s, y_s, x_g, y_g, t, z_0=z_0(x, y)]$——起伏地表叠前地震波场；

x_s，y_s——炮点坐标；

x_g，y_g——检波点坐标；

$z_0=z_0(x, y)$——起伏地表面的高程；

$v(x, y, z)$——全深度速度模型；

$m(x, y, z)$——深度域成像结果。

式（2-3-1）中的速度模型 $v(x, y, z)$ 和成像结果 $m(x, y, z)$ 都是深度 z 的函数，两者应该是同一个坐标系统，且这个坐标系统在深度上的起始面必须是地震数据所在的地表面 $z_0=z_0(x, y)$。

真地表全深度域地震成像就是从实际地表面开始，进行深度域的建模，得到用于偏移的背景速度场，然后用叠前深度偏移方法进行成像。很显然，这是普适性的成像处理方法，适用于简单地表、复杂地表、简单地下、复杂地下，以及它们的各种组合情形。

但是，如果不能得到由真地表开始的正确的背景速度模型，就不能进行真地表全深度域地震成像。因此真地表全深度域地震成像的核心在于建立由真地表开始的正确的背景速度模型。而偏移前地震数据和偏移后共成像点道集数据携带着地下波场的走时和波形信息，是速度反演方法应用的基础，速度建模过程是分别在数据域和成像域利用速度反演方法结合偏移算法迭代建立速度模型。因此，除了偏移方法本身以外，真地表成像还需要做好偏移前数据预处理和速度建模等一系列配套技术的支撑。

首先，该技术需要较为可靠的全深度（近地表和地下成岩地层）速度模型，特别是较为准确的近地表速度模型。只有当近地表速度模型较为准确时，才能对近地表波场的反向传播进行正确模拟，在波场反向延拓过程中消除地表和近地表因素对地下介质成像的影响。因此，真地表偏移不需要做基准面静校正，但并非不需要近地表速度模型，相反，真地表偏移较传统常规处理需要更加准确的近地表速度模型。因此，如何就近地表速度结构建模进行针对性的野外采集设计，以及如何利用与地表有关的多种波场进行近地表速度结构反演（包括层析反演和波形反演）是真地表地震成像最为重要的支撑技术。

其次，该项技术还需要较高信噪比的叠前数据作为速度建模和偏移的基础。与复杂地表伴生的是各类噪声干扰，除了常规的面波、声波和随机噪声之外，还有地表起伏及其非均质性导致的散射波场。这类散射噪声的能量强、分布广、频带与有效信号重叠，其表现形式既非随机干扰，也非规则干扰，而是兼具两类干扰的基本特征，现有的噪声压制方法很难取得理想的效果。此外，地表的剧烈变化也增大了地震信号的道间旅行时差、畸变了地震信号的反射波同相轴，进一步增加了噪声压制和信号恢复的难度。因此，起伏地表情况下的噪声压制技术也是真地表地震成像的重要配套技术。

再次，与复杂地表有关的另外一个问题是地震子波的空间变化。地表条件的复杂性一方面加剧了激发和接收环境的差异，包括激发岩性、激发环境和耦合条件等；另一方面，为适应复杂地表和近地表条件，在野外施工过程中也会在不同地表环境采用不同的激发方式和激发参数，包括震源类型、井深、药量、震源或检波器的组合方式等。这些因素都会导致地震子波的空间变化。当然，近地表结构本身的横向变化也会进一步加剧地震子波的空间差异。因此，在复杂地表条件下，振幅、频率等与子波有关的一致性处理也是真地表成像非常重要的配套技术。

这里，要特别强调近地表速度模型对真地表成像重要性问题。近地表速度的准确性不仅影响到最终真地表地震成像的准确计算，对提高叠前资料信噪比也十分关键，最终也会影响真地表的成像效果。在认识到近地表速度模型重要性的同时，也要认识到近地表速度建模的艰巨性。客观地讲，现有的地面地震采集方法很难完全恢复地下复杂波场，传统处理方法本身在双复杂探区同样也存在一定的局限性，很难建立完全准确的近地表速度模型。一般而言，现阶段地震采集和处理技术能够建立相对准确的近地表速度模型的中低频（低波数成分）分量，很难建立近地表速度模型的高频（高波数成分）分量。也就是说，能够建立相对准确的近地表速度变化趋势，但速度变化的具体细节很难完整地建立起来。这些速度结构的细节变化一般不会影响地震成像的基本位置和形态，但会影响地震反射在共反射点道集的横向一致性，降低地震信号的聚焦性能和成像质量。基于上述考虑，在实际工作中，大多数处理人员一般并不采用从实际地表位置直接进行偏移成像的方式，而是根据近地表条件和资料品质，对实际测量的地表高程变化中的高频成分进行适当尺度的平滑，使平滑后的高程既能反映实际地形的变化趋势，又能保持近地表速度纵横向变化特征；然后，将地震数据校正到这个与真实地形匹配度较高的地形相关平滑面上，在平滑后的基准面上进行真地表地震成像，以减小近地表速度误差和地表测量误差对地震成像的影响，这就是所谓的地形相关平滑面真地表成像，也是现阶段实际生产中应用较多的真地表成像策略。当然，如果近地表速度建模精度和偏移算法能够适应真地表偏移的要求，理想的做法仍然是直接从真地表开始偏移成像。

真地表成像的学术概念指从实际地表位置进行的地震成像，理论模型已经证明真地表成像的必要性，而在实际工作中，真地表成像的内涵和外延要丰富得多。其所谓的“真”不再局限于实际地表的真实位置，还包含为适应真实地表的变化，以及为消除真实地表的影响所开展的一系列工作。因此，忽略实际问题的复杂性，将真地表偏移只机械地理解为从实际地表位置进行偏移成像的观点是不全面的。无论应用何种真地表偏移算法，为获得高精度的叠前深度偏移成果，需要输入与深度域偏移起始面相配套的时间域数据和全深度层速度模型，也就是说，偏移前时间域数据处理、深度域速度估计与建模和叠前深度偏移方法是真地表地震成像不可或缺的三个重要处理环节。为此，把基于地表相关偏移面的偏移前时间域处理、深度域速度估计与建模、叠前深度偏移方法三者合起来，统一称为真地表地震成像处理技术。

二、真地表地震成像涉及的几个基准面

地震基准面是一个任意的参考面，把地震数据通过静校正的方法调整到这个面上，使得地形和表层低降速带影响最小（Sheriff，1995）。无论时间域成像处理或深度域成像处理，叠前数据基准面、成像基准面和速度模型基准面三者都是要统一的。时间域成像处理中有一个特殊点，即时间域成像基准面是相对的，全区域还需要选一个最终基准面，作为全区统一的地震剖面起始面。深度域成像基准面是绝对的，不需要全区域的最终基准面。实际处理中，为了时深转换方便，深度域成像处理也可设置一个统一的最终基准面。

真地表全深度域成像处理中，真地表也是一个基准面，深入认识其对波传播过程及叠前数据的影响是十分重要的。在此，对影响成像效果的几个常用基准面进行简要介绍。

1. 最终基准面

为了开展一个盆地的区域构造研究，在地震勘探过程中人们通常设定某一高程的水平面作为地震基准面，传统时间域成像结果通常被校正到全区统一的最终基准面（Final Datum）上，为了兼顾盆地腹部、斜坡带和周缘的地形，这个最终基准面通常在全区地形上取了平均，导致在山地区域出现海拔较高的山地被最终基准面削了山头的现象，这个结果对时间域成像影响不大，但是对真地表成像影响较大。真地表成像最好选取高于处理工区内的最高海拔的高程作为最终基准面，便于保护近地表速度场和旅行时。

2. 浮动基准面

当工区内的地表高程和低速带变化不是很大时，基于最终基准面的静校正一般能够取得理想的效果。但是，对于地表高程变化较大的工区，在一个工区设定一个最终基准面很难有效地消除复杂近地表结构对地震资料处理的影响，因此引入浮动基准面（Floating Datum）的概念，在地表附近作为参考基准面，主要用于求取和应用叠加速度（Cox，1999）。

顾名思义，浮动基准面就是基准面高程随空间位置变化的参考面。选择浮动基准面的目的是为了减小当地表起伏较大时的静校正误差。在时间域地震资料处理中，浮动基准面为基准面静校正量平滑得到的长波长量，在浮动基准面上，同一个共中心点道集内所有的地震道的炮点和检波点都在该共中心点对应的浮动基准面所在的水平面上。浮动基准面上的地震记录，即使是相同的炮点或者相同的检波点，其基准面在不同共中心点道集是变化

的，这样做的目的是尽可能地满足时间域的速度分析、剩余静校正、动校正、叠加等常规处理所需要的水平地表假设。

如图 2-3-1 所示，S 是炮点，$R1$ 和 $R2$ 分别是该炮的两个接收点，这两个地震道所属的共中心点分别是 $M1$ 和 $M2$，炮点在 CMP1 的基准面为绿色线定义的基准面，在 CMP2 的基准面是紫色线定义的基准面。同理，相同检波点的地震记录，在不同共中心点道集中的基准面也是变化的。

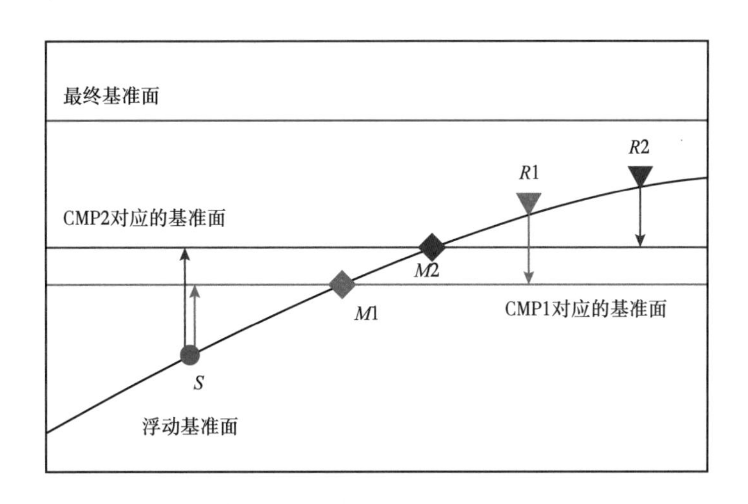

图 2-3-1　相同炮点在不同共中心点道集的基准面位置

从前面的讨论可以看出，一个共中心点（道集）有一个水平基准面，其位置随着共中心点的位置上下浮动。如图 2-3-2 所示，黑色虚线是地形线，紫色实线是浮动基准面，蓝色实线是最终基准面，三条红色实线分别是三个不同位置共中心点道集的基准面。将一个共中心点道集中的所有地震道的炮点和检波点都校正到该共中心点基准面上，就完成了该

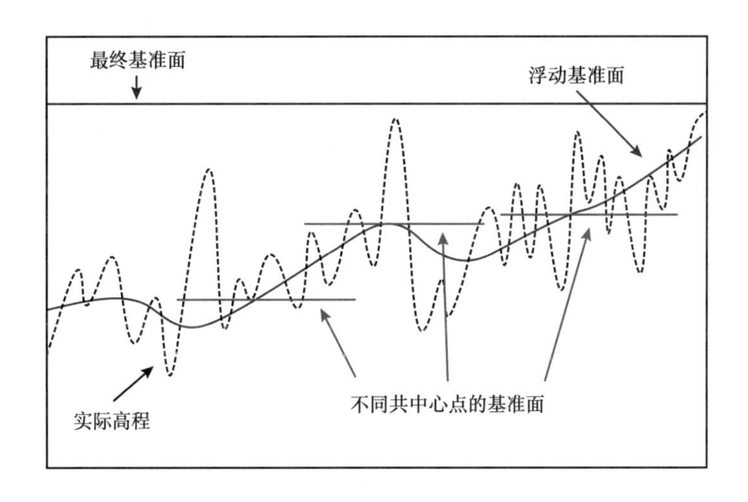

图 2-3-2　基准面关系示意

道集到浮动基准面的静校正。因此，每个共中心点基准面也是水平基准面，只是不同共中心点的水平基准面可以上下变化，所有共中心点水平基准面的高程线构成了随共中心点变化的浮动基准面。

实际地震数据处理有两类确定浮动基准面的方法：一类是通过平滑地表高程直接计算；另一类是通过对静校正量进行平均计算。后者在时间域地震资料处理中应用更为普遍。第一类方法的浮动基准面就是实际地表面的平滑面，物理意义比较明确；第二类方法的浮动基准面是一个以静校正时差为度量的时间曲面，理解和应用起来比较抽象。第二类方法是将相对于最终基准面，并且包含高程和低速带的总静校正量分解为高频分量和低频分量，低频分量就是共中心点道集的平均静校正量，高频分量就是每个地震道的静校正量与共中心点基准面静校正量的差异。该类方法首先在地震数据中用于高频分量实现浮动基准面校正，在浮动基准面上进行速度分析和动校正、叠加等常规处理，然后再应用低频分量将浮动基准面校正到最终基准面，通过上述两步消除地表高程和低速带变化对地震资料的影响。

如果浮动基准面是通过平滑地表高程计算的，那么该浮动基准面的空间位置是确定的。若浮动基准面是通过平均静校正量来计算的，由于基准面校正量不仅包含了地表到最终基准面的高程变化的时差量，还包含近地表低降速带速度变化引起的时差量，因此无法直接得到浮动基准面的空间位置。这个问题对于常规的时间域处理不会有太大影响，但是将导致深度域处理的一系列问题。虽然有些学者给出了由时间域浮动基准面向深度域浮动基准面映射的一些方法，但大多需要对地表和低速带进行某些假设，不能从根本上解决问题。

3. 地形相关平滑面

选择基准面的真正目的是把复杂近地表变化对去噪和成像的影响降到最低。目前的去噪方法、层析速度建模方法和叠前偏移成像方法都是线性预测反演的范畴，不允许叠前数据中存在强的道间时差和子波形态（振幅、相位、频带）的跃变。引入各种基准面，消除道间时差对叠前数据的影响，是去噪、建模和偏移成像所必需的。子波形态（振幅、相位、频带）跃变的减弱是靠地表一致性振幅和相位校正加以解决的。

在实际处理项目实施中，工区内每一个共中心点对应的真地表高程是未知的。通常把地震野外采集得到炮检点实际高程通过三维插值得到整个采集工区的共中心点高程在复杂山地和黄土塬等地形变化剧烈地区，地震野外采集工区内地形可能在几个接收点之间出现局部地形突变，所以野外炮检点高程测量的疏密程度、共中心点高程求取方法等都可能影响实际的真实地表高程面局部形态。现阶段，由于陆地采集在近炮检距存在明显的采集脚印，导致射线照明不均匀，实际地震数据处理工作中，只能得到近地表速度模型的中低频分量，很难得到完全准确的高频分量。上述复杂地形非规则采集和极浅层速度模型高频误差问题给叠前深度偏移技术的应用带来难题。以常用的克希霍夫叠前深度偏移方法为例，接收点间的地形突变为走时表插值带来困难，近地表速度模型的高频误差会降低地震反射在共成像道集上的同相性，降低地震成像的信噪比和聚焦性能。

当地表高程变化剧烈时，可以将网格化后实际地表高程进行最小尺度的平滑和编辑，目的就是消除由于野外测量和插值计算求得的真地表高程面在炮检点和共中心点上的误差，同时消除极浅层速度模型高频量不准引起的信噪比和聚焦问题。再将炮检点都校正到最小平滑地形上，此时数据被校正到与真实地形最贴近的小平滑面上，从这个面出发开始进行叠前深度偏移速度建模和偏移成像。笔者把这个与真实地形高度相似的偏移起始面称作地形相关平滑面（Topography-Related Datum）。平滑尺度的大小取决于野外地形测量精度和近地表速度结构的复杂程度。基本原则是在考虑地形变化和近地表速度模型结构的情况下，获取与真实地表高程相关的平滑面，这个小平滑面与真实地形越接近越好，这样既可以消除测量和反演的误差，又可以保持地形变化和近地表速度场结构特征，为实现真地表偏移奠定基础。若高程平滑半径比较大（半个排列到一个排列长度），这个地形相关的平滑面就是满足动校正和水平叠加要求的常规意义上的浮动基准面；在复杂山地区，通常地形高差大，局部地表高程抖动，高角度老地层出露地表，由野外测量得到的炮检点高程插值获得的地表高程面还不能完全反映地形的局部抖动，此时为了实现真地表偏移，地形平滑尺度尽量小，减少平滑后的高程在地形变化剧烈、沟壑纵横地区出现地形线高于测量高程，飘在空中的情况。

理论上讲，无论是基于大炮观测数据或是基于各种近地表调查数据，目前的近地表建模方法都不足以建立包含高波数变化的精确的近地表速度模型，前已述及真地表本身也是未知的，这就导致在去噪、偏移成像过程中，由这些因素引起的剩余时差必然影响去噪和偏移叠加成像的质量，因此非常有必要选一个地形相关平滑面，尽可能把高程剧变和小尺度速度变化引起的时差消除掉。

图 2-3-3 显示了库车山地某一段的实际地表高程及其地表平均浮动基准面和地形相关小平滑面的对比。其中，黑线是实际地表高程，蓝色实线为最终基准面，绿色曲线是利用 3km 长度对实际地表进行平滑得到的浮动基准面，红色曲线是地表高程加权最小二乘平滑得到的地形相关小平滑面。在近地表速度模型相对准确的情况下，在地形相关小平滑面上的叠前偏移，较浮动基准面上的叠前偏移能够更好地克服起伏地表对地震成像的影响。

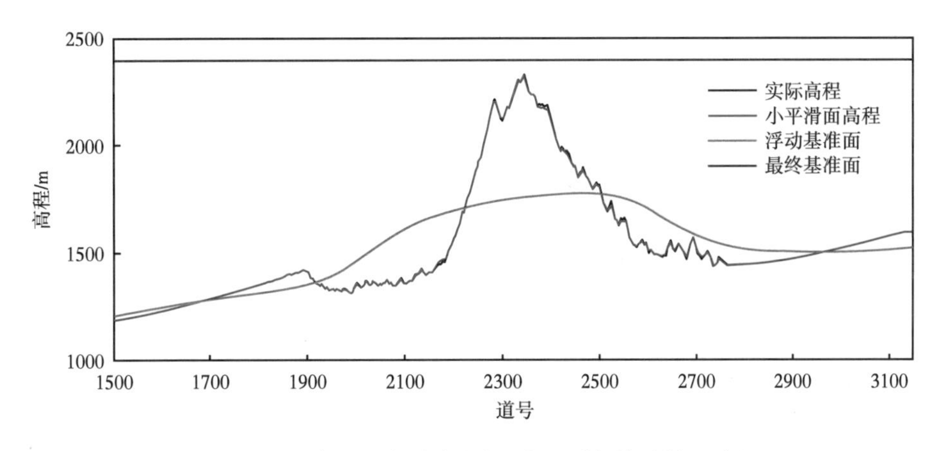

图 2-3-3　高程平均浮动基准面与地形相关平滑面对比

黄土塬地区沟壑纵横，虽然地表高程差不大，但是地形变化快，高程剧烈抖动，且存在较厚的低降速层。图 2-3-4 显示了一段黄土塬地区的实际地表高程和低降速带的变化情况。近地表速度结构大致可分为 3 层，忽略各层速度的横向变化，第一层到第三层的速度依次为 500m/s、700m/s 和 1500m/s，低降速带之下高速层的速度为 2500m/s。将最终基准面高程设置为海拔 1148m，替换速度设置为 2500m/s。图 2-3-5 显示了静校正量的横向变化，其中，蓝色曲线是实际静校正量，在测线范围之内，不同位置静校正量最大相差 300ms 左右；平滑半径 2km 得到了时间域浮动基准面（红色曲线），它能够在一定程度上消除高程和低降速带剧烈变化对时间域速度分析和水平叠加的影响。图 2-3-6 中的绿色曲线是将时间域浮动基准面转换到深度域之后的结果，高程和整体形态与实际地表存在很大差异，在这个基准面上进行真地表深度偏移不可避免地影响地震成像的最终质量。图 2-3-6 中红色曲线是加权最小二乘平滑得到的地形相关小平滑面，与黑色曲线表示的实际地表非常接近，很显然，在这个平滑面上进行真地表速度建模和深度偏移可以消除起伏地表对成像结果的影响。

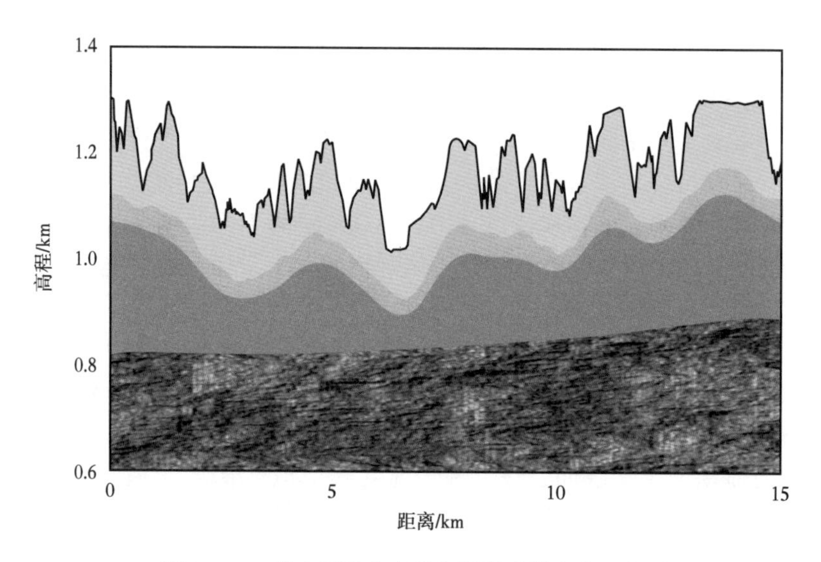

图 2-3-4　黄土塬地表高程和低降速带变化示意图

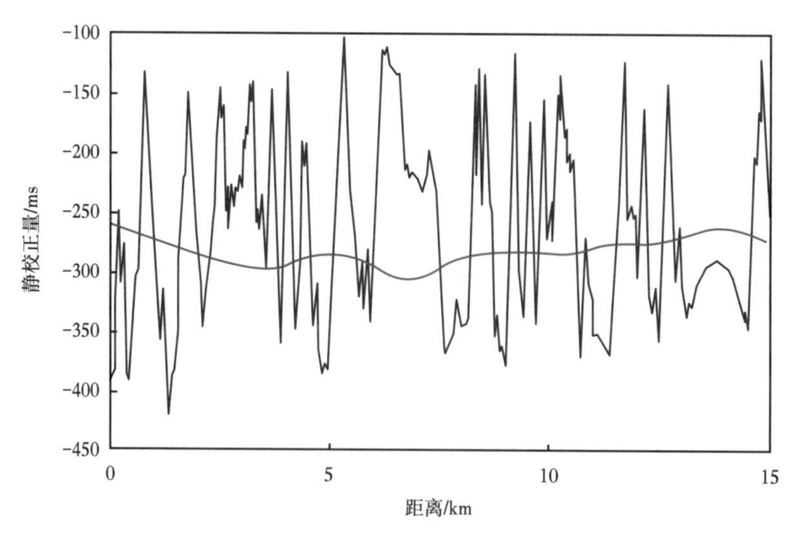

图 2-3-5　静校正量和浮动基准面

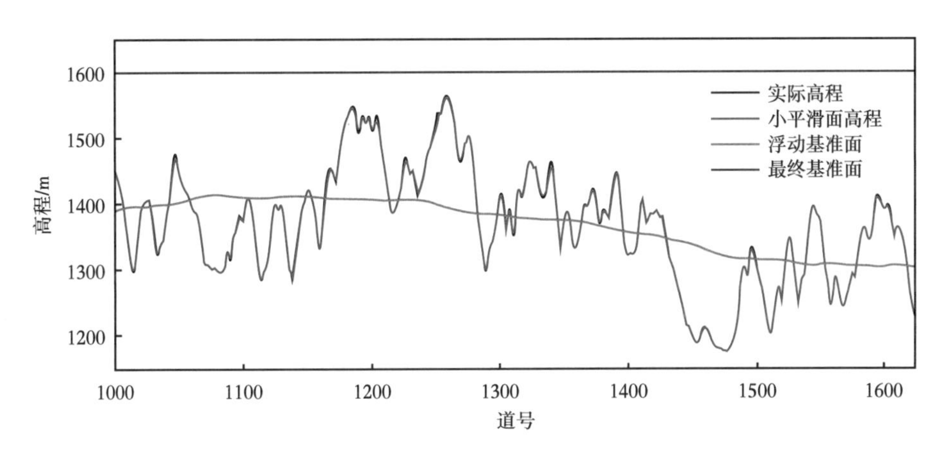

图 2-3-6　转换到深度域的浮动基准面和地形相关平滑面

三、真地表地震成像技术方案

鉴于常规时间域地震成像处理方法、流程在双复杂区应用的局限性，工业界急需一套面向剧烈起伏地表保持波场运动学特征的全深度成像处理技术方案和真地表成像处理流程，重点是解决剧变道间时差、极低信噪比数据情况下复杂山地崎岖地表的浅层、中层和深层速度建模问题。与传统的面向时间域水平叠加处理技术和流程相比，真地表地震成像技术方案对复杂近地表问题的处理方法不同。传统时间域成像处理的关键环节是通过静校正消除地表高程、低降速带厚度，以及低降速带速度变化对去噪、速度分析和偏移成像的影响。该技术假设地震波在近地表介质中垂直传播，静校正量不随反射层埋深和炮检距变化而变化，应用时对地震道进行整体时移。在求得高程和低速带静校正量后，为了满足动校正和叠加的要求，对地表高程或静校正量进行平滑，构建一个时间域浮动基准面（平滑参数通常是大于或等于半个接收排列长度，在此称为大平滑浮动基准面），用这个浮动面对静校正量进行分解，获得与低速带速度有关的中高频静校正量，以及与地形有关的低频静校正量。在共中心点道集上应用中高频静校正量后道集被校正到地表大光滑面上，在此基础上进行速度分析和动校正，再求取反射波剩余静校正量。这样做的目的就是获得在一个平面上观测，且没有风化层或低速介质存在时的反射波到达时间，即时距曲线为双曲线，以满足水平叠加的要求。很显然，时间域成像处理适应的介质情形是，近地表是满足地表一致性静校正的低降速带，高速层顶面以下是平缓的层状沉积层。但是，双复杂探区的介质绝大部分情况下不是这样的。地形剧烈起伏、高速层出露地表、近地表介质横向变化剧烈、中深层构造十分复杂形成了双复杂探区的典型介质特征。从地表浅层开始，波场（波前面）就被改造得异常复杂，炮集中基本看不到有效反射波的影子。

针对传统时间域处理方法的局限性，笔者优化了成像处理方案，提出以高精度近地表速度反演代替时间域高程和低速带静校正，用真实地表或地形相关平滑面代替时间域浮动基准面，以地形或模型初至波走时匹配校正代替反射波剩余静校正，用初至波和反射波联合建模代替仅用反射波信息的速度建模方法，以弥补传统处理方法对近地表简化给真地表偏移带来的误差。

图 2-3-7a 是传统地震成像处理方案，图 2-3-7b 是笔者提出的全深度真地表成像处理方案。笔者系统对比分析了以静校正为基础的传统叠前深度偏移处理方法和以近地表速度反演为基础的全深度速度建模与真地表成像处理技术的差异。真地表成像处理流程首先在全排列初至拾取基础上开展高精度近地表速度反演。其次，再依据实际地形和近地表结构开展真地表偏移起始面构建。再次，依据所选偏移基准面的不同，采用不同的走时匹配表层校正方法，如果直接从原始地表开始偏移，考虑开展基于近地表速度模型误差的走时匹配校正；如果从地形相关小平滑面开始偏移，还要考虑利用测量高程与小平滑地表之间的地形匹配走时校正，将地形匹配和模型匹配校正量应用到偏移前数据，消除实际测量高程高频抖动和近地表结构横向变化带来的地震数据道间时差的剧烈变化，实现地震数据从原始地表面到地形相关小平滑面校正。然后，利用高精度近地表结构反演建立近地表速度模型与中深层反射波速度模型融合进行全深度速度建模。最后，从真地表或地形相关小平滑地表面出发进行叠前深度偏移。

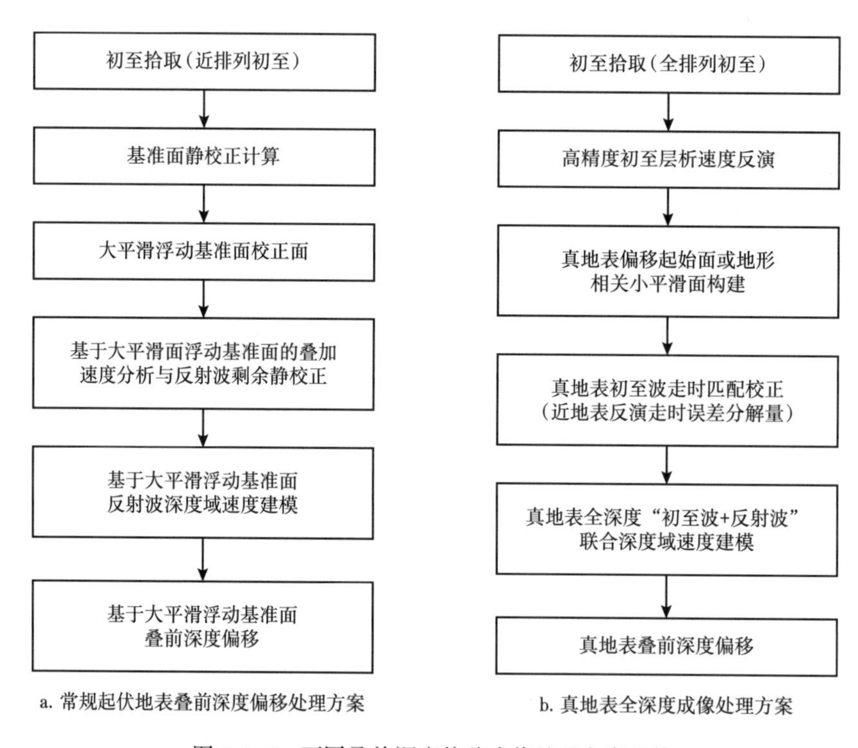

图 2-3-7　不同叠前深度偏移成像处理方案比较

依据这套方案，配套设计了保持波场运动学特征的全深度叠前深度偏移速度建模和成像处理流程。全深度处理流程的基础是高精度的近地表速度反演，在此基础上分两部分开展数据处理。首先，在高精度初至波速度建模基础上开展基准面静校正量计算，满足叠前线性噪声压制的需要。在应用了静校正量后，线性干扰波的相干性增强，同时有效波同相轴更加光滑，更有利于叠前噪声衰减和子波一致性处理，其目标是获取高品质偏移前地震数据。其次，在获得高品质叠前数据后，将计算得到的静校正总量减去，使数据回到真实地表，再根据近地表速度反演精度和近地表结构，开展真地表或基于地形相关平滑面的真地表深度域速度建模和偏移。

如图 2-3-8 所示，相对于传统基于大平滑浮动面处理流程，本书提出的真地表地震成像处理流程的重点是叠前深度偏移从真地表（或地形相关小平滑面）出发，采用与深度偏移相匹配的初至波旅行时匹配表层校正方法，减小基准面静校正对地震波场的影响，使时间域数据运动学信息更符合地震波在实际地下介质中传播特征，起到保护速度场的目的。

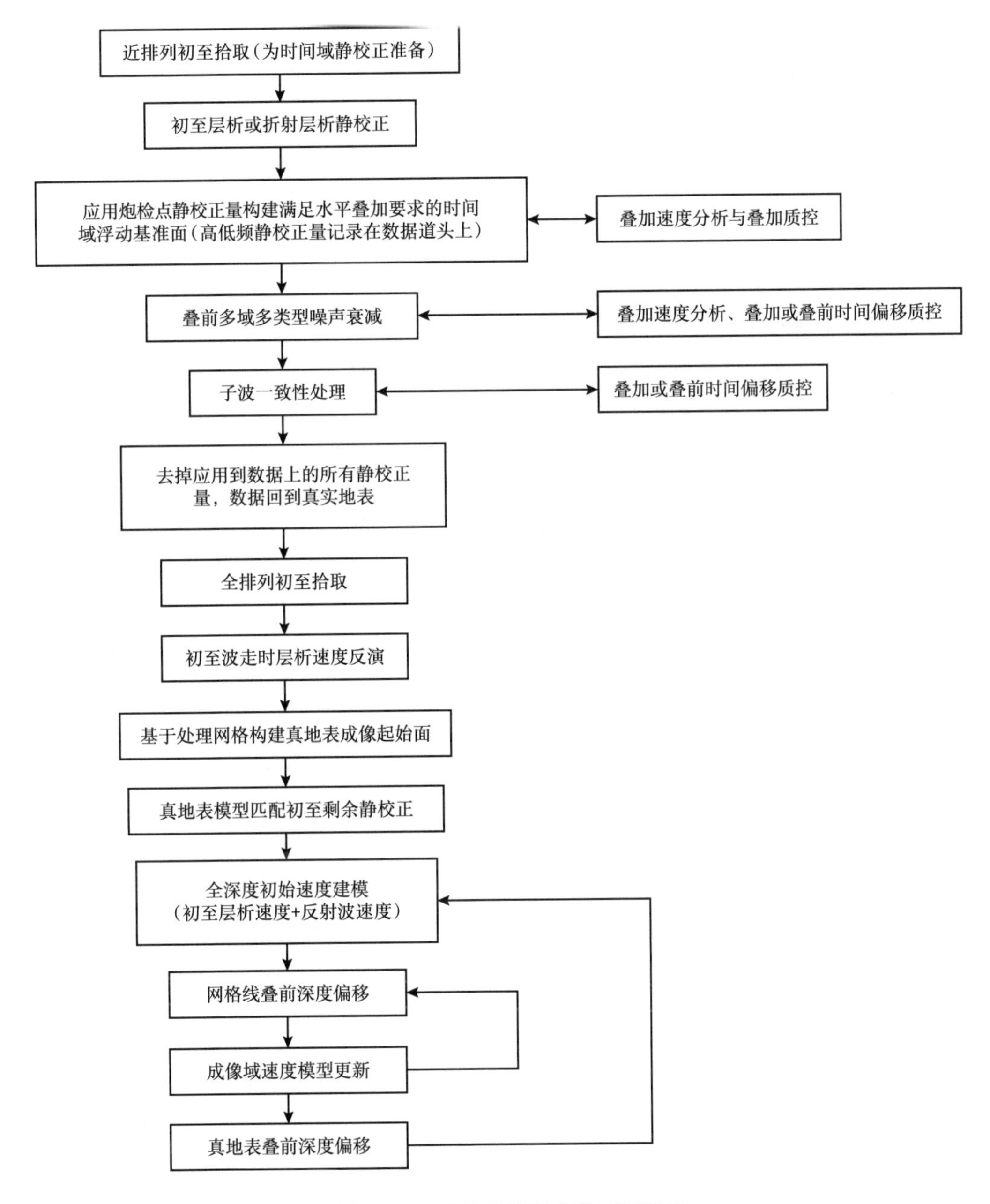

图 2-3-8　真地表地震成像处理流程

在全深度域地震成像处理技术系列中，近地表速度反演和深度域速度建模是最为核心的处理方法，也是我国双复杂区地震资料与东部简单地表区地震资料处理区别较大的几个关键环节。在处理项目实施中，需要依据不同的地形、地表结构选择具体的静校正、去噪、速度建模处理技术策略和适合的方法模块，应用到整个地震资料处理流程中。例如，在黄土山地和风化严重的山区，地表沟壑纵横，风化严重，极浅层风化带速度极低，当现有数据驱动的速度反演方法难以刻画极浅层低速带时，可以考虑应用微测井等表层调查结果，对检波点进行垂直时移校正到相对稳定的次高速层后，再开始进行全深度速度建模和偏移，即先剥离极低速的走时影响，再开始构建真地表成像面。

第四节　影响真地表地震成像效果的关键因素

从上述真地表地震成像处理流程可以看出，为了保障地震数据处理从源头开始全流程满足从真实地表出发的深度域处理要求，面向水平叠加的低速带静校正和水平叠加只作为判断深度域速度建模和偏移前数据品质的质控手段；针对双复杂地震数据的去噪和一致性处理是为真地表地震成像提供高品质数据的基础；从真地表或地形小平滑面开始的全深度速度建模是真地表地震成像的核心，偏移算法作为速度建模的引擎和展示成像效果的最后一步，需要选择与全深度速度模型相配套的偏移方法。现阶段，深度域速度建模和偏移方法都可以直接从起伏地表开始，只是速度建模方法仍然以反射波为主，还不能完全满足真地表成像的要求；时间域低速带静校正处理在理论上简化地表，同样不适应真地表成像要求，叠前去噪和一致性处理等方法也可以直接在真实地表开展，只是受剧烈起伏地形和近地表结构的复杂性影响，规则线性噪声发育规律差，传统的去噪方法在复杂地表条件下难以发挥作用。为了实现真地表成像技术方案，需要重点分析影响真地表地震成像效果的关键因素，为开展真地表成像方法研究奠定基础。

一、静校正处理对真地表成像的影响

前面已经就时间域和深度域处理的几个基准面进行了简要介绍和讨论，并强调了地震数据起始面、速度建模起始面和偏移起始面三者一致性的重要性。在高大山体和山前带地区，不仅地表高程变化剧烈，且高速层出露地表或多层砾石层叠合，静校正所依据的基本假设在该类地区不复存在。此时若继续采用常规静校正处理，即使是基于浮动基准面的静校正处理，也会产生不可接受的处理误差。特别是，若再采用平均静校正量确定浮动基准面，则时间域浮动基准面与实际地表高程之间不再存在简单的对应关系，很难确定经过时间域浮动基准面校正之后地震数据被校正到哪个高程位置，尤其是改变了近地表区域的速度场信息，给真地表成像带来误差，这将不可避免地给后续处理和解释工作带来更大误差。此外，在浮动基准面上进行速度分析所得到的均方根速度，其 T_0 时间是以该共中心点面为起始点的，当将其校正到固定基准面或者成像基准面时，除了校正方法本身的误差之外，替换速度的选择也会对校正结果产生较大影响。

为说明时间域浮动面问题，用库车双复杂速度模型计算了层析静校正量（替换速度 3000m/s，最终基准面高程 3000m），按照常规的静校正量平滑分解做法，用长波长静校

正量构建了深度域起伏地表偏移起始面。进行了两组层析静校正量分解实验，将不同平滑尺度得到的高频静校正量用到地震数据上，用静校正的低频量构建深度域速度模型和偏移起始面。第一组实验对层析静校正量进行 6000m 大平滑分解，第二组实验对层析静校正量进行 200m 小平滑分解。如图 2-4-1 所示为三种地形线的叠合显示及真实库车速度模型，图中红色线是真实地形线，绿色线是小平滑分解构成的偏移起始面，紫色线是大平滑分解构成的偏移起始面，可见小平滑分解构建的地表更接近真实地表位置，保持了地形空间变化关系，能够较好地保持小平滑面之下的近地表速度场信息，有利于深度域速度建模与成像处理。基于常规静校正量平滑分解的做法构建的地形相关小平滑面在山体和山下地形快速剧变区域存在平滑面高程高于实际高程的现象。笔者构建的地形相关小平滑面方法，需用到实际高程，加上最小二乘平滑构建了此地形相关面（图 2-3-3）。大平滑地表与真实地表差距较大，大平滑面之下已经无法反映近地表速度结构。但是，静校正的大平滑分解做法符合面向水平叠加的时间域浮动面处理要求，在共中心点道集上得到双曲线规律更好、更光滑的反射同相轴。如图 2-4-2 所示为分别位于真实地表、小平滑地表、大平滑地表上的四个典型位置的共中心点道集。可以看出，在小平滑浮动面上的共中心点道集上初至和反射同相轴旅行时与真地表上的旅行时更相似，道集上的道间时差含有地形和低速带的速度信息，这些信息是后续开展深度域速度建模的基础；在大平滑浮动面共中心点道集上初至和反射同相轴更光滑，山体两侧平缓地表位置 1 和位置 4 道集双曲线特征较明显，道间时差减小，但是位于山体和山下冲积扇区域的位置 2 和位置 3 的共中心点道集上初至和反射同相轴与真地表的走时相比差异较大，说明对速度场的改造较大。

对小平滑浮动面道集和大平滑浮动面道集分别进行叠加速度分析和叠加，得到如图 2-4-3 所示的叠加结果。对比两种道集和叠加剖面发现，基于大平滑浮动面的时间域结果更符合常规处理的水平层状介质假设，叠加效果更好。之后，又进行了两种地表平滑面的叠前深度偏移实验。速度模型分别依据两种地形面高程的起始位置从真实库车速度模型上取速度，两种地形与真实速度模型之间有空白处用下伏速度外推补齐。图 2-4-4 展示了两种速度模型，可见地表小平滑面与真实地形接近，近地表速度场趋势合理，仅在高程变化大的局部有速度信息缺失，可用真实速度外推填补。地表大平滑面的近地表速度模型与真实模型差异大，测线中部的高大山体的山头被削截，山下两侧的地形线飘在真实地形之上，没有反映山下冲积扇的地形特点，近地表速度用真实速度外推。用这两个深度域速度模型进行叠前深度偏移，得到如图 2-4-5 所示结果，可见小平滑面叠前深度偏移结果明显优于大平滑叠前深度偏移结果，小平滑面出发的叠前深度偏移基本保持了近地表速度场趋势，山体部位、盐下叠瓦状构造和水平层均能较好成像；而大平滑面偏移结果在这些复杂构造位置均不能准确成像，尤其是盐下叠瓦状构造成像失真，且存在较严重的偏移“画弧”现象。

这个实验再次说明，时间域静校正以水平层状介质为假设条件，把复杂波场走时人为地校正为双曲线走时特征，破坏了地震数据中携带的速度场信息，导致偏移成像从起点开始出现偏差。由于近地表速度通常处于风化带，速度普遍偏低，引起的旅行时误差远大于深层，这也是近地表速度场对真地表偏移影响大的主要原因。

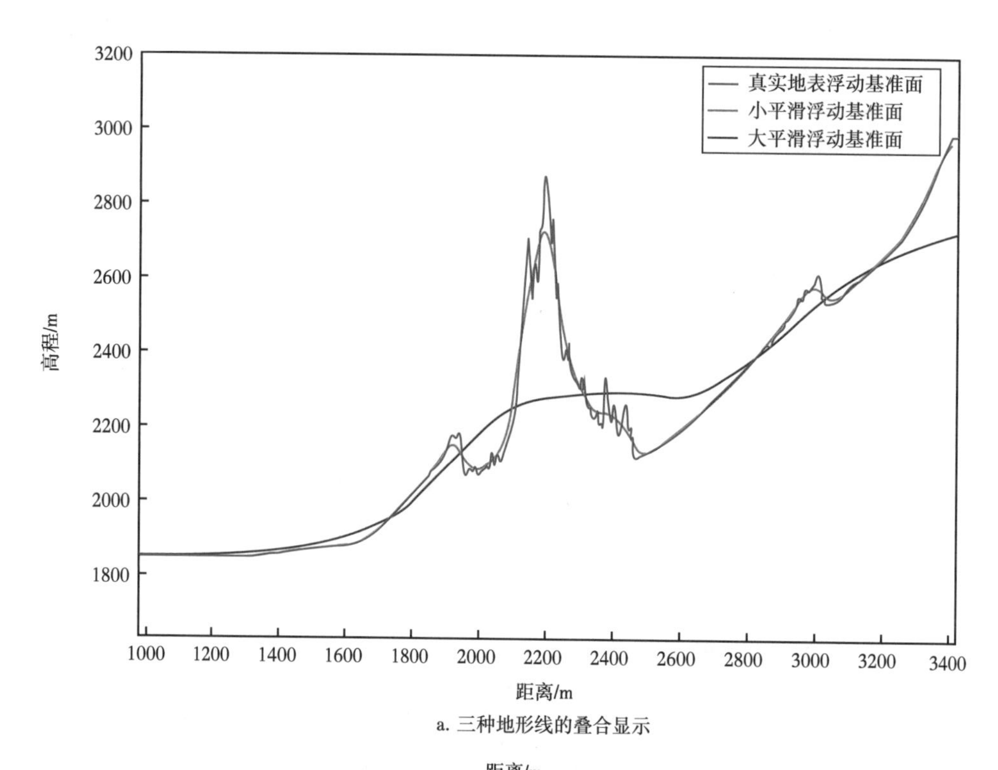

a. 三种地形线的叠合显示

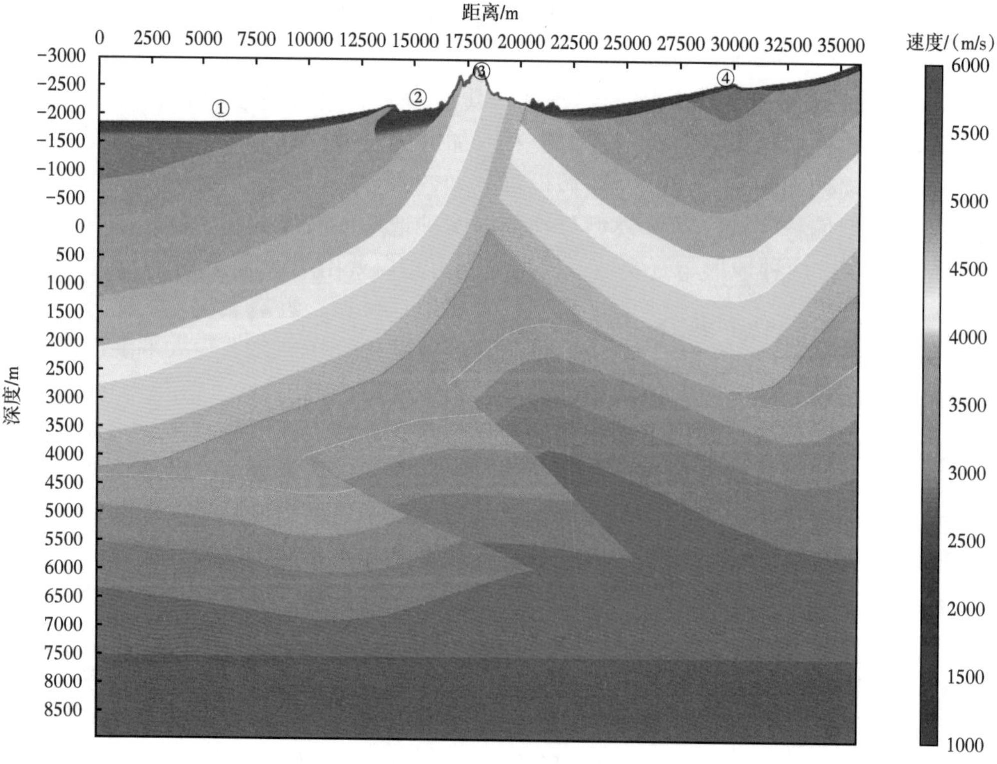

b. 真实的库车深度速度模型

图 2-4-1　三种地形线的叠合显示及真实的库车深度域速度模型

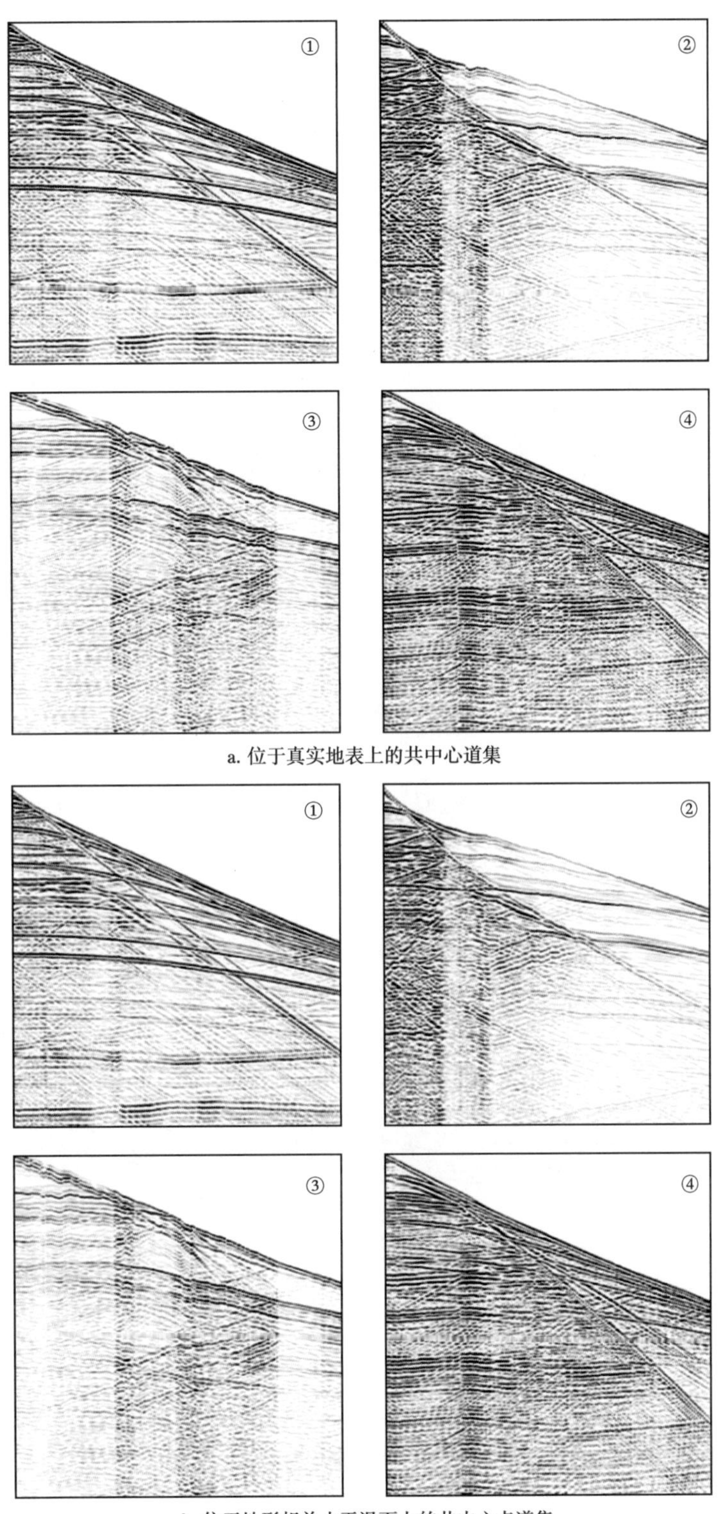

a. 位于真实地表上的共中心道集

b. 位于地形相关小平滑面上的共中心点道集

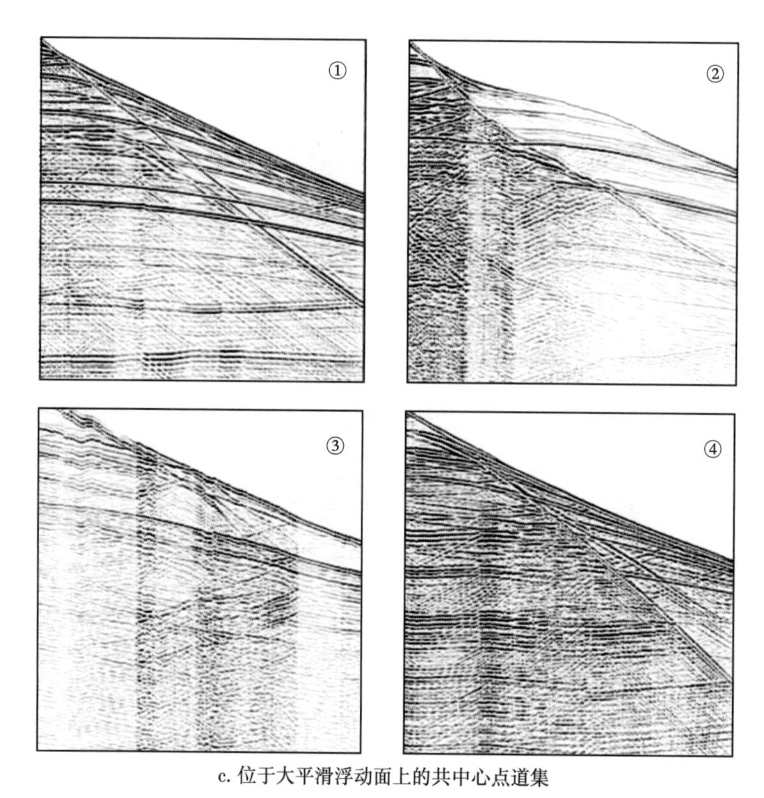

c. 位于大平滑浮动面上的共中心点道集

图 2-4-2　位于真实地表、小平滑地表、大平滑地表上的共中心点道集
（序号对应位置见图 2-4-1 标注）

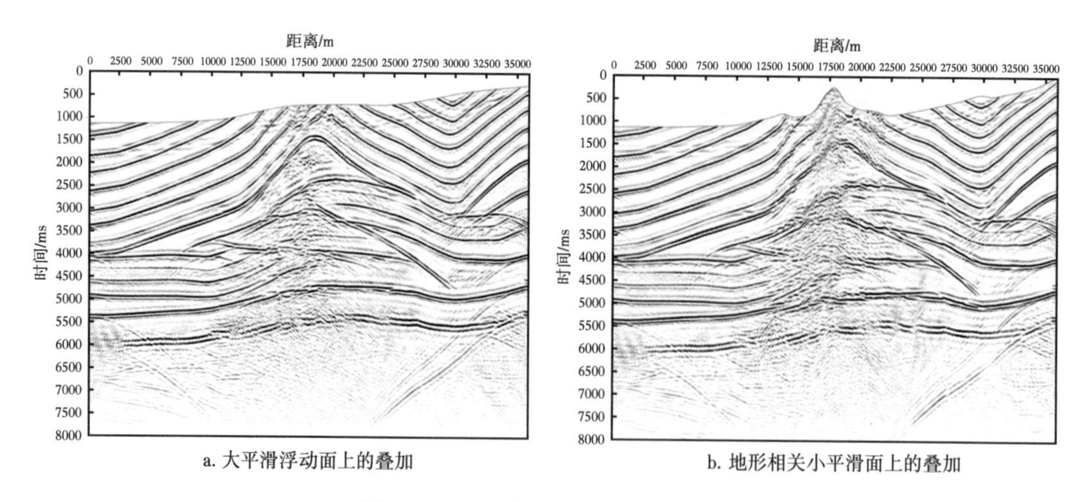

a. 大平滑浮动面上的叠加　　b. 地形相关小平滑面上的叠加

图 2-4-3　不同浮动面水平叠加结果

二、基于初至波走时的近地表速度建模技术对真地表成像的影响

一般来说，初至波是单炮道集中信噪比高、适于浅中层速度建模的有效波场。双复杂探区速度建模首先面临的是如何充分利用初至波走时信息进行速度反演的问题。

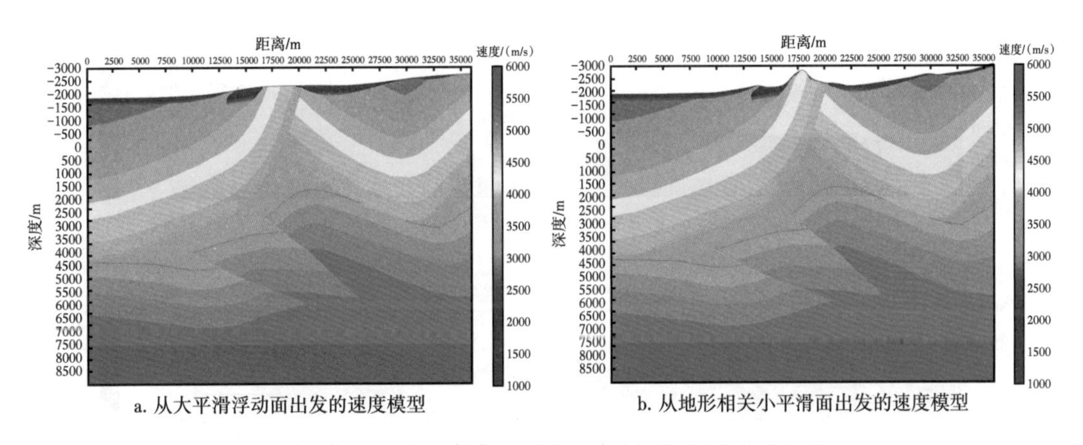

图 2-4-4 两种不同地形平滑面对应的深度域速度模型

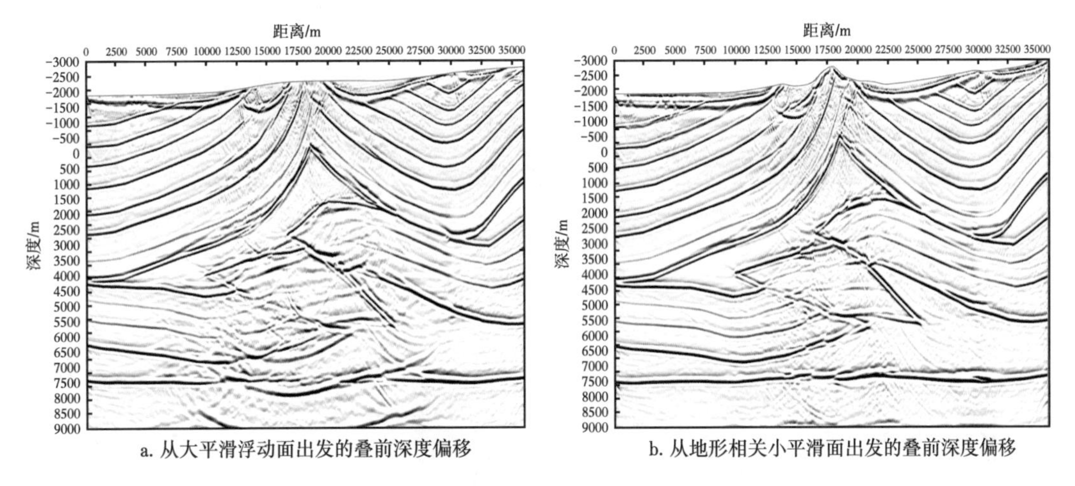

图 2-4-5 两种不同平滑面对应的叠前深度偏移结果

为说明近地表速度模型对真地表成像效果的影响，笔者用库车模型开展了两组真地表叠前深度偏移实验。第一组实验以模拟单炮数据为基础，先拾取全排列长度的初至，然后利用初至进行近地表走时层析反演，得到近地表速度模型。第二组实验按照常规反射波处理思路构建近地表模型，首先在叠加速度分析基础上，将浅表层速度根据速度谱趋势外推到地表，再将时间域叠加速度经过 Dix 公式转换得到深度域近地表速度。如图 2-4-6 所示为真实近地表速度模型（图 2-4-6a）、初至走时反演得到的近地表速度模型（图 2-4-6b）、常规时间域速度转换后的近地表速度模型（图 2-4-6c），可见初至走时层析得到的模型比常规反射波速度建模求得的近地表速度模型更接近真实模型。分别用两个近地表速度模型替换掉真实速度模型相对应的近地表低速带部分，低速带以下用真实速度模型，得到如图 2-4-7 所示的融合近地表速度建模结果的全深度速度模型，地形线都是真实地表。分别进行真地表克希霍夫叠前深度偏移，得到如图 2-4-8 所示偏移结果。如图 2-4-9 所示为把真实速度模型叠合到偏移结果上的显示，初至波走时层析构建的近地表速度模型偏移结果明显优于常规时间域叠加速度分析成像结果。

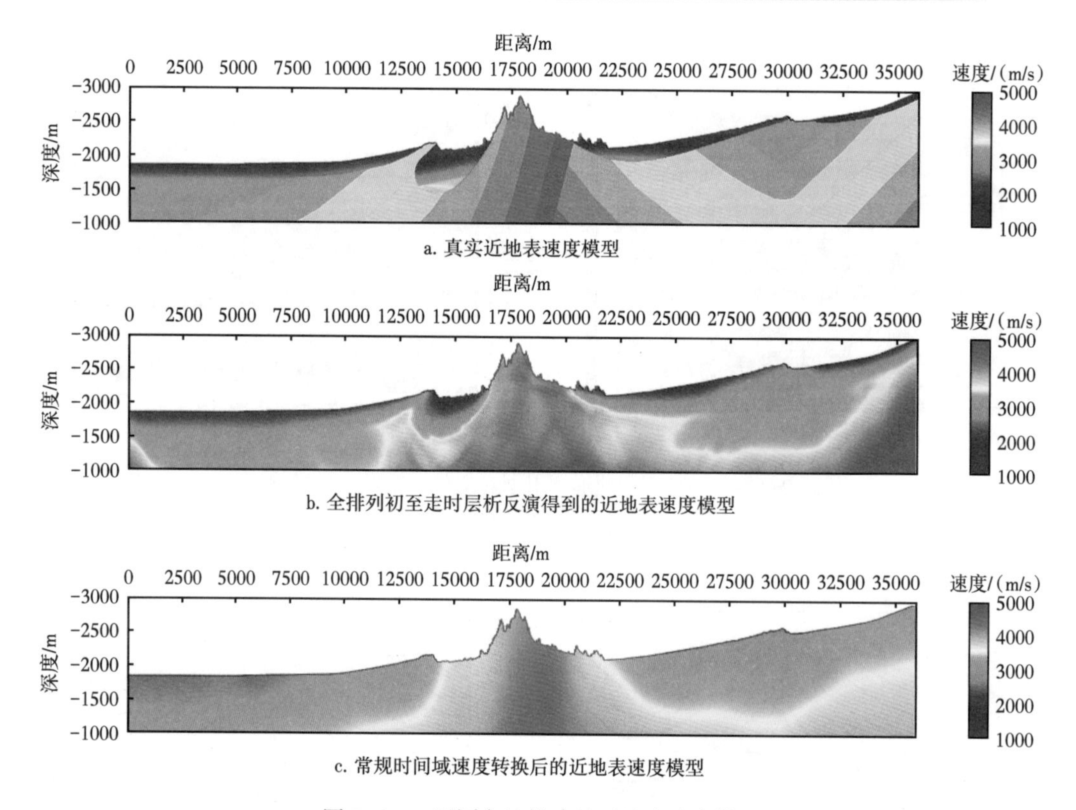

a. 真实近地表速度模型

b. 全排列初至走时层析反演得到的近地表速度模型

c. 常规时间域速度转换后的近地表速度模型

图 2-4-6　不同方法构建的近地表速度模型

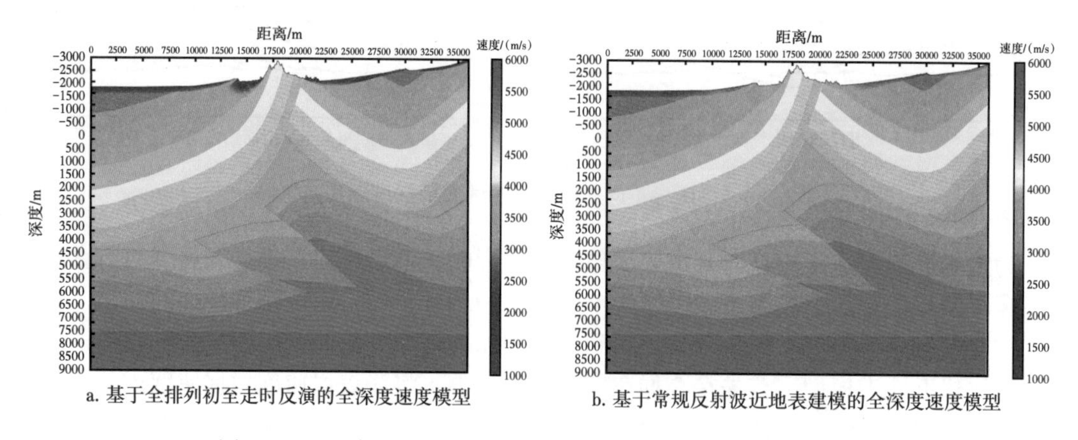

a. 基于全排列初至走时反演的全深度速度模型

b. 基于常规反射波近地表建模的全深度速度模型

图 2-4-7　融合两种不同近地表速度建模结果的全深度速度模型

这两个试验的偏移起始面都是真地表地形，偏移所用速度仅仅在浅层近地表有差异。这个实验说明：如果反演方法适当，反演深度足够，初至波走时层析反演基本能够得到反映近地表速度结构的背景速度场；而常规反射波速度分析受采集观测系统限制，很难得到反映近地表速度结构的纵横向变化，尤其是高大山体左侧的巨厚冲积扇，导致真地表成像在浅层逆冲高陡构造、盐构造，以及盐下构造成像偏离真实模型较大。结合本章第一节的近地表常速替换试验分析，进一步说明近地表速度模型对真地表叠前深度偏移处理至关重要，即使初至走时层析反演只能获取近地表速度的中低频成分，对后续的全深度速度建模与偏移也是十分有益的。

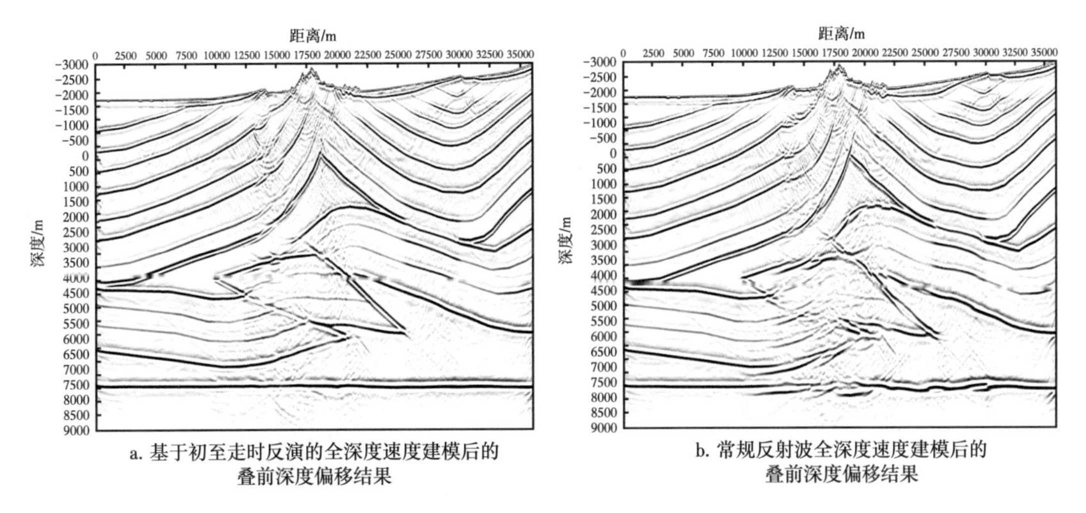

a. 基于初至走时反演的全深度速度建模后的叠前深度偏移结果

b. 常规反射波全深度速度建模后的叠前深度偏移结果

图 2-4-8　两种不同全深度速度模型叠前深度偏移结果

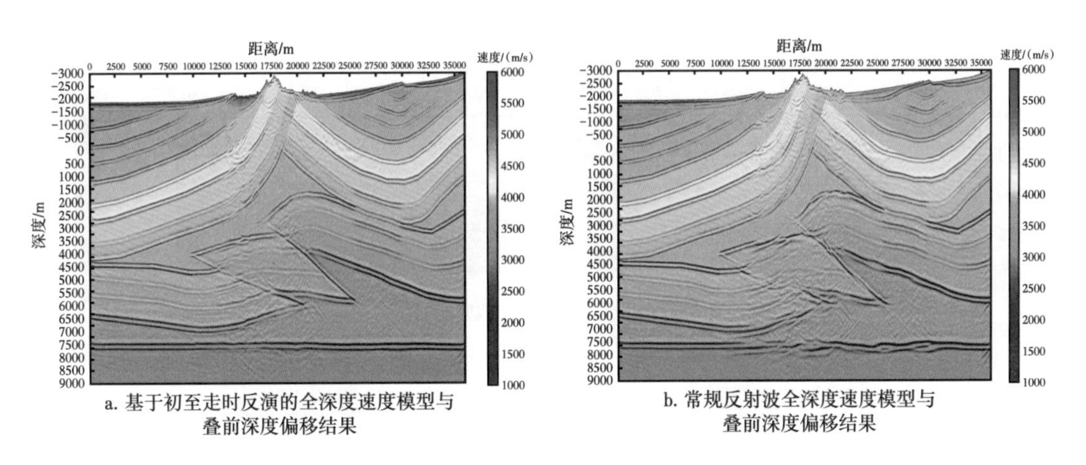

a. 基于初至走时反演的全深度速度模型与叠前深度偏移结果

b. 常规反射波全深度速度模型与叠前深度偏移结果

图 2-4-9　两种不同速度模型与偏移结果叠合显示

在传统时间域地震资料处理技术中，初至波走时层析是层析静校正所必需的速度反演方法，也是现阶段全深度速度建模应用中比较实用的近地表速度建模方法。在低信噪比地区，为了获取稳定的层析静校正结果，一般只考虑极浅层低速带的影响，通常只拾取中近排列的初至信息，甚至在实际生产处理中，用初至信息稳定的折射层开展折射层析，近地表速度结构用层状平均速度简化表示，这样的层析反演结果通常深度不够，难以体现近地表速度结构的空间变化趋势。我国中西部双复杂区近地表速度结构变化大，山前普遍发育巨厚冲积扇或冲沟，低速带速度和厚度空间变化大，在山地和山前带应用初至波走时层析建议利用全排列接收的走时信息，反演深度越大越好，最好还要反映速度反转等纵向速度变化。为了说明这个问题，利用库车速度模型数据初至进行了两组实验。第一组利用 0~2000m 炮检距的初至进行反演，第二组利用 0~6000m 炮检距的初至进行反演，得到如图 2-4-10 所示的近地表速度反演结果及其相应的射线密度图，可见随着炮检距增加反演

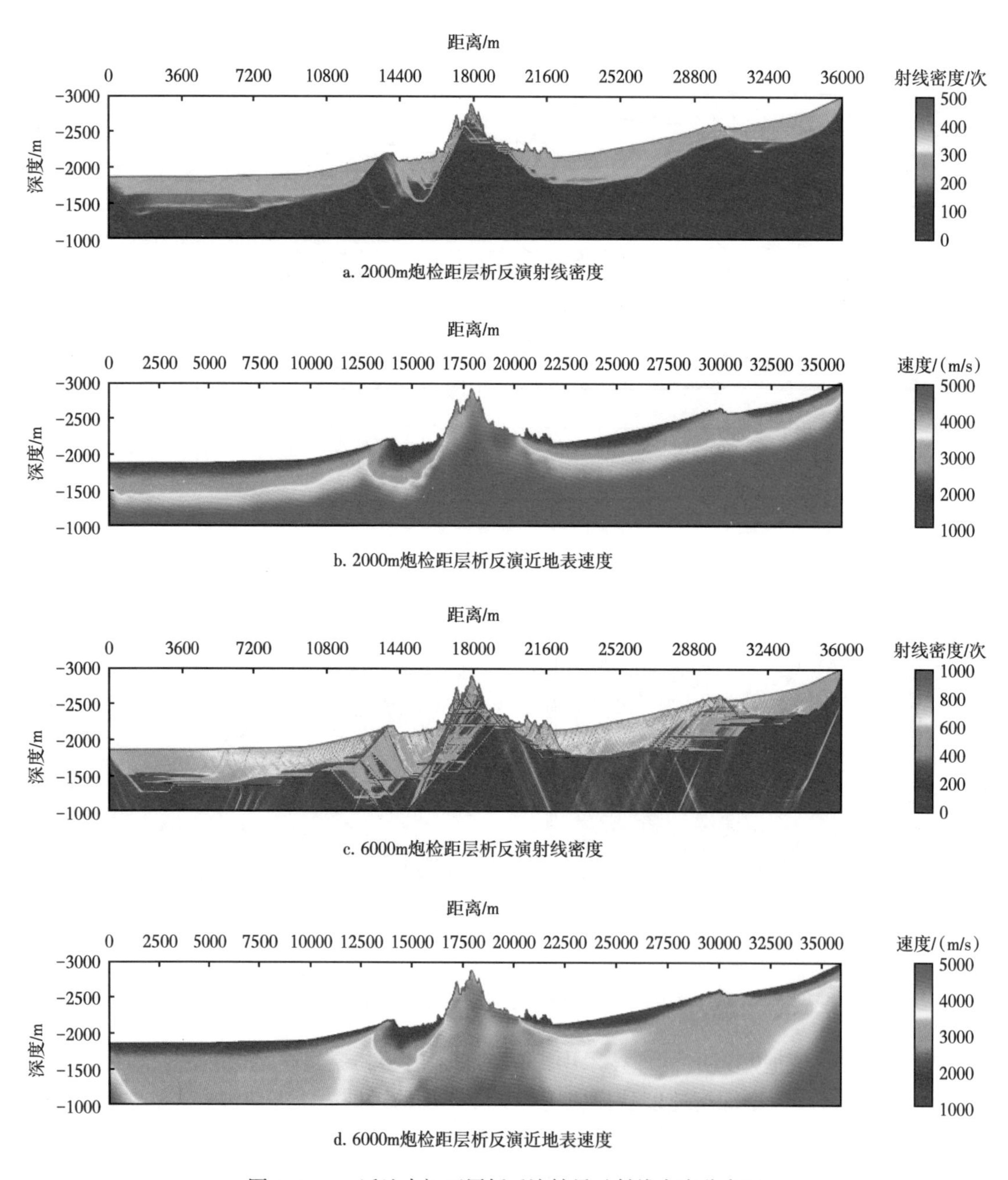

a. 2000m炮检距层析反演射线密度

b. 2000m炮检距层析反演近地表速度

c. 6000m炮检距层析反演射线密度

d. 6000m炮检距层析反演近地表速度

图 2-4-10　近地表初至层析反演结果及射线密度分布图

深度逐渐加大，山体两侧的速度与真实速度值靠近。根据 6000m 炮检距初至反演结果，结合真实速度模型确定了速度模型融合底界，融合底界之上的速度用两种初至层析反演各自的结果，近地表之下的模型用真实速度模型，把二者进行拼接得到全深度速度模型，分别进行真地表克希霍夫叠前深度偏移，得到如图 2-4-11 所示的速度模型和叠前深度偏移结果。6000m 炮检距反演结果得到的近地表速度模型成像结果优于 2000m 炮检距反演的成像结果，尤其是冲积扇之下的逆冲构造和盐下成像差异大，2000m 反演结果偏移后盐下平层出现较大扭曲。这个实验说明初至层析反演深度越大越好，最好应用全排列初至走时进行近地表速度建模。

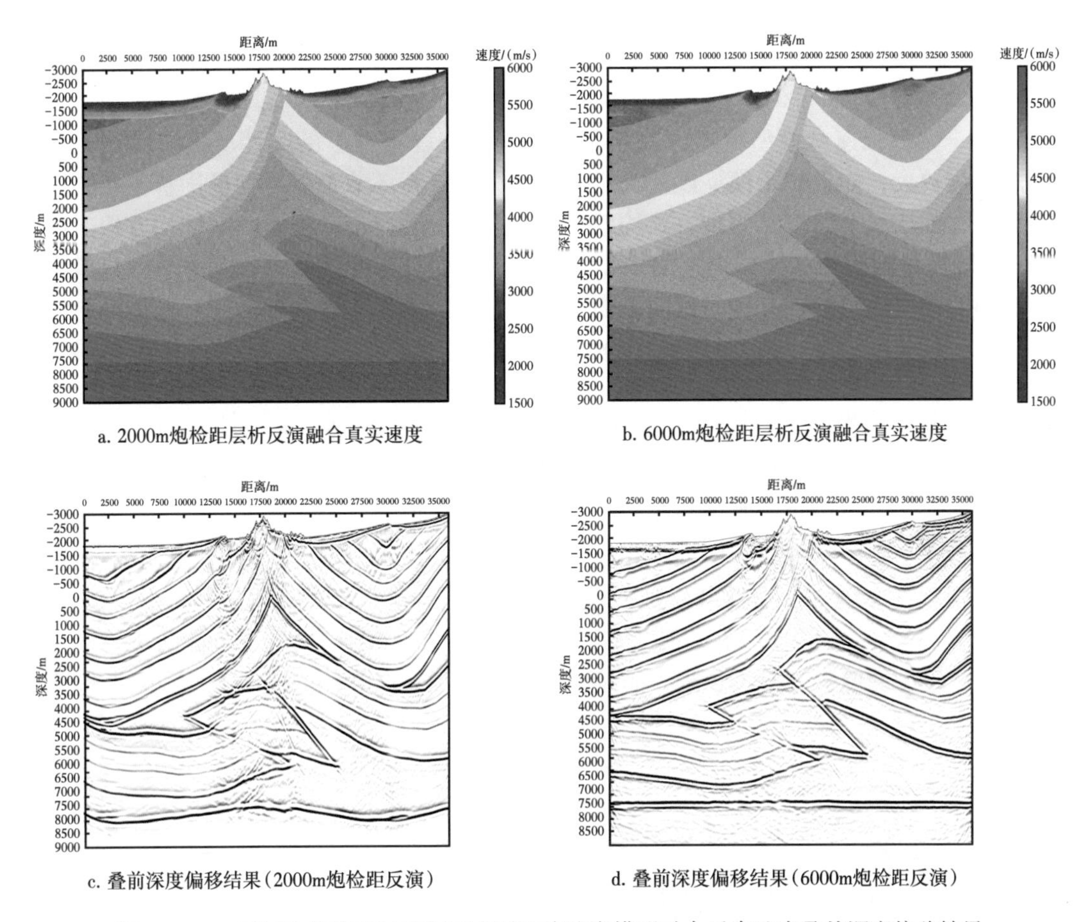

a. 2000m炮检距层析反演融合真实速度

b. 6000m炮检距层析反演融合真实速度

c. 叠前深度偏移结果（2000m炮检距反演）

d. 叠前深度偏移结果（6000m炮检距反演）

图 2-4-11　不同炮检距近地表初至走时反演速度模型融合后真地表叠前深度偏移结果

三、基于反射波走时的速度建模技术对真地表成像的影响

现阶段不同炮检距的反射波走时是用于中深层速度建模的信息。反射波全波形反演（FWI）现阶段难以适用于双复杂探区这种极低信噪比数据的速度反演中。基于共成像点道集剩余时差的成像域速度建模基本上是双复杂探区中深层速度建模的主要技术手段。剩余 γ 谱扫描的偏移速度分析可以与共成像点道集剩余时差层析速度反演串联使用。该方法把叠前深度偏移和速度更新融为一体，用偏移成像道集的拉平作为判断速度模型是否合理的标准，叠前深度偏移成像最佳与共成像点道集拉平合二为一。这就解释了该方法能在石油工业界广泛应用的基本原因。

基于共成像点道集剩余时差层析速度反演方法，通常事先给定一个初始速度模型，经过目标数据的叠前深度偏移后，得到共成像点道集，拾取共成像点道集上反射波同相轴的剩余曲率和反射界面位置，进行合成走时和时差计算，再开展走时层析速度反演，更新速度模型，之后再次进行偏移，如此反复迭代，直至得到合理的速度模型。如果速度模型准确，共成像点道集上的有效反射同相轴应该全部拉平，最后用这个速度模型进行整个数据体的偏移。

笔者尝试从初始速度建模、构造解释等共成像点道集剩余时差层析速度建模关键环节讨论速度建模结果的精度对真地表成像的影响。

1. 初始速度模型的影响

目前，大部分速度模型更新方法还是基于高斯假设条件下的线性反演，对初始速度模型的依赖较大，如果初始模型误差大，后续的模型更新环节难以得到最优解。在统一的真地表偏移起始面下，按照两种方式构建了初始速度模型，第一种对时间域均方根速度用Dix公式转换得到初始深度域层速度模型，第二种对真实速度模型进行大平滑，只保留速度模型的低频变化趋势，分别对这两个初始速度模型的偏移道集和剖面开展构造导向约束网格层析更新速度模型，再进行叠前深度偏移得到如图2-4-12至图2-4-15所示结果。均方根速度时深转换作为初始模型，经过一轮网格层析更新后，很难得到正确的速度模型，成像效果也较差（图2-4-12和图2-4-13）；而真实模型大平滑后的初始模型，初始偏移效果较为理想，再经过一轮同样方法的构造导向约束网格层析速度模型更新后，速度模型精度进一步提高，成像品质改善明显，尤其是盐上、盐顶的成像，基本可以恢复模型的真实形态，只是在山体左侧冲积扇之下和叠瓦状构造之下的构造形态有变形，说明网格层析在这些部位存在多解性，需要基于地质认识进一步更新速度模型后再偏移（图2-4-14和图2-4-15）。这个实验说明了初始速度模型对双复杂资料深度域真地表成像的重要性，如果初始速度模型的低频趋势不合理，后续的网格层析等数据驱动的反演方法在复杂构造区很难收敛。

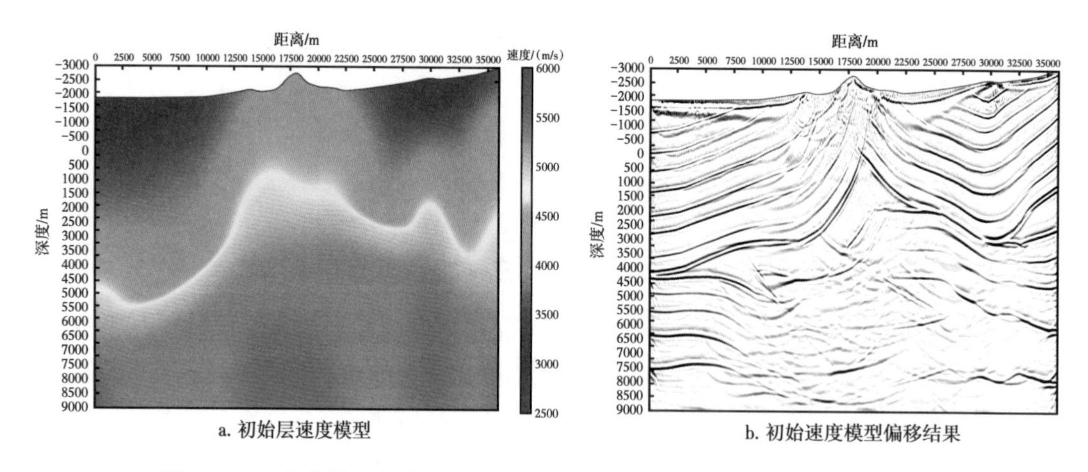

图2-4-12　均方根速度用Dix公式转换后得到的初始层速度模型及偏移结果

2. 构造解释对速度模型的影响

在第一章中已经介绍速度建模技术不仅指速度反演方法，还包括交互速度解释和模型表征等方面，也分析了基于层状模型和网格模型速度建模技术的优势和局限性。双复杂地区一般勘探开发程度较低，类似库车、准南等前陆冲断带，构造样式复杂，地震资料信噪比低，构造建模受地震资料品质影响导致多解性增强。在这种情况下，单纯依靠构造解释指导速度建模和单纯依靠地震层析反演方法都是有局限性的。

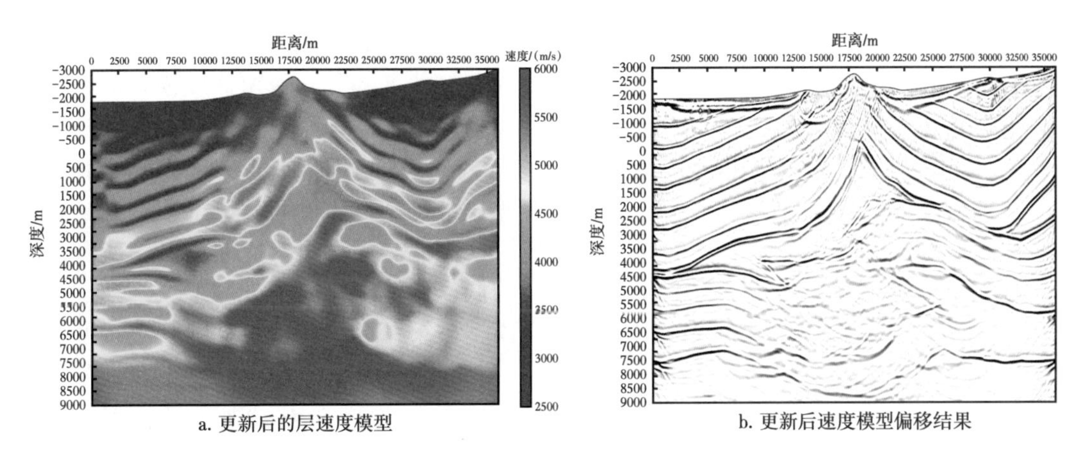

图 2-4-13　经过一轮网格层析后更新的层速度模型及偏移结果

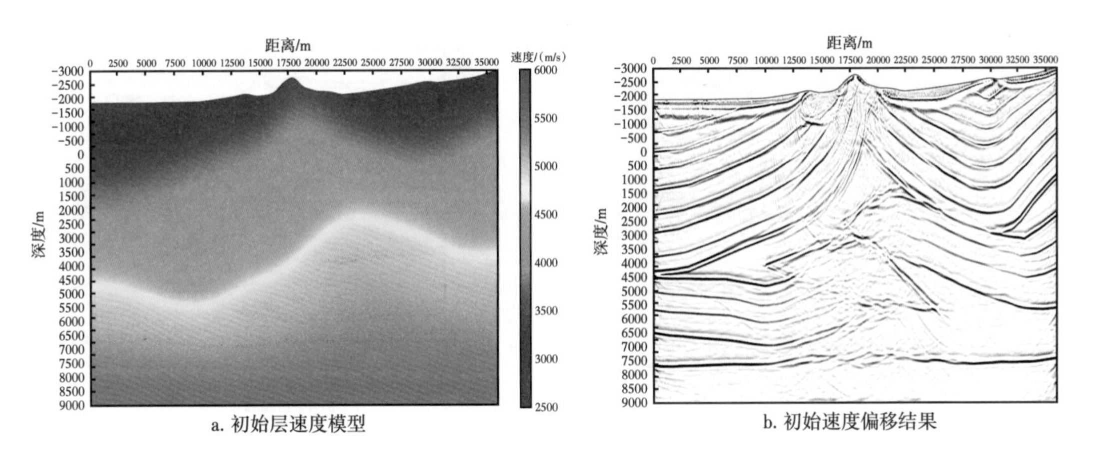

图 2-4-14　真实速度模型大平滑后的初始层速度模型及偏移结果

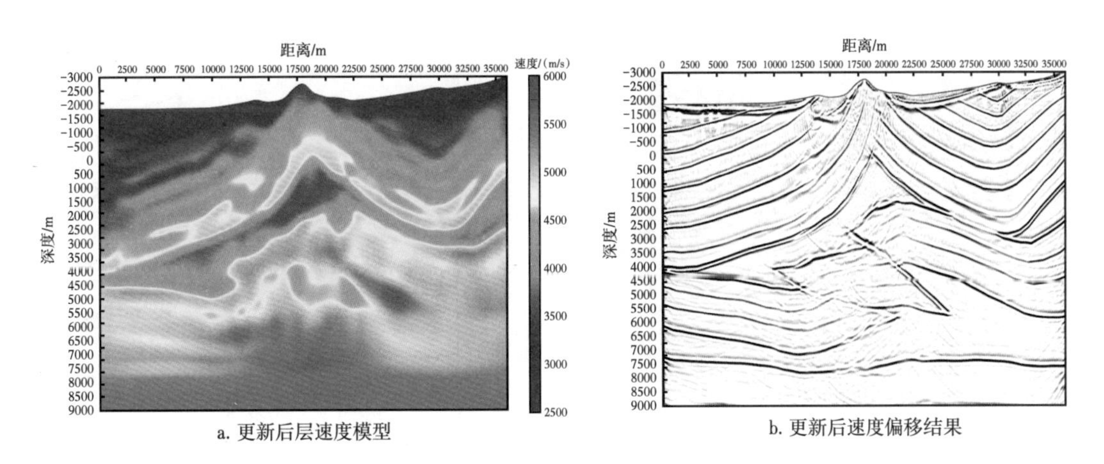

图 2-4-15　经过一轮网格层析后更新的层速度模型及偏移结果

为说明构造解释对成像的影响，以库车模型数据为例，开展了四组构造解释模式实验。这四组构造解释模式主要模仿在双复杂构造区用时间域地震数据进行构造模式解释时遇到的典型情况。第一组实验简化已知速度模型的盐上部分，保留速度模型的低频成分，即保留了盐上逆冲断层两侧的速度变化低频趋势，盐体和盐下的速度模型模拟实际生产处理中在初始模型阶段中深层成像效果不好，仅仅以简单的时间域成像的背斜表示。第二组实验中深层简化模型方式一样，盐上按照一组自剖面左侧向右侧推覆的逆冲断层构造模式解释，断层上盘地层速度高，下盘地层速度低。第三组实验在第二组实验基础上，假设不知道存在盐构造，将剖面中部所夹的低速盐体结构去掉，用下伏高速层速度充填。第四组实验与第二组相反，中深层速度模型与第一和第二组一样，盐上按照一组自剖面右侧向左侧推覆的逆冲断层构造模式解释，断层上盘地层速度高，下盘地层速度低，即盐上逆冲构造和速度与第二组相反。如图 2-4-16 至图 2-4-19 所示为这四组速度建模后的深度域层速度模型及对应的叠前深度偏移结果，可见用第一组速度模型成像效果最好。

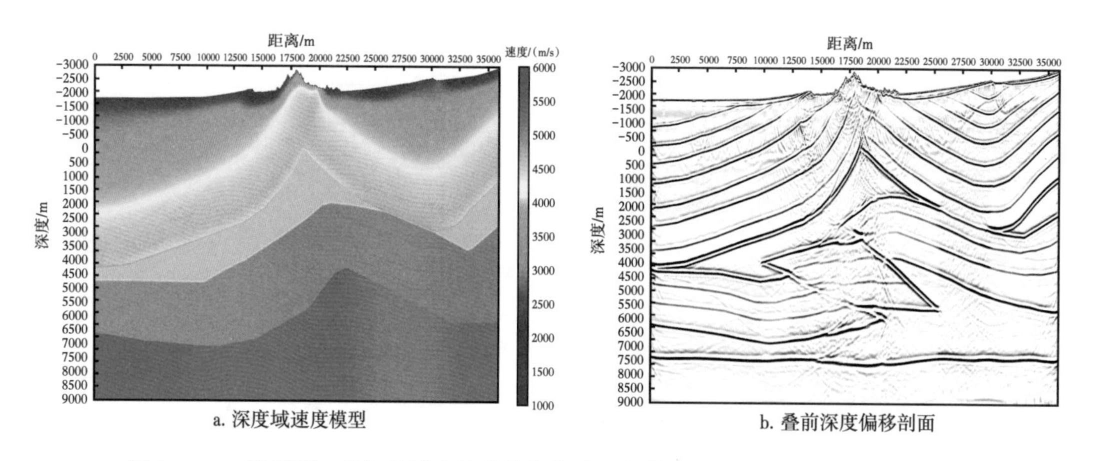

图 2-4-16　按照第一组解释模式构建的深度域速度模型和相应的叠前深度偏移剖面

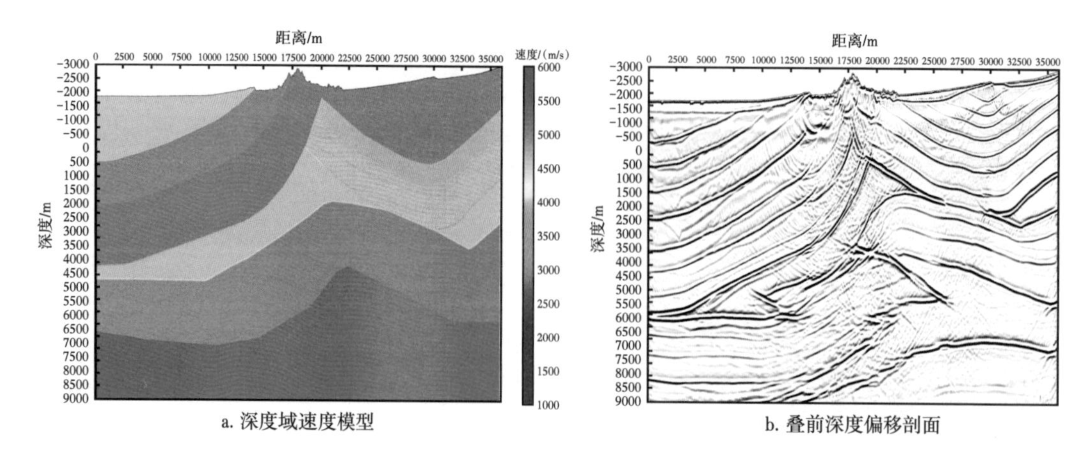

图 2-4-17　按照第二组解释模式构建的深度域速度模型和相应的叠前深度偏移剖面

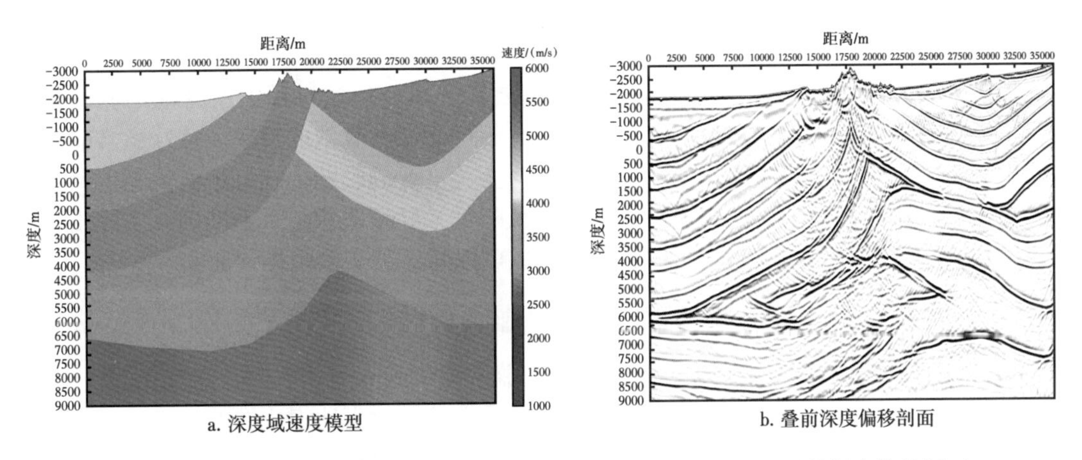

a. 深度域速度模型　　b. 叠前深度偏移剖面

图 2-4-18　按照第三组解释模式构建的深度域速度模型和相应的叠前深度偏移剖面

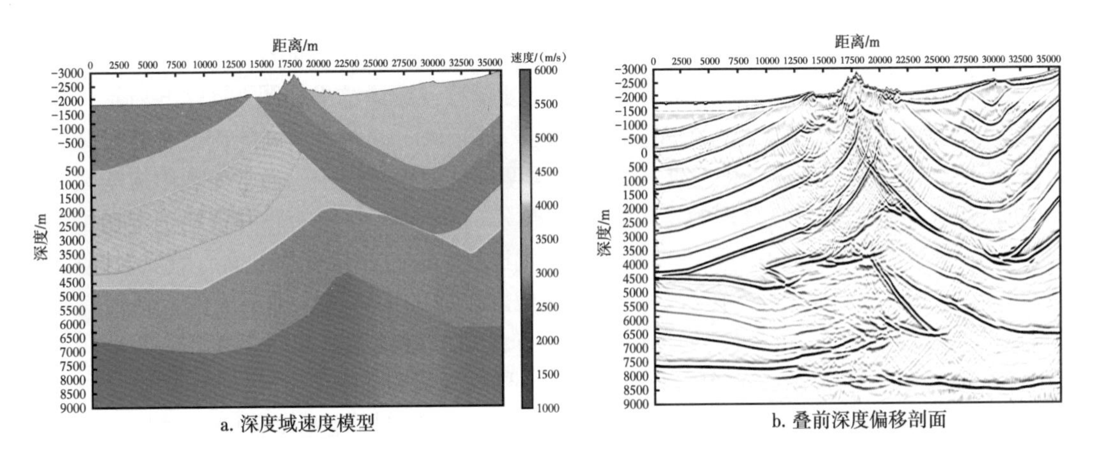

a. 深度域速度模型　　b. 叠前深度偏移剖面

图 2-4-19　按照第四组解释模式构建的深度域速度模型和相应的叠前深度偏移剖面

这四组速度模型都是从真地表出发，第一组速度模型的浅层有近地表速度模型低频趋势，盐上地层的速度是用真实速度进行大平滑得到的，低频趋势也基本可靠，盐顶之下保留了低速盐体的速度，盐下用简单背斜形态表示，速度趋势与真实模型接近。显然，第一组成像结果与真实速度成像结果最接近。第二组速度模型中没有近地表速度结构，直接用构造解释的逆冲概念对速度模型进行简化，成像结果明显变差，由于剖面左侧逆冲断层上盘速度偏高，导致成像剖面左侧成像深度整体偏深，叠瓦状构造形态与真实模型相差较大，深层水平层不成像。第三组构造解释与第二组一样，盐顶以上和盐下的速度与第二组一致，仅仅假设没有盐构造，把低速盐体填充了下伏地层的高速，成像结果与第二组类似，左侧成像深度整体偏深，盐下叠瓦状构造成像不如第二组，最下面的水平层不成像。第四组成像结果从山体部位的浅层开始就与真实模型相差较大，山体区从左侧向右侧冲断的高陡地层成像不如前面三个模型，高陡构造基本不成像，成像结果杂乱。尽管修改了逆冲关系，山体两侧速度与真实速度相对关系保持较好，盐下和水平层基本成像了轮廓，但是仔细观察可以发现，与第一组成像结果相比，第四组成像剖面中除了山体区域浅层高陡构造成像变差外，叠瓦状构造形态已经发生变化，二者的构造高点和圈闭规模都不一样，这与实际山地资料成像结果很相似，山体之下的构造形态和规模存在多解性。

理论上，速度场结构本身就是速度场的重要特征量，反演过程中速度场结构的合理性、正确性极大地左右了层析反演收敛到正确解的可能性和收敛的速率。从这组实验也可以看出，速度场结构模式对层析速度反演精度有至关重要的影响，一旦把宏观速度背景场中结构关系弄错，得到的速度建模结果精度大大降低，导致成像结果不准确。实际工作中需要引入地质专家对大套层速度结构的认识，也可以从这组实验中得到证实。

四、TTI 各向异性速度模型对成像的影响

TTI 各向异性叠前深度偏移需要 5 个参数，分别为 Thomsen 弱各向异性参数 δ 和 ε、地层倾角、方位角和速度。为了说明介质速度各向异性特征对真地表成像的影响，笔者在库车各向同性速度模型基础上，引入 TTI 各向异性参数，速度模型和各向异性参数模型如图 2-4-20 所示。按照与各向同性库车西秋速度模型相同的观测系统和正演参数进行正演和偏移试验。首先用施加了各向异性参数的叠前数据和各向同性速度模型进行克希霍夫叠前深度偏移，得到如图 2-4-21a 所示结果，又用施加了各向异性参数正演的叠前数据和真实各向异性速度模型进行 TTI 各向异性克希霍夫叠前深度偏移，成像结果如图 2-4-21b 所示。对于各向异性介质，应用各向同性模型偏移后，深度差异较大，说明复杂高陡构造有必要开展各向异性建模和偏移。在双复杂区 TTI 各向异性深度偏移建模过程中，通常先利用地震数据自身层析迭代求得一个相对较合理的各向同性速度场，再利用工区已有钻井资料确定初始 δ 和 ε，并通过网格层析分别对各向异性参数进行优化迭代。通过扫描偏移剖面有效反射同相轴，计算求得地层倾角和方位角。在双复杂区高陡地层出露的山体区，地震成像资料信噪比往往较低，通过偏移剖面计算得到的地层倾角和方位角误差较大，如图 2-4-22a 库车西秋三维山体区地表出露地层倾角为 50°~86°，而从偏移后地震剖面扫描得到山体区地层倾角几乎为 0°，与实际地层产状存在较大误差，制约了 TTI 各向异性建模精度。因此在双复杂区高陡地层出露情况下 TTI 各向异性建模，建议结合表层露头资料约束地层倾角建模，如图 2-4-23 所示库车西秋三维通过露头约束前后地层倾角。从如图 2-4-24 所示约束倾角偏移前后剖面对比可以看出，高陡地层下盘成像得到显著改善。

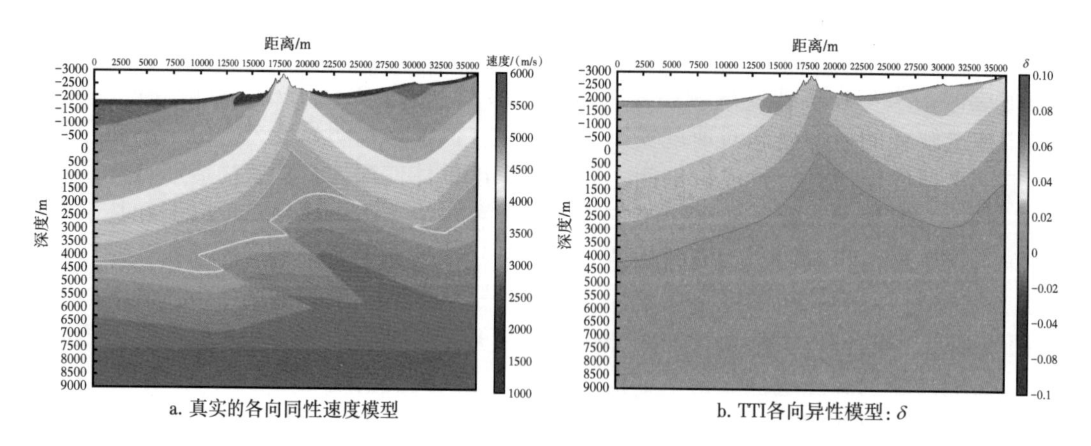

a. 真实的各向同性速度模型　　b. TTI各向异性模型：δ

图 2-4-20　库车真实速度模型和 TTI 各向异性模型

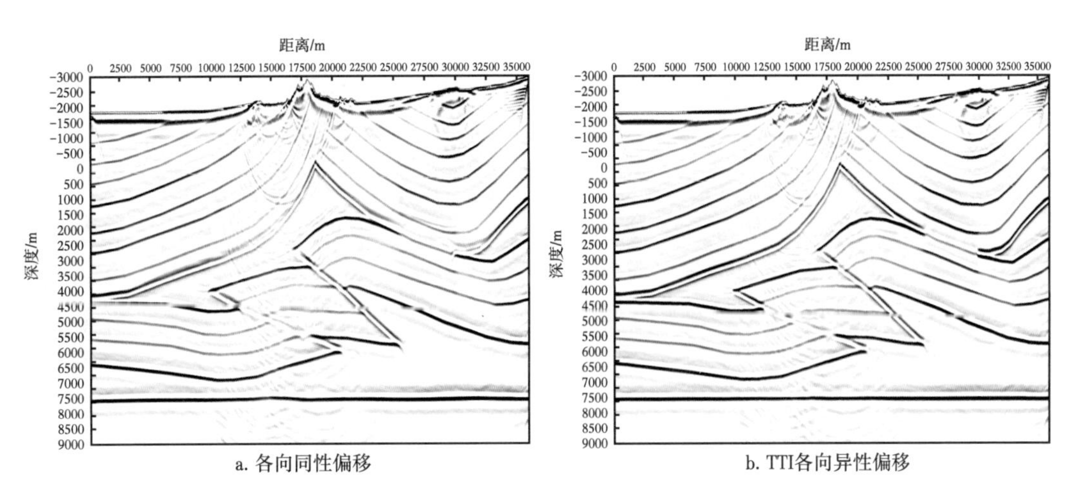

图 2-4-21　各向同性和各向异性偏移对比

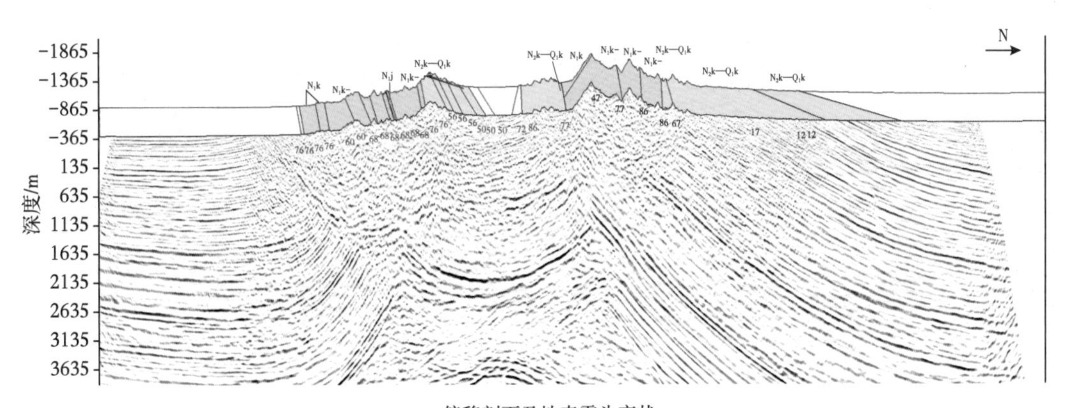

a. 偏移剖面及地表露头产状

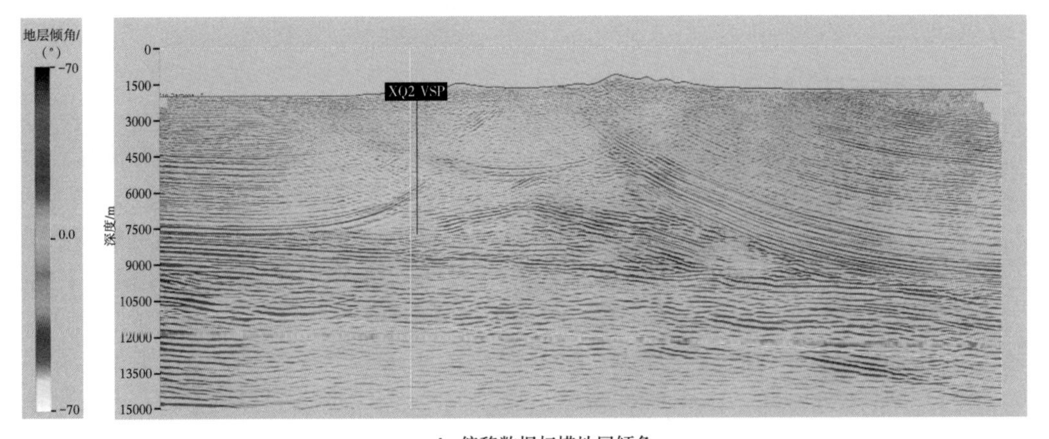

b. 偏移数据扫描地层倾角

图 2-4-22　偏移剖面及地表露头产状与偏移数据扫描的地层倾角

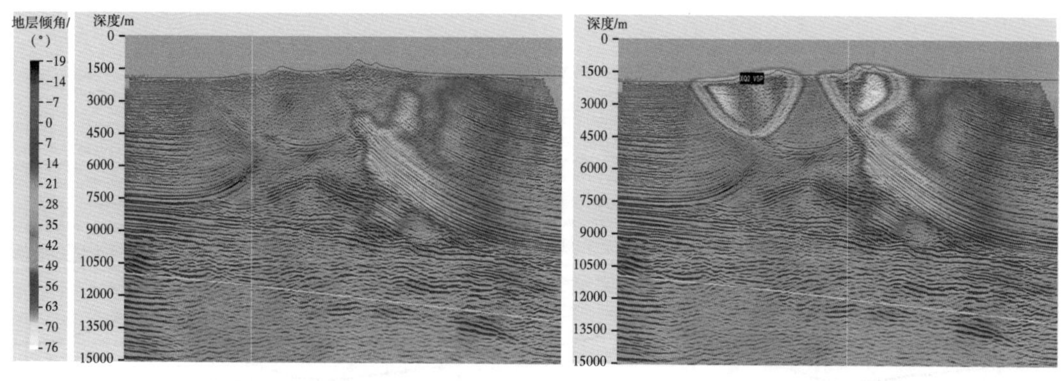

a. 偏移剖面计算的地层倾角　　b. 通过地表露头约束后地层倾角

图 2-4-23　偏移剖面拾取地层倾角与通过地表露头约束后的地层倾角

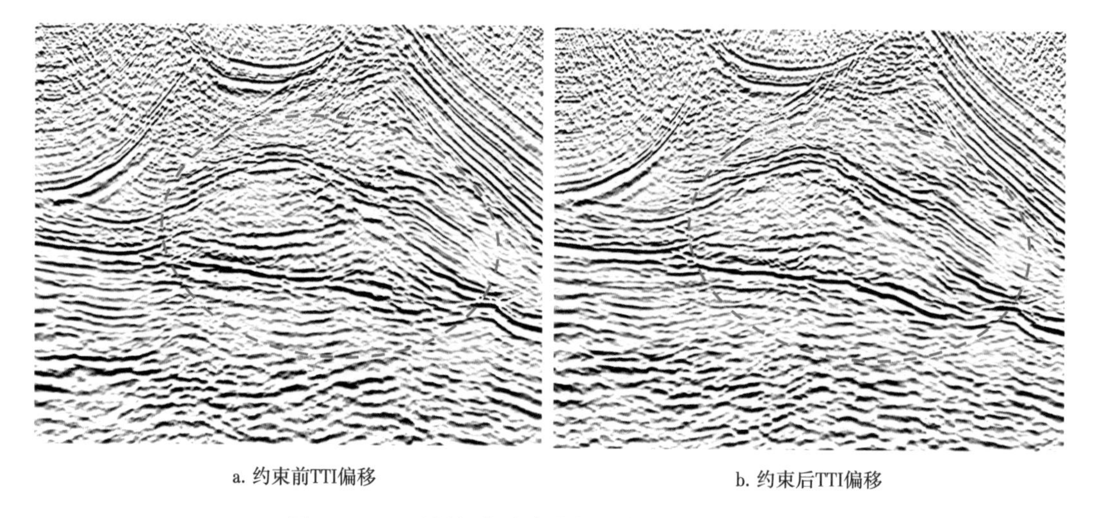

a. 约束前TTI偏移　　b. 约束后TTI偏移

图 2-4-24　地层倾角约束前与约束后 TTI 偏移结果

五、偏移方法对真地表成像的影响

为了测试偏移方法对真地表成像效果的影响，笔者用库车模型开展了一组偏移方法对速度模型适应性的试验。用了三个速度模型，一是真实速度模型（图 2-4-25a），二是近地表层析反演与中深层真实模型融合的全深度速度模型（图 2-4-25b），三是常规时间域反射波速度分析外推得到的近地表速度与中深层真实模型融合形成的全深度速度模型（图 2-4-25c），这三个速度模型的近地表速度场有差异，近地表以下的速度场与真实速度一致。测试了克希霍夫叠前深度偏移和逆时偏移算法。如图 2-4-26 所示为三个模型克希霍夫偏移和逆时偏移对比结果。不难发现，在真实速度模型情况下，逆时偏移成像效果最佳，尤其是山体区的高陡构造地层完美成像；在近地表初至层析反演背景速度场趋势较合理情况下，逆时偏移略好于克希霍夫偏移结果；在近地表用常规时间域速度转换到深度域速度后，克希霍夫偏移和逆时偏移成像结果均不理想，但是逆时偏移成像效果更差，说明逆时偏移对速度更敏感。

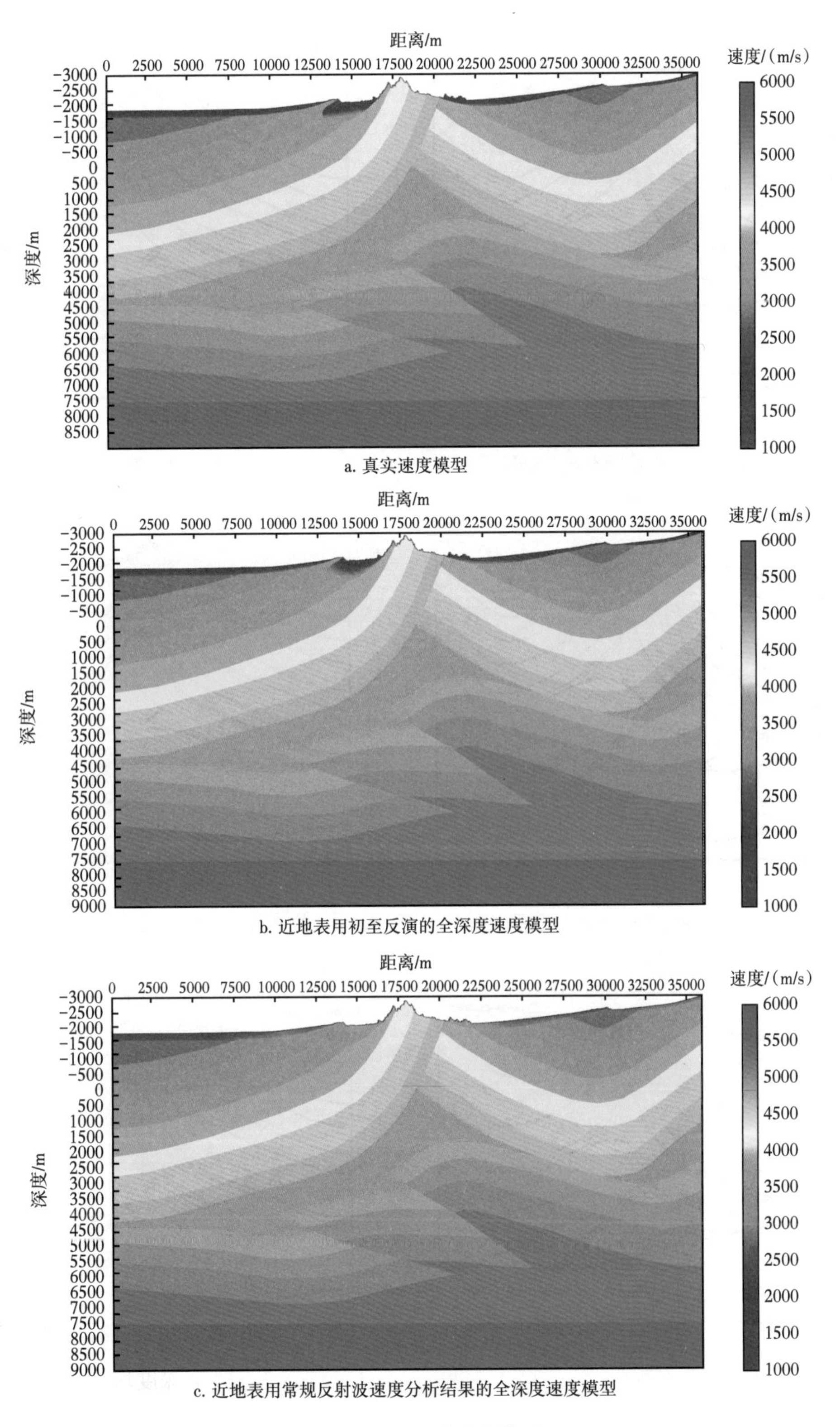

a. 真实速度模型

b. 近地表用初至反演的全深度速度模型

c. 近地表用常规反射波速度分析结果的全深度速度模型

图 2-4-25　三种速度模型

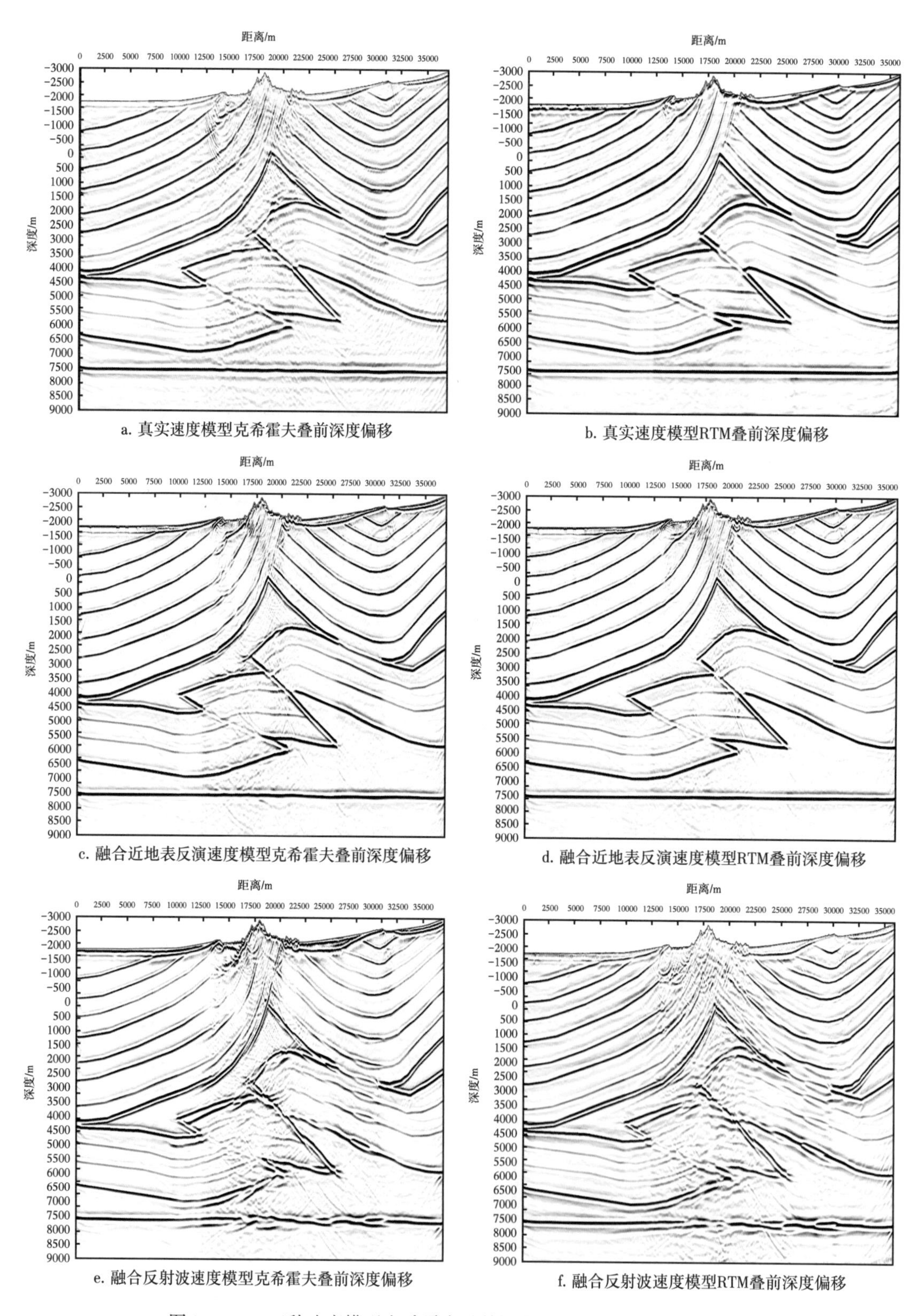

a. 真实速度模型克希霍夫叠前深度偏移

b. 真实速度模型RTM叠前深度偏移

c. 融合近地表反演速度模型克希霍夫叠前深度偏移

d. 融合近地表反演速度模型RTM叠前深度偏移

e. 融合反射波速度模型克希霍夫叠前深度偏移

f. 融合反射波速度模型RTM叠前深度偏移

图 2-4-26　三种速度模型克希霍夫叠前深度偏移和逆时深度偏移对比

数值实验证明：笔者用不包含多次波的正演数据和对应的真实速度模型进行逆时偏移得到近乎完美的结果。理论上，当前的偏移成像只是把一次反（散）射波收敛到反（散）射点上，这只需要速度场的背景成分，即利用背景速度中的走时计算能把不同炮检距、来自地下同一成像点的地震子波同相位地叠加在反（散）射点上。实际上，在双复杂探区大套的背景速度模型能建立准确已经非常不易，小尺度的速度跃变难以估计出来，克希霍夫积分叠前深度偏移反而更合适。也就是说，偏移方法的选择要与速度模型的精度相匹配，才能取得较为理想的成像效果。

第三章 真地表叠前波场保真数据处理关键技术

双复杂探区地震成像处理的困难源自崎岖地表、复杂近地表结构和复杂构造变形使地震波波前面严重畸变，复杂地表条件下的强噪声进一步降低了地震采集炮集的质量，使得复杂波场条件下的低信噪比数据速度建模变得异常困难。尽可能保持偏移前数据波场传播走时特征的同时又能够压制复杂地表相关噪声，提高叠前数据品质，是双复杂探区叠前波场保真数据处理的关键。本质上，还是尽可能消除近地表相关因素对叠前数据的严重降质，使之满足后续深度域速度建模和叠前深度偏移的需求。

本章重点介绍双复杂探区提高信噪比相关处理技术和保持波场运动学特征的处理技术，包括静校正和叠前去噪处理在真地表成像处理中的作用和应用策略，以及保持波场运动学特征的波场保真处理方法等三部分内容。

第一节 静校正在真地表成像中的作用与应用策略

提高地震数据信噪比首先涉及地震信号与噪声的识别，而准确分离信号与噪声也须在做好静校正的基础上才能进行。静校正是陆上地震资料处理中一个至关重要的环节，技术应用位于地震数据处理流程的前端，属于基础性处理环节。最初静校正的作用是消除地表高程、风化层厚度及风化层速度变化对地震波传播过程中走时信息的影响，从而获得在一个平面上进行采集且没有风化层或低速介质影响的反射波到达时间，即满足水平层状介质假设，将地震时距曲线校正为双曲线，达到同相叠加的要求（Sheriff，1995）。实际处理中静校正应用分为两大部分：第一部分是解决地形变化和近地表低速带速度变化引起的长波长走时时差问题，即地形和低速带校正，也是通常所谓的低频静校正，常见的方法是高程静校正、折射静校正和层析静校正；第二部分是消除时距曲线高频抖动，即剩余静校正，也是通常所谓的高频静校正，常见的方法有初至波剩余静校正及反射波剩余静校正等。

常规处理流程是先进行地形和低速带静校正，解决长波长静校正问题，水平叠加前再应用反射波剩余静校正，解决短波长静校正问题。静校正方法要求满足3个假设：（1）垂直出射假设：风化层速度与下伏地层的速度相比要小得多，深层反射回来的地震波以近似零度的出射角传播到地表；（2）地表一致性假设：对同一地面接收点或炮点，它们的静校正量相同；（3）地震反射波同相位假设：在平缓地表水平层状介质情况下，地震反射波基本符合一个双曲线形式，地震资料应用了静校正和动校正后，能够实现同相叠加（Cox，1999）。其中假设（1）（2）是地形和低降速带校正的基础，假设（3）是实现反射波水平叠加的基础。显然，在平缓地表和水平层状介质假设条件下，静校正处理是面向水平叠加和叠后偏移的处理流程必不可少的处理环节，它能够显著提升地震资料同相叠加效果。然而，在地形剧烈起伏、近地表速度结构横向变化剧烈的复杂地表区，静校正的假设条件难以满足，应用静校正处理后强行将地震反射波走时校正成为近似双曲线特征，在此基础上再进行深度域层速度估计，给叠前深度偏移速度模型的合理性带来较大风险。

虽然常规基准面静校正处理方法在双复杂区会改变地震波场走时信息相对关系，但是它能够实现地震波场同相叠加的特性是可以在叠前保真处理过程中利用的优势。本节重点讨论在真地表成像处理流程中如何更好地发挥传统静校正处理的优势，既达到提高信噪比的目的，又能够保持复杂波场的走时特征，从而实现保持波场运动学特征的真地表全深度处理。

一、静校正在真地表成像中的作用

在复杂近地表情况下，受剧烈起伏地形和复杂近地表结构影响，地震记录道之间的时差较大，初至波、反射波和各类规则干扰波的走时均出现与地表结构相关的抖动。这种近地表结构变化带来的地震道间时差剧烈抖动导致面波、多次折射波等地表相关的规则噪声线性规律变差，与反射波的走时特征区分度减小，在野外原始单炮记录上很难识别噪声的发育特征和空间变化规律。静校正作为时间域一项基础处理方法，不仅可以满足水平叠加要求，同时也有利于叠前规则噪声压制处理技术应用，常见如频率波数域去噪、拉东变换去噪等各类依赖于噪声与有效反射波的视速度差异的线性噪声衰减方法，应用静校正后面波和多次折射等规则噪声的线性规律增强，更有利于开展信噪分离处理。对于双复杂地区的真地表成像处理，时间域静校正处理的主要作用是增加单炮反射信号的连续性，增强面波、多次折射波、散射波等各类噪声的规律性，为后续信噪分离处理提供更有规律更加清晰的基础资料。如图 3-1-1 所示为库车模型经过弹性波数值模拟后位于山体区域的单炮和应用层析静校正后的相同单炮，可见原始单炮上受地形和近地表冲积扇影响的时差，经过层析静校正后（应用静校正后到统一基准面），低速带和地形影响被消除，反射波、面波和折射波的规律性进一步加强，有利于后续规则噪声的叠前去噪技术应用，同时对于异常能量等非规则噪声衰减方法，应用静校正后更有利于能量统计时窗的设计和应用。

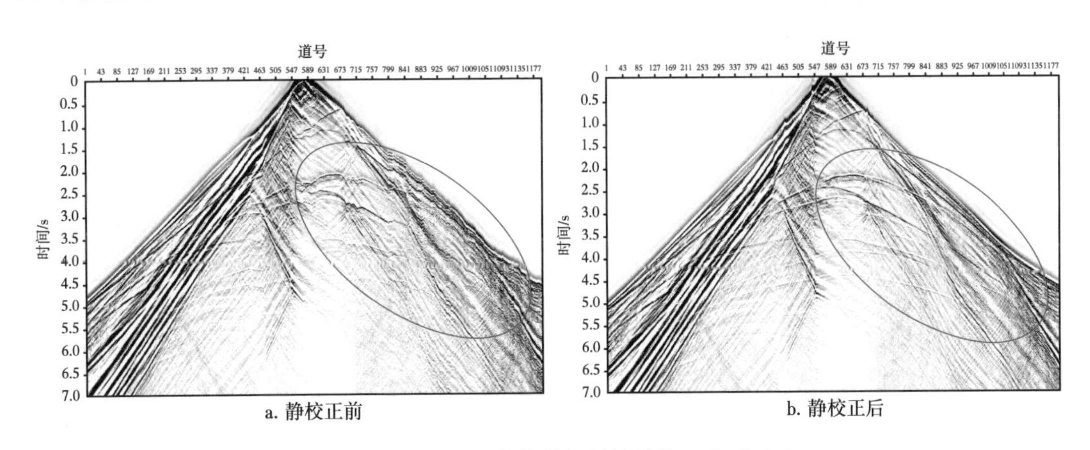

a. 静校正前　　b. 静校正后

图 3-1-1　弹性波数值模拟单炮静校正前后对比

反射波剩余静校正的目的与基准面静校正不同，主要面向水平叠加处理，用于消除不符合水平、层状、均匀介质假设的高频时差影响，从而得到理想的水平叠加效果。假设共中心点道集上的反射波时距曲线为双曲线，通常剩余静校正与叠加速度分析迭代处理，剩余道间时差统计在动校正后道集上进行，最好在固定基准面上，将分解后的剩余静校正量应用到叠加前数据上，可以明显改善叠加效果。但是在复杂山地，当近地表低速带速度模型求取不准时，求取的低速带静校正精度不够，部分长波长静校正量与短波长静校正量混淆一起，为了改善同相叠加效果，期望通过剩余静校正解决部分中长波长校正量，考虑改进剩余时差统计方法，如基于全局寻优的蒙特卡洛剩余静校正，以及增加统计效应的超级道剩余静校正等，叠加效果改善明显。但是经过多轮次反射波剩余静校正后，叠前道集已经改造为地表平缓、水平层状均匀介质条件下接收的地震数据，反射走时信息被强行校正为双曲线形态，地震数据携带的地表信息、地下构造、速度变化信息被改造，不利于深度域陡倾地层成像（图 3-1-2）。

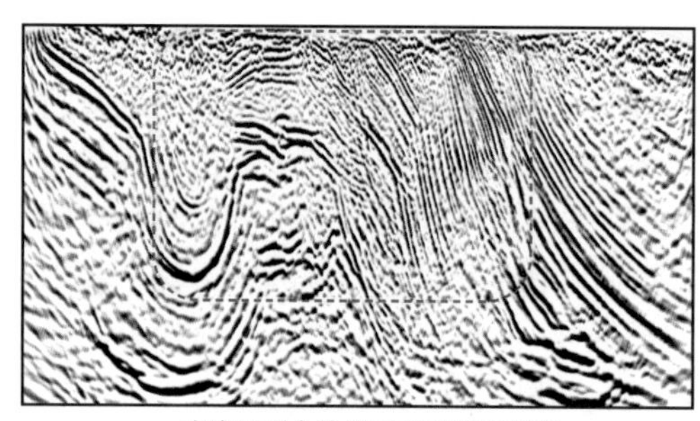

a. 未应用剩余静校正叠前深度偏移

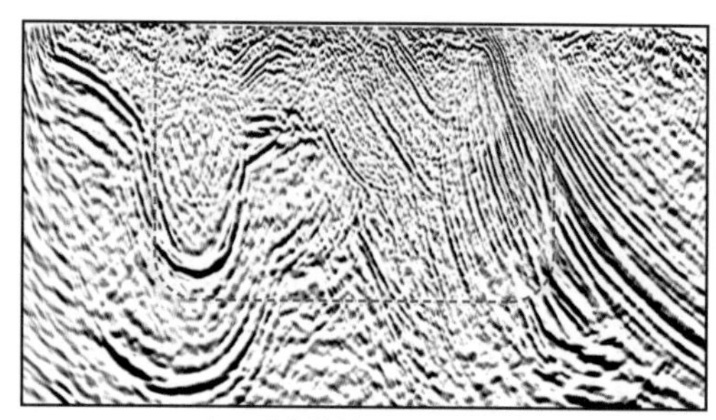

b. 应用剩余静校正叠前深度偏移

图 3-1-2　反射波剩余静校正对深度偏移的影响

根据本书提出的真地表实现方法，静校正的应用在时间域先计算低速带静校正量并应用到原始单炮数据上，在此基础上进行叠前噪声衰减和一致性等时间域有效反射信号增强处理，偏移成像前把应用到单炮上的低速带静校正量去掉，使地震数据的起始面回到真实地表面，恢复地震走时信息到真实地表，在此基础上再开展后续的全深度速度建模与偏移，以满足真地表成像的技术要求。由此看出，真地表速度建模与偏移前的静校正是为叠前时间域信号处理技术服务的，如果叠前规则噪声衰减方法可以不考虑规则干扰的线性特征，直接在原始单炮上即可以进行有效的去噪处理，甚至野外采集密度足够，由于测量等原因引起的走时误差可以忽略时，理想状态下可以不再应用静校正处理了，尤其是不再应用反射波剩余静校正。现阶段，根据时间域去噪方法的要求，建议先应用静校正，经过去噪和一致性处理后，再将数据返回到真实地表进行深度域建模与成像，关于真地表成像高频道间时差校正问题，将在本章第三节保持波场运动学特征的真地表走时校正方法中详细介绍。

现有工业界常用的静校正方法大致分为三大类：一是基于野外测量数据的静校正方法；二是基于地震记录初至波的静校正和剩余静校正方法；三是基于地震记录反射波信息的剩余静校正方法。这三大类静校正是常规时间域处理中普遍应用的方法，每种方法有其自身的适应性，表 3-1-1 给出了三类主要静校正方法的作用和适用条件。

表 3-1-1　主要静校正方法的适用条件

分类	名称	实现方法	主要作用	适用情况
基于野外测量和近地表调查的静校正	高程静校正	根据替代速度，计算起伏地表到平滑面的校正量	消除地表起伏对水平叠加的影响	适合地形变化大、低速带结构横向变化很小的地区
	模型法静校正	通过地表调查结果，恢复近地表低降速带模型，然后计算静校正量	消除地表起伏和低降速带对水平叠加的影响	由于受采集密度和深度限制，适合近地表速度变化不剧烈的地区
基于初至波的静校正和剩余静校正	折射波静校正	通过反演低降速带折射层底界和低降速带速度，计算静校正量	消除地表起伏和低降速带对水平叠加的影响	层状模型，要求有稳定的折射层，极浅表层风化层速度横向变化平稳地区
	层析法静校正	近地表初至走时射线追踪，与真实初至构建目标函数进行反演，得到近地表速度场，进而计算静校正量	消除地表起伏和低降速带对水平叠加的影响	适合近地表结构复杂、初至波信噪比较高，拾取可靠的地区
	初至剩余静校正	以初至光滑为标准，消除高频抖动部分	消除地表和低降速带对叠加影响	校正到光滑浮动面以后的地震数据
基于反射波的剩余静校正	反射波剩余静校正	以共中心点道集动校正同相轴拉平为准则，要求地震资料有较高的信噪比和相对准确的模型道	消除影响动校正和水平叠加聚焦性的剩余校正量	以水平叠加为目的的地震资料处理方法，可能改变走时信息，影响速度建模和成像精度

双复杂探区地表高差和近地表速度结构变化快，空间一致性差，基于野外测量数据的高程静校正解决不了近地表低速带横向变化问题，基于野外近地表调查资料的模型法静校正受调查点空间分布密度和调查深度的影响，不能完全适应双复杂探区地震地质条件，只能提供室内静校正初始模型或作为约束条件对室内计算的静校正量进行标定。基于地震记录初至波走时信息的静校正方法一般根据地震波的折射原理或初至波走时层析先求取近地表速度模型，然后计算出近地表静校正量，主要解决近地表低速带引起的长波长静校正问题。在此基础上，还可以根据初至光滑度进一步计算初至剩余静校正量，来解决由于近地表速度模型精度等引起的中短波长静校正问题。这一类方法是实际处理中应用最多的静校正技术，通常又可以分为折射静校正、初至层析静校正、折射或初至剩余静校正等方法。每种方法在双复杂探区的适应性不同，需要根据近地表低速带结构和各类波场的走时特征和初至拾取可信度等因素进行选择应用。反射波剩余静校正的目的与前两种静校正不同，主要服务于水平叠加处理，实现动校正后的道集同相叠加，得到理想的水平叠加效果。通常反射波剩余静校正与叠加速度分析和动校正迭代应用，经过多轮次反射波剩余静校正后，叠前道集已经改造为地表平缓、水平层状均匀介质条件下接收的地震数据，反射走时信息被强行修改成双曲线形态，原来带有的地表信息和地下构造、速度变化信息被改造，不利于后期叠前深度偏移成像归位和速度反演。对于真地表成像而言，不推荐反射波剩余静校正，可以考虑基于初至波走时残差校正解决近地表速度模型反演不准引起的能量不聚焦现象，达到提高信噪比的目的。通过以上分析可以看出，高程静校正和折射波静校正方法不适应地形起伏剧烈、近地表结构变化大的双复杂探区。如图 3-1-3 所示，利用库车模型开展了高程静校正、折射静校正和层析静校正试验，应用三种不同静校正叠加结果可以看出层析静校正效果最好。

双复杂探区初至波走时层析能够得到近地表速度场的低频变化趋势，是现阶段双复杂探区静校正和全深度速度建模的基础。实际应用需要重点考虑如何提高初至层析静校正方法对剧烈起伏地形和复杂近地表速度场变化的适应性，同时还需结合基于表层调查的模型法静校正思路，把近地表调查结果引入到表层速度建模中，提高初至层析反演稳定性。双复杂探区初至层析反演速度模型不仅用于时间域静校正计算，同时用于深度偏移全深度速度建模，建议充分利用中远偏移距信息获取更深地层速度信息。如图 3-1-4 所示为库车模型不同炮检距反演近地表速度模型，增大初至反演炮检距，反演速度模型与实际模型更为吻合，从如图 3-1-5 所示不同炮检距反演模型静校正应用效果也可以看出 4000m 以上炮检距层析静校正效果明显优于 2000m 反演效果。在提高模型反演精度的基础上，复杂山地层析静校正量计算参数（如模型底界面、替换速度）对层析静校正应用效果影响也较大。如图 3-1-6 所示，不同模型底界面静校正应用对比，采用等速界面计算层析静校正量构造主体部位连续性优于高程平滑下移静校正量叠加效果。复杂山地近地表速度变化较大，替换速度选取尽可能接近山体高速老地层速度，此外采用较高替换速度可以减少地形起伏高差带来的静校正时差，如图 3-1-7 所示，采用 3500m/s 替换速度叠加优于 2500m/s 替换速度叠加，而采用高速地层 4500m/s 叠加剖面连续性最佳。

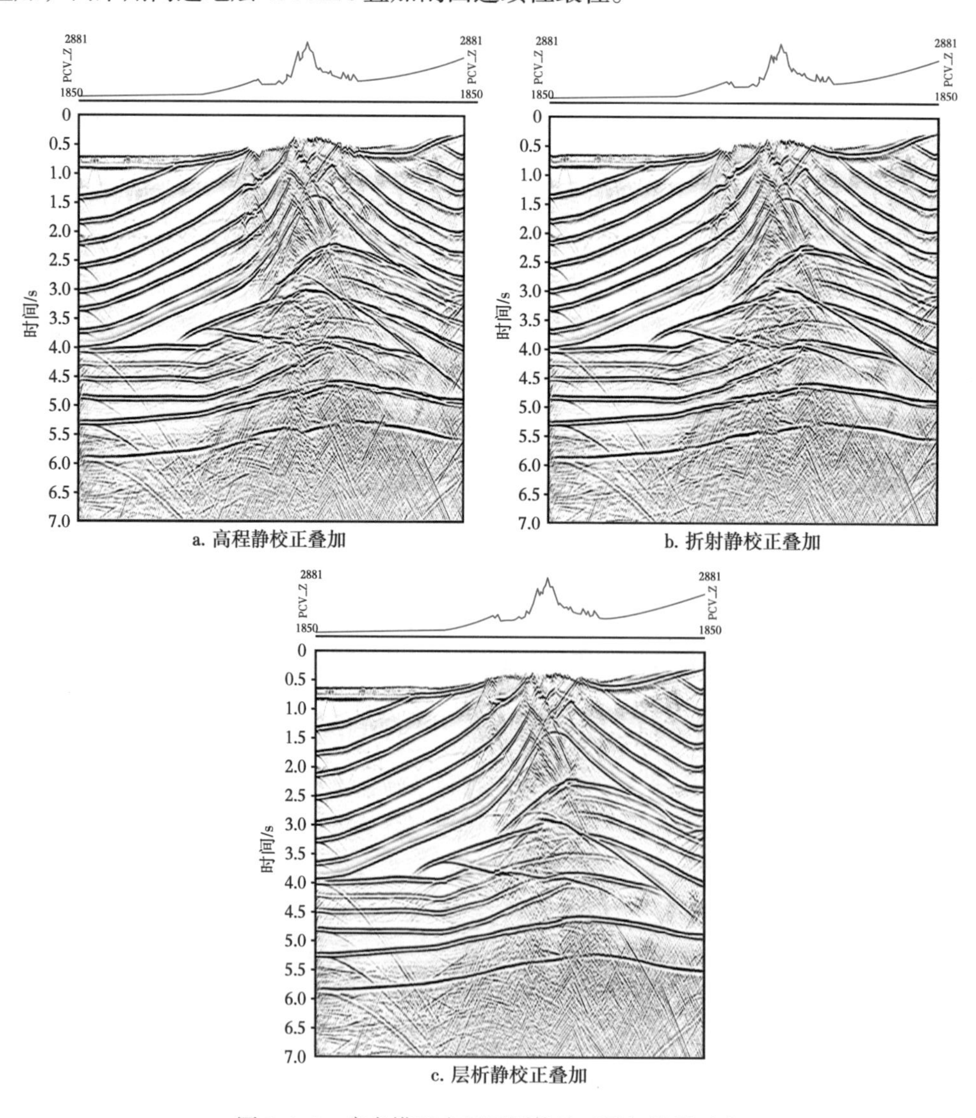

图 3-1-3　库车模型应用不同静校正叠加效果对比

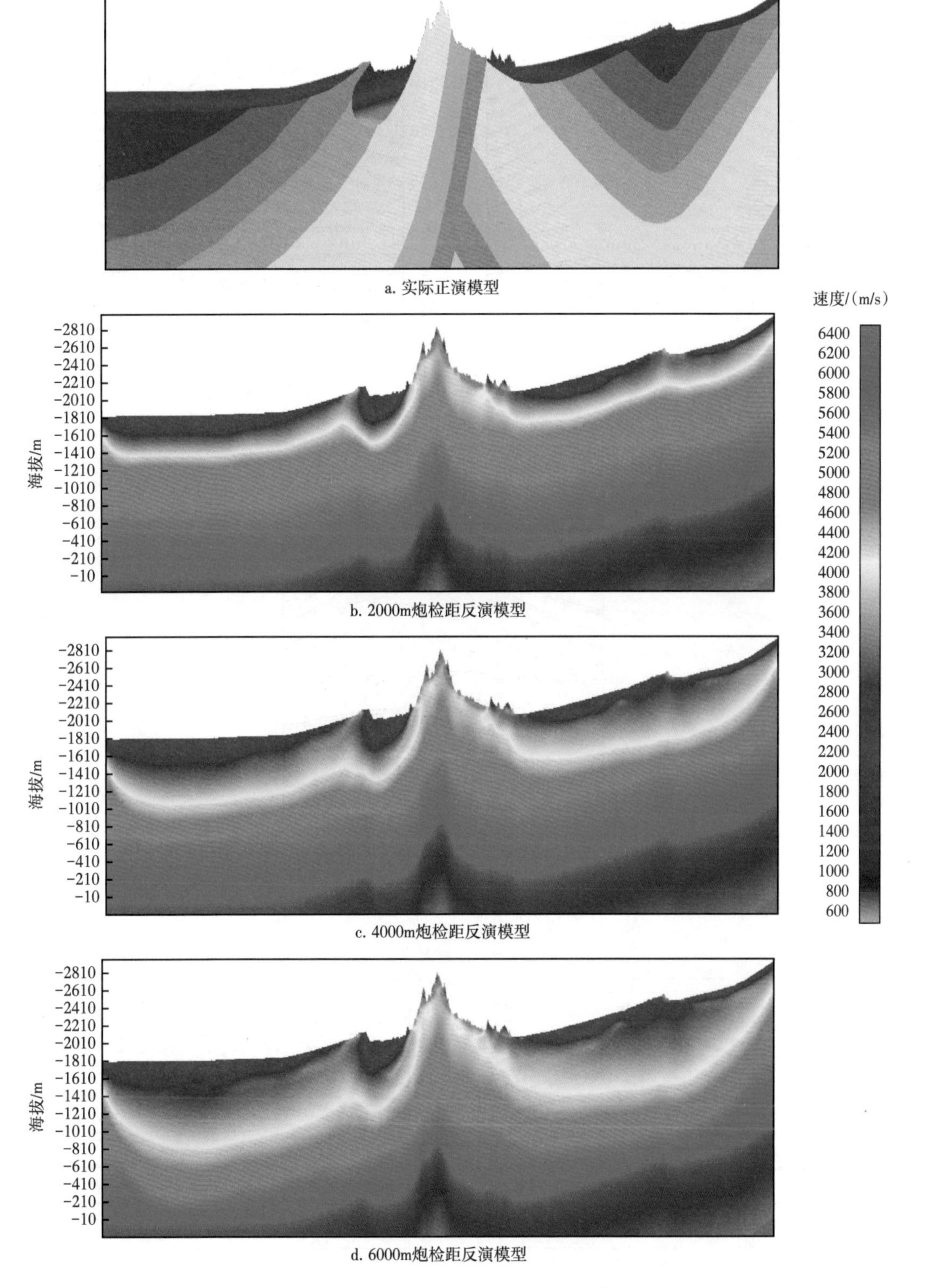

图 3-1-4　库车模型不同炮检距层析反演模型对比

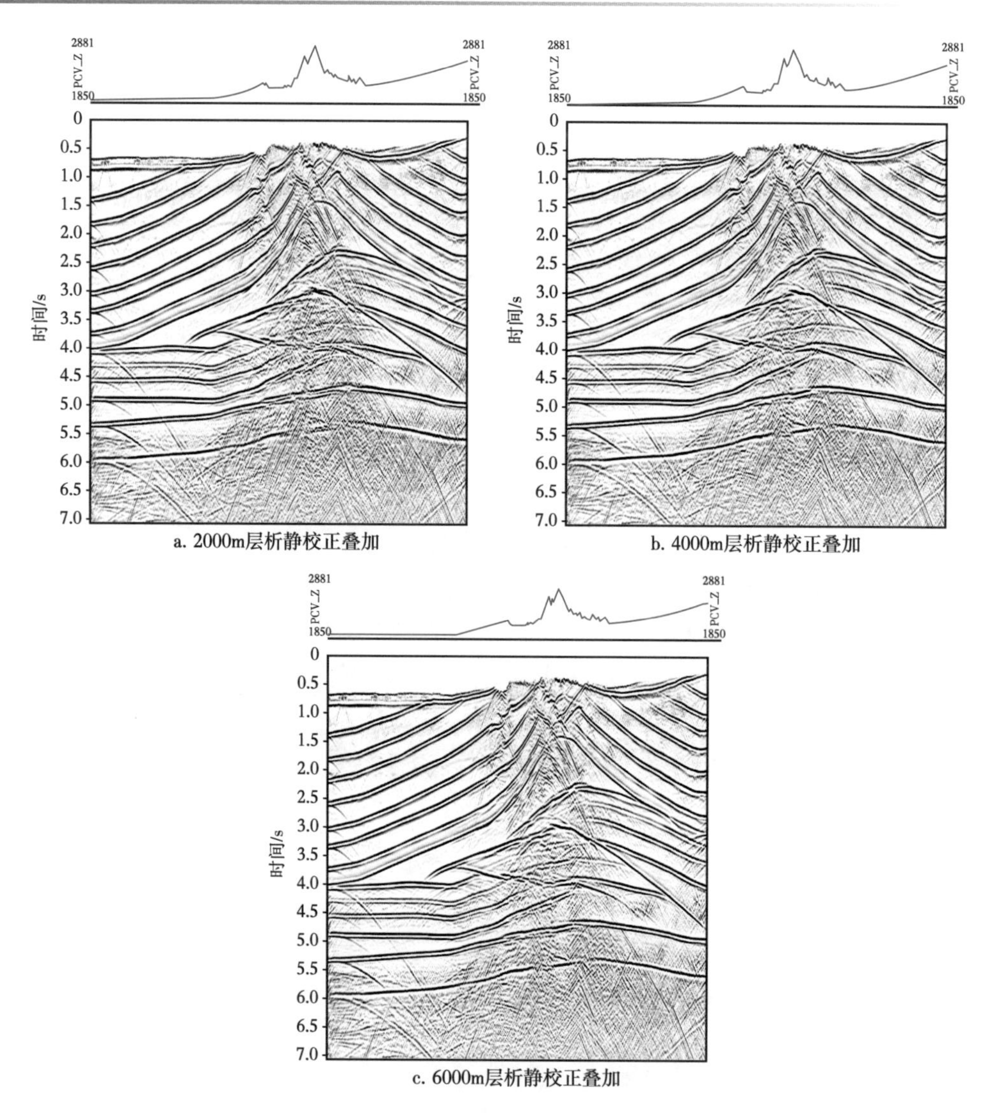

图 3-1-5　库车模型不同炮检距反演层析静校正叠加效果对比

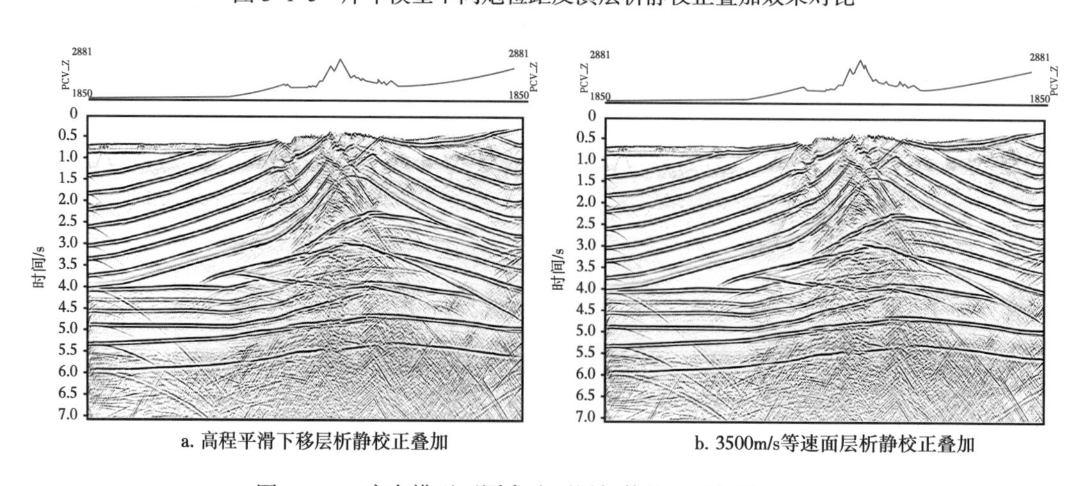

图 3-1-6　库车模型不同高速顶层析静校正叠加效果对比

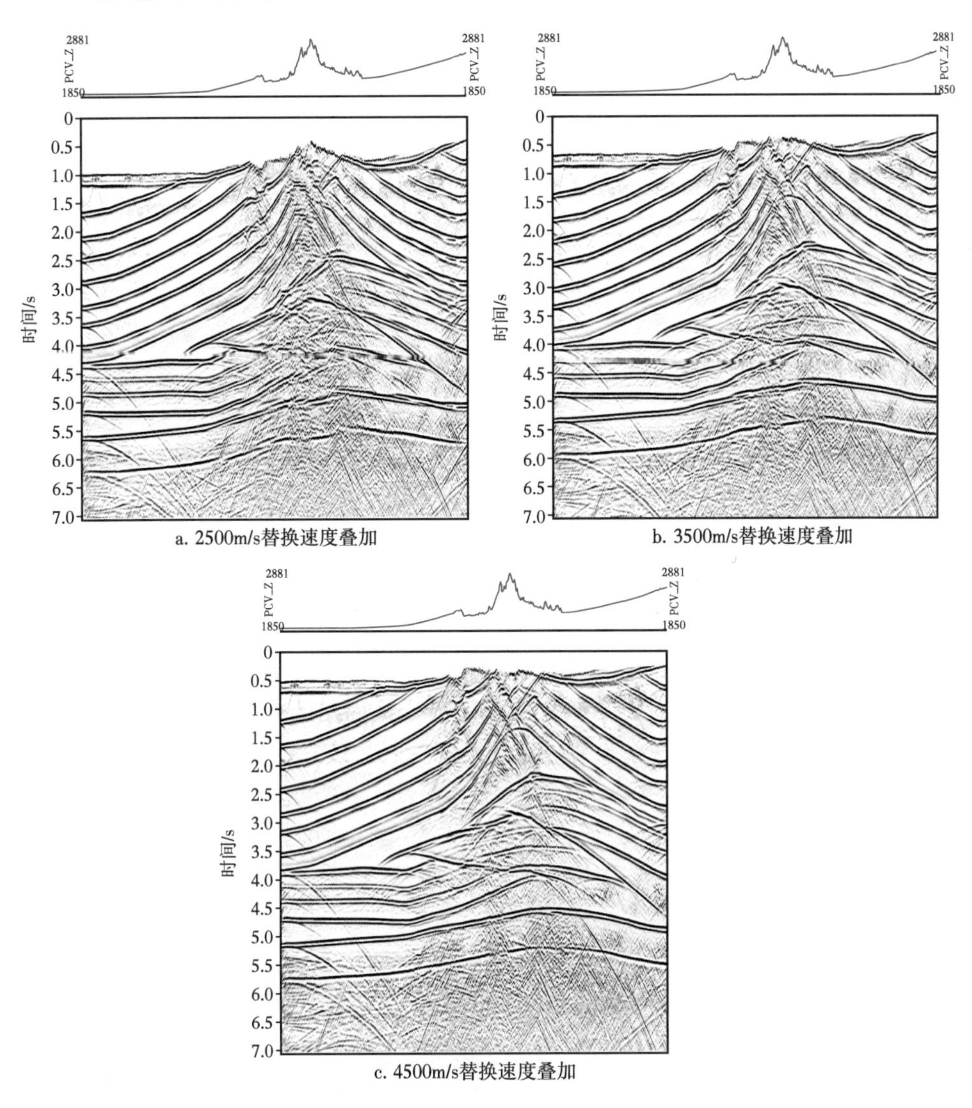

a. 2500m/s替换速度叠加

b. 3500m/s替换速度叠加

c. 4500m/s替换速度叠加

图 3-1-7　库车模型不同替换速度层析静校正叠加效果对比

总之，静校正的应用与真地表的高程测量精度和近地表速度建模的精度紧密关联的。若能精确地获得真地表高程和精确的近地表速度，静校正是不必要做的。若能得到比较精确的真地表高程和近地表背景速度，只需要高波数的静校正，这对应小平滑面全深度域成像处理。平滑尺度的选择影响因素很多，主要是真地表高程测量精度和近地表速度建模精度，精度越高，平滑尺度越小。这是双复杂探区静校正应用的基本原则。

二、典型双复杂探区初至层析反演及静校正应用

双复杂探区近地表反演及静校正应用需要根据实际近地表条件差异开展参数试验，优选最佳模型反演及静校正量计算参数。我国中西部近地表地理、地质条件复杂，陆上复杂山地大体可以分为三种不同类型。

第一类山地如天山南北的塔里木库车和新疆准南缘等地区，近地表无植被，老地层出露，山高沟深，在一个排列内相对高差变化 200m 以上，没有稳定的低降速带界面和稳定

的折射层，初至折射层可追踪性差，山前带存在速度相对低的巨厚堆积区，局部还存在高速砾岩异常体。地表主要出露古近—新近系砂泥岩、膏盐岩，岩层倾角从两翼向构造主体逐渐变大，最高达 80°~90°，且岩石风化严重，部分区域为第四系砂、土混积物覆盖，地表岩性横向差异大，低速层厚度一般为 1.5~10m，速度 380~700m/s，高速层 1700~2800m/s，山间洼地低降速层厚度为 10~90m。

第二类如四川盆地周缘，植被发育，树木茂密，森林覆盖率达 90% 以上，地表岩性复杂，从白垩系到寒武系均有出露，其中三叠系老地层岩性以石灰岩为主，低速层厚度一般为 2~6m，局部地区厚度为 6~9m，10m 以上深度的速度均在 2000m/s 以上，局部区域速度达到 5000m/s。

第三类主要是黄土山地，如鄂尔多斯盆地的南部及塔西南地区，该类地区地表覆盖黄土速度较低，黄土分原生和次生两种，原生黄土致密，次生黄土经二次搬运结构较为疏松，干燥黄土层速度为 350~500m/s，厚度为 16~30m，地表地形沟塬交替出现十分复杂，高差变化大，潜水面埋藏深，横向变化大。

根据地形起伏高差不同、近地表地层倾角和岩性不同，折射静校正和初至层析静校正应用策略需要进行适当调整。

1. 天山南北陡峭山地层析反演及静校正应用

以塔里木盆地秋里塔格构造带为例，山体地表岩性由南向北呈条带状分布，整体地形北高南低，为典型的山地地貌，海拔在 1000~2300m。中部为陡峭山体区，地形起伏剧烈，南北跨度 5~10km，相对高差达 900m 左右，山体核部出露新近系吉迪克组（N_1j），两翼分别出露康村组、库车组（N_2—Q_1），局部地层近乎直立且速度高；南部及北部一般为山体及戈壁砾石区，起伏一般在 25m 以内，主要为第四系（Q_1x、Q_{3-4}）砾石及西域组砾岩。出露区岩层较厚，山前存在巨厚低速松散堆积区（图 3-1-8）。

图 3-1-8　塔里木等西部干旱山地地表

根据秋里塔格探区近地表结构特征及观测系统特点，考虑远排列宽方位角初至数据主要以高速层传播为主，如果在层析反演时增加远排列初至数据，常规层析反演方法会降低近地表速度反演精度。采用自适应加权初至层析优化反演与静校正优化计算的方法来解决近地表静校正问题。一是通过提高小炮检距初至数据权重改善近地表极浅层和山体区低速层反演精度，利用大炮检距初至数据提高山前低速及砾石区反演精度和深度；二是优化高速顶界面拾取方法，根据层析反演速度及射线密度人工拾取速度模型底界面，解决山前巨厚低降速带和速度反转问题，改善层析静校正应用效果。提高小炮检距数据的反演权重后，近地表低速带刻画更加精细（图 3-1-9），小炮检距反演预测走时与真实走时误差显著降低

（图 3-1-10）。如图 3-1-11 所示，通过对比不同反演方法层析静校正地震叠加剖面可以看出，自适应加权反演在山体区和山前过渡带静校正应用效果更好。

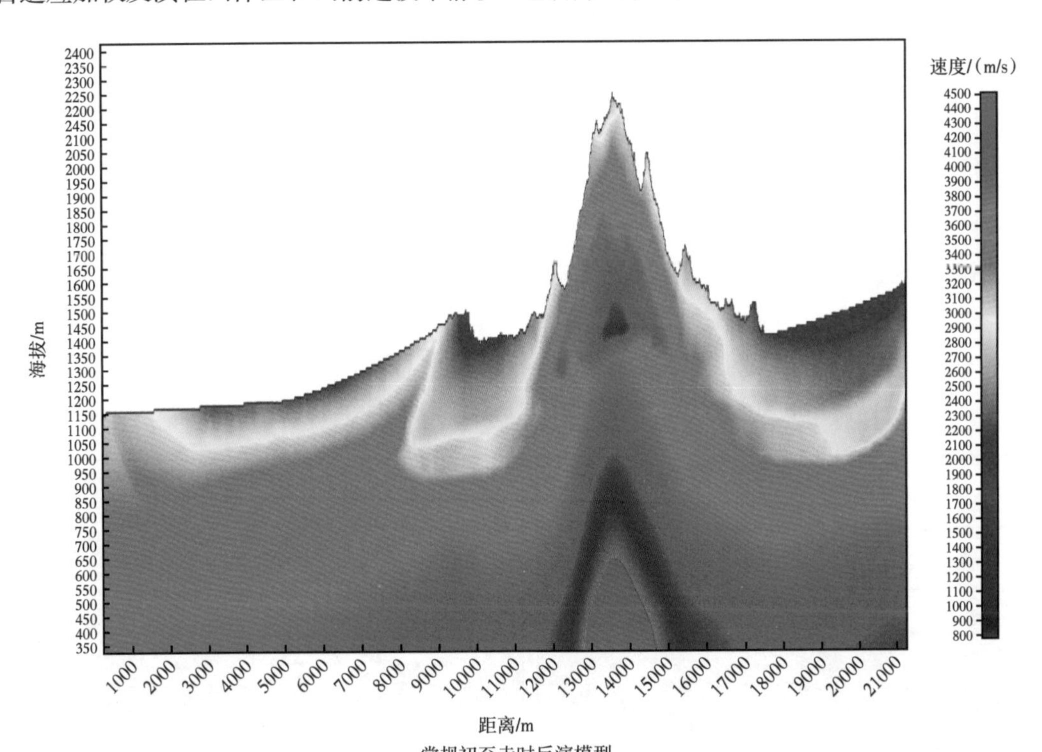

a. 常规初至走时反演模型

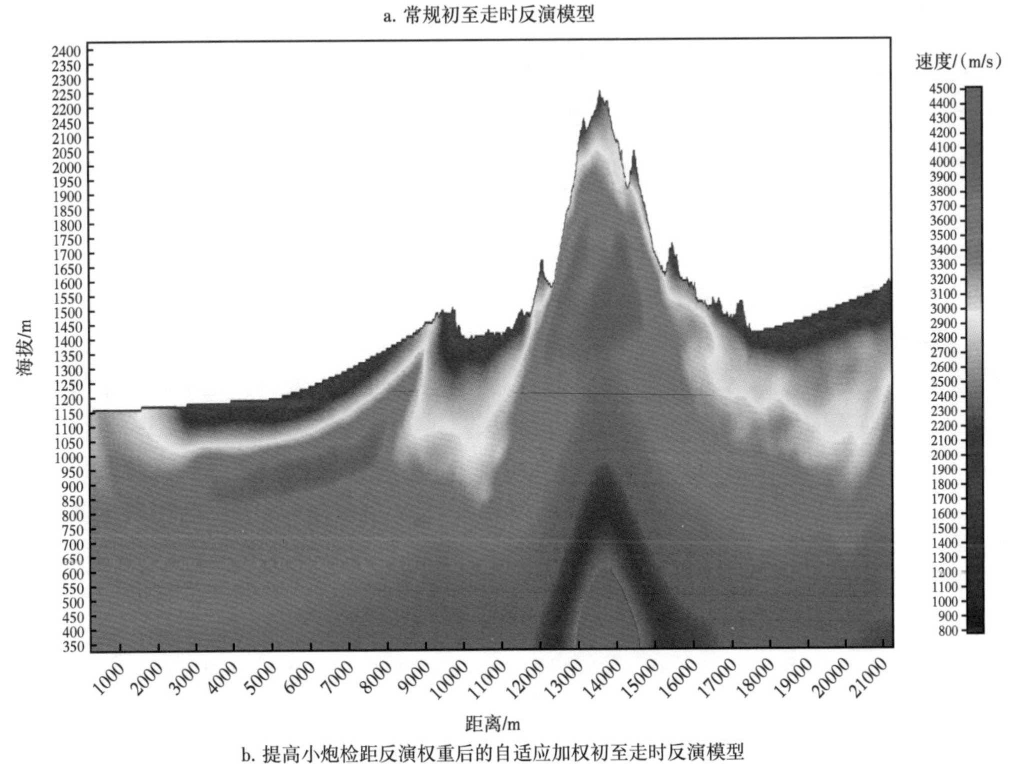

b. 提高小炮检距反演权重后的自适应加权初至走时反演模型

图 3-1-9　炮检距加权反演速度模型对比

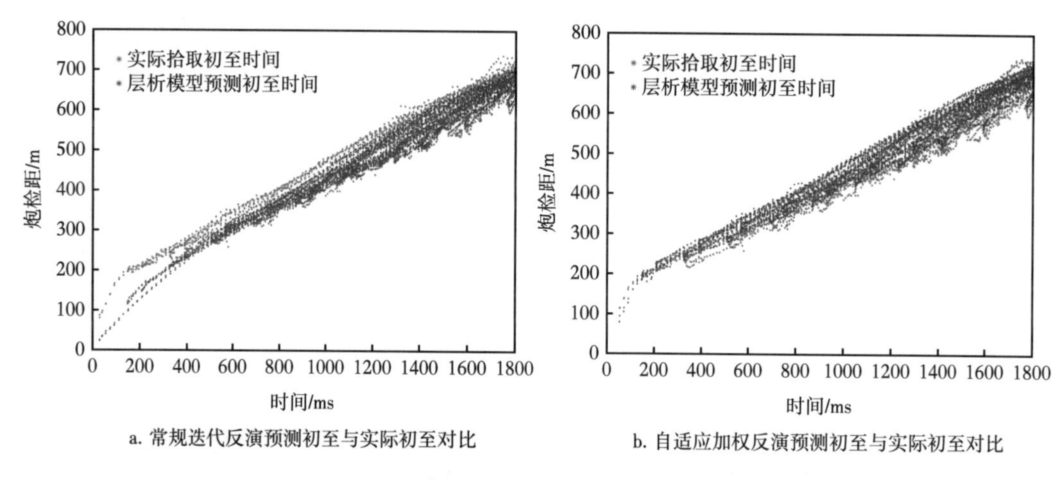

a. 常规迭代反演预测初至与实际初至对比　　b. 自适应加权反演预测初至与实际初至对比

图 3-1-10　自适应加权反演初至旅行时误差对比

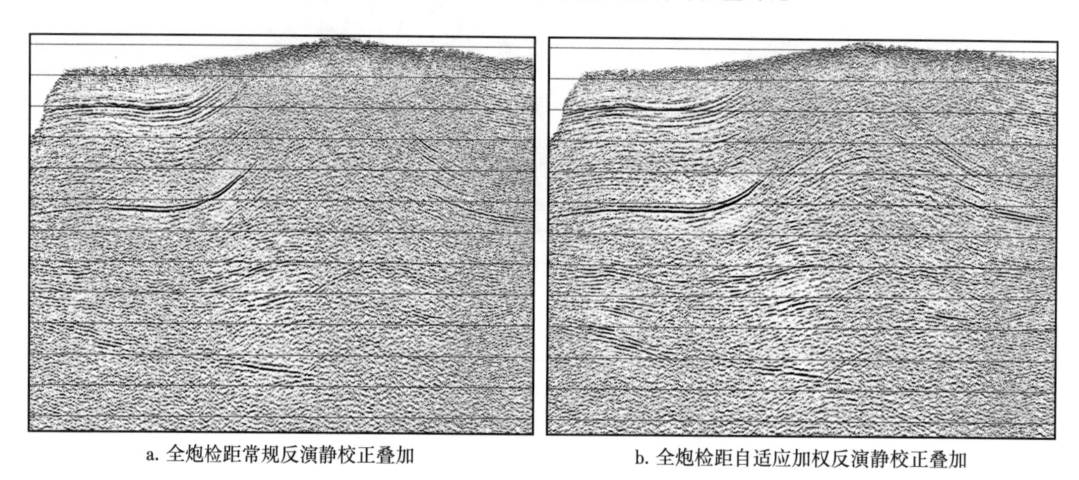

a. 全炮检距常规反演静校正叠加　　b. 全炮检距自适应加权反演静校正叠加

图 3-1-11　不同炮检距反演静校正叠加剖面对比

2. 中西部黄土山地静校正应用策略

以鄂尔多斯盆地西南部黄土塬山地为例，其山地地表被黄土覆盖且被沟壑切割，坡陡沟深，黄土层较厚，一般为 8~200m，沟内黄土沉积较薄，一般为 2~30m，塬上、沟内以农田、果林为主，部分地区森林覆盖率较高。从冲沟地层剖面来看，地层较为平缓，黄土分层性强，浅地表为风成黄土，其下为红土地层，再其下为砂泥岩沉积地层；近地表地形起伏剧烈，黄土层厚度变化大，表层调查资料显示低降速带速度具有连续变化的特征，速度值分布范围广，为 280~1800m/s，局部区域速度达到 2100m/s 以上。高速层速度横向变化不大，整体为 2100~2300m/s。起伏变化的地形及近地表对地震波吸收衰减问题同时存在，引起静校正与地震资料低信噪比问题相互影响，增加资料处理的技术难度。

黄土地区近地表情况复杂，单独的层析静校正、折射静校正或者基于校正量组合的静校正方法都很难见到效果。前人也有做过综合静校正研究，通过叠加剖面效果好坏，选择层析静校正量和折射静校正量在平面上进行组合，或者通过高低频分解，再选叠加效果好的低频量和高频量进行组合。

黄土山地两步法静校正技术包含了层析静校正和折射静校正两个部分。针对黄土区近地表结构特点，对层析和折射两种静校正方法进行串联，如图 3-1-12 所示为黄土塬两步法静校正实现策略。首先需要拾取准确的初至信息，特别是初至信息务必要包含近偏移距。然后利用自适应加权初至波走时层析进行表层速度模型反演，该方法不需要微测井信息约束，但是需要近炮检距信息建立准确的低速带模型。对比如图 3-1-13 所示层析反演近地表的速度，自适应加权反演对厚黄土浅层低速反演精度优于常规层析反演方法。基于层析反演建立的速度模型，构建一个中间面，将地震数据延拓到该中间面，目的是消除剧烈起伏地形影响，并且表层速度稳定，使新数据满足折射静校正假设。从图 3-1-14 中可以看出，原始初至发散，经过延拓后初至具有明显的分层特征，满足折射要求。接下来是基于延拓后数据初至信息用折射静校止方法计算出基准面校正量。最后将折射静校正量和层析模型计算出的静校正量进行叠加得到最终静校正量。在构建中间面时选择黄土塬潮湿黄土层为参考，选择 1100m/s 等速面为参考面。如图 3-1-15 所示为基于波场延拓与折射联合静校正应用效果展示。

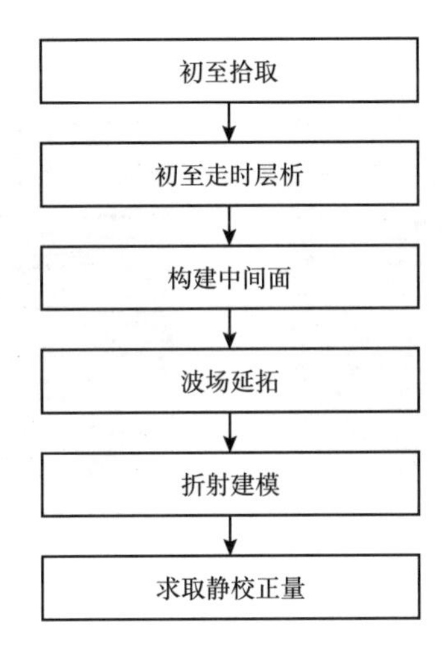

图 3-1-12　剧烈起伏黄土塬地区两步法静校正策略

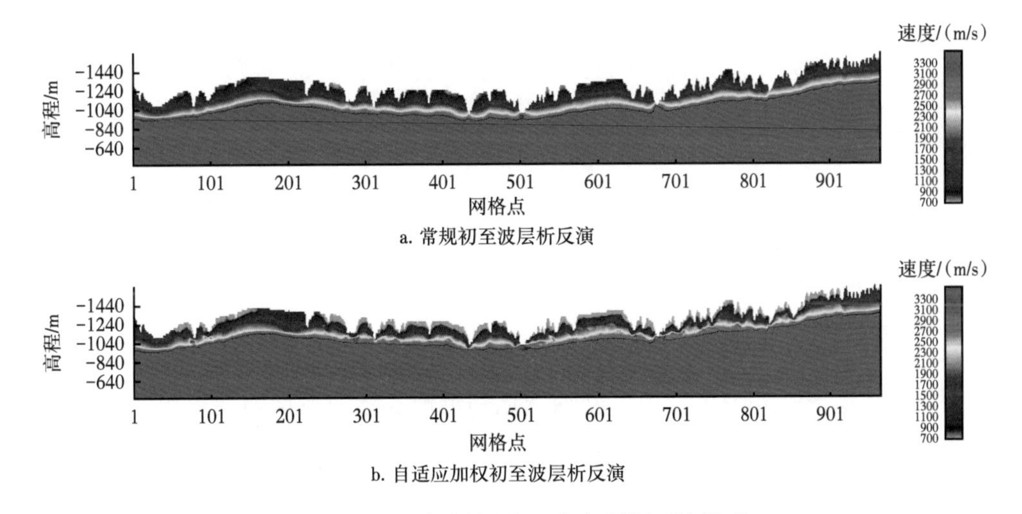

a. 常规初至波层析反演

b. 自适应加权初至波层析反演

图 3-1-13　全炮检距初至加权层析反演模型

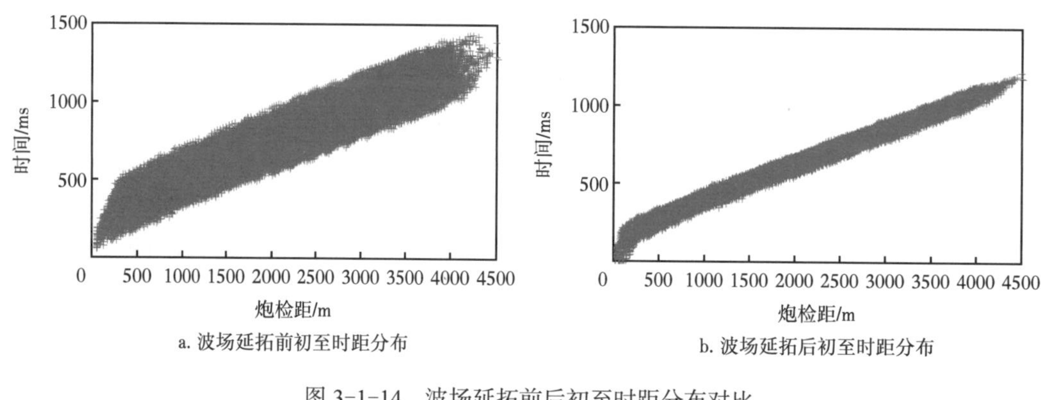

a. 波场延拓前初至时距分布

b. 波场延拓后初至时距分布

图 3-1-14 波场延拓前后初至时距分布对比

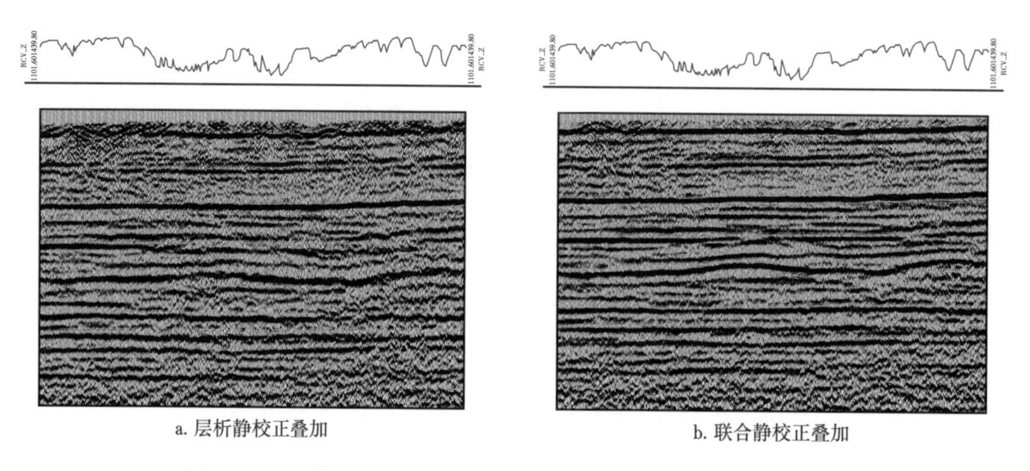
a. 层析静校正叠加

b. 联合静校正叠加

图 3-1-15 基于波场延拓与折射联合两步法静校正应用效果对比

第二节 双复杂探区地表相关噪声衰减方法与应用策略

中西部复杂山地地表起伏剧烈、近地表结构复杂，各种类型的噪声十分发育，尤其受地形起伏和近地表非均质性引起的散射噪声影响，导致地震资料信噪比较低，地震资料的去噪问题是该类地区地震勘探面临的关键技术难题之一。在双复杂探区深度域偏移成像应用中，偏移前地震道集品质没有实质性提高，即使采用高端地震成像算法和技术，也很难见到较好的成像效果。因此，提高双复杂探区叠前道集信噪比是真地表地震成像处理的关键配套技术环节之一。

一、双复杂探区主要噪声类型

双复杂山地地震野外采集受地形剧烈变化和近地表结构不均匀性影响，地震记录上广泛发育的面波及其散射波是复杂地表区主要噪声。激发源附近由于各种地面障碍物（山体、沟、悬崖、沙丘、风蚀地貌等）及近地表岩性变化，产生干扰波的种类繁多，且传播方向不同，使地震记录变得异常复杂。通常在戈壁砾石区地表堆积较厚的松散砾石层，对有效波有较强的吸收衰减作用，使得面波相对增强，低速层与下伏高速层形成强波阻抗界面，又产生严重的多次折射现象。山体区由于地形起伏剧烈，表层岩性结构复杂多变，反射波、面波和折射波在传播过程中遇到这些不均匀体均会引起强散射干扰。该类干扰波在频率域不能与有效波分离，且高速的散射干扰与有效波的视速度部分重合。此外，由于散射体与排列的相对位置不同，散射波在记录中出现的位置也各不相同，它们之间又相互干涉，使得单炮记录变得更加复杂。

1. 面波干扰

近地表受风化剥蚀影响，存在一定厚度的低速层，震源激发后大部分能量被该层所捕获，因此，该层起着天然的波导作用。面波在近地表低速带中传播，传播时间较长，频率较低，能量较强，与地下体波（反射波、折射波）特征存在明显差异。在地表存在较厚低速带情况下，激发能量约有 80%~90% 转化为面波在近地表传播。因此，面波是地震资料最为常见的一种干扰波。

面波干扰可以分为三种类型：瑞雷（Rayleigh）波、斯通利（Stoneley）波和勒夫（Love）波。面波主要在自由表面传播，能量随着传播距离的增大而迅速地衰减，具有振幅能量强、振动周期长、频散现象严重、传播速度低的特点。对于地震勘探来说，面波主要为瑞雷面波，也叫地滚波，其传播速度比横波速度小，一般为 100~1000m/s，频率一般小于 15Hz，在均匀介质条件下其时距曲线为过零点的直（折）线。在复杂地表区，一般在复杂山体两翼的戈壁平坦区，面波特征较为完整，但频散化的面波弥漫在整个炮集记录上，遮挡有效波，使其难以有效识别（图 3-2-1），只能在先压制强能量的面波干扰之后才能开展深层信号的处理。针对这类多种视速度且具有较强空间假频的面波干扰，采用常规的 F-K 类方法压制很难奏效。

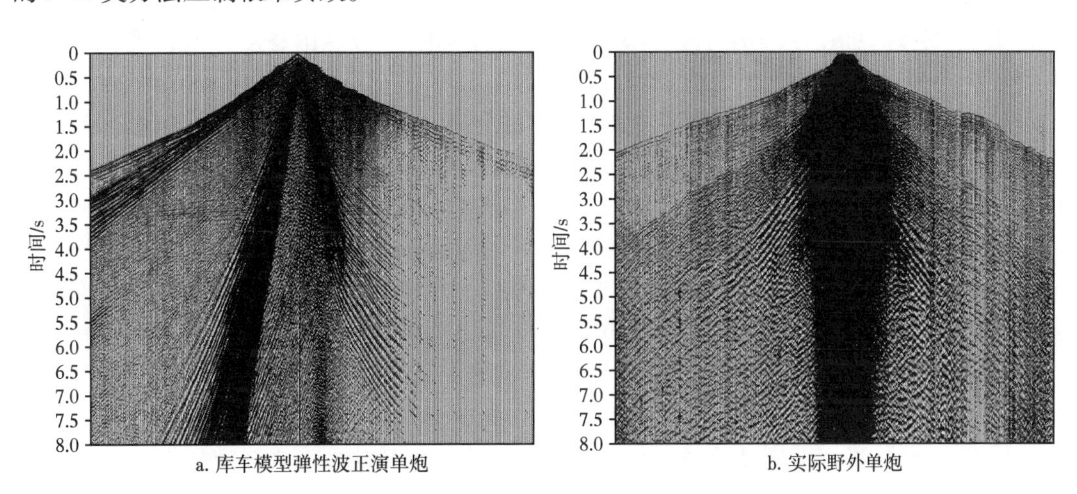

图 3-2-1　库车模型弹性波正演单炮和实际野外单炮

2. 近地表散射干扰

地形崎岖情况下，地震波场能量主要集中在近地表的范围内传播，因此，地形变化及近地表介质的非均匀性会作为二次震源而产生严重的散射现象。当直达波、面波或折射波等在近地表传播时，遇到起伏地表或近地表不均质体时，会产生反方向（背向）传播的散射波（Backscattered Wave），这种散射波称之为近地表散射波。近地表散射波在近地表结构变化剧烈的山地发育，该类干扰出现的位置及传播特征不确定性强，按照常规的 $F-K$ 类方法几乎无法完全衰减这类噪声。如图 3-2-2 所示为塔里木盆地库车山前砾石区的一个单炮记录，可见在炮点左、右侧排列上均存在近地表散射干扰。Stork（2020）指出，因为面波的波长在近地表 10~30m 范围内为 1~10m，近地表 0.5~10m 范围内体积极小的非均质体就可以产生很强散射能量，陆地地震数据信噪比较低，其往往是近地表的散射造成的。对于现有反射波法勘探来讲，近地表散射干扰能量强且难以有效压制。

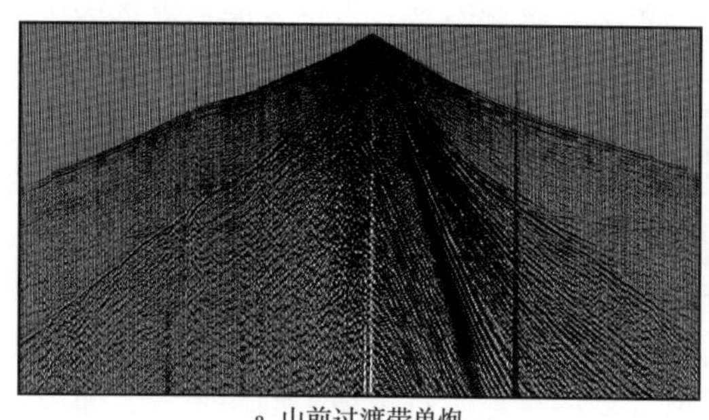

a. 山前过渡带单炮

b. 山体区单炮

图 3-2-2　库车地区近地表散射发育的地震记录

引起近地表散射的原因主要有两个，即起伏地形和近地表低降速带的非均匀性。为了分析近地表地震波散射效应，开展了两组模型的正演试验。

第一组模型是不同大小的山谷模型，主要用来描述地形变化产生的散射现象。首先考虑在水平采集面上存在一个山谷，采用二维弹性波方程有限差分生成合成地震数据，中间放炮，道距为 10m，共 201 道。震源子波主频为 30Hz。改变山谷的尺度，观察散射特征。模型 1、模型 2、模型 3 的山谷深度都是 50m，宽度分别是 50m、100m 和 200m。生成的合成炮集如图 3-2-3 所示，其中图 3-2-3a 对应山谷为 50m 宽，图 3-2-3b 为 100m 宽，图 3-2-3c 为 200m 宽。模型 4、模型 5 和模型 6 的波谷宽度都是 200m，深度分别是 50m、100m、200m。如图 3-2-4 所示，图 3-2-4a 为 50m 深，图 3-2-4b 为 100m 深，图 3-2-4c 为 200m 深。可见由于地形影响而产生的散射信号能量随山谷宽度和深度增加而增强，散射以面波和直达波为主。山谷引起直达波发生时移，时移量随山谷深度增加而加大，发生时移的跨度与山谷的宽度有关，散射波中面波能量比直达波强。

第二组模型用来观测近地表速度异常引起的散射响应。模型 7 的地表为水平面，在近地表 100m 内有一个速度为 1500m/s 的常速水平地层，但是这一层中设置了一个 400m/s 的低速异常，如图 3-2-5a 所示。这个异常速度体引起的散射如图 3-2-5a 所示（正演合成单炮参数与上述山谷模型一样）。模型 8 与模型 7 相比，将 400m/s 低速异常换成 800m/s 的低速异常，如图 3-2-5b 所示，合成单炮如图 3-2-5b 所示。模型 9 与模型 7 相比，将 400m/s 的低速异常换成 1200m/s，如图 3-2-5c 所示，所得合成单炮如图 3-2-5c 所示。可见与地形引起的散射波相比，由速度异常体引起的散射，其散射波同相轴具有一定弯曲度，视速度较大，很少见如图 3-2-3 和图 3-2-4 所示的面波或直达波。散射波的强度与速度异常与背景速度的差成正比，也就是说速度差异越大，散射强度越大。

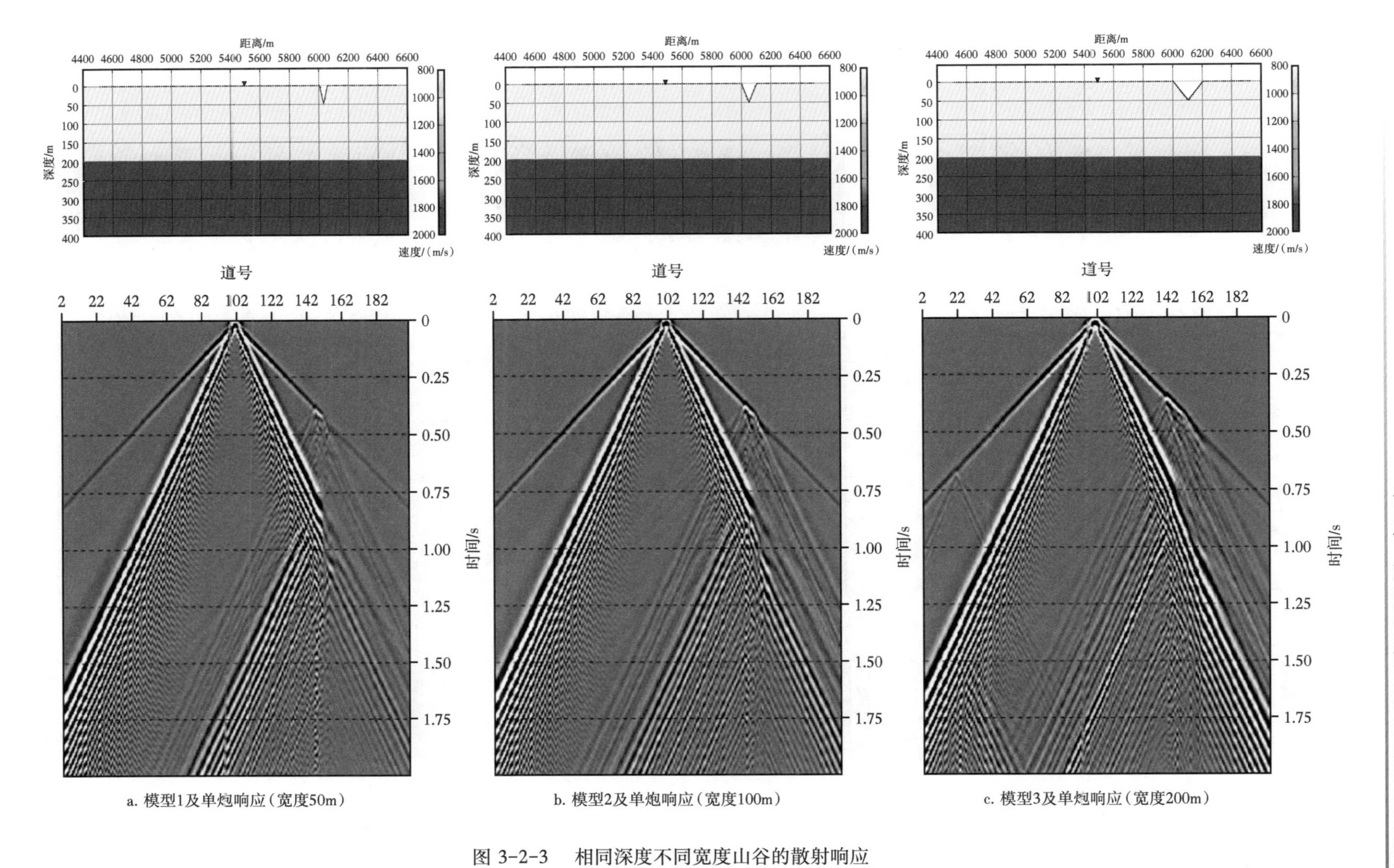

a. 模型1及单炮响应（宽度50m）

b. 模型2及单炮响应（宽度100m）

c. 模型3及单炮响应（宽度200m）

图 3-2-3　相同深度不同宽度山谷的散射响应

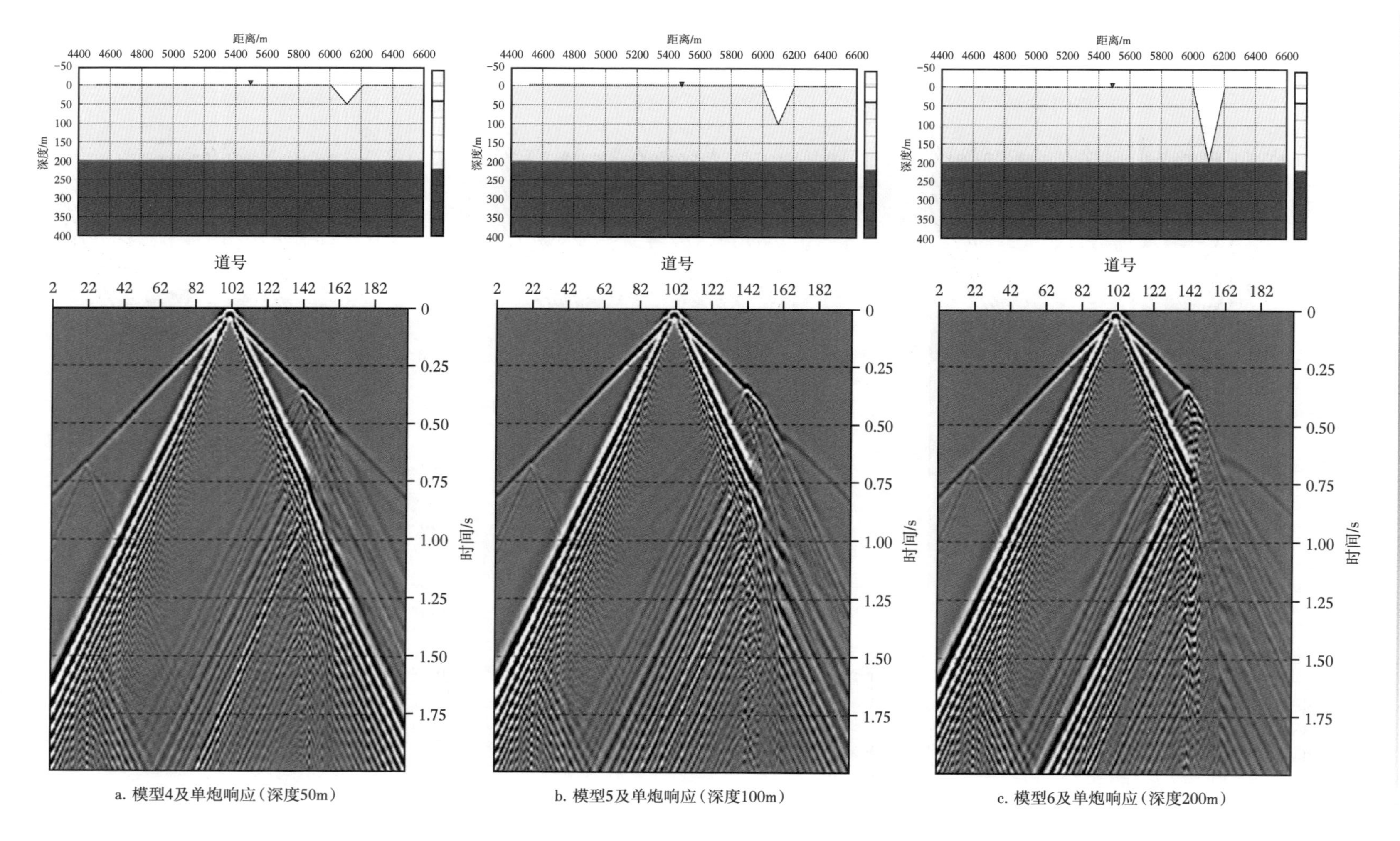

a. 模型4及单炮响应（深度50m）

b. 模型5及单炮响应（深度100m）

c. 模型6及单炮响应（深度200m）

图 3-2-4 相同宽度不同深度山谷的散射响应

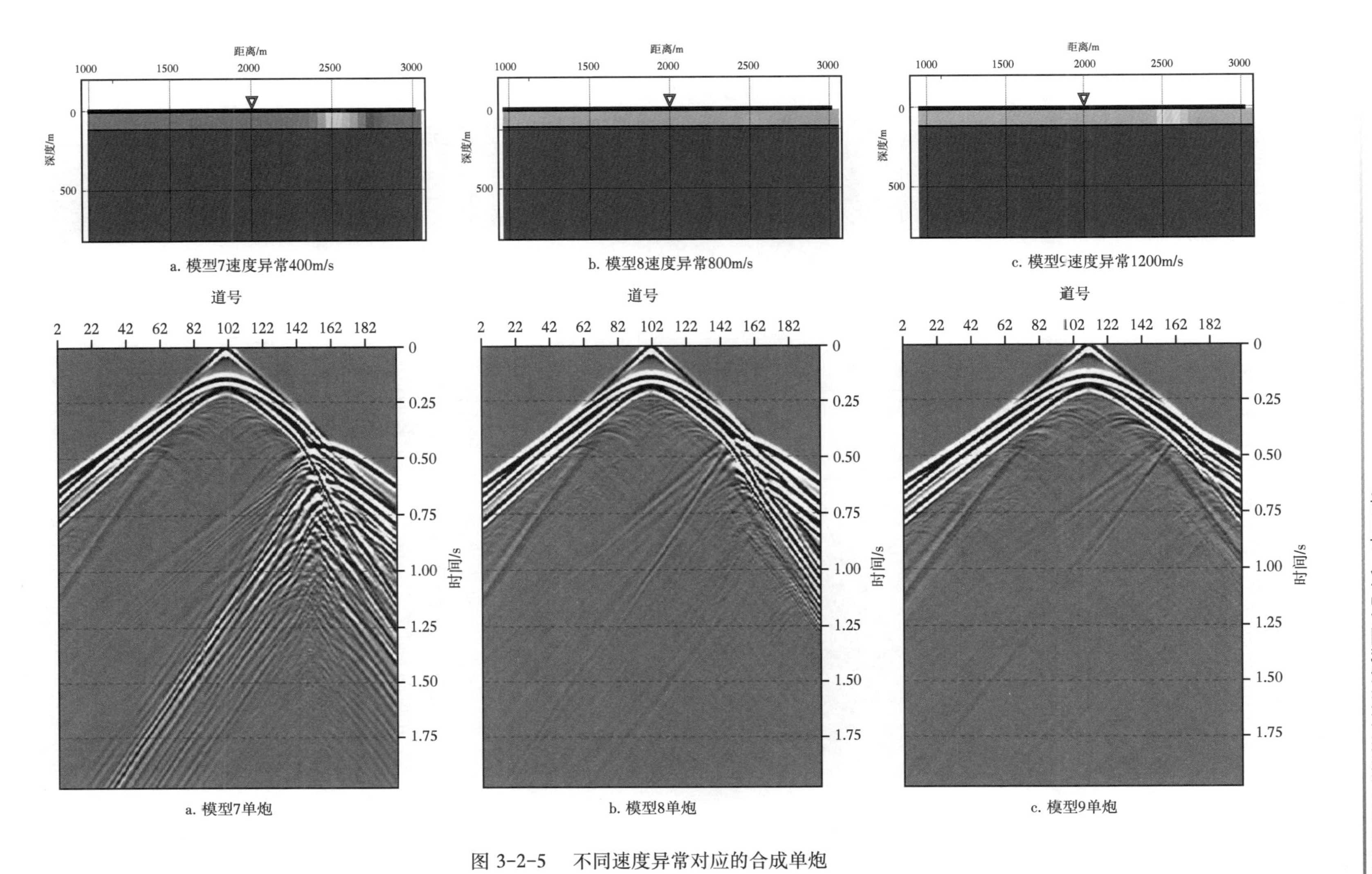

图 3-2-5　不同速度异常对应的合成单炮

3. 多次折射

一般而言，当近地表存在明显低降速带，浅层存在强反射折射界面时，会产生多次反射折射波，工业界通常简称为多次折射波（图 3-2-6）。多次反射折射产生机理：当地震波从上覆低速地层入射到下伏高速层顶面时产生多次反射，当上覆低速层内多次反射波入射到高速层顶面的入射角与临界角相等时，就会产生沿高速层顶面的滑行波，从而形成了多次反射折射波（杨恺等，2012）。多次反射折射波的同相轴与折射波的同相轴呈平行分布特征，有时还会产生很强的干涉现象，甚至与浅层有效信号交织在一起。如图 3-2-6b 所示炮集记录，在炮点两侧，紧挨着初至波的下面有平行于初至波的多次折射波出现，其速度较高，频率比面波频率高，呈线性噪声分布。在实际处理中常用 F-K 类方法压制，虽然有一定效果，但是由于其视速度较高，分布范围较大，去噪处理时容易伤害有效波，不利于保持有效波的特征而使叠前偏移成像效果变差。

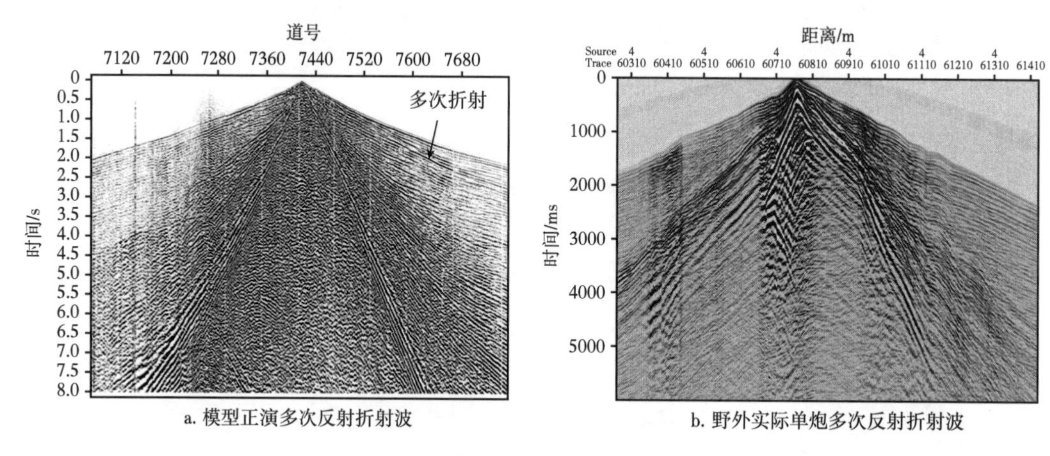

图 3-2-6　多次反射折射正演模拟单炮

4. 外源干扰

野外采集过程中由激发接收点周围环境影响产生的干扰称为外源干扰，如过往的车辆、钻井作业、煤矿作业、工业电等均会产生严重的外源干扰。外源干扰在形态上近排列表现为线性特征，远排列表现为双曲线特征（王童奎等，2011；徐宏斌等，2015），外源干扰与震源信号在频谱上几乎完全重叠，而能量往往较地震有效信号强数倍甚至多个数量级（图 3-2-7）。

二、常用叠前噪声衰减方法分析

如何有效提高地震资料信噪比是山地地震资料处理所面临的关键技术难题之一。去噪的基本理论假设：局部数据块内，具有（非）线性结构的同相轴隐藏在满足不同概率分布的噪声中。因此，各种各样的去噪方法本质上是最佳地预测出局部数据块内具有（非）线性结构的同相轴，把噪声去除掉。

目前工业处理软件中使用的去噪方法及去噪模块种类繁多，主要分为如下两种类型：（1）基于数学变换类方法，包括频率域滤波、频率波数域滤波、频率空间域滤波、拉东变换、小波分解和重建、基于 Curvelet 变换的面波衰减法（Yarham 等，2006）、F-X-Y 域相干噪声压制法、自适应随机噪声衰减（Wang 等，2021）、Cadzow 滤波（Trickett，2008）等；

(2)基于噪声预测类的方法，包括面波模拟及自适应减去法、干涉测量去噪方法、逆散射序列、波动方程模拟及减去等。不同的去噪方法所能压制噪声的类型不同，表 3-2-1 根据噪声类型差异给出各类去噪方法的适用性。对于复杂地表区，由于地形起伏剧烈，表层结构复杂，低速、降速带的厚度和速度横向变化大，地震记录中发育多种类型的干扰波。在去噪过程中应对噪声进行多域分析，如共炮点道集、共检波点道集、共偏移距道集等，多角度认识干扰波分布特征，针对不同道集中噪声所表现出来的特征差异，设计针对性的组合去噪技术流程，在差异特征最为明显的数据域或变换域进行信噪分离，再采用匹配相减法达到噪声压制的目的。

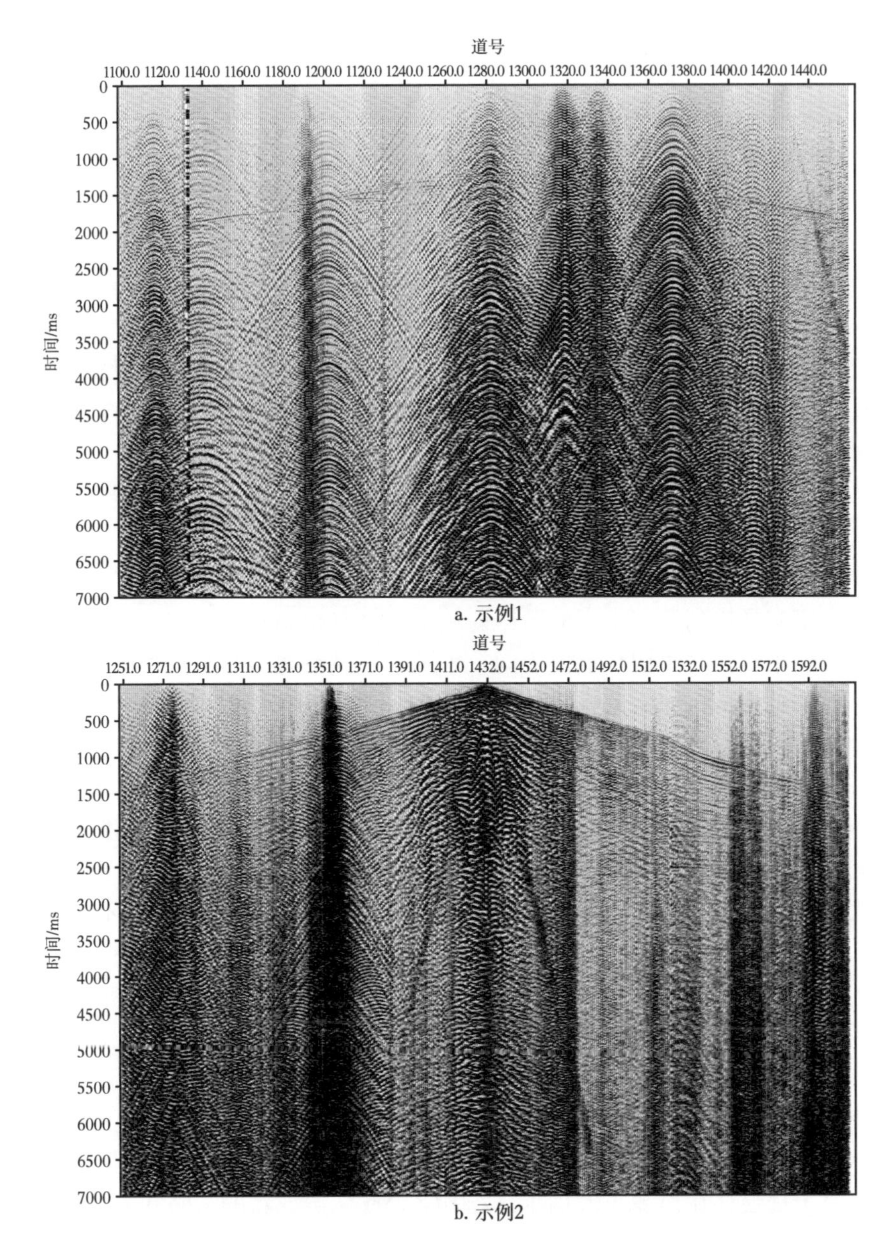

a. 示例1

b. 示例2

图 3-2-7　具有典型外源干扰的野外采集单炮记录

表 3-2-1 地震资料处理常用去噪方法

噪声类型	噪声特点	常规方法	高端方法
面波	低速、低频、强能量、频散	分频异常振幅压制、区域滤波、十字交叉排列 F-K_x-K_y	面波模拟及自适应减去法
多次反射折射	线性速度 、频带宽	F-K 变换、拉东变换、十字交叉排列 F-K_x-K_y	非规则采样线性噪声衰减、波场延拓类方法、干涉测量法
随机噪声	杂乱无章，统计性差	共炮检距域 RNA	OVT 域 RNA、Cadzow 滤波
异常振幅	强能量或高频异常振幅	分频异常振幅压制	Curvelet 去噪
近地表散射	炕席状、点绕射状或无规律	分频异常振幅压制	波动方程模拟及相减、干涉测量法

1. 基于频率—波数域滤波的相干噪声衰减技术

在复杂地区，面波、直达波、浅层多次折射波等交织在一起，整体上称作相干噪声。地震处理方法中最常用的相干噪声衰减技术基本都基于频率—波数域滤波。该类方法的核心就是根据相干噪声与地震有效反射信号视速度差异去除线性噪声。在一定的时间—空间域道集上，反射波的视速度一般较高，面波的视速度往往较低，具有不同视速度的反射波和面波干扰，变换到频率波数域可以实现有效分离。实际处理过程中通过定义一个合适的范围，设计一定的频率—倾角滤波器，滤除面波区，然后再将数据反变换回时间空间域，从而实现对面波干扰的压制。

不同排列上的面波等相干噪声同相轴形态不同，近排列具有较好的线性特征，远排列则表现为双曲线特征，二维倾角滤波对近排列的线性相干噪声压制果较好，而远排列数据中的双曲形线性干扰则无法有效去除。三维数据处理过程中，首先将数据按相同炮线、相同接收线排成十字交叉排列。在十字交叉排列域中，具有相同炮检距的地震道分布在一个圆上，常速面波同相轴在时间切片上位于同一个圆，三维空间形状是一个圆锥。由不同速度的面波线性同相轴构成一个空心圆锥体，将单炮记录上的非线性面波转换成线性面波（陈泓竹，2019）。因此，对于三维十字排列域数据，将常规二维 F-K 方法扩展到空间三维 F-K_x-K_y 法，可以更好地压制包括面波在内的多种类型的线性噪声，有效地消除双曲形线性相干噪声（图 3-2-8）。在复杂构造地区，有些较高速度的相干噪声与高陡构造有效反射的速度比较相近，在消除相干噪声的同时，可能会伤害有效信号。因此，F-K_x-K_y 法的使用必须注意保护高角度反射和绕射波信号，否则会给后续的成像处理带来不可挽回的损失。

虽然 F-K 类方法是目前最常用的方法，但是它也有其自身的一些缺陷，要求空间采样足够密、数据没有空间假频问题，面波视速度与有效反射波视速度存在明显差异。但是在复杂地区这两个条件很难满足，尤其是后者无法控制。在复杂地区，面波通常不仅仅呈线性传播，而且还存在着面波散射，这种散射波的视速度较高，与有效反射波的视速度较为接近，在炮集上出现与反射波相似的双曲线特征。实际上，近地表的复杂程度可能远远超出想象，地表非均质体大量存在，无法实现全部预测，F-K 法只能压制部分低速散射噪声，高速散射干扰会存在很多残余（图 3-2-9）。因此，研究新的策略和方法来解决近地表面波及散射等干扰问题十分必要，也十分迫切。

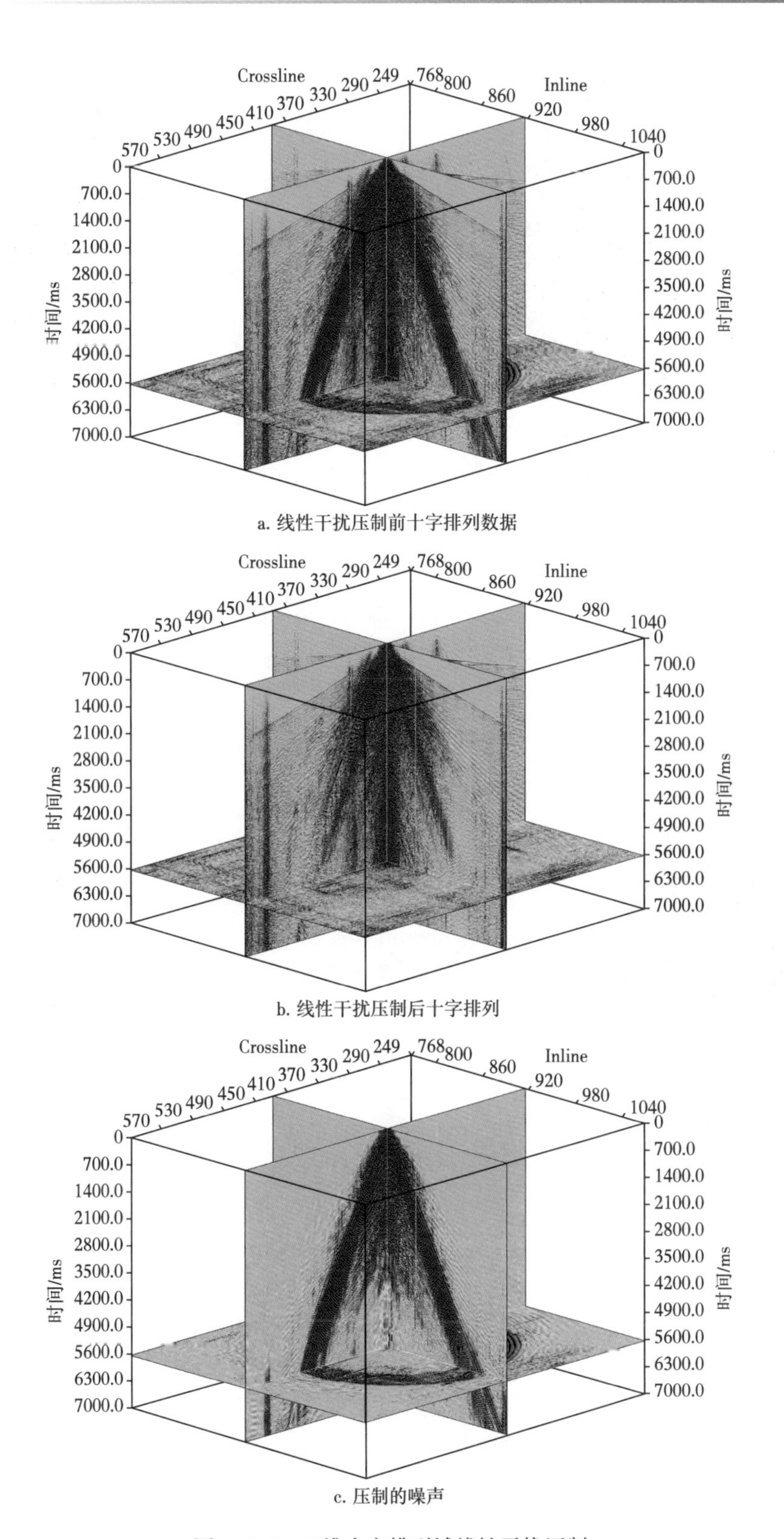

a. 线性干扰压制前十字排列数据

b. 线性干扰压制后十字排列

c. 压制的噪声

图 3-2-8 三维十字排列域线性干扰压制

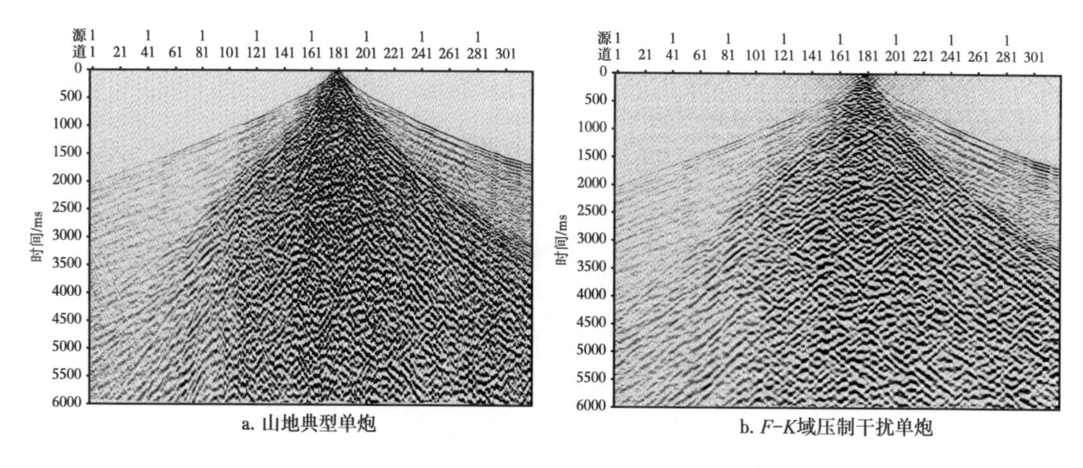

a. 山地典型单炮　　b. *F*–*K*域压制干扰单炮

图 3-2-9　山地典型单炮基于 *F*–*K* 法压制面波前后对比

2. 谱模拟叠前面波压制

由于常规地震采集的道间距大，对面波等相干噪声空间采样不充分，在单炮记录上面波存在空间假频，使得 *F*–*K* 谱上高频面波出现折叠而难以消除，*F*–*K* 滤波效果不理想，实际较少应用。此外，在山体区面波散射现象比较突出，散射面波规律性较差，且横向变化较大，采用炮域或十字域去噪后，残余散射面波仍然较多（图 3-2-10b）。

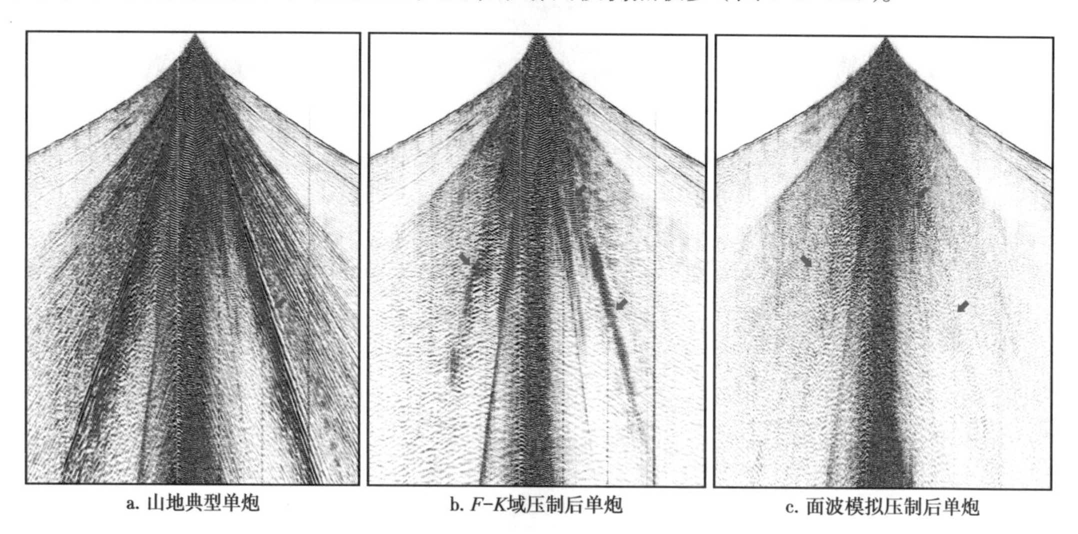

a. 山地典型单炮　　b. *F*–*K*域压制后单炮　　c. 面波模拟压制后单炮

图 3-2-10　面波模拟去噪技术

基于面波模拟方法的面波衰减技术近年来得到广泛应用，总体而言，面波模拟去除方法分为 3 个主要步骤：（1）提取面波频散曲线；（2）利用原始地震数据及估计的频散曲线预测每个接收点的面波；（3）从原始数据中减去预测的面波。其中第一步根据地震数据估计频散曲线的精度和稳定性对于后续面波模拟至关重要。对于地震采集而言，检波点较为密集，通常采用多道分析方法来计算频谱，多道面波信号频散曲线提取算法有 *F*–*K* 法、高分辨率拉东法、倾斜叠加（McMechan 等，1981）和相移叠加法（Park 等，1998）。Zheng 等（2017，2019）提出一种新的多道非线性信号比较法（MNLSC）可以更为稳健地获得高分辨率频散曲线。利用 *F*–*K* 域中产生的面波频谱，拾取最大频散能量所对应的频率 *F* 及

波数 K，可得相速度 $v_{phase}=F/K$，峰值频率与其对应相速度的连线即为频散曲线（符健，2018；张志立等，2021）。在获取稳定的面波频散曲线后，根据频率与波数关系及每道的相位延迟，经过傅里叶反变换即可快速模拟出频散面波模型。面波模拟方法为数据驱动的自适应方法，基于面波方程可以实现振幅能量的自动匹配，既可以模拟假频面波，也可以模拟侧向散射及背向散射面波（图 3-2-10c）。

根据面波与面波散射干扰特征，按照上述压噪原则，可采用以下的去噪策略：低频面波频率为 0~15Hz 的面波规律性较好，应充分利用面波模拟的方法加以压制；在主体面波压制后，残留的低频强能量干扰应采用分排列强振幅压制的方法；其高频部分面波谱规律性较差但有线性规律，应采用线性干扰压制技术；对于残余面波干扰利用多域组合压制方法去除残余散射面波。

3. 多次反射折射压制

多次反射折射是陆地地震勘探常见的一种规则噪声，其特征明显，在消除静校正影响后，往往呈现出与初至波平行的线性形态。在地震资料处理过程中，虽然通过动校正切除的方法，基本上可以消除多次折射对于叠加的影响，但多次折射对于深度域成像的影响特别是浅层的影响仍然不容小觑。多次折射去噪难点主要在于速度横向变化较大、静校正误差无法完全恢复线性形态，很难直接通过常规去线性干扰的方法衰减与压制。

多次折射线性干扰的压制，关键是如何消除折射层空间速度变化的影响。结合初至层析模型采用基于折射波旅行时间，将多次折射波同相轴分别校平，再利用校平后多次折射波与有效反射波的形态差异进行衰减，以达到压制多次折射波且保护有效反射信号不受影响的目的（图 3-2-11）。

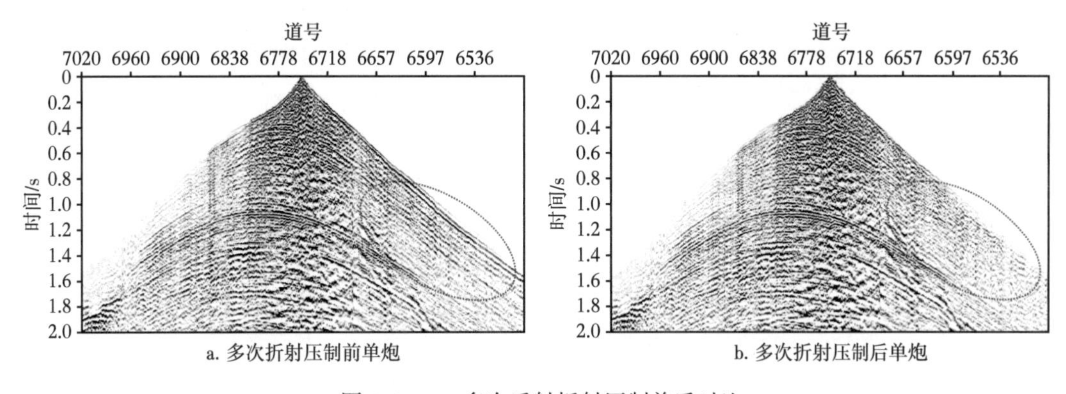

图 3-2-11　多次反射折射压制前后对比

4. 近地表散射噪声衰减

对于油气勘探而言，近地表散射波是一种噪声，它混叠在体波中，降低了地震体波的信噪比，甚至会导致剖面中出现假构造（徐基祥等，2014）。在共炮点道集中，近地表散射波常常呈线性或双曲线同相轴，包括面—面散射波和体—面散射波，甚至还有侧面散射波和多次近地表散射波（Xu 等，2018）。当地形起伏剧烈和近地表结构严重不均匀时，近地表散射波构成了地震记录中的主要成分。近地表散射波有一个明显特点，即在每个共炮点道集上，都能看见散射源的“根”，这个“根”所在的位置对应于近地表散射源的位置。因此，利用近地表散射干扰这些特征信息，采取如下技术策略，可以取得有效衰减散射干扰的影响。

1）干涉测量散射干扰压制

地震干涉测量法兴起于21世纪初，源于相邻学科，如光学干涉测量和雷达干涉测量（Schuster，2009；Curtis，2009；Curtis 等，2010）。通俗的解释是，地震干涉测量利用两个记录的互相关，构建一个新的记录，这个新的记录相当于一个记录位置作为震源位置、另一个记录位置作为接收点位置的地震波响应。其本质是互相关运算消除了两道记录中地震波经历的相同路径影响。经过十多年的发展，地震干涉测量理论得到明显发展，应用领域得到持续扩展，近地表散射波预测就是其应用的一个范例（Halliday 等，2008，2010；徐基祥，2014；Xu 等，2018）。

以塔里木盆地库车山地一条横跨山体的地震宽线为例，如图 3-2-12a 所示为两个共炮点道集，不但近地表噪声强，还有一组很强的外源干扰。如图 3-2-12b 所示为近地表散射波压制后共炮点道集。由此可以看出，该套技术不仅明显消除了近地表散射波噪声，还消除了这组外源干扰，提高了道集记录的信噪比。如图 3-2-13 所示为该宽线地震资料原始叠加剖面、常规处理叠加剖面和近地表散射波压制后叠加剖面。应用效果表明，该技术消除了原始叠加剖面中大部分近地表噪声。与常规处理技术相比，该技术更明显、更彻底地压制了近地表散射波，有效提高了体波信噪比。

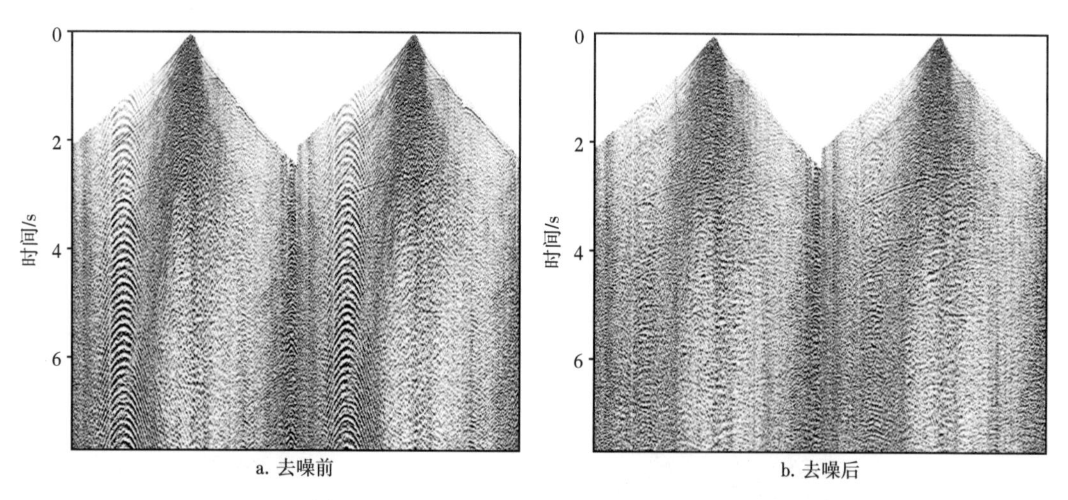

图 3-2-12　干涉测量压制散射干扰前后对比

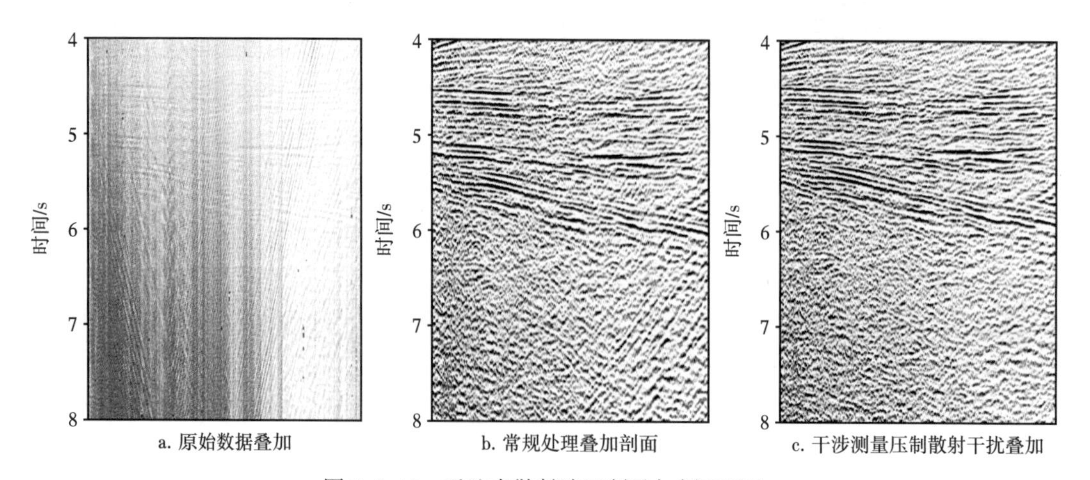

图 3-2-13　近地表散射波压制叠加剖面对比

2）多域组合散射干扰压制

散射干扰噪声在不同域中表现为不同的特征。一般情况下，近源排列上呈现较好的线性特征，而在远离散射源的排列上表现为类双曲线特征，这种特征与有效反射信号较为接近，采用线性噪声压制方法往往很难将其有效去除。如图3-2-14所示，在炮域采取压制散射干扰后，道集中残余噪声仍然比较严重，且残余噪声往往已不再具备面波的频率和视速度特征，与有效波在频率、视速度方面难以区分，基本上无法进行有效去除。但其在共检波点道集仍然存在一定线性规律，且与有效反射差异较大。从图3-2-15可以看出，在共检波点域压制散射干扰后，道集中残余散射噪声基本得到消除，有效反射信号进一步清晰可辨。

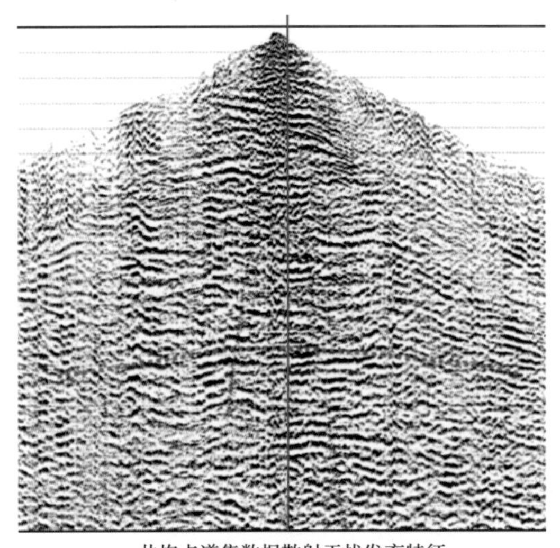

a. 共炮点道集数据散射干扰发育特征

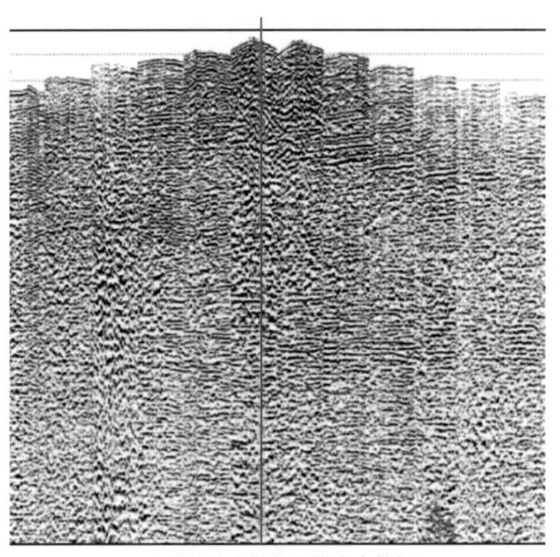

b. 共检波点散射干扰发育特征

图3-2-14　共炮点道集数据与共检波点道集散射干扰发育特征对比
（图中红色直线代表相应的共炮检点位置，红色虚线代表有效反射）

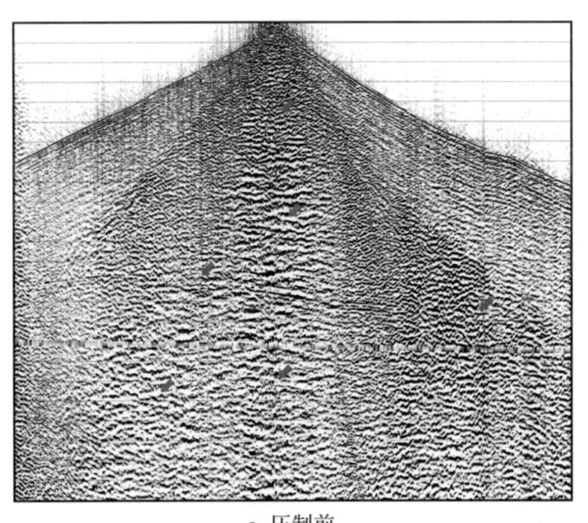

a. 压制前

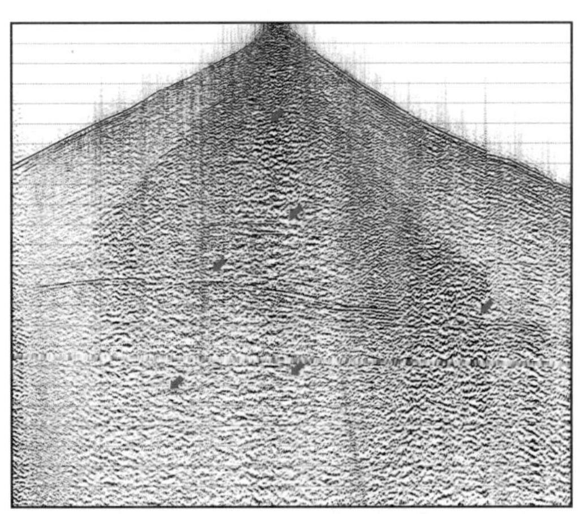

b. 压制后

图3-2-15　共检波点域压制散射干扰前后共炮点道集对比

三、双复杂探区叠前保真去噪技术应用策略

中国西部复杂山地受地表条件的影响，干扰波十分发育、类型多样，造成地震资料信噪较低。因不同类型的噪声特征、性质不同，影响有效波的程度不同，要压制地震记录上的这些干扰噪声，使用一种方法或一个模块是不可能实现的，而是要使用多种方法、多个模块组合，形成针对性的处理流程。

双复杂探区噪声特征和信号特征千变万化，炮集、共中心点道集、共炮检距道集等不同域信号和噪声特征可以完全不同，因此，需要深化研究规则干扰波特征，充分利用其综合特征信息，依据地震波运动学和动力学原理，按照“先强后弱、先规律后随机”的次序和“六分法”（分区、分级、分域、分频、分向和分时）去噪的思路，针对性开展干扰波衰减与压制技术策略研究。在压制干扰提高信噪比的同时保持有效波相关特征不受伤害是本书的主要思想和压噪策略。

在去噪方法选择和处理流程制定时，必须要根据去噪算法应用前提条件，以及噪声的强度和空间分布特征科学地选择处理方法。根据干扰波的特性，采取不同而有效的方法分步、组合去噪，最大限度地压制干扰，而使有效反射和绕射波不受损失或损失极小，这是双复杂探区叠前去噪的关键之所在。根据多年来在复杂山地叠前去噪技术应用探索与实践，依据商业和自主研发的多套地震处理系统，摸索出如图 3-2-16 所示叠前去噪基本流程。其中主要的去噪技术策略如下。

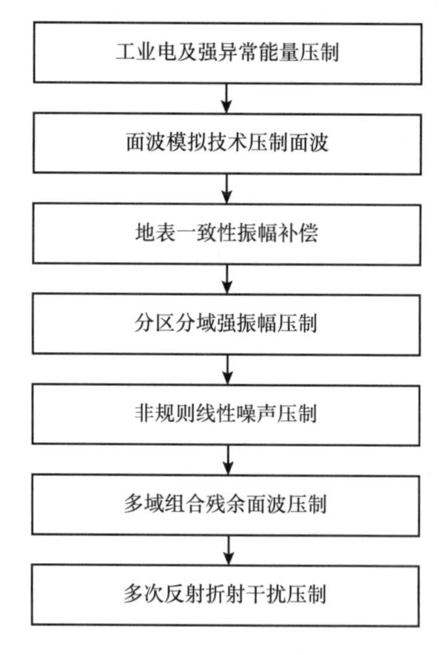

图 3-2-16　复杂山地叠前噪声压制基本流程

1. 振幅补偿与叠前噪声压制迭代处理

地震波在传播过程中，波前扩散等因素会造成能量的损失，激发时炮间采集条件的不同也会造成能量的差异，从而影响叠前噪声的有效识别。在叠前地震噪声压制前，首先采用地表一致性振幅补偿技术解决能量的差异，然后进行噪声的识别与压制，确保有效信号不受伤害（图 3-2-17）。

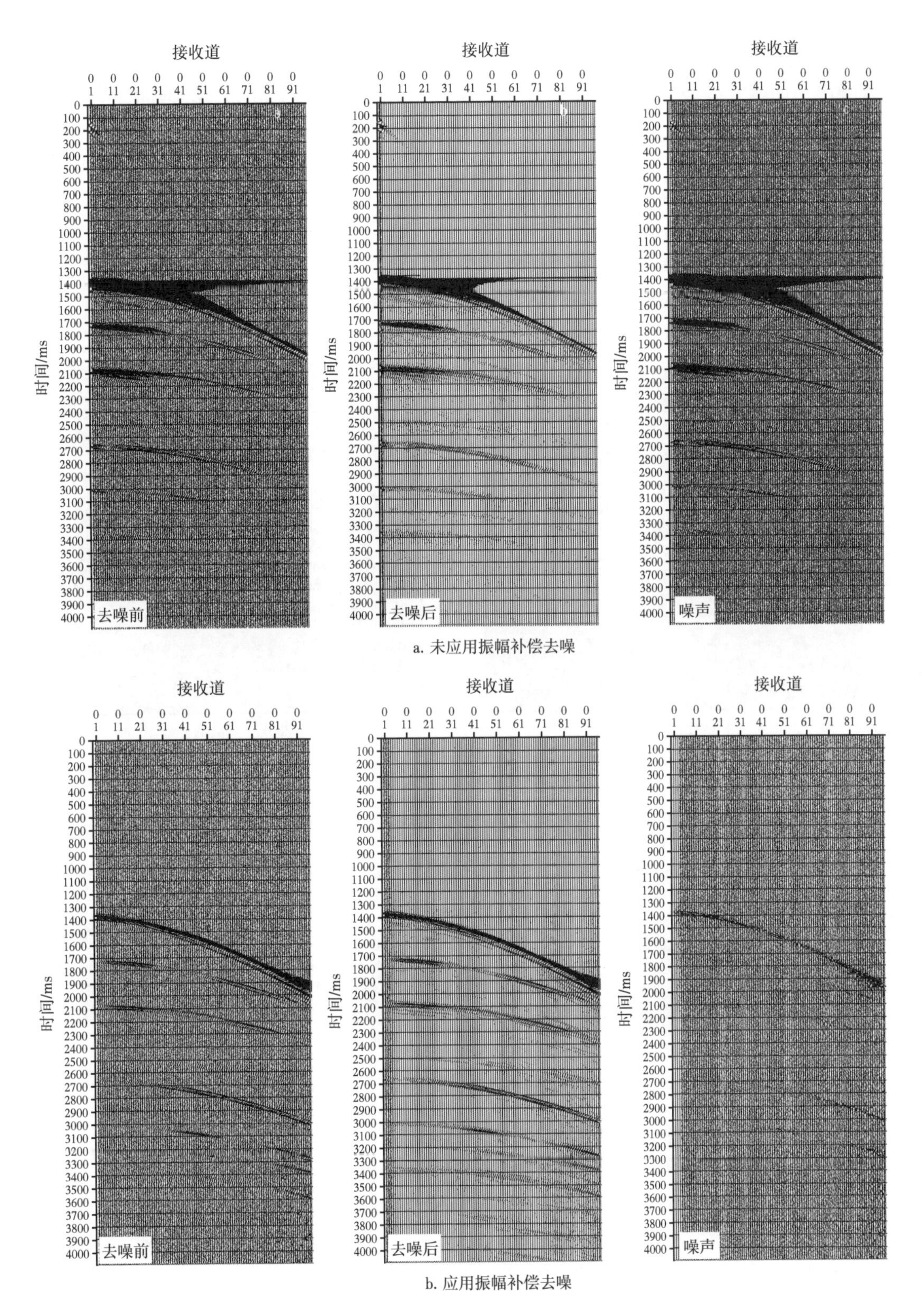

a. 未应用振幅补偿去噪

b. 应用振幅补偿去噪

图 3-2-17　应用振幅补偿前后噪声压制效果对比

2. 基于面波模拟与减去的面波干扰压制方法

面波及其散射干扰是山地主要发育噪声，常规 F-K 类方法在去噪后出现很多蚯蚓状残余噪声，而基于面波模拟及自适应相减去噪技术，能在准确拾取面波频散曲线的基础上模拟面波及散射干扰波，可以避免空间采样不足带来的假频问题，且能够相对准确地模拟不规则散射面波。面波模拟的关键参数：(1)频散曲线拾取密度需按照近地表结构的空间变化规律选取合适的频散曲线拾取密度；(2)模拟噪声包括规则面波及散射面波；(3)迭代去除多阶面波。实际处理中计算频散谱前需对数据进行预处理，提升面波频散曲线分辨率和拾取精度(图 3-2-18)，改善面波模拟预测和去噪效果。如图 3-2-19 所示，与 F-K 方法相比，散射面波模拟去噪能在有效去除面波噪声的同时不损害有效信号。

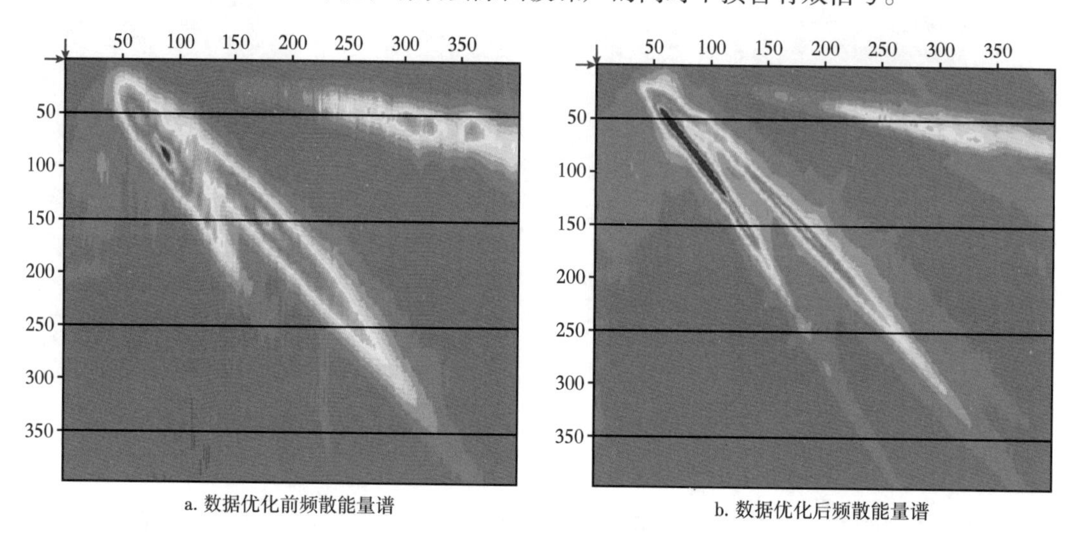

a. 数据优化前频散能量谱　　b. 数据优化后频散能量谱

图 3-2-18　数据优化前后频散能量谱对比

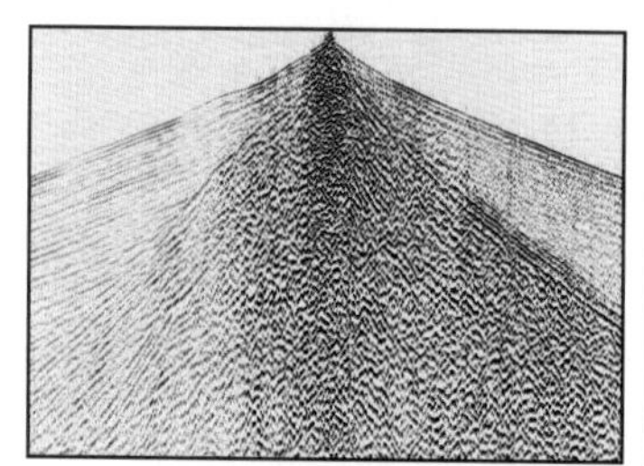

a. 去噪前单炮

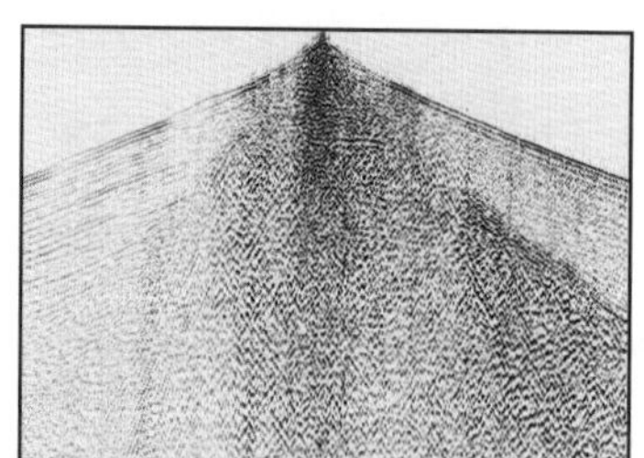

b. 基于面波模拟去噪后单炮

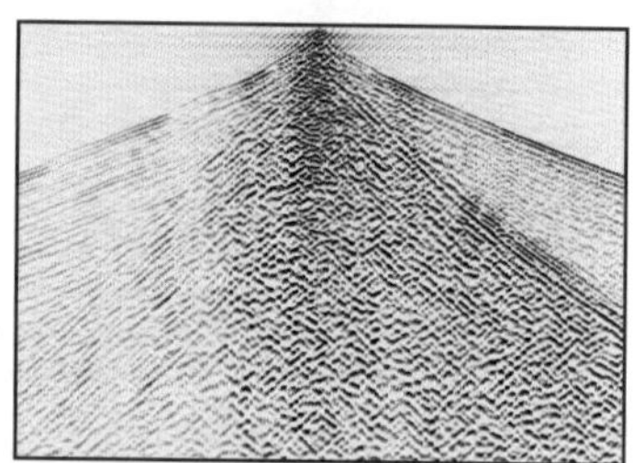

c. 基于F-K法去噪后单炮

图 3-2-19　散射面波模拟去噪与 F-K 方法去噪后单炮对比

3. 分区、分域异常能量干扰压制

在复杂地表地震资料采集时，强能量干扰在不同数据域中的相对能量关系存在一定差异。叠前去噪过程中需具体地分析噪声在不同域中与有效波之间的差异特征，在具有最大能量差异的数据域内进行处理，才能实现信噪的有效分离。如外源强能量干扰，不同数据域空间表现关系差异不同，在炮域不同接收排列之间能量关系特征基本一致；但在十字排列域，因外源干扰相对位置变化，外源异常能量干扰在十字排列内炮点方向往往存在一定的随机性，因此在十字排列域压制效果更为理想(图 3-2-20)。为了有效消除异常能量影

响，需要在分时、分频的基础上划分不同的区域范围和数据域，并根据空间分布特征差异设计不同的参数进行异常能量压制，才能获得最佳的异常噪声压制效果（图 3-2-21）。

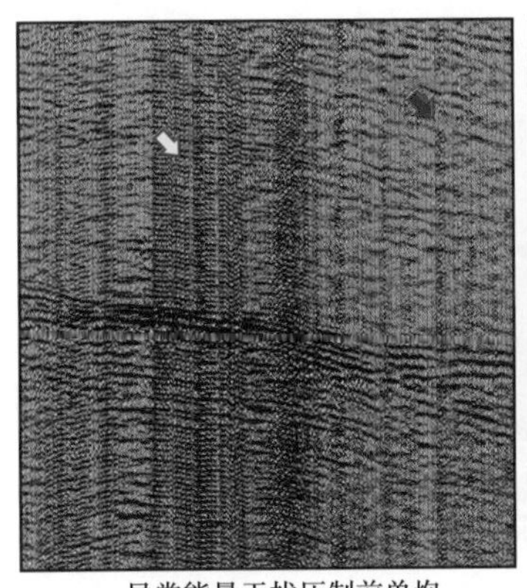
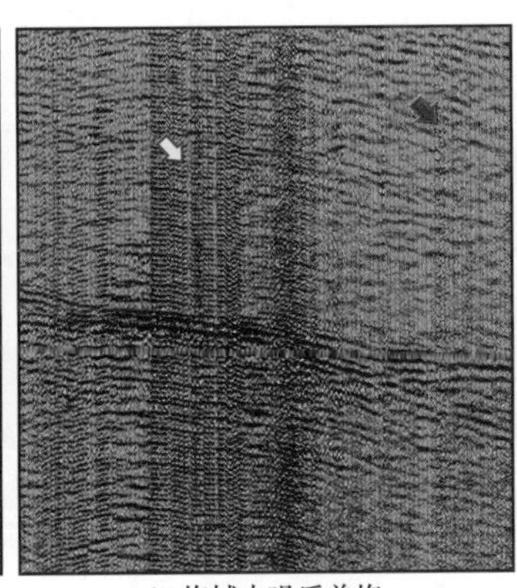
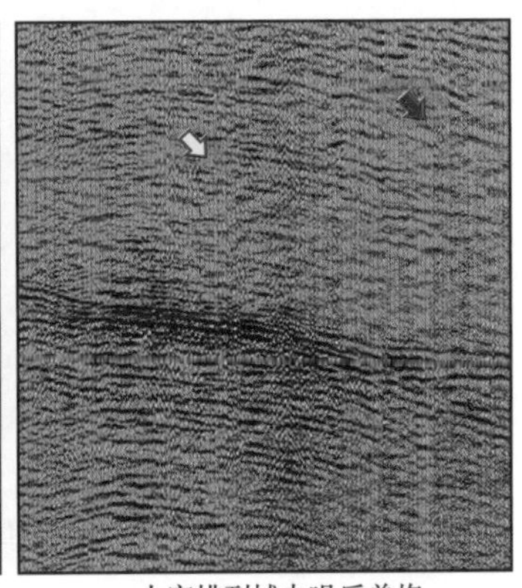
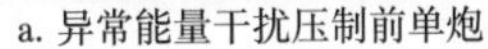

a. 异常能量干扰压制前单炮　　b. 炮域去噪后单炮　　c. 十字排列域去噪后单炮

图 3-2-20　分区域进行异常能量干扰压制

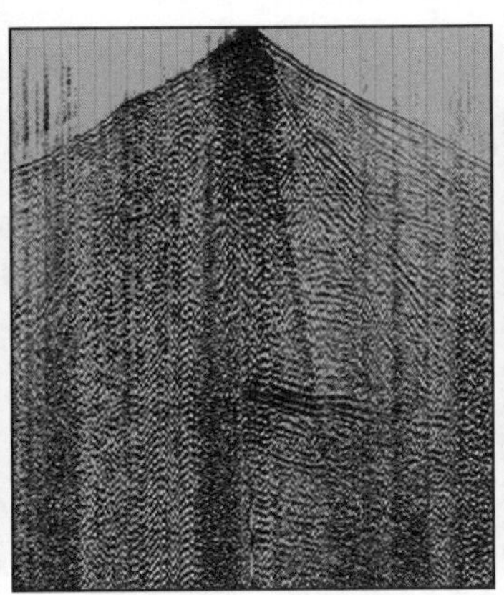

a. 异常能量干扰压制前　　b. 异常能量干扰压制后　　c. 去除的噪声

图 3-2-21　分区、分频、分域异常能量干扰压制效果

4. 十字排列域非规则采样线性干扰压制

在复杂地表地质条件下的地震勘探资料采集施工中，由于存在障碍物、禁采区，以及采集的经济成本等因素，使得地震数据在空间方向通常不规则或稀疏分布，观测系统不同方位上的各个参数（如炮检距、覆盖次数、方位角间距等）分布不规则，对后续的地震数据干扰波压制尤其是规则干扰压制产生严重影响。如图 3-2-22 所示，具有相同视速度的一组相干噪声在等间隔规则采样情况下呈线性分布，在不等间隔非规则采样情况下则表现为非线性分布规律。通常基于 F-K_x-K_y 或其他数学变换类相干噪声压制方法均假设地震数据在时空域为等间隔采样且需满足采样定理要求，数据不存在空间假频现象。因此，针对双复杂区相干噪声压制，需选择采用坐标驱动的适应非规则采样的线性噪声压制方法。在相干噪声压制过程中最好在十字排列域进行，十字排列域相干噪声三维空间表现为良好的椎体特征，并根据不同视速度在窗内对线性噪声进行分级压制，既最大限度地压制了线性噪声，又很好地保护了有效地震信号（图 3-2-23）。

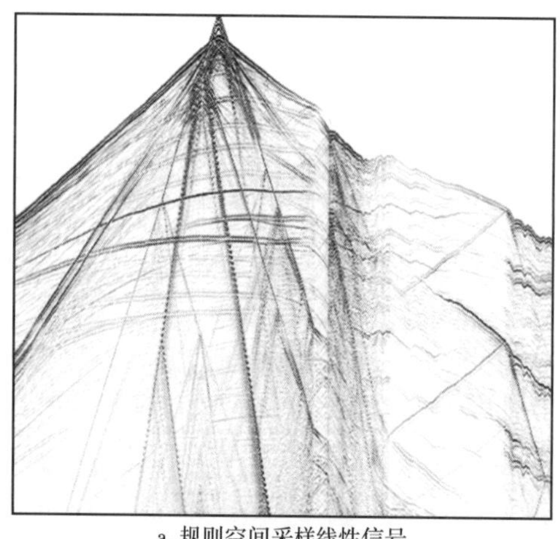

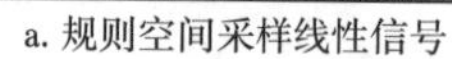

a. 规则空间采样线性信号

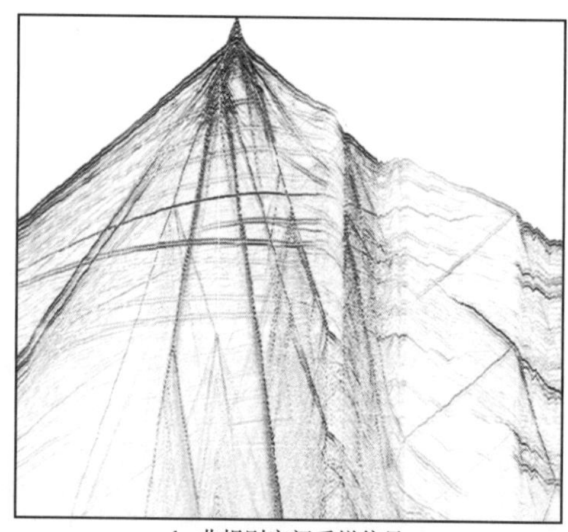

b. 非规则空间采样信号

图 3-2-22 规则采样与不规则采样线性噪声特征对比

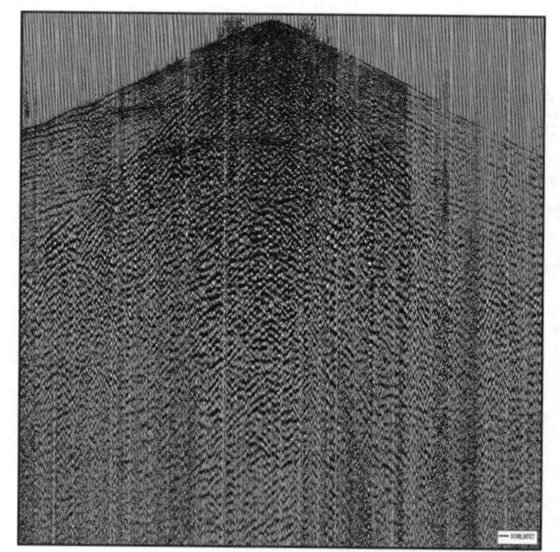

a. 线性干扰压制前

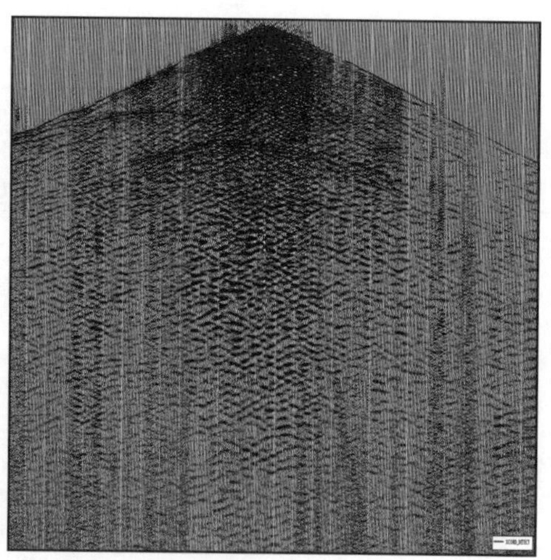

b. 规则采样去除线性干扰

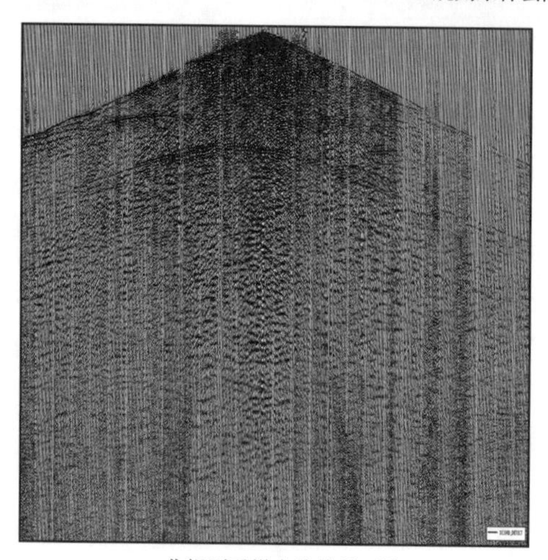

c. 非规则采样去除线性干扰

图 3-2-23 十字排列域非规则采样线性干扰压制效果

5. 浅层黑三角区残余散射干扰压制

在复杂地表区进行地震数据采集时，由于近炮点区域内地形及表层的横向变化，往往在近炮点附近排列内干扰噪声强、散射波发育，从而形成炮集记录上的所谓“黑三角”。为了消除“黑三角”噪声对浅层有效反射信号的影响，需要开展针对性多域组合以及基于信号保护的浅层三角带残余散射压制。在去除面波和线性干扰后针对浅层弱信号反射区，在信号保护的基础上实现噪声的有效压制（图 3-2-24）。如图 3-2-25 所示分别为散射噪声压制前后共中心点道集，从散射噪声压制前后对比可以看出，大部分散射干扰均得到有效压制。如图 3-2-26 所示为去噪前后叠加剖面对比，通过多域组合压制残余噪声后资料信噪比得到显著提升，尤其是深层弱信号的信噪比得到明显增强。

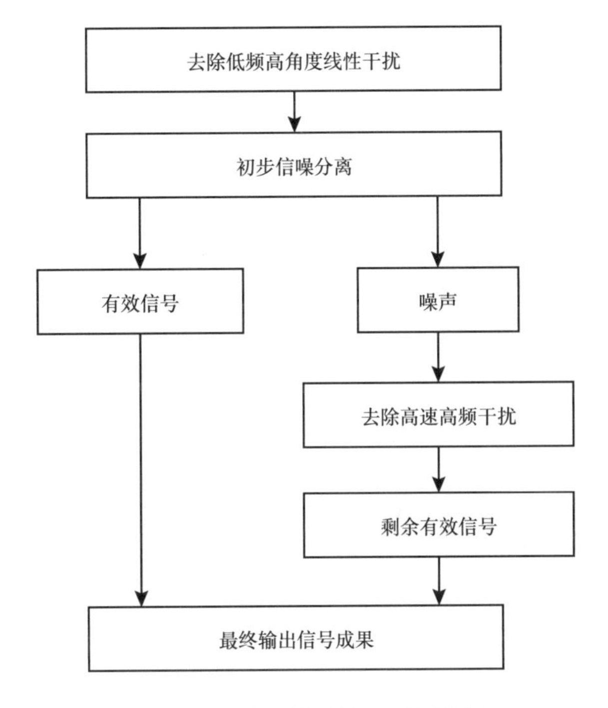

图 3-2-24　组合压制残余干扰流程

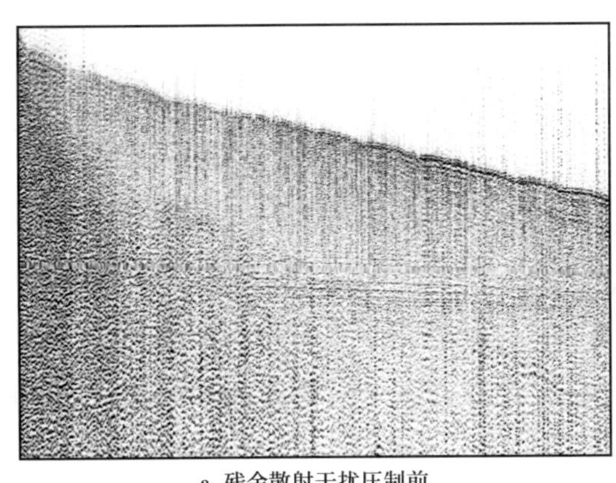

a. 残余散射干扰压制前

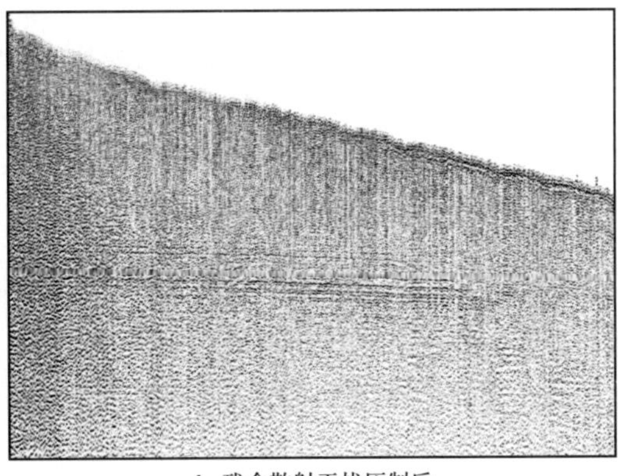

b. 残余散射干扰压制后

图 3-2-25　共中心点道集压制残余散射干扰对比

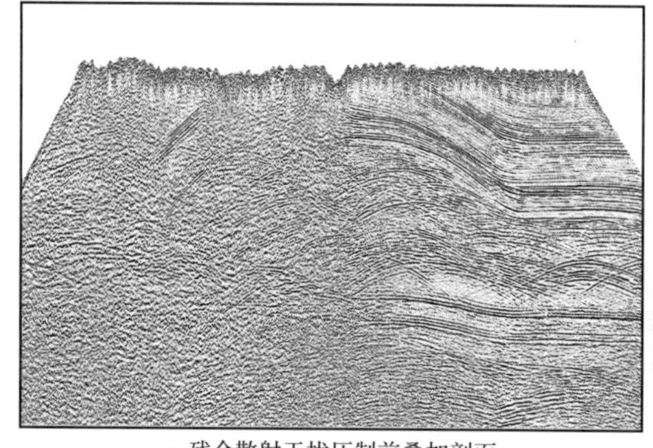

a. 残余散射干扰压制前叠加剖面

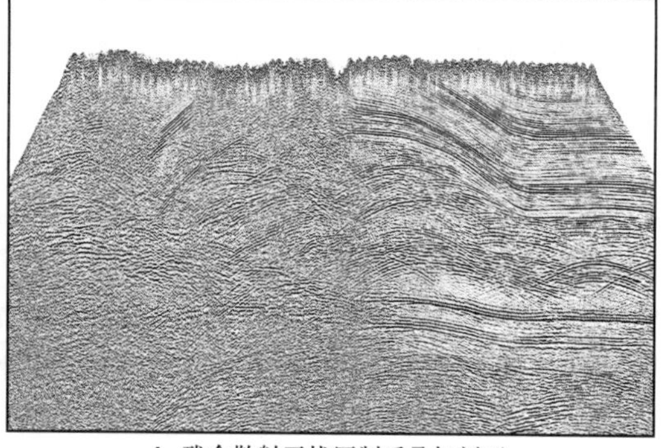

b. 残余散射干扰压制后叠加剖面

图 3-2-26　残余散射干扰压制前后叠加剖面对比

复杂山地由于受地表条件的影响，资料信噪比较低，各种类型噪声十分发育，如何在预处理中尽可能地压制噪声，保护有效信号，保持相对振幅稳定，是预处理工作的核心。双复杂区地震记录中的噪声是多种多样的，除了一般的规则干扰外，往往还有多种地表相关散射噪声，不同类型的噪声其特征、性质不同，影响有效波的程度不同，对其压制的方法及参数选取决定成果剖面的质量。通过上述多种方法、多个模块组合，依据干扰波的发育特征差异，形成针对性的处理流程，最大限度地压制干扰，而使有效波不损失，或损失得很小，为后续真地表成像处理提供高质量的数据（图 3-2-27）。

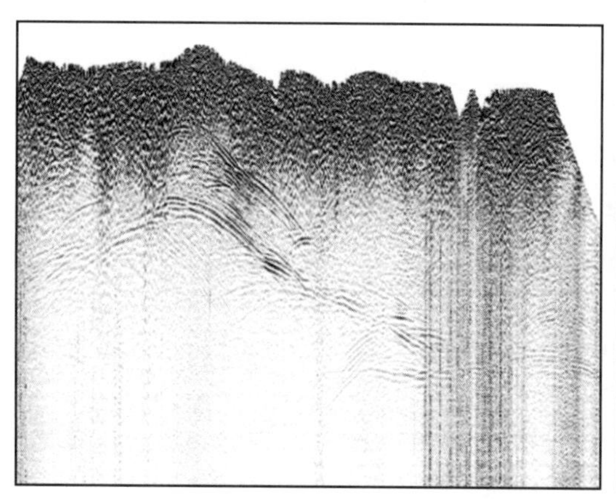

a. 噪声压制前叠加剖面

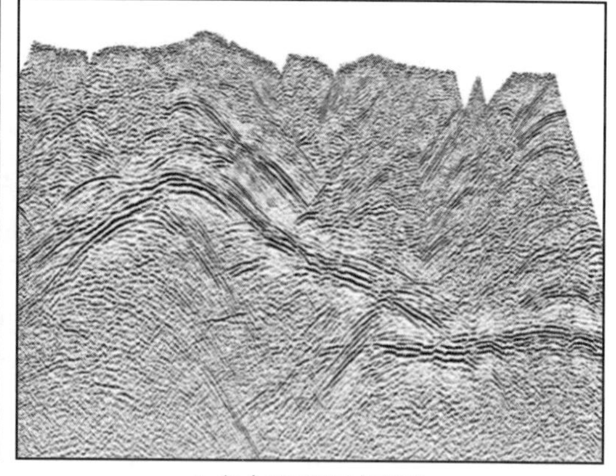

b. 组合压噪后叠加剖面

图 3-2-27　组合干扰压制前后叠加剖面对比

第三节　真地表叠前波场保真处理关键技术

常规地震资料处理通常采用静校正技术手段，消除高程、风化层厚度和近地表速度横向变化对叠加产生的影响，把数据校正到一个指定的基准面上，使时距曲线满足动校正的双曲线时距方程假设。但此时，静校正基于两个假设：地表一致性和时间不变性。地表一致性假设认为低降速带速度远低于下伏岩层速度，反射波在近地表近似沿着垂直路径传播，射线在低降速带内的传播路径与炮检点距离无关，只和炮检点位置有关。在复杂地表区高速层出露，部分地段低速带横向缺失，而部分地段存在不同厚度砾石层或黄土层堆积，地表一致性假设难以满足。时间一致性假设认为每一个地震道记录，每一时刻的校正量是相同的，不随时间改变，而实际上，静校正时间一致性假设破坏了地震波场走时特征，导致后续地震偏移成像难以归位。

虽然静校正存在诸多问题，但是静校正对于地表复杂区地震资料处理仍具有重要意义。一是静校正是准确识别和压制地震噪声的前提条件，不进行静校正处理难以提高地震资料的信噪比；二是水平叠加仍是地震资料处理的必要步骤，静校正技术为水平叠加成像和衰减随机噪声等奠定了基础；三是在无法获取较高精度表层速度模型时，静校正技术能在一定程度上解决表层问题；四是一些剩余静校正方法对于改善叠加和成像聚焦性具有显著作用。因此，静校正处理环节十分重要，但在提高信噪比任务完成后，其历史使命基本完成。

叠前深度偏移是解决复杂区成像问题的根本方法。深度偏移采用射线追踪或波动方程传播方式，并按照地震波真实传播规律实现地表采集的反射信号在地下准确成像。这就要求用于地震成像的波场必须保真，其中最重要的是不能破坏地震波的走时特征。如果地震波走时特征被破坏，反射波将不能实现完全归位。而传统的静校正技术破坏了地震波走时特征，不利于后续深度偏移，需要在叠前去噪处理后消除前期使用的所有静校正量，重新构建基于真地表的成像起始面。

本节重点介绍如何不通过传统静校正方法重新构建真地表成像起始面，将数据校正到这个真地表成像起始面上，并且从这个起始面开始进行深度速度建模和偏移，做到叠前数据、速度模型与偏移起始面的统一，实现从真地表出发的全深度成像处理。

一、真地表成像起始面构建方法

速度建模和偏移起始面的构建是真地表成像的基础。在理论模型中，基于真实速度和真实地形进行偏移，能够得到最佳的成像结果。实际工作中由于无法得到精确的速度模型，并且当地形存在较大抖动时，目前常用的克希霍夫叠前深度偏移算法走时表插值存在困难。通常会对网格化的地形进行最小尺度的平滑作为偏移起始面，将炮检点都校正到最小平滑的偏移起始面上。下面介绍真地表成像起始面构建原则和几种真地表成像起始面构建方法。

1. 真地表成像起始面构建基本原则

在第二章中简要介绍了时间域和深度域处理涉及的几个基准面，分析了时间域水平叠加和真地表叠前深度偏移处理对地表相关平滑面的要求差异。野外测量高程是炮检点真实的物理位置，以散点形式存在，偏移起始面是一个规则数据，规定了每个面元的起始高程位置，当偏移起始面确定后，无论选择何种偏移方法，所需要的炮检点高程信息均可以从偏移起始面获得。实际工作中需要先对散点进行网格化处理，再进一步构建成像起始面。真地表成像起始面构建的基本原则有三点：（1）偏移起始面高程和野外测量高程尽可能贴近；（2）在构建真地表成像起始面时，不要破坏波场的走时特征；（3）偏移前数据、速度模型和成像起始面三者要匹配。

首先，讨论为什么偏移起始面高程和野外高程尽可能贴近，而不是完全一致。主要基于三点原因：（1）目前的野外测量还没有采集到地表每个点的高程，炮检点高程通常都是不规则散点形式，需要通过插值方法构建出规则偏移起始面，由于常用插值算法都假设插值函数存在导数或者利用数据局部统计特性，不可避免地会对实测高程进行一定程度平滑。(2)偏移前数据、速度模型和成像起始面的统一，在本质上是要求目前的速度建模方法构建的速度模型能描述偏移前数据中不同炮检距的地震波走时，偏移成像算法要能在速度建模的速度场中正确地模拟偏移前数据中不同炮检距的地震波走时。近地表建模的精度制约我们实现真地表偏移，可能会引入走时差。(3)如果地形过于抖动，本质上也是速度场中存在了小尺度的快速变化。因此，需要引入高程平滑，把不能控制的高程跃变引起的时差通过基于高程小平滑对应的走时校正加以消除。总之，规则网格上的真地表高程控制不住、近地表速度模型建不准、崎岖地表变化(它是一种不能精确描述的速度跃变)，导致实际处理中不能在绝对地表上实现偏移前数据、速度模型和成像起始面的统一，现阶段只能在一个高程小平滑面上实现偏移前数据、速度模型和成像起始面的统一。若能实现米级高程(激光雷达)真地表测量，可不进行高程小平滑，实现完全真地表起始面偏移。

其次，要强调的是在构建真地表偏移起始面时，不能够破坏波场的走时特征。目前处理流程中破坏波场走时特征的主要处理环节是静校正。如果把地表高程做大尺度平滑建立偏移起始面，在地形起伏剧烈或者近地表速度横向变化剧烈地区势必引入大的静校正量，从而破坏波场的走时特征，导致叠前深度偏移成像质量下降。

再次，要特别注意偏移前数据、速度模型和成像起始面三者要完全匹配，构建偏移起始面后，需要将叠前道集数据和速度模型转换到偏移起始面上，三者中有一个不匹配均可能导致叠前深度偏移失败。可以想象，高程平滑面越小，引入的高波数静校正量越小，对原叠前数据中的走时保真性越好，越有利于偏移前数据、速度模型和成像起始面的统一。

以塔里木库车秋里塔格刀片山三维实际数据为例，对比常规均值移动平滑方法在不同参数下构建的偏移起始面与真实地形差异。该地区面元网格参数为10m×30m，如图3-3-1和图3-3-2所示分别为不同平滑直径构建的偏移起始面与真实地形关系的平面显示和剖面显示，从中可以看出，当平滑直径参数为300m时，偏移起始面保留了原始地表的大部分地形特征，仅仅消除了由于野外高程中个别地形变化剧烈地方，这个起始面有利于实现真地表全深度速度建模和偏移；当平滑直径为3000m时，基本能够保持山峰主体形态，但是地形细节无法体现；当平滑直径参数为6000m时，偏移起始面整体比较平滑，更符合时间域速度分析和叠加成像的要求，这样的偏移起始面无法满足真地表成像要求。从图3-3-1和图3-3-2中可以看出，即使采用小的平滑参数，在地形起伏剧烈的地方仍然存在较大差异，与尽可能贴合野外测量高程原则相违背，针对该问题，下面将给出一种加权最小二乘平滑方法加以解决。

2. 基于真实高程数据构建偏移起始面的方法

在早期的起伏地表叠前深度偏移处理实践中，通常采用基准面静校正量平滑构建偏移起始面，这种方法通过将静校正量进行分解，用替换速度将低频分量转换到深度域，得到最终深度域偏移起始面。有了偏移起始面，叠前数据也要校正到相应的偏移起始面上，对基于静校正量构建偏移起始面方法，数据校正相对容易，在叠前道集上直接应用校正量分解得到的高频分量即可。前文已经提到该面是一个包含了地形起伏和近地表低速带共同影响的时间面，应用替换速度将其转换到深度域与实际地表高程相差较大。该浮动面将复杂近地表模型

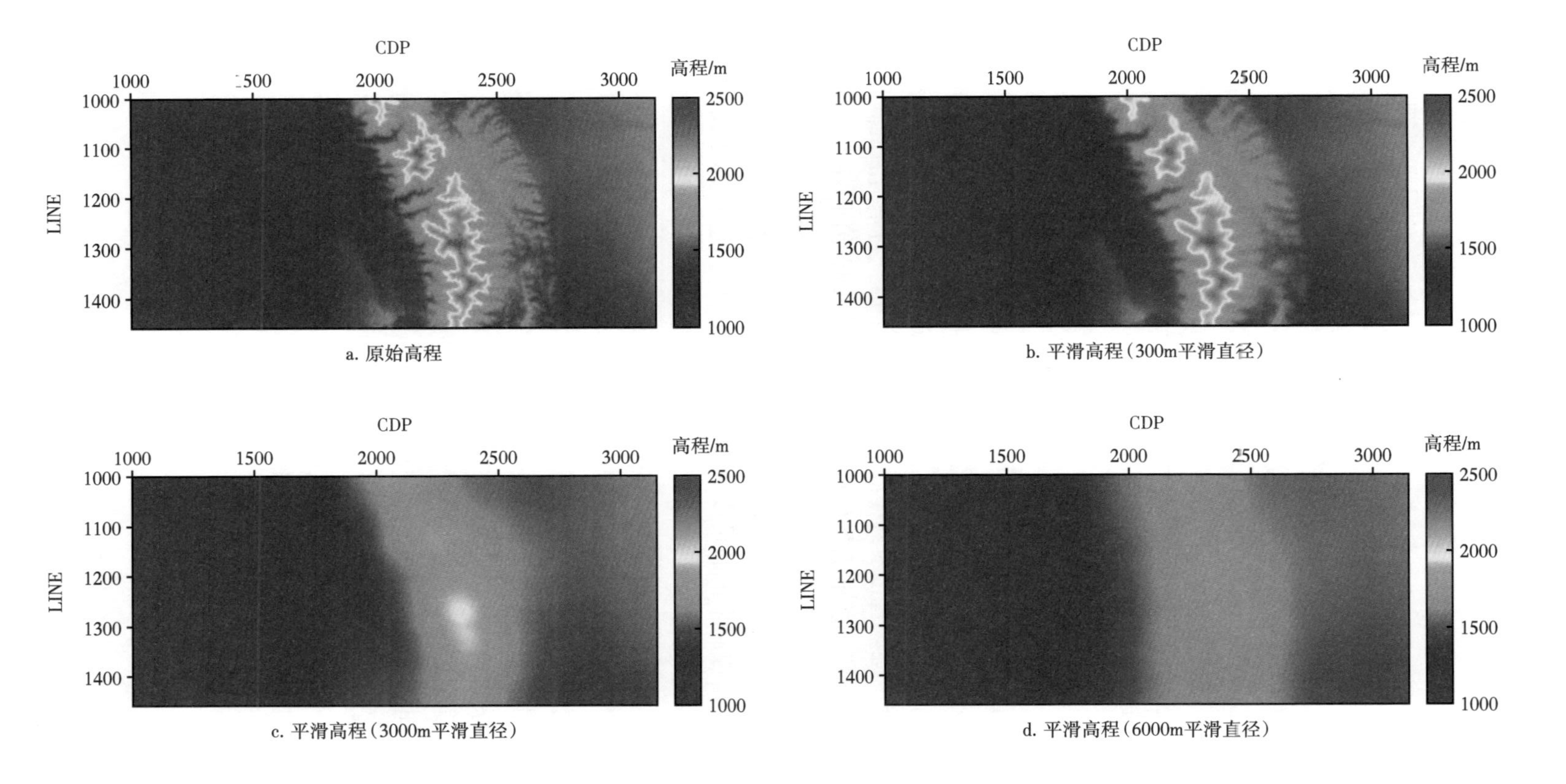

图 3-3-1　秋里塔格实际数据不同平滑参数高程平滑试验

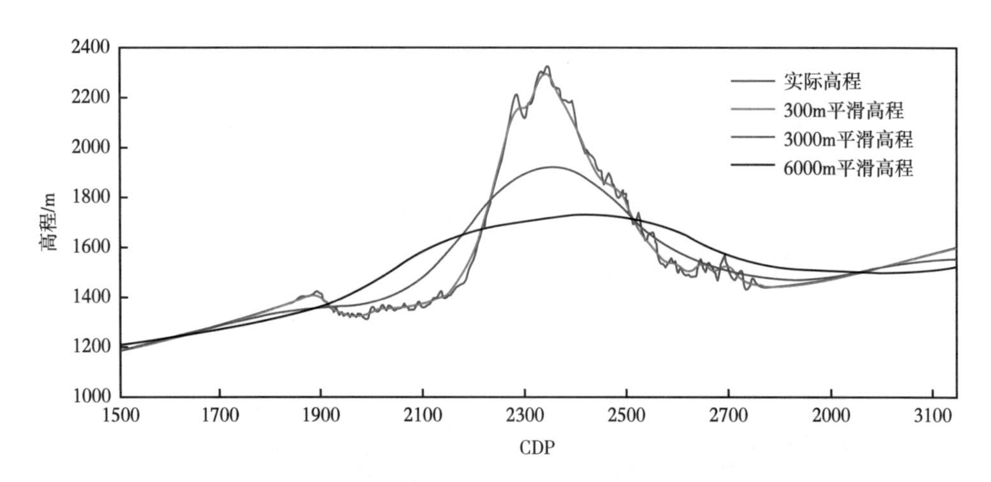

图 3-3-2　沿 Line1300 主测线的不同平滑参数高程对比

用均匀介质模型进行替换，因此应用高频量将叠前道集校正到偏移起始面时，基本消除了近地表速度模型的变化，可以满足时间域速度分析和成像需求。在深度域成像中浮动面变化趋势与实际地表高程差异往往较大，从而破坏波场运动学特征，影响偏移效果。

深度域成像处理中应该直接对共中心点高程面做平滑，将平滑后的高程作为速度建模与偏移起始面，相比于基于基准面静校正量分解构建偏移起始面方法，这种做法构建的偏移起始面仅与地形相关，与表层速度变化无关，具有相对明确的物理意义。

笔者团队经过多年研究认为，可以对原始高程面直接进行小尺度平滑生成真地表偏移起始面，该方法关键是控制平滑满足成像需求，以及如何实现数据从原始高程校正到偏移起始面。这样做的物理本质就是：要求以目前的速度建模方法构建的速度模型，要能描述偏移前数据中不同炮检距的地震波走时，偏移成像算法要能在速度建模的速度场中正确地模拟偏移前数据中不同炮检距的地震波走时。因为目前的速度建模方法只能构建光滑的地表速度模型，因此必须引入高程小平滑基准面，用高波数静校正消除掉光滑速度模型（包括高程面也是被光滑过的）不能描述的剩余走时。实质上，即便这样做，共成像点道集中还会有剩余时差（深度差）导致成像道集拉不平，其中剩余时差（深度差）用来更新背景速度，最后可能需要在共成像点道集中再做一次高波数剩余静校正。

实际应用中，可以从反问题角度实现高程面平滑，反问题求解时可以加入多种约束条件，能够方便地对平滑效果进行控制，得到适合成像的偏移起始面。

假设向量 $\boldsymbol{y}=(y_1, y_2, \cdots, y_k)^{\mathrm{T}}$ 代表真实地表面，向量 $\boldsymbol{x}=(x_1, x_2, \cdots, x_k)^{\mathrm{T}}$ 代表小平滑偏移起始面。由如下的约束优化问题求解偏移起始面：

$$\mathrm{J}(\boldsymbol{x})=\boldsymbol{w}_{K\times K}(\boldsymbol{y}-\boldsymbol{x})^{\mathrm{T}}(\boldsymbol{y}-\boldsymbol{x})+\lambda\|\boldsymbol{D}\boldsymbol{x}\|^2 \tag{3-3-1}$$

式中　$\boldsymbol{w}_{K\times K}$——对角加权矩阵，其元素由最大高波数（或短波长）静校正量和近地表速度决定；

λ——阻尼因子，控制地形平滑程度；

D——一阶或二阶差分算子。

$\boldsymbol{v}_x=(v_1, v_2, \cdots, v_K)$代表近地表上每个点的速度：

$$\Delta T \cdot \boldsymbol{v}_x=(z_1, z_2, \cdots, z_K) \tag{3-3-2}$$

式中　ΔT——最大高波数（或短波长）静校正量。

$$\boldsymbol{w}=\operatorname{diag}\left(\frac{1}{z_1}, \frac{1}{z_2}, \cdots, \frac{1}{z_K}\right) \tag{3-3-3}$$

引入 $\boldsymbol{w}_{K\times K}$ 的目的是惩罚过于偏离真实地表面的平滑点。

求解上述问题，即可得到合理的平滑面。根据前面阐述，消除高波数（或短波长）静校正量 ΔT 的目的是为了匹配当前的速度建模方法和偏移方法。以地震子波主瓣（对应第一菲涅尔带）的半宽度作为最大的高波数（或短波长）静校正量是一种较为合理的选择。如果平滑过程中不希望偏移起始面海拔高程大于实际高程，同样可以增加约束条件。

如图 3-3-3 所示为基于秋里塔格真实三维数据高程构建的深度域偏移起始面效果。图 3-3-3 中红色线是真实地形线，绿色线是应用阻尼最小二乘平滑方法构建的地表相关偏移起始面，蓝色线是阻尼加权最小二乘平滑方法构建的偏移起始面，增加权重后，偏离真实高程较远的点得到修正。

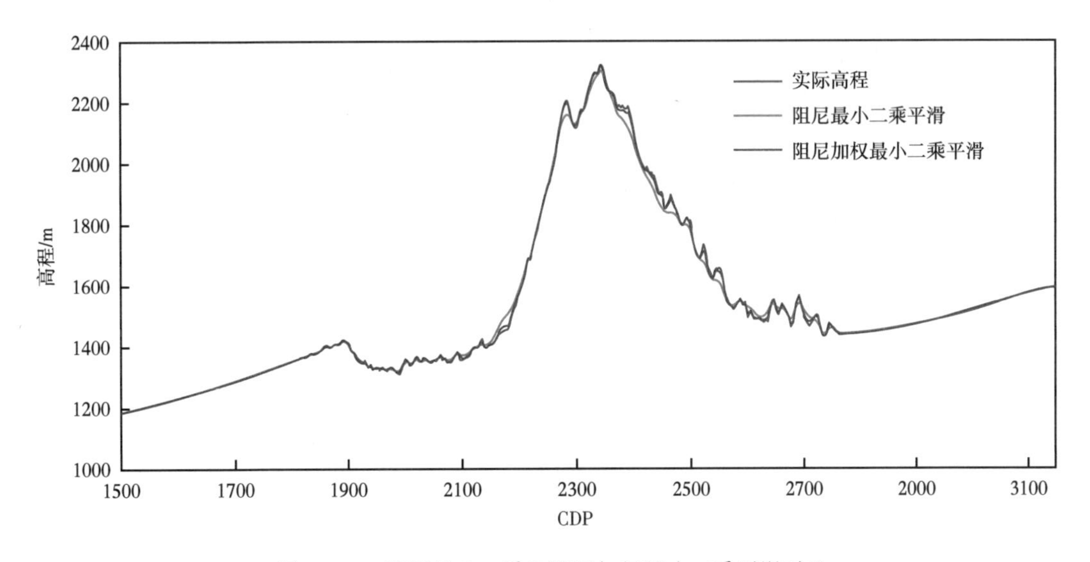

图 3-3-3　阻尼最小二乘和阻尼加权最小二乘平滑对比

如图 3-3-4 所示进一步给出我国西部复杂山地基于不同偏移起始面的叠前深度偏移效果对比。从图中给出的真实地形和两种真地表成像起始面高程对比，不难发现，直接应用记录在数据道头中的时间域静校正低频量恢复得到的偏移起始面与实际地形差异大，甚至山体高点完全不同，导致起伏地表叠前深度偏移结果中的断裂形态和位置与实际钻井情况差异较大，相比较而言，从本书提出的方法构建的真地表成像起始面出发进行的起伏地表叠前深度偏移结果的断裂形态和位置与已钻井更吻合。应用时间域静校正构建偏移起始面仅适用于近地表速度变化不大的地区。

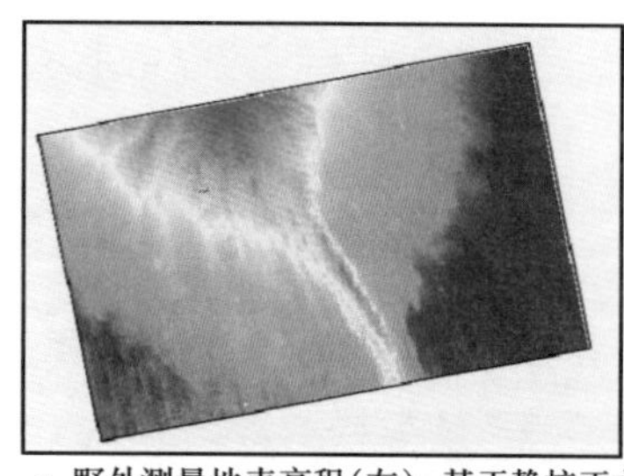

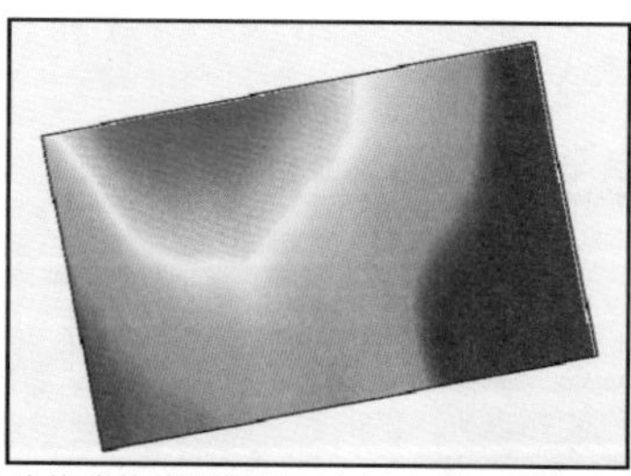

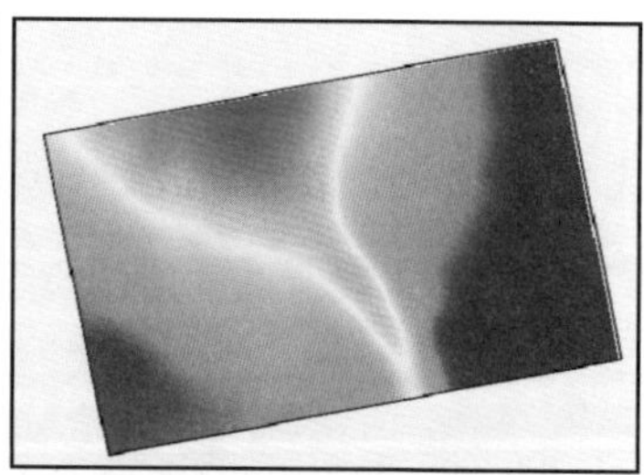

a. 野外测量地表高程（左）、基于静校正方法构建的偏移起始面（中）与基于实际高程构建的真地表偏移成像起始面（右）对比

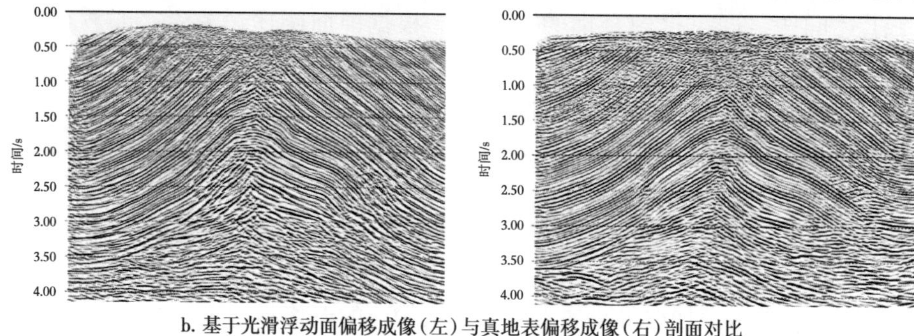

b. 基于光滑浮动面偏移成像（左）与真地表偏移成像（右）剖面对比

图 3-3-4　基于实际高程构建的真地表成像起始面与基准面静校正方法构建的偏移起始面对比

3. 基于激光雷达高程数据构建偏移起始面的方法

前面已经提出基于炮检点真实高程数据，网格化后生成共中心点网格点高程作为真地表偏移起始面的方法，该方法存在的主要问题是当地形起伏变化剧烈时，构建的偏移起始面与真实地表高程差异较大。主要原因是实际地震勘探观测系统中，检波线间距通常为百米以上，如果两条检波线中间存在较大地形起伏变化，比如中间跨越沟坎，通过炮检点高程网格化方法，无法精确恢复线间真实地表高程，进而影响近地表速度建模与深度偏移成像精度。

目前激光雷达测高技术已经比较成熟，在西部无植被区，平面测量网格可达到 1m×1m，高程测量精度达厘米级，高密度、高精度的激光雷达高程测量数据，对于构建真地表偏移起始面十分有利，能够精确恢复每个 CDP 网格点真实高程，提高近地表速度建模和深度偏移成像精度。图 3-3-5 对基于炮检点高程和激光雷达高程构建的偏移起始面进行了比较，偏移起始面网格为 10m×30m，图中可以看出，激光雷达数据构建的偏移起始面精度更高，炮检点高程网格化方法构建的偏移起始面不能刻画细节变化。图 3-3-6 对比了使用激光雷达高程数据前后近地表速度反演结果，如红圈内所示，使用激光雷达高程数据前，对于沟谷、山梁等剧烈变化区，炮检点高程测量点稀疏，不能精确恢复实际地表高程，导致低速带反演精度降低；使用激光雷达高程数据后，地表高程准确，低速带反演精度显著提升。

二、保持波场运动学特征的真地表表层校正方法

真地表叠前深度偏移需要偏移前数据和速度模型都是从真地表出发的高保真的地震数据和速度模型。但是在双复杂区地震资料真地表成像实现过程中仍然面临较大挑战，如何实现叠前数据的波场保真处理为关键技术环节之一。深度偏移按照地震波真实传播规律实

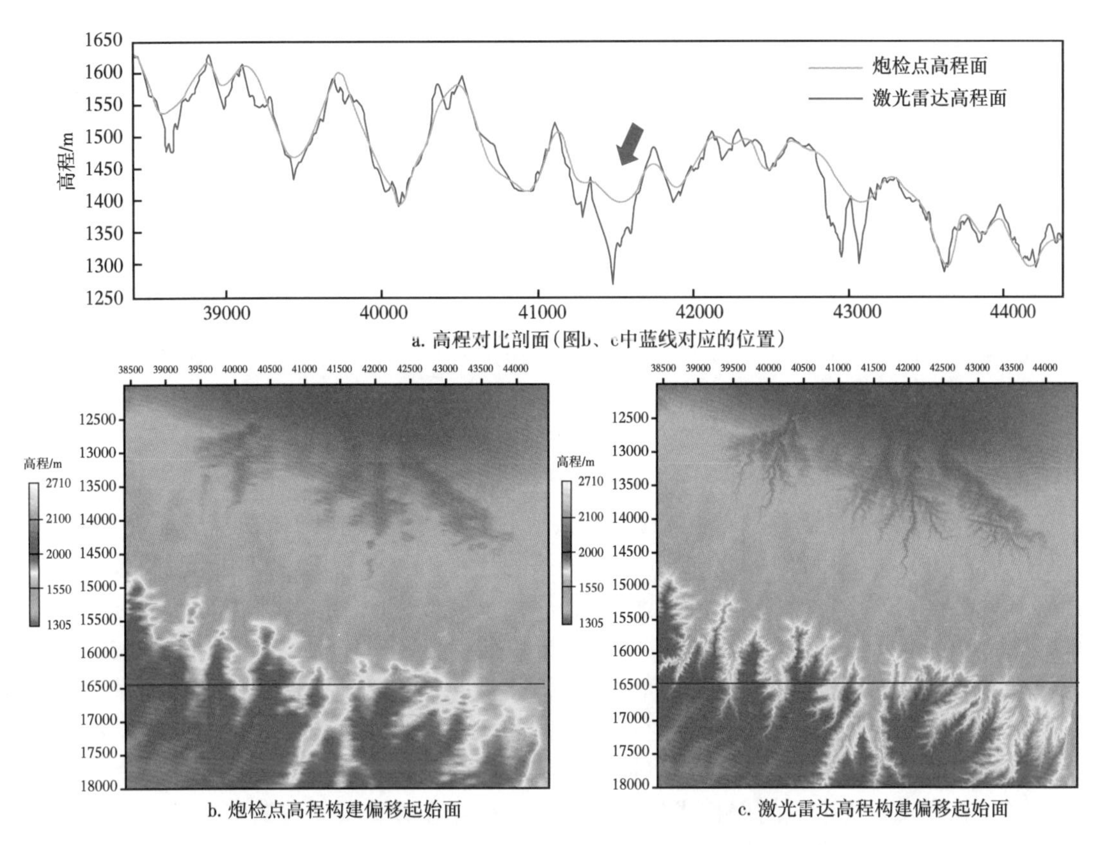

图 3-3-5　炮检点高程与激光雷达高程构建偏移起始面对比（10m×30m 面元）

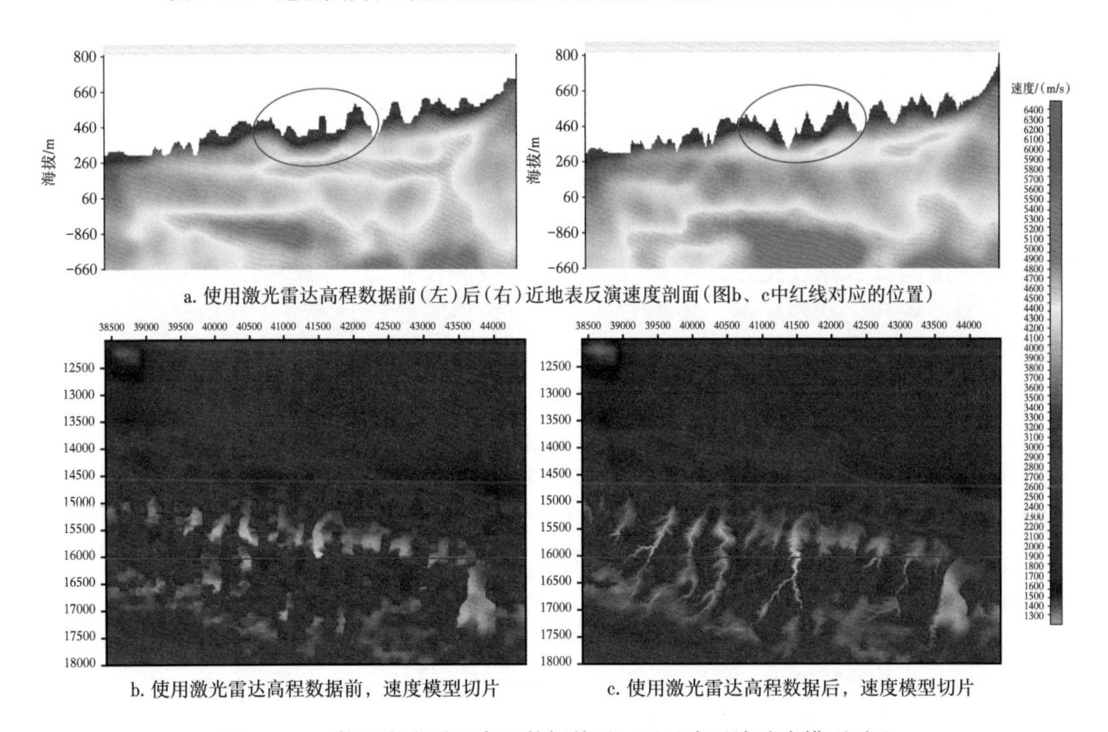

图 3-3-6　使用激光雷达高程数据前后，近地表反演速度模型对比

现地表采集的反射信号在地下准确成像，这就要求用于地震成像的波场必须保真，尤其是不能破坏地震波的走时特征，如果地震波走时特征被破坏，则会影响偏移归位的准确性和偏移结果的聚焦性。因此，如何构建真地表偏移面，实现偏移前地震道集数据保持波场传播运动学特征走时校正是真地表成像面临的关键技术难题。

在双复杂探区地震深度偏移业界常用“两步法”解决起伏地表偏移问题：首先确定一个平滑起伏面，并将观测数据校正到该起伏面上；然后在该起伏面上进行速度建模与偏移成像处理（刘定进，2016）。常用的起伏面确定及数据校正方法有三种：（1）直接对面向时间域叠加成像的基准面静校正量平滑处理，进行高低频分离，将高频量应用于地震数据，低频量采用替换速度转到深度域作为偏移起始面（郑鸿明，2009；林伯香等，2005；王胜春等，2018）；（2）采用基准面静校正处理方法在时间域解决地表高低变化及低降速带速度变化导致的地震波走时畸变问题，然后再选择一个合适的、一般是比较光滑的高程平滑面，将数据校正到该平滑面后再做偏移速度建模（王华忠等，2012；刘定进等，2016）；（3）采用平滑地表高程建立近似真实地表的小平滑面作为偏移基准面进行偏移，文献中通常将其称为近似真地表叠前深度偏移的技术。数据校正将应用于时间域成像的静校正量进行空间平滑，将其分为低频量和高频量部分，应用高程平滑低频部分作为偏移起始面，基准面校正量高频部分应用于地震数据（刘玉柱等，2012；郭磊，2020）。这三种方法均以常规时间域静校正处理为基础，其目的是消除地表高程、低降速带厚度及低降速带速度变化带来的道间时差对地震成像的影响。第一种方法是以时间域基准面静校正为基础的浮动面偏移方法，可以适用于简单地表条件。在近地表速度变化剧烈的我国西部山地，该方法生成的偏移成像面与实际高程存在较大误差，破坏了地震波走时相对关系，导致深度偏移成像归位不准确。第二种方法常采用实际高程小平滑浮动面偏移，将复杂近地表模型用均匀介质模型进行替换，偏移速度模型低速层、降速带用替换速度代替，应用高频量校正叠前道集到偏移起始面时，能减少对地震波运动学走时特征改造，但在地表地形起伏及速度变化剧烈条件下，仍然不能满足实际生产需求。第三种方法将基准面静校正量和地表高程分别平滑，取高程平滑低频分量作为深度偏移起始面，基准面静校正量平滑高频分量作为地震数据高频校正量，这只是一种人为假设近似，理论上无法证明应用该高频分量实现了地震数据从实际地表面到偏移成像面的准确校正。因此，以上三种深度偏移数据校正方法均是以常规时间域静校正处理为基础，在复杂山区地形和近地表速度场变化剧烈地区，该类方法容易破坏地震波走时特征，利用这样的数据进行深度域速度估计和成像时，从浅层开始就出现了偏差，从而导致中深层构造圈闭空间归位不准。

对于地形剧烈变化、近地表结构也更为复杂的地区，本节重点介绍通过高程平滑方法构建偏移起始面时，如何对叠前道集和速度模型进行处理。首先对近地表速度模型沿地形对地表速度进行向上外推，形成新的速度模型。其与传统速度模型相比，最大差异在于基准面和浮动面之间不再使用固定的替换速度填充，而是根据实际地表速度进行变速填充。采取近地表层析速度模型外推和填充，基本可实现速度模型与偏移起始面相匹配。由于地震数据位于真实地表，和偏移起始面并不匹配，同时采用初至层析反演得到的速度模型只包含近地表的宏观背景信息，不包含速度的高频细节成分，与数据中携带的速度信息也存在不匹配问题。针对存在的两个不匹配问题，可采用两种剩余时差校正技术进行处理，使

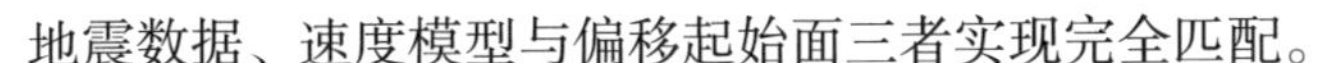

地震数据、速度模型与偏移起始面三者实现完全匹配。

1. 地形匹配剩余时差校正技术

众所周知，地震初至与地形之间存在一定相关性，起伏地表会造成初至波较大的扭曲。地形匹配剩余时差校正技术基于初至时间，综合利用初至中直达波、回折波和折射波，求取近地表速度信息，通过计算走时得到与地形影响有关的地表一致性剩余静校正量，能较好地解决地形抖动带来的高频静校正量问题。该方法无须追踪同一折射层和已知低速层、降速层的速度和厚度，基于初至时间利用统计学方法求取炮点和检波点的高频静校正量，从而消除掉原始地面和偏移起始面之间误差。图 3-3-7a 为原始野外单炮数据，受地形起伏影响，初至波同相轴存在抖动，如图 3-3-7b 所示为经过地形匹配剩余时差校正后的单炮数据，初至波高频抖动得到较好消除。

2. 模型匹配剩余时差校正技术

目前实际生产中主要采用初至走时射线层析方法建立近地表速度模型，由于初至层析反演建模方法只能建立背景速度场，速度场中的高频信息无法获取，导致叠前数据与速度模型不能完全匹配，该问题同样可采用地表一致性校正方法解决。具体做法是将初至走时反演最终模型的预测时间和拾取时间残差进行地表一致性分解，即可获得反演模型和真实模型产生的地表一致性剩余时差，应用该时差就能够一定程度消除由于速度模型高频缺失而导致的数据与速度模型不匹配问题。

将以上两部分误差累加，应用到叠前地震数据，即可同时消除原始地面和偏移起始面之间误差，以及反演速度模型精度不足产生的误差，实现三者的完全匹配。如图 3-3-7c 所示为经过模型剩余时差校正单炮，如图 3-3-7d 所示为同时应用两种时差校正后的单炮，校正后同相轴连续性显著增强，保留了原始数据中近地表高程和速度变化信息，有利于后续开展全深度速度建模和真地表偏移处理。

三、真地表叠前波场保真处理技术应用策略

真地表成像处理技术应用最为关键的一点就是要保证偏移前数据校正到偏移起始面上，速度建模也从这个面开始，才能实现保持波场运动学特征（走时传播特征）的波场保真处理，真正意义上实现静校正和叠前深度偏移一体化处理，即把近地表速度问题直接交给起伏地表速度建模和深度偏移来解决。

针对双复杂探区实际数据一定要这么做的本质原因：剧烈的高程变化和较强的近地表横向变速导致了快变的道间时差，既破坏了线性理论预测去噪的基本假设（局部数据块内信号是线性的），也破坏了线性理论层析速度反演的基本假设（道间时差是缓变的）。因此，需要用尽可能小的高波数静校正消除掉剧烈的高程变化和较强的近地表横向变速对去噪和近地表层析建模（包括中深层层析建模）的影响。对于去噪而言，可以单独引入更多的静校正量，以满足线性理论预测去噪的基本假设，去噪后可以把引入的静校正量去除。对于近地表层析建模（包括中深层层析建模），剧烈的高程变化和较强的近地横向变速导致了快变的道间时差，不能促进建模精度的提升，必须消除其影响。这才是引入高程小平滑基准面的真正根源。后面讲的第四种方法就是在这样的理念下提出的具体做法。

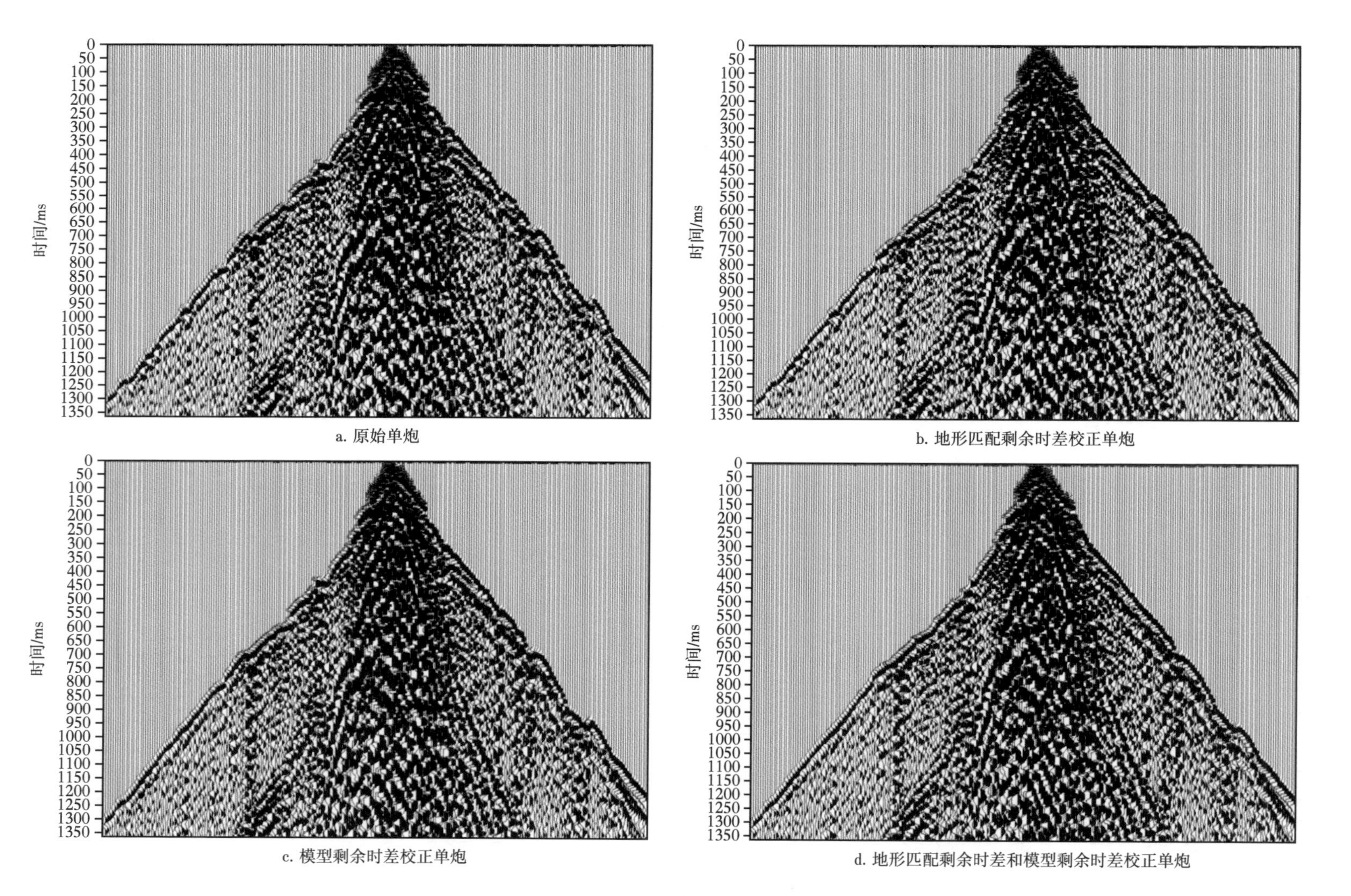

a. 原始单炮

b. 地形匹配剩余时差校正单炮

c. 模型剩余时差校正单炮

d. 地形匹配剩余时差和模型剩余时差校正单炮

图 3-3-7　地表一致性剩余时差校正后单炮数据

目前业界还没有工业化的真地表成像技术应用规范，实际处理中有关真地表偏移起始面构建近地表速度建模和偏移的技术组合五花八门，没有统一做法，由于缺乏专有真地表速度建模与成像软件，实际项目运行中大都是借助现有商业软件实现真地表叠前深度偏移处理。目前常见的一种应用策略是偏移前按照传统时间域处理流程进行，偏移前数据直接应用低速带静校正高频量及反射波剩余静校正量，到了偏移再应用静校正低频分量直接构建真地表偏移面，然后在近地表直接嵌入近地表初至反演的速度，开始“真”地表全深度成像处理。这种做法是否做到了偏移起始面、叠前数据及速度模型三者的完全匹配值得探讨。

笔者以库车数值模型为例，模仿现在实际处理中的做法，制作两个速度模型，如图 3-3-8 所示，两个模型在高速顶（白线）以下均为真实速度模型，在高速顶以上，速度模型 1 采用替换速度填充（图 3-3-8a），速度模型 2 采用初至层析反演的近地表速度模型填充（图 3-3-8b）。设计了两组试验，第一组试验首先采用实际网格化高程进行 300m 平滑，生成偏移起始面；然后将叠前道集从原始高程先校正到水平基准面，再校正到偏移起始面，偏移前数据应用了 300m 平滑的静校正高频量。如图 3-3-9 所示分别为两个速度模型对应的叠前深度偏移结果，两者采用同样的偏移起始面及叠前道集，可以看出采用表层为替换速度的模型进行偏移，剖面整体聚焦性更好（图 3-3-9a），这也提醒在实际资料处理中，如果采用了静校正量构建偏移起始面方法，并且道集上应用了静校正高频量，在后续速度建模中，不能再将初至层析反演模型嵌入到偏移模型中，否则会导致近地表模型重复使用。

第二组试验采用的偏移起始面和第一组试验相同，叠前道集校正采用本书提出的真地表表层校正方法，消除地形匹配时差及模型匹配时差。如图 3-3-10a 所示为用速度模型 1 叠前深度偏移结果，如图 3-3-10b 所示为用速度模型 2 叠前深度偏移结果，可以看出，加入层析反演近地表速度模型后，成像聚焦性显著提升。

进一步对比两组实验中效果较好的成像结果，即对比图 3-3-9a 和图 3-3-10b 成像效果，可以看出以本文提出的全深度域保真处理为主的成像聚焦性更好。

这两组实验代表叠前波场保真处理与真地表全深度速度建模和偏移之间处理技术组合的四种做法：一是传统起伏地表叠前深度偏移做法，直接应用时间域静校正量简化表层结构，数据校正到满足叠加成像要求的大平滑浮动基准面上，直接做反射波速度建模；二是常规的时间域静校正量应用，加上近地表初至速度模型嵌入，形成全深度速度模型，再开展真地表叠前深度偏移；三是常规的时间域静校正量应用，加上近地表填充替换速度，形成全深度速度模型，再开展真地表叠前深度偏移；四是本书提出的静校正只为叠前去噪和一致性处理服务，去噪以后去掉数据上所有静校正量，在深度域重新构建与真实地表高度匹配的真地表成像起始面，再配套上相应的地形匹配和模型误差表层校正技术，在近地表填充全排列初至反演的近地表速度，形成真地表全深度速度模型，最后再进行真地表叠前深度偏移。如图 3-3-11 所示把这四种做法的叠前深度偏移结果放在一起对比，如图 3-3-11a 所示为传统时间域处理直接嫁接深度域速度建模的所谓起伏地表叠前深度偏移结果，初始偏移速度由时间域均方根速度经过 Dix 公式转换得到，之后又应用网格层析修正速度模型，对比发现这种做法山体和盐下构造无法成像；后三种实验（图 3-3-11b、图 3-3-11c 和图 3-3-11d）的偏移起始面相同，都是从地表相关小平滑面出发。第一种做法（图 3-3-11a）破坏了波场运动学特征效果最差，第二种（图 3-3-11b）道集与模型不匹配，效果较差，第三种做法（图 3-3-11c）略好。第四种做法（图 3-3-11d）结果

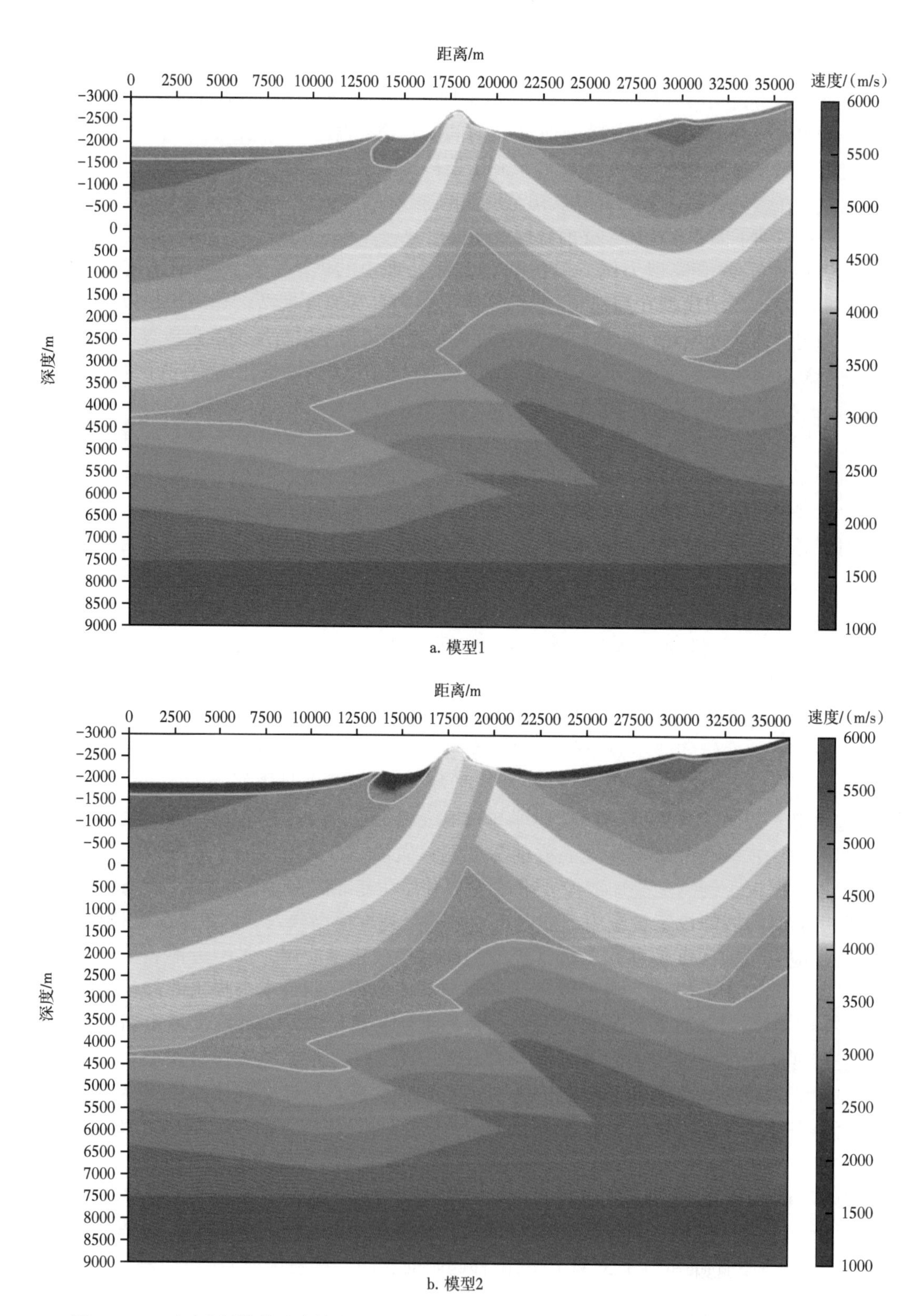

a. 模型1

b. 模型2

图 3-3-8　近地表用替换速度填充的速度模型一和近地表嵌入初至层析反演速度的速度模型二

最好。分析第二种和第三种以静校正和替换速度填充为主的技术组合，关键在静校正量的求取和替换速度的选取，这里是用模型数据实验的，在实际处理中如果静校正精度不够或替换速度选取不合适，也很难取得理想效果。第四种做法（图 3-3-9d）是面向深度域波场保真处理的技术组合，更符合波场传播规律，也更适合双复杂区表层地形和速度结构变化大的实际数据。

总之，以常规静校正为主的起伏地表成像技术应用策略与以近地表初至层析速度建模为主的全深度域真地表成像技术应用策略不同。无论采用哪种策略和技术组合，一定要从如何保护构建真地表全深度速度场所需要的反射波和绕射波走时信息的角度思考问题，可以去除层析速度反演建模方法不能利用的高波数道间时差，但是不能改变初至波和反射波走时层析反演所用到中长波数变化的走时，这是走时保真处理的要义。在走时保真的理念下，把偏移前数据合理地校正到真地表速度建模和偏移起始面上，实现双复杂探区的真地表深度域成像处理。

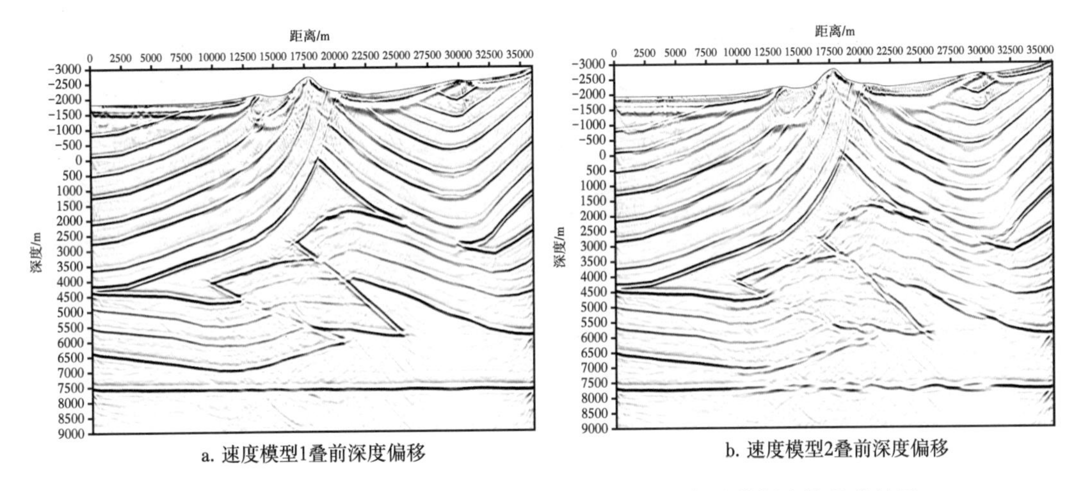

a. 速度模型1叠前深度偏移　　b. 速度模型2叠前深度偏移

图 3-3-9　静校正量高频量应用到偏移前数据后进行叠前深度偏移的结果

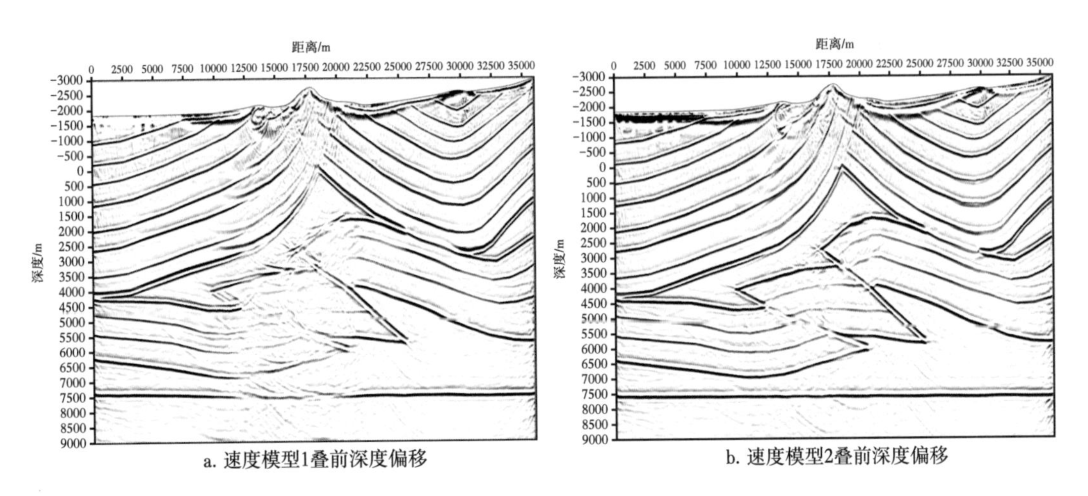

a. 速度模型1叠前深度偏移　　b. 速度模型2叠前深度偏移

图 3-3-10　应用本书提出的波场保真表层校正后进行叠前深度偏移的结果

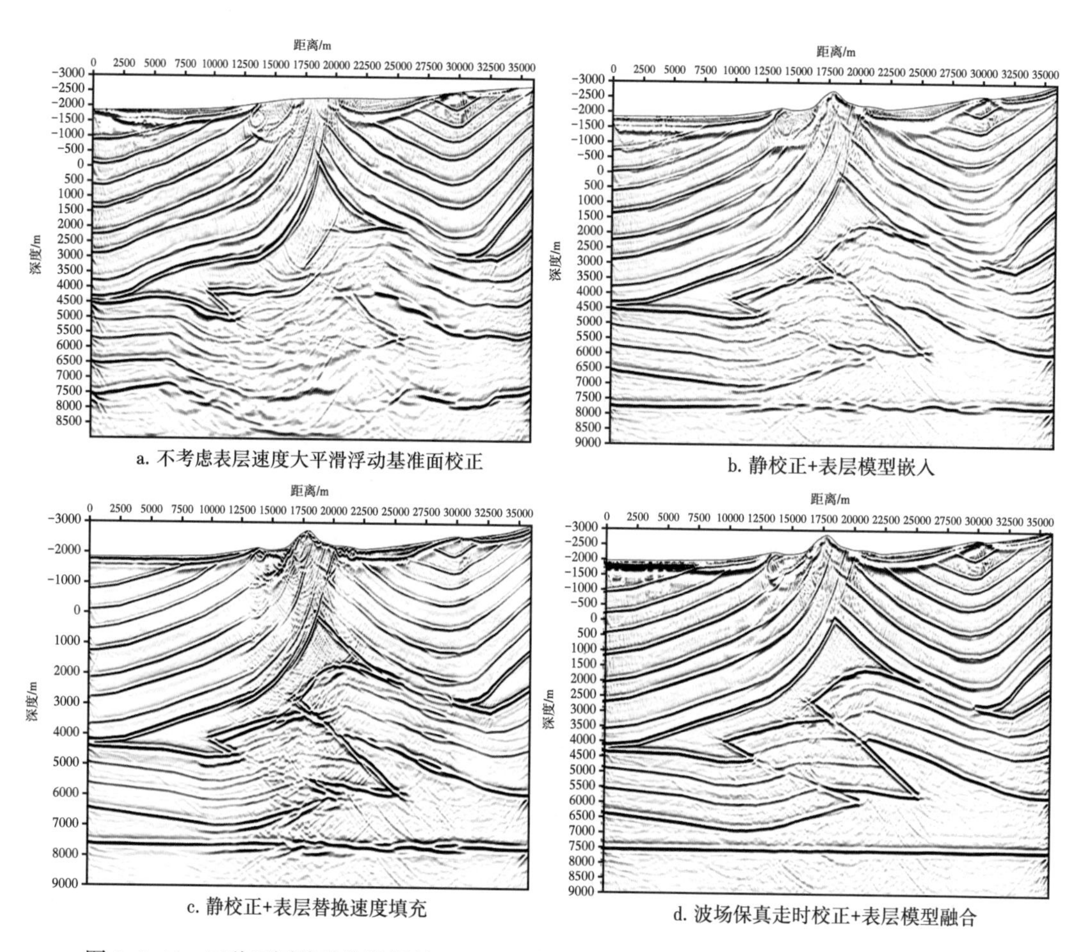

a. 不考虑表层速度大平滑浮动基准面校正

b. 静校正+表层模型嵌入

c. 静校正+表层替换速度填充

d. 波场保真走时校正+表层模型融合

图 3-3-11　四种不同偏移前数据处理和速度建模技术组合的真地表叠前深度偏移效果对比

第四章　真地表全深度速度建模与偏移技术

通过偏移前波场保真处理，可以得到较高信噪比的叠前地震数据，并且把数据校正到真地表速度建模和偏移起始面上，在此基础上开展从真地表出发的全深度速度建模和叠前深度偏移成像处理。本章重点介绍全深度速度建模技术和真地表叠前深度偏移方法。

第一节　真地表全深度速度建模技术

叠前深度偏移是目前复杂构造成像最有效的解决方案，但深度偏移的效果取决于速度模型的精度。大量理论研究和数值模型实验证明，在已知准确速度模型的情况下，即使地震数据的信噪比较低，现阶段的偏移方法也能对复杂地表和地下构造，甚至包括复杂岩性体都能准确成像。因此，在复杂地表条件下建立高精度速度模型是真地表构造成像处理的关键之关键。

前面章节论述了真地表成像要求偏移前数据不能应用传统高程和低速带静校正对近地表速度结构做简化处理，真地表叠前深度偏移需要包含地下浅层、中层、深层的速度场信息，尤其要求深度速度模型在中浅层应具有更高的分辨率，才能满足真地表偏移成像的需求。本节重点介绍真地表全深度速度建模流程，近地表初至波速度建模、中深层反射波速度建模及浅中深层速度模型融合等全深度速度建模关键技术。

一、真地表全深度速度建模基本工作流程

真地表成像需要输入从地表出发包含近地表信息的全深度速度模型。双复杂探区野外地震采集往往存在近炮检距数据覆盖次数低、资料品质差的特点，难以利用反射波反演近地表结构。事实上，真地表全深度速度建模通常应用初至波或早至波（较早到达检波点位置的各类波的总称）构建近地表速度模型，利用反射波构建中深层速度模型。近地表速度反演的深度取决于近地表结构的复杂程度和地震采集初至信息的可靠程度，一般初至反演近地表速度模型深度在数十米至几百米，甚至深达千米；中深层速度模型建模通常指成像域反射波层析速度建模，一般根据采集数据的炮检距长度能够得到近地表以下一定深度的层速度信息。可见，建立高精度的全深度域速度模型，需要充分利用野外采集到的各类地震波信息，根据不同类型地震波的传播区域和传播路径通过速度反演建立不同深度的速度模型。因此，初至波或首波（包括直达波和折射波）、反射波等信息的利用十分重要。直达波和折射波主要在地表及高速顶界面之间传播，回折波的穿透深度与炮检距和浅表层速度结构有关，反射波主要携带近地表高速层顶界面以下中深层的反射地层信息，这些波的

走时是当前深度域层析速度建模的基本信息。利用多种类型波场开展联合速度建模是真地表条件下深度偏移成像成功应用的关键。

真地表全深度速度建模过程大致可以分为四个步骤：第一步，利用不同类型地震波信息分别进行初始速度建模，即利用在真地表接收到的初至波或早至波开展近地表速度建模，在近地表速度建模基础上构建真地表成像起始面，并对数据进行相应的波场保真时差校正，然后利用反射波开展中深层初始速度建模；第二步，根据实际地震资料情况和地下介质复杂程度进行反射波速度模型更新；第三步，将近地表速度模型和优化后的反射波速度模型进行浅中深层速度模型融合，形成从真地表或地形相关小平滑面出发的初始全深度速度模型；第四步，在成像域根据偏移结果和共成像点道集拉平情况进行构造约束网格层析优化全深度速度模型，最终获得从真实地表出发的全深度速度模型。双复杂探区地震资料实际处理中，近地表速度反演和速度建模根据近地表结构复杂程度和地震资料品质，可以贯穿整个成像处理过程。随着叠前深度偏移成像迭代结果的逐步改善和认识的不断深入，可以引入更多信息提升近地表速度建模精度，再重新与中深层速度模型融合，构建更新后的全深度速度模型，之后，再开展构造导向约束的层析速度模型更新。笔者把真地表全深度速度建模过程概括为如图 4-1-1 所示的工作流程。

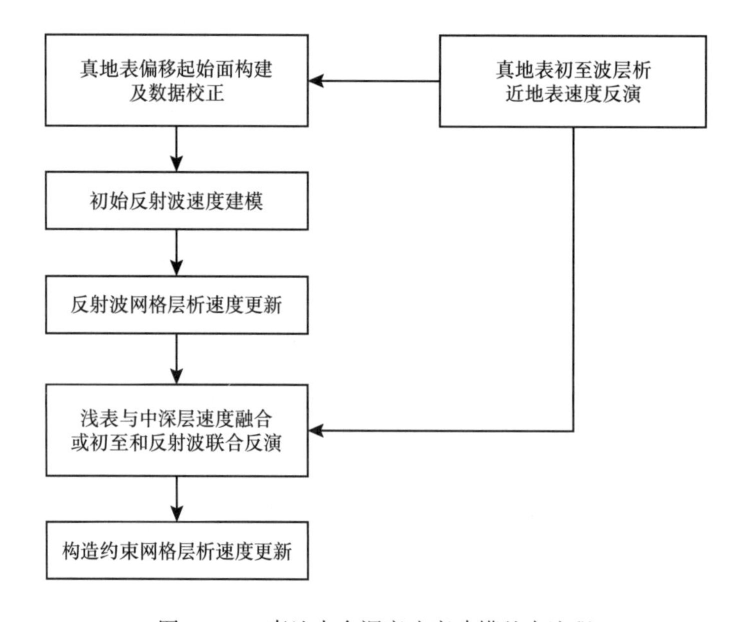

图 4-1-1　真地表全深度速度建模基本流程

按照此流程，一方面，首先采用初至波射线走时层析速度建模技术建立近地表速度模型，再利用初至波波形走时层析或早至波全波形层析技术，进一步提高近地表速度模型精度和反演深度，建立高精度近地表速度模型。另一方面，利用时间域偏移速度经过 Dix 公式转换或约束层速度反演（CVI）得到初始反射波深度域层速度，再应用成像域反射波网格层析速度更新技术建立中深层速度模型。最终采用速度融合技术或者初至波和反射波联合反演技术，建立包含近地表和中深层的全深度速度模型。经过目标线叠前深度偏移之后，可以视情况调整初始全深度速度模型的背景速度场，主要目标是获得一个符合区域构造背景的低频背景速度场，成像后地下复杂构造轮廓基本清晰。最后再依据地下介质复杂程度不同，采用构造约束网格层析或其他全局速度模型优化技术，保持近地表速度趋势不变，对全深度速度模型进行更新优化，改善成像聚焦性。

从图 4-1-1 所示流程可见，真地表全深度速度建模整体工作流程引入近地表速度建模、真地表成像起始面构建和走时匹配校正、浅中深层速度模型融合或联合反演等步骤。在全深度速度建模实现过程中更加关注近地表速度模型的构建，以及近地表速度模型和中深层速度模型融合形成全深度初始速度模型后，如何在后续的速度模型优化中保持近地表速度变化趋势。全深度速度建模技术涉及初至波走时层析、早至波全波形反演、反射波走时层析、初至波与反射波联合层析等复杂介质速度反演方法，在双复杂探区应用时，需要根据双复杂区复杂地震地质条件，分析这些数据驱动的速度反演方法所面临的技术问题，在方法的实用化方面开展有针对性的应用研究和算法优化。

二、近地表初至走时层析速度建模面临的主要问题与技术对策

地震勘探中，近地表速度建模广泛运用的方法有野外调查法（微测井、小折射）、折射波法、面波反演法、初至波层析反演法及多种方法联合反演等。野外调查法通过野外小折射和微测井等表层调查得到的控制点速度，外推内插后可以获取相对准确的极浅层速度。小折射和微测井调查方法本身具有一定的局限性：小折射得到的界面速度往往比层速度高，而且只能得到某一折射层的界面速度，无法描述整个低降速带速度结构；微测井成本相对较高、不适应低降速带速度剧烈变化，也不适应近地表层较厚的地区（如巨厚黄土山地）。在地下介质层状分布假设条件下，折射波法以折射波传播理论为基础反演近地表速度模型，主要方法有 ABC 法、延迟时法、广义互换法、广义线性反演法等。折射波法建立近地表速度模型的要求：地表平缓，地下形成的折射波的界面水平且稳定，表层速度变化不大，纵向速度不存在倒转。而在复杂地区地表起伏剧烈、隐伏层（砾石层、冰冻层）或高速层出露地区，初至波模糊难辨不便于拾取，很难追踪到相对稳定的折射界面，导致在一定程度上制约着折射波速度建模和折射静校正方法的发展与应用。面波法指的是利用瑞雷面波频散特性、面波相速度与横波速度相关性反演近地表横波速度，在求取横波速度上较其他方法（如测井、折射法等）具有效率高、精度高、地形条件限制小等优点。但面波勘探探测深度相对较浅，主要应用在工程勘察领域，在油气勘探领域近地表速度建模的应用还处于探索阶段。初至波层析反演近地表速度建模方法未对表层地形条件和速度结构做任何假设，它作为一种非线性反演方法，通过综合利用直达波、透射波、折射波、回折波、反射波等地震波走时或波形，逐步迭代逼近获取近地表速度，可以较为精细地模拟出复杂介质近地表速度结构，在双复杂探区的油气地震勘探领域得到广泛应用，是双复杂探区地震成像处理的核心技术。依据初至波走时正演计算方法差异可以将初至波走时层析划分为射线走时层析和波动走时层析近地表速度建模两种方法。现阶段工业界应用较多的初至波射线走时层析反演一般可以得到近地表速度模型的低频背景，根据需要还可以在射线层析基础上再开展初至波波动走时层析，形成多尺度初至走时层析反演技术，进一步提升近地表速度模型的分辨率。近期以波动反演思想为主的早至波全波形反演方法的研究持续升温，在中东沙漠区等简单地表区的近地表速度建模中与初至波走时层析一起发挥了提高速度模型分辨率的作用。但是全波形反演技术在地形剧烈起伏、近地表速度变化大、信噪比极低的复杂山地和黄土山地区的实用化问题尚未解决，直接照搬海域或沙漠区的全

波形反演技术在双复杂探区可能行不通。在此，笔者重点讨论工业界广泛应用的初至波走时层析技术在双复杂探区面临的主要问题和技术对策。

初至波射线走时层析技术主要包含四个步骤：初至拾取、射线追踪正演模拟、建立走时方程、走时方程反演求解。各主要步骤之间的对应关系如图 4-1-2a 所示，首先从叠前

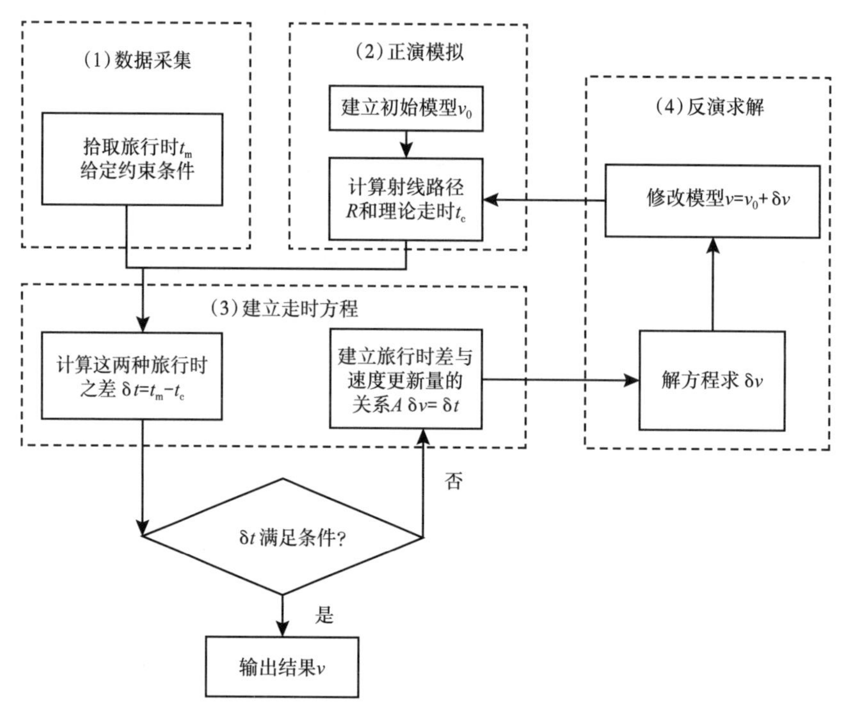

a. 初至波射线走时层析流程图

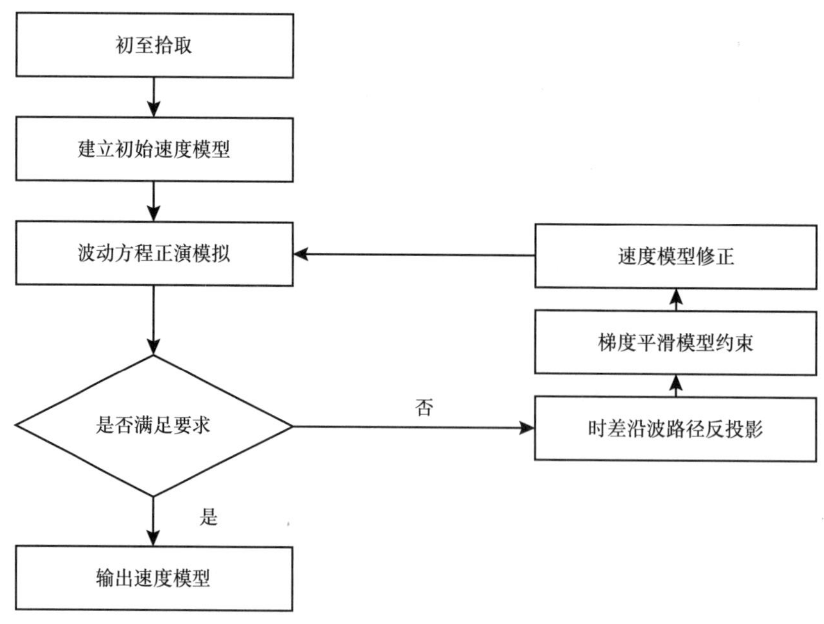

b. 初至波波动走时层析流程图

图 4-1-2　走时层析成像流程图

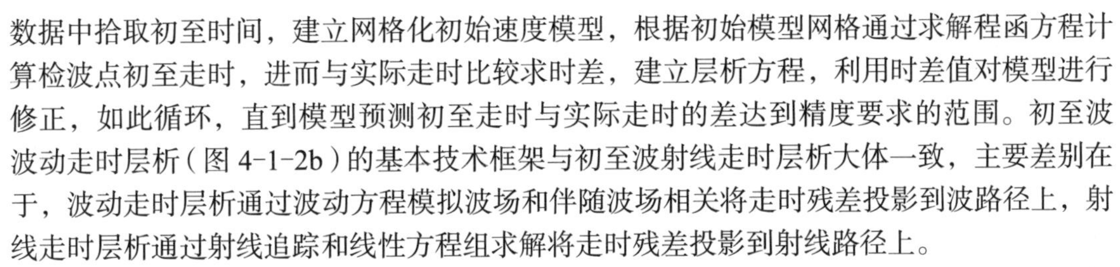

数据中拾取初至时间，建立网格化初始速度模型，根据初始模型网格通过求解程函方程计算检波点初至走时，进而与实际走时比较求时差，建立层析方程，利用时差值对模型进行修正，如此循环，直到模型预测初至走时与实际走时的差达到精度要求的范围。初至波波动走时层析（图 4-1-2b）的基本技术框架与初至波射线走时层析大体一致，主要差别在于，波动走时层析通过波动方程模拟波场和伴随波场相关将走时残差投影到波路径上，射线走时层析通过射线追踪和线性方程组求解将走时残差投影到射线路径上。

从初至波射线走时层析成像技术流程图可以看出，初至时间拾取精度、旅行时正演模拟精度、走时方程组求解精度、模型约束、正则化等几个方面是影响初至走时层析近地表速度建模精度的主要因素，也是技术改进的主要切入点。

1. 双复杂区初至走时层析面临的主要技术问题

双复杂区初至波近地表速度建模受复杂地表条件影响面临如下主要技术问题。

1）低信噪比数据初至拾取精度问题

初至波射线走时层析反演基于初至时间反推地下模型，初至拾取是地震处理的前端基础环节，初至拾取的效率和准确性直接影响近地表速度建模和静校正处理的应用效率和精度。双复杂探区地震资料受表层地震地质条件影响，信噪比普遍偏低、一致性差，初至识别和拾取困难，需要提升初至拾取质量，尤其是近炮检距和远炮检距拾取质量，以满足全炮检距初至层析反演的要求。

2）起伏地表边界刻画问题

射线追踪走时计算精度和效率决定初至波射线走时层析的精度和效率，双复杂区地形起伏剧烈，复杂地表地形的处理是走时计算的关键和难点。传统的规则网格不能精确描述地形起伏，地形误差较大，给走时层析反演引入更大误差，降低近地表速度建模精度，需要考虑适合剧烈起伏地表的射线走时正演技术。

3）非规则采集导致观测系统均匀性较差，射线分布不均问题

炮点分布稀疏，近炮检距和远炮检距覆盖次数普遍偏低、照明严重不足，导致近炮检距层析反演时模型更新贡献无法体现，长炮检距层析反演误差分配到地表附近，造成地表速度偏高，与微测井解释速度存在巨大差异。这种复杂山地观测系统固有的射线分布不均引起的层析速度反演问题，需要在传统层析反演方法中加以克服。

4）层析反演存在多解性的问题

层析成像的理论基础是拉东变换，地震勘探观测方式的限制决定了地震层析成像解的非唯一性（投影角度不全）；数据和射线的不均匀覆盖决定了地震初至波走时层析方程是一个不适定问题，需要引入其他信息和正则化方法减少多解性，提高反演精度。

5）走时射线层析反演速度模型分辨率低的问题

传统射线追踪方法在复杂区存在缺陷，不能反演透射波信息，分辨率低；全波形方法需要考虑波形特征，复杂山区实用化难度大；可以考虑采用全波形反演框架下的波动方程走时反演，提高反演分辨率和反演深度。

2. 双复杂区初至走时层析技术对策

针对上述初至波走时层析面临的主要技术问题，从初至时间拾取、旅行时正演模拟、走时方程组求解、模型约束、正则化等几个方面对初至波走时层析成像技术加以改进。

1）初至时间拾取技术应用策略

地震信号受表层地震地质条件影响，在初至波到来前后在波形、振幅、频率、相位等方面存在差异，根据初至波的特征及与相邻道的关系，目前已发展了一系列的初至走时拾取方法，如能量比法、分形法、相关法、图像边缘检测法、神经网络法等。相应地，也形成了初至自动拾取、人机交互拾取等软件，初至拾取软件主要通过给定一些准则，让计算机自动拾取波峰、波谷或起跳时间，最后通过人工编辑方式，对自动拾取结果进行质控和修改。计算机自动化初至拾取技术近 30 年来已经经历了两代技术更新，20 世纪 90 年代末以第一代神经网络技术为主发展了自动拾取方法。近年来，高密度宽方位采集数据不断增加，并且对于全偏移距初至拾取需求也越来越强烈，采用人工交互方式拾取可靠的初至时间需要消耗大量人力和时间，近期人工智能初至拾取技术有了较大发展，在炸药震源激发数据中已经逐步取代传统人工交互拾取方法，拾取率在 97% 以上（Hu 等，2019）。但在山地、黄土塬等复杂地表区内，部分地震资料信噪比极低、吸收衰减强，可控震源施工单炮初至质量更差，人工智能技术仍不能完全解决初至拾取精度问题。

在以传统静校正为目标的折射层析反演中，可以只拾取稳定折射段初至，但是全深度速度建模要求尽可能全偏移距拾取初至，以期获取更深的近地表速度模型。无论是传统人机交互半自动拾取，还是新发展起来的人工智能初至拾取，均依赖于初至数据信噪比和一致性，因此在复杂地表条件下需要针对数据特点配套应用便于自动初至拾取的数据预处理技术策略，一般包括静校正、起跳一致性校正、噪声衰减、初至增强等处理技术。

（1）静校正处理。对于地表高程和近地表速度变化剧烈的地区，通常先应用野外模型静校正或高程静校正量，使单炮上的初至更加光滑，易于识别，待初至拾取后再去掉前期应用的静校正量。

（2）起跳一致性校正。对于同一工区不同震源类型激发的地震数据，还需要针对不同极性和起跳时间分别进行预处理，消除采集因素引起的初至时间误差。

（3）去噪处理。对于工频干扰等强噪声干扰，需要进行提前去除，如图 4-1-3 所示，去除工频干扰后，有效波初至清晰。

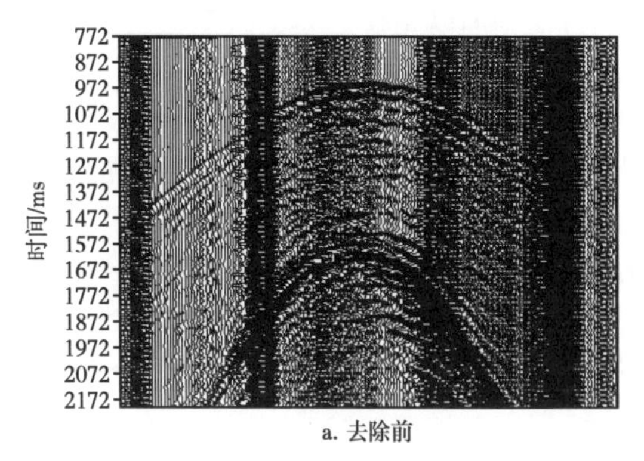

a. 去除前

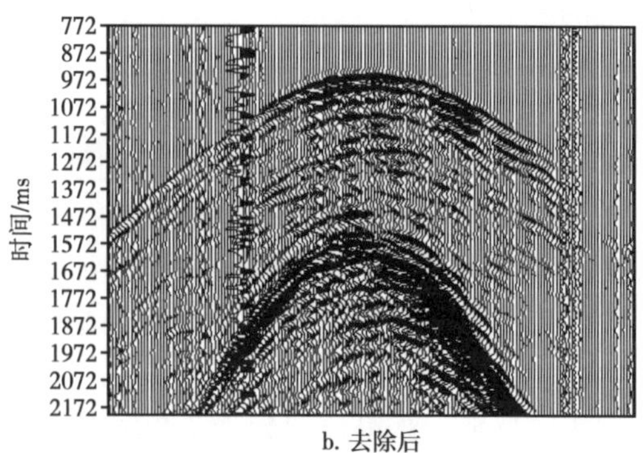

b. 去除后

图 4-1-3　工频干扰去除前后单炮对比

（4）初至增强处理。野外采集数据存在谐波干扰、强能量干扰、外源干扰等噪声，直接在原始单炮上进行智能化自动拾取效果不佳。根据干涉测量原理，采用超虚干涉技术，可以在同一炮检对多次覆盖，大幅提高初至信噪比，且不破坏走时特征，在此数据基础上再应用人工智能拾取初至，能有效提高拾取精度。如图 4-1-4 所示为库车山地地震数据初至增强处理的应用实例，位于不同地表区的 4 个原始单炮数据，炮间和同一排列内能量差异大，初至起跳能量弱，经过去噪和初至增强处理后，同一单炮内和炮间初至起跳更加突出，便于自动拾取方法应用。如图 4-1-5 所示为处理前后初至拾取质控图件，横坐标是炮检距，纵坐标是拾取的初至走时，可见经过预处理后拾取效果更好，有利于后续进行初至走时层析反演。

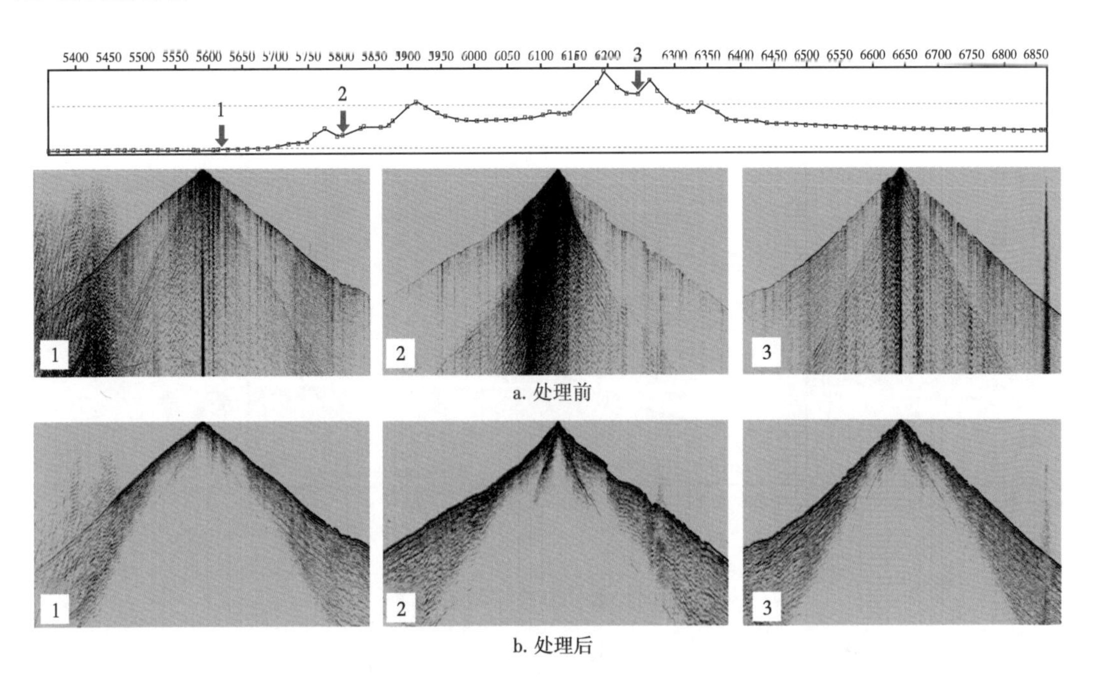

图 4-1-4　初至增强处理前后的单炮

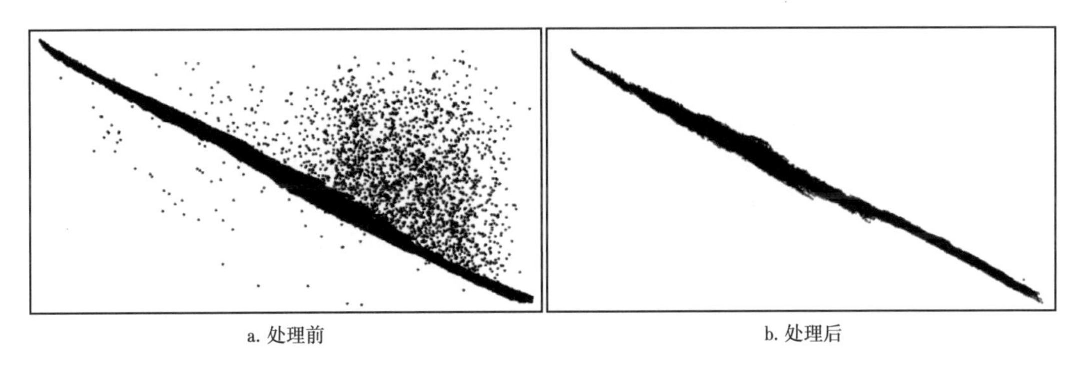

图 4-1-5　初至增强处理前后自动初至拾取质量对比

2）起伏地表走时计算技术策略

射线追踪走时计算精度和效率决定初至走时层析的精度和效率，双复杂区地形起伏剧烈，复杂地表地形的处理是走时计算的关键和难点。传统的规则网格不能精确描述地形起伏，地形误差较大。为讨论起伏地表对走时的影响，设计一个均匀介质凹陷地表模型（图 4-1-6），速度为 3000m/s。图中展示了 Y=0m 切片上的走时场等值线，其中黑色实线代表不含起伏地表时的走时场，红色虚线为加入凹陷地表后的走时场。可以看出，由于起伏地表的存在，模型右侧地表以下一定区域内地震射线不能直接到达，其走时较无地形起伏时明显增大；其余区域内，地表对走时无影响。

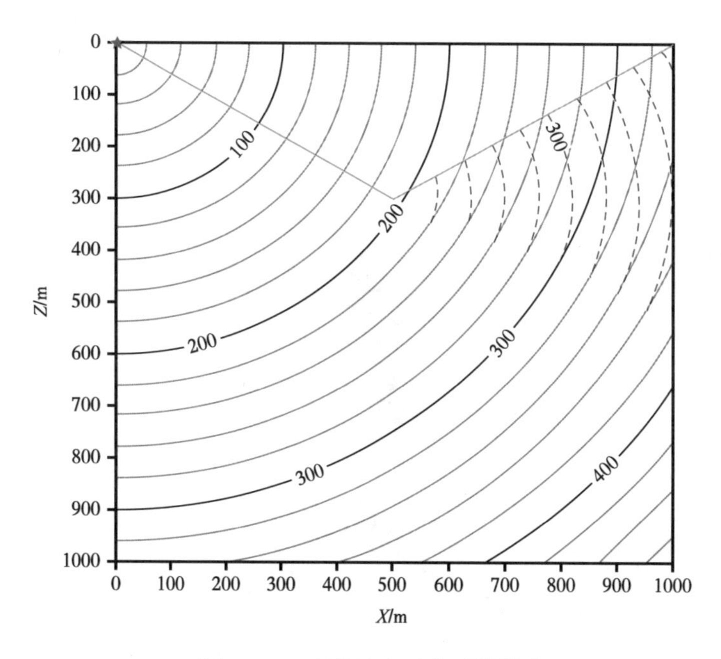

图 4-1-6 起伏地表对走时的影响

理论上采用规则网格对起伏近地表模型进行剖分可以通过缩小网格单元尺寸来逼近真实地表，提高计算精度。但是在实际问题中，不能将模型的网格单元划分得过密，模型单元过多，一方面造成计算量大，另外参数过多增加了反演的不稳定性。对于剧烈起伏地形区，近地表模型剖分通常有三种解决方案即贴体网格剖分、四面体网格剖分（二维时称作三角网格）、不规则六面体剖分（二维时称作不规则四边形剖分）。相比于传统的规则网格，贴体网格的建模方式能够较好地刻画地表的起伏形态。但是目前常用的方法在地形起伏特别剧烈的地方网格扭曲较大，造成精度损失。

四面体网格能够较好地适用于各种复杂近地表形态，但是存在网格高质量剖分难度大，走时计算效率低等缺陷。为了减少节点数量，提高反演稳定性，在四面体网格剖分时可以采取变网格剖分方案，如图 4-1-7 所示，近地表采用细网格剖分，随着深度增加网格尺度逐渐增大，从而在整体上控制网格数规模。

此外，可以采用混合不规则网格解决地表剧烈起伏问题。如图 4-1-8 和图 4-1-9 所示，在地表处依据起伏情况形成非规则网格单元，如二维时采用梯形网格或三角形网格，三维时采用不规则六面体网格。在地表界面以下区域依然用规则网格单元，网格单元的角点为主节点，主节点之间等间距插入次级节点保证计算精度，次级节点只分布在网格单元的边上，单元内无次级节点，但炮点和检波器可位于其内。不规则六面体剖分方法，网格剖分容易，计算效率和精度均能满足实际生产需求。

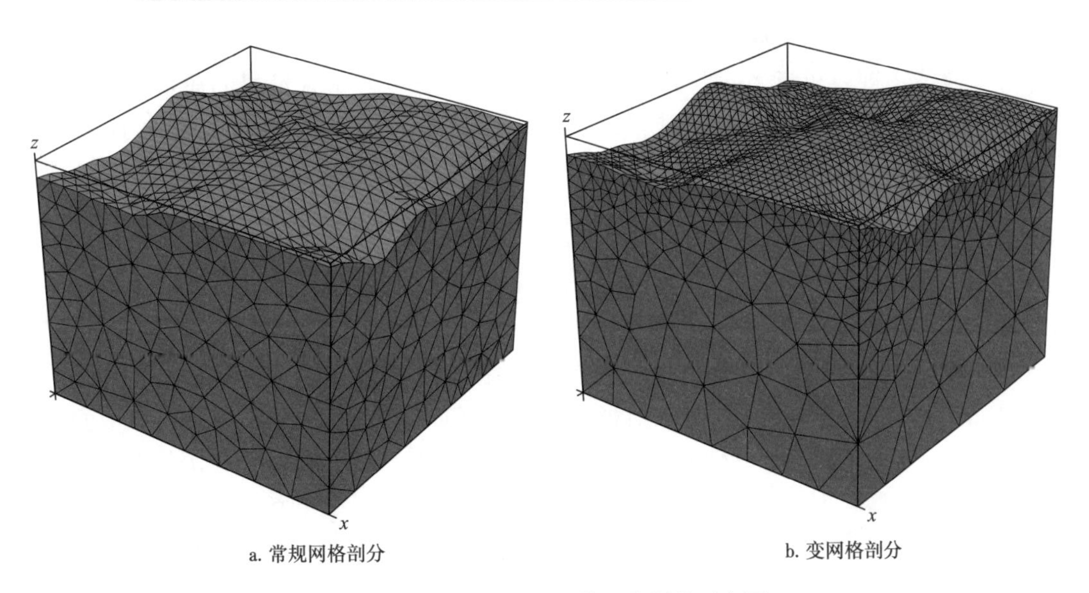

图 4-1-7　三维模型四面体网格剖分示意图

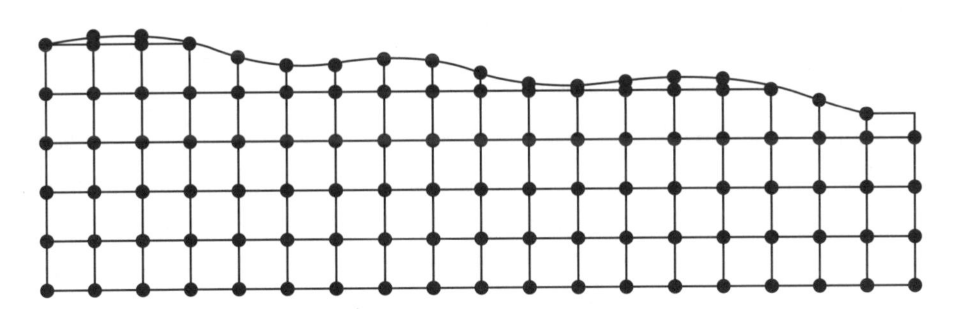

图 4-1-8　二维起伏地表不规则网格剖分示意图

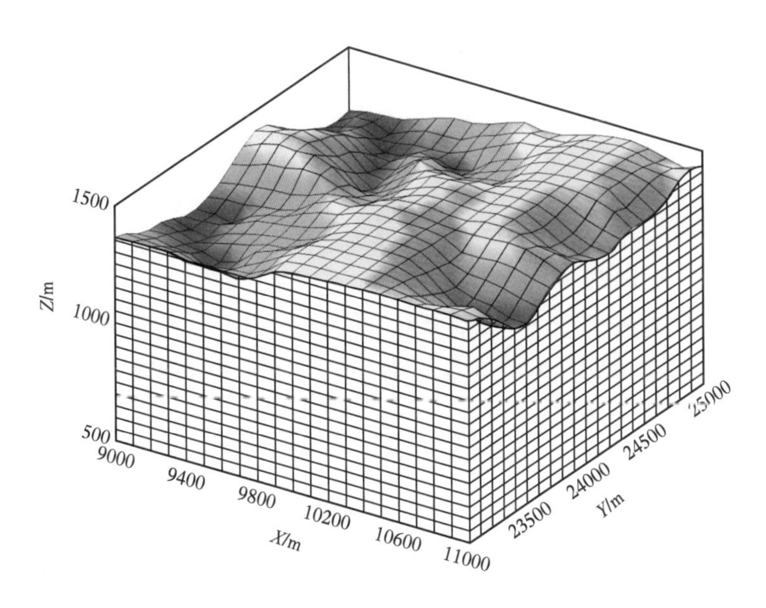

图 4-1-9　三维起伏地表不规则六面体网格剖分示意图

3）针对非规则采集照明不均匀问题的技术对策

由于地球物理层析反演问题的非唯一性和病态性，层析成像结果的质量在很大程度上取决于反演核矩阵的灵敏度分布模式。在传统的层析成像算法中，对于给定的观测系统和地震速度模型，反演核矩阵的灵敏度分布是固定的。在复杂山地由于地震数据覆盖不均匀，射线照明严重失衡。因此，传统的层析成像算法往往侧重于与高反演灵敏度相关的子空间，从而导致无法准确重建地下速度模型。为了克服灵敏度不平衡造成的层析成像困难，人们提出了各种技术。Wang 等（1994）介绍了可变网格间距技术和可变阻尼技术，然而这些方法操作不方便，而且重建模型的分辨率是不均匀的。此外，可变阻尼方法可能存在稳定性问题。另一种解决层析成像灵敏度不平衡问题的著名方法是预处理技术（Rao 等，2009；Dines 等，1979）。但是该方法对稳定因子的值非常敏感，并且没有确定该值的通用方法。Zhou（2003）提出了一种多尺度层析成像方法。虽然这种方法在一定程度上克服了病态性和非唯一性，但这种多尺度层析成像不可避免地会失去分辨率。数据加权方法是另一种可以使用的技术方案，一般的加权最小二乘反演只考虑数据预测误差作为权重，减弱初至拾取误差较大的射线对模型更新的贡献，通常不考虑射线长度影响。事实上由于射线弯曲效应，数据权重不合适引入的重建的误差可能远比通过测量引入的测量误差更严重。Berryman（1989）提出加权最小二乘法射线走时层析方法，该方法的主要原则有以下几条：预测和拾取的旅行时数据之间的加权最小二乘误差最小、对于较好的初始模型重构模型与起始模型的方差最小、长度最长的射线对重建的模型影响最小、射线密度最大的网格与真实值的偏差最小，这些原则对于提高反演精度非常重要。近年来团队针对复杂山地初至走时层析反演问题进行了方法优化研究，开发了适合双复杂区的多约束自适应加权走时层析反演实用化技术。Hu 等（2012）提出了一种新的具有定量灵敏度控制能力的层析成像算法，实现面向目标的自动层析成像，也是改善双复杂探区地震走时层析反演精度的有效方法之一。

4）自适应加权走时层析反演技术

常规用于静校正的初至层析反演可以采用较短炮检距，反演出高速顶之上浅层速度模型即可。为了满足深度域成像，需要反演出尽可能深的表层模型，这就需要利用更大的炮检距走时信息。不同炮检距信息对模型贡献不同，近炮检距主要反映地表低速带信息，反演中对低速带贡献最大，长炮检距数据主要为折射波或回折波，大部分路径沿高速顶界面传播，所以长炮检距对降速带及折射界面反演贡献较大。实际数据采集中，不同炮检距地震道数分布是不均匀的，如图 4-1-10 所示为实际三维数据不同炮检距地震道数（红色）及初至拾取道数（绿色）分布直方图，近炮检距及远炮检距地震采集照明严重不足，导致近炮检距模型更新贡献无法体现，长炮检距误差分配到地表附近，造成地表速度偏高，与微测井解释速度存在巨大差异。为了解决该问题，可以采用自适应加权初至走时层析技术，笔者在目标函数中增加与炮检距相关的自适应加权因子，提高近炮检距权重（徐凌等，2013）。

$$J=\left\|\boldsymbol{w}\left(\boldsymbol{t}_{\text{pred}}-\boldsymbol{t}_{\text{pick}}\right)\right\|_2 \tag{4-1-1}$$

$$\boldsymbol{w}=\left(\boldsymbol{o}\times\alpha+\sigma\boldsymbol{I}\right)^{-\gamma} \tag{4-1-2}$$

式中 $\boldsymbol{w}$——炮检距相关自适应加权因子矩阵；

α、σ 和 γ——大于零实数，起到调节幅值及改善稳定性作用；

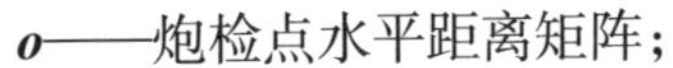

$\boldsymbol{o}$——炮检点水平距离矩阵；

γ——权重因子，其值越大，近炮检距加权效果越明显，实际应用中对近炮检距拾取质量要求较高，如果实际资料近炮检距拾取质量较低，效果可能适得其反；

$\boldsymbol{I}$——单位矩阵。

如图 4-1-11 和图 4-1-12 所示为传统和自适应加权初至走时反演技术在库车数值模型应用效果对比，传统初至走时相当于 $\boldsymbol{w}$ 取单位矩阵，每一地震道权重相同。如图 4-1-12 所示为自适应加权反演结果，其中 α=0.003，σ=0.00001，γ=2，通过炮检距加权后，低速带反演精度显著提高。

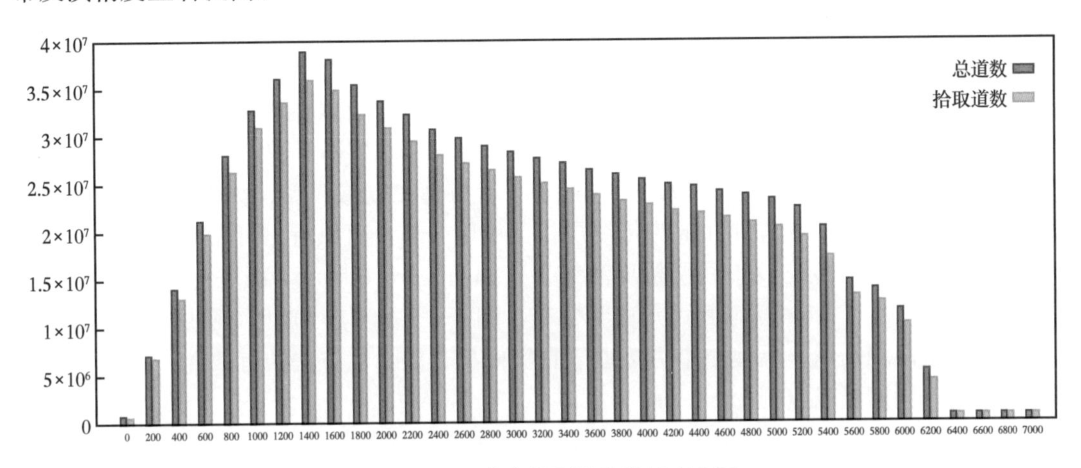

图 4-1-10　分炮检距拾取统计直方图

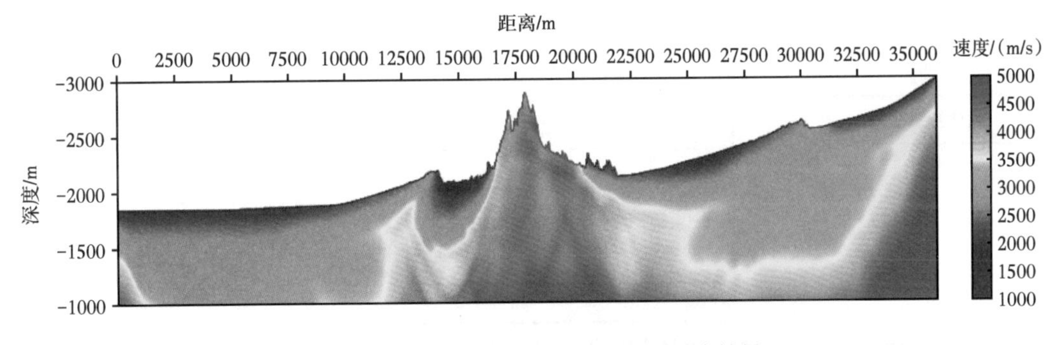

图 4-1-11　传统初至走时射线层析反演结果

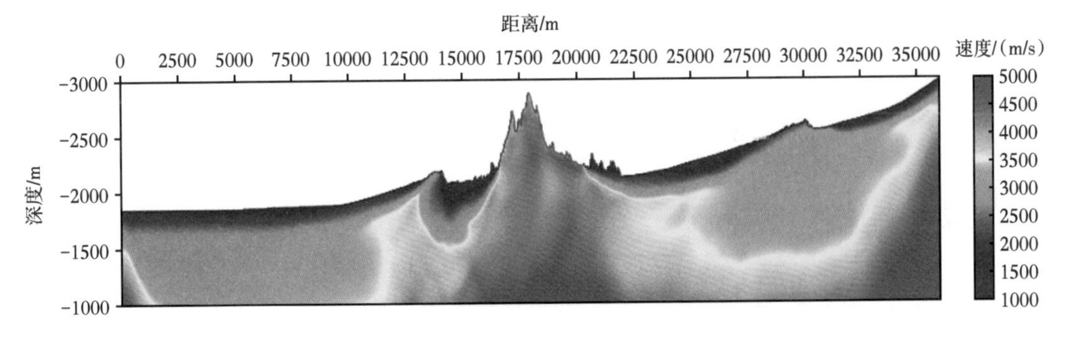

图 4-1-12　自适应加权初至射线层析反演结果

5）级联优化灵敏度控制层析反演技术

一般的数据加权层析方法主要消除数据域中不同测量值造成的数据不均衡，而没有定量均衡模型域中的反演灵敏度，因此不能够实现直接进行面向目标的层析成像反演。Hu等（2012）提出了一种新的具有定量灵敏度控制能力的层析成像算法（图 4-1-13），以克服地震数据覆盖的不平衡性，提高层析成像结果的质量，实现面向目标的自动层析成像。与传统的层析成像算法（单一优化过程）不同，这种新的层析成像算法级联了两种优化，即灵敏度优化和数据优化。在该算法中，通过设计一个目标灵敏度分布曲线，然后求解灵敏度优化问题，自动推导出接近最优的灵敏度控制数据加权方案。然后，将这种近似最优的数据加权方案应用于原始层析反演问题，将其转化为灵敏度控制层析反演问题。最后，通过求解解决这种灵敏度控制的层析成像反演问题，可以有效地避免地震层析成像应用中的灵敏度不平衡问题。利用这种基于反演的灵敏度控制技术，可以在不引入额外的人为不连续性和反演非线性的情况下，在面向目标的意义上自动实现层析反演。Hu 等（2012）在文中给出了 Q 射线层析测试结果，如图 4-1-14 所示为真实衰减模型，如图 4-1-15 所示为传统 Q 射线层析反演，图 4-1-15a 为传统层析灵敏度分布，可以看出可靠区域主要集中在浅层；图 4-1-15b 为传统 Q 射线层析反演结果。如图 4-1-16 所示为级联优化法 Q 射线走时层析反演，图 4-1-16a 为均衡后灵敏度分布，图 4-1-16b 为灵敏度均衡层析反演结果，可见经过灵敏度均衡后，反演结果更接近于真实模型，展示出方法的有效性，该方法在速度层析反演中同样可以应用。

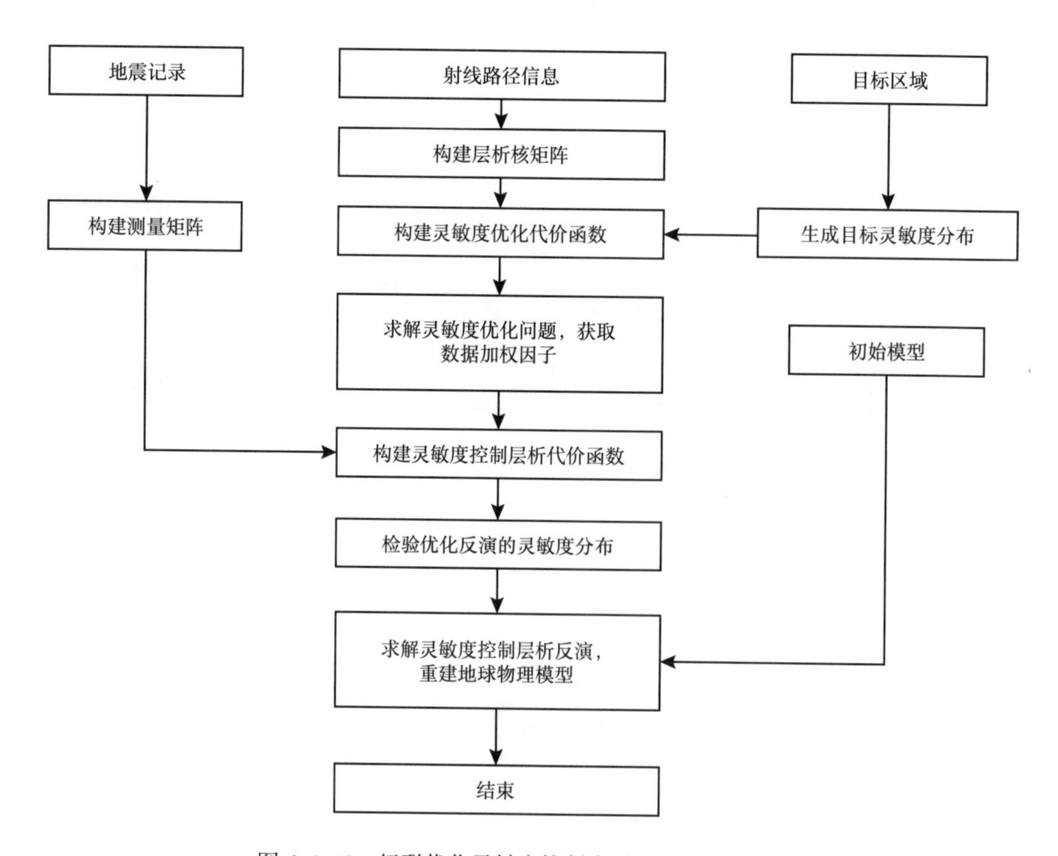

图 4-1-13　级联优化灵敏度控制走时层析反演流程图

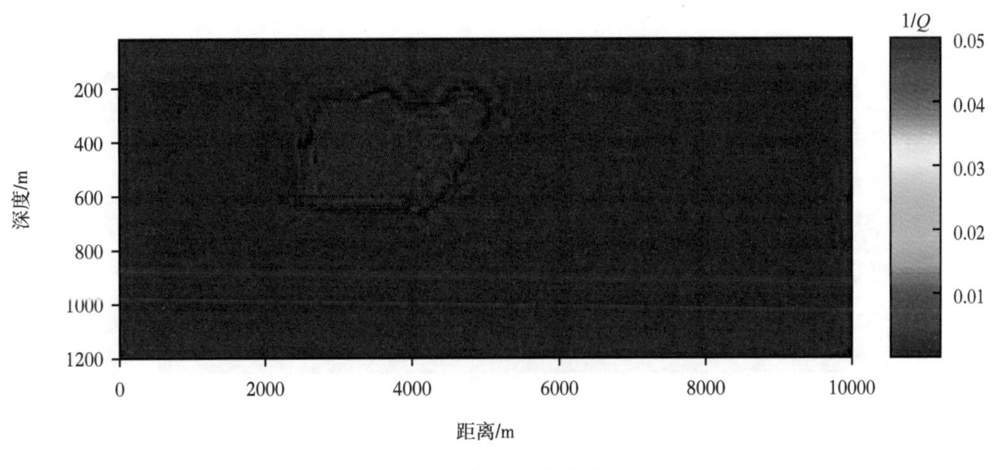

图 4-1-14　真实衰减模型（1/Q）

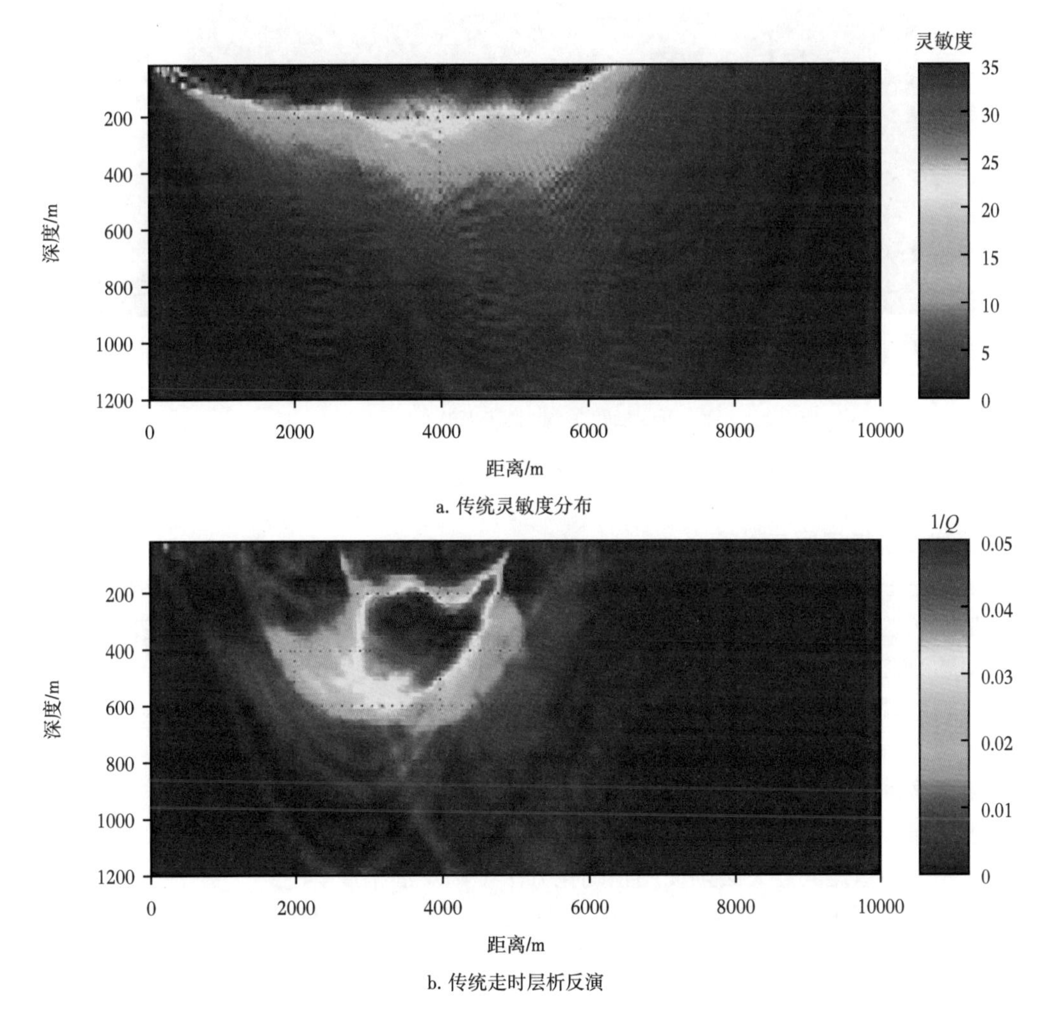

图 4-1-15　传统灵敏度分布和传统走时层析反演结果

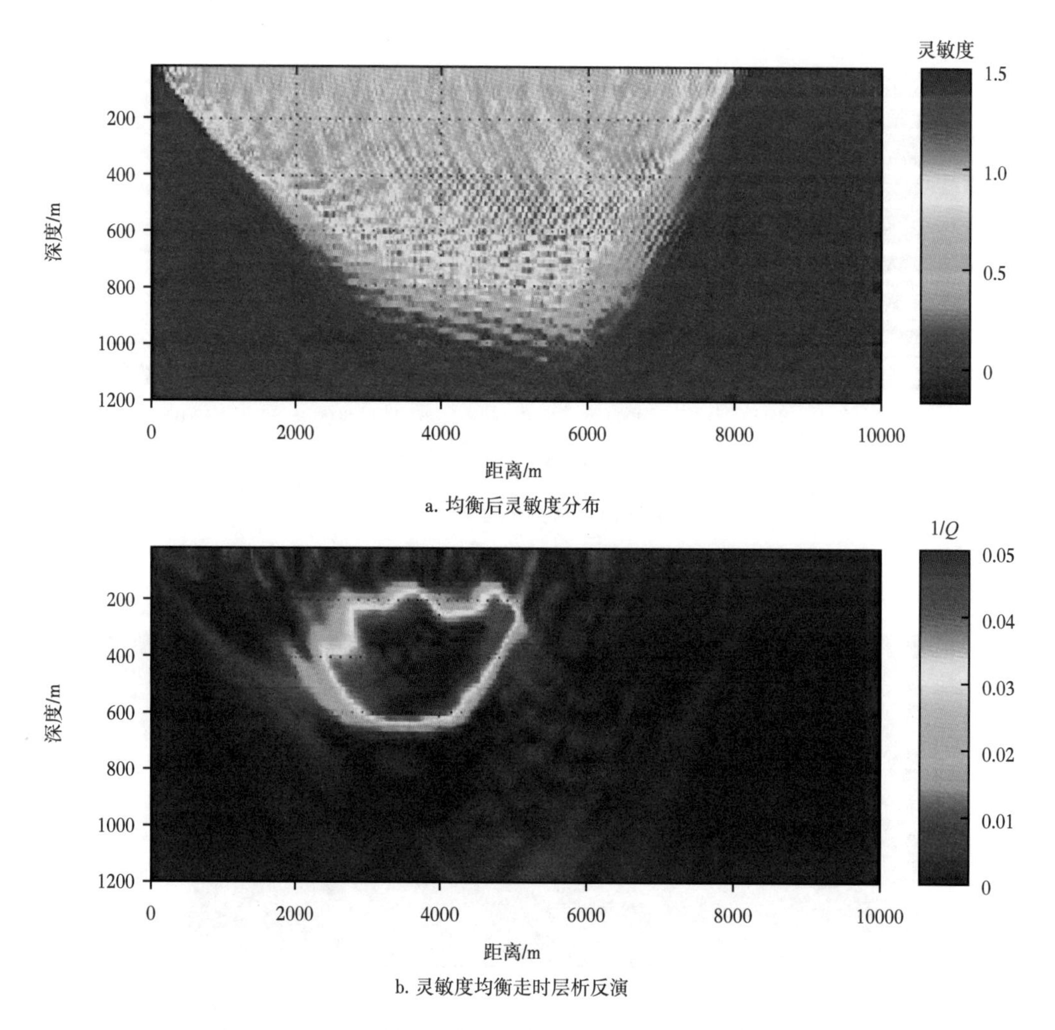

a. 均衡后灵敏度分布

b. 灵敏度均衡走时层析反演

图 4-1-16　均衡后灵敏度分布和灵敏度均衡走时层析反演结果

3. 反演多解性问题与对策

多解性一直是地球物理反演中不可避免的问题。引起多解性的原因可归纳为三个方面，一是波场的等效性，二是观测数据的有限性，三是观测数据与计算中存在的误差。解决这一问题有几种途径，一是扩大观测范围和改进观测方式以增加观测信息，二是研究能够更有效利用观测信息的方法，三是对反演过程施加约束。其中第一种途径依赖于经济与技术的发展，第二、第三种途径依赖于反演理论和方法的进步。

层析成像的理论基础是拉东变换，而在地震勘探中，观测方式的限制决定了地震层析成像解的非唯一性（投影角度不全）；数据和射线的不均匀覆盖决定了地震初至波走时层析方程是一个不适定问题，必须使用正则化方法提高反演精度。

对于反演表层速度结构的初至波走时层析成像而言，先验信息可归纳为三类：（1）某些参数的精确值；（2）根据地质认识得到的某些参数的取值范围；（3）模型参数的分布特点。在目前的层析反演方法中，这些先验信息的利用，一般是通过每次迭代对模型参数进行更新之后再对其进行外部约束来实现的。然而，旅行时层析成像理论是在“模型参数发生微小扰动射线路径不变”（即线性近似）的假设下发展起来的，如果对模型连续进行两次修正（尤其是第二次约束修正往往比较大），这种前提假设很可能不能满足，从而使反演失效或者不稳定。通过正则化方法可将先验信息融入反演方程组中，从而能避免出现二次修正，达到对先验信息的有效利用。

正则化一直是反演理论研究的热点，但是前人研究正则化主要是为了克服反演算法的不稳定性。Clapp（2004）使用正则化方法将地层倾角信息融入反演算法中，在提高反演精度的同时也提高了反射层析的收敛性。Fomel（2007）采用正则化方法实现了在层析过程中对模型的平滑处理，而且平滑算子可依据需要任意设定，在理论模型上取得了较好的效果。

目前主要采用四种正则化方法：一是采用吉洪诺夫正则化方法，提供一个平滑速度模型；二是采用先验模型约束（包括综合地表露头、微测井等信息建立的表层模型，利用测井信息建立中深层模型），提供一个接近于先验模型的速度场；三是采用稀疏约束，提供一个能够刻画突变界面的速度模型；四是采用成像剖面解释的构造信息（如倾角、断层等）进行约束，得到一个与构造趋势相符合的速度模型。

笔者团队在前期自适应炮检距加权层析反演基础上开发了多约束初至走时层析反演实用化技术，采用炮检距加权、模型约束、全变差正则化约束，克服炮检距分布不均、低速带反演不准、速度边界刻画不清楚问题，提高射线走时层析反演精度。技术核心是对吉洪诺夫（Tikhonov）正则化方法加以灵活处理应用，如果约束模型通过微测井资料建立，则可实现微测井约束初至层析，提高低速带反演精度；如果约束模型通过对反演模型进行总变分（Total Variation）约束平滑得到（Rudin 等，1992），则可实现稀疏正则化约束，提高地层边界刻画精度。如图 4-1-17 所示对比了东秋实际数据反演不同正则化条件的反演结果，可以看到，当不使用正则化项时（仅在每次迭代结束后对速度模型做小平滑），速度中存在较多异常，射线路径痕迹明显。当使用了吉洪诺夫正则化后，速度反演结果较为平滑，速度异常得到消除；当应用了总变分正则化后，速度边界刻画更加清楚。

初至旅行时层析方法受大炮数据近偏移距空间采样间隔、覆盖次数及模型网格大小等限制，近地表层速度反演精度较低，只能得到光滑背景速度信息。地震野外表层调查资料可以获得测量点位置高精度表层速度和分层信息，但测量点空间分布较为稀疏，要用其建立表层速度模型，则要对离散数据进行内插，模型精度取决于表层调查点数量和插值算法，在地表结构相对简单地区能够适用，对于地表岩性变化剧烈的双复杂地区，仅仅利用离散数据进行内插建立表层模型误差较大，往往会出现“牛眼”状速度异常现象（图 4-1-18），严重影响近地表建模的精度。因此，如何利用表层调查资料约束高精度浅表层速度建模，对于提升双复杂区地震成像精度具有重要的意义。

常用的插值方法有反距离加权法、径向基函数法、克里金插值法等。反距离加权法效率高，要求数据的分布具备一定的密度，否则易出现“牛眼”效应。径向基函数法根据确定的基函数，构建线性方程组并求解加权系数，插值效果好，但要求计算量较大，且求解过程可能出现不稳定问题。克里金插值理论上精度较高，但插值结果受变差函数影响较大，实际应用中，受数据空间稀疏分布影响，直接拟合得到的变差函数可靠性较差。在双复杂探区，仅依靠插值算法，不考虑实际近地表地层结构信息，在表层调查点较为稀疏且近地表结构复杂条件下，建立的近地表模型与实际近地表结构的地质变化特征存在较大差异。

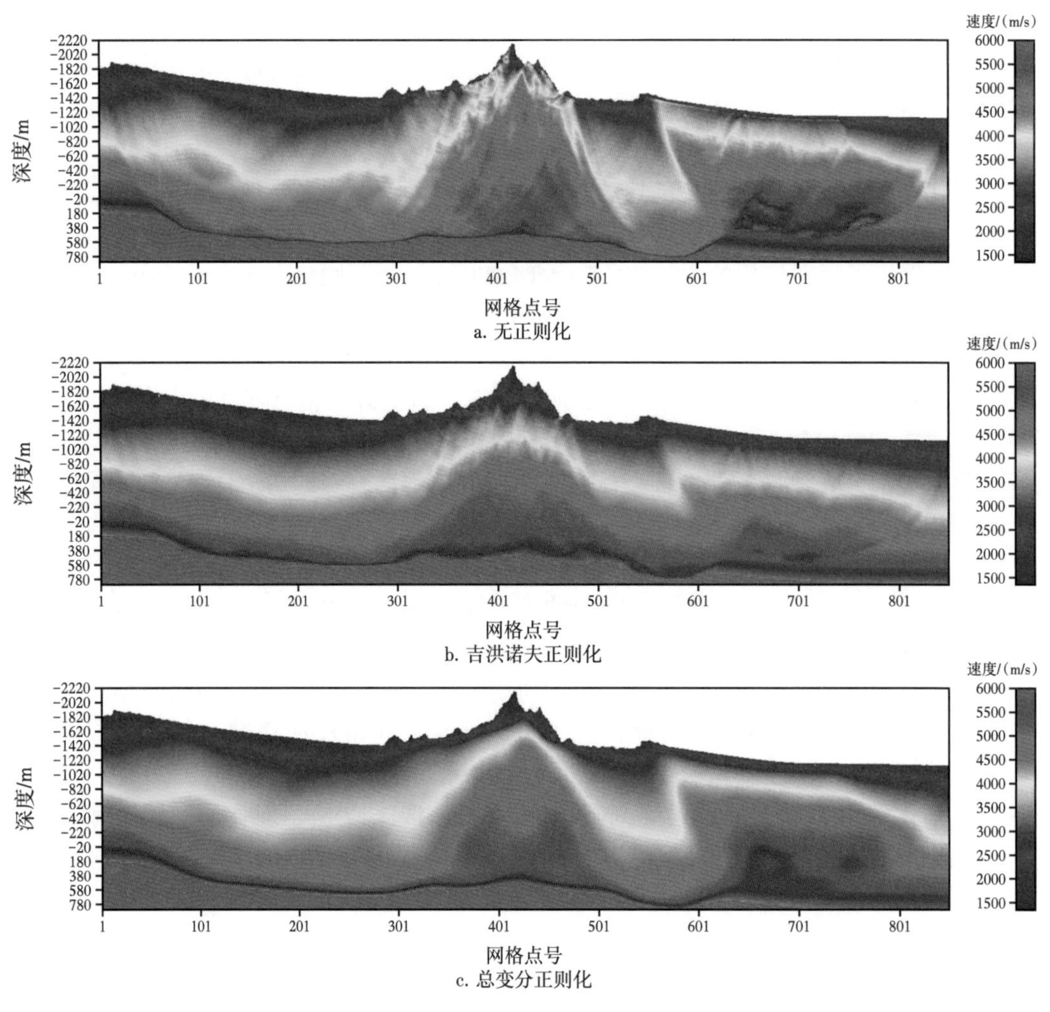

a. 无正则化

b. 吉洪诺夫正则化

c. 总变分正则化

图 4-1-17 不同正则化初至层析反演对比

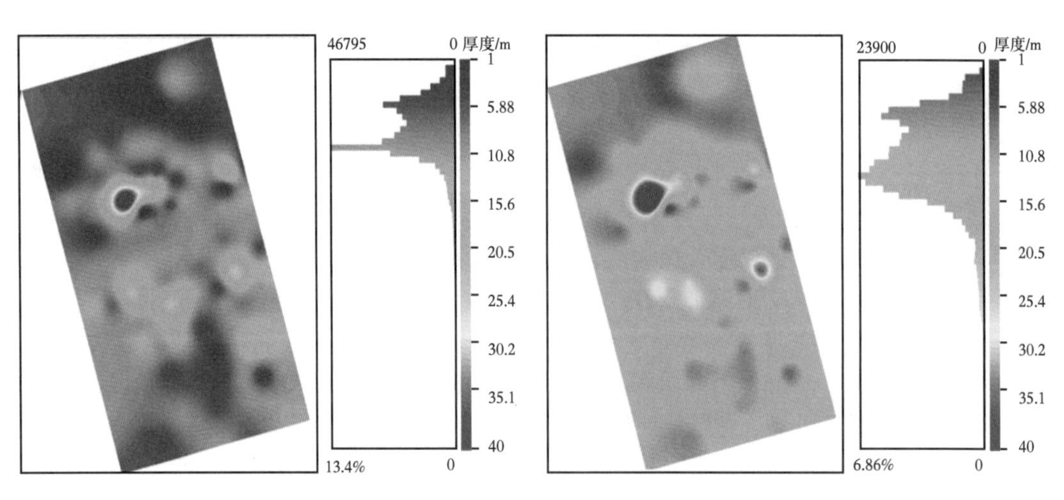

a. 第一层地层厚度插值平面图

b. 第二层地层厚度插值平面图

图 4-1-18 微测井第一层与第二层地层厚度插值平面图

笔者提出一种基于高精度遥感及地表地质资料约束的近地表建模方法，利用高精度遥感资料建立近地表地质结构模型，在地质模型约束下对表层调查资料进行内插和外推建立表层模型（图 4-1-19）。如图 4-1-20 所示，该速度建模方法首先利用高精度遥感资料、表层地质调查资料、表层数字露头等资料获取表层岩性分界面及地层产状信息；然后利用获取的表层岩性分层及产状建立空间三维近地表地质构造模型；最后通过地质构造模型约束，利用多点地质统计学方法对同一构造模型区域的表层调查资料进行插值外推，建立高精度表层速度模型。该方法充分利用了表层调查资料纵向速度精度高的特点，以及高精度遥感资料、表层地质调查资料、表层数字露头等资料准确刻画表层岩性、地层产状等表层结构空间变化特征，将两种资料有机结合，实现了多种信息融合的近地表速度建模，能够有效提升双复杂探区浅表层速度模型的精度（图 4-1-21），为地震资料处理中解决复杂地表探区时间域静校正及深度域成像速度建模问题，提供了一套有效的技术方案。

a. 遥感资料地层解释

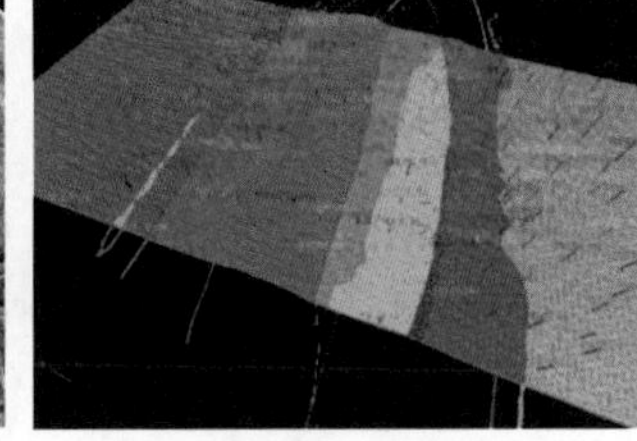

b. 表层地层结构模型

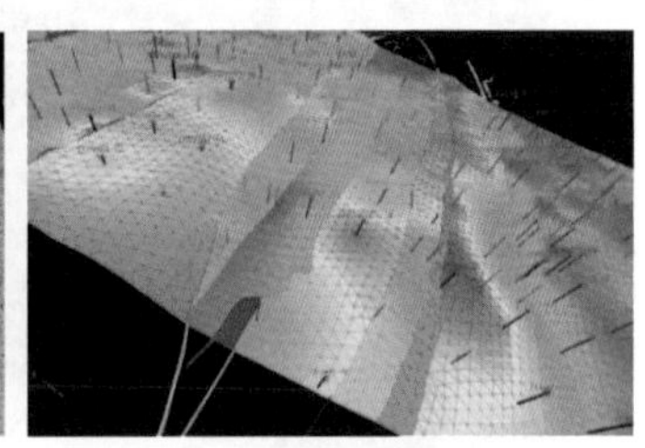

c. 表层速度模型

图 4-1-19　遥感资料约束近地表速度建模

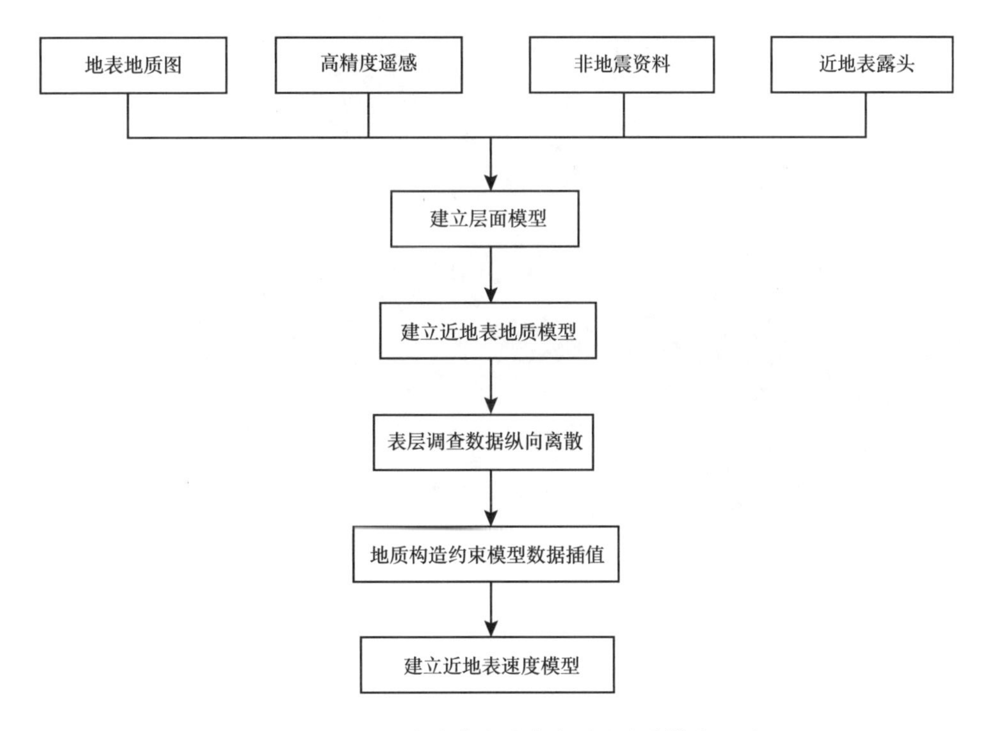

图 4-1-20　近地表多信息约束表层速度建模流程图

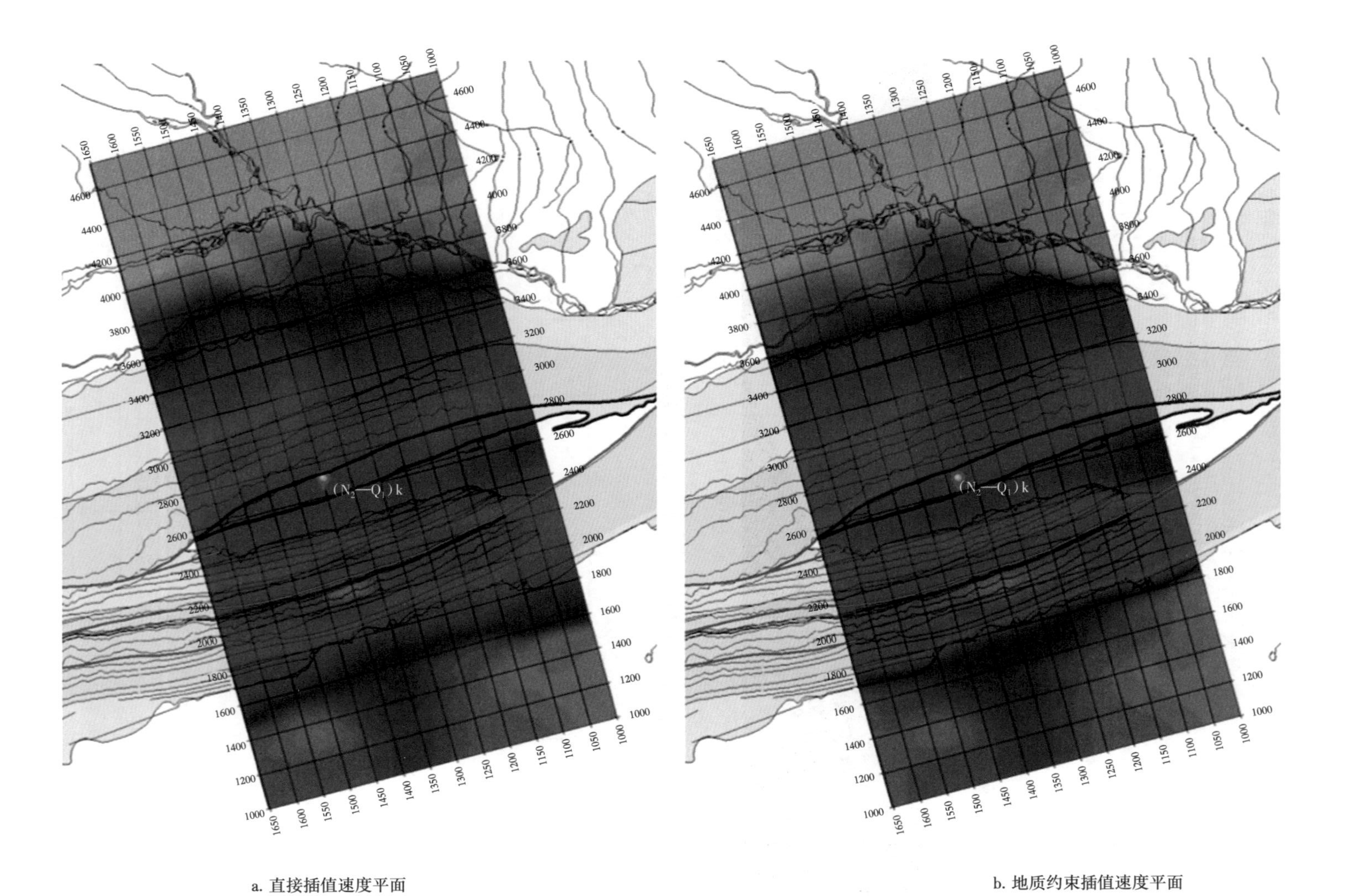

a. 直接插值速度平面

b. 地质约束插值速度平面

图4-1-21　微测井直接插值速度平面与地质约束插值速度平面

4. 提高初至走时层析反演速度模型分辨率的技术对策

深度偏移需要高精度速度模型，而射线层析基于高频近似只能建立背景速度模型，且射线理论存在焦散和多路径问题理论缺陷，反演受到高速顶界面屏蔽影响，反演深度也受限制。与射线层析反演方法相比较，全波形反演方法的波场求解遵循波动方程传播规律，不受高速或者低速异常体的限制，不存在传播“盲区”，能有效解决多路径走时问题，对复杂地质特征具有精细刻画能力，是近地表速度建模领域亟待发展的关键技术之一。

Tarantola（1984，1986）的全波形反演方法为全波数建模提供了波形反演的理论框架，构建了基础的全波形反演步骤和方法。由于地震数据缺少低频和大偏移信息，以及非线性反演方法的限制，完美的全波形反演理论很难在实践中取得较好的效果，诸多地球物理学者继续开展了各种研究方案和策略推进该理论方法向实践应用进一步发展。Bunks(1995)、Sirgue 等(2004)提出了多尺度反演策略以降低反演的非线性；Pratt（1999）将全波形反演拓展到频率域，提出由低频向高频的逐步反演策略；Shin 等(2008)等提出了拉普拉斯域全波形反演，比较成功地选择了初至波信息；后续进一步提出了拉普拉斯傅里叶域的全波形反演方法(Shin 等，2009；胡英等，2015)；Symes（2008）和 Biondi 等(2013)提出在扩展模型空间中进行全波形反演的方法；Warner 等(2014)完整地公开他们的自适应波形反演理论，仍然是着眼于解决非线性引起的周期跳变现象，用维纳滤波匹配观测数据和模拟数据，增加了目标函数的稳健性，从理论上表明了该方法的实用性。为了更好地匹配波形减少周期跳变问题，提出了不同的目标函数，包括几种加权积分方法和利用相位、能量信息的方法，还有用不同范数的目标函数方法，如 Huber 范数(Guitton 等，2003)；Métivier（2016a，2016b）等研究了最优传输方法和 Wasserstein 度量用于全波形反演，把数据波形匹配的理论上升到一个新的理论高度。

前面章节已经分析，双复杂区初至波信噪比最高，携带丰富的近地表信息。近年来，早至波全波形反演方法逐渐展现高精度近地表速度建模的能力，国内外各大油公司和服务公司均发表文章，研究陆上早至波全波形反演相关技术问题与可行性，但在复杂山地中成功应用实例较少。

全波形方法考虑了地震波的波形特征，在双复杂区实用化研究中，应首先抓住主要矛盾，地震波走时是反演速度场的主要信息，因此在全波形反演中首先对目标函数进行简化，只利用走时信息进行速度场反演，这一过程国际上称之为波动方程走时反演。笔者联合同济大学进行攻关，研发了基于广义 Rytov 近似的三维波动方程初至走时反演技术(Feng，2019，2021)，克服射线层析焦散、多路径和阴影区等理论固有缺陷，考虑了地震波的一阶散射效应，可以更好地反演小尺度速度扰动，提高近地表速度反演精度和模型分辨率。相较于传统波恩近似和 Rytov 近似波动方程反演，广义 Rytov 近似对于前向小角度散射近似精度更高，因此更适用于透射波(初至波)走时反演。如图 4-1-22 和图 4-1-23 所示对比了在塔里木盆地双复杂地区初至波射线走时层析和广义 Rytov 近似波动方程走时层析结果。该地区地形变化大，存在多个山峰，两个山峰之间山谷中为松散浮土堆积，速度 600m/s 左右，特别是斜坡带区域射线反演存在较大问题，波动方程走时反演展现出较大优势，反演速度模型高速顶界面清晰，斜坡区域速度一致性较好，右侧小尺度速度异常结构反演更清晰。

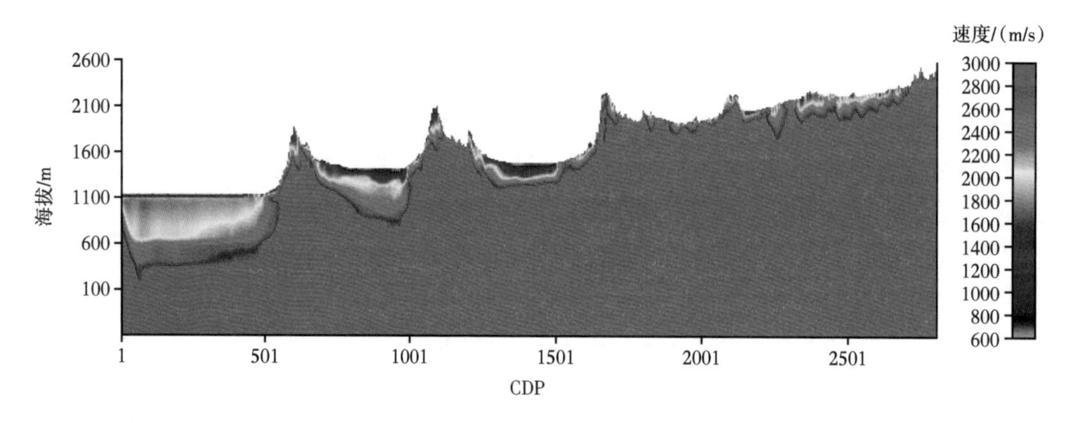

图 4-1-22 射线初至走时反演结果

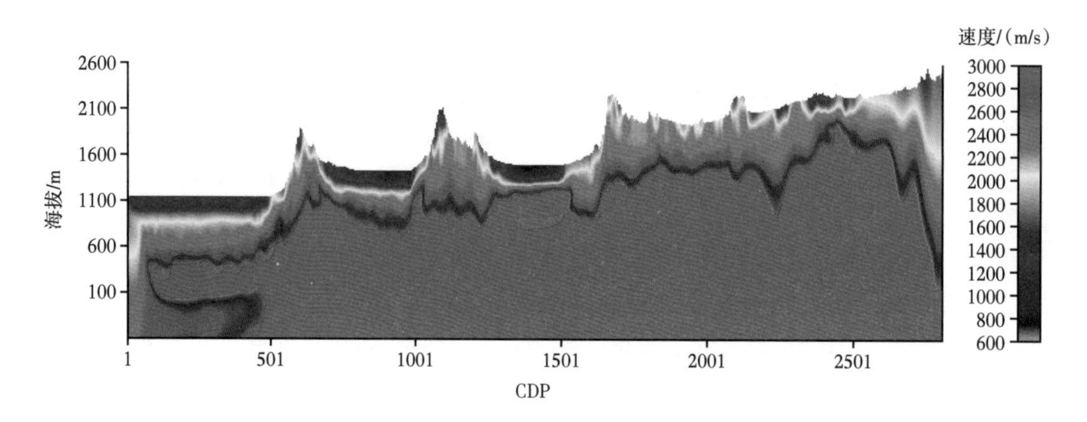

图 4-1-23 广义 Rytov 近似波动方程初至走时反演结果

复杂构造区实施早至波全波形反演技术面临两个技术难题：一是，当地表剧烈起伏时，常规矩形网格剖分不能有效控制地表自由边界的几何变化特征，网格界面与实际地表自由界面不共形，所产生的交叉形阶梯散射严重污染正演波场，导致正演失败；二是，近地表波场复杂，基于减去法目标函数无法正确匹配相位，不能有效提取正演数据与观测数据的数值残差，导致反演失败。如何精确离散复杂起伏的地表自由边界，如何有效提取正演数据与观测数据的数值残差，是决定复杂构造区早至波全波形反演技术成功与否的关键环节。

针对全波形反演在双复杂区面临第一个技术难题，笔者采用间断伽辽金（Discontinuous Galerkin，简称 DG）有限元法进行解决，该方法是近年来在地震数值模拟领域发展较快的一种改进型有限元方法。Dumbser 等（2006）最早把该方法引入地震波数值模拟。间断伽辽金有限元法基于数值流通量理论，其本质是有限元法和有限体积法的结合。在单元内部采用有限元处理，相邻的单元可通过有限体积法中的数值流通量链接。该方法兼具有限元能够适应起伏地表和复杂构造的特点，它可以使用非结构网格单元（三角形或四面体网格），可根据介质的分布特征设计出最优网格。其又具有有限体积法良好的局部特性，可逐元求解波动方程，避免传统有限元的超大型矩阵求逆的过程，适应地表起伏剧烈、地下构造复杂区波动方程模拟的技术需求。

针对第二个技术难题，为了使早至波全波形反演技术适用于复杂山地资料，需要对拉普拉斯—频率混合域全波形反演实现流程进行改造，包括：采用间断伽辽金有限元法代替有限差分法，实现波动方程及复杂地表自由边界的高精度离散，获得高精度正演模拟结果；引入炮检距加权的波形匹配目标函数代替减去法目标函数，在正演数据与观测数据实现相位（走时）匹配的条件下提取数值残差，确保反演的可靠性（Li 等，2020）。

进行了实际地震资料测试，目标测线长度为 23865m，初始速度模型设定为横向 15m 采样，1592 个采样点，纵向深度为 10000m，采样间隔 5m，采样点为 2001 个。目标测试模型范围内可用炮数为 325 炮，每炮最小炮检距为 12.5m，最大炮检距 4000m，原始观测数据每炮平均 500 个检波点，包括 4000 个采样点，采样间隔为 2ms，重采样为 4ms，重点使用早至波信息，剪切为 4s 采样长度。如图 4-1-24 所示所有检波点位置均在起伏地表上，地表高差为 1000m 左右，变化剧烈，没有经过平滑处理。

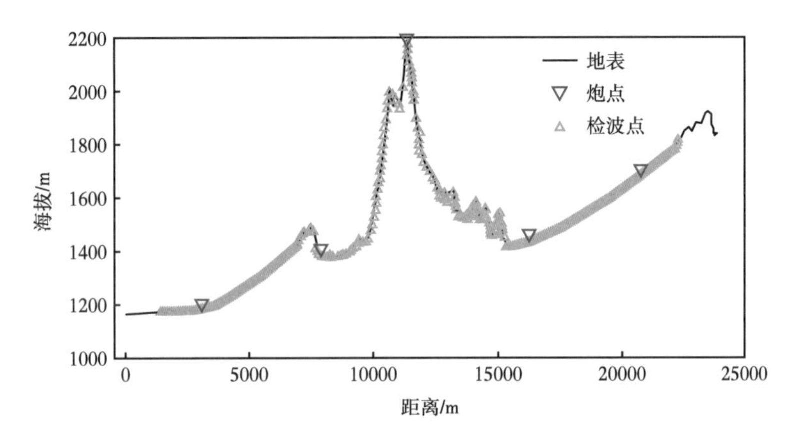

图 4-1-24　起伏地表、所有检波点和 5 炮位置

如图 4-1-25 所示为由走时层析技术构建的初始速度模型，可见构造形态特征清楚，但缺乏细节。如图 4-1-26 所示为基于间断伽辽金有限元方法的复杂山地全波形反演得到的起伏地表全波形反演结果，多尺度反演频段设置为 1~4~7~10Hz，第一组频率 1~4Hz，第二组频率 4~7Hz，第三组频率 7~10Hz。对比图 4-1-25 和图 4-1-26，可见起伏地表全波形反演获得的中频、高频细节特征能够有效提高速度模型分辨率，其结果与相关地质认识较一致。

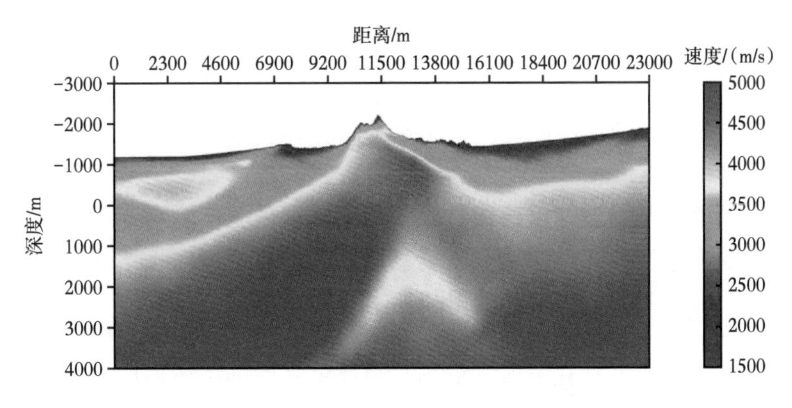

图 4-1-25　走时层析得到的初始速度模型

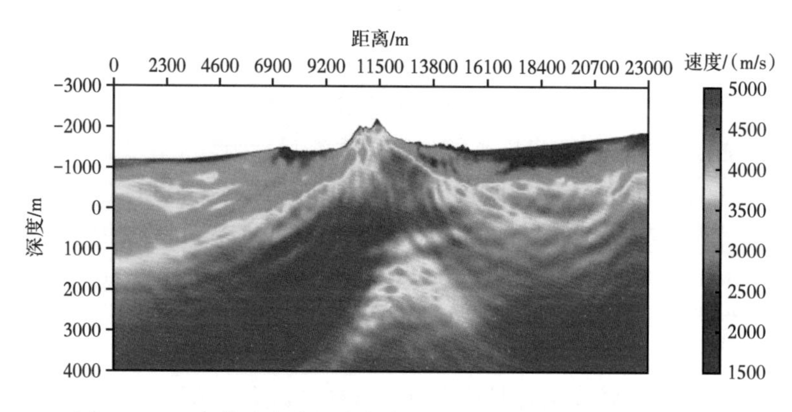

图 4-1-26　起伏地表多尺度全波形反演结果（频段 1~4~7~10Hz）

通过引入间断伽辽金有限元方法和波形匹配目标函数实现了适应起伏地表的早至波全波形反演，在实际数据应用测试中取得良好效果。但仍有关键技术问题需要进一步深化研究。例如，当复杂介质含有极低速度结构，为防止数值频散，需要采用极小网格对局部低速模型进行剖分，由于传统间断伽辽金有限元方法的计算时间步长由最小剖分网格的尺寸决定，不能随网格大小自由变化，导致大量无效计算，严重降低计算效率，亟待解决适应极低速度结构的数值频散问题。在初至走时层析反演基础上开展的早至波全波形反演，浅表层速度分辨率提升较为可靠，深层速度模型的细节是否合理，尚待在全波形反演中加入反射波后再探讨。

三、中深层速度建模面临的主要问题与技术对策

全深度速度建模包含近地表速度建模和中深层速度建模，受陆地地震采集观测系统影响，浅层地震信号中具备一定覆盖次数的反射信息较少，且近炮检距受噪声污染严重，反射波速度反演稳定性差，反射波速度建模技术应用难度极大，现阶段浅层多以初至波走时层析建模为主。中深层地震信号中反射波覆盖次数更高，更适合开展反射波速度建模技术应用。

常规的反射波速度建模基本流程：基于动校正叠加建立时间域叠加速度模型，基于叠前时间偏移建立时间域均方根速度模型，采用 Dix 公式或约束层速度反演方法将时间域均方根速度转换为深度域初始层速度模型；再结合已知地质和钻井、测井信息修正初始速度模型；最后基于成像域剩余速度分析和层析速度更新得到能使成像道集拉平的最优层速度模型。整个建模流程是以数据驱动加上人机交互解释实现的过程，需要鲁棒性（Robustness）较高的速度反演算法、多种信息综合利用、处理解释深度结合才能实现复杂构造高精度速度建模。在双复杂区受复杂地下速度结构认识和低信噪比数据影响，利用反射波信息建立高精度背景速度场同样面临诸多速度建模技术应用方面的问题，相应的速度建模技术应用策略也与海域和简单地表陆地地震资料有所不同。

1. 双复杂区中深层反射波速度建模技术应用面临的主要问题

双复杂区受地质构造多样性、地震波场复杂性和地震资料信噪比影响，中深层深度域速度建模技术应用面临如下一些主要认识和技术问题。

1）对初始速度建模工作重视不够

目前速度建模技术大多是基于地质模型的迭代方法，即给定初始速度模型，经过多轮次走时层析反演迭代得到满足叠前深度偏移要求的速度模型。层析反演本质上是个非线性

问题，只有在背景速度场比较准确的情况下，线性化假设才能成立，并且线性化后的反演结果强烈依赖于初始速度模型的选取。初始速度模型与实际模型差异越小，则迭代次数越少，模型迭代收敛速度越快。反之，初始模型误差越大，迭代次数也越多，甚至层析速度反演可能不收敛，以至于产生错误的结果。简单地表区的地震资料信噪比较高，地下构造样式多解性小，在已钻井较多的情况下，可以依据井中大套地层的层速度信息，空间上结合区域地质构造解释，借助图偏移等技术构建深度域初始层速度模型。双复杂探区油气勘探大都处于油气勘探初级阶段，大部分深层目标甚至处于勘探前期，已知的构造、钻井等信息较少，主要依靠地球物理资料和区域地质信息构建初始速度模型，这种情况下开展叠前深度偏移速度建模需要把大量精力用在初始速度模型构建过程中。对于双复杂探区的低信噪比资料，往往需要多猜测几种初始速度模型进行初步偏移，在判断初始速度模型的背景速度场是否合理后，再开展后续速度模型更新迭代。实际资料处理中，往往存在一种现象，处理人员按照速度建模流程在解释人员指导下用时间偏移速度转到深度域后直接开展层析成像速度模型优化，好像完成了一整套速度反演和建模过程，但是往往忽略了速度模型的多解性，没有试验多种可能性，对速度和构造模型的多解性认识不够深刻，这也是双复杂探区叠前深度偏移处理应用难度大的关键所在。对地下速度模型的认识不全面，单纯依靠高端的速度反演算法往往很难取得理想的成像结果。

2）深度域初始速度建模技术选择问题

目前双复杂探区初始速度建模大多基于 Dix 公式将均方根速度转化为层速度，再结合图偏移等方法将时间域构造解释层位转换到深度域，然后从浅层到深层构建含有地质构造信息的深度域层速度模型。这种基于结构模型的初始建模方法需要注意两方面问题：一方面，由于 Dix 公式基于水平层状介质假设，且单道实现，转换后的层速度模型在纵横向空间存在震荡性大的问题，甚至出现局部速度异常，不利于后续层析速度更新和深度偏移技术应用；另一方面，现阶段初始速度模型中的结构信息仍然来自时间域地震解释，在构造异常复杂或者在构造样式存在争议的地区，时间域构造解释一样存在误区，依靠 Dix 公式转换的层速度进行图偏移以后得到的深度域构造层位也可能存在偏离实际的问题，而且这种初始速度建模过程比较复杂，耗时也长，得到含有结构的速度模型后，即开始目标线偏移，然后在成像域开始剩余速度分析和层析反演。正如第二章分析的那样，如果结构模型认识有偏差，很可能为后续速度建模引入误差。所以基于构造解释的速度建模方式是一把双刃剑，最好是数据驱动和模型驱动的建模技术相结合，采用混合建模方式是双复杂区深度域速度建模较为实用的技术策略。

3）成像域层析速度优化时模型参数化方法选择难度大

成像域反射波层析反演是目前深度域速度建模的主流技术手段。速度模型既是层析反演的输入参数，也是层析反演的输出参数，为了满足层析反演的需要，必须对速度模型进行参数化。模型的参数化就是用一系列参数来描述待求的速度模型，这是进行层析反演的基础。其主要方式是对速度模型进行层状、块状和网格状划分，反演结果的精度和结构形式直接取决于速度模型参数化的方式。模型的参数化可以把复杂的地球物理反演问题转化成代数问题，运算相对简单，从而可以对具有大量参数的模型进行反演，获取地下的细致结构。双复杂探区通常构造变形剧烈，逆掩推覆等导致速度纵横向变化剧烈，如何对复杂构造背景下的速度场进行模型参数化表征是层析技术应用的难点之一。

4）成像域层析速度优化时反射波倾角场和剩余曲率拾取难度大

与初至层析相似，成像剖面上反射波倾角场和共成像点道集剩余曲率拾取是构建层析反演方程组的重要参数，反射界面倾角不准，射线路径完全错误，甚至导致模型更新失败。双复杂探区地震共成像点道集和剖面上的波场异常复杂，在拾取共成像点道集上的剩余曲率时可能拾取了一次反射波的剩余曲率，也可能拾取了多次波的剩余曲率，还有可能拾取了偏移噪声的剩余曲率，从成像剖面上也可能拾取到相互交叉的，甚至是方向相反的反射波倾角场，这些势必为层析反演速度优化带来麻烦，需要对复杂波场进行仔细甄别和认识，这也是影响层析速度更新方法在双复杂区应用的主要问题之一。

5）低信噪比资料和复杂近地表区域反射波速度建模技术应用难度大

低信噪比资料偏移后共成像点道集上反射波剩余曲率拾取很稀疏，在极低信噪比区域甚至无法识别有效反射波的剩余曲率；复杂山地地震资料的浅表层，甚至是中浅层反射波覆盖次数较低、信噪比也普遍偏低，倾角场和剩余曲率拾取很困难，拾取结果很稀疏，能够拾取到的大都是中深层的反射波场。求解这种拾取结果构建的层析反演方程组时，如果方法不得当，可能导致反演陷入局部极值，增加反演的不稳定性。低信噪比资料的反射波速度模型更新技术应用需要配套技术支撑。

2. 双复杂探区中深层反射波速度建模技术对策

成像域共成像点道集层析反演是叠前深度偏移速度模型更新阶段常用技术，它借鉴了层析成像的思路。但是共成像点层析存在一系列制约因素，如观测数据范围比较小、反射点位置不确定、射线在空间的路径严重依赖初始速度模型等，这些因素影响了反演结果的稳定性和可靠性。因此，共成像点道集层析偏移速度分析方法实现起来要比工业或医用 CT 困难。但有利因素是，在偏移后的共成像点道集上绕射能量归位好，数据的干涉和扭曲现象大大减轻，随机噪声也得到压制，成像道集的信噪比得到提高，因此，成像域反射波网格层析是目前深度域速度建模的主流技术手段。进行层析速度反演首先要有一个较好的初始速度模型；然后通过叠前深度偏移得到偏移道集和剖面；再拾取剩余深度差，建立层析方程；最后通过射线追踪，利用迭代法求解离散的大型稀疏方程组，得到速度修正量；进而更新初始速度模型，进行新一轮迭代。共成像点道集层析速度反演可以抽象成如图 4-1-27 所示的流程。

从上述共成像点道集层析速度反演建模流程可以看出，初始速度模型、模型参数化、成像剖面反射面倾角、成像道集剩余深度差拾取和反演正则化等都是影响层析速度建模精度的关键因素，在双复杂区实际应用中需要考虑这些影响，采用合适的技术对策。反射波层析反演正则化策略与初至走时层析正则化策略类似，已在上述近地表初至走时层析速度建模技术对策中做了介绍，在此重点讨论初始速度建模、模型参数化、倾角场拾取、剩余深度差拾取和低信噪比数据速度建模问题。

1）深度域初始速度建模策略

深度域初始速度建模可以利用的信息主要有时间域叠加速度和均方根速度、井速度、区域构造背景和大套地层参考速度、非地震资料等。区域构造背景和大套地层参考速度在纵横向空间上对全区速度变化趋势意义重大，开始速度建模前一定要想方设法了解区域速度变化趋势；井上的速度（VSP 或全井测井）对垂向速度变化趋势意义较大。这两类信息可以用来约束地震速度的空间变化趋势，也就是偏移所用的背景速度场的变化趋势。通常深度域层速度依赖于时间域速度经过 Dix 公式转换获取，在双复杂区建议不要直接应用叠

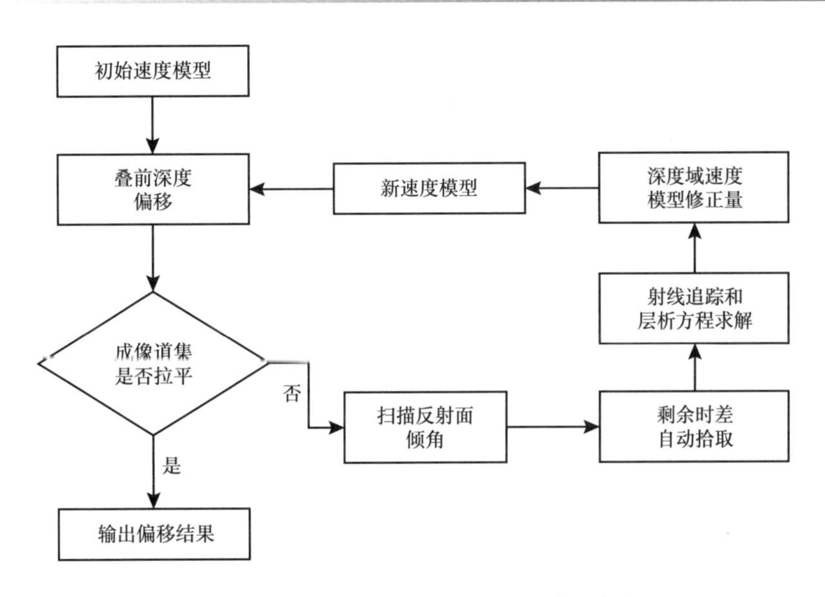

图 4-1-27　共成像点道集层析速度反演基本流程

加效果较好的叠加速度或均方根速度结果，因为叠加速度和均方根速度没有考虑波场传播路径的影响，以双曲线走时计算的速度谱能量团不能够反映真实的层速度信息。如果受速度建模软件功能限制，必须用到 Dix 公式转换或者约束层速度反演等作为初始时深转换工具时，不要按照叠加速度谱的能量团取速度值，最好把转换后的层速度曲线和层速度剖面实时调显出来，结合区域构造背景进行时间域速度分析，这种速度分析结果不一定有利于动校正和叠加，但是有利于确定深度域层速度背景场变化。如果工区内有从地表开始的全井段测井资料，还可以利用井速度对地震初始层速度的纵向变化趋势进行约束，当然，最重要的还是要考虑复杂构造背景条件下的速度空间变化趋势。

深度域速度模型构建依靠三维模型表征软件工具，速度分析和速度反演方法实现方式不同，与之配套的速度模型表征软件设计思路也不同。目前工业界深度域层速度模型表征方式主要有两种方式：一种是直接对三维空间一定间隔分布的垂向速度函数进行插值、平滑等方式构建三维速度体，这种速度模型在三维网格单元内速度为常数，采样点可以足够密，尤其是纵横向和深度方向可以反映速度变化细节，且速度函数变化趋势可以用线性或渐变的梯度曲线进行表征，有利于数据驱动的网格层析和偏移技术应用，速度建模实现过程简单、高效；另一种是基于结构模型的沿层速度建模表征方式，也就是常见的模型驱动的速度建模方式，这类模型表征方式与沿层层析反演相配套。实现三维速度建模首先要确定能够表征地下复杂介质速度变化的宏观层速度分界面和主干断裂，后续所有的时间域层位和断层解释、沿层速度分析、图偏移、深度域构造图等都是基于这几个大套层位展开的。这种速度模型表征方式依赖于地震解释人员对工区内主要解释层位和断层的构造认识、同一层内速度的把握、时间域和深度域层位的转换关系及各种沿层插值、平滑等，速度建模过程中需要处理与解释紧密结合，最好是处理人员直接具备复杂构造解释能力，否则速度建模周期长。模型驱动的速度建模方式受处理解释人员水平影响大，一旦初始速度模型认识有偏差，需要从最初的解释开始从浅至深逐层修改，速度建模效率低。这种方式构建的速度模型反映大套地层速度变化，速度模型精细程度不够，偏移时如果解释层位稀疏，层内速度变化梯度给不准，则容易出现不聚焦的现象。如果要体现速度模型的精细变化，付出的代价更大，需要加密解释层位，在逆掩推覆等构造变形剧烈区域，复杂构造的三维空间模型表征本身极具挑战性，速度模型的多值问题很难解决，通常用简化的方式进行表征，也会降低偏移的空间归位和聚焦效果。

由此可见，主流的速度建模软件主要适应层状模型和非层状模型两大类。层状模型适合于具有明显反射界面、地质构造相对简单的沉积岩地区。非层状模型又分为块体模型和网格模型，适合于盐丘、逆掩断层发育，构造运动强烈的地质构造，在这些地区层状的沉积环境已经被剧烈的构造运动复杂化，层状模型不能准确地描述速度的分布规律。但是当复杂构造上覆地层可能存在较为简单且连续变化的沉积层时，可以把层状建模和非层状建模的思路结合起来，比较实用的方法是分区域采用不同的建模手段。

双复杂探区实用、高效的初始深度域速度建模建议从三个方面入手分析：一是在了解区域大套地层速度范围前提下进行常速偏移，采用大步长常速扫描偏移，快速了解浅中层大致的速度空间变化；二是根据井速度和层速度函数空间变化解释时间域均方根速度，剔除那些局部速度异常或是速度变化趋势与背景速度场变化趋势差异较大的速度函数点，尽可能得到相对平滑但是可以反映构造背景趋势的初始速度模型；三是在基本把握工区内层速度变化趋势和构造样式，且能够对地下结构大致成像的前提下，再对盐构造、逆掩推覆体、火山、盐体等特殊构造进行细致刻画，也就是将层状建模和非层状建模相结合，开展混合建模。正如第二章速度建模技术对叠前深度偏移效果影响因素分析中指出的那样，双复杂探区地震资料信噪比较低，构造样式多样，对地下速度场的认识存在多解性，此时需要多进行几组初始速度模型实验，得到基本构造形态后，再进行速度模型的更新。

2）层析速度更新中模型参数化策略

速度模型既是层析反演的输入参数，也是层析反演的输出参数，为了满足层析反演的需要，必须对速度模型进行参数化。模型的参数化就是用一系列参数来描述待求的速度模型，这是进行层析反演的基础。其主要方式是对速度模型进行层状、块状和网格状划分，反演结果的精度和结构形式直接取决于速度模型参数化的方式。模型的参数化可以把复杂的地球物理反演问题转化成代数问题，运算相对简单，从而可以对具有大量参数的模型进行反演，获取地下的细致结构。速度模型参数化的原则：尽可能忠实于原模型，在满足反演结果的分辨率和精度要求的情况下，尽可能减少模型参数的数目。对于层析反演来说，常用的模型参数化方式有以下 4 种：

（1）将速度模型看成层状介质模型，层内速度均匀。目前生产上应用较多的沿层网格层析大都属于这一类方法。这种参数化方式比较简单，适用于沉积环境稳定的水平沉积层。这种层析速度模型参数化方法与初始建模阶段应用沿层速度建模技术相配套，同一层的速度模型更新量一般是常量，不能解决层内速度横向和纵向均剧烈变化的情况。

（2）利用分析层位上控制点的速度和深度，通过插值来表示界面和层速度。插值可以采用线性插值、样条插值等方式。这种模型参数化方法仍然与沿层速度建模技术相配套，层内加梯度变化。这种参数化方式所需内存小，计算速度快，但是精度低，尤其是在复杂介质情况下受到较大限制。

（3）将速度模型看成块状介质模型，每一块内速度均匀。这种参数化方式能够适应一定的地质结构，尤其是对盐丘等异常速度体具有一定的实用性，但是对速度模型处理的粒度比较粗，不适合精细速度建模。

（4）将速度模型进行空间网格划分。一是假设网格内速度为常数，射线追踪也是在同样的网格内进行，计算简单且速度快，但需网格划分比较细才能保证复杂模型刻画精度，这就大大增加了计算量；二是假设网格内速度梯度为常数，这种假设符合一定的地质沉积规律，并能保证射线在网格内弯曲而在网格边界连续变化，因此，可适当增大网格的大小，进而减少反演参数的数目，增加反演的稳定性。这种模型参数化方法与三维空间区域块体和网格化混合速度建模技术相配套，既能考虑大套速度变化，也可以考虑细节，还能够兼顾效率。

通过以上分析，将网格内速度梯度设为常数来进行速度模型参数化最为便捷，能够描述复杂模型速度变化特征，也是目前商业层析软件模型参数化的主要方法。在实际应用过程中，可以采用细网格进行射线追踪、利用粗网格进行层析迭代反演的策略，提高反演的精度和稳定性。

3）层析速度更新中成像剖面上反射界面倾角拾取策略

反射界面倾角是网格层析另外一个重要参数，反射界面倾角不准，射线路径完全错误，甚至导致更新失败，因此，提高反射界面倾角拾取精度至关重要。地层倾角拾取基于多道相似的相干体技术，定义一个以分析点为中心的矩形时窗，在规定的倾角范围内，按照一定倾角间隔分别求取地震数据的相干性，最大相干性对应的倾角值即为分析点的倾角。具体实现时在初始叠前深度偏移叠加数据体上，分别沿 Inline 和 Crossline 方向，对横向连续性好、相关系数较大的点进行倾角扫描，建立离散的局部地层斜率（地层倾角的正切函数值），产生两个方向三维离散地层斜率数据体，插值平滑后得到两个地层斜率体。在网格层析反演初期，由于剖面成像精度不高，可选取较大的分析时窗进行大尺度平滑，确保拾取主要的背景倾角信息。在双复杂地区，成像剖面信噪比极低，数据驱动扫描建立的倾角场精度很低，这也是导致网格层析在双复杂区失败的重要原因。因此，必须根据地质认识对倾角场进行处理。可以先根据地质认识，在成像剖面上拾取大套层位信息，根据层位建立约束倾角场，对偏离约束倾角较大的扫描倾角进行校正，这也是所谓的构造导向层析建模策略。实践表明，该方法能够较好地提高倾角场计算的稳定性，进而提高网格层析精度。

4）层析速度更新中共成像点道集剩余深度差拾取

剩余深度差是计算剩余时差的必需参数，也是网格层析最重要的参数。剩余深度差的大小直接决定了剩余速度的大小，剩余深度差的精度直接决定了剩余速度的精度。因此，快速、准确地获取剩余深度差是整个层析偏移速度更新最基本的环节。剩余深度差拾取数量巨大，基本都是通过自动拾取算法完成。

当速度模型误差较大时，可以先通过单参数剩余曲率扫描方法，获得剩余深度差，通过网格层析消除大的剩余深度差。然后通过剩余曲率约束下共成像点道集自动拾取方式精细拾取每个炮检距（或角度）的剩余深度差，也可以采用平面波分解算法，多参数拟合算法，提高拾取精度。在双复杂区实际应用时，可以将成像剖面上的倾角拾取的信息投影到共成像点道集的最近道，拾取采用策略是由粗到细，成像初期先拾取可以分辨的反射波场，随着速度模型精度的提高再加密拾取精度。

5）低信噪比资料速度建模技术应用策略

深度域速度模型的构建与地质构造认识密切相关，在低信噪比地区，地震成像精度不高，地质结构无法落实，构造解释人员很难确切地告诉处理人员工区内的构造和速度信息。受低信噪比数据制约，数据驱动的时间域均方根速度分析和叠前深度偏移后的共成像点偏移速度分析也存在多解性，无论是模型驱动还是数据驱动方法都难以建立合理的偏移速度模型。

对于已知信息少且资料信噪比低的速度建模问题，单纯依靠地震约束反演等数据驱动的速度估计方法存在较强多解性。低信噪比区域速度建模过程中的人工干预修正速度模型至关重要，需要将基于模型的建模思路和基于数据的建模思路进行有机结合，在充分考虑区域地质认识基础上，结合地震速度估计，构建相对平滑的初始速度模型。在此基础上进行目标测线克希霍夫叠前深度偏移，对偏移叠加剖面和共成像点道集进行高强度去噪，提高倾角及剩余延迟拾取精度，再用层析优化方法更新迭代，直到获得比较合理的层速度模型。

现阶段考虑三种思路构建速度模型：一是按照多种构造模型构建不同的速度模型，分别进行叠前深度偏移快速迭代，用成像结果判断速度模型的合理性，选择较为合理的初始速度模型开展后续迭代；二是考虑由浅及深的常速或变速扫描，结合速度编辑等，人工构建速度模型；三是对成像域道集和剖面进行信噪分离，提高有效反射信息的信噪比。第三点对于双复杂区速度建模至关重要，对于依赖走时信息进行速度估计的算法，原则是保持地震数据的走时特征不变，在压制了成像道集上的多次波等噪声后，尽可能提高数据信噪比，无须过多考虑振幅保真问题，目的是为了提高剩余深差和倾角场的拾取精度，进而提高层析反演稳定性，待获得较为合理的速度模型后，再用保真去噪数据进行数据体的偏移。实际应用中往往是根据资料品质和偏移成像的不同阶段综合应用上述策略。如图 4-1-28 所示为塔里木库车双复杂探区层析速度模型更新应用实例，为了改善低信噪比

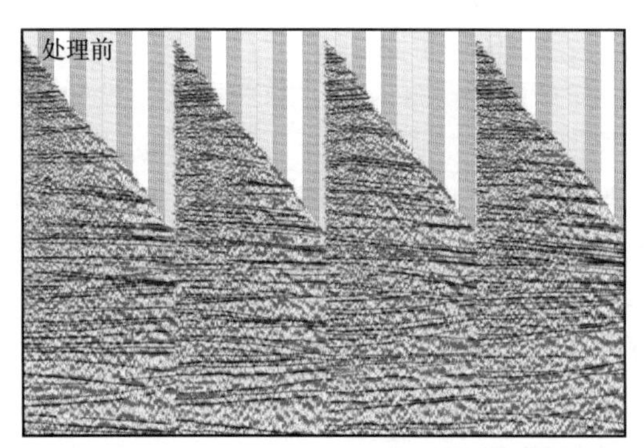

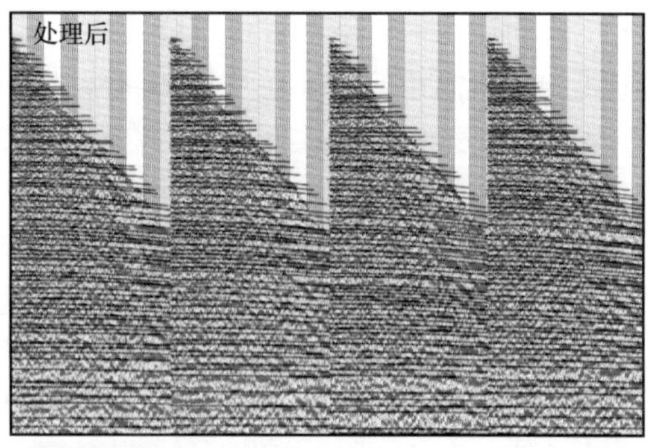

a. 提高信噪比处理前后共成像点道集剩余深度差拾取结果

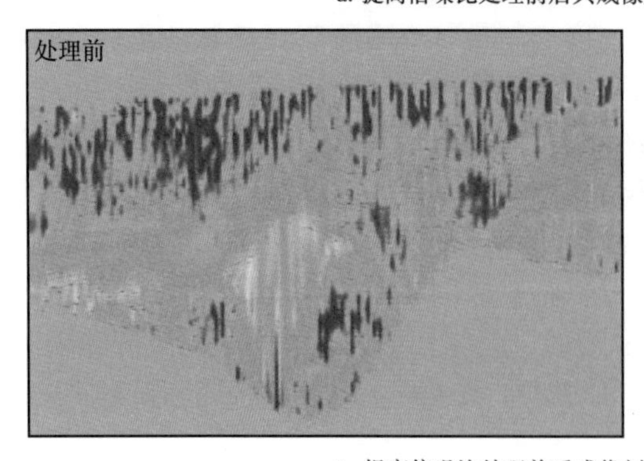

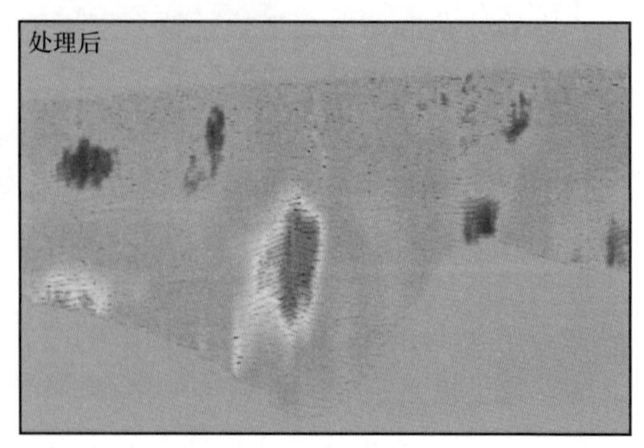

b. 提高信噪比处理前后成像剖面倾角场拾取值及拾取密度

图 4-1-28　提高信噪比处理前后的剩余深度差和倾角场拾取效果

数据共成像点道集剩余深度差拾取和成像剖面倾角场拾取质量，对共成像点道集和成像剖面进行了提高信噪比处理，对比处理前后的剩余深度差拾取效果和剖面上显示的倾角场拾取密度质控图可见，由于资料信噪比低导致的剩余深度时差拾取密度低的问题得到较好的解决，倾角场拾取值的构造形态空间分布趋势更为合理，这样的拾取结果有助于提高层析稳定性。如图 4-1-29 所示为应用两种拾取结果后的网格层析反演速度模型，可见优化拾取后速度模型中由于反演不稳定性带来的局部速度异常减少，速度变化趋势有利于下一轮目标线克希霍夫偏移和速度模型优化迭代。

a. 处理前

b. 处理后

图 4-1-29　提高信噪比处理前后网格层析反演速度模型

四、浅中深层速度模型融合技术

前面分别论述了双复杂区近地表速度建模和中深层速度建模的技术对策，但两种速度模型来自不同的地震波场信息，在空间同一位置上可能存在速度差异。如何使两者融合统一起来建立从真地表出发的全深度速度模型，实现真地表深度偏移，是本部分主要论述的内容。

1. 浅中深层速度模型融合面临的主要问题

浅中深层速度融合是从真地表出发的全深度速度建模的核心技术之一，常规速度建模软件主要依靠地震反射波进行速度分析和速度建模。初至波速度建模通过第三方其他软件输出数据，直接加载到速度建模软件中，在软件中提供对不同数据的简单数学运算功能，即给定一个解释层位，将近地表初至波速度模型与起伏地表开始的反射波速度模型采用沿层相加的方式直接拼接在一起，对层位拾取要求较高，层位附近两个速度模型差异不能太大，否则容易出现拼接痕迹，再进行平滑处理得到包含浅中深层的速度模型。这种简单做法可能导致近地表速度模型被改造，引入额外的走时误差，进而影响成像效果。

2. 浅中深层速度模型融合技术策略

针对浅中深层速度模型融合问题，笔者开发了从真地表出发的速度模型融合技术，并且集成到全深度速度建模特色软件 iPreSeis.VI 中。自研软件提供三种速度模型融合方案：一是与常规速度建模软件一样的多个数据体沿层拼接运算基本功能；二是根据初至波反演结果的深度和稳定性，提供低速带底界面、等速度面或是射线密度包络等多种层位解释和输出功能，依据近地表速度模型的复杂程度（包括露头信息）和反演结果的稳定性，确定速度模型融合的界面进行融合，并且记录在数据库中，还可以输出给其他系统，用于静校正计算和速度建模；三是研发了一种保持波场传播走时特征的速度模型融合方法（张才等，2014），以走时反演策略为主，根据浅层模型和深层模型分别计算理论走时，最优的融合模型走时与理论走时误差最小，该技术能够保持浅中深层走时特征。如果后续还需要更新中深层模型，软件采用构造约束反射波网格层析方法，保持近地表模型不变。

下面介绍三种主要的速度模型融合方法：一是基于层位约束的深度域速度模型融合技术；二是基于时间域拼接的速度融合技术；三是基于初至波反射波联合反演的全深度速度建模技术。

1）基于层位约束的深度域速度模型融合技术

基于层位约束的深度域速度模型融合技术的基本思路是沿着稳定的速度界面，将近地表和中深层速度模型直接拼合起来。其关键技术包括三项：一是近地表、中深层速度建模方法；二是稳定速度界面的确定与拾取；三是速度模型拼接方法。

与图像拼接原理相似，速度拼接指将一组相互间存在重叠部分的速度进行空间匹配对准，经重采样融合后形成包含各部分速度信息的全深度速度模型。速度拼接算法包含速度配准和速度融合两部分。速度配准是速度拼接的核心技术，用来实现速度对齐；而速度融合用来消除速度拼接中的接缝，实现无缝拼接。

速度配准通常需要三步实现：第一步是匹配策略的选择，即通过一定的匹配策略，找出待拼接速度图像中的模板或特征点在参考速度图像中对应的位置，进而确定两幅速度图像之间的变换关系；第二步是数学变换模型的建立，即根据模板或者速度图像特征之间的对应关系，计算出数学模型中的各参数值，从而建立两幅速度图像的数学变换模型；第三步是统一坐标变换，即根据已建立的数学变换模型，将待拼接速度图像转换到参考速度图像的坐标系中，完成统一坐标变换。最后，通过融合重构技术，将待拼接速度图像的重合区域进行融合，得到拼接重构的全深度速度模型图像。速度模型拼接基本流程如图4-1-30所示。

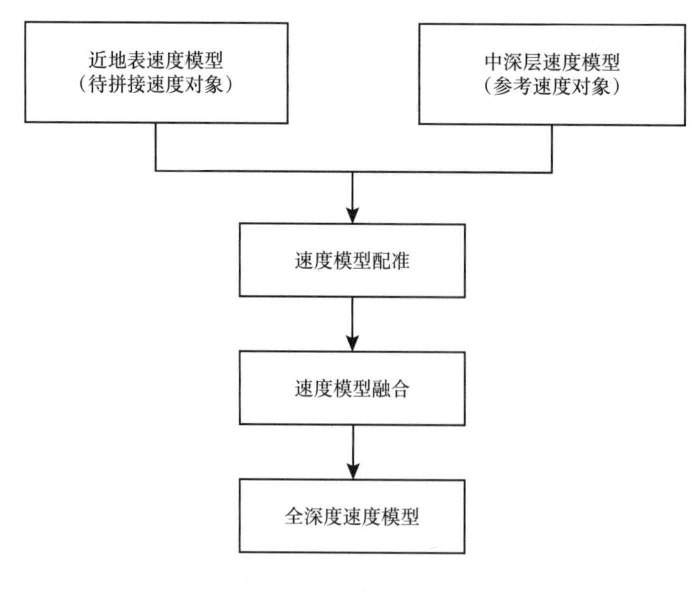

图4-1-30　速度融合流程图

（1）速度图像配准方法。

与图像配准方法相似，速度图像配准算法也可以分为两类，一类是基于时域的方法，另一类是基于频域的方法（相位相关方法）。

基于时域的方法又可具体分为基于特征的方法和基于区域的方法。基于特征的方法是首先找出两幅速度图像中的特征点（如边界点、拐点），并确定速度图像间特征点的对应关系，然后利用这种对应关系找到两幅速度图像间的变换关系。这一类方法不直接利用速度图像的灰度信息，对亮度变化不敏感，但对特征点之间对应关系精确程度的依赖很大。而基于区域的方法则是以一幅速度图像重叠区域中的一块作为模板，在另一幅速度图像中搜索与此模板最相似的匹配块，这种算法精度较高，但计算量过大。

相位相关法是目前应用最为广泛的图像配准方法，最早由 Kuglin 等（1975）提出，并且证明在纯二维平移的情形下，拼接精度可以达到 1 个像素，多用于航空照片和卫星遥感图像的配准等领域。该方法对拼接的图像进行快速傅里叶变换，将两幅待配准图像变换到频率域，然后通过它们的互功率谱直接计算出两幅图像间的平移矢量，从而实现图像的配准。相位相关法的优点是算法简单，运行速度快，对于亮度变化不敏感，抗干扰能力强；缺点是该方法要求待配准的两幅图像具有比较大的重叠比例，通常要求重叠比例不低于 50%，如果重叠比例较小，则容易造成平移矢量的错误估计，从而较难实现图像的配准。

对于近地表和中深层速度图像而言，在近地表区域，两者重叠比例远远大于 50%，满足频率域相位相关法使用条件，又因为相位相关法利用速度图像互功率谱中的相位信息进行速度图像配准，编程简单、稳定性好、对噪声不敏感、方法匹配精度高，因此，选择频率域相位相关法实现近地表和中深层速度模型配准。

从原理上，相位相关配准方法是利用傅里叶变换的方法，将图像由空间域变换到频率域，根据傅里叶变换的平移原理实现图像配准。设 $f_1(x,y)$ 和 $f_2(x,y)$ 为两幅速度图像，若它们满足如下关系：

$$f_2(x,y)=f_1(x-x_0,y-y_0) \tag{4-1-3}$$

即 $f_2(x,y)$ 是由 $f_1(x,y)$ 通过简单平移 (x_0,y_0) 得到，则它们对应的傅里叶变换 $F_1(u,v)$ 和 $F_2(u,v)$ 满足：

$$F_2(u,v)=F_1(u,v)e^{-j2\pi(ux_0+vy_0)} \tag{4-1-4}$$

也就是说，这两幅图像在频域中具有相同幅值，它们之间的相位差就可以等效地表示为互功率谱相位：

$$\frac{F_1(u,v)F_2^*(u,v)}{\left|F_1(u,v)F_2^*(u,v)\right|}=\mathrm{e}^{j2\pi(ux_0+vy_0)} \tag{4-1-5}$$

式中 *——复共轭运算符。

式（4-1-5）互功率谱的相位经过傅里叶反变换后，在位移点 (x_0,y_0) 处取得冲击函数的最大值，使得相位相关方法能够通过搜索式（4-1-5）傅里叶反变换峰值位置的方式确定图像平移量 x_0 和 y_0。

（2）速度图像融合方法。

与图像融合情况相似，配准后的两幅速度图像，一般情况下由于采样时间和采样角度不同，重叠部分会出现明显的接缝。为了消除接缝，采用加权平均的融合方法进行速度图像平滑过渡处理。设$f_1(x,y)$和$f_2(x,y)$为两幅速度图像，将$f_1(x,y)$和$f_2(x,y)$在空间叠加，则融合后的图像像素f可以表示为

$$f(x,y)=\begin{cases}f_1(x,y),\ (x,y)\in f_1\\ d_1f_1(x,y)+d_2f_2(x,y),\ (x,y)\in(f_1\cap f_2)\\ f_2(x,y),\ (x,y)\in f_2\end{cases} \tag{4-1-6}$$

式中　d_1，d_2——权重值。

权重与重叠区域的宽度有关，且

$$d_1+d_2=1,\ 0<d_1,\ d_2<1$$

在重叠区域中，d_1由1渐变至0，d_2由0渐变至1，由此实现在重叠区域中由$f_1(x,y)$到$f_2(x,y)$的平滑过渡。

以塔里木秋里塔格地区宽线数据为例，展示基于层位约束的深度域速度模型融合应用效果。如图4-1-31所示为初至波走时层析建立的近地表速度模型，其中红色线为拾取的高速顶界面，作为速度融合控制层位。如图4-1-32所示为利用反射波网格层析建立的中深层速度模型，如图4-1-33所示为融合后的全深度速度模型，融合模型在层位控制处平滑过渡，满足偏移成像算法要求下速度模型平滑的条件。

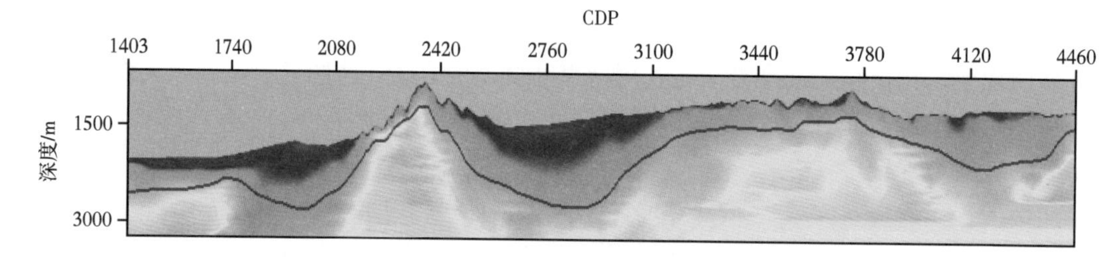

图4-1-31　初至波走时层析建立的浅表层速度模型

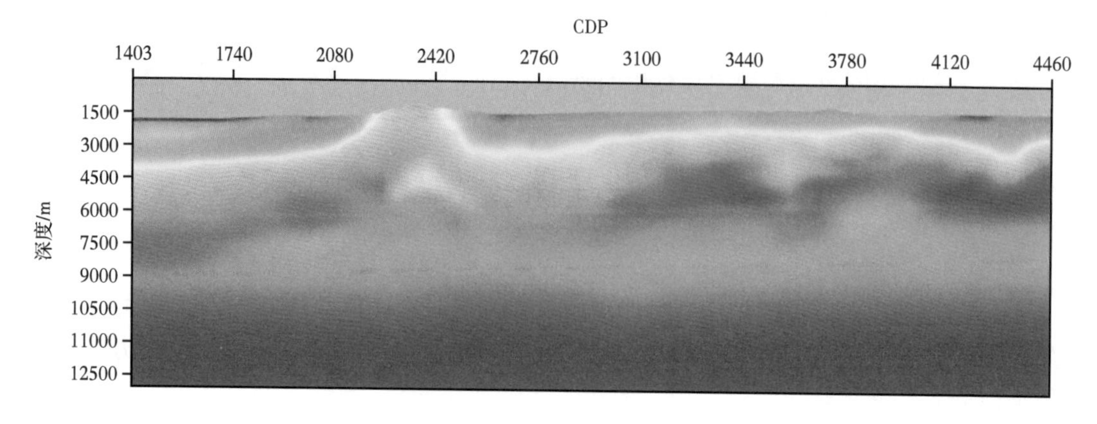

图4-1-32　反射波网格层析建立的中深层速度模型

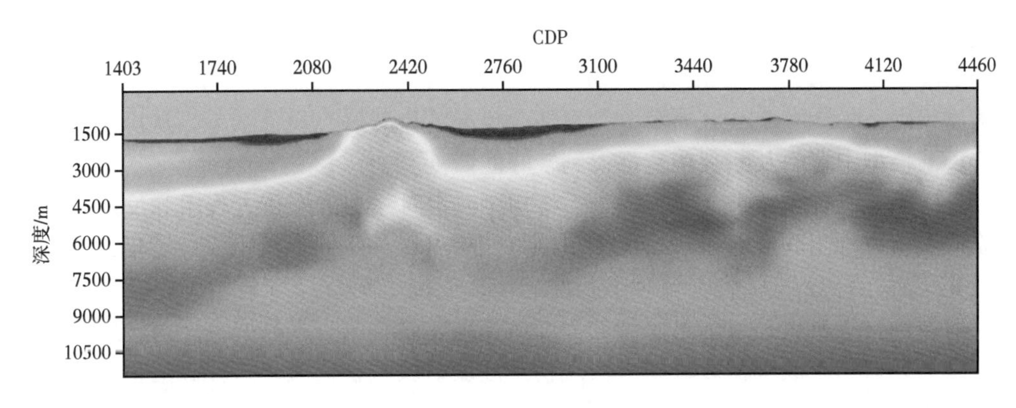

图 4-1-33 融合后的全深度速度模型

2）基于时间域拼接的速度融合技术

通过双平方根速度分析方法，可获取起伏地表时间域均方根速度。初至波走时层析获取近地表层速度模型，可以在时间域进行速度模型融合（杨勤勇，2008）。具体过程为，先把初至层析获取的层速度模型转化为时间域均方根速度模型，在时间域采用沿层拼接方法，建立融合的均方根速度函数。将融合后的均方根速度转换为深度域速度模型，即可实现浅中深层速度融合。时间域融合的优点是，某一时刻均方根速度与其他时刻无关，拼接过渡区内速度值的修改，不影响过渡区之外速度值，能够较好地保持浅层和深层速度特征。该方法主要问题是深度域和时间域速度转换依赖于 Dix 公式，在转换过程中对原有速度场产生破坏。此外，由于中深层速度模型只是初始速度模型，精度较低，还需要利用沿层层析或网格层析方法进行速度更新，如果不采用构造约束方法，更新过程中浅层速度模型无法保持相对稳定。

3）基于初至波反射波联合反演的全深度速度建模技术

传统层析建模技术采用单类型地震波走时信息，比如初至波或反射波，建立的速度模型近地表与中深层是相互分离的，后续需要采用融合方法建立全深度速度模型。近年来发展了联合反演方法，该方法同时利用初至波和反射波走时信息（Bai，2005），能够直接获得高精度全深度速度模型，避免后续速度融合破坏原始速度模型走时特征。从数学上讲，增加不同类型走时数据信息，有助于降低反演多解性，提高稳定性。该类联合反演技术在双复杂区现阶段还处于研发和先导实验阶段，未见广泛应用。

从实现方式来说，可以分为三种：一是纯数据域走时联合反演；二是数据域和成像域走时联合反演；三是走时与波形联合反演。

（1）纯数据域走时联合反演方法：需要从叠前数据中同时拾取出初至波和反射波走时信息，再利用初至波和反射波走时计算及射线追踪技术，计算出初至波和反射波走时及射线路径，最终建立统一方程组进行联合反演。该方法具有较高精度，但严重依赖于走时拾取质量。通常初至波拾取相对容易，但是从低信噪比叠前道集中拾取同一反射层的走时信息相对困难。此外该方法还要求勘探区域内具有多个明显的反射层，如果反演算法不能自动更新反射界面位置，还需要提前给出反射层准确位置信息。如图 4-1-34 所示给出了巨厚黄土塬区数值模型纯数据域走时联合反演算例，采用初至波和 4480m 深处水平反射界面产生的反射波进行走时联合反演。如图 4-1-34a 所示为真实速度模型，建模时地表高程采用庆城地区实际黄土塬地表测量数据，模型包含水平地层、断层及背斜等构造；如图 4-1-34b 所示为部分炮点和检波点初至波及反射波射线传播路径；如图 4-1-34c 所示为初始速度模型；如图 4-1-34d 所示为初至波、反射波走时联合反演结果，从反演结果可以看到，反演模型中背斜及断裂构造都得到较好的恢复。

（2）数据域和成像域联合反演方法：将初至波走时建立的层析方程组和反射波网格层析建立的层析方程组联合起来进行反演。网格层析可以基于共炮检距成像道集或角度域共成像道集，经过深度偏移后，相对于叠前记录，成像道集质量有了显著提升，更容易拾取。反射波网格层析也是目前最主流的深度域速度建模方法。只需要在反射波层析方程建立完成后，加入初至波层析方程即可实现初至波反射波联合反演，这种方法也是目前联合反演的主流技术。

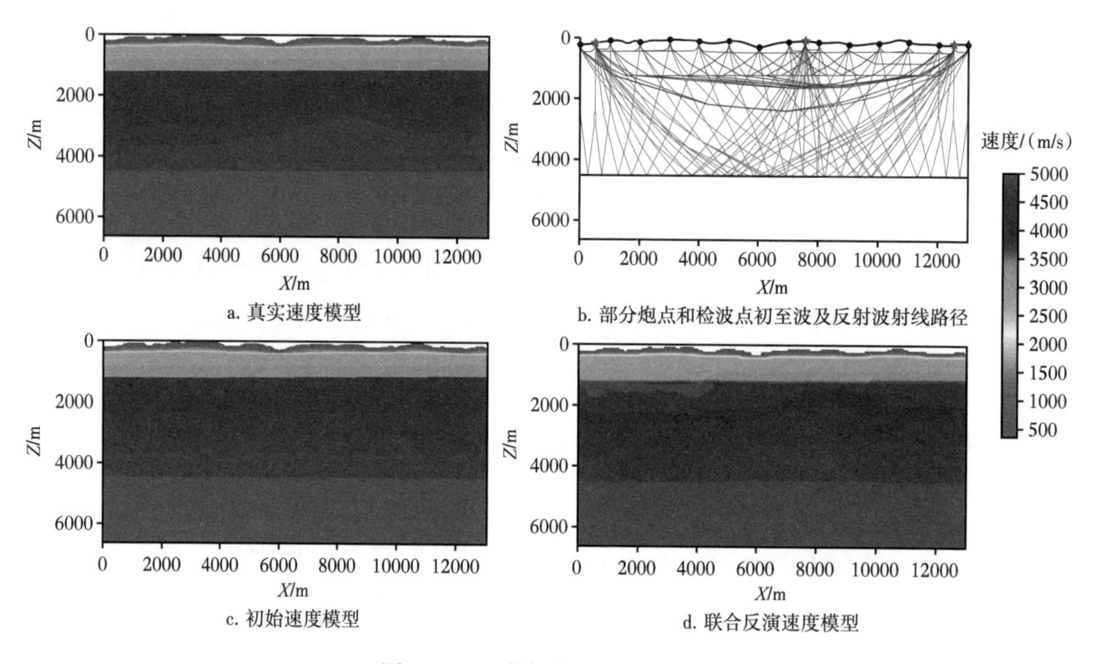

图 4-1-34　数据域走时联合反演

全波形反演一直被认为是获取地下介质参数的终极手段，现阶段受陆地实际地震资料的制约，陆地数据全波形反演技术仍有诸多难点尚未攻破，采用走时与波形联合反演方法，能够充分利用走时信息建立低频背景速度场，避免全波形反演陷入局部极值。

第二节　真地表叠前深度偏移技术

叠前深度偏移成像在非水平地表（真地表基准面）情形下的层速度场中模拟地震波在真实地下介质中的传播路径和走时，把反（散）射地震子波聚焦到正确的反（散）射点上，得到地下介质正确的成像结果。在双复杂探区，克希霍夫积分叠前深度偏移、高斯束叠前深度偏移和逆时偏移是三种深度域主流成像技术。在得到保持波场运动学特征的偏移前数据和全深度速度模型基础上，本节重点探讨工业界常用的克希霍夫、高斯束、逆时偏移等偏移算法在双复杂区应用的关键问题、解决策略和实现方法。

一、真地表积分法叠前深度偏移技术

克希霍夫积分法在理论上简单，但其功能强大，在大量的成像应用中满足了成像的需求。克希霍夫偏移是基于高频近似与射线理论波传播的偏移方法，计算效率高，能够在速度结构较复杂的介质中取得较好成像效果，方便对各向异性介质成像，在观测方式适应性等方面优于其他方法。因此，克希霍夫叠前深度偏移一直是起伏地表地区深度域成像处理的通用技术。但在地表起伏剧烈、表层速度横向变化大、高速地层直接出露地区，常规时移静校正误差很大，基于高频渐近射线理论的克希霍夫偏移不如基于递归波场延拓技术的波动方程偏移方法精确。

为了把波动方程偏移推广应用于起伏地表地区，Beasley 等（1992）提出了“零速层”（Zero-Velocity Layer）概念，并用于克服复杂地形的影响。这项技术要求在偏移前进行时移静校正，且只适合由绕射项与折射项组成的偏移算子。为了克服上述局限性，何英等（2002）提出了一种以“波场上延”取代“零速层时移静校正”的波动方程叠前深度偏移方法。本质上，它是波动方程“基准面延拓 + 叠前深度偏移”两步法，只是不需要将炮点向上延拓到水平基准面而已。随着单程波波动方程数值解法的不断改进，出现了真正意义上的起伏地表波动方程叠前深度一步法偏移，如 Zhu 等（1998）用于北美落基山山前推覆构造成像的显式有限差分偏移算法。

1. 真地表克希霍夫叠前深度偏移

克希霍夫叠前深度偏移方法的偏移本质是基于绕射叠加理论的振幅求和过程，加权函数的引入产生了振幅相对保真的偏移成像方法。积分法偏移的原理简单，实现容易，计算效率高，对观测系统适应性好，输出的共成像点道集适合复杂构造情况下的速度分析。由于克希霍夫偏移法性价比较高，适合快速目标处理的需要，对复杂山地非规则采集观测系统适应性强，同时适应起伏地形，在双复杂区实际地震数据处理中如今普遍使用的仍然是克希霍夫叠前偏移方法。

克希霍夫积分法叠前深度偏移公式如下：

$$u(\boldsymbol{r},t)=\frac{1}{2\pi}\iint_{\Omega}\cos\varphi\left[\frac{1}{R(\boldsymbol{r},\boldsymbol{r}_{\mathrm{g}})}+\frac{1}{vR(\boldsymbol{r},\boldsymbol{r}_{\mathrm{g}})}\right]\frac{\partial}{\partial t}u\left[\boldsymbol{r}_{\mathrm{g}},t+t(\boldsymbol{r},\boldsymbol{r}_{\mathrm{g}})+t(\boldsymbol{r},\boldsymbol{r}_{\mathrm{s}})\right]\mathrm{d}x\mathrm{d}y \tag{4-2-1}$$

$$\cos\varphi=\frac{z}{R} \tag{4-2-2}$$

式中　u——地震波场；

$\boldsymbol{r}$——地下任意一点的三维坐标；

$\boldsymbol{r}_{\mathrm{g}}$——检波点的坐标；

$\boldsymbol{r}_{\mathrm{s}}$——炮点的坐标；

$R(\boldsymbol{r},\boldsymbol{r}_{\mathrm{g}})$——从 $\boldsymbol{r}$ 到 $\boldsymbol{r}_{\mathrm{g}}$ 的射线距离；

v——地震波传播速度；

$t(\boldsymbol{r},\boldsymbol{r}_{\mathrm{g}})$——从反射点至地表接收点的走时；

$t(\boldsymbol{r},\boldsymbol{r}_{\mathrm{s}})$——从震源点至反射点的走时。

当$R(\boldsymbol{r},\boldsymbol{r}_g)$很大时，式（4-2-1）可简化为（Berkhout，1983）

$$u(\boldsymbol{r},t)=\frac{1}{v}\frac{\partial}{\partial t}\iint_{\Omega}\frac{\cos\varphi}{2\pi R(\boldsymbol{r},\boldsymbol{r}_g)}u\left[\boldsymbol{r}_g,t+t(\boldsymbol{r},\boldsymbol{r}_g)+t(\boldsymbol{r},\boldsymbol{r}_s)\right]\mathrm{d}x\mathrm{d}y \tag{4-2-3}$$

式（4-2-3）是波场延拓的计算公式。计算偏移成像点波场的公式为

$$u(\boldsymbol{r},t)=\frac{1}{v}\frac{\partial}{\partial t}\iint_{\Omega}\frac{\cos\varphi}{2\pi R(\boldsymbol{r},\boldsymbol{r}_g)}u\left[\boldsymbol{r}_g,t(\boldsymbol{r},\boldsymbol{r}_g)+t(\boldsymbol{r},\boldsymbol{r}_s)\right]\mathrm{d}x\mathrm{d}y \tag{4-2-4}$$

将反射系数引进积分式，式（4-2-4）可表示为

$$R(\boldsymbol{r})=\frac{1}{2\pi}\iint_{\Omega}\frac{1}{v}\frac{A(\boldsymbol{r},\boldsymbol{r}_g)}{A(\boldsymbol{r},\boldsymbol{r}_s)}\frac{\mathrm{d}z}{\mathrm{d}R(\boldsymbol{r},\boldsymbol{r}_g)}\frac{\partial}{\partial t}u\left[\boldsymbol{r}_g,t(\boldsymbol{r},\boldsymbol{r}_g)+t(\boldsymbol{r},\boldsymbol{r}_s)\right]\mathrm{d}x\mathrm{d}y \tag{4-2-5}$$

式中　$R(\boldsymbol{r})$——反射系数加权后的偏移成像点的波场；

$A(\boldsymbol{r},\boldsymbol{r}_s)$——从震源到成像点的振幅；

$A(\boldsymbol{r},\boldsymbol{r}_g)$——从成像点到接收点的振幅。

虽然克希霍夫积分偏移方法对双复杂区非规则采集的观测系统和真地表条件下地形起伏变化适应性较好，是实现真地表成像较为简洁、高效的偏移方法，但是克希霍夫积分偏移是基于高频渐近近似射线追踪的成像方法，要求速度模型相对光滑，其次克希霍夫偏移方法本身还存在不能解决射线多路径传播的问题。这些克希霍夫积分偏移方法的技术局限性需要在真地表成像处理应用中加以重视，一方面通过对算法的优化改进偏移效果，另一方面通过与速度建模和叠前数据保真处理配套应用尽量减少偏移方法本身的问题。实际应用时考虑从以下几点入手提高双复杂区克希霍夫积分偏移成像质量。

提高走时计算精度，使之与剧烈起伏地表和复杂介质模型的匹配度更高。走时表计算是克希霍夫积分法偏移的第一步。由于存储和计算时间限制，克希霍夫深度偏移时提前把所有炮检点位置走时表计算好并存储起来是不现实的，软件实现时首先对速度模型离散化，然后在水平方向稀疏均匀采样进行射线追踪走时计算并抽稀压缩存储，偏移时对走时表插值形成所有炮检点的走时。克希霍夫积分法偏移作为普适性技术通常射线追踪所用的离散网格单元较大，射线追踪方法对复杂介质的适应性较差，不利于提高真地表成像效果。目前的主流商业软件都采用了小网格计算走时，变网格（浅层小网格、深层大网格）存储走时的策略，不降低浅层走时精度同时减少存储空间，提高计算效率。真地表成像中近地表速度横向变化大，地形起伏剧烈，严重影响走时表精度，具体应用时需要注意以下几点：一是减小走时计算的网格单元，走时表存储时浅层保持与成像网格相同，提高近地表走时精度；二是根据地形起伏与速度横向变化特点，适当在水平方向加密采样，增加走时表个数，保证地形剧烈变化时，插值后的走时表误差较小；三是利用高精度射线追踪方法提高走时计算精度，目前主流商业软件有最短路径、波前扩散、最大能量、程函方程等走时计算方法，对于双复杂区的复杂速度模型可以尝试使用精度更高的波前扩散 + 程函方程计算走时；四是通过对地形和近地表速度模型进行适度光滑，使速度模型与高频近似的射线偏移方法相匹配。笔者提出的地表相关小平滑面、初至走时层析近地表速度建模等都是与真地表克希霍夫积分法偏移相配套的处理思路。如图 4-2-1 所示为国际标准 Foothill

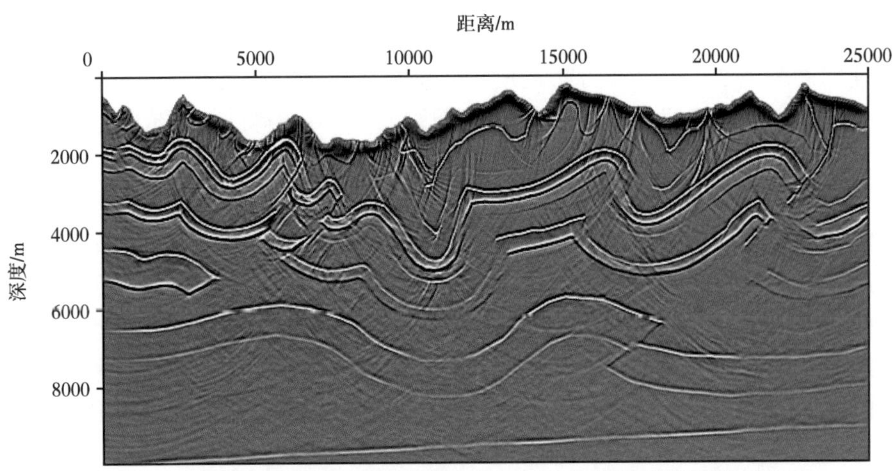

a. 基于傍轴近似的最短路径射线追踪走时计算克希霍夫叠前深度偏移剖面

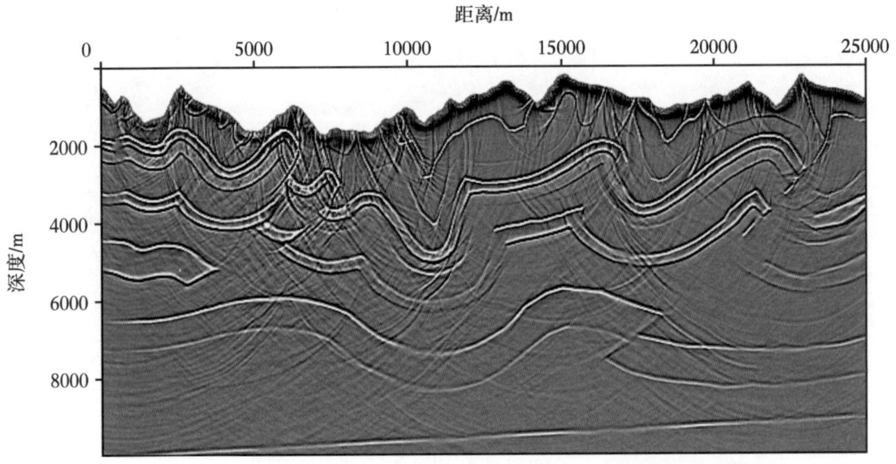

b. 基于费马原理的动态规划法走时计算克希霍夫叠前深度偏移剖面

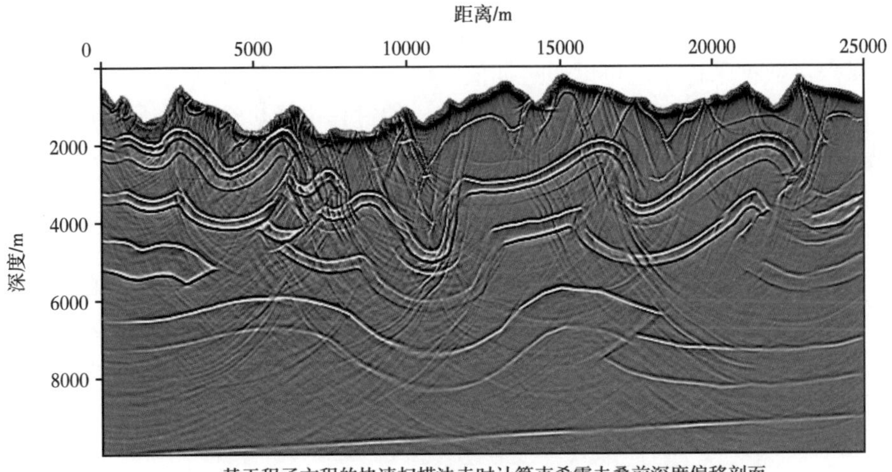

c. 基于程函方程的快速扫描法走时计算克希霍夫叠前深度偏移剖面

图 4-2-1　不同走时计算方法克希霍夫叠前深度偏移对比

模型采用不同走时计算方法时的克希霍夫叠前深度偏移结果对比，可见基于射线追踪和基于费马原理的动态规划走时计算方法，两者成像结果相当，射线追踪方法信噪比较高，基于费马原理的动态规划走时计算方法适用于任意复杂介质，在速度剧烈变化区域成像具有优势。基于程函方程的快速扫描法走时计算精度较低，导致高陡构造成像不准。

1）灵活设置偏移孔径和倾角参数，既保证陡倾角成像，又减少偏移画弧现象

克希霍夫积分偏移成像的效果受偏移孔径的影响最为显著，实际处理中偏移孔径大小的选择需要反复测试，偏移孔径参数最好能够随着构造的复杂程度和有效照明情况实现空变。目前，商业软件基本设置了随着深度变化的偏移孔径和倾角参数，但是一般不具备随着空间构造变化情况自适应地改变偏移孔径和倾角参数的功能。实际处理中针对高难度成像处理项目，处理人员通过手动调整偏移参数实现空变，如图 4-2-2 所示为笔者对偏移倾角参数的试验结果。近年来出现的稳相偏移，通过对成像道集稳相叠加达到减少偏移画弧，提高偏移信噪比和分辨率的目的。克希霍夫偏移方法在双复杂探区应用时，通过偏移测试、交互拾取等方法，建立空变的偏移孔径和倾角参数库尤为重要。

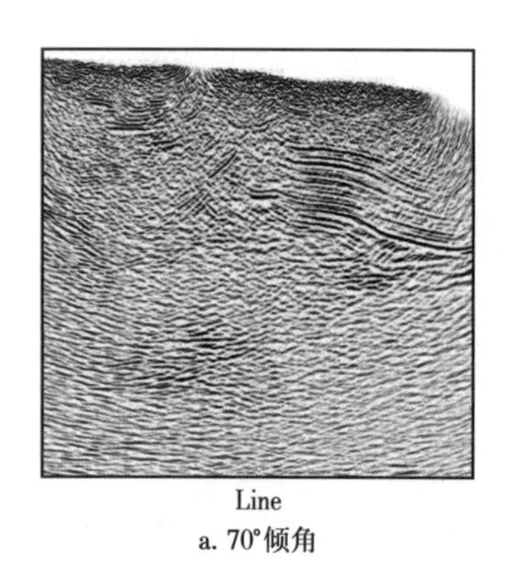
Line
a. 70°倾角

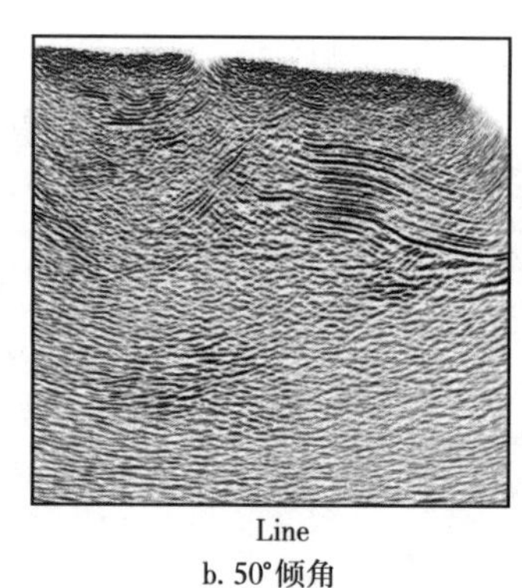
Line
b. 50°倾角

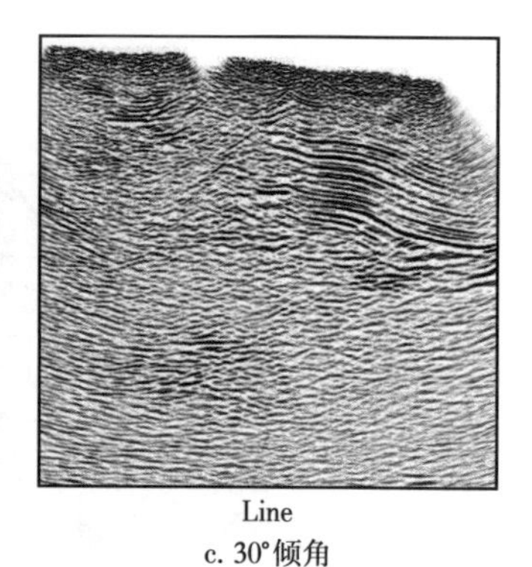
Line
c. 30°倾角

图 4-2-2　偏移倾角参数试验

2）采用合适方法及参数压制偏移假频噪声

在克希霍夫偏移中数据采样不足（时间、空间）、成像网格采样不足及偏移算子均会产生假频噪声。数据采样不足可以通过插值方法进行改善，成像网格采样不足可以通过缩小面元解决，成像算子假频问题则需要在偏移成像过程中通过选用合适的抗假频滤波方法加以解决。针对双复杂区需采用较大孔径实现高陡倾角地层的高品质成像问题，以及在真地表成像中浅表层模型考虑低速部分，选择合适的抗假频滤波器和滤波强度更为重要（图 4-2-3）。常用的抗假频滤波算子有低通抗假频滤波、三角抗假频滤波、立体抗假频滤波，其中立体抗假频滤波精度最高，也是真地表成像应用中常用的抗假频滤波方法。真地表全深度建模与成像中陡倾角地层偏移抗假频算子强度选择，需根据偏移速度及所选择的偏移孔径大小进行综合试验，抗假频滤波参数作用大时可以提高剖面信噪比，但较强抗假频滤波会降低偏移后数据频率，也可能会导致陡倾地层无法有效成像。

3）采用针对采集脚印的能量补偿方法减少偏移噪声

受野外采集成本及地表条件限制，地震野外采集数据空间分布不规则且常常出现采样空洞。尤其是共炮检距域和共方位角域覆盖次数不均，地震数据非规则采样和欠采样问题

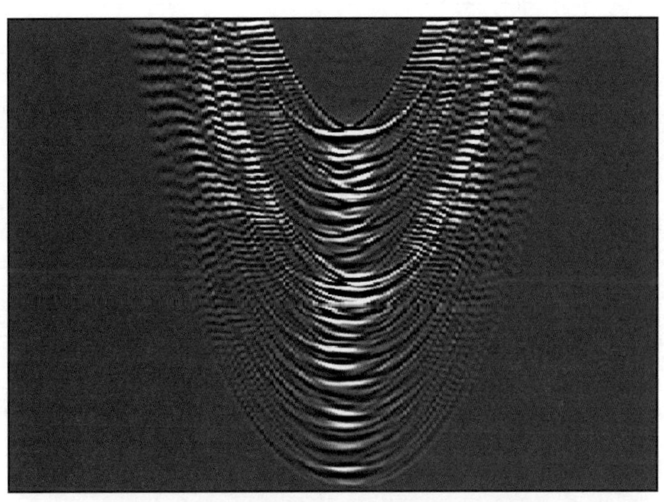

a. 实际偏移脉冲响应

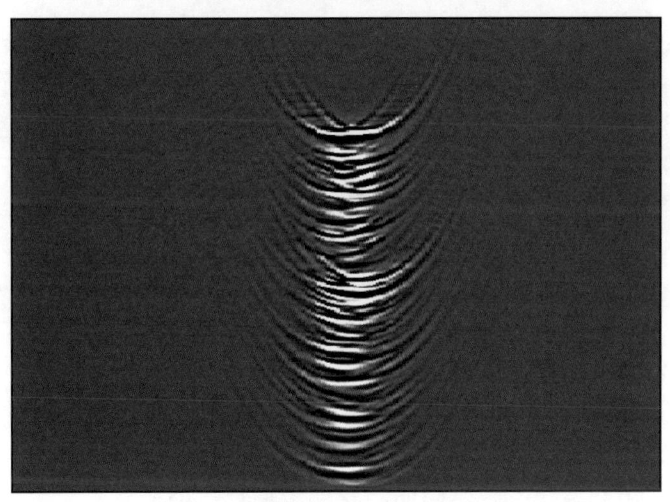

b. 应用抗假频滤波脉冲响应

图 4-2-3　偏移假频脉冲响应特征对比

比较突出，导致克希霍夫积分法偏移画弧。采用现阶段流行的五维插值方法后，虽然偏移画弧噪声得到一定程度压制，但是由于常规五维插值技术对高陡反射信号的保护较差，偏移后出现信噪比提高、陡倾地层及断层成像模糊的现象。因此，双复杂区真地表成像中如何配套应用五维插值技术，补偿非规则采集导致的能量不均匀问题是实际应用中的主要问题之一，实际处理中考虑对偏移前数据采用分炮检距、分方位角覆盖次数补偿的策略来压制偏移噪声（图 4-2-4）。现阶段常用的五维插值方法插值前需要进行基准面静校正和动校正处理与真地表叠前深度偏移流程不兼容，五维插值使用抗假频傅里叶变换在波场复杂探区对信号的描述能力不足，导致空间分辨率降低。因此，双复杂区真地表成像中数据恢复处理需要考虑采用保护高陡构造和复杂断裂系统的插值算法，如压缩感知类、矩阵降秩或预测滤波类等方法，实现真地表非规则采样条件下叠前地震数据高精度插值重构（图 4-2-5）。

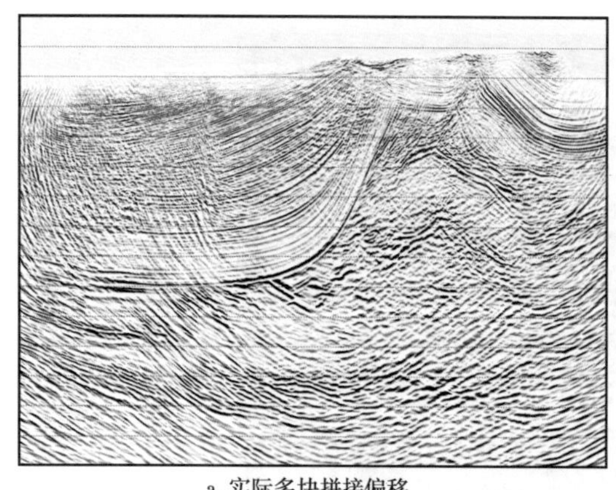

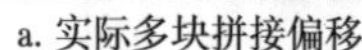

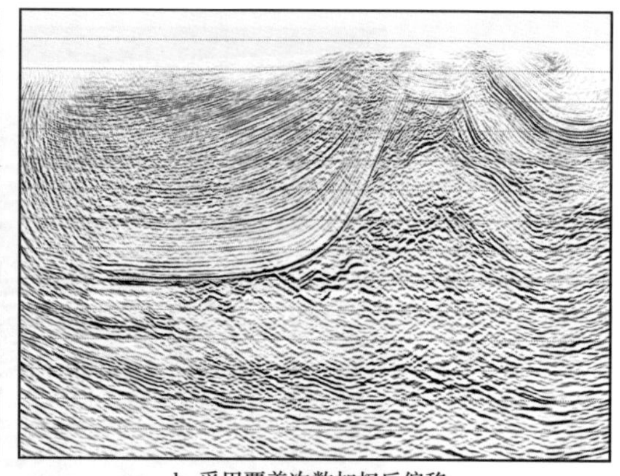

a. 实际多块拼接偏移　　b. 采用覆盖次数加权后偏移

图 4-2-4　覆盖次数加权处理偏移对比

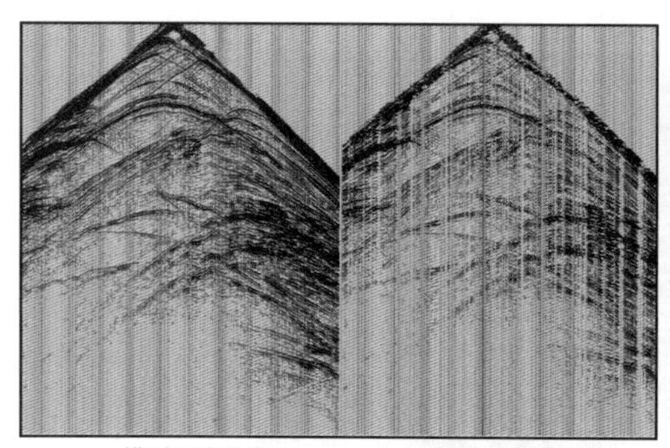

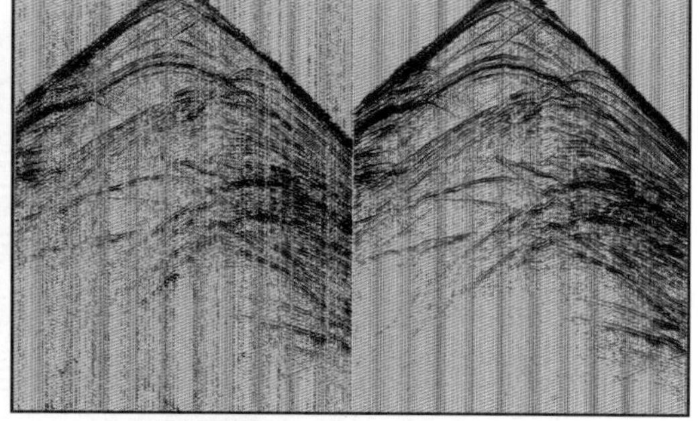

a. 模型正演单炮　　b. 随机抽稀后单炮　　c. 五维插值单炮　　d. 压缩感知插值单炮

图 4-2-5　正演模型数据随机抽稀后不同插值方法效果对比

2. 真地表高斯束叠前深度偏移

针对克希霍夫积分偏移多路径问题，高斯束偏移成像方法和基于波动方程的偏移方法适应性更好。高斯束基于射线理论描述特征波场传播方式，既保留了射线的灵活性又兼顾了波传播的精度，这种对特征波场选择性表达的特点使其在非水平地表探区具有较高的应用前景和研究价值。高斯束是在渐近射线理论的基础上发展起来的，起源于波动方程的高频级数解和动力学射线追踪系统，结合了射线理论与波动理论的优势。在射线中心坐标系下，高斯束的求解包含运动学和动力学射线追踪。标准自适应共振理论（Adaptive Resonance Theory，简称 ART）沿射线的解对周围介质不敏感，而高斯束是具有一定宽度的射线，通过沿中心射线对旅行时求二阶导数，得到射线周围的介质参数。射线的宽度由垂直于中心射线的波场的指数衰减项决定。现阶段，在高斯束偏移基础上又发展了多种束偏移方法，基本方法原理与高斯束类似，在此重点介绍高斯束偏移方法。

Gray（2005）提出了一种在复杂地表条件下的实现方法，简称局部静校正法，其基本思想是，当近地表速度变化时，在局部倾斜叠加的过程中，使用每个接收点处的速度来计算局部静校正量；当地表起伏变化时，通过简单的高程静校正将窗内接收点的高程校正到高斯束中心所在的基准面上，若地表起伏不大，单个高斯窗内的接收点之间的高程变化相对较小，直接进行静校正对波场造成的畸变并不会对后续的偏移结果产生太大的影响。然而，当地表高程变化剧烈，简单的高程静校正对波场造成的畸变依然会对后续的偏移成像特别是对近地表的成像造成不利的影响。

在倾斜叠加之前，通过局部静校正把接收点高程校正到高斯束中心高程，然后将同一中心点高程的记录分解为平面波向下传播，实现起伏地表偏移。然而当近地表高程和速度变化剧烈的情况下，局部静校正导致的补偿扰动会损害成像精度。于是把地表高程和近地表速度的信息加入倾斜叠加公式中，提高了复杂地表局部平面波分解的精度，改进了复杂地表条件下高斯束偏移的效果。

在复杂的地表条件下，基于水平地表的常规高斯束偏移需做一定的改进。非水平地表条件下的地表高程变化剧烈，常规处理方法是“静校正＋水平地表”偏移，但是静校正对波场造成的畸变会对后续的偏移成像造成非常不利的影响，尤其是近地表成像部分。因此，引入一种非水平地表高斯束叠前深度偏移，利用起伏地表高程和倾角信息直接进行局部平面波分解和波场延拓以实现非水平地表直接成像。

非水平地表条件下的频率域克希霍夫基准面校正的理论公式为

$$U(\boldsymbol{x},\boldsymbol{x}_{\mathrm{S}};\omega)=2\mathrm{i}\omega\int G^{*}(\boldsymbol{x},\boldsymbol{x}_{\mathrm{R}};\omega)U(\boldsymbol{x}_{\mathrm{R}},\boldsymbol{x}_{\mathrm{S}};\omega)\frac{\cos\theta_{\mathrm{R}}}{v_{\mathrm{R}}}\mathrm{d}s \tag{4-2-6}$$

式中　$\boldsymbol{x}_{\mathrm{S}}$，$\boldsymbol{x}_{\mathrm{R}}$——震源坐标向量和检波点坐标向量；

$U(\boldsymbol{x},\boldsymbol{x}_{\mathrm{S}};\omega)$——反向延拓波场；

$U(\boldsymbol{x}_{\mathrm{R}},\boldsymbol{x}_{\mathrm{S}};\omega)$——炮点 $\boldsymbol{x}_{\mathrm{S}}$ 激发、检波点 $\boldsymbol{x}_{\mathrm{R}}$ 接收的观测地震波场；

$G(\boldsymbol{x},\boldsymbol{x}_{\mathrm{S}};\omega)$——检波点 x_{R} 到成像点 x 的格林函数；

ω——角频率；

θ_{R}——检波点处射线出射方向同地表面法线之间的夹角；

v_{R}——检波点处地表速度；

上角标“*”——复共轭；

s——非水平地表面。

将观测地震波场沿水平方向加入高斯窗函数，划分为一系列局部波场，则式（4-2-6）可以表示为

$$U(\boldsymbol{x},\boldsymbol{x}_{\mathrm{S}};\omega)=\frac{\mathrm{i}\omega k}{\omega_0}\sqrt{\frac{2\omega}{\pi\omega_{\mathrm{r}}}}\sum_{L}\int\frac{\cos\theta_{\mathrm{R}}}{v_{\mathrm{R}}}G^{*}(\boldsymbol{x},\boldsymbol{x}_{\mathrm{R}};\omega)\exp\left(-\frac{d_{\mathrm{h}}^{2}\omega}{2\omega_{0}^{2}\omega_{\mathrm{r}}}\right)U(\boldsymbol{x}_{\mathrm{R}},\boldsymbol{x}_{\mathrm{S}};\omega)\cos\theta_{\mathrm{R}}\mathrm{d}s \tag{4-2-7}$$

式中　ω_0——高斯束初始宽度；

k——高斯束中心间隔；

ω_{r}——参考频率；

d_{h}——检波点到高斯束中心的水平距离；

L——高斯束中心。

检波点格林函数可以通过其束中心 L 的高斯束积分近似为

$$G(\boldsymbol{x},\boldsymbol{x}_{\mathrm{R}};\omega)\approx\frac{\mathrm{i}}{4\pi}\int u_{\mathrm{GB}}(\boldsymbol{x},L;\omega)\exp\left[i\omega\left(p_{l_x}d_h+p_{l_z}h\right)\right]\frac{\mathrm{d}p_{l_x}}{p_{l_z}} \tag{4-2-8}$$

$$p_L = \left(p_{l_x}, p_{l_z} \right) \tag{4-2-9}$$

式中　$u_{GB}(\boldsymbol{x}, L; \omega)$——束中心 L 处出射的高斯束；

p_L——束中心射线的初始慢度；

l_x，l_z——L 的水平和垂直分量；

h——检波点到束中心的垂直距离。

由于高斯函数的衰减性质，式（4-2-8）中的近似导致的振幅误差几乎可以忽略。

根据式（4-2-7）和式（4-2-8），如果检波点与高斯束中心处地表速度变化较小，即 $v_R \approx v_L$，则可以得到基于高斯束表征的非水平地表反向延拓波场公式：

$$U(\boldsymbol{x}, \boldsymbol{x}_S; \omega) = \frac{\omega k}{\sqrt{8\pi^3}\omega_0 v_L} \sum_L \int A_L^* \exp\left(-\mathrm{i}\omega T_L^*\right) D_S\left(L, p_{l_x}; \omega\right) \frac{\mathrm{d}p_{l_x}}{p_{l_z}} \tag{4-2-10}$$

式中　T_L，A_L——高斯束 $u_{GB}(\boldsymbol{x}, L; \omega)$ 的复值走时和振幅；

$D_S(L, p_{l_x}; \omega)$——单个高斯窗内地震记录的局部倾斜叠加。

$$D_S\left(L, p_{l_x}; \omega\right) = \sqrt{\frac{\omega}{\omega_r}} \int \cos\theta_R U(\boldsymbol{x}_R, \boldsymbol{x}_S; \omega) \exp\left[\mathrm{i}\omega\left(p_{l_x} d + p_{l_z} h\right)\right] \exp\left(-\frac{\mathrm{d}^2\omega}{2\omega_0^2 \omega_r}\right) \mathrm{d}s \tag{4-2-11}$$

将正向延拓波场 $G(\boldsymbol{x}, \boldsymbol{x}_S; \omega)$ 和反向延拓波场 $U(\boldsymbol{x}, \boldsymbol{x}_S; \omega)$ 应用反褶积成像条件，并利用最速下降法对二维复值积分进行降维，可以得到起伏地表高斯束叠前深度偏移成像公式：

$$R(\boldsymbol{x}, \boldsymbol{x}_S) = -\frac{k}{4\pi^2 \omega_0} \sum_L \int \mathrm{d}\omega \sqrt{\mathrm{i}\omega^3} \int \mathrm{d}p_{m_x} \frac{\cos\beta_S}{\cos\beta_L v_S} \frac{A_S^* A_L^* \left| T_S''\left(p_{S_x}^0\right) \right|}{\left| A_S \right|^2 \sqrt{T^{*\prime\prime}\left(p_{h_x}^0\right)}} D_S\left(L, p_{l_x}^0; \omega\right) \mathrm{e}^{-\mathrm{i}\omega\left(T_S^* + T_L^*\right)} \tag{4-2-12}$$

式中　v_S——震源处地表速度；

β_S，β_L——震源到成像点、束中心到成像点的射线出射角；

T_S，A_S——震源高斯束的复值走时和振幅；

p_{S_x}，p_{h_x}，p_{m_x}——震源、炮检距和中心点射线参数的水平分量，上标 0 代表最小值；

$T_S''(p_{S_x})$，$T^{*\prime\prime}(p_{h_x})$——走时的二阶导数。

在非水平地表波场延拓过程中，局部倾斜叠加含有起伏地表的高程和倾角信息，能够直接在非水平地表面进行局部平面波的合成。当近地表速度变化剧烈时，可以通过检波点处的近地表速度计算相移量 $\exp[\mathrm{i}\omega(p_{l_x}d + p_{l_z}h)]$，保证局部平面波分解的准确度，提高叠前深度偏移的保幅性和精度。

高斯束真地表偏移成像方法继承了克希霍夫积分偏移方法的优势。其突出的特点：（1）效率高；（2）观测系统的适应性强，可方便地处理起伏地表和多方位或宽方位地震数据；（3）适应高陡构造成像且具有目标成像功能；（4）方便地提取角道集；（5）能部分解决克希霍夫偏移中存在的多路径问题，高斯束积分偏移方法可将炮点和检波点波场分解成一些小的射线束，这些射线束按照角度排列，从一个地面位置发射出来的多射线束，可以非常精确地用射线追踪方法来模拟其传播，彼此不受影响，但又能重叠，使得能量可以在炮检点及成像点之间的空间区域内多路径传播，解决了多路径和焦散问题；（6）可方便地融合 TTI 等各向异性介质和吸收衰减补偿;（7）能够适应低信噪比数据，但以损失振幅保持为代价。

在复杂地质环境下，射线束追踪有一定的局限性，Snell 定律的应用在大反射角和速度突变的地方变得不稳定。对于振幅的失真和射线追踪的局限性，可以通过波动方程偏移方法可以解决。

高斯束偏移所选的参数比较多，和克希霍夫偏移相似，高斯束偏移成像的效果受偏移孔径影响较大，偏移孔径的大小需要反复测试才可选定。射线参数的选择也十分关键，特别是其最小值和最大值，它们决定了能够准确成像的最大倾角。射线参数间隔过大，射线个数就比较少，直接导致偏移质量下降。

高斯束偏移划弧现象虽然比克希霍夫偏移略好，但是也相对明显，解决方案与上述提到的克希霍夫积分法偏移类似，可以通过构造约束的偏移成像方法和最小二乘偏移方法加以解决。此外，近年来基于机器学习的偏移画弧噪声去除技术也发展迅速，在实际应用中见到良好效果。

在速度模型合理的前提下，双复杂区高斯束偏移比克希霍夫偏移信噪比高（图 4-2-6）。但是在构造变形剧烈区域，束偏移后在同一位置经常出现完全相反的多组成像结果，甚至对

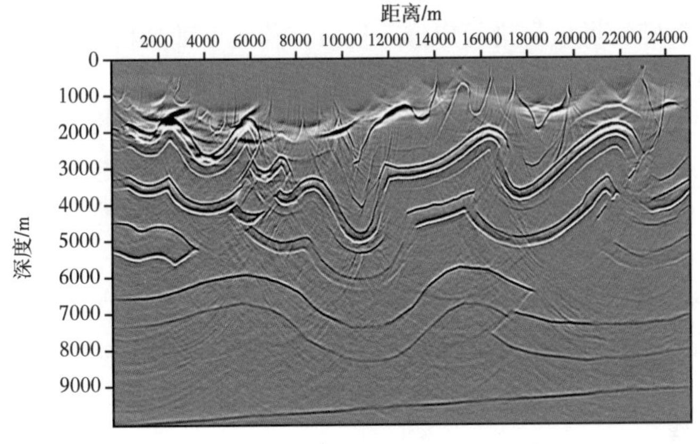

a. 克希霍夫偏移剖面

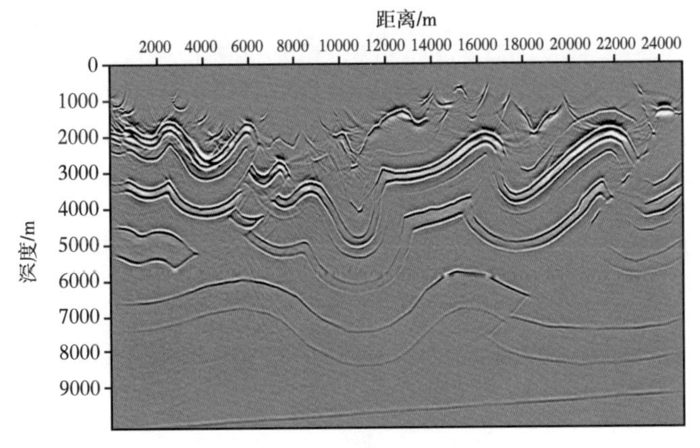

b. 高斯束偏移剖面

图 4-2-6 克希霍夫偏移与高斯束偏移对比

一些构造细节成像不清晰，给复杂构造解释带来困难。如何更好地应用束偏移技术仍然需要开展关键参数和配套技术试验。双复杂区应用束偏移需要考虑4方面影响因素。（1）叠前地震数据的均匀性。不规则采集数据可能导致较为剧烈的画弧，甚至在成像结果上出现交叉打架现象。（2）束的宽度。束宽度将会影响偏移剖面的信噪比，同时也会对计算效率产生影响。（3）地表入射的射线角度，会对成像的精度和质量产生影响。（4）采样精度。束偏移的高信噪比依赖于τ–p变换的采样精度，采样越精细，成像质量越高，计算效率越低；采样越粗糙，成像质量相对变差，但计算效率会有所提升。实际应用过程中，应综合考虑计算效率、成像质量的影响因素，在不同的处理阶段采用相应的成像参数。现阶段，利用束偏移生成角度道集进行层析成像速度模型优化是实际应用中比较现实的策略。

二、真地表逆时偏移技术

采用双程波动方程延拓震源波场和检波点波场的逆时叠前深度偏移方法避免了上行波、下行波的分离，对波动方程的近似较少，可以克服偏移倾角和偏移孔径的限制（Whitmore，1983；Baysal，1983；McMechan，1983）。逆时偏移方法综合了传统克希霍夫积分偏移和波动方程偏移两种算法的优点，具有相位准确、成像精度高、对介质纵横向速度变化和高陡倾角适应性强的优点。如果采用具有针对性的特殊成像条件，甚至可以利用棱柱波、多次波等特殊波场信息进行成像。逆时偏移是一种高精度地震偏移成像方法，还可以进一步发展为最小二乘逆时偏移，具有更好的成像效果。

逆时偏移的过程分为三步：震源波场的外推、检波点波场的逆时外推、应用成像条件对震源波场和检波点波场进行相关运算以获得成像结果。在这三个步骤中，最关键的是波场的外推，即以波动方程计算震源激发波场和接收点处的地震波波场在模型空间中的分布。

对于水平地表而言，波动方程波场正演模拟是比较容易实现的。波动方程的求解通常用有限差分来实现，因为有限差分格式构造简单，易于编程；也可以用伪谱法、有限元法、谱元法等方法。下面以有限差分模拟方法为例，说明逆时偏移的实现方法。

1. 逆时偏移原理

三维二阶标量声波方程为

$$\frac{1}{v^2}\frac{\partial^2 u}{\partial t^2}=\frac{\partial^2 u}{\partial x^2}+\frac{\partial^2 u}{\partial y^2}+\frac{\partial^2 u}{\partial z^2} \tag{4-2-13}$$

式中 t——时间；

x，y，z——空间位置；

u——地震波场；

v——速度函数。

采用时间二阶中心有限差分近似$\frac{\partial^2 u}{\partial t^2}$，采用空间高阶中心有限差分近似$\frac{\partial^2 u}{\partial x^2}+\frac{\partial^2 u}{\partial y^2}+\frac{\partial^2 u}{\partial z^2}$得到时间偏导数离散格式：

$$u_{x,y,z}^{t+\Delta t}-2u_{x,y,z}^{t}+u_{x,y,z}^{t-\Delta t}=\Delta t^2 v^2\left[L^2(x)+L^2(y)+L^2(z)\right]u_{x,y,z}^{t} \tag{4-2-14}$$

其中

$$\begin{cases} L(x)=\dfrac{\partial}{\partial x} \\ L(y)=\dfrac{\partial}{\partial y} \\ L(z)=\dfrac{\partial}{\partial z} \end{cases} \tag{4-2-15}$$

利用 $2N$ 阶中心差分近似得二阶空间偏导数离散格式：

$$\begin{cases} L^2(x)u_{x,y,z}^t=\sum\limits_{l=-N}^{N}\dfrac{a_l}{\Delta x^2}u_{x+l,y,z}^t \\ L^2(y)u_{x,y,z}^t=\sum\limits_{l=-N}^{N}\dfrac{a_l}{\Delta y^2}u_{x,y+l,z}^t \\ L^2(z)u_{x,y,z}^t=\sum\limits_{l=-N}^{N}\dfrac{a_l}{\Delta z^2}u_{x,y,z+l}^t \end{cases} \tag{4-2-16}$$

其中，差分系数为

$$a_l=\frac{(-1)^{l+1}}{l^2}\frac{\prod\limits_{i=1,i\neq l}^{N}i^2}{\prod\limits_{i=1}^{l-1}\left(l^2-i^2\right)\prod\limits_{i=l+1}^{N}\left(i^2-l^2\right)},l=1,2,\cdots,N \tag{4-2-17}$$

$$a_0=-2\sum_{l=1}^{N}a_l \tag{4-2-18}$$

分别用 Δx，Δy，Δz 表示差分网格三个坐标方向的间距、Δt 表示时间延拓步长，那么差分格式的稳定性条件可以表示为

$$v\Delta t\sqrt{\frac{1}{\Delta x^2}+\frac{1}{\Delta y^2}+\frac{1}{\Delta z^2}}\leqslant 1\bigg/\sqrt{\sum_{l=1}^{N}a_{2l-1}} \tag{4-2-19}$$

在用差分格式的公式（4-2-14）和式（4-2-16）模拟波场时，除满足稳定性条件［式（4-2-19）］外，还要注意压制离散化引起的网格频散问题，采用空间高阶有限差分格式的目的是抑制空间网格频散。压制时间频散的方法有两种：一是减小时间采样间隔，这是最简单方法，但会增加计算量；二是提高时间差分的精度至 4 阶或更高阶。

设震源激发的地震波场为 $D(x,y,z,t)$，在接收点处以接收信号作为震源逆时计算得到的波场为 $U(x,y,z,t)$，则逆时偏移成像结果 $I(x,y,z)$ 为 $D(x,y,z,t)$ 和 $U(x,y,z,t)$ 的零延迟互相关：

$$I(x,y,z)=\int_0^T U(x,y,z,t)D(x,y,z,t)\mathrm{d}t \tag{4-2-20}$$

式中　T——地震记录的时间长度。

$D(x,y,z,t)$和$U(x,y,z,t)$都用差分格式的公式（4-2-14）和式（4-2-16）计算得到。

2. 真地表逆时偏移实现方法

实现真地表逆时偏移需要考虑起伏地表因素。常规的有限差分法剖分起伏地表之下介质时，如果网格的尺寸太大，就会形成阶梯状的地表，使网格顶点成为绕射点，形成虚假绕射波场，影响有效波场。如果整个模型都采用小尺寸的网格，虽提高了近似起伏地表的精度，但网格数量会大幅度上升，对计算机性能的要求也相应提高，且计算效率低。因此，可以采用变网格方法，在近地表区域采用小尺寸网格剖分，其余区域采用大尺寸网格剖分，既可以较好地模拟地形的影响，又有较高的计算效率。但这种方法会存在不同大小网格区域之间的衔接问题，如果处理不好，在不同大小的网格边界形成虚假反射，有时还会有计算不稳定问题。

寻求一种合适的网格剖分方法，使其能够精确描述边界，同时适应不同的观测系统布置，对求解区域进行合理有效的离散剖分，使地下构造的成像不会受网格剖分产生的虚假散射的影响，这对于地震数据的正演模拟和逆时偏移问题都是十分必要的。目前，贴体网格法、浸入边界法和谱元法等方法可以处理起伏地表的正演模拟问题。

1）贴体网格法

贴体坐标网格法可以看作是一种坐标变换的边值问题求解方法，通过建立物理域（真实地下介质模型）的边界点同计算域（正演模拟的数值模型）的边界点之间的映射关系，求出二者内部网格节点间的对应关系，将不规则的物理区域转换为规则的计算区域，满足数值求解的需要。对于边界形状复杂的区域，可以通过求解偏微分方程实现这样的坐标变换边值问题。通过求解偏微分方程生成贴体网格与映射法原理上类似，但是该方法采用了一种更普遍的映射关系，借助偏微分方程而非解析表达式实现坐标的变换。在所有的求解偏微分方程生成贴体网格的方法中，最常用的为求解椭圆型偏微分方程法（也称为椭圆法）。通过椭圆法，起伏地表和不规则的地下界面都能得到精确的描述，避免了插值法中的精度问题及映射法中映射函数的选择问题。无论哪种模型，其网格生成都是通过求解同一形式的偏微分方程实现的，不受地表形状的限制，因而椭圆法具有更广泛的适用性。另外，贴体网格作为一种结构化网格，与非结构化网格相比，其网格生成及对应的有限差分算法也都较为简单。

如图 4-2-7 所示为一个含正弦状起伏地表和地下凹陷的四层介质模型，模型横纵向分别为 4km 和 3km。共模拟了 9 个炮点的共炮点道集，震源采用主频为 20Hz 雷克子波，9 个炮点位置坐标如图 4-2-7 中星形所示。在地表每个网格节点处都布置了检波器，记录长度为 2s。采用四阶精度的分步求和有限差分方法求解，所用的空间网格大小为 8.0m×8.0m（图 4-2-8），时间步长为 0.4ms。如图 4-2-9 所示为 9 炮逆时偏移叠加结果，由此可知，贴体网格法能较为有效地处理起伏地表和不规则地下界面的偏移成像问题，而且偏移结果均与实际地下界面位置吻合。该偏移结果经过了拉普拉斯滤波处理，去除了低频偏移噪声。

2）浸入边界法

浸入边界法是处理不规则自由面的一种有效方法。该方法最先用于流体动力学领域中不规则边界的力学分析。“浸入”的含义指将不规则边界浸入传统的笛卡尔网格中。建模过程在笛卡尔矩形网格上执行。因此，对于浸入边界法，不规则边界位于分数网格上，而计算变量（如压力波场）位于整数网格上。该方法将自由面以上各点的应力分量设置为其镜像点的应力的负值，并将自由面的应力设置为零，自由面以上涉及的点数是有限差分阶数的一半，从而实现自由面镜像条件。将这一概念进一步发展为用于不规则自由表面弹性波场模拟的牵引力镜像法。首先，在计算域中将具有不规则自由表面的物理网格转化为矩形网格，然后应用牵引力镜像法实现自由界面条件。

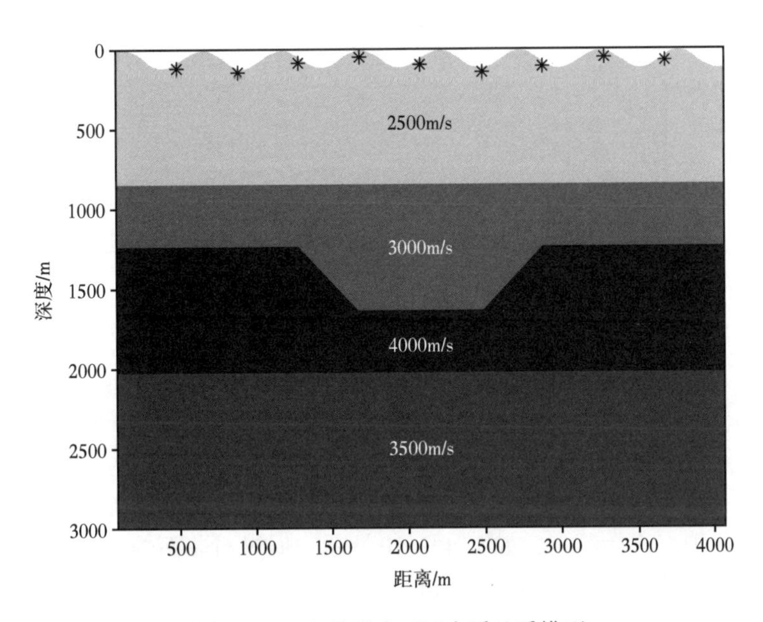

图 4-2-7　起伏地表四层介质地质模型

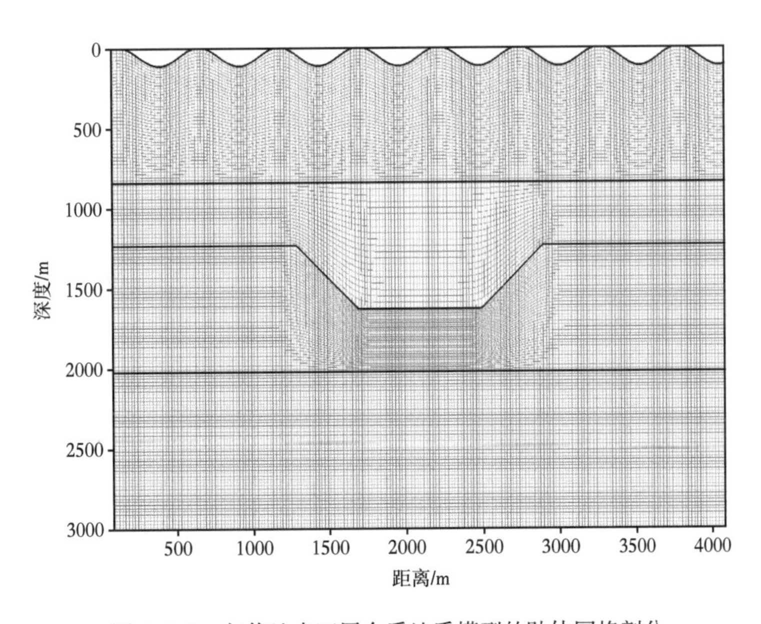

图 4-2-8　起伏地表四层介质地质模型的贴体网格剖分

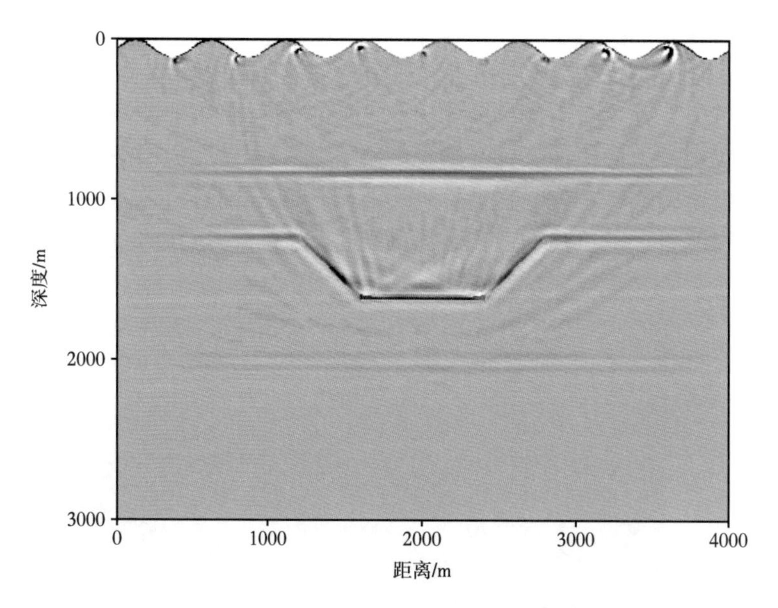

图 4-2-9　9 炮地震资料的逆时偏移剖面

在地震波场模拟中，模拟不规则自由表面的浸没边界法包括几个步骤（Hu，2016）。首先，确定有限差分模拟的网格。将不规则边界上方的虚拟层数设置为空间有限差分阶数的一半，例如，对于八阶精度有限差分建模方案，虚拟层的数量应该设置为 4 个。自由表面以上的计算点称为虚拟点或伪节点，如图 4-2-10 所示。通过对曲面的正交投影，求出所有虚拟点的镜像点；一对镜像点和虚拟点之间的中间点正好位于自由表面上，中间点称为交叉点。一个简单的寻找交叉点的办法就是寻找虚拟点到界面距离最短的点，由于在整个计算过程中只需要一次确定交叉点的位置，因此，可以对不规则边界进行密集采样，并使用与

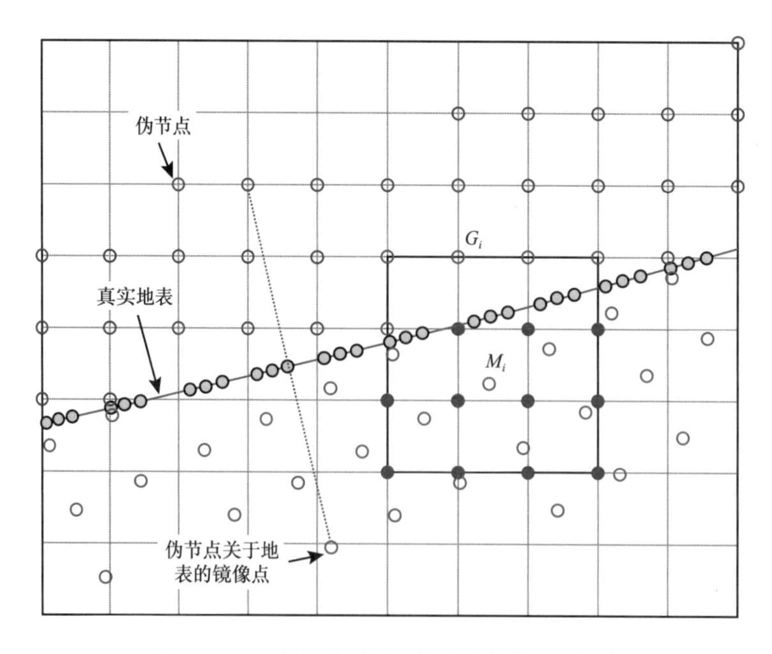

图 4-2-10　自由表面以上的计算点称为虚拟点

虚拟点最近的采样点作为交叉点，这样可以很容易地获得镜像点的坐标。其次，用迭代对称插值法计算这些镜像点的波场，在图 4-2-10 中，第 i 个镜像点 M_i 由其周围 4×4 个整节点二维插值获得。再次，在每个时间步波场值计算之前，将虚拟点 G_i 处的波场值设置为相应镜像点 M_i 波场值的负值。通过上述步骤，可以得到所有网格节点（图 4-2-10 中纵横向线条的交叉点）处的波场。最后，用波动方程的差分格式计算所有节点处下一时刻的波场。在比较平坦自由表面的情况下，所描述的浸入边界方法与经典的镜像方法是等价的。

如图 4-2-11 所示为地表起伏的库车模型，通过浸入边界法正演模拟，获得炮集地震记录，如图 4-2-11—图 4-2-14 所示。从单炮记录及波场快照可以明显看出，和常规起伏地表有限差分方法相比，浸入边界能够有效降低由于地形离散造成的阶梯状散射假象。从图 4-2-15 偏移剖面可见，考虑起伏地表的逆时偏移方法可以得到清晰的成像结果。

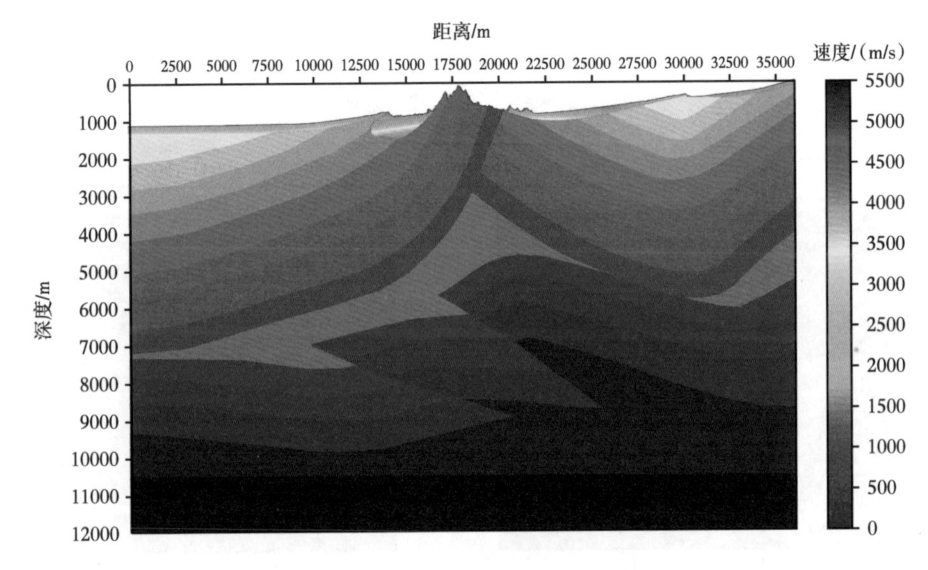

图 4-2-11　具有起伏地表的库车速度模型

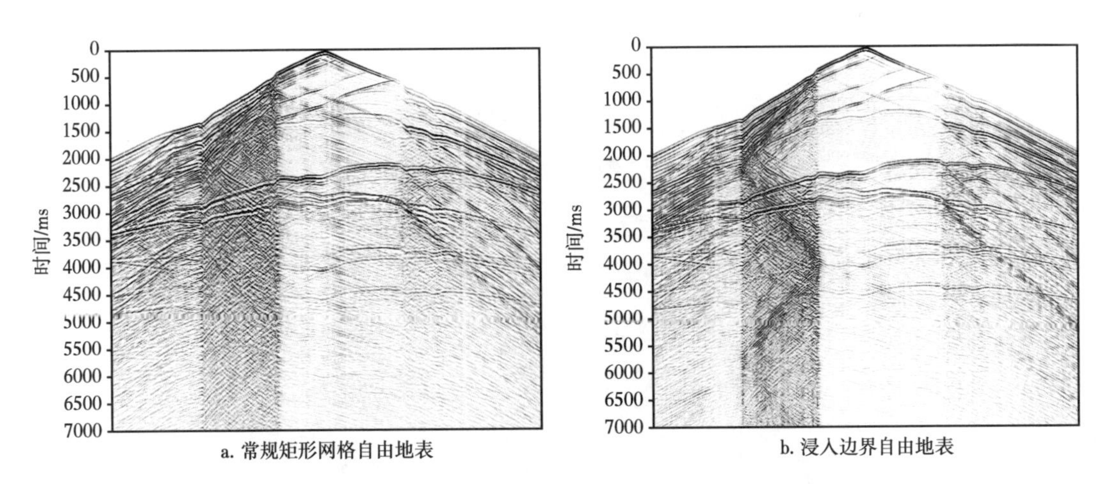

图 4-2-12　常规矩形网格自由地表、浸入边界自由地表单炮记录对比

（炮点水平位置在 18000m）

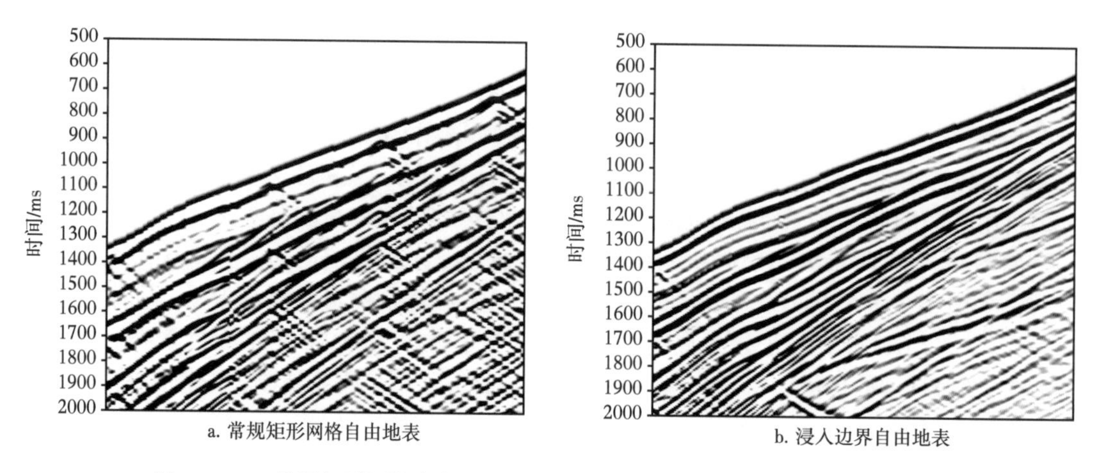

图 4-2-13　常规矩形网格自由地表、浸入边界自由地表单炮记录局部放大对比

（炮点水平位置在 18000m）

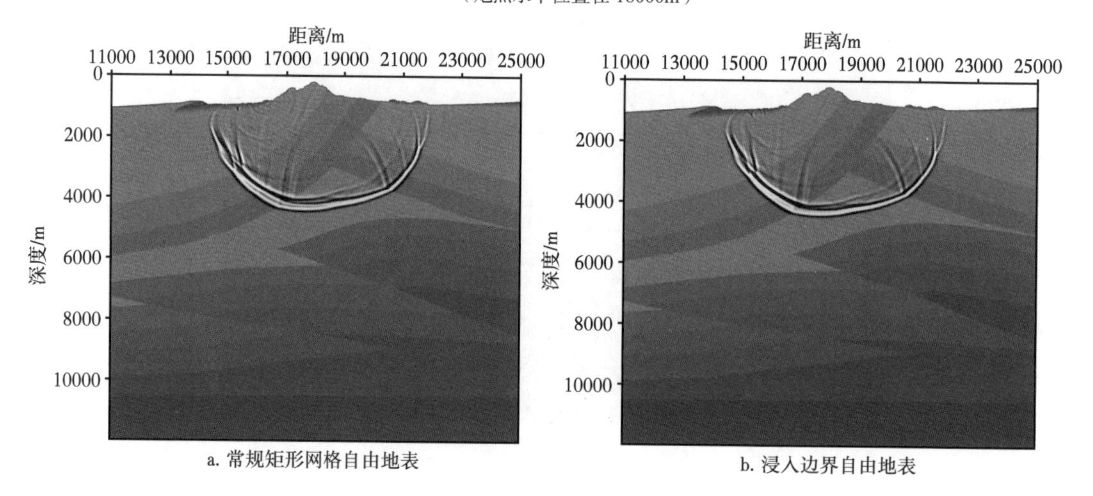

图 4-2-14　常规矩形网格自由地表、浸入边界自由地表 1s 时刻波场快照对比

（炮点水平位置在 18000m）

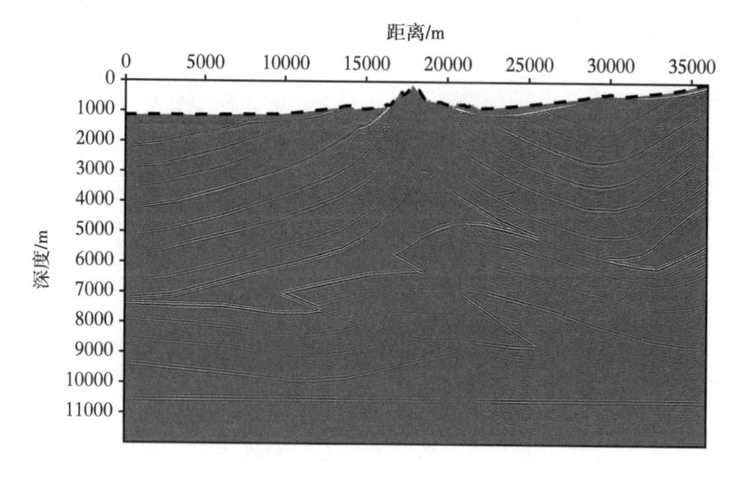

图 4-2-15　浸入边界逆时偏移成像剖面

3）谱元法

谱元法采用正交、完备的契比雪夫（或者傅里叶、勒让德）多项式，方程的加权积分形式在高斯积分点上满足：高斯数值积分贯穿整个数值求解过程，与契比雪夫多项式的正交性实现完美的结合，两者的潜力都得了充分发挥（Priolo 等，1991）。谱元法形成的线性代数方程组带宽很小，这是契比雪夫多项的正交性和高斯积分的功劳；离散系统非常优化，这是契比雪夫多项式的完备性的功劳。因此离散系统可以高效求解。谱元法不是高阶有限元法，谱元法采用正交、完备的契比雪夫多项式作为插值函数，而有限元法采用高阶的拉格朗日函数作为插值函数，两种方法在性能上有数量级的差别，谱元法特别适合并行计算。

谱元法综合了有限元法处理复杂构造的几何适应性强和谱方法精度高、收敛快的优点，已成为复杂地表、复杂构造地震模拟与成像的重要工具。

谱元法建立在波动方程的变分或弱形式（微分方程的积分方程形式）理论基础上，是求解偏微分方程的一种有效的数值计算方法。

谱元法基本思想：第一，将波动方程推导为变分形式；第二，将计算区域划分成许多由若干节点组成的互不重叠的单元，单元的形状可以为适应复杂界面的不规则单元，经过等参变换将不规则单元映射为规则的参考单元；第三，利用单元上根据一定规则确定的离散点（即为 Gauss-Lobatto-Chebyshev 或 Gauss-Lobatto-Legendre 数值积分点，其为不均匀分布的点，简记为 GLC 点和 GLL 点）插值，把波动方程的解近似地表示成单元基函数的线性组合，其权系数即为待求的波场值；第四，将其代入波动方程弱形式，在每个单元上积分，形成关于插值点处未知波场的二阶常微分方程组；第五，通过适当方式求解该方程组，得到插值点处某时刻的波场，代入波动方程的近似解就可以得到空间任意点处该时刻的地震波场。

采用不同的正交多项式作为插值基函数，可以得到契比雪夫谱元法和勒让德谱元法。契比雪夫谱元法在计算时，可以得到单元上精确的积分值，精度较高，但质量矩阵不是对角矩阵，导致计算量较大。勒让德谱元法则无法得到精确的单元积分值，但采用 GLL 数值积分可将质量矩阵变为对角阵，便于矩阵求逆，避免了传统有限元法中超大型带状质量矩阵的复杂求逆过程，提高了计算效率。

如图 4-2-16 所示模型为以高斯函数刻画的一个高 500m 的隆起和一个深 300m 的凹陷的起伏地表，并包含一个具有 300m 隆起的反射层（刘玉柱等，2020）。模型横向长度

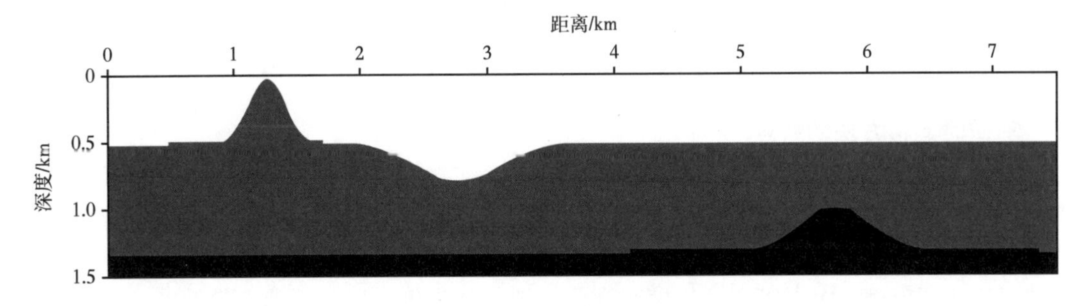

图 4-2-16　二维起伏地表模型

7.5km，纵向延伸 1.5km。如图 4-2-17 所示，在谱元法模拟中，非结构化网格水平方向 82 个元，垂直方向 17 个元，单元内采用 4 阶拉格朗日多项式插值。炮点位于水平方向 4.5km，地表以下 25m 处，地表为自由边界条件，即地表处的波场值为 0。如图 4-2-18 所示为谱元法模拟结果，很好地刻画了起伏地表对地震波场的影响，逆时偏移必然会取得较好的成像效果。

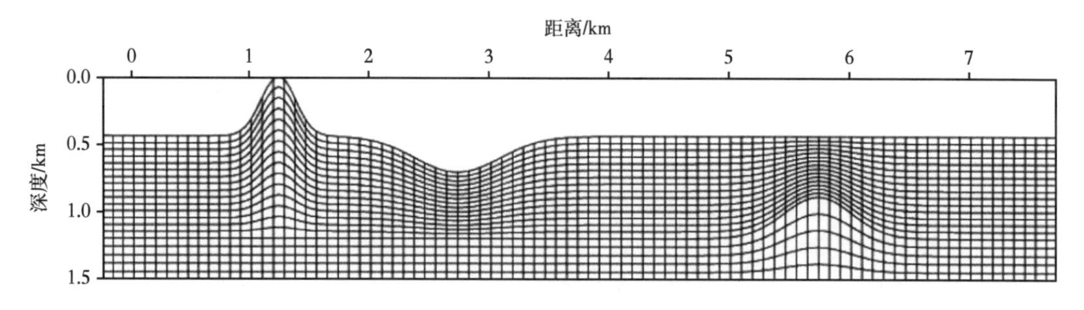

图 4-2-17　二维起伏地表模型的剖分网格

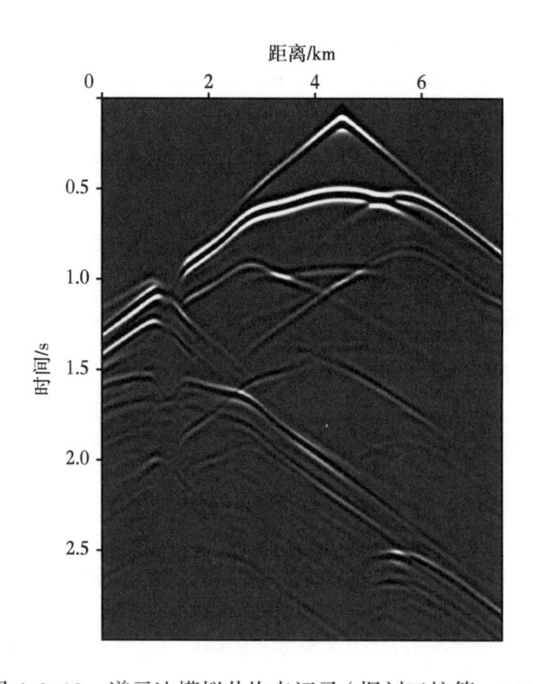

图 4-2-18　谱元法模拟共炮点记录（据刘玉柱等，2020）

3. 逆时偏移方法的特点

由于逆时偏移直接对波动方程进行求解，不存在射线类偏移的高频近似及单程波偏移的倾角限制，所以，可以利用回折波等波场信息正确处理多路径问题，具有适用于复杂区域和高陡构造成像、成像精度高等明显优点。逆时偏移对复杂波场的成像能力还是要依靠高精度的速度模型，本书第二章以库车数值模拟数据为例，展示了速度模型精度对逆时偏移效果的影响，可以说，速度模型精度不够时，在低信噪比区域仅仅依靠低频速度的克希霍夫积分法偏移比逆时偏移优势还要明显。这也提示了发展高精度偏移方法的同时需要配

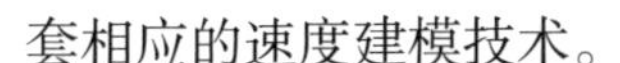

套相应的速度建模技术。

另外，由于逆时偏移通常用有限差分法求解波动方程进行波场外推，为了避免离散化导致波场数值求解精度不足的问题，成像模型需要进行相对较密的网格剖分。剖分空间网格的大小与频率密切相关，频率越高，剖分网格越小，通常要求每个波长要采 8 个样点以上；时间采样间隔与空间采样间隔密切相关，空间采样间隔越小，为了满足稳定性条件，时间采样间隔也要求越小。当地震信号有效频率比较高时，网格较小导致计算量急剧增大。此外，逆时偏移过程中产生海量的炮点激发的正演模拟波场，这些波场在成像过程中需要使用，这个震源波场的数据量随时空采样间隔的减小而剧增。由于数据量巨大，通常无法保存在计算机内存中，而需要保存在硬盘上。海量数据的存储和读取的效率较低，因此，逆时偏移成像过程非常耗时，造成了逆时偏移低效的特征，这也是逆时偏移没有得到大规模生产应用的主要原因之一。

为此，学者们提出了以计算换存储的方法，即额外进行波场正演模拟计算以避免海量数据的存储，如检查点法、随机边界法等。针对正演模拟因保证精度而效率低下的问题，研究了高精度的正演模拟方法，如时空高阶有限差分法，可以采用较大的时间采样间隔而没有明显的时间频散问题。逆时偏移成像结果还往往受到速度模型不连续导致的成像假象问题，可以用光滑模型、波印廷成像条件、无反射波动方程、波场分解等方法加以解决。逆时偏移图像还有低频成像噪声的问题，可以用拉普拉斯滤波等方法消除。逆时偏移还有一个明显的弱项是，在逆时偏移成像过程中很难高效地提取角道集，导致现阶段业界仍然沿用积分法偏移进行速度建模，在最终成像阶段才采用逆时偏移。因此，高效的逆时偏移和角道集提取方法的研究具有十分重要的现实意义。

实际应用方面，逆时偏移涉及的参数不多，主要需要注意以下 3 个方面的问题。

（1）子波参数合理选择。目前逆时偏移主要采用宽频子波，如果高截频率太大，正演模拟时采用的网格参数及时间步长就会比较小，计算代价较大，且在近地表速度较低区域，容易产生数值频散。双复杂探区主要以构造成像为主，可以选择较低频率参数，提高中深层构造成像连续性。

（2）逆时偏移低频噪声压制策略。目前逆时偏移软件输出结果已经对低频噪声进行了去除，为了更好地压制低频云噪声，在叠前炮集预处理中，要尽可能去除浅层线性噪声干扰，并且对直达波进行切除，以提高浅层成像信噪比。

（3）采用精细速度建模技术充分发挥逆时偏移优势。逆时偏移在墨西哥湾等海上地震勘探中成像效果显著，但是在陆地地震勘探中，和克希霍夫偏移相比，逆时偏移优势并不明显，主要原因在于速度模型精度不足。海上地震资料信噪比高，速度建模时能够准确地对盐丘建模，进而采用逆时偏移解决盐下复杂构造成像问题；陆地资料信噪比低，主要采用网格层析方法建立光滑的背景速度模型，使得逆时偏移优势难以发挥。因此，在实际应用中，需要以钻井、测井等资料为基础，在地质认识指导下，在速度建模中刻画出潜山、盐丘、高速异常侵入、火山岩等异常体，进而采用逆时偏移改善成像质量。如图 4-2-19 所示为笔者在川东山前带真地表全深度速度模型精度提高后，分别进行克希霍夫偏移和逆时偏移的结果，与克希霍夫偏移成像结果（图 4-2-19a）相比，逆时偏移成像结果（图 4-2-19b）断面和深层成像效果更好。

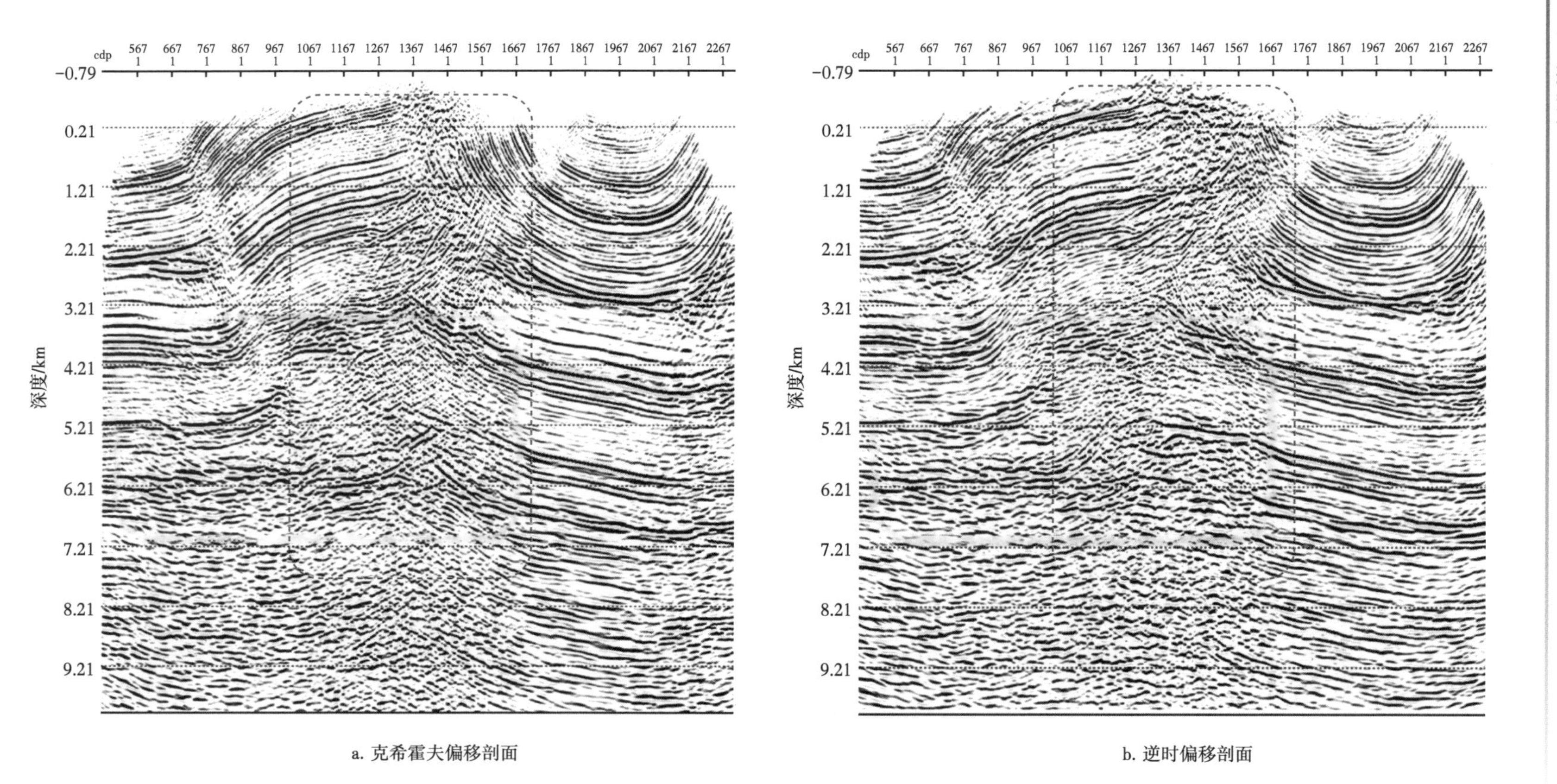

a. 克希霍夫偏移剖面

b. 逆时偏移剖面

图 4-2-19　克希霍夫偏移和逆时偏移剖面对比

第三节　真地表全深度速度建模与偏移技术应用策略

叠前深度偏移速度建模过程是一个综合利用速度反演方法、交互速度解释、三维可视化、构造解释、积分法偏移的迭代过程。真地表成像对近地表速度模型的要求更高，现阶段初至、反射等多种波场联合反演、全波形反演等高精度速度反演方法在双复杂区的工业化应用还有一定距离，面对地表、地下构造双重复杂、地震资料信噪比较低的客观情况，实际处理中，解释人员很难得到关于构造剧烈变形条件下确切的构造样式的认识，加上地震资料信噪比低，偏移速度求取十分困难。如何应用现有速度反演和构造解释等方法在双复杂区进行全深度速度建模技术应用是真地表成像的现实问题。

根据前文对现有速度反演和速度建模技术的分析，结合国内外对复杂构造速度建模技术进展和笔者近年来全深度速度建模实践，现阶段，真地表全深度速度建模技术应用策略应该是将模型驱动的层状速度建模和数据驱动的网格速度建模技术结合起来形成混合速度建模技术，依据实际资料情况灵活应用。

为说明混合建模方式的优势，以库车模型为例开展了下述试验。如图 4-3-1a 所示初始全深度速度模型为真实模型的大尺度平滑模型，用这个初始速度模型进行叠前深度偏移，得到如图 4-3-1b 所示成像剖面。在初始建模的基础上，将 6000m 炮检距初至层析反演结果拼接至模型浅层，并进行叠前深度偏移，得到如图 4-3-2 所示结果。可见融合了近地表速度模型后浅层及盐下成像效果改善明显，同样说明浅层速度模型的重要性。之后对共成像点道集进行第一轮构造导向约束网格层析成像反演，层析反演时低速带底以上的速度不修改，将得到的速度修正值进行适度平滑后获得更新后的深度速度模型进行第三轮叠前深度偏移，得到如图 4-3-3 所示结果。如图 4-3-3a 所示为只修改近地表之下速度的网格层析速度模型，可见盐构造的速度结构；如图 4-3-3b 所示为叠前深度偏移结果，可见盐上成像效果改善明显，但是盐下成像仍不够精确。这说明盐体及其下伏地层速度更新效果

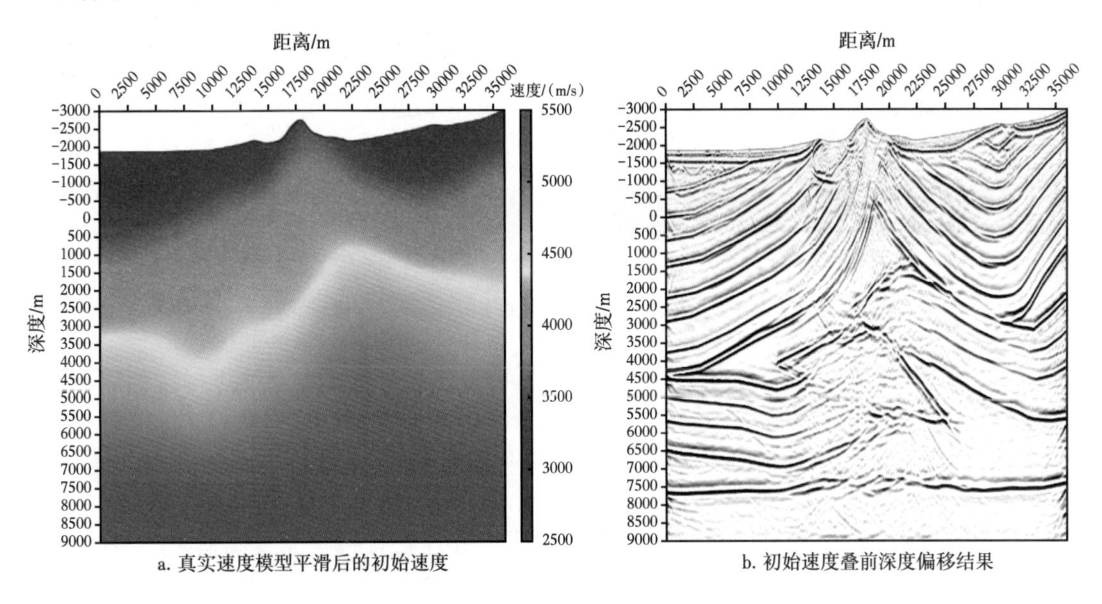

a. 真实速度模型平滑后的初始速度　　b. 初始速度叠前深度偏移结果

图 4-3-1　第一轮初始深度速度模型和叠前深度偏移结果

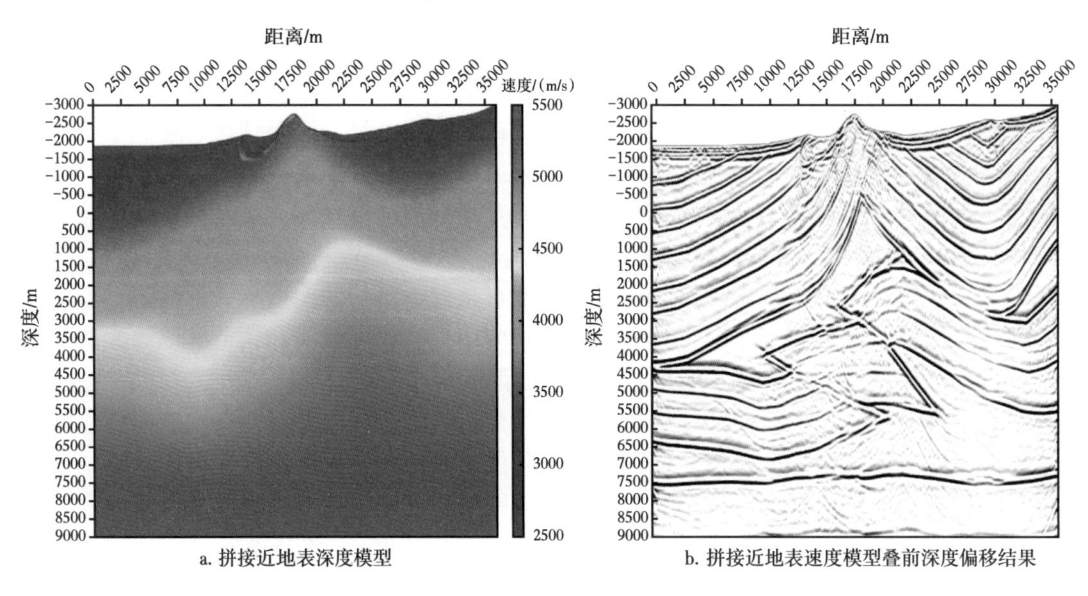

a. 拼接近地表深度模型　　b. 拼接近地表速度模型叠前深度偏移结果

图 4-3-2　拼接近地表深度速度模型和叠前深度偏移结果

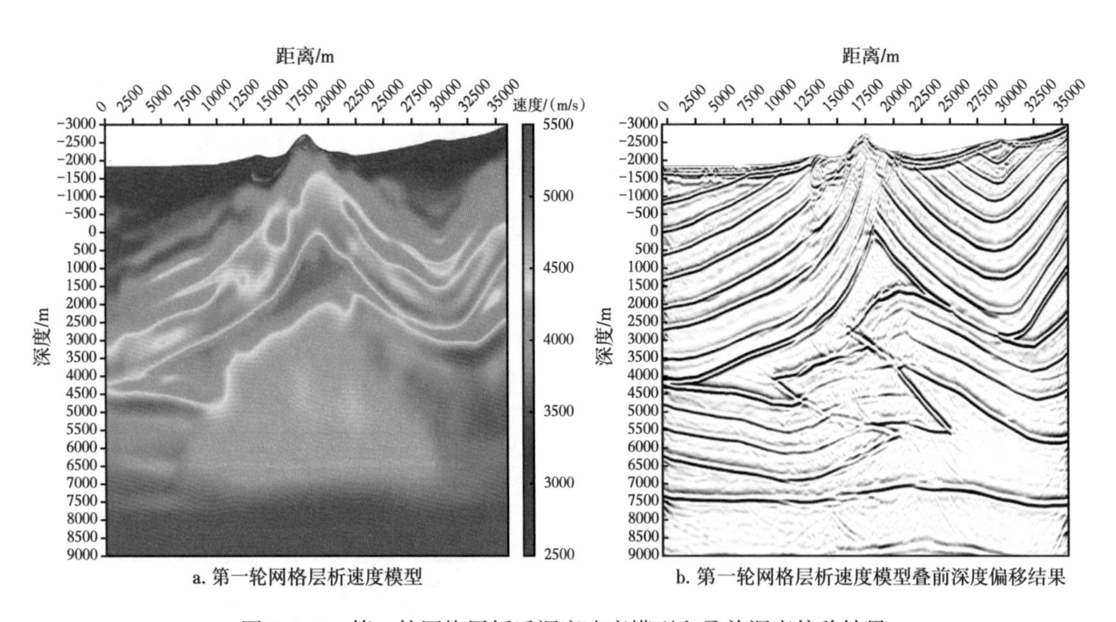

a. 第一轮网格层析速度模型　　b. 第一轮网格层析速度模型叠前深度偏移结果

图 4-3-3　第一轮网格层析后深度速度模型和叠前深度偏移结果

欠佳，对于这类复杂构造此时需要考虑构造模式的介入。下一步，基于网格层析的结果，在深度域成像剖面上拾取盐顶，盐顶以上用网格层析速度模型，拾取盐顶、盐底的构造，盐体充填盐速度，形成新的初始深度速度模型（图 4-3-4a），进行第四轮叠前深度偏移（图 4-3-4b），此时可见成像结果与真实模型更接近。

从这个速度建模过程可以看出，采用混合建模方式更有利于克服模型驱动和数据驱动速度建模方式的局限性，发挥二者的优势。先基于地震初至波、早至波、反射波数据得到较为合理的背景速度场，逐渐加深对构造样式的认识，反复迭代减少其多解性，避免在构造形态不准的叠前时间偏移甚至是叠后时间偏移剖面上直接进行从浅到深的全层系构造解释，同时也可以减少盐顶以上构造解释工作量。实际数据处理时，到这个阶段可以开展一轮深度域构造解释，如果后续有新的钻井或其他数据和信息，再开始新一轮速度建模迭代，成像品质会进一步提高。

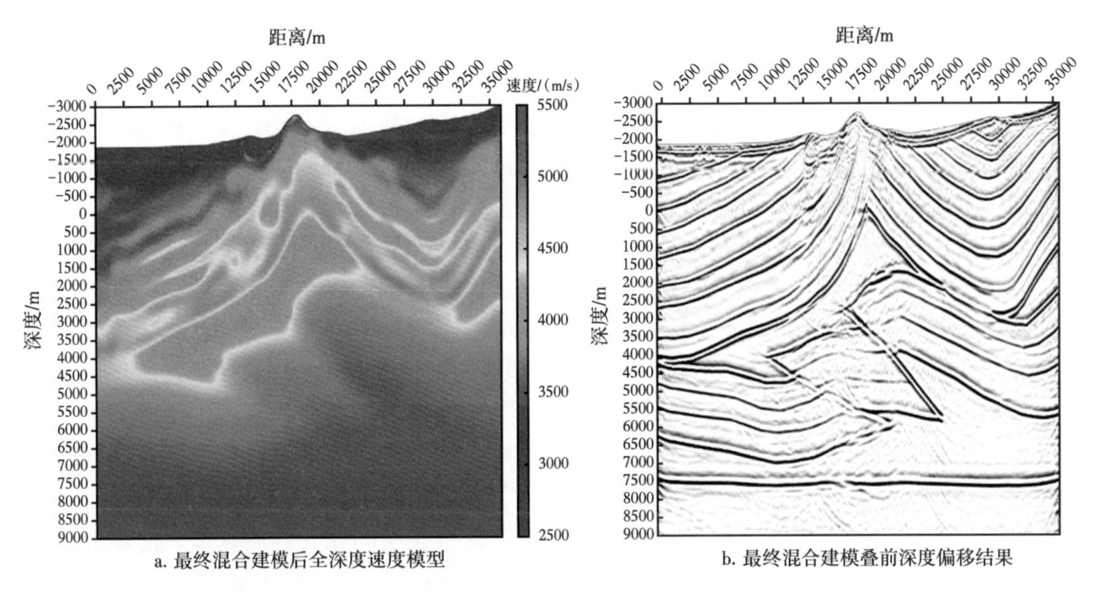

a. 最终混合建模后全深度速度模型　　b. 最终混合建模叠前深度偏移结果

图 4-3-4　最终混合建模后全深度速度模型和叠前深度偏移结果

由于逆时偏移等高端成像方法对速度模型和数据信噪比要求高，对于双复杂探区的低信噪比数据而言，在速度模型精度较低时，不建议急于应用逆时偏移、全波形反演等高端反演和成像方法。双复杂探区的全深度速度建模与偏移成像技术应用策略仍然是在前期波场保真处理技术上，在速度建模过程中以克希霍夫积分法偏移或高斯射线束偏移为引擎，快速生成共成像点道集，继而开展成像域的速度模型优化。在实际项目处理运行过程中，叠前数据处理和速度建模可以并行开展，基本步骤是在得到近地表反演结果和叠前去噪基础数据后，即可以构建真地表偏移面，开始全深度速度建模与克希霍夫偏移，通过快速进行目标线叠前深度偏移，在深度域反复认识构造形态，判断浅表层速度结构的合理性，不断完善近地表速度建模，同时指导时间域继续进行精细的叠前去噪，加深对复杂波场的认识。在叠前数据品质提高和速度模型优化后，再重新加载新的数据和速度模型，开展叠前深度偏移。在有一定信噪比，且构造模式较为清晰的地区，以共成像点道集上的同相轴是否全部校平和成像剖面的聚焦性作为判断成像合理性的标准。在低信噪比和复杂构造区，共成像点道集的波场杂乱无章，很难判断成像的合理性，此时，只能从四个方面入手，首先仍然是全面检查共成像点道集上从浅到深的同相轴拉平程度；其次对于波场很复杂且信噪比低的共成像点道集，可以借助一些去噪技术，分别去掉不同的波场进行叠加，判断成像合理性，再反过来修改速度；再次，还可以对速度模型进行射线追踪正演，给定子波，合成叠后地震数据，检查速度模型的多解性；最后，还可以对偏移结果进行反偏移，从而使叠前数据信噪比和均匀性增加。在此基础上再进行速度分析和建模，开展新一轮偏移。当然这个代价比较大，类似于迭代反演成像。

第五章　真地表地震成像处理实践

高陡复杂构造一般发育于盆山结合区域的前陆盆地冲断构造带或其他类型的断裂构造带，前陆盆地的沉积中心均处于造山带与克拉通的结合部，成藏地质条件优越，蕴藏着丰富的油气资源，是我国中西部主要含油气盆地的重要勘探目标。对于地震勘探技术应用来说，高陡复杂构造典型的特点是地表起伏较大、表层结构极其复杂、地下构造变形强烈及地层倾角复杂多变，导致地震资料信噪比很低、成像极为困难。在高陡复杂构造油气勘探中，遇到剧烈起伏地表条件（地表起伏剧烈，老地层出露多、岩性变化大，近地表还堆积有巨厚砾石层）和复杂地下构造（盐下构造、逆冲构造、走滑断裂）的影响使地震波场极其复杂，导致地震噪声能量强、反射信号能量弱，地震速度纵、横向变化剧烈，地震资料成像品质差、地质构造假象多、复杂构造圈闭无法落实、钻探成功率低等难题，严重制约了我国前陆盆地油气勘探的效益和进程。近十年来，针对我国中西部双复杂探区地震成像问题，从科研和生产多个层面组织多轮次技术攻关，锁定复杂表层问题，开展真地表地震成像技术攻关，形成了适合我国前陆盆地复杂地质条件地震成像核心技术和配套技术系列，推动了中秋 1 井、高探 1 井、呼探 1 井、天湾 1 井、双探 1 井、平探 1 井、五探 1 井、红星 1 井等风险勘探目标的战略突破，为我国油气勘探增储上产和储量接替奠定坚实的基础。

第一节　天山南北真地表地震成像技术应用实例

天山是世界上最大的纬向山脉，整体呈近东西走向约 2500km。晚新生代以来，印度板块和欧亚板块碰撞远程效应使天山再次复活而形成陆内造山带，陆内俯冲及壳内拆离—缩短作用在其南北两侧形成库车和准噶尔南缘两个前陆冲断构造带（图 5-1-1）。二者均发育多排雁行排列、轴线相互平行的冲断背斜构造带，其展布方向均受山前逆冲断裂带的控制，基本平行于天山山体的走向，与靠山前断裂附近的前陆盆地沉降中心和沉积中心纵向叠置，油气成藏条件优越，资源丰富，是近期油气勘探突破发现和增储上产的重要领域。

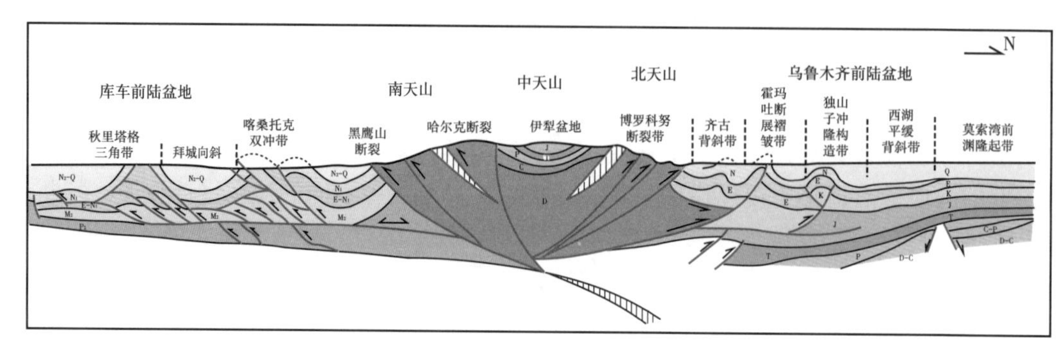

图 5-1-1　天山南北库车前陆盆地和准噶尔南缘前陆盆地构造地质横切剖面（据塔里木油田）

准噶尔盆地南缘（简称准南）位于准噶尔盆地的南部，北起莫索湾地区盆参 2 井，南至北天山山前，西起独山子西段，东到阜康断裂带西段，东西长 400km，南北宽 75km，勘探面积 $3\times10^4km^2$，属北天山山前中—新生代的持续沉积坳陷区和新近纪前陆冲断带。平面分为西段（四棵树凹陷）、中段（齐古断褶带和乌奎背斜带）和东段（阜康断裂带）三段，纵向发育上、中、下三套成藏组合（图 5-1-2）。

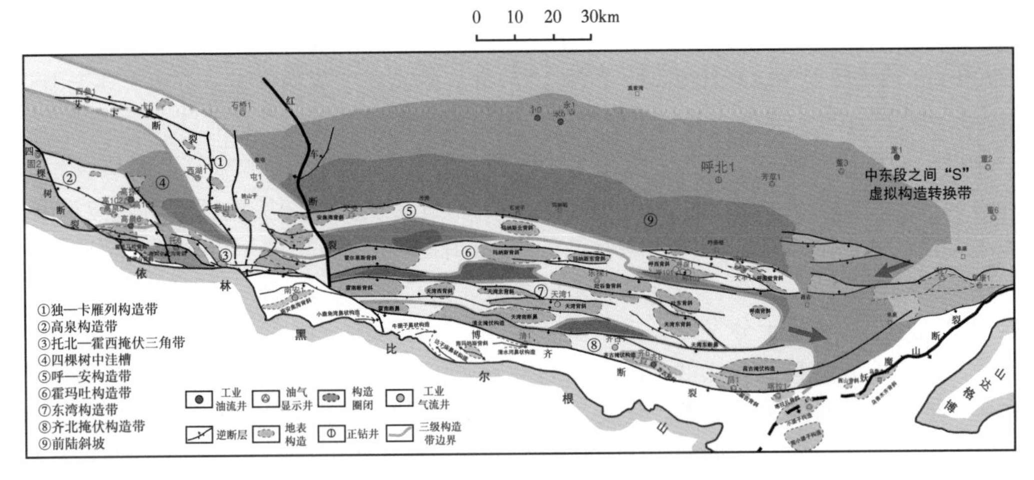

图 5-1-2　准南及邻区地质构造图和分段结构图

一、油气勘探历程

1. 准噶尔盆地南缘

该区带油气勘探历史悠久，是中国最早开展油气勘探的地区之一。早在 1905—1909 年的光绪至宣统年间，老前辈们就根据地面构造开展油气探索，用顿钻方式在独山子构造开掘新疆第一口油井。受技术条件限制，直到 1936 年才发现独山子油田，累计产出原油 35.3×10^4t，标志着准噶尔盆地近现代石油工业的正式起步；1950—1962 年围绕地表背斜找油，随着 1957 年在齐古背斜上钻第一口井——齐浅 1 井（深度 295m），继而发现齐古油田，上报探明石油地质储量 1732×10^4t。该时期共完钻 226 口浅井，受南缘构造复杂、上组合油藏破碎且规模较小等影响，加之主战场转移至西北缘，准噶尔南缘的勘探工作暂告一个段落。

随着山地二维地震勘探技术进步，1996—2007 年，南缘油气勘探得以再次启动。在实施了常规二维地震和三维地震之后，实现了中组合地震反射由"看不见"到"看得见"的转变，从而发现构造相对完整、埋深适中的霍玛吐背斜构造带，锁定中组合紫泥泉子组为主要钻探目标，发现了呼图壁和玛纳斯两个中型气田及多个含油气构造，探明天然气地质储量 $313\times10^8m^3$。然而，中组合油气藏多为背斜背景下的断块油气藏，储层横向变化快，圈闭充满程度较低，具有大构造小油（气）藏的特征，发现的油气田以中小型为主，完钻的 35 口探井，仅有 12 口获工业油气流，导致勘探进展缓慢。

2008 年后，随着二维宽线大组合及束线三维地震的实施和对油气成藏条件精细研究的深入，发现白垩系巨厚泥岩滑脱层之下存在下组合完整大构造，紧邻中下侏罗统煤系烃源层，是南缘寻找大油气田的重要方向。之后围绕下组合先后部署 3 口风险探井，均因圈闭不落实与工程技术原因而未获得突破。

2016—2018年，围绕南缘下组合持续开展地震技术攻关，形成山前复杂构造地震勘探技术，资料品质得到较大提升，2018年针对南缘下组合部署的风险井高探1井取得重大突破，获1213t/d的高产工业油流，成为中国陆上碎屑岩单井日产最高的油井，开启下组合勘探的新历程。

2020年后，在高探1井区等区块实施高密度宽方位三维地震勘探，随后在南缘中段部署的呼探1井、天湾1井，下组合清水河组取得重大突破，分别获天然气$61.9\times10^4m^3/d$、石油$106.5m^3/d$和天然气$75.82\times10^4m^3/d$、石油$127.2m^3/d$的高产工业油气流，首次实现天山北坡下组合天然气勘探重大突破，展现出南缘东、中、西段整体含油的广阔前景。

准噶尔南缘油气勘探“五上、五下”的历程表明，该区油气资源丰富、断层及相关褶皱圈闭发育，但构造变形强烈，使得地表、地下构造复杂，中深层地震资料成像难度大，圈闭落实程度低，严重制约了中下组合油气规模勘探和新领域拓展。目前，南缘地震勘探面临许多世界级的技术难题：一是地表条件复杂，具有山多、扇多、河多等“三多”特征，山前带大型超级冲积扇十分发育，带来了超强各向异性和剧烈吸收衰减，山体区地形高差近千米，造成地震资料信噪比低、品质空间差异大；二是地下构造变形复杂，构造样式复杂多变，地震波组对应关系较差，使得构造样式难以准确建立；三是纵向上存在四套速度异常体，主要为浅层两套楔形不稳定高速砾岩、安集海河组低速泥岩、白垩系东沟组高速砂砾岩和下伏吐谷鲁群巨厚低速泥岩，这些异常速度的影响往往会造成时间域“假构造”；四是多期构造运动叠加，不同级别的断裂对圈闭的有效性和油气成藏均具有重要的控制作用，尤其是控制圈闭有效性的小断裂准确落实难度大；五是中下组合白垩系埋深大（超过6000m）、储层薄（10m左右），地震资料频宽窄、主频低，难以满足薄砂层精细识别与刻画的需求。

2. 塔里木盆地库车前陆

库车前陆盆地位于塔里木盆地北缘，是一个以中—新生代沉积为主的叠加型前陆盆地，盆地整体呈北东东向展布，东西长约550km，南北宽30~80km，面积约$3.7\times10^4km^2$。平面上可以划分为4个构造带、3个凹陷带和1个隆起带，由北部单斜带、克拉苏构造带、依奇克里克构造带、秋里塔格构造带、阳霞凹陷、拜城凹陷、乌什凹陷和南部斜坡带8个次级构造单元组成（图5-1-3）。纵向上，库车前陆盆地可以划分为4个构造层，分别为盐上构造层（古近系苏维依组—第四系）、盐构造层（西部库姆格列木群膏盐岩及东部吉迪克

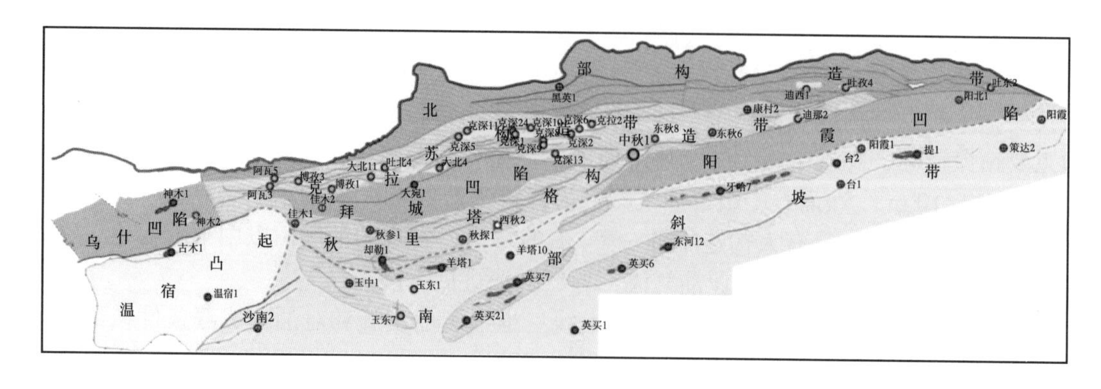

图5-1-3　库车前陆盆构造纲要图（据塔里木油田）

组膏盐岩）、盐下中生界构造层（三叠系—白垩系）及基底构造层（古生界），其中以中生界为主要的油气勘探目的层。油气资源主要富集在地质条件优越的前陆冲断带，该区构造圈闭成排成带分布，是塔里木盆地天然气勘探主战场。尤其是近年来，在克拉苏冲断带西段的博孜—大北地区连续获得勘探突破。

库车前陆盆地勘探主要经历了三个阶段，即 1950—1983 年的五上、五下阶段，1997—2005 年的重大突破阶段，2006 年至今的全面突破阶段。

1950 年中苏合作协议签订开始至 1983 年，针对地表油苗区和地面构造开展重磁电、二维沿沟弯线地震勘探和中浅层钻探，于 1958 年在库车坳陷的中生界发现了依奇克里克油田。但受塔里木盆地恶劣的地表环境、落后的交通条件、国家勘探战略转移、社会经济政治环境变化等系列因素的影响，直到 1983 年勘探工作仍没有持续展开。

1990—2004 年，在油气勘探主战场转向坳陷周缘期间，塔里木油田开展了“山地直测线”二维地震攻关，新二维地震成果成功揭示了东秋里塔格和克拉苏白垩系及依奇克里克地区侏罗系的构造形态。围绕侏罗系“煤下”的阿合组和古近系“盐下”的白垩系巴什基奇克组 2 套巨厚砂岩储集层展开部署。1996 年在克拉苏构造拜城地区实施了满覆盖面积 201.08km^2 三维地震，1998 年 1 月，克拉 2 井中途测试获气 $27.71\times10^4m^3/d$，在白垩系—古近系发现了中国当时最大的整装天然气田，储量近 $3000\times10^8m^3$。其后，相继发现了依南 2、大北、迪那 2 等大气藏（田），开启了“西气东输”时代。2005 年，实施了宽线 + 大组合采集技术攻关，通过宽线横向面元组合叠加、检波器大组合压制侧面干扰，地震资料品质明显提高，获得了盐下超深目的层的反射，发现多个构造显示；引入盐相关构造建模理念，落实了克深 1 圈闭和克深 2 圈闭，上钻克深 2 井风险探井在白垩系取得战略性重大突破，在 6573~6697m 井段的巴什基奇克组酸化测试获气 $46.60\times10^4m^3/d$，在超深层发现了克拉苏大气田。

克深 2 井突破后，2008 年在克深地区一次性部署实施了高精度山地三维地震 1000 km^2，并逐步实现了克拉苏构造带三维地震全覆盖。在勘探实践中形成了“盐上顶蓬、盐下冲断叠瓦”的构造模式认识，指导了盐下冲断带的地震解释和构造圈闭的落实，自东向西在克深段、大北段、博孜段和阿瓦特段先后突破。2018 年，新三维地震的实施支撑了风险探井中秋 1 井取得突破，库车盐下冲断带勘探成果成功扩展到秋里塔格构造带上。

截至 2020 年底，在克拉苏构造带盐下超深层发现气藏 33 个，探明天然气储量 $10000\times10^8m^3$，成为中国首个超深层万亿立方米级大气田。

二、天山南北真地表地震成像面临的主要问题

天山南北双复杂区受特殊地表条件和复杂地下构造影响，无论是表层地质条件还是地下地质条件都极其复杂，地震勘探施工难度大，原始资料信噪比低，地震波场异常复杂，以水平层状介质假设为基础的常规时间域处理和深度域成像技术很难满足复杂构造及相关圈闭落实的需求。真地表地震成像方法更适合该区的深层目标成像，但是需要根据特殊的地表和地下地质条件，分析真地表成像技术的应用问题，开展针对性的技术攻关。

1. 地震地质条件

1）表层地震地质条件

受喜马拉雅造山运动的影响，形成了天山南北典型的复杂山地地貌，即从天山山脉

向南北两翼依次为山体区、山前带和戈壁滩等。地形起伏剧烈，靠近天山山体一侧整体海拔高，向南北两翼逐渐变低，高程为600~3000m，相对高差最大可达1200m左右。局部坡度多为30°~50°，最大超过70°，高大山体区地形陡峭，断崖陡坎较多，山间冲沟发育。库车克拉苏构造带北部和秋里塔格构造带中部老地层出露较多，受长期的水蚀、风化作用改造，山体区地形陡峭，近乎直立，俗称“刀片山”；山前带戈壁区地表相对较平坦（图5-1-4）。在近地表结构方面，山间和山前带普遍发育冲积扇体，岩性多以砾石为主，夹杂泥岩等其他岩性体形成岩性复杂的砾石层，其厚度和空间分布不规则。山前戈壁过渡带表层低降速层厚度可达150m以上，最厚可达上千米，速度为800~1200m/s，低降速层顶起伏变化平稳，高速层顶整体上解释为平滑过渡界面；山体区表层主要为2~3层结构，低降速带厚度为3~20m，速度一般为300~500m/s，横向速度变化较大为800~1600m/s，高速层速度一般在2000m/s以上，最高可达3500m/s以上，高速层顶随山地起伏变化较大。总之，天山南北双复杂区地表起伏剧烈，表层结构复杂且厚度变化剧烈，地震激发、接收条件较差，受近地表剧烈变化导致的道间时差和近地表相关噪声影响，地震资料品质普遍偏低。

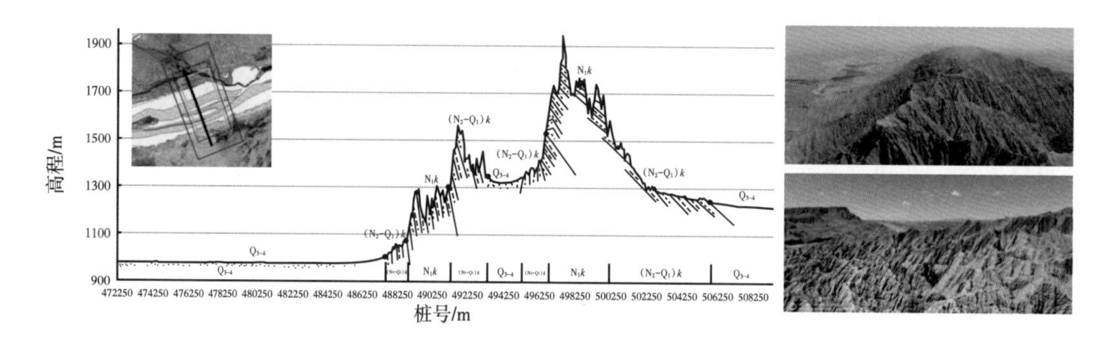

图5-1-4 库车典型地表地震地质特征图（据塔里木油田）

2）深层地震地质条件

天山南部的库车前陆盆地古近系发育盐下双滑脱构造（图5-1-5）。受南天山挤压和隆升的作用，库车前陆盆地中—新生代地层发生强烈的收缩变形，地层由北向南逆冲推覆，山前的北部构造带和克拉苏构造带盐上地层高陡，发育一系列线性褶皱构造。盐下的刚性块体逆冲断层发育，发育一系列叠瓦断块—断鼻构造，其叠置范围广、规模大，结构十分

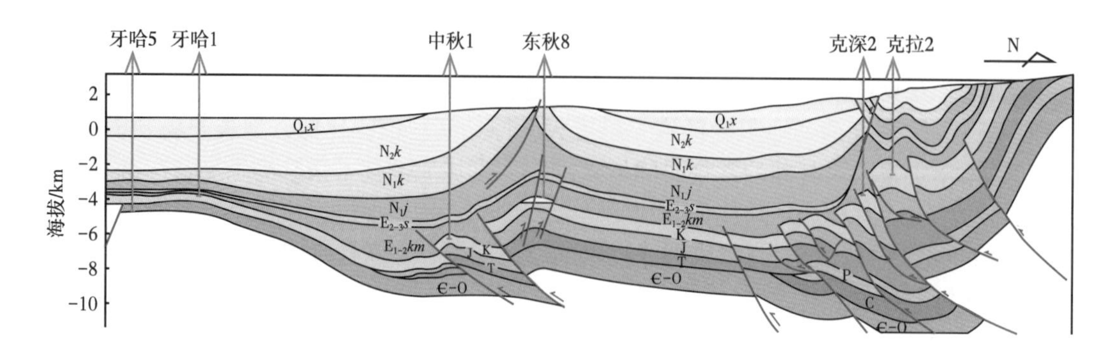

图5-1-5 库车前陆冲断带中部南北向构造剖面图（据塔里木油田）

复杂。这些前陆冲断带的古近系盐下圈闭叠置于三叠系—侏罗系生烃中心之上，储层为白垩系巴什基奇克组（K_1b）巨厚砂岩和巴西改组（K_1bx）砂岩，盖层为区域分布的古近系库姆格列木群（$E_{1-2}km$）泥岩和含膏泥岩，且发育多条沟通三叠系—侏罗系烃源岩与白垩系储层的逆冲断裂，形成了绝佳的生、储、盖配置和优越的成藏条件。

天山北部的准南前陆盆地地下构造具有横向上成排成带、纵向上复合叠置的发育特征，从南向北依次发育三排褶皱冲断带，每一排构造都为一近东西向的长轴背斜，其被近东西向（北西西向）和近南北向断裂分割为一系列逆冲断块（图 5-1-6）。从东向西分为三段，西段四棵树凹陷深层发育高泉构造带和艾卡构造带，分别属于第二排和第三排褶皱冲断带，主要由近东西向、北西向断裂及一系列背斜构造组成；中段霍—玛吐构造带发育一系列近东西向长轴背斜，其南北翼地层倾角大，北翼地层尤为高陡，甚至倒转，是目前天然气增储上产的主战场；东段阜康断裂带是由多条断裂组成的复杂构造带，断裂带由一系列近东西走向的断裂沿博格达山北缘呈北凸弧形展布，基本为南倾逆断裂，区域性断裂有阜康断裂、妖魔山断裂、三工河断裂等，还发育层间的中小断裂。纵向上发育上、中、下三套规模油气成藏组合，侏罗系发育多套规模有效储层，横向不稳定。中—上侏罗统头屯河组、齐古组、喀拉扎组是南缘规模勘探的主要目的层，分区发育，储层厚度大；盖层上组合以独山子组下部—塔西河组上部泥岩、中组合以安集海河组泥岩和下组合吐谷鲁群泥岩为主，以中下组合的成藏条件最优，是目前勘探的主要目标。

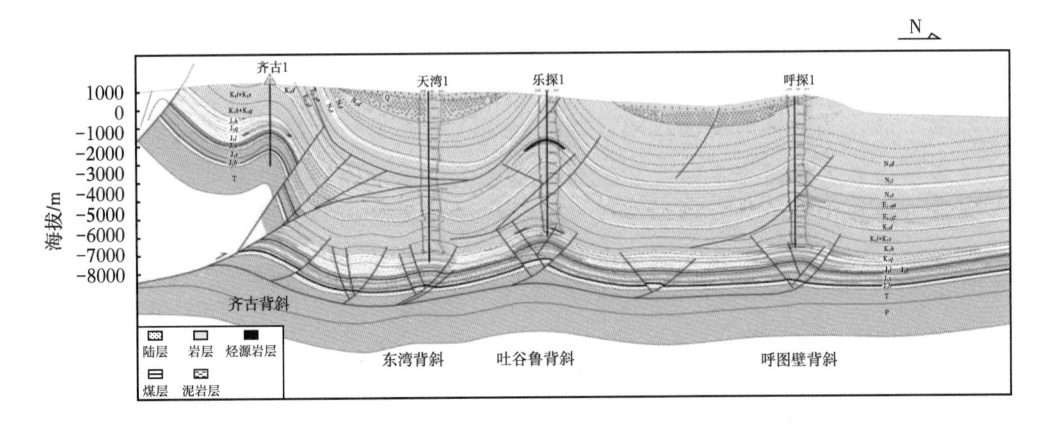

图 5-1-6　准南前陆冲断带中段南北向构造剖面图（据新疆油田）

2. 真地表地震成像技术应用难题

天山南北双复杂区地震地质条件极其复杂，真地表地震成像技术应用主要面临以下难点。

1）近地表复杂带来的严重干扰问题

区内地表类型多、横向岩性变化大，复杂近地表条件导致地震激发、接收效果差，地震数据信噪比普遍偏低。与地表相关的面波和多次折射等相干噪声、剧烈地形起伏及表层近地表非均质性引起的散射噪声，以及异常强能量噪声非常发育，这些地表相关噪声相互干涉导致噪声波场规律性差，叠前去噪技术应用难度大。另外，由于激发点、接收点的岩性变化，以及波场传播路径上的构造和岩性变化造成原始单炮数据信噪比、频率、能量、波形差异较大，地震子波一致性差，保持波场动力学特征的叠前保真去噪难度更大。

2）近地表横向变化带来的严重静校正问题

复杂地表条件下的地形起伏剧烈、出露岩性多样，山体区浅表层受逆掩推覆构造影响，高角度老地层出露地表且有地层重复现象，近地表结构横、纵向变化大，山前带戈壁砾石区低降速带巨厚，发育低速砾岩、高速砾岩，砾石层底界面难以识别，这些近地表砾岩厚度的变化及地层重复现象，导致时间域为去噪服务的静校正应用难度大。同时复杂山地非规则采集观测系统导致地下波场照明不均匀，加大了近地表初至走时层析速度反演应用难度。近地表速度反演精度影响全深度速度建模精度及下伏构造成像的准确性。

3）地下构造变形剧烈带来传统速度建模和成像方法难以适应问题

受多期次构造运动影响，地层高陡，断层及破碎带发育，地震波传播路径复杂，地下速度场横向变化剧烈。浅层发育复杂逆掩叠置构造，地层产状直立，倾角65°~80°，断裂发育，地震资料信噪比极低；盐上发育大型褶皱，地层倾角大、相对破碎；深层膏盐岩（软地层）受挤压作用厚度变化剧烈（在600~3500m间变化）；盐下逆冲断裂发育，构造样式复杂。高陡构造主体部位受到地表复杂山地条件限制，采集的地震资料信噪比低，巨厚膏盐岩和煤层对地震波能量屏蔽作用较大，且目的层埋藏较深，地震波吸收衰减严重，地震反射信号能量弱，尤其是盐下弱反射信噪比极低，造成复杂波场速度建模和偏移成像难度大。

三、天山南北真地表地震成像关键技术

围绕库车前陆冲断带盐下逆掩构造和准南前陆冲断带中深层复杂构造成像的诸多难题，经过多年真地表成像技术研发和配套技术攻关，逐步形成了以偏移前波场保真处理和全深度速度建模为核心的真地表全深度成像处理技术系列。该套技术整体思路和流程与第二章介绍的内容一致，在此则重点介绍偏移前数据预处理和全深度速度建模两项关键技术。

1. 偏移前波场保真处理

天山南北的前陆冲断带探区的地震采集数据是典型的复杂山地地震资料，如上所述，地震波场复杂、信噪比低。为了实现真地表叠前深度偏移处理，偏移前的数据既要有较高的信噪比，又要保持复杂波场的运动学特征。天山南北两翼山地地表露头风化较严重，山下冲积扇发育，近地表低降速带厚度变化较大，常规的低降速带静校正有益于偏移前压制复杂地表相关的面波、多次折射等相干噪声，在压制了噪声之后，再将之前应用到地震数据上的低降速带静校正量去掉，使地震数据重新回到真地表面。因此，面向叠前去噪的精细静校正和叠前噪声衰减是该区偏移前波场保真处理的关键点，主要技术策略在第三章已经介绍，此处重点介绍实际数据应用中的一些具体技术措施与应用效果。

1）自适应加权初至走时层析近地表反演

该区地表高差大、近地表厚度变化也较大，部分地区近地表低降速带厚度达上百米，静校正的关键是低降速带的速度模型能否反映近地表速度纵横向变化趋势，并且模型深度能否刻画低降速带底界。以层状介质为假设的折射静校正不符合该区复杂地表的应用条

件，需要采用全排列初至拾取的层析静校正技术。由于该区是山地非规则采集，初至走时射线照明不均匀，尤其是在近炮检距和远炮检距接收区域覆盖次数偏低，导致初至层析在表层风化层和冲积扇底部的速度反演结果不稳定，甚至不合理。为此，采用基于炮检距自适应加权初至层析技术解决静校正计算问题，在全排列初至拾取和层析反演质控两个方面加强技术配套。在高精度全排列初至拾取方面，针对库车地区单炮初至波信噪比低的问题，首先采用早至波增强处理技术提升初至能量和信噪比，然后进行基于“U”形卷积神经网络的人工智能地震波初至拾取，不难看出应用早至波增强处理和人工智能拾取技术极大提升了初至拾取精度（图 5-1-7 和图 5-1-8），效率也显著提升。

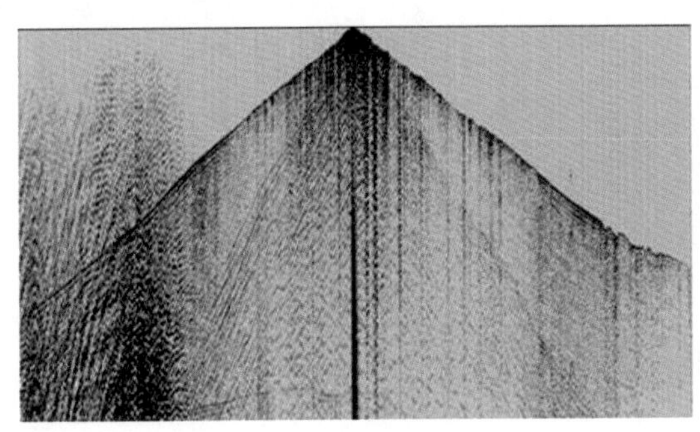
a. 处理前

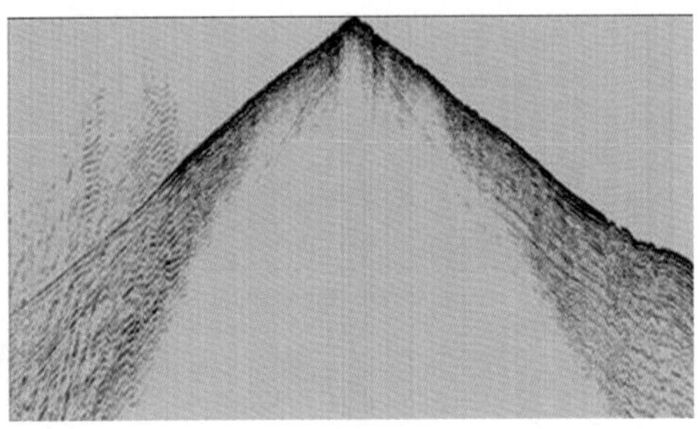
b. 处理后

图 5-1-7　早至波增强处理前后的道集效果对比

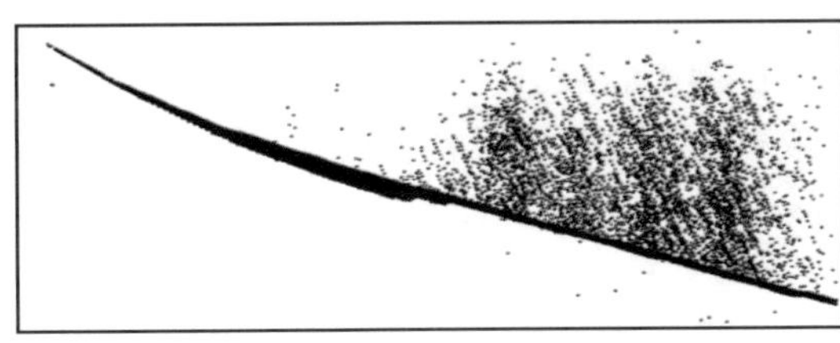
a. 处理前

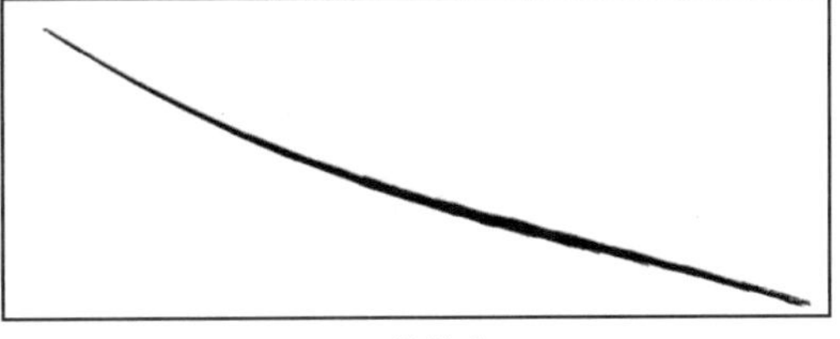
b. 处理后

图 5-1-8　早至波增强处理前后的智能初至拾取效果对比

如何提高走时射线追踪正演模拟的精度是初至走时层析静校正的关键。天山南北复杂山地采集数据在近炮检距处，基于反演速度模型预测的初至走时与实际炮集数据的近炮检距初至走时差异较大，这是常规初至走时层析反演的主要问题。采用高精度正演模拟—波前扩展线性走时插值（Linear Traveltime Interpolation，简称 LTI）优化算法，近地表低降速带刻画更加精细，近偏移距反演预测走时与真实走时误差显著降低。通过自适应加权初至层析反演，提高小偏移距数据的反演权重，可以获得精度更高的近地表反演速度模型，有利于山体区和冲积扇区域的静校正计算。在单炮和叠加剖面上可见山体区和山下冲积扇部位经过高精度层析静校正后，叠加效果明显提升（图 5-1-9）。

2）基于“六分法”思想的叠前保真去噪技术

针对复杂山地地震资料信噪比低、炮检点分布不均匀、信号与噪声的规则性较差及噪声压制难度大等问题，以“六分法”（分类、分步、分区、分域、分时、分频）思想为指导，叠前去噪处理的核心是尽可能地压制噪声、保护有效信号，保持地震波相对振幅稳定。根据噪声的强度、波场特征及分布规律和观测系统特点，科学选取去噪技术，对噪声波场进行分类、分域、分频、分时分析，由强到弱逐步压制，同时保证有效波不损失或损失极小，为速度建模和叠前深度偏移提供高信噪比的共中心点道集。在库车和准南冲断带的叠前相对保真去噪处理中需重点关注以下几点。

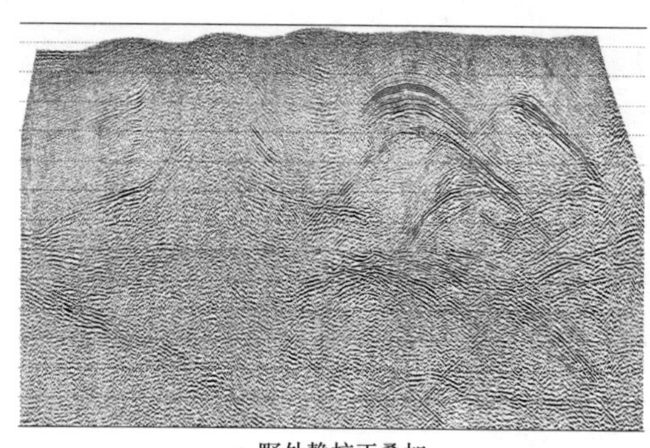

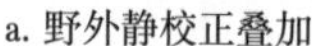

a. 野外静校正叠加

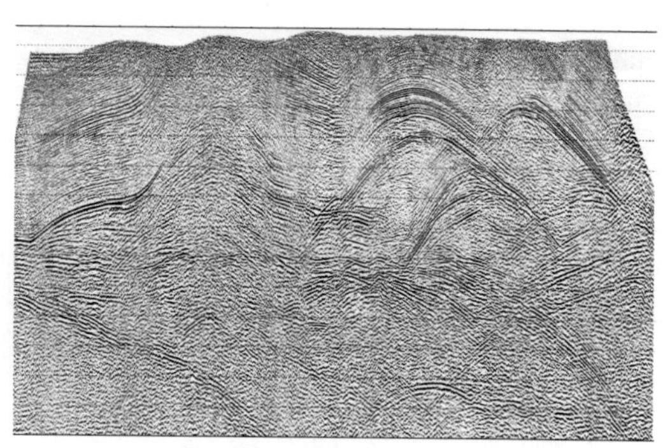

b. 自适应加权初至层析静校正叠加

图 5-1-9　地震叠加剖面静校正应用效果对比

（1）尽量应用以面波模拟和自适应相减为主的面波及其散射噪声衰减技术，避免直接应用 *F-K* 类的面波和多次折射噪声压制方法。在面波和面波散射等强能量相干噪声压制以后，针对线性相干噪声，应用适应非规则观测系统的线性噪声压制方法进行衰减。在去噪方法和参数选取时，应根据地表条件和噪声发育特征采用分区、分类、分域的策略进行选择。例如，针对近地表散射噪声，在面波和线性噪声衰减后，可以从共炮点域、共检波点域、十字排列域等进一步分析噪声规律，选取有效信号与噪声容易区分的数据域进行散射噪声衰减。为了保护低频端的有效信号，可以将面波极为发育的低频段数据分离出来，进行单独去噪。

（2）采用能量补偿与叠前去噪迭代方法进行去噪处理。激发接收方式、波前扩散及地层吸收等因素造成的炮间、道间能量差异大，直接对异常能量或线性噪声的压制可能会伤害有效信号。因此，需要在噪声压制过程中进行叠前振幅补偿迭代处理，利用叠前振幅均衡处理降低炮间、道间能量差异的影响，在保证有效波能量基本一致的情况下，再进行异常能量干扰压制，从而最大限度地保护有效波不受伤害。与单独去噪和能量补偿相比，能量补偿与去噪迭代之后的单炮更适合后期的偏移成像（图 5-1-10）。

（3）做好浅层数据精细去噪处理，为浅层速度分析提供高品质道集。经过分类、分步、分区、分域、分频去噪后，浅层通常还会残留一些强能量、面波、浅层折射、散射等残余噪声，造成浅层速度分析中速度谱计算“空白”区。浅层速度横向变化会对中深层的速度建模结果有不可忽视的影响，也不利于浅层高陡构造成像。利用浅层精细去噪技术对浅层残留的噪声进行精细的分频、分域去除，对低频端噪声数据进行二次信噪分离，避免去噪过程中噪声与信号频带混叠造成有效信号损伤，进一步提高浅层资料信噪比，突显浅层速度谱能量团，提高中浅层建模精度。如图 5-1-11 和图 5-1-12 所示为浅层精细去噪后的效果对比，可见叠前道集、速度谱和叠加剖面的浅层信噪比改善明显。

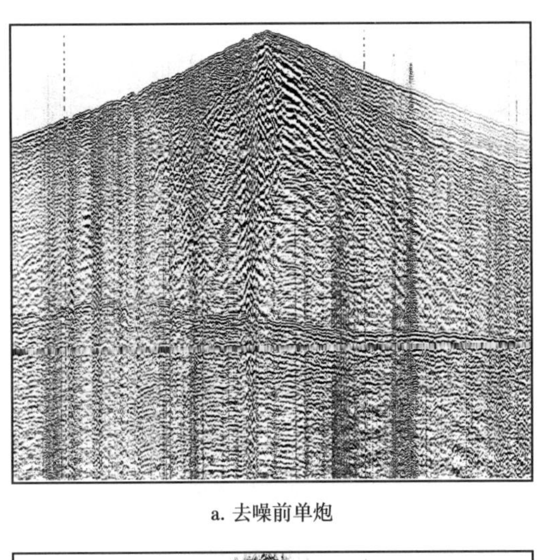

a. 去噪前单炮

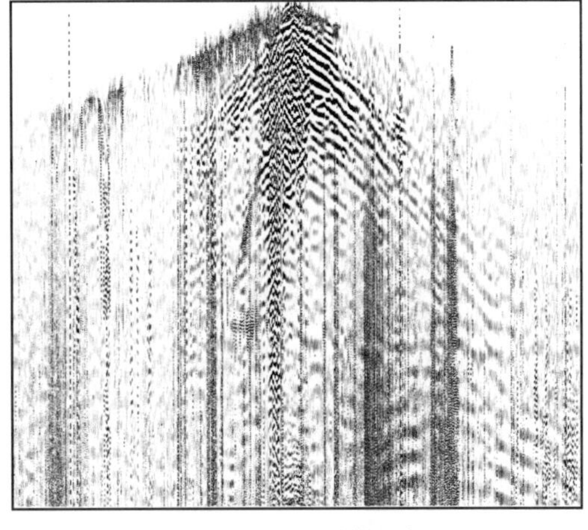

b. 异常能量压制后单炮

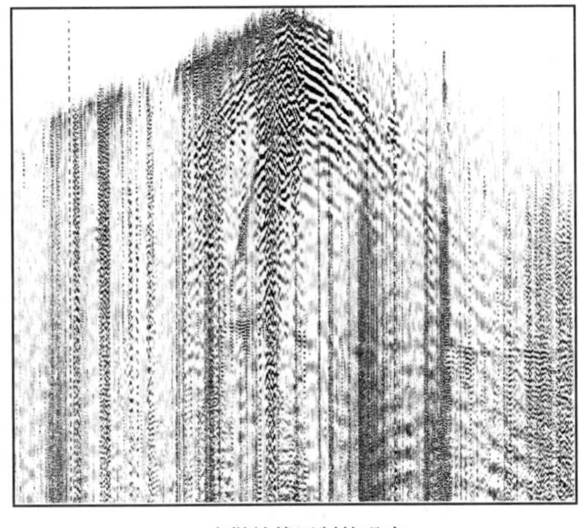

c. 未做补偿压制的噪声

d. 补偿处理后压制的噪声

图 5-1-10　能量补偿迭代去噪效果对比

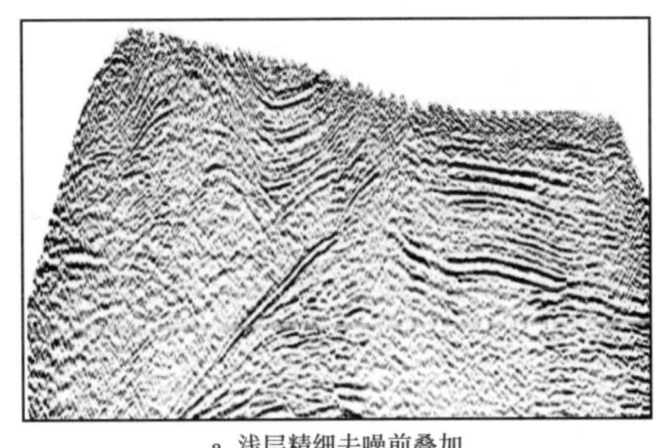

a. 浅层精细去噪前叠加

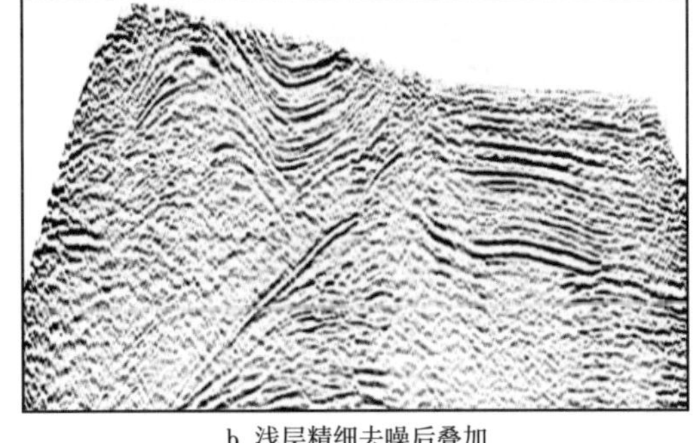

b. 浅层精细去噪后叠加

图 5-1-11　浅层精细去噪技术应用效果

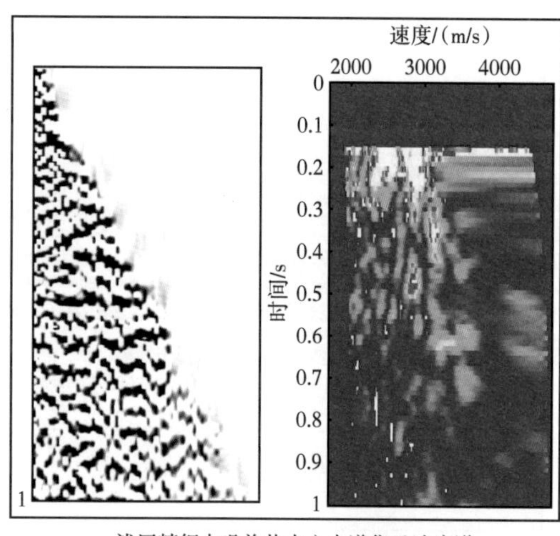

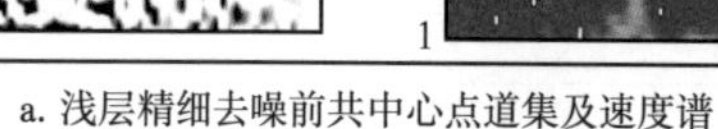
a. 浅层精细去噪前共中心点道集及速度谱

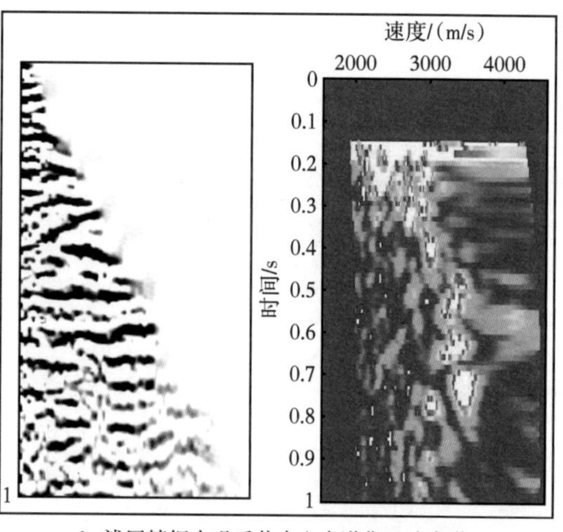

b. 浅层精细去噪后共中心点道集及速度谱

图 5-1-12　浅层精细去噪技术应用效果

（4）应用平面属性统计高效率开展“六分法”叠前去噪。受地表激发条件和采集参数差异的影响，双复杂区地震单炮间干扰波特征空间差异大、波场规律差，多种震源激发下的海量数据，人工去噪分析参数耗时较长无法兼顾全部类型的地震记录。因此，在应用“六分法”叠前去噪时，可以借鉴平面属性分析的思想，采用基于平面属性的叠前去噪技术策略。尝试将每一炮的干扰波时空特征属性与去噪参数相关联来确定去噪参数，获取反映干扰波特征的平面属性，如异常振幅门槛属性和线性信号倾角属性（图 5-1-13），逐炮获取去噪参数进行去噪。与人工分区统计相比，基于单炮时空特征属性确定去噪参数更适应干扰波的空间变化，去噪的精度（图 5-1-14）和效率更高。

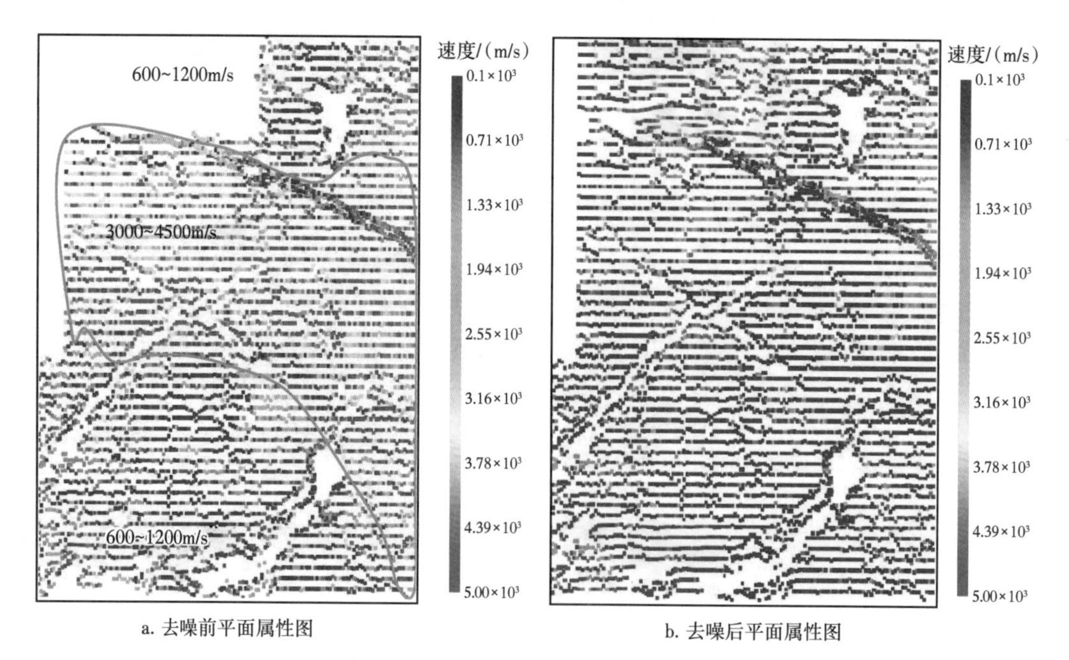

a. 去噪前平面属性图

b. 去噪后平面属性图

图 5-1-13　基于平面属性确定的速度空间变化

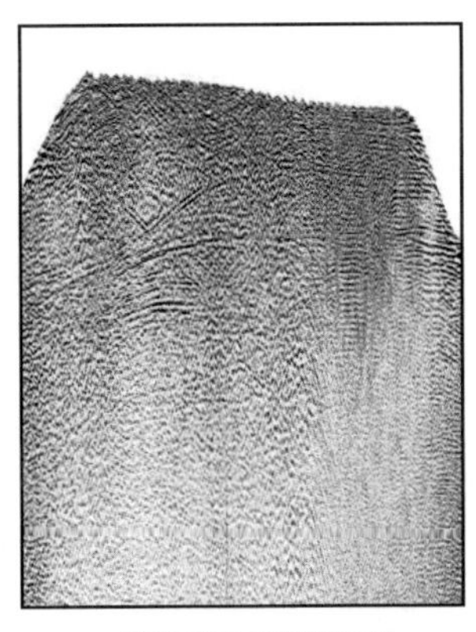
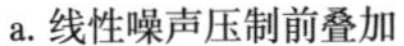

a. 线性噪声压制前叠加

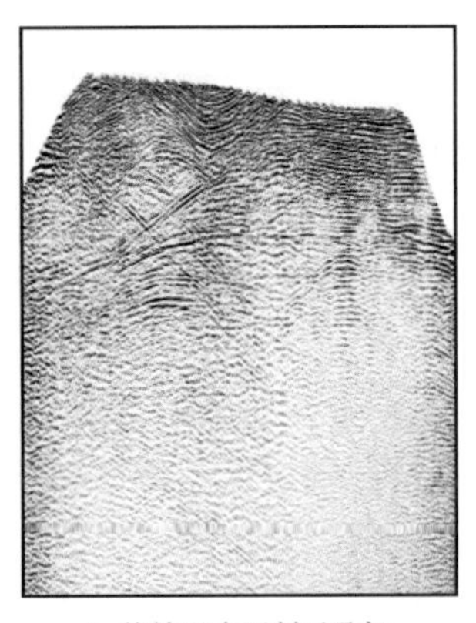

b. 线性噪声压制后叠加

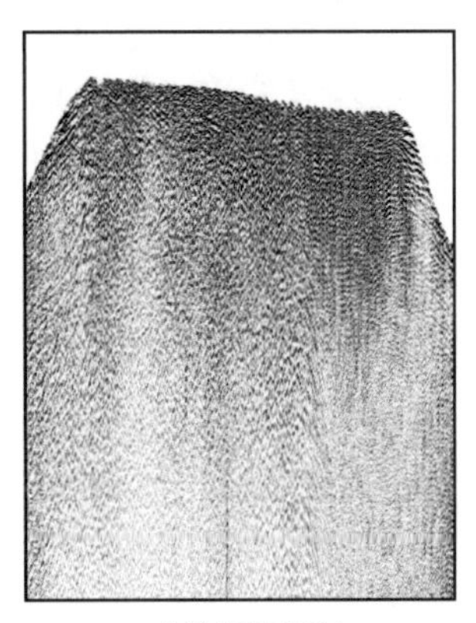

c. 去除的噪声叠加

图 5-1-14　基于平面属性去噪效果对比

2. 全深度速度建模与真地表叠前深度偏移技术

库车和准南前陆冲断带地表及地下构造极其复杂，且地下速度纵横向变化剧烈，浅表层速度及中深层速度模型的精度直接影响地下复杂构造形态和位置，需要开展以全深度速度建模为核心的真地表成像技术应用。

首先，基于自适应加权初至层析方法反演出近地表模型，基于反射波层速度估计方法建立常规叠前深度偏移速度模型；其次，基于保走时的深度域速度模型融合方法将近地表和深层速度模型融合为一体，形成包含近地表速度的新初始全深度速度模型（图 5-1-15）；

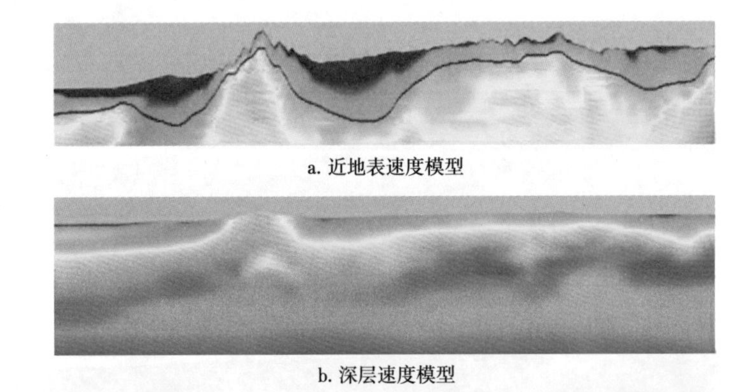

a. 近地表速度模型

b. 深层速度模型

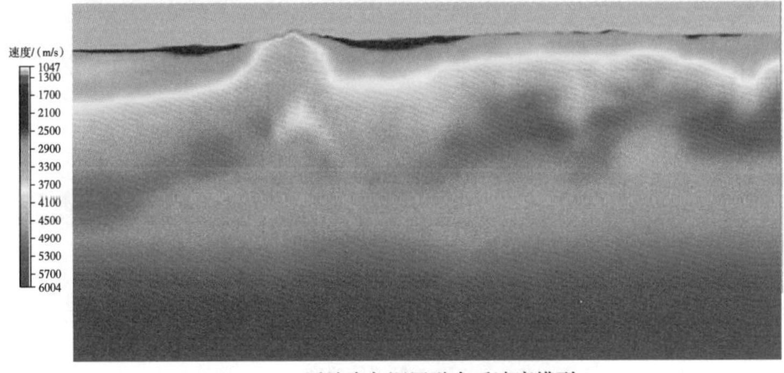

c. 近地表与深层融合后速度模型

图 5-1-15　浅层与深层速度模型融合

最后，利用高精度构造约束反射波网格层析速度迭代反演，对全深度速度模型进行精细刻画。叠前深度偏移成像效果好坏关键是速度模型低频背景场是否符合地下地质结构。在网格层析速度反演迭代过程中，需要与解释人员充分结合，综合地表地质露头、测井、非地震等多种信息对速度建模进行有效约束，提升山体低信噪比区、中浅层砾石区、中深层盐体和盐下的速度模型精度，确保速度模型的合理性，降低成像多解性，进而提高盐下和砾石发育区成像准确度和精度。

准噶尔南缘双复杂区的速度建模中，在应用自适应加权层析基础上综合考虑地表卫片、近地表调查及地质露头调查等信息确定低、高速砾石层分布，对全深度速度模型中冲积扇区域的近地表速度模型进行了优化。通过南缘多信息约束近地表建模后砾石层的空间分布图（图 5-1-16a、图 5-1-16b）和清 1 井北三维自适应加权近地表初至层析反演后的速度剖面，可见优化近地表反演方法后，基本能够反映砾石层的空间分布和近地表速度的纵横向变化趋势（图 5-1-16c、图 5-1-16d）。在经过多轮次和多信息约束全深度速度建模后，实现了高精度浅表层速度建模和巨厚砾岩速度建模，完成了真地表 TTI 各向异性叠前深度偏移，浅层的砾岩体、中深层主要目的层波组特征及断裂成像较常规建模资料有了明显提高，较好地解决了双复杂区高精度成像技术难题（图 5-1-17）。

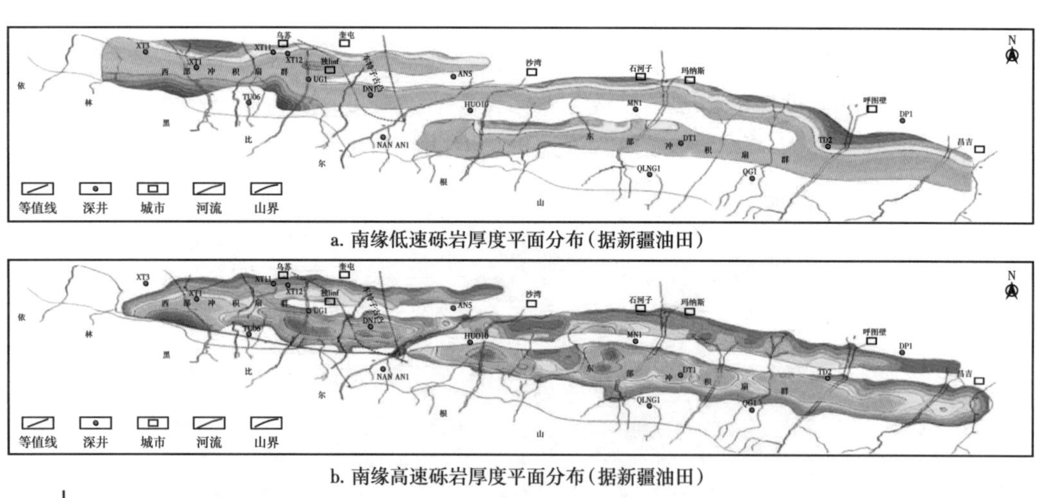

a. 南缘低速砾岩厚度平面分布（据新疆油田）

b. 南缘高速砾岩厚度平面分布（据新疆油田）

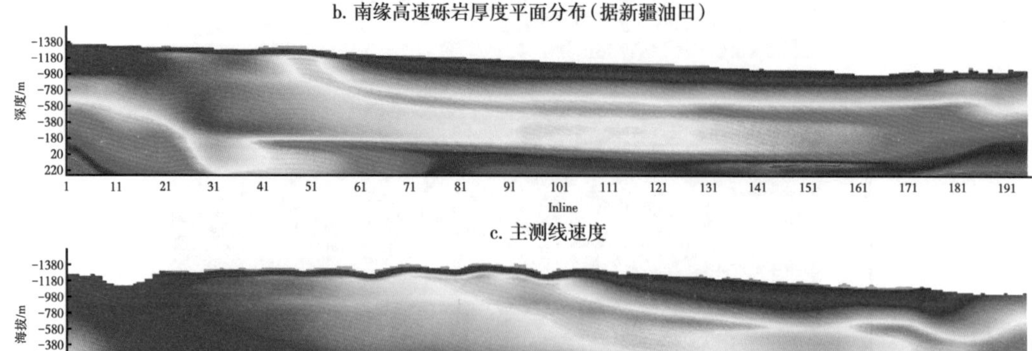

c. 主测线速度

d. 联络线速度

图 5-1-16　准噶尔南缘近地表反演结果

在有了较准确的全深度速度模型和较高信噪比的偏移前数据基础上，可以尝试应用逆时偏移进一步改善成像效果。在库车的秋里塔格地区开展了逆时偏移方法试验，可以看出，在速度模型较为准确的前提下，应用相同的全深度速度模型，真地表逆时偏移剖面的偏移画弧现象明显减少，主体构造形态更清晰合理、两翼地层连续性和振幅一致性更好、分辨率更高，成像效果明显优于真地表克希霍夫偏移（图 5-1-18）。

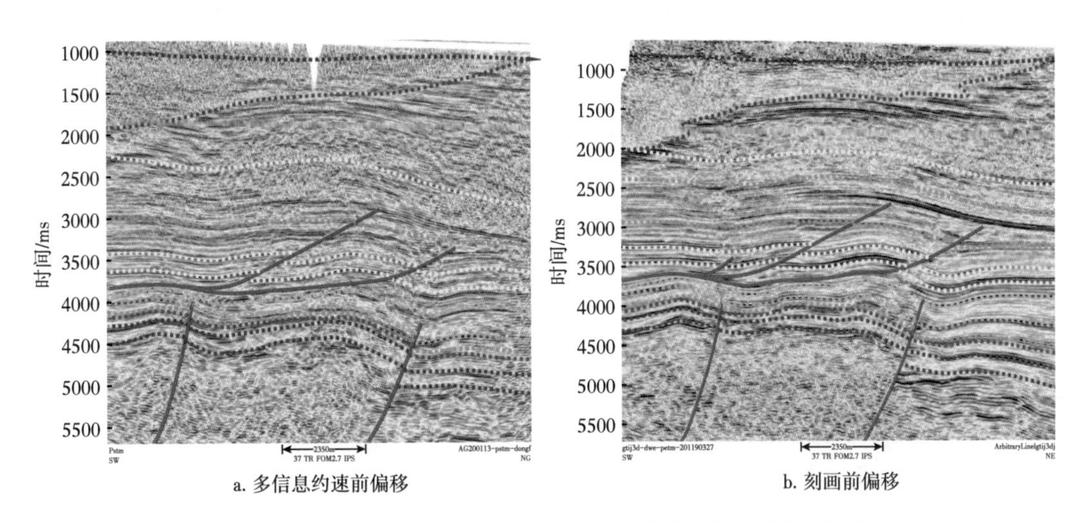

图 5-1-17　根据冲积扇分布范围刻画速度建模前后效果（据新疆油田）

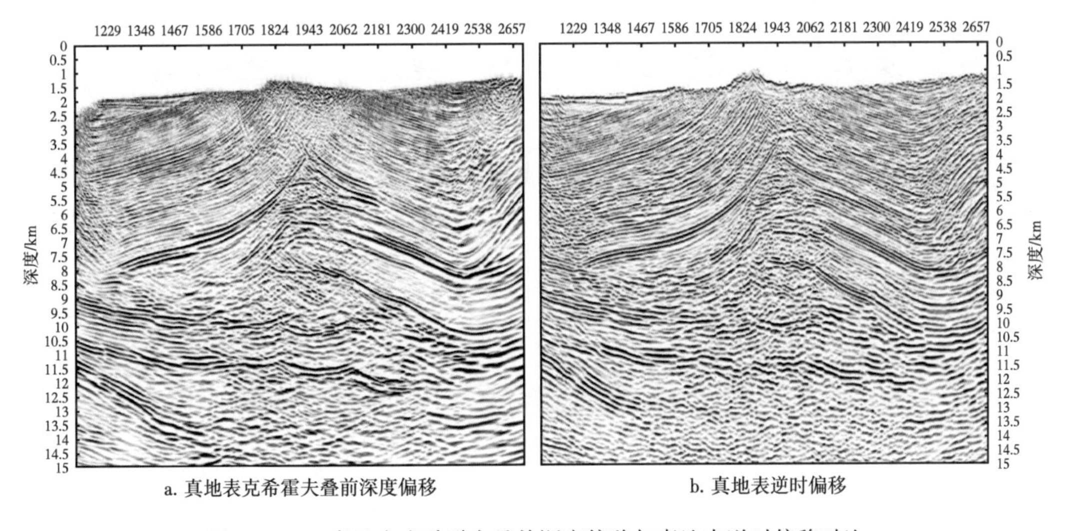

图 5-1-18　真地表克希霍夫叠前深度偏移与真地表逆时偏移对比

四、天山南北真地表地震成像技术应用效果

经过多年真地表地震成像技术攻关，库车和准南前陆冲断带的浅层、构造主体区和盐（或泥岩）下成像效果得到了明显提升，逆冲断层、地层接触关系及构造形态清晰可靠，基本能够满足构造解释、圈闭落实及目标评价等勘探要求。特别是库车前陆冲断带山前超深盐

下复杂区的资料一级、二级品率由45%提高到70%，平均钻井深度误差由300m以上降低至100m以下，评价开发井的成功率显著提升，有力推动了该区天然气的规模增储和效益建产。

1. 库车秋里塔格构造带盐下精细成像

秋里塔格构造带位于库车坳陷南部，生储盖匹配优越，勘探潜力巨大，被众多勘探家寄予厚望。该构造带先后发现多个圈闭，但部署的东秋5井、东秋6井、东秋8井、西秋2井等钻探相继失利，勘探一度陷入停滞。通过对西秋2井等失利的系统分析，认为在复杂山地地表条件下，受当时的速度建模与成像技术应用条件限制，时间域偏移成像存在构造假象、圈闭不落实，需要探索从剧烈起伏地表出发的叠前深度偏移技术（图5-1-19）。同时，该区地下构造亦极其复杂，受逆掩推覆和膏盐滑脱的双重影响，地层归位有诸多存疑，构造解释方案难以确定，精细速度建模和地震成像挑战极大，因没有成熟的适合双复杂区的真地表成像技术，故称之为世界级难题。因此，构造准确成像成为该区风险勘探成功与否的关键。围绕秋里塔格构造带双复杂区地震成像的瓶颈问题，从2009年开始，在方法研究、技术研发、软件集成及实际数据应用方面开展了持续十余载的技术攻关，应用工区从最开始的西秋1井、西秋2井、西秋4井到东秋8井和中秋1井，形成了以全深度速度建模为核心的真地表地震成像技术，盐下深层构造成像清晰，新发现中秋1井圈闭，支撑了中秋1井构造油气勘探的战略突破。

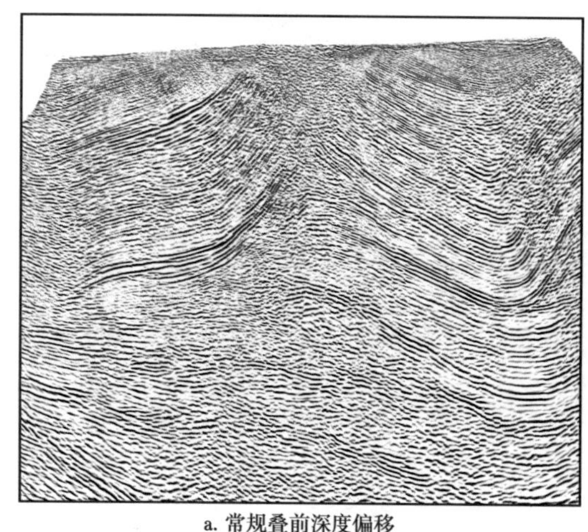

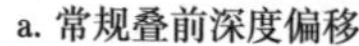

a. 常规叠前深度偏移

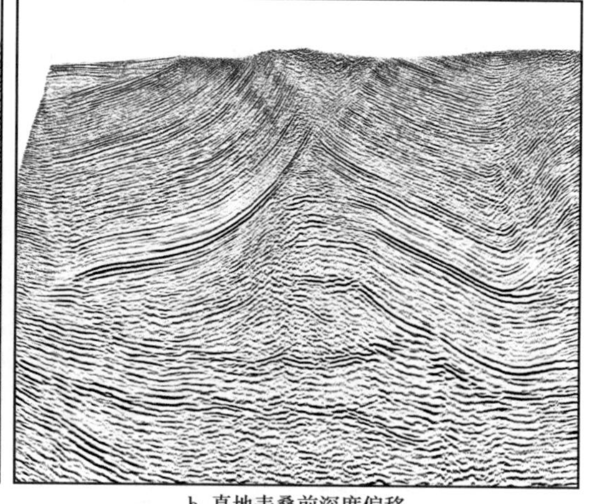

b. 真地表叠前深度偏移

图5-1-19　秋里塔格构造带宽线常规处理和真地表成像深度域剖面对比

2014年7月开始，围绕在东秋8井构造带风险探井部署过程中遇到的逆掩推覆带下盘构造成像不清、圈闭难以落实的问题，开展了7条二维测线（214km，其中宽线4条119km）物探技术攻关，通过叠前深度偏移精细处理，重点落实了东秋8井构造特征、圈闭形态，展示了下盘圈闭发育的良好前景，推动了东秋8井单点高密度三维地震的部署实施。在二维及宽线试验取得应用效果的基础上，2015年底，基于新采集的三维地震资料，笔者所在研究团队从复杂近地表速度建模和近地表相关噪声衰减开始，逐一破解双复杂区地震深度域成像难题，系统开展了真地表地震成像技术攻关，盐下深层地震成像效果改善明显（图5-1-20和图5-1-21）。在此基础上开展精细的构造解释与成图，新发现中秋1圈闭，面积45.8km^2，支撑了风险探井中秋1井的论证和部署。2018年12月，中秋1井在

6073~6182m 进行试气，获天然气 $33\times10^4m^3/d$、凝析油 $21.4m^3/d$ 的高产工业油气流，新发现一个千亿立方米级整装凝析气田，揭示了秋里塔格构造带巨大的油气勘探潜力，实现了秋里塔格构造带油气勘探重大战略突破。

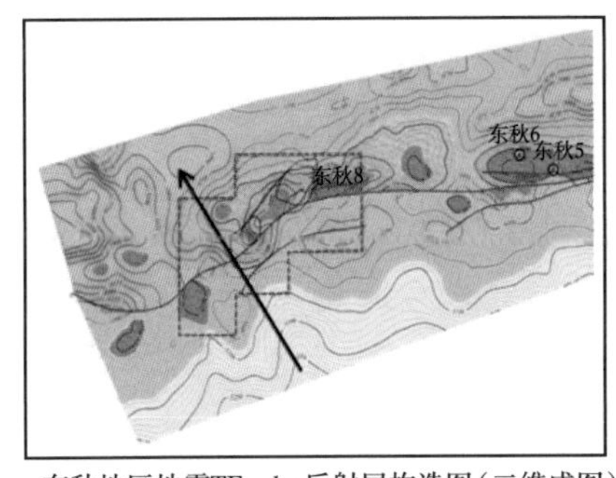

a. 东秋地区地震TE$_{1-2}km$反射层构造图（二维成图）

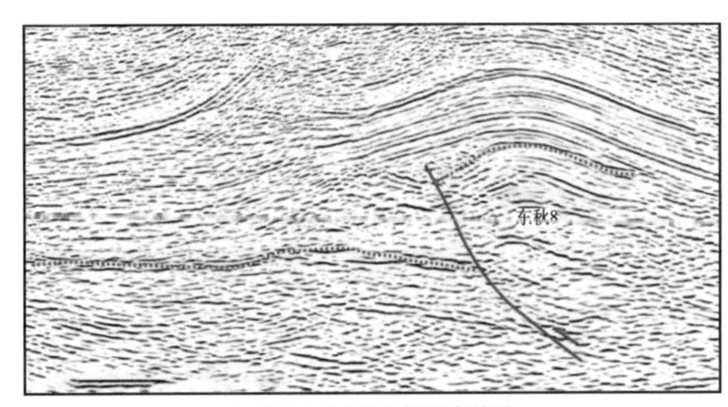

b. QL14-244K叠前深度偏移

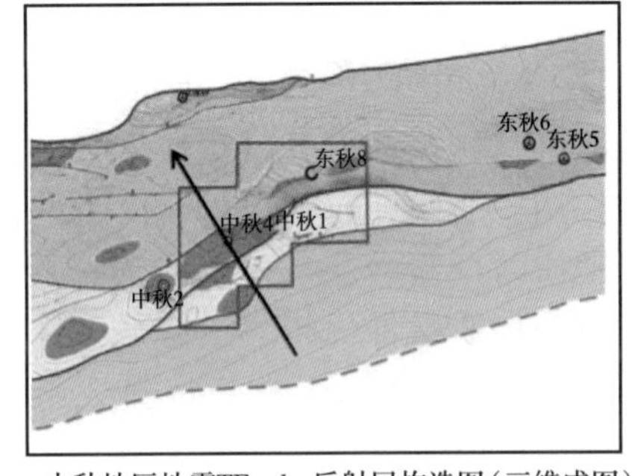

c. 中秋地区地震TE$_{1-2}km$反射层构造图（三维成图）

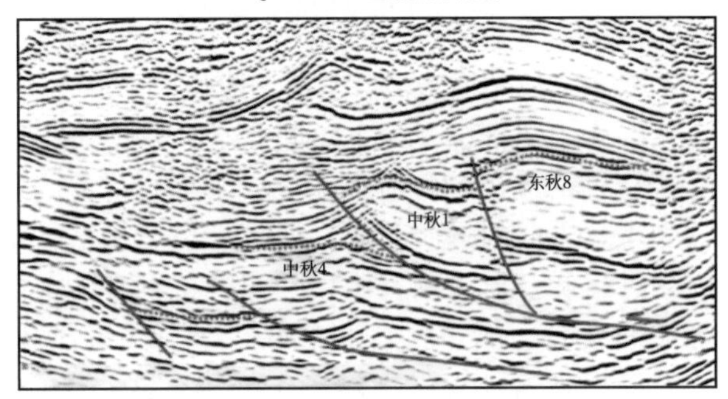

d. 东秋8三维对应QL14-244K叠前深度偏移

图 5-1-20　以往二维常规处理与东秋 8 三维真地表成像剖面对比

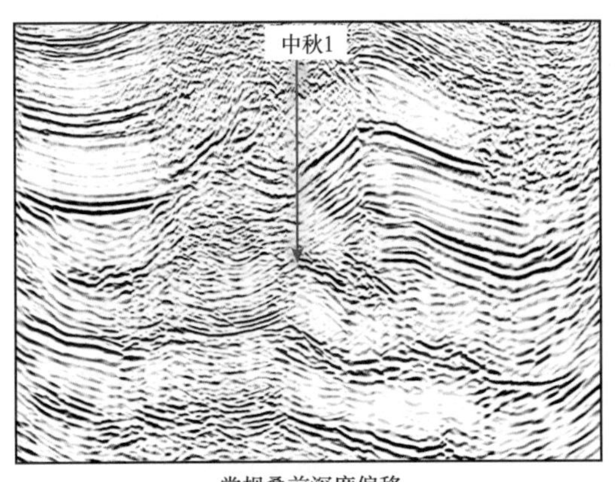

a. 常规叠前深度偏移

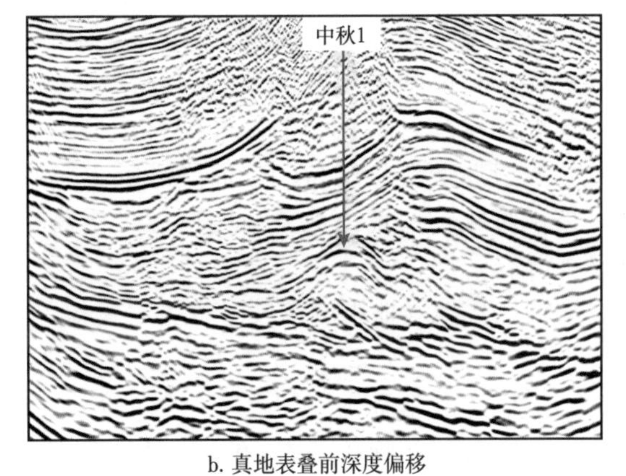

b. 真地表叠前深度偏移

图 5-1-21　秋里塔格构造带东秋 8 三维常规深度偏移与真地表地震成像剖面对比

随着中秋构造带的勘探突破，继续在西秋 1 井三维推广应用真地表全深度偏移成像技术，进一步落实西秋构造带盐下深层构造，为风险勘探前期评价夯实资料基础。在资料保真处理基础上开展全深度速度建模及真地表 TTI 各向异性偏移成像处理，山体区构造浅层及盐下地层波组特征清晰、连续可对比，深层整体表现为一个单斜构造（图 5-1-22）。

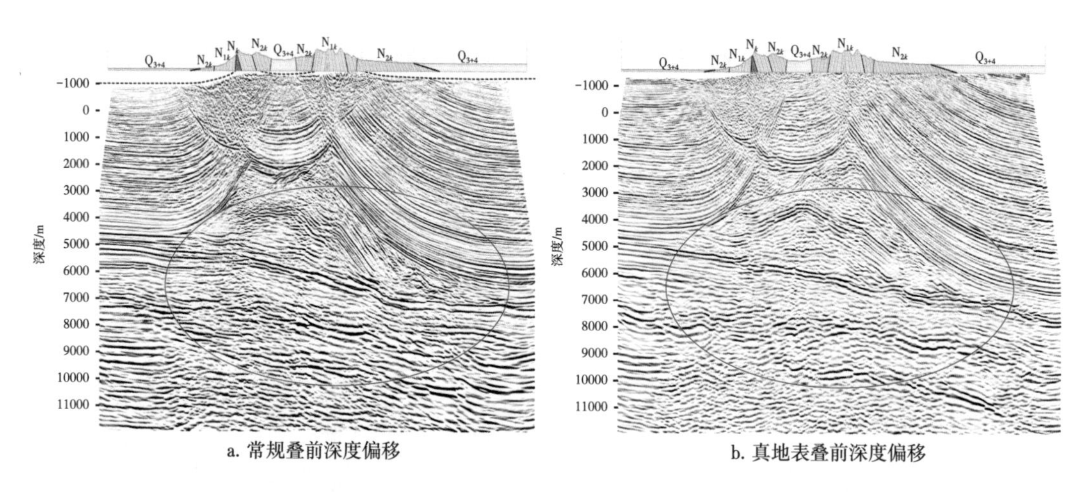

图 5-1-22　秋里塔格构造带西秋 1 三维常规深度偏移与真地表地震成像剖面对比

2. 库车克拉苏构造带深层盐下成像

克拉苏构造带位于库车坳陷北缘，是南天山山前的第二排构造带，中深层发育的巨厚膏盐岩对构造变形及地震资料成像都有重要的影响作用。受中—新生代构造应力的性质、大小及方向的多次转变，导致克拉苏构造带不同地质时期盐岩层、盐上层和盐下层的演化过程和变形机制有明显差异，特别是盐下深层石油地质条件优越，三叠系—侏罗系烃源岩发育、成熟度高，主力储层白垩系巴什基奇克储层厚度大、构造成排成带分布，是塔里木盆地天然气勘探主战场。经过 20 多年的精细勘探，先后发现克深 5、博孜 1、克深 8 等 8 个大气藏（田），克拉苏盐下深层已成为塔里木盆地天然气勘探开发的主力区。

博孜—大北区块位于塔里木盆地库车坳陷克拉苏构造带西段，北邻南天山。复杂区浅表层速度反演与融合应用成效、特殊岩性体（高速砾岩、膏岩层）横向速度场变化是影响地震资料品质的主要因素。因此，需要开展精细的近地表反演、保幅保真去噪、全深度速度建模和真地表叠前深度偏移成像等针对性地震技术攻关，有效解决复杂山地盐下复杂构造地震信号能量弱、保真度低、信噪比差、速度模型精度不足、偏移归位不准确等技术难题，实现山地复杂构造区带级高精度地震成像，盐下复杂构造波场归位精度明显提升。

通过真地表地震成像技术攻关，克拉苏构造带深层地震成像剖面品质及成像精度得到明显提升（图 5-1-23），主要目的层波组特征清楚、偏移归位合理、复杂构造与Ⅱ级、Ⅲ级断裂成像清晰准确。盐下复杂构造区地震资料一级品率由 50% 提升至 72%，目的层的地层倾向与实钻吻合率由 66% 提高到 90% 以上，主要标志地层预测深度误差从 5% 降低到 1.9%。新处理的资料为博孜—大北区块断裂体系与构造地质建模、圈闭落实评价、井位部署及储量研究奠定了基础，新落实圈闭（含显示）43 个（图 5-1-24）。有效提升了断裂与圈闭的描述精度，新发现了优质气藏 17 个（探明 13 个），探明天然气地质储量 $1.04\times10^{12}m^3$，有力支撑复杂山地盐下复杂克拉苏构造带储量和产量稳步、高速增长。2020 年克拉—克深区块产气量 $163.9\times10^8m^3$，累计产气 $1705\times10^8m^3$，成为塔里木油田高质量建成 3000 万吨大油气田的压舱石。

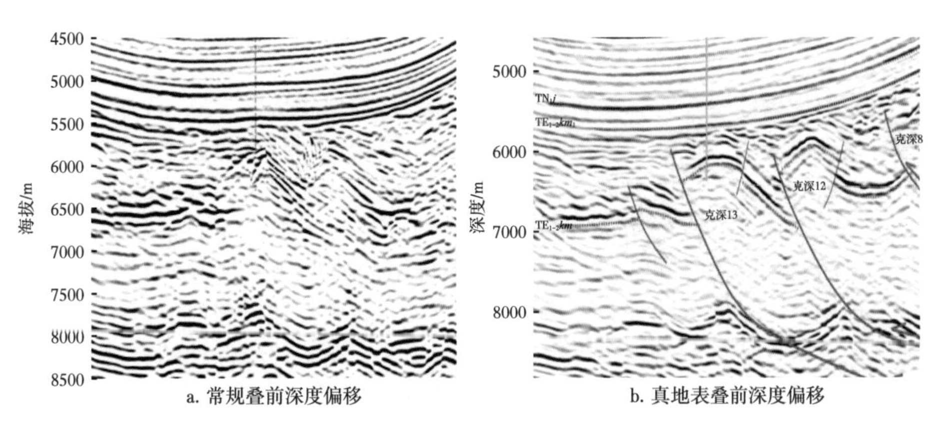

图 5-1-23　库车克深地区常规深度偏移与真地表地震成像剖面对比

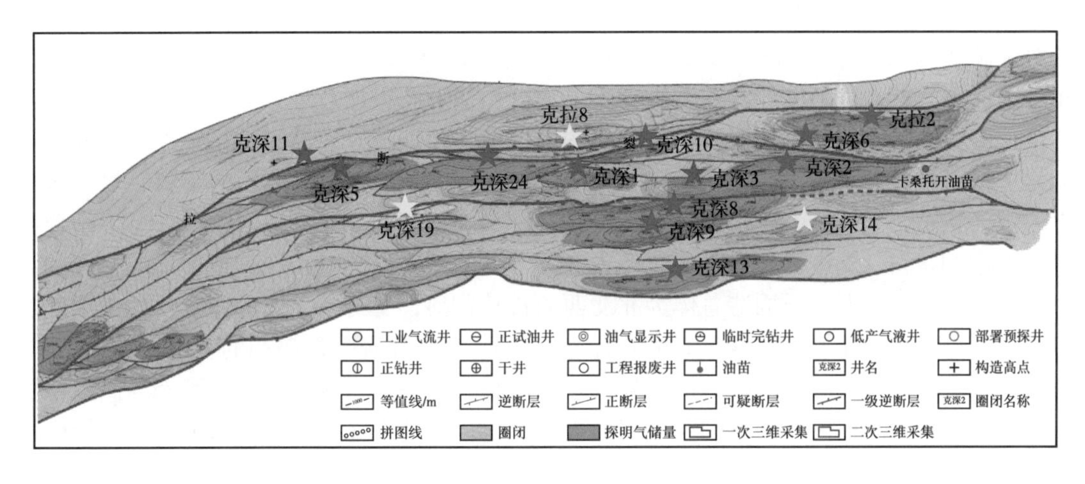

图 5-1-24　库车克深地区已发现气藏及圈闭分布图（据塔里木油田）

3. 准噶尔南缘中段齐古断褶带和东湾背斜下组合应用成效

南缘中段是新疆油田增储上产的主战场，在前期二维宽线精细处理解释攻关的基础上，从 2015 年开始在齐古断褶带部署多块高密度三维地震（齐古三维 101.35km^2、齐古西三维 220.32km^2），探索南缘山前带三维地震叠深度偏移处理解释技术，进一步提高构造主体部位地震资料信噪比、深层构造和控圈断裂的成像精度，为南缘中断中下组合圈闭落实和勘探突破提供资料和技术支撑。

齐古断褶带位于准噶尔盆地南缘西段天山北麓，经历了晚海西期、印支—燕山期、喜马拉雅期构造运动的改造，受天山隆起的影响其构造变形强烈，为山前推举带（第一排构造带）。齐古背斜构造具有多层系、大跨度含油气的特征，侏罗系及三叠系发育多套储盖组合，埋藏浅、油气产量高。2011 年部署钻探的齐古 1 井，在侏罗系见良好油气显示，显示跨度达 2000m。2016 年 6 月 9 日对头屯河组试油获天然气 3.805×10^{4}m^3/d，油 0.46m^3/d，首次在齐古背斜翼部头屯河组获天然气勘探突破。东湾背斜则属南缘山前推举带（第一排构造带）与凹中背斜带（第二排构造带）之间的宽缓向斜之下潜伏构造带，其北为玛纳斯—吐谷鲁背斜，南为清水河鼻状构造—齐古背斜。该背斜位于霍玛吐滑脱断裂之下，其上为宽缓的向斜，背斜与向斜呈反扣状，滑脱断层上下构造差别很大，浅层构造紧闭，褶皱强烈，深层平缓。齐古断褶带和东湾隐伏背斜带紧邻南缘生烃中心，侏罗系烃源岩石油资源量 6.11×10^8t，天然气资源量 $2.11\times10^{12}m^3$，发育潜在的二叠系烃源岩。下组合资源潜力大、圈闭多、规模储层发育，具备形成大油气田基本地质条件。然而，南缘具有超复杂地表条件，浅表层非均质性强、表层速度建模难、静校正问题突出，地下构造变形异常复杂，背斜构造狭长破碎，速度纵横向变化剧烈，准确速度建模及偏移成像难。地震资料波组对应关系较差，构造模式难建立，长期以来制约了南缘下组合的勘探突破和规模增储。

2016 年围绕准南前陆冲断带双复杂构造成像不清的难题，对南缘中段齐古断褶带新采集的三维地震资料开展真地表叠前成像技术攻关，探索真地表叠前成像技术在南缘双复杂构造地区的应用。通过分偏移距逐级迭代层析反演、基于信号保护的叠前噪声压制、真地表全深度速度建模技术和 TTI 各向异性建模及偏移等关键技术应用，在基于露头观察、地质戴帽及构造精细建模等处理解释一体化深度融合的基础上，深度域速度建模精度及各向异性参数计算得到了明显改善，新资料的成像质量较二维宽线有了明显提高，主体构造区由模糊变得比较清楚（图 5-1-25）。浅层资料信噪比得到较大提升且高陡产状与露头剖面对比真实可靠，背斜核部八道湾组、小泉沟群构造形态更加合理，北翼陡倾角地层及不整合、逆冲断层成像精度有明显提升，目的层反射连续性较好，波组特征清楚，地质信息更为丰富，与钻井深度、地层倾角吻合较好（图 5-1-26）。基于新处理的资料，对南缘中段的背斜构造进行了精细构造解析，新落实 4 个构造圈闭，面积 $45.61km^2$，圈闭闭合高度达 500~1100m，支撑了齐古 2 井、齐古 3 井等井的部署。同时，在构造方面取得新的认识，发现齐古背斜下组合构造总体为北北西向长轴背斜，受三条北西向左旋压扭走滑断裂控制，东西分段明显，具有西窄（简单褶皱）东宽（多组北倾断裂控制的复合褶皱）、北陡南缓的地质特征，不同构造段特征差异大，背斜轴线不一致、深浅层构造形态与高点位置差异大，背斜核部被一系列不同级别的断裂复杂化。真地表深度偏移资料夯实了南缘中段背斜构造的地质认识，也为后期南缘的勘探部署提供了依据。

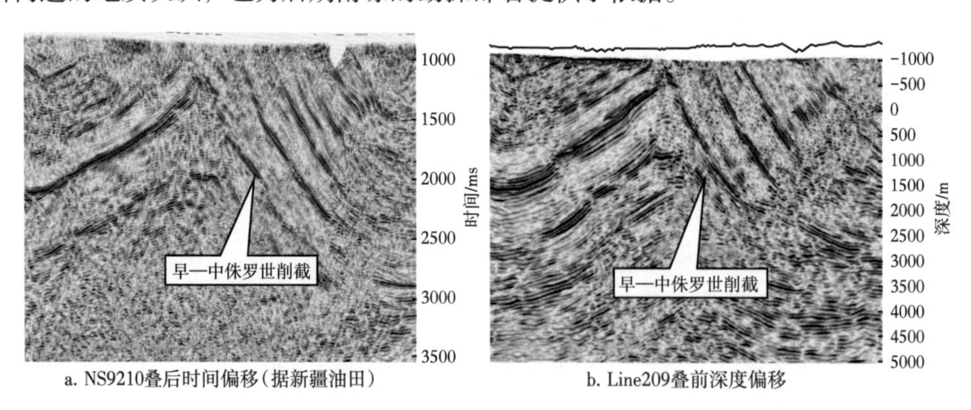

图 5-1-25　二维穿沟宽线与新采集三维真地表叠前深度偏移效果对比

2018 年以来，随着南缘勘探进程的加快，按照整体部署、分步实施的原则，在南缘中段东湾背斜超前实施了清 1 井北三维地震采集（$244km^2$），通过真地表叠前深度偏移处理，地震资料品质有了大幅提升，深层构造终于见到真容（图 5-1-27 和图 5-1-28）。新处理的资料中下组合地质构造得到准确刻画，8000m 井深相对误差小于 0.4%，地层实测倾角与地震剖面一致（图 5-1-29）。利用新三维成果准确落实东湾背斜，建议部署的天湾1井2022年5月在清水河组试油获天然气$76\times10^4m^3/d$、石油$127m^3/d$，实现南缘下组合新类型背斜目标的重大突破。

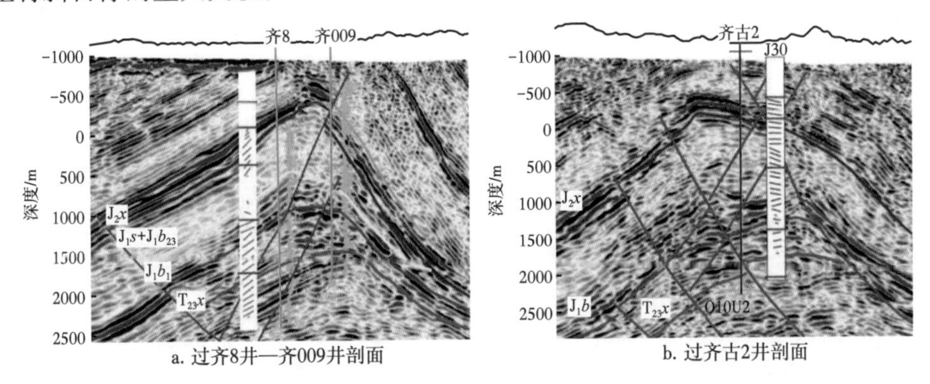

图5-1-26　真地表叠前深度偏移过井线地层产状与倾角测井对比

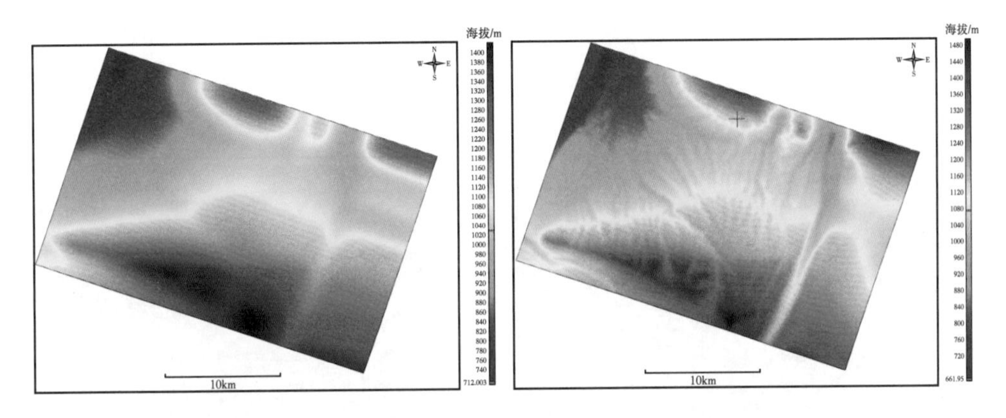

图5-1-27　地表平滑面（左）与真地表偏移面（右）对比

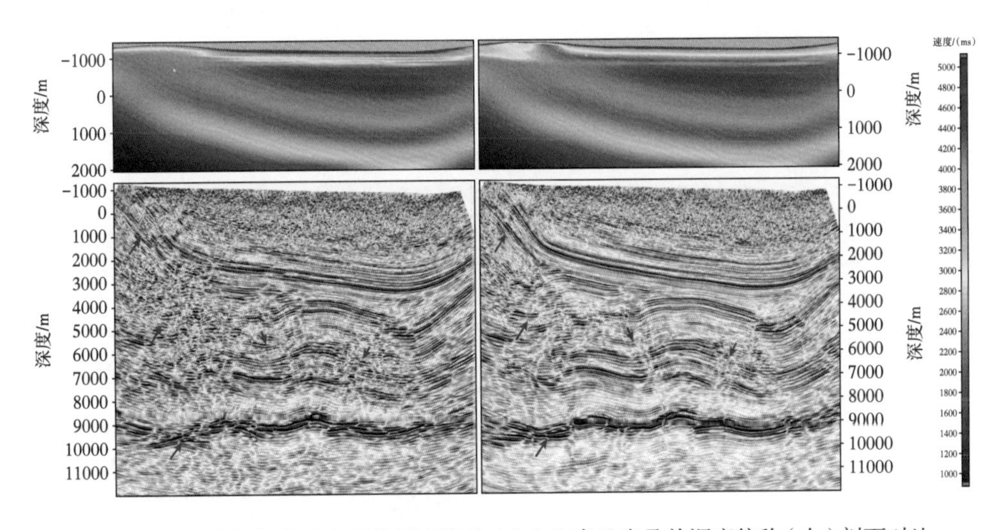

图5-1-28　常规起伏地表叠前深度偏移（左）和真地表叠前深度偏移（右）剖面对比

真地表叠前深度偏移在准噶尔南缘独南工区霍西构造带推广应用，霍西构造带紧邻烃源，成藏地质条件优越，发育多套优质、规模储层，但深层隐伏构造无井钻揭，通过真地表成像实现了准噶尔南缘独南工区霍西构造清晰成像，为下一步勘探提供支撑（图 5-1-30）。

通过新资料攻关处理、老资料挖潜增效，累计发现落实了 51 个有利目标，其中下组合落实构造圈闭 29 个，面积 1942km²（包括背斜圈闭 20 个，面积 1486km²），北部尖灭带发现地层岩性目标 22 个，圈闭面积 2304km²（图 5-1-31）。

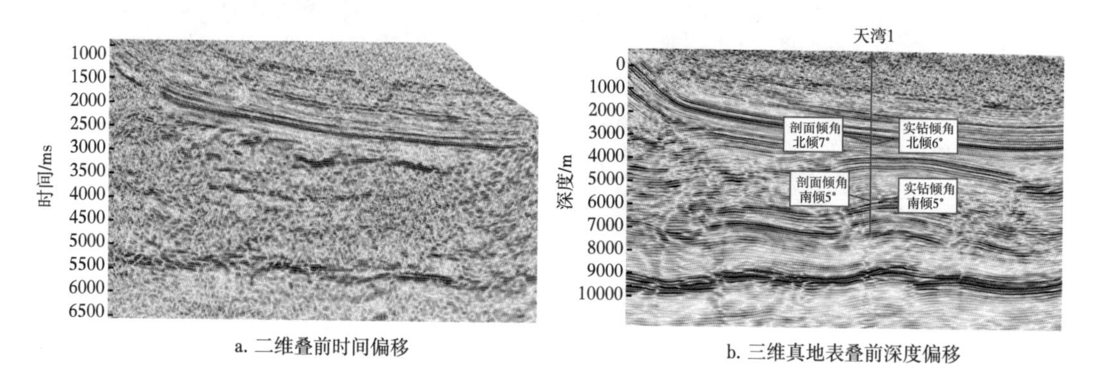

图 5-1-29　常规叠前时间偏移剖面与真地表叠前深度偏移对比

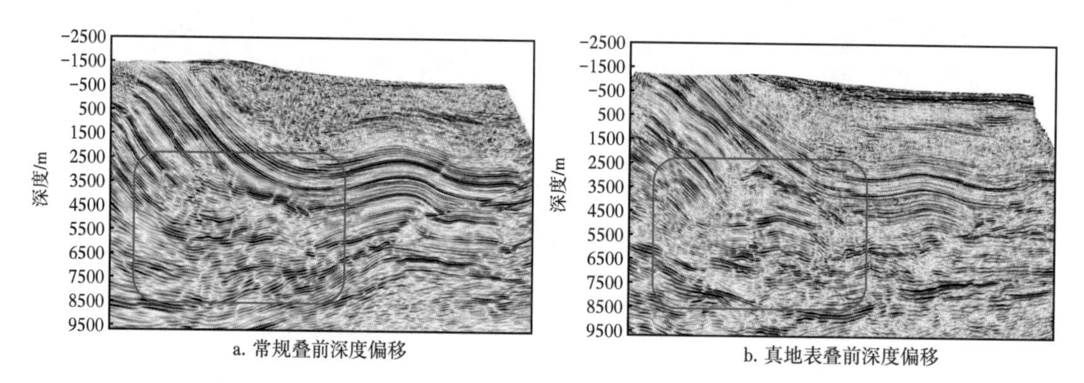

图 5-1-30　准噶尔南缘独南常规叠前深度偏移剖面和真地表叠前深度偏移剖面

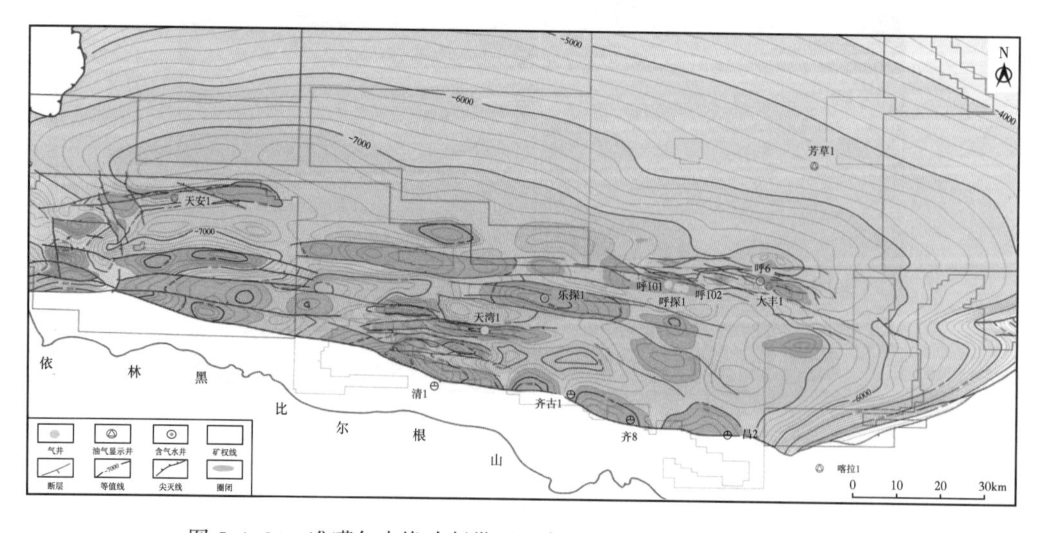

图 5-1-31　准噶尔南缘冲断带下组合勘探成果图（据新疆油田）

第二节　四川盆地周缘真地表地震成像技术应用实例

四川盆地位于扬子地台西北缘，是一个发育于中生代和具备多方位逆冲推覆构造背景条件下的挤压性前陆盆地，盆地轮廓具明显的“菱形”边框。周缘造山带围绕盆地边缘分布，其西侧和北侧被前陆冲断带所限制，西侧为松潘甘孜造山带（龙门山）、北侧为南秦岭造山带（米仓山和大巴山），东南侧为江南—雪峰山褶皱带，这些周缘造山带的形成演化与印支运动以来扬子地块内部发生的陆内俯冲作用有关。受周缘造山带向盆地逆冲推覆作用的影响，四川盆地的沉积盖层卷入了多期次、多边界的不同方向挤压变形改造，形成了川西龙门山推覆褶皱区、米仓山前缘隐伏构造带、川东南高陡构造区和峨眉—瓦山断褶构造带等复杂弧形褶皱构造带，并发育一系列的地表、地下双复杂的高陡构造（图 5-2-1）。这些双复杂构造由于处于盆地周缘不同位置的构造带中，其构造样式及特征具有明显的差异。龙门山南段以中—高角度基底卷入的叠瓦构造为特征，龙门山北段为低角度基底卷入叠瓦构造，龙门山地区并没有表现出显著的构造分层特点；米仓山和大巴山以中—下三叠统为界表现出构造分层的变形特征，其中米仓山地区深层构造发育，而大巴山地区浅层构造较为发育；川东褶皱带地表出露地层以侏罗系和三叠系为主，构造以轴面较陡立的西倾背斜为主，向斜则宽缓平坦，形成典型的“侏罗山式”褶皱（图 5-2-2）。这些盆山结合部的高陡复杂构造一直都是含油气盆地勘探的热点领域，在全球范围内已经发现了多个大油气田，但其形成演化的复杂性和地震资料成像不清等问题一直都制约着这类区带的勘探开发进程，特别是圈闭的准确落实和有效性是决定油气能否规模成藏的关键，因此该领域的油气勘探具有较高的风险。近期的勘探实践表明，这些复杂构造带油气资源丰富，勘探潜力巨大，是四川盆地常规天然气勘探的重要接替领域。

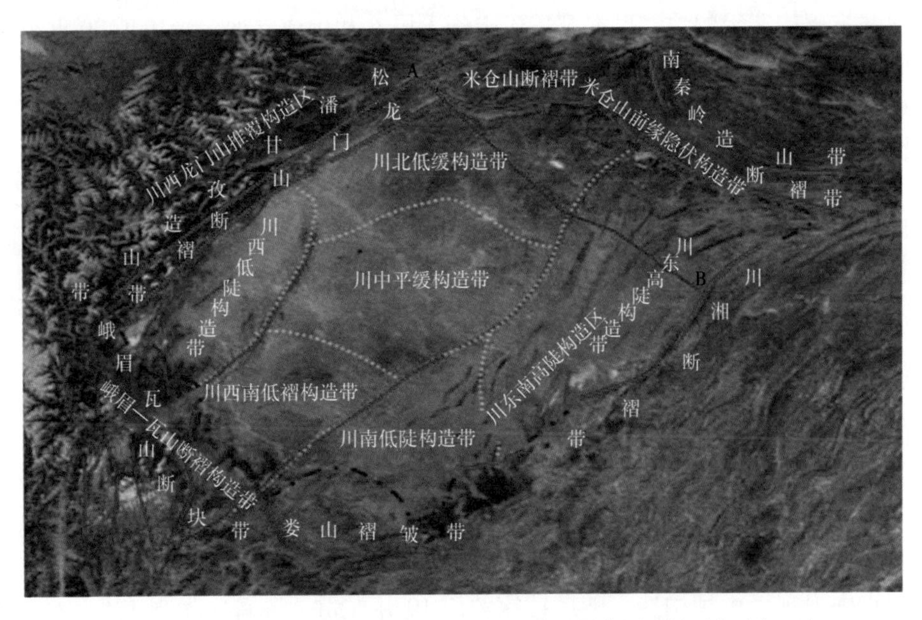

图 5-2-1　四川盆地现今构造形态及构造单元划分图（据西南油气田）

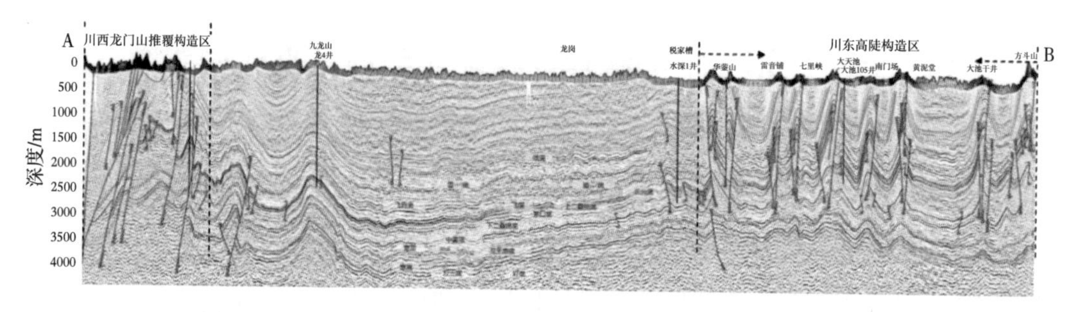

图 5-2-2　四川盆地北部周缘现今构造形态剖面图（据西南油气田）

川西北龙门山褶皱冲断带地处四川盆地西北缘，自西向东依次发育青川断裂、北川—映秀断裂、马角坝断裂和Ⅰ号断裂等4条大断裂。受多旋回区域构造活动影响，形成震旦纪—中三叠世的海相盆地和中—新生代陆相盆地的叠合盆地，发育海相、陆相多套烃源岩和多套储盖组合，构成由常规到非常规、构造到岩性—地层的多层系、多类型的复式含油气系统。根据构造演化和地层发育情况，将龙门山推覆构造带分为南、北两段。南段主要受龙门山造山作用控制，地貌以高大山体为主；北段的米仓山和大巴山属于秦岭造山带南缘边界的一部分，其构造演化和变形主要受秦岭造山作用的控制，以山地和丘陵地貌为主，地势从西南部向东北部逐渐抬升。川西北部地形起伏大，相对海拔高差达1000m以上，近地表、高速层速度横向变化大、原始地震资料信噪比低，主体构造褶皱强烈，逆冲断块发育，储层非均质性强。

一、四川盆地周缘勘探历程

1. 川西北探区

川西北推覆构造带的油气勘探开始于中华人民共和国成立前，经历了20世纪50—60年代地面构造和油苗显示找气阶段、70—90年代的“中坝模式”找气阶段、2000—2010年二维地震详查带动深层勘探取得新苗头阶段和2010年至今中深层二叠系滩相储层大发现四个阶段。

20世纪50—60年代，油气勘探以地面构造和油气苗显示为依据，对龙门山北段前缘相继开展了人工地震试验、重磁力普查和构造详查，陆续钻探了海棠铺和厚坝两个构造，均未获得油气发现。1951—1952年，原西南地质调查所第四石油勘探队在海棠铺背斜轴部发现油苗40余处，陆续钻井9口，均未获气；又以沙溪庙组油砂岩为目标开辟找油新战场，在厚坝构造钻井51口，均遭失利，认识到地下构造极为复杂；1953—1954年，开始在龙门山山前带进行重、磁力普查，针对海棠铺构造及其外围开展人工地震试验及构造详查工作，进一步证实海棠铺构造形态、构造高点、闭合面积和高度。

20世纪70—90年代，川西北部中坝雷口坡组、须家河组取得了勘探突破，在此基础上实施“以中坝为模式，在龙门山前找油找气”策略，以寻找构造圈闭为主要目标，开展地震及钻探工作，相继发现了河湾场、平落坝、射箭河等含气构造。1965年，原地质部在地质调查中发现了中坝构造，随后钻探的川19井在雷二段首次发现工业气流，3年后又对雷三段射孔测试获气$25.17\times10^4m^3/d$，发现了中坝构造雷三段气藏，于1986年提交天然气探明储量$86.3\times10^8m^3$。1973年完钻的中4井在须二段测试获$69.69\times10^4m^3/d$的高产气流，拉开中坝构造须二段气藏勘探开发序幕。1985—1987 年中美合作采用山地数字地震仪对安县桑枣至广元白田坝间开展地震详查，证实了双鱼石构造的存在，为后续钻探及研究工作奠定了资料和认识基础；1988 年和 1991 年原四川地调处在河湾场用多次覆盖数字地震仪两次采集二维地震测线 20 条和 14 条，并开展重新处理解释，基本查明了该区的地腹构造。在构造落实的基础上，1989 年完钻的平落 1 井须二段测试获气 $35.03\times10^4m^3/d$，发现平落坝构造须二段气藏；平落 2 井中测须四段获气 $22.6\times10^4m^3/d$，又发现了平落坝构造须四段气藏；平落坝气田的发现是川西北地区天然气勘探最具划时代意义的重大突破，至 1997 年，该气田提交探明储量 $145.24\times10^8m^3$。

2000—2010 年，针对龙门山北段矿山梁、大井山等构造开展地震详查及钻探工作，深层勘探取得新苗头，发现白云岩孔隙型储层，突破出气关，川西南部须家河组勘探也获新突破。2001—2004 年，对矿山梁、天井山—厚坝区块、中坝—厚坝区块开展地震详查，新布测线 46 条 1020km 实现了数字地震二维全覆盖，为构造落实奠定了资料基础。2002 年相继部署的邛西 3 井（$45.673\times10^4m^3/d$）、邛西 4 井（$89.337\times10^4m^3/d$）等 11 口井在须家河组获工业气流，提交探明储量 $152.68\times10^8m^3$。2003 年部署的矿 2 井在栖霞组发现厚层孔隙型滩相白云岩储层 35m；三年之后部署的矿 3 井在该套储层测试获微气，揭示川西北部二叠系勘探的新苗头。

2010—2021 年，针对龙门山北段构造样式不清、圈闭难以落实等难题，从 2014 年开始在双鱼石—海棠铺等构造部署 3 块高密度三维地震（$695.9km^2$），2016 年又在龙门山推覆带主体区部署 3 条束线三维，经过多轮次的处理技术攻关，山前带地震资料的品质有了明显提高，支撑了双探 1 井、平探 1 井、红星 1 井等风险井的部署，中深层滩相孔隙型储层勘探取得重大突破，证实龙门推覆构造带具有规模勘探前景。2014 年部署的双探 1 井在栖霞组裂缝—孔隙型白云岩储层首获 $86.7\times10^4m^3/d$ 的高产工业气流，茅口组也获气 $126.77\times10^4m^3/d$，落实了复合圈闭面积 $1340km^2$。经过 5 年的持续勘探，在该区提交控制和预测储量 $1312\times10^8m^3$，已建成年产 $10\times10^8m^3$ 天然气气田。2020 年 5 月完钻的平探 1 井在栖霞组测试获气 $66.86\times10^4m^3/d$，首次在川西南部滩相白云岩储层获得高产工业气流，已累计生产天然气 $1.29\times10^8m^3$。2022 年 9 月完钻的红星 1 井在栖霞组获 $12.66\times10^4m^3/d$ 的高产工业气流，首次证实龙门山推覆带下盘发育大型原地隐伏构造—岩性复合气藏，初步落实含气面积 $480km^2$，资源量 $1500\times10^8m^3$，展示出龙门山推覆带下盘良好的勘探前景。

2. 川东高陡构造带

川东高陡构造带位于四川盆地东部，由一系列北东—北北东向的隔挡式褶皱组成，其构造走向受多条隐覆基底断裂控制，南部走向以南北为主，向北逐步过渡到以北北东向为主。华蓥山和七曜山两大基底断裂控制了川东隔挡式褶皱与川中穹隆、湘鄂西隔槽式褶皱的分界线，并控制了沉积盖层的分布。盖层构造具有背斜紧闭向斜开阔、两翼极不对称的特点。地表断裂出露较少，主要发育于高陡背斜的轴部，而地下断裂极为发育。地表变形与地下变形构成明显的“三层楼”结构。这些高陡构造主要为印支期形成，燕山期发展，喜马拉雅期改造定型，其构造变形机制总体表现为“断层转折、楔入反冲与双重构造”模式特征。下构造层沿下寒武统滑脱形成叠瓦构造、双重构造和楔入反冲构造，中构造层沿下志留统滑脱形成断层转折褶皱、对冲构造和反冲构造，上构造层沿下三叠统滑脱形成断层传播褶皱、对冲构造和反冲构造（图 5-2-2）。这些高陡构造具备较好的油气成藏条件，特别是沿开江—梁平海槽两侧的二叠系—三叠系、石炭系已发现多个气田，但对深层寒武系盐下目标的成藏主控因素研究和勘探程度总体较低，还需进一步加强地震成像技术攻关来提高资料品质。

川东北地区历经四十余载勘探开发，发现了铁山坡、金珠坪、渡口河、罗家寨、七里峡、七里北、蒲西、铁山、雷音铺和亭子铺等10个气田及3个含气构造。1996年以前，以石炭系气藏勘探为主，利用二维地震测线开展构造详查，10年间新增天然气探明储量$255\times10^8m^3$；1996—2007年，先后在罗家寨、铁山坡、渡口河、七里北、黄龙场、温泉井—五百梯等构造部署了多块三维地震，满覆盖面积$1191km^2$，新发现了海槽东侧飞仙关组鲕滩高含硫气藏，新增探明储量$2076\times10^8m^3$；2008—2018年，在七里峡北—温泉井—沙罐坪、东升、青草坪、龙会场、铁山—双家坝、龙门、正坝南和菩萨殿等构造部署多块三维地震，满覆盖面积$2023km^2$，支撑了每年2000多亿立方米探明储量的提交。同时，将高含硫区块交由雪佛龙公司合作开发，并不断深化老区和探索新区勘探，在老区新增探明储量$150\times10^8m^3$，产量在2008年达到$18.5\times10^8m^3$高峰后逐年递减。

四川盆地周缘各构造带勘探历程表明，天然气资源十分丰富，但由于遭受多期挤压改造，构造变形剧烈，含气圈闭落实困难。特别是盆地周缘各地块冲断和逆掩推覆及膏盐岩层滑脱造成的挤压高陡构造区地震资料难以准确成像，构造形态、样式难以准确落实，断裂发育位置及程度识别难，造成含气圈闭有效性难以客观评价，成为四川盆地天然气勘探最为突出的难题。换句话说，四川盆地周缘山地地震资料能否准确成像直接关系到天然气勘探开发的成败。

二、四川盆地周缘真地表地震成像面临的主要问题

四川盆地周缘冲断推覆构造和高陡构造是近期油气勘探的重要领域。川西北冲断推覆构造带在多期—多向挤压冲断作用下中浅层推覆构造和地层结构极为复杂，中深层逆冲断层下盘发育大型原地构造；川东高陡构造带主要受三叠系嘉陵江组和寒武系盐岩滑脱作用控制，背斜带内部发育复杂褶皱和冲断构造。这些双复杂构造导致地震资料信噪比低、波场复杂、成像难度大，构造样式多解性强，亟须开展真地表地震成像技术攻关。针对四川盆地周缘双复杂构造区成像难题，以川西北龙门推覆构造带和川东北高陡构造成像为例，开展真地表成像及配套处理技术的针对性攻关，支撑四川盆地周缘复杂构造带风险勘探部署和气田的效益开发，为今后双复杂构造的地震部署和高密度三维地震精细成像提供技术支撑。

1. 地震地质条件

1）表层地震地质条件

中新生代以来，四川盆地处于挤压性前陆盆地演化阶段，盆地周缘基本都为造山带，地形起伏剧烈、高差极大，很多地区的高差都能达到1000m以上。在川西北的龙门山腹地枫顺场地区，几千米内的高程落差达1700m，在国内的复杂山地地貌中也极为罕见。川东北地区的地表地形起伏也较大，海拔为400~1500m，多深沟、陡崖，最大高差达1100m（图5-2-3）。

川西北龙门山推覆带地表岩性出露复杂，横向变化较大，存在大量地层重复与缺失，主要岩性有第四系河滩砾石、白垩系、侏罗系砂泥岩及砂砾岩互层（图5-2-4）。其中西北部出露三叠系、二叠系、石炭系、泥盆系、志留系灰岩和石英砂岩等多种岩性，岩层倾角一般大于60°，激发接收条件总体较差（图5-2-5）。

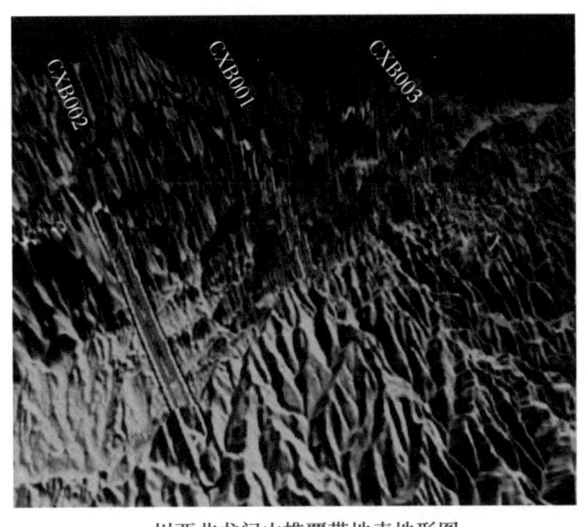

a. 川西北龙门山推覆带地表地形图

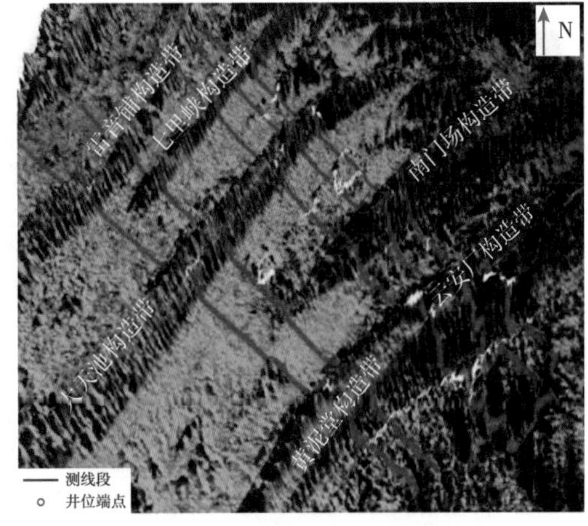

b. 川东地区高陡构造地表地形图

图 5-2-3　川西北龙门山推覆带和川东北高陡构造带的地区地形图

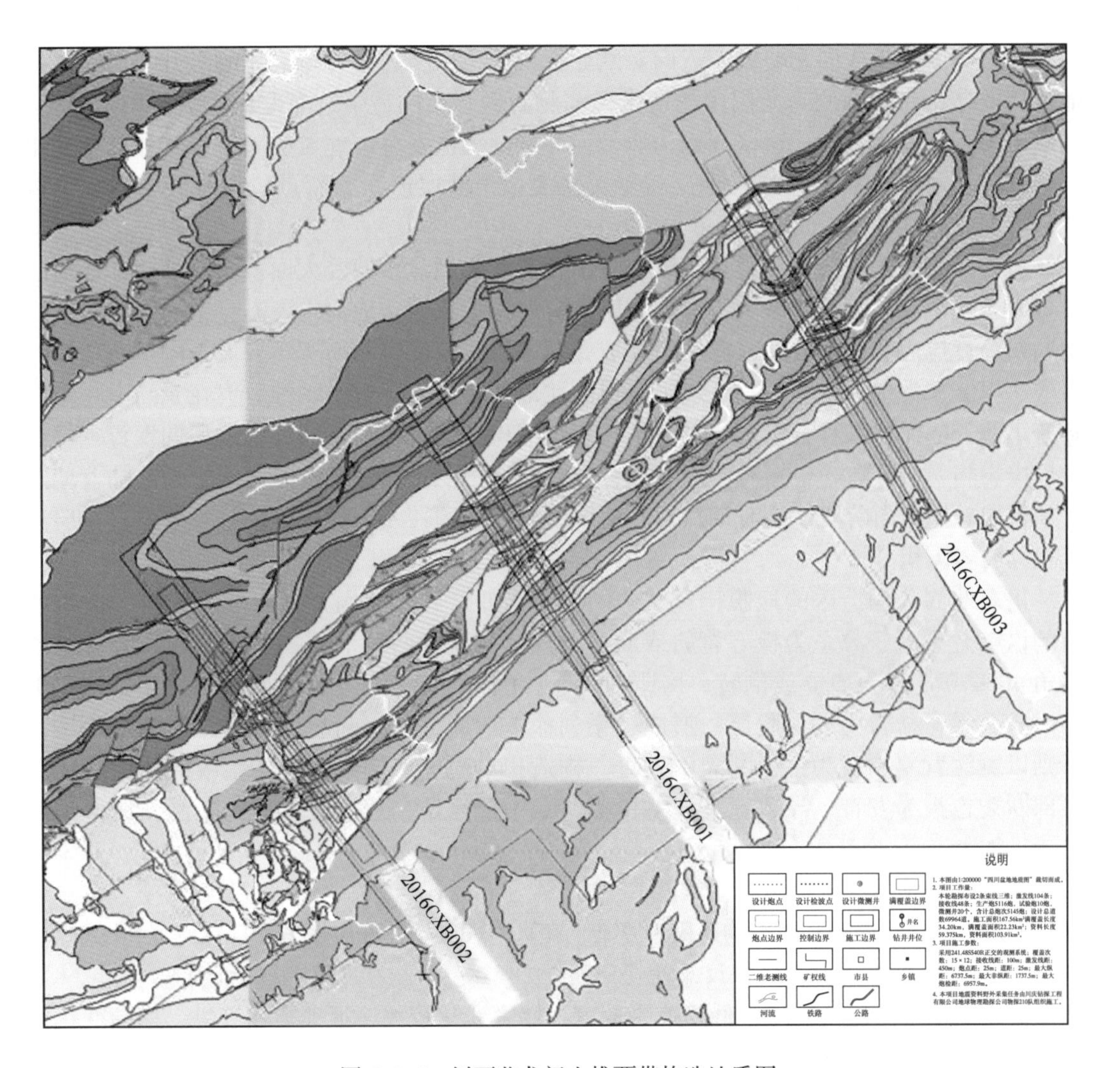

图 5-2-4　川西北龙门山推覆带构造地质图

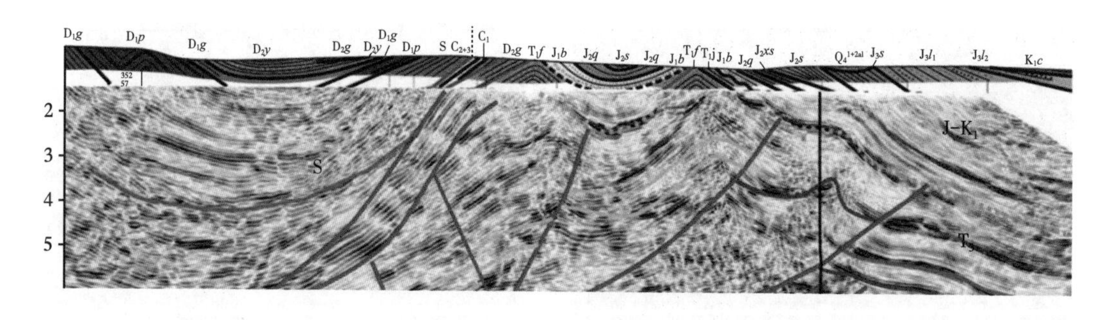

图 5-2-5 川西北龙门山推覆带 2016CXB002 线的中浅层露头地质剖面图

川东北高陡构造带地表出露的主要岩性为三叠系须家河组石英砂岩、嘉陵江组石灰岩或更老的地层，以及侏罗系珍珠冲组岩屑石英砂岩，局部出露第四系。其中碳酸盐岩出露区地震钻井困难，激发、接收条件差，地表非均性强、散射严重、内部反射很弱，导致构造顶部地震资料的信噪比极低且往往呈现资料空白带。

2）深层地震地质条件

随着印度洋板块向北略偏东方向对欧亚板块的挤压，造成青藏高原的隆升并形成了盆地四周的造山带，西侧为龙门山构造带，北侧为米仓山构造带，东北侧为大巴山构造带，东侧为川东高陡构造带。这些周缘构造带逆冲推覆构造发育，地层破碎、产状和倾角变化大，且经历了多期挤压改造，地层接触关系复杂，断层产状、断点位置及展布特征不清楚，地震成像难度极大（图 5-2-6）。

川西北龙门山构造带自震旦纪以来除了石炭系和泥盆系遭受大面积剥蚀外，其他地层发育较为完全。自震旦纪—中三叠世，以发育海相克拉通盆地为主。震旦纪—寒武纪孔明洞期发育克拉通盆地内裂陷；寒武纪陡坡寺期—志留纪发育大型宽缓斜坡，以广海陆棚相碳酸盐岩沉积为主；泥盆纪—石炭纪，川西北地区块内隆升遭受剥蚀，仅在龙门山一带保存有小部分的泥盆系和石炭系；二叠纪长兴组沉积期—三叠纪飞仙关组沉积期发育克拉通盆地内裂陷，沿开江—梁平海槽周缘发育台缘礁滩沉积；晚三叠世—白垩纪是前陆盆地发育和板块碰撞造山阶段，该时期川西北地区由海相沉积转变为陆相沉积，主要发育厚层河流相碎屑岩沉积。

川东北高陡构造区的地腹构造浅、中层褶皱非常强烈，山体区主要为成排、成带展布的以二叠系—三叠系为核心背斜或断背斜高陡构造，两翼地层一般不对称，陡翼地层倾角 40°~70°，甚至直立或倒转，构造轴线严重扭曲，山体区之间则为侏罗系向斜区；中层以寒武系膏盐岩为底滑脱层，形成一系列盐上滑脱构造，断裂发育；深层的寒武系盐下则以宽缓背斜构造为主，断裂不发育，构造相对简单。同时，这些中浅层的高陡构造顶部断裂也极为发育，导致地震波的传播路径十分复杂，地震波场极为杂乱，成像难度进一步加大。

2. 真地表地震成像技术应用难题

四川盆地周缘地表和地下构造极为复杂，在真地表成像技术应用方面存在以下共性难题。

1）剧烈地形起伏带来的静校正精度问题

盆地周缘地形起伏剧烈，低降速带速度、厚度变化较大，近地表速度纵、横向变化极快，高速老地层出露且产状高陡，近地表建模难度极大，精度难以保证。

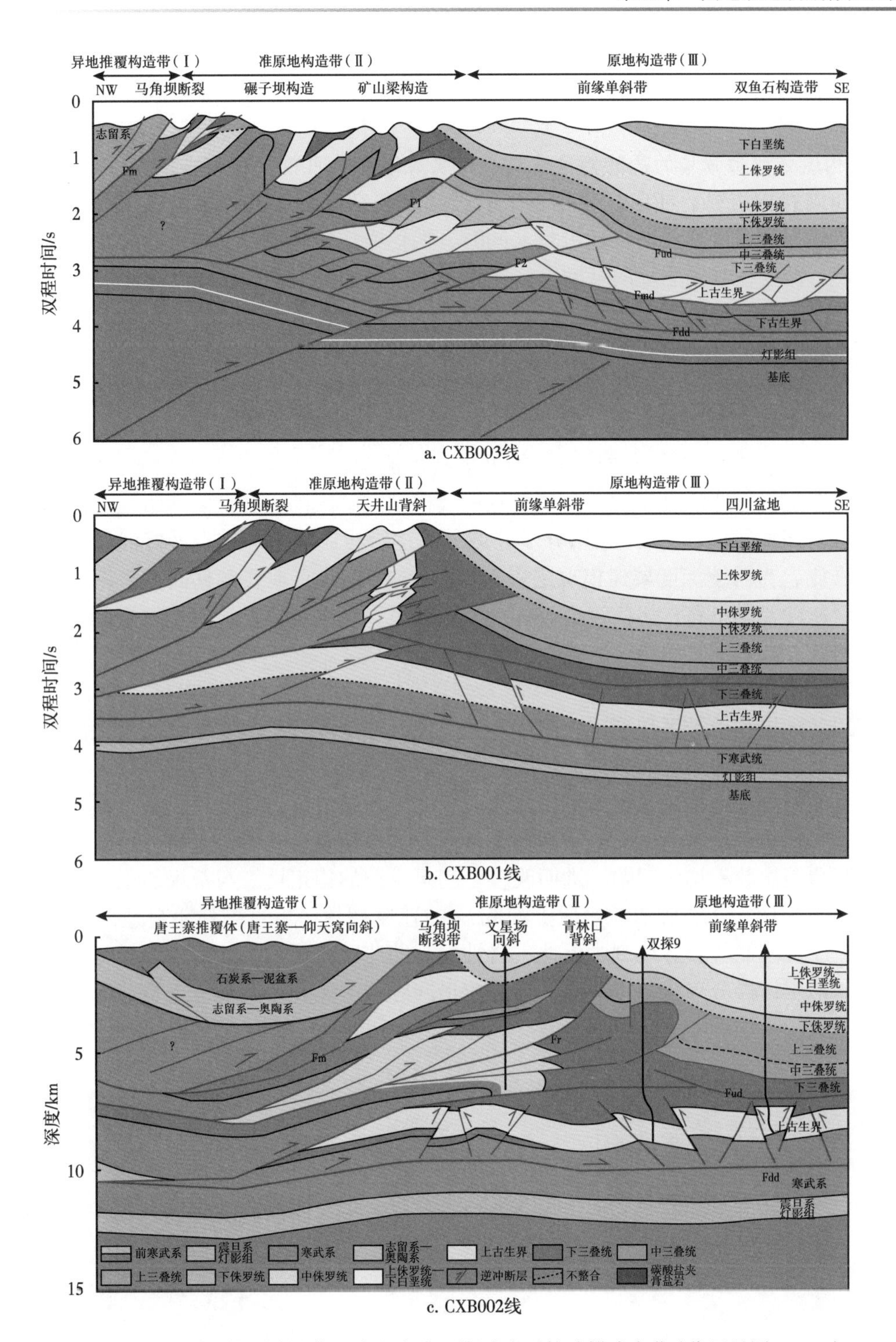

图 5-2-6　川西北推覆改造作用自北向南逐渐减小及构造样式变化（位置见图 5-2-4）

2）极浅层地震资料信噪比较低问题

因近地表岩层坚硬，地震激发噪声强，浅层地震资料信噪比极低，近地表速度反演精度不足，影响中深层速度模型的精度。同时，复杂山地干扰波发育，如面波、多次折射、外源干扰和散射干扰等，其中面波和外源干扰较为严重。受地形起伏和近地表速度剧烈变化影响，浅层—极浅层的资料信噪比较低，常规去噪难以满足高精度浅层速度建模的需要。

3）构造强变形带来的高陡倾角地层、断裂成像难的问题

盆地周缘构造纵、横向变化剧烈、断裂系统复杂、地层破碎严重、接触关系复杂多变，构造建模和速度建模的难度极大。同时，低信噪比资料难以支撑数据驱动的网格层析速度建模，需要在数据驱动的基础上，探索多种信息融合的全深度速度建模技术。

三、四川盆地周缘真地表地震成像关键技术

针对四川盆地周缘高陡构造地震成像难题，开展全深度速度建模与真地表成像技术应用，强化技术试验和集成配套，进一步完善复杂山地静校正和噪声压制技术，开展网格层析速度建模等技术攻关，形成针对性的处理技术流程。主要技术对策如下：（1）采用自适应加权初至层析近地表反演建立高精度近地表模型，解决高程和低降速带变化剧烈、初至抖动和反射扭曲等问题；（2）采用分步分域方式逐级压制噪声，重点做好浅层去噪，提升资料信噪比，为后续深度域建模奠定资料基础；（3）构建真地表偏移面，采用浅中深结合的全深度速度建模思路，多信息融合构造模型约束以解决复杂逆冲构造发育区、速度横向变化剧烈区、地层重复倒转区的速度建模难题。

1. 高精度近地表速度反演

四川盆地周缘山地区地层风化程度不高，低降速层厚度较薄，老地层直接出露区表层速度变化大。由于地形起伏剧烈，传统以折射波法消除近地表时差影响难以见效。而初至走时层析能够刻画近地表速度，不仅能为后续的时间域处理提供静校正量，而且也能为叠前深度偏移提供近地表速度。采用炮检距自适应加权初至走时层析方法，可以有效解决远近炮检距覆盖次数不均匀问题，进而改善了初至反演的稳定性。与常规初至走时层析反演结果对比，如图 5-2-7 所示地表以下 50m 深的速度切片，可见炮检距自适应加权初至走时层析速度反演能够较好地刻画近地表岩性引起的速度变化，反演的速度异常与构造地质图提取的地层岩性分界线基本一致，为静校正问题的解决和后续真地表叠前深度偏移奠定了资料基础。

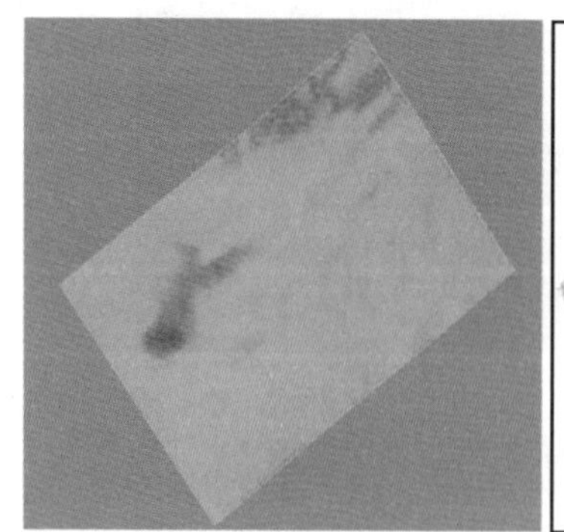
a. 常规初至走时层析反演结果

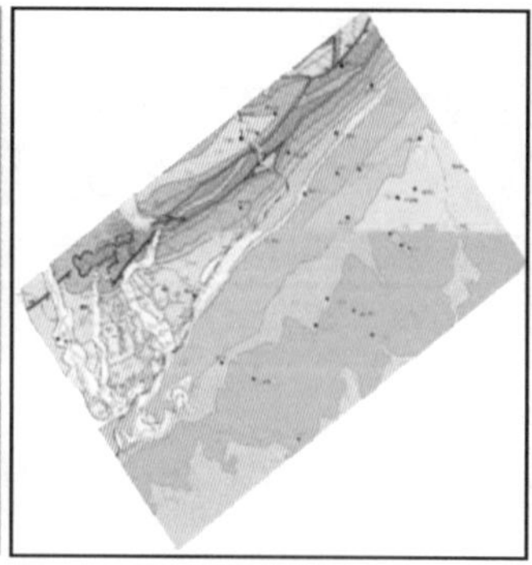
b. 近地表地质图

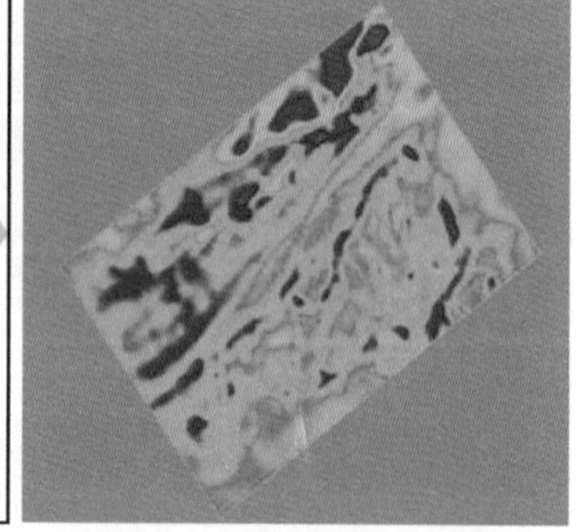
c. 炮检距自适应加权初至走时层析近地表速度反演结果

图 5-2-7 地表以下 50m 深度的速度切片

在高精度近地表速度建模的基础上，应用基于精确近地表速度模型计算的静校正量后，单炮上的初至形态较原始单炮和其他层析方法的结果更加光滑、反射波双曲规律更好（图 5-2-8）。

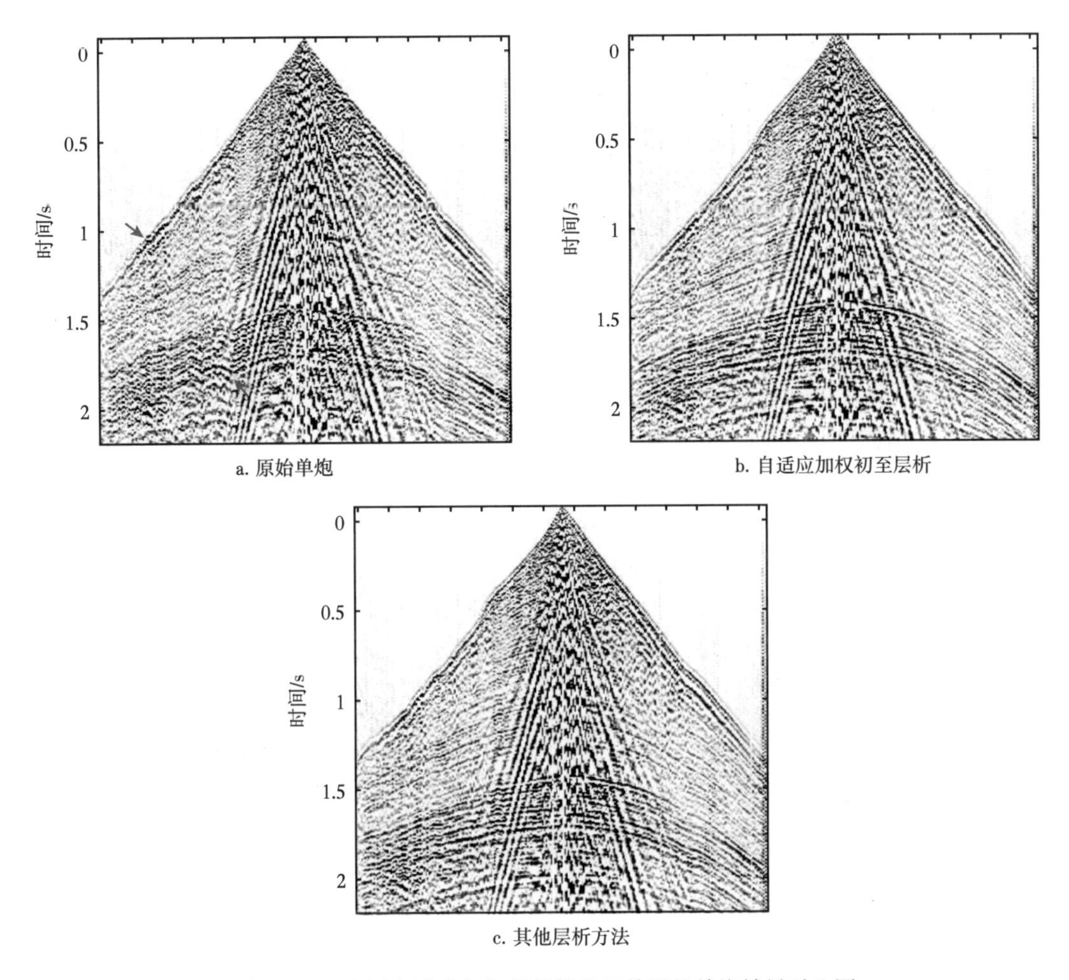

图 5-2-8　应用自适应加权层析静校正前后的单炮效果对比图

2. 浅层残余噪声压制

由于地表高程起伏剧烈，近地表速度横向变化快，导致地表相干噪声极为发育。从原始地震记录来看，地表相干噪声主要为与面波相关的近地表噪声，包括面波、散射噪声、线性噪声和极浅层噪声。针对四川盆地周缘资料常规去噪后残余噪声的特点，结合岩性分布特征和噪声的分布规律，采用针对性技术重点压制近地表相关的浅层噪声，提升浅层信噪比，为后续的速度建模奠定资料基础。

1）残余面波相关噪声压制

由于近地表地形起伏剧烈，表层结构横向多变，面波散射比较严重、整体发育规律较差、横向变化较大。在经过面波模拟及非规则线性噪声技术压制之后，再利用多域组合压制方法去除残余散射面波，去除之后的单炮同相轴更为清晰，反射特征更加符合规律（图 5-2-9）。

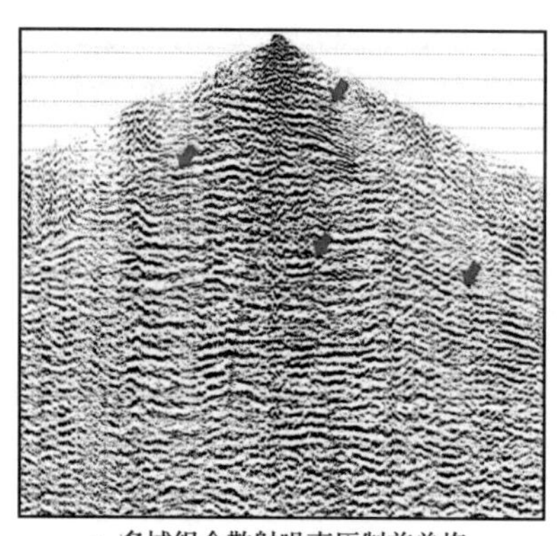

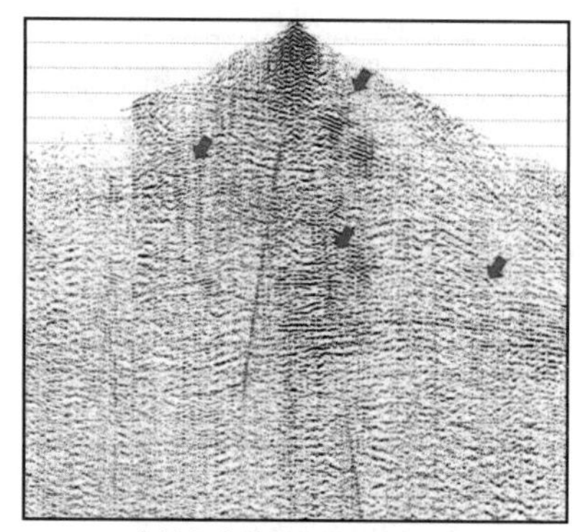

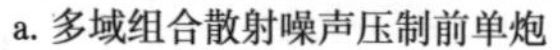

a. 多域组合散射噪声压制前单炮　　b. 多域组合散射噪声压制后单炮

图 5-2-9　残余面波压制前后的单炮对比

2）多次反射、折射波压制

多次反射、折射波在四川盆地周缘是一种常见的噪声类型，往往呈现出与初至平行的形态，干扰地震波场识别。虽然通过动校正切除后基本上能消除多次折射对于叠加的影响，但其对于深度域成像的影响仍不容小觑。由于速度横向变化剧烈，静校正无法完全恢复线性形态，很难通过去除线性噪声的方法压制多次折射。为了解决静校正不彻底问题，可以基于折射波旅行时间，将多次折射拉平，利用拉平后多次折射波与有效反射形态差异，彻底压制多次折射波，同时保护有效信号（图 5-2-10）。

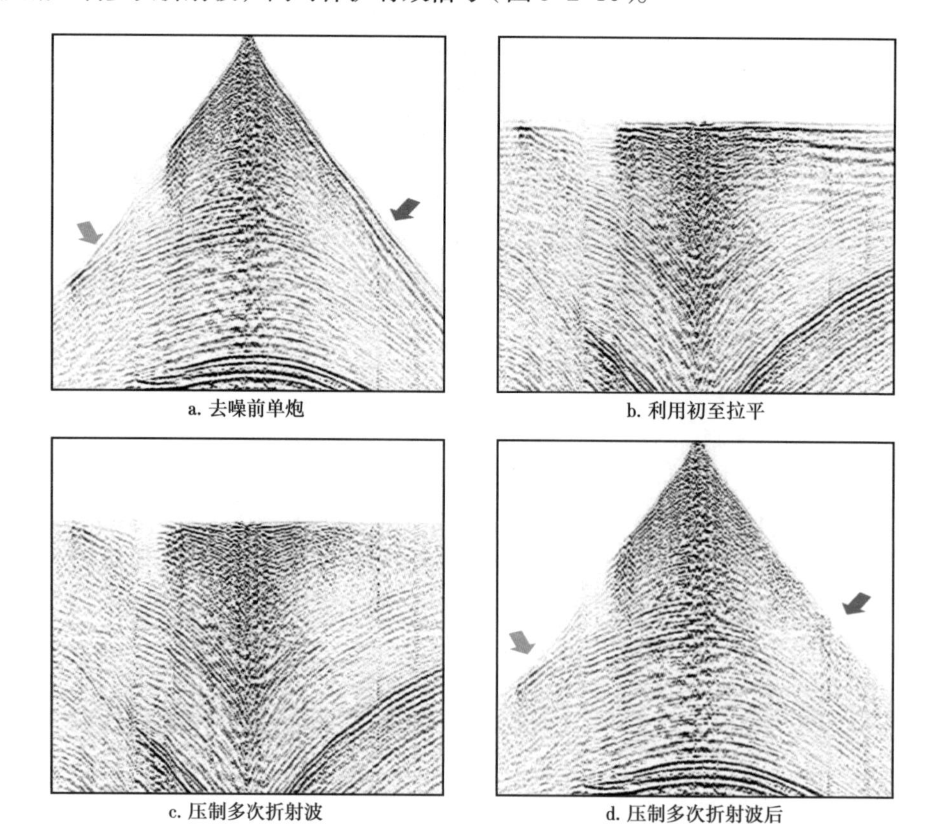

a. 去噪前单炮　　b. 利用初至拉平

c. 压制多次折射波　　d. 压制多次折射波后

图 5-2-10　多次反射、折射波压制效果

3）浅层残余噪声压制

受地形起伏影响，四川盆地周缘浅层残余噪声能量较强，导致浅层资料信噪比与深层相比较低。浅层残余噪声速度小、频率高、规模小，常规手段很难捕捉消除。通过精细分析噪声的产生和发育规律，提出了OVT域相位一致性去噪方法，极大地改善了浅层的信噪比，残余噪声压制也较为干净，极浅层的反射同相轴得到恢复，频率成分丰富，有效信号得到了保护，对于后续的浅层速度建模具有关键作用（图5-2-11）。

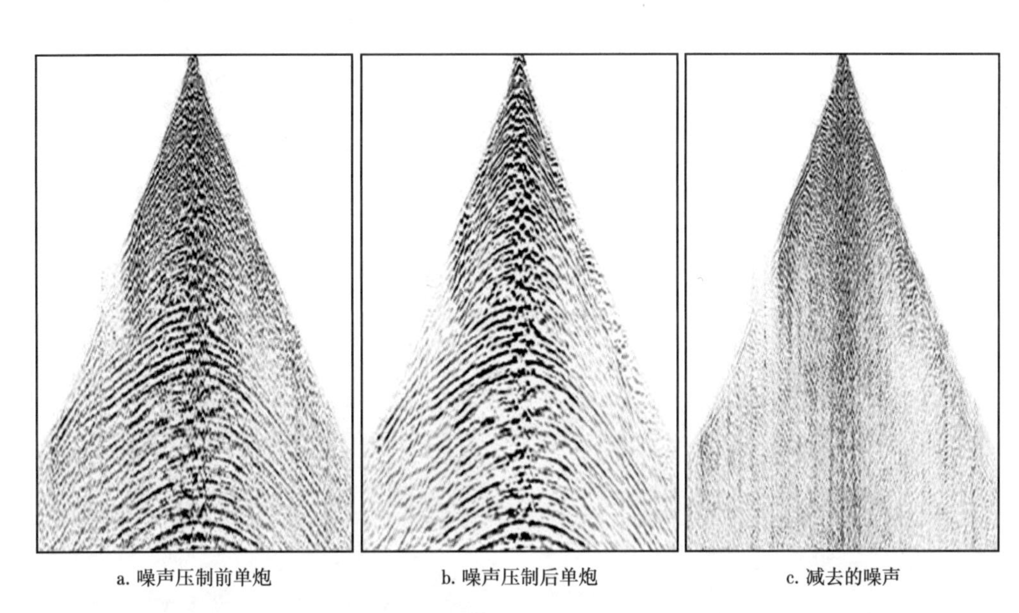

图5-2-11　去噪前后的效果对比及减去的噪声

3. 全深度速度建模与真地表叠前深度偏移技术

针对四川盆地周缘双复杂区地表结构复杂、地下构造和速度变化剧烈带来的深度域速度建模和成像技术难题，开展了以全深度速度建模为核心的真地表成像技术探索。根据不同地区的地质特征和地球物理资料基础，采用不同的速度建模策略，提高速度模型的精度。对于复杂近地表低信噪比区域，采用高精度自适应加权初至层析近地表反演构建浅层速度模型；对于远离山体区的高信噪比区，应用高精度网格层析模型优化提升初始模型精度；对于构造变形复杂的推覆构造带极低信噪比区，采用地质露头、重磁电、地质模式指导等多信息融合的速度建模策略。

如图5-2-12a所示为常规速度建模近地表速度模型及偏移剖面，如图5-2-12b所示为全深度速度建模后近地表速度模型及偏移剖面，可以看出浅层、中层、深层的成像效果发生明显变化，高陡构造得到成像，中深层同相轴的聚焦度得到改善，总体成像效果得到提升。

考虑到川西北龙门山推覆带较低的地震资料信噪比，在速度建模过程中，综合利用地质露头和重磁电技术对构造解释方案进行相互验证和迭代约束（图5-2-13），同时利用音频大地电磁法（AMT）采集的电法剖面具有浅层探测分辨率高的特点，进一步优化浅层速度模型，提高全深度速度建模的精度（图5-2-14）。

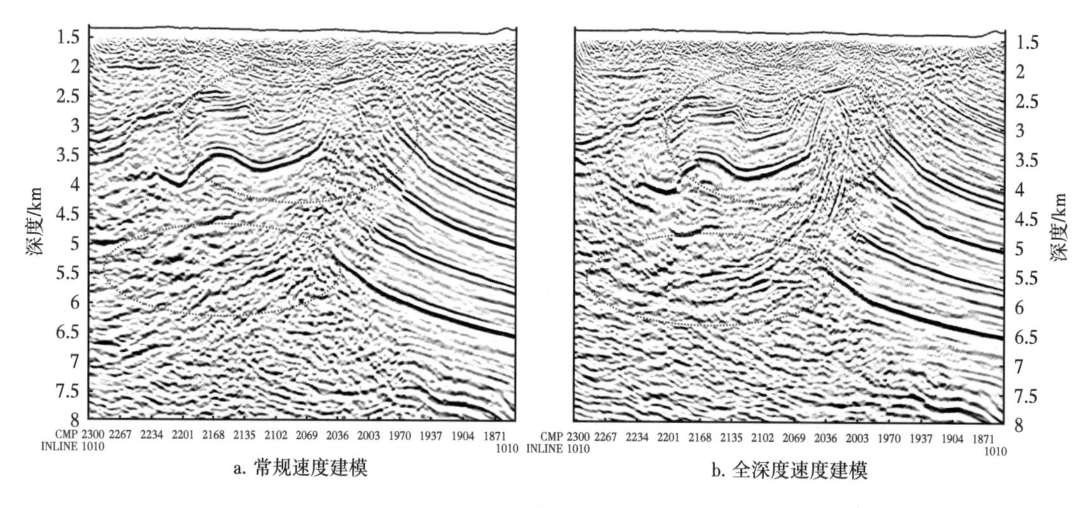

a. 常规速度建模　　b. 全深度速度建模

图 5-2-12　常规速度建模和全深度速度建模偏移剖面对比

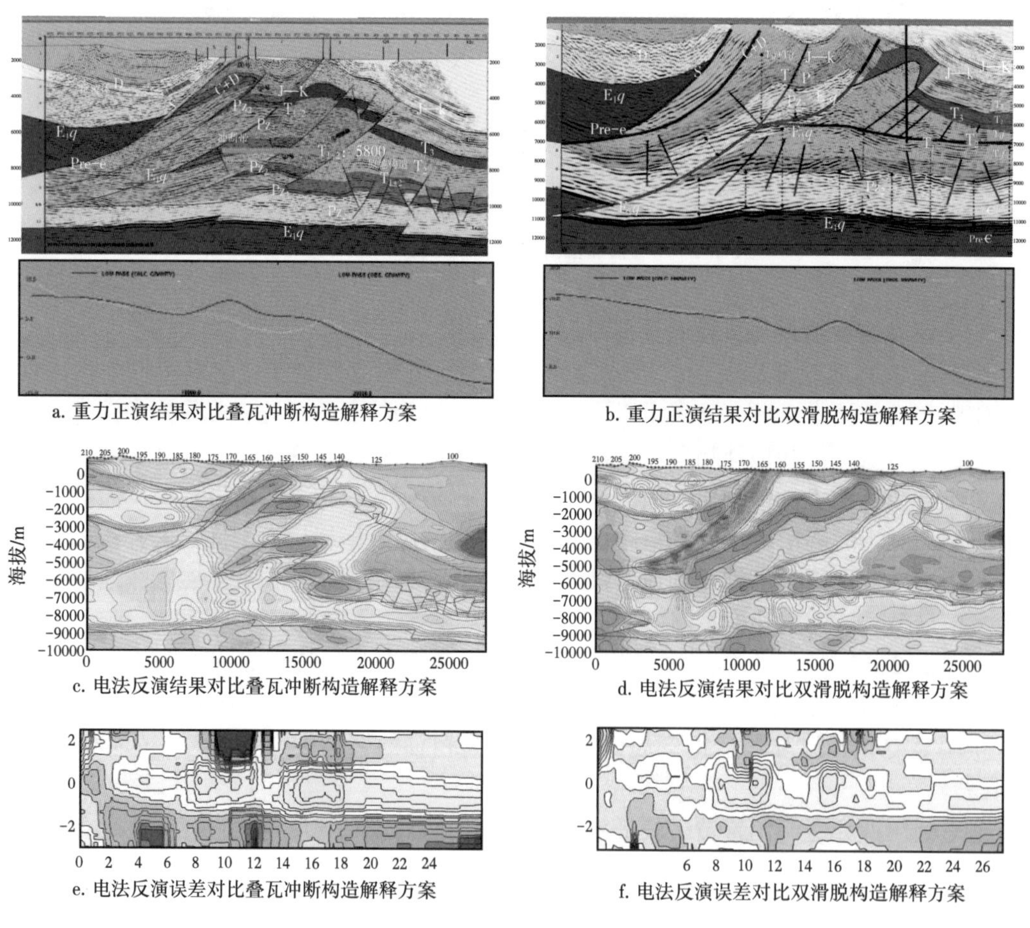

a. 重力正演结果对比叠瓦冲断构造解释方案　　b. 重力正演结果对比双滑脱构造解释方案

c. 电法反演结果对比叠瓦冲断构造解释方案　　d. 电法反演结果对比双滑脱构造解释方案

e. 电法反演误差对比叠瓦冲断构造解释方案　　f. 电法反演误差对比双滑脱构造解释方案

图 5-2-13　利用重力正演及电法反演验证构造解释方案的合理性

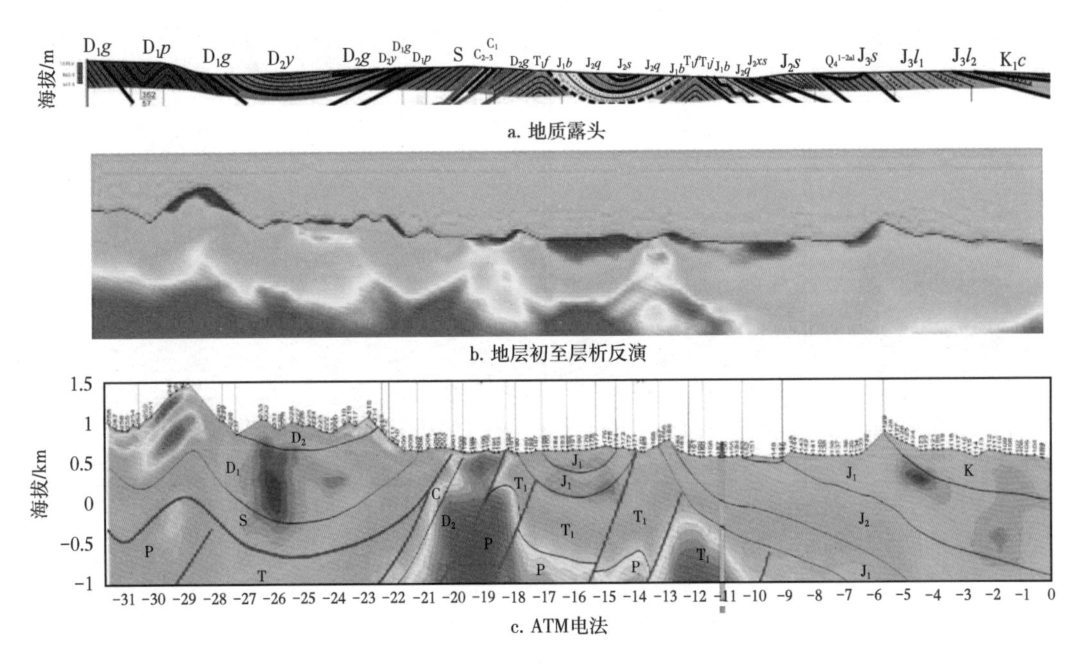

图 5-2-14　利用地质露头、地震初至层析反演及 ATM 电法剖面联合确定浅层速度模型

如何构建真地表偏移起始面（图 5-2-15）及完成匹配波场保真数据校正是真地表地震成像的关键，通过对当前工业界常用的四种偏移起始面的优缺点分析，优选真地表偏移面开展四川盆地周缘复杂构造成像（图 5-2-16）。

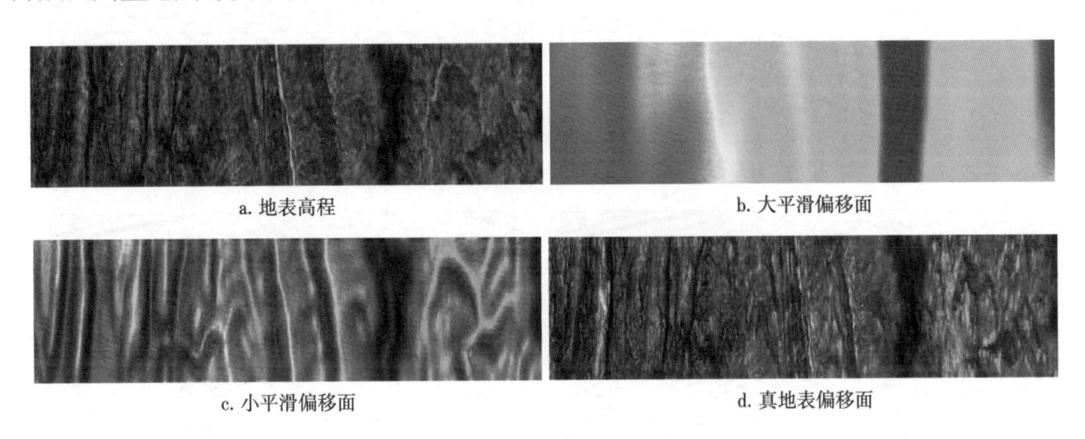

图 5-2-15　不同的偏移起始面对比

通过对比不同偏移面波场校正的单炮（图 5-2-16），可以看出，大平滑面完全破坏了地形的特征，只保留了极低频的地形信息，相应地也破坏了单炮波场的运动学特征，同相轴的双曲线规律似乎明显，这种大平滑基准面只适用于时间域处理和成像；小平滑面一定程度上保留了地形的信息，但抛弃了极高频的信息，地震数据一定程度上保留了波场的运动学特征，但校正掉了极高频的抖动；真地表偏移面基本上保留了原始地表的所有信息，地震数据也保留了高频信息，保护了波场的运动学特征（图 5-2-17）。

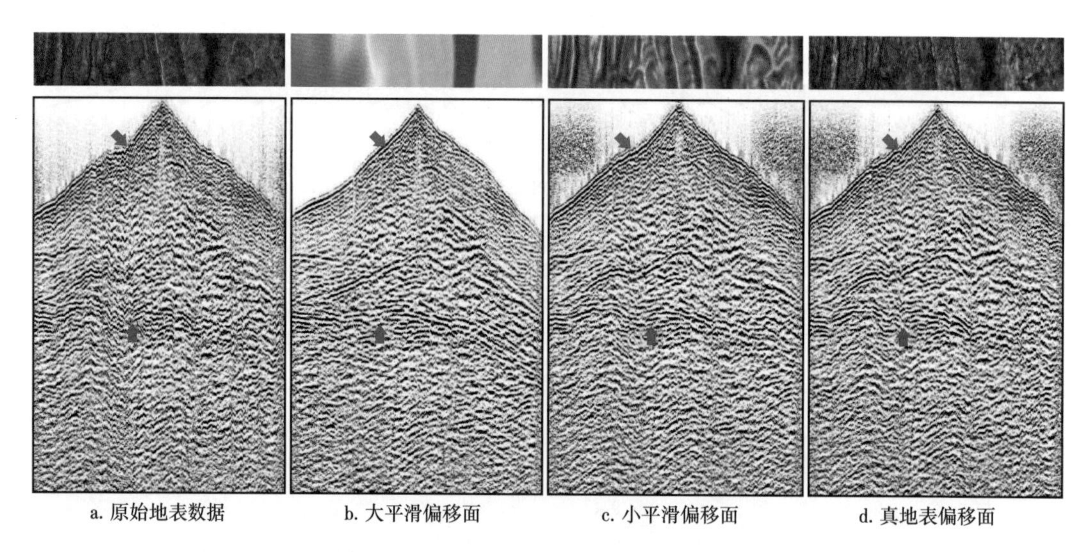

a. 原始地表数据　　b. 大平滑偏移面　　c. 小平滑偏移面　　d. 真地表偏移面

图 5-2-16　不同偏移面波场校正单炮对比

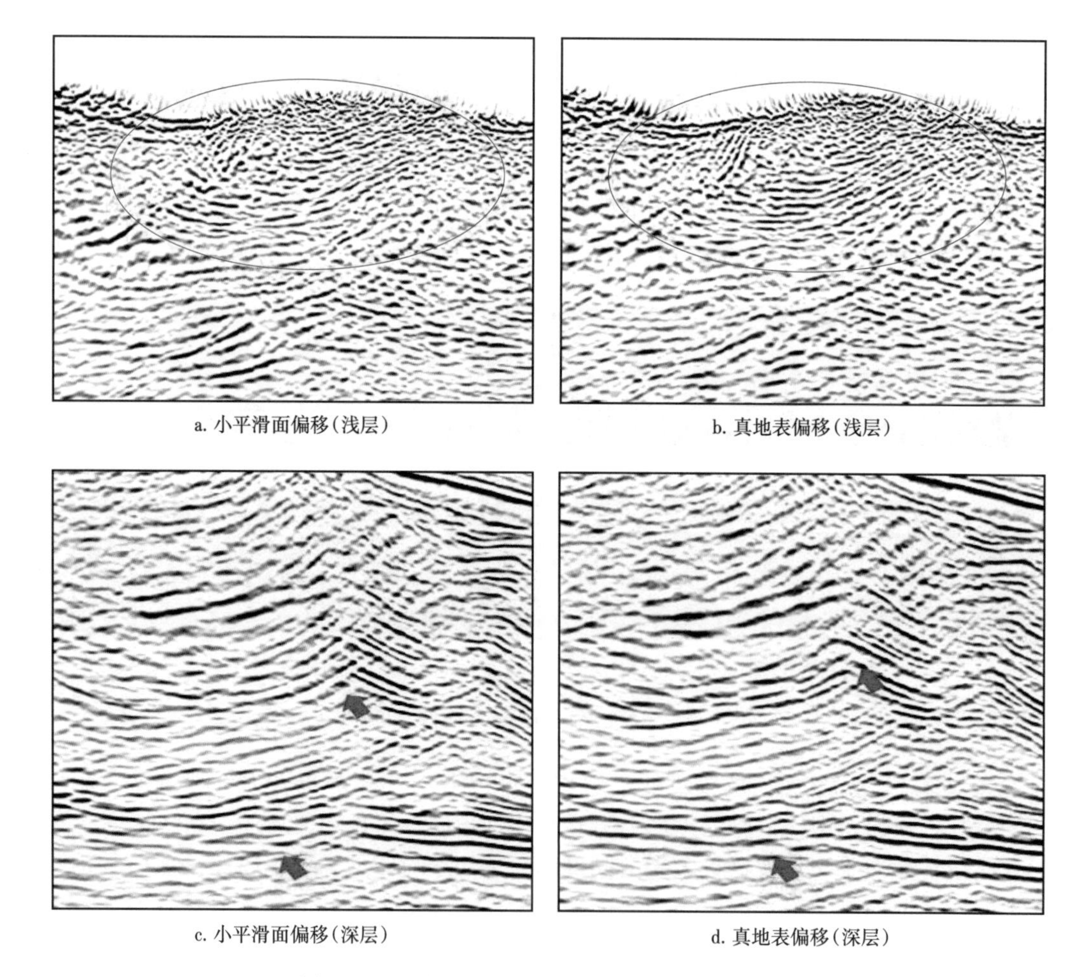

a. 小平滑面偏移(浅层)　　b. 真地表偏移(浅层)

c. 小平滑面偏移(深层)　　d. 真地表偏移(深层)

图 5-2-17　小平滑面偏移与真地表偏移对剖面比

从偏移结果来看，相比小平滑面偏移，真地表偏移不仅在浅层高陡复杂构造成像中有明显优势，而且对于偏移画弧的压制和深层寒武系地层的成像方面优势突出。

在速度模型精度提高的基础上，进一步开展了偏移方法测试，应用同样的全深度速度模型和偏移前数据进行克希霍夫和逆时偏移方法对比，如图 5-2-18 所示，可见相对于克希霍夫积分法偏移，逆时偏移后，偏移画弧现象明显减少，高陡倾角地层和断裂带附近成像效果改善明显。

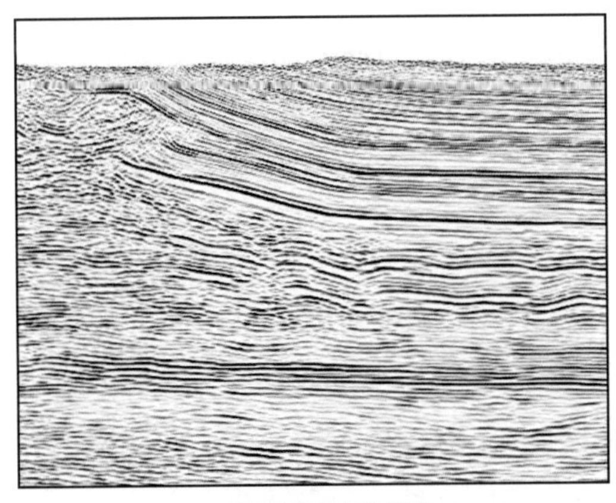

a. 克希霍夫积分法偏移

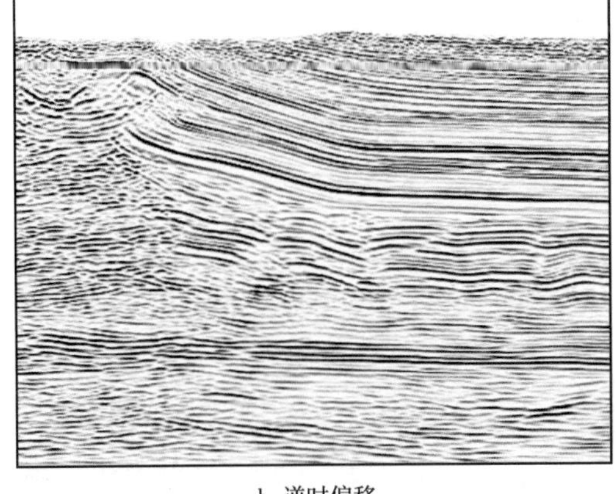

b. 逆时偏移

图 5-2-18 克希霍夫积分法偏移与逆时偏移剖面成像效果对比

四、四川盆地周缘真地表地震成像技术应用效果

经过五年多真地表地震成像技术的持续攻关，四川盆地周缘推覆构造带和高陡构造的浅层、构造主体区和盐下成像效果得到了明显提升，逆冲断层、地层接触关系及构造形态较为清晰可靠，基本能够满足构造解释、圈闭落实及目标评价等勘探需求。特别是龙门山推覆构造带的三维和束线三维地震攻关有力支撑了双探 1 井、平探 1 井、五探 1 井和红星 1 井等多口风险井的部署和突破，超 7000m 钻井误差约 1.46%，有力推动了该区地质认识深化和天然气的规模增储和效益建产。

1. 川西北龙门山推覆带复杂构造成像应用成效

川西北二叠系礁滩相储层发育，尤其是龙门山推覆带北段处于栖霞组北西向台缘与茅口组开江—梁平台缘叠合部位，勘探潜力巨大，但受双复杂构造的影响，地震资料成像不清、构造圈闭难以落实，该区的油气勘探长期处于“攻而不克”的窘境。从 2016 年开始，中国石油天然气股份有限公司在龙门山主体区先后部署了 3 条高密度、小面元的束线三维地震 CXB002、CXB001 和 CXB003 测线，以期提升推覆带地震资料品质和构造成像质量，进而打开龙门山推覆构造带勘探的新局面。2017 年，多家单位并行开展 3 条束线三维地震叠前深度偏移成像攻关，提升了构造主体区逆冲推覆断层下盘的成像质量，支撑了风险探井的论证和部署。通过对原始资料的精细分析，攻关过程中优选资料品质较好的 CXB002 线，开展高精度近地表速度建模、多信息融合速度建模等技术攻关，特别是首次开展了地质露头和重磁电联合的多信息融合精细速度建模技术探索，有效提升了推覆带断片叠覆区速度模型的精度，为该区风险勘探前期目标研究夯实了资料基础（图 5-2-19）。2018 年继续开展 3 条束线三维叠前深度偏移成像技术攻关，并将在束线三维地震处理中探索的技术在双鱼石南三维地震处理中开展生产应用，支撑了重点探井双探 9 井的钻进和随钻调整。通过高精度近地表速度建模和多信息联合速度建模，有效提高了双鱼石地区超深层复杂构造的成像精度，超 7000m 钻井误差由 3% 降低至 1.5%，储层平均钻遇率达 81%，基于该资料部署的钻井测试获气 $147\times10^4m^3/d$，提交天然气探明储量 $510.55\times10^8m^3$。2019 年，结合双探 9 井的钻探情况和双鱼石南三维地震资料的生产应用情况，继续开展束三维 CXB001 和 CXB003 线的真地表地震成像技术攻关。通过结合双鱼石南三维数据开展原地构造的横向变化规律及浅层低信噪比数据的去噪新技术研究，浅层速度模型得到优化，进而改善了整个剖面的成像质量，落实了原地构造圈闭（图 5-2-20），支撑了风险探井红星 1 井的论证和部署。2019—2021 年围绕新采集的枫顺场束线三维地震开展真地表成像技术应用攻关，获得了枫顺场

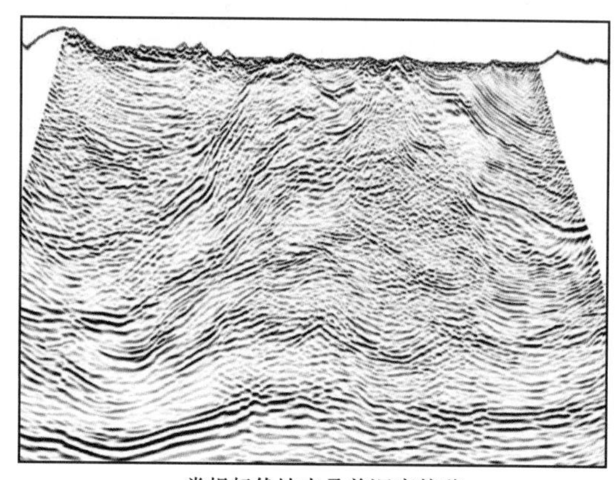

a. 常规起伏地表叠前深度偏移

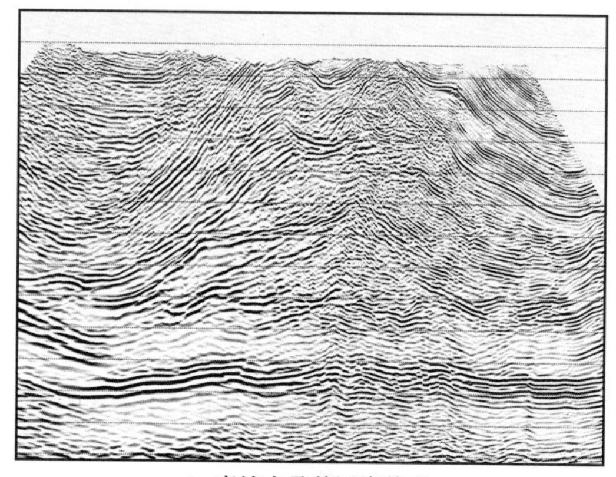

b. 真地表叠前深度偏移

图 5-2-19　CXB002 线常规起伏地表叠前深度偏移与真地表叠前深度偏移剖面对比

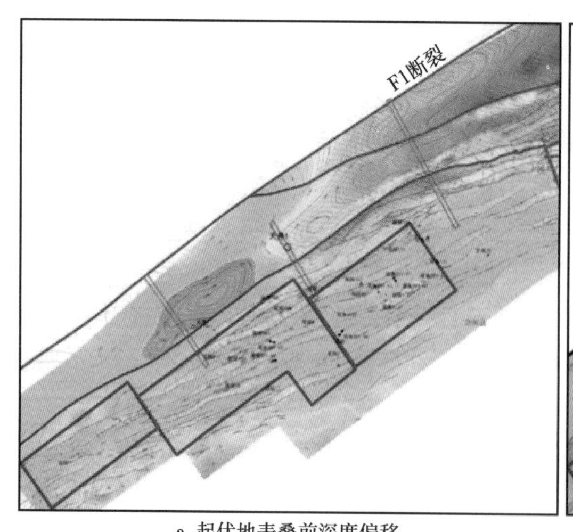

a. 起伏地表叠前深度偏移

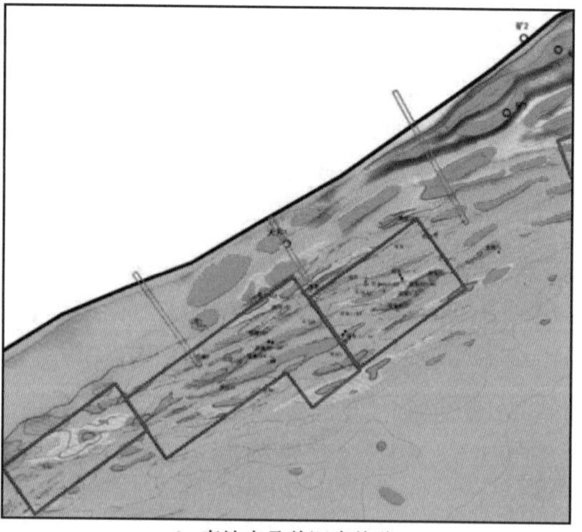

b. 真地表叠前深度偏移

图 5-2-20　起伏地表叠前深度偏移与真地表叠前深度偏移资料解释构造图（茅口组底界）对比（据西南油气田）

地区高品质的地震资料。至此，基本形成了适用于川西北推覆构造带的真地表成像技术序列。为了降低推覆带主体区的钻井风险，跟踪红星1井的钻井动态并及时调整速度模型，适时开展了多轮次的偏移成像，及时预测目的层和Ⅰ号断裂的实际位置，为钻进过程遇到的工程、地质问题的解决提供了可靠的地震资料依据，有力支撑了红星1井的安全钻进和勘探突破。该井钻井历时3年，于2022年9月在二叠系栖霞组钻遇滩相白云岩35m，测试获气$12.66\times10^4m^3/d$，证实龙门山北段推覆带下盘发育大型原地隐伏构造带，新增含气面积$480km^2$，资源量$1500\times10^8m^3$，实现了二叠系原地构造的勘探突破，开辟了四川盆地勘探的新领域。

从成像结果来看，川西北推覆构造带的山前带小断块、小断层得到了清晰成像，推覆构造带成像从“看不清”到“看得清”，从中浅层的高陡推覆构造，到深层寒武系地层成像，资料品质都得到了较为明显改善（图5-2-21）。

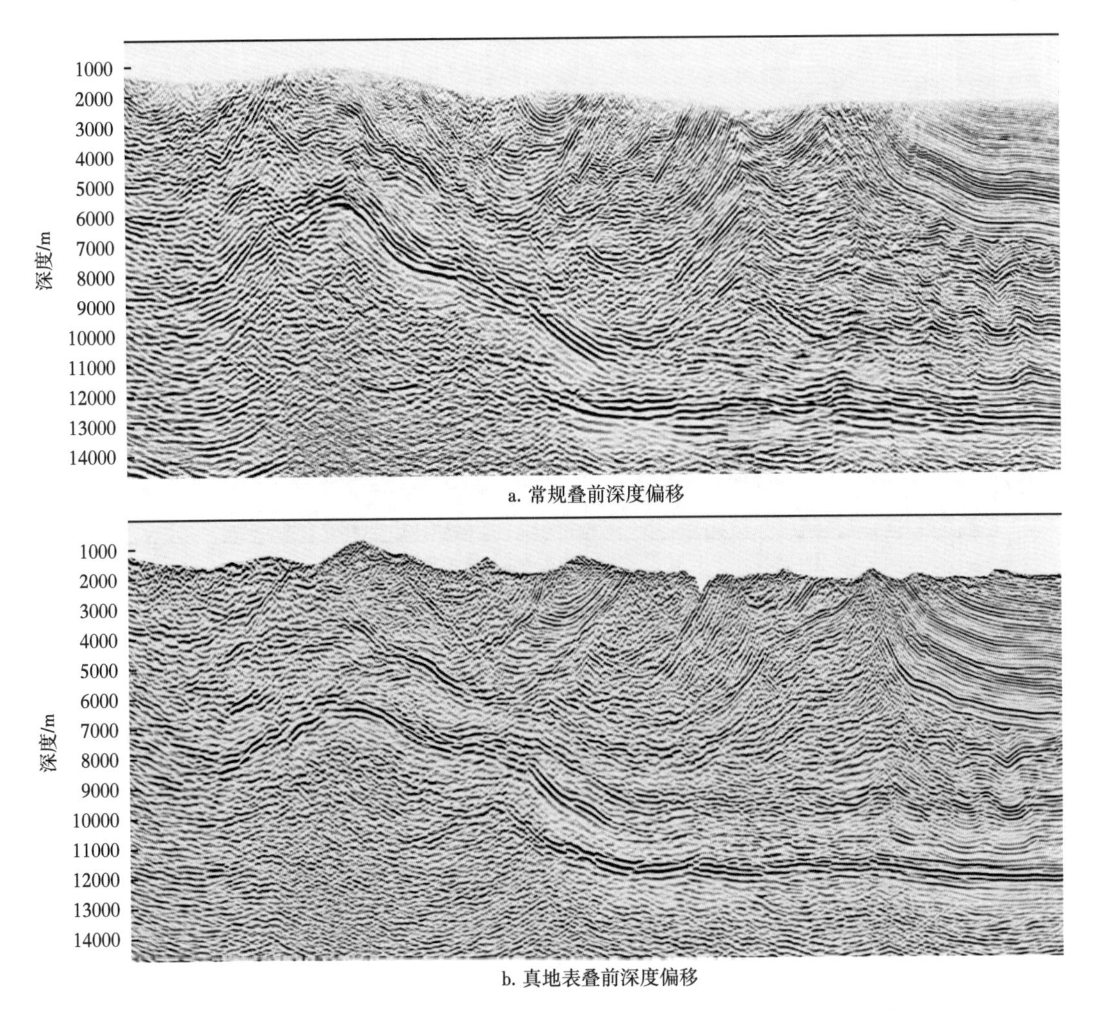

图5-2-21　川西北枫顺场三维常规叠前深度偏移与真地表叠前深度偏移剖面对比

2. 川东北高陡构造成像应用成效

川东深层盐下下古生界发育陡山沱组、灯三段与水井沱组3套烃源岩和灯二段、灯四段与石龙洞组3套风化壳岩溶与颗粒滩型储层，具有中下寒武统膏盐岩与水井沱组2套区域性盖层，形成 3 套生储盖组合，勘探潜力较大。为了探索川东深层构造的勘探潜力，2014—2015 年在大天池—云安厂构造带部署了多条二维地震测线，2016 年对 14WD01，14WD02，15WD02 和 15WD05 等 4 条二维测线开展了盐下构造真地表成像处理攻关，支撑风险目标前期研究和圈闭落实。针对深层盐下构造复杂、信噪比偏低和构造成像不清的难题，采用了真地表束偏移（Beam）方法，有效改善了高陡构造主体区及下伏寒武系地层的成像质量，准确落实了寒武系古隆起形态和分布，有力支撑了风险探井五探 1 井的井位论证和部署（图 5-2-22）。

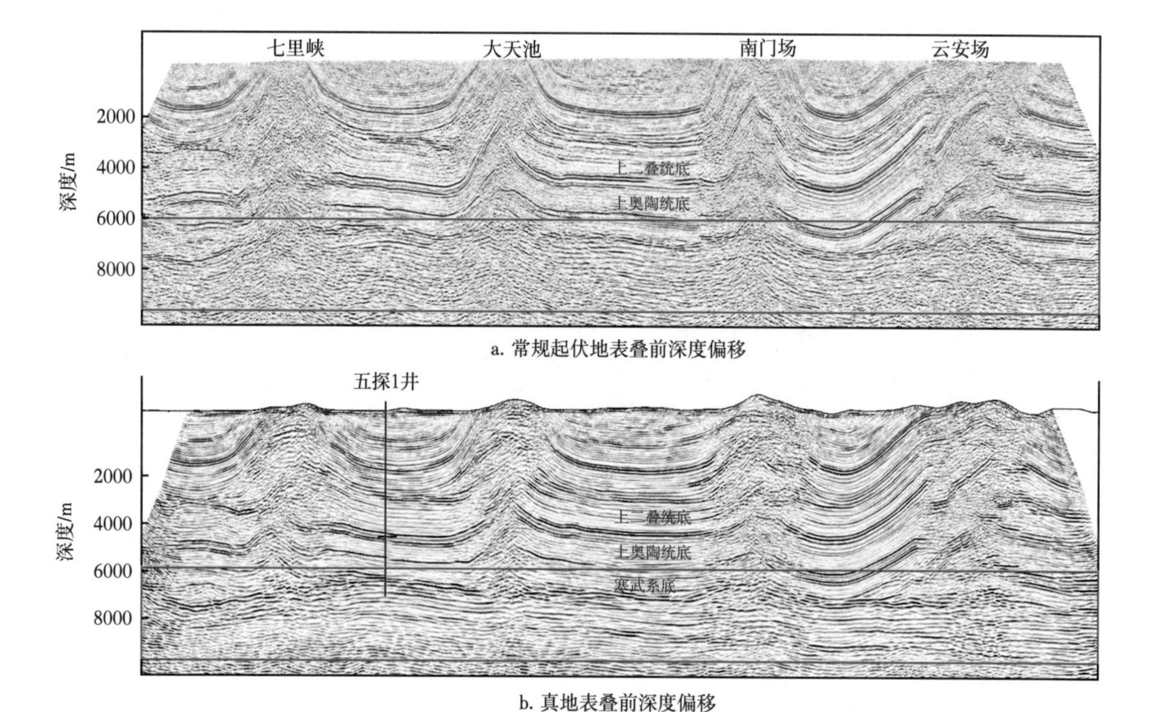

图 5-2-22　川东二维地震常规起伏地表成像与真地表成像剖面对比

川东北二叠系—三叠系发育多期台缘带礁滩体储层，尤其是环开江—梁平海槽两侧的台缘鲕滩面积达 3×10^4 km²，勘探前景广阔且具有多层系勘探潜力。目前已发现普光、七里北、铁山、铁山坡、渡口河和罗家寨等礁滩气藏。这些高陡构造带的高含硫气藏的开发难度普遍较大，其中铁山坡飞仙关组气藏截至 2019 年底仍未投入开发。铁山坡构造位于开江—梁平海槽东侧，处于两个海槽之间的“U”形台缘带的西南端南侧，与中国石化毛坝气田、大湾气田相邻。2003 年完成 183km² 三维采集，先后由雪佛龙、中国石油集团东方地球物理勘探有限责任公司以及法国地球物理服务公司等进行了多轮处理解释，一定程度上改进了地震资料成像的品质，但构造形态成像精度、控制储层和气藏分布的小断层成像及构造—岩性圈闭细节描述仍难以满足高含硫地区安全高效开发需求。围绕气田高效开发对构造形态、小微断层精细成像的需求，开展铁山坡高陡构造三维老资料的真地表成像技术攻关，有效支撑了高含硫气田安全高效开发部署。通过自适应加权层析表层反演及静校正技术、叠前保真去噪技术、TTI 各向异性全深度建模及真地表叠前深度偏移技术的应用，有效提升了三维地震老资料的成像精度，波组特征及目的层段反射清晰、合理，分辨率更高，井震关系匹配由老资料的 74% 提升到 84%（图 5-2-23）。同时，新处理资料构造形态细节更丰富、控制储层小断层成像更清晰、储层横向变化特征更明显，保幅保真性更好，其中目的层地层产状与倾角测井资料吻合率大于 85%，横 1、横 3 断层与飞二段隔层尖灭点成像更清晰，飞仙关组储层横向变化地震响应与井震对比一致，有力支撑了坡 002-X2 井、坡 002-X3 井、坡 002-X4 井、坡 002-H3 井、坡 002-H4 井和坡 002-H5 井等 6 口开发井的部署（图 5-2-24）。随钻跟踪显示，实钻井井震误差均小于 1%，已完钻的 3 口井均获每日百万立方米高产工业气流，其中坡 002-H3 井测试获气 $126.16\times10^4m^3/d$，优质储层钻遇率 98% 以上，坡 002-H4 井和坡 002-X2 井测试也获气每日百万立方米以上，储层钻遇率 95% 以上，支撑了高含硫气藏高效井发井的成功部署和安全实施。

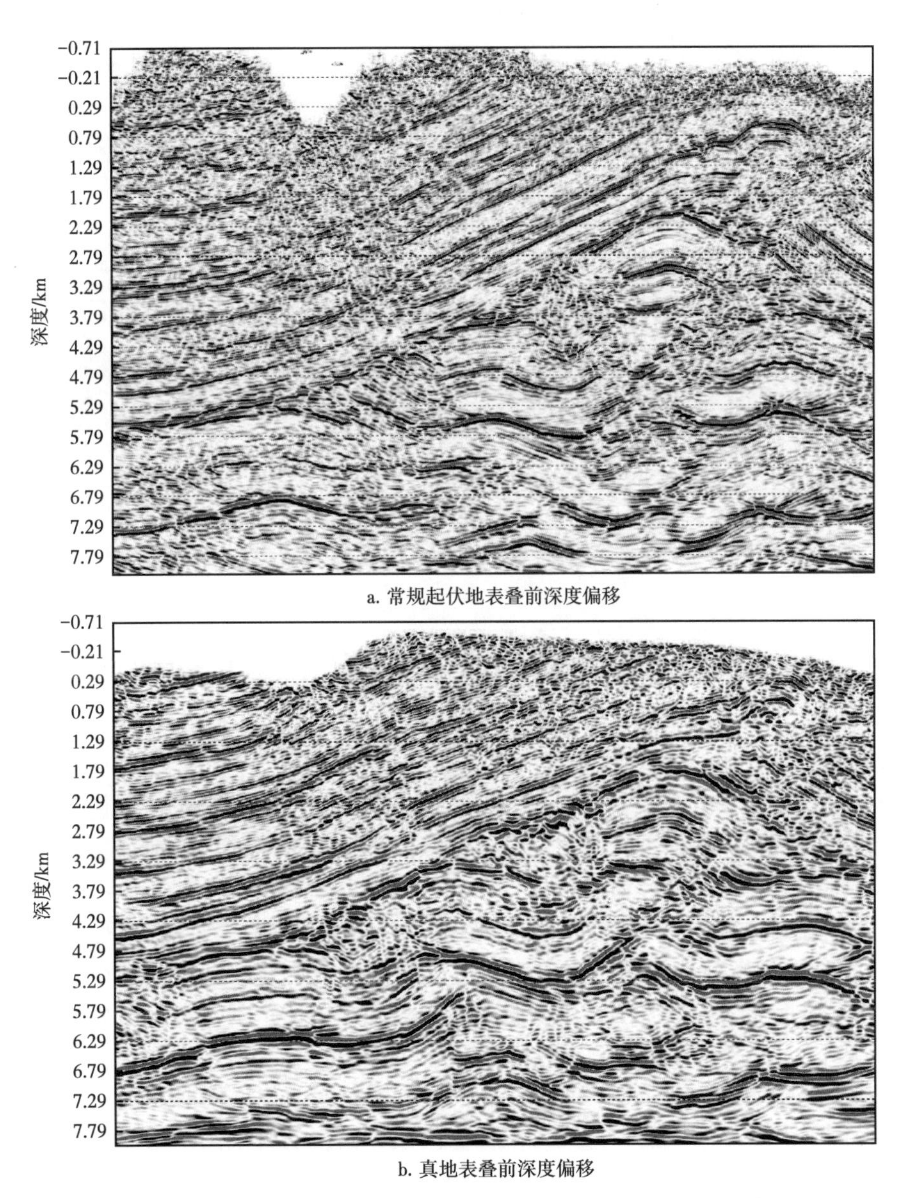

图 5-2-23　川东北铁山坡三维常规起伏地表叠前深度偏移与真地表叠前深度偏移剖面对比

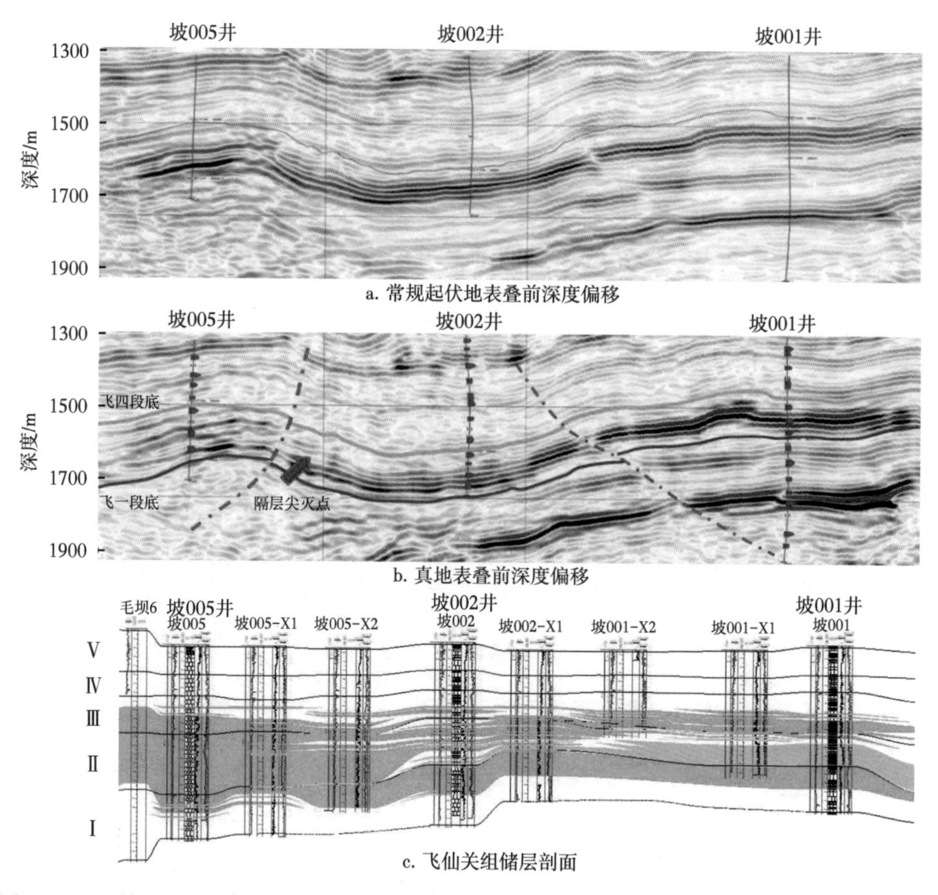

图 5-2-24　铁山坡三维常规起伏地表深度偏移与真地表深度偏移资料及飞仙关组储层对比图

第三节　柴达木盆地英雄岭构造带真地表地震成像技术应用实例

柴达木盆地位于青藏高原东北部，以阿尔金山、东昆仑山和祁连山为界，面积约为 $12\times10^4km^2$，平均海拔约为3000m，为祁连山、昆仑山和阿尔金山三山环抱的菱形山间高原内陆盆地。中—新生代以来，柴达木盆地经历了多期构造运动，特别是喜马拉雅运动晚期构造运动对整个盆地影响最为强烈。

英雄岭构造带处于柴达木盆地西部，主要指茫崖坳陷内英中、英西地区，勘探面积 $4400km^2$，受到阿尔金山走滑及昆仑山斜向挤压的双重影响，构造变形强烈，整体表现双层构造样式。浅层多为新近系的挤压滑脱构造，与地面构造基本一致，构造样式以滑脱断层控制的背斜为主，中深层为基底卷入的多层次叠瓦冲断构造组合。该构造带西部呈现“三隆两凹”的构造格局，东部为“两隆一凹”的构造格局，由南向北发育三排北西向构造带，南带为狮子沟—英东构造带，又可以分为两段，西段的狮子沟—游园沟构造带，东段的油砂山—英东构造带；中带为干柴沟鼻状构造带；北带为咸水泉—油泉子—开特米里克构造带，各构造带之间凹陷衔接（图 5-3-1）。该构造带的形成演化与青藏高原整体隆升有关，主要经历了喜马拉雅运动早期断坳阶段（$E-N_2^1$）和喜马拉雅运动晚期挤压反转阶段（N_2^2-Q）。英雄岭构造带成藏条件优越，油气资源量占盆地总资源量的60%，勘探潜力巨大，已发现狮子沟、花土沟、游园沟、油砂山、咸水泉和油泉子等6个油田，是柴达木盆地近期寻找大油气田的最有利目标区。

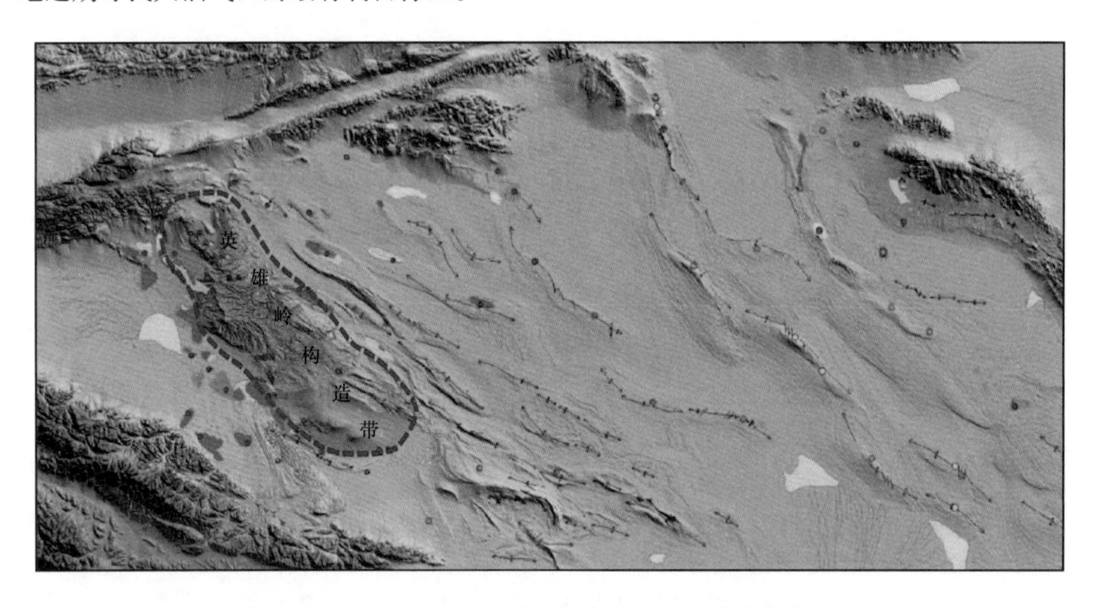

图5-3-1　柴达木盆地英雄岭构造带位置图（据青海油田）

一、油气勘探历程

英雄岭构造带油气勘探始于20世纪50年代。1954年地面细测发现油砂山—大乌斯地面构造为一大型背斜，构造南陡北缓，自西向东依次为油砂沟高点、七一沟高点和大乌斯高点三个局部高点。1966年油砂山地区作了1∶200000重磁力详查工作，1986—1987年进行了重力详查，2000年完成240.5km的连续电磁剖面和473km^{2}的高精度重磁力勘探。受多种因素的限制，本区地震勘探程度一直较低，三维地震勘探主要集中在研究区西南部，二维地震测线分布不均，中段油砂山地区地震测线稀少，研究区测线共计79条，测线总长度1830km。自20世纪90年代开始在英雄岭地区地震勘探经历了多轮次持续不断的攻关，按地震勘探施工方法的不同大致可分为5个攻关阶段。

1. 第一阶段：初期少量穿沟地震测线资料极差，概查深层构造折戟沉沙（1995年以前）

1983年，依据地面细测和重磁电资料，认为英雄岭构造带西段的狮子沟（英西）深层存在重力高异常，据此钻探的狮20井日产油超千吨，英雄岭构造带深层成为柴达木盆地油气勘探的重点地区之一。随后，按照“占高点、沿断裂、打裂缝”的勘探部署思路，依托重力资料相继实施的狮22井、狮23井、狮24井等8口探井及评价井，只有狮24井获得成功，甩开地震勘探未能如愿。当时，勘探工作者已意识到地下情况复杂，构造及断层展布不落实，勘探面临极大风险，急需开展地震勘探，在狮子沟油田和周边山前带部署了4条（318km）穿沟二维地震测线，但地震资料未见到明显的有效反射信息，构造看不清、断裂难识别（图5-3-2），第一阶段以失败告终。

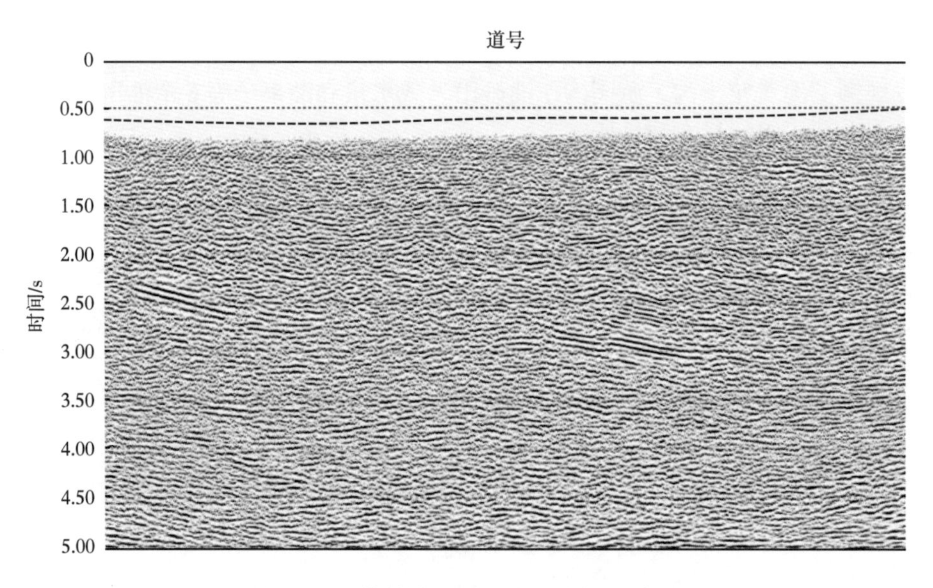

图 5-3-2　英雄岭地区 89139 测线地震剖面

2. 第二阶段：开展二维山地构造、裂缝双攻关未能如愿，勘探起伏徘徊（1996—2000 年）

20 世纪 90 年代末，依据钻井资料刻画的断层，在狮子沟深层实施 6 口老井开窗侧钻，其中狮新 28 井、狮 29 斜井、狮 24 斜井侧钻至狮 20 井、狮 24 井产油段，试油再次获得高产，试采产量稳定。其中狮新 28 井中途测试日产油 215m^3，试采日产油 40~60t，进一步明确了深层的巨大潜力，揭示了构造及裂缝可能是油气成藏及高产的主控因素。为攻克构造和裂缝这两个难题，对英西深层油藏开展攻关，部署二维地震测线 48km，采集上采用小道距、大组合、大药量、较高覆盖次数技术方案，运用中深井组合激发、横向大组合接收、模型静校正技术，资料信噪比有了一定提高，利用地震资料首次揭示深层为一大型背斜构造，但构造主体成像仍然较差，圈闭细节及断层展布难以落实（图 5-3-3）。利用新采集的二维地震资料围绕断层部署的狮 23-1 井、狮 25-1 井、狮 25-2 井却未达到预期效果。

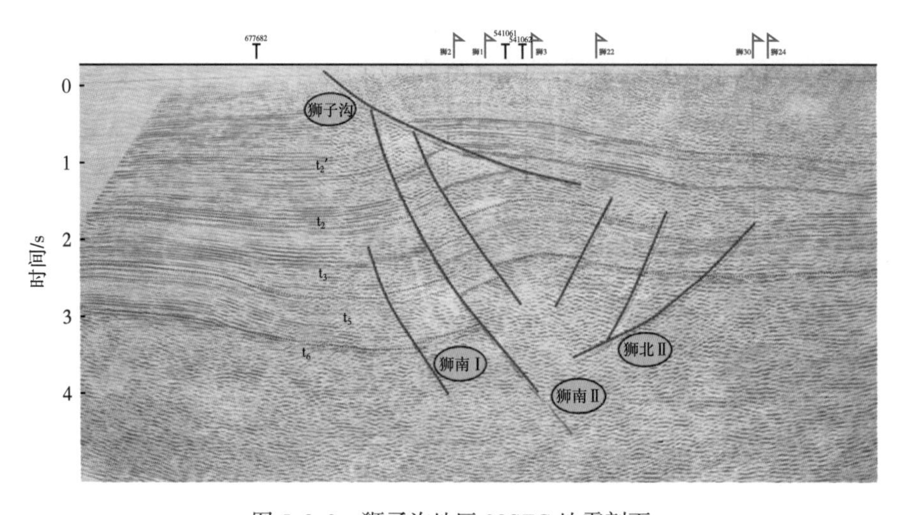

图 5-3-3　狮子沟地区 98SZG 地震剖面

3. 第三阶段：持续开展高覆盖二维地震攻关喜忧参半，中浅层碎屑岩突破失之交臂（2001—2004 年）

面对狮子沟深层地震攻关两次折返的现状，围绕勘探部署深浅兼顾、先易后难的思路，开始针对浅层开展地震攻关试验。为落实油砂山构造大乌斯高点 N_2^3—N_2^1 地层的含油气情况，进一步了解大乌斯高点的构造形态和油砂山断层展布，部署工作量约 400km。采集技术方案的特点是小道距（20m）、大组合（76m×76m 的检波器大面积组合）、大药量（5 口中深井组合）、长排列（7990m）、高覆盖（200 次），大面积组合压制噪声、大药量提高深层反射能量、高覆盖提高成像能力。对比以往二维地震资料，信噪比上有了一定提高，中浅层构造形态清晰可见，但构造主体断裂成像仍较差，构造细节不落实（图 5-3-4 和图 5-3-5）。在该二维测线初步落实构造轮廓的支撑下，实施钻探的砂 34 井获得工业气

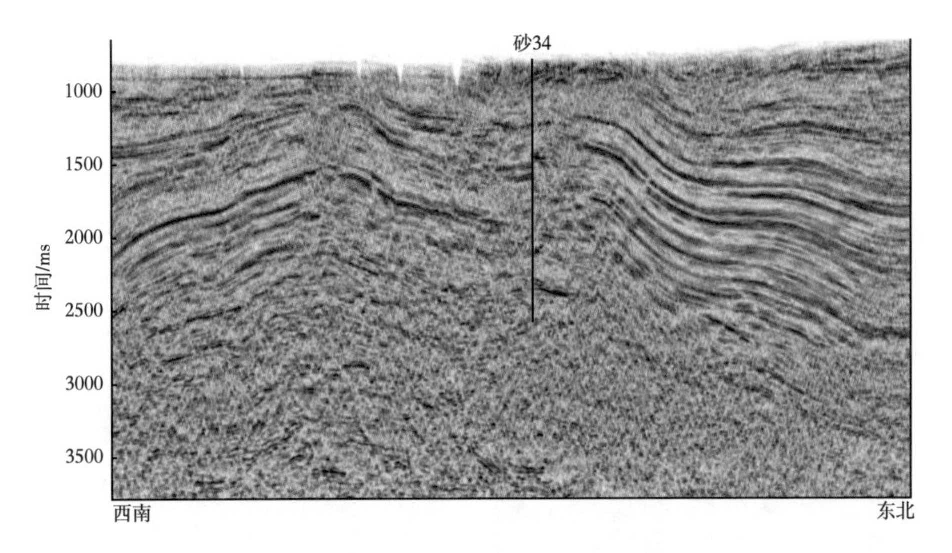

图 5-3-4　过砂 34 井 97043 地震剖面

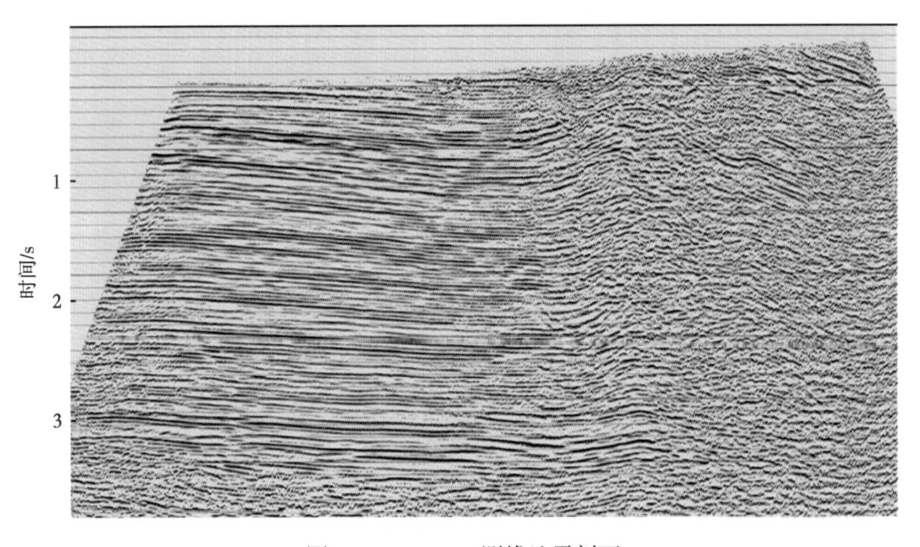

图 5-3-5　02034 测线地震剖面

流，初步实现浅层碎屑岩油气藏的突破。但随后在砂 34 井东侧 1km 处实施的砂 35 井全井油气显示弱，并未获得成功，再一次打击了高原勘探工作者的信心，勘探方向难以抉择，与英东油田失之交臂。

4. 第四阶段：实施高密度二维宽线地震攻关拨云见日，支撑中浅层勘探现曙光（2005—2010 年）

面对英西深层久攻不克的被动局面，积极转变勘探思路，针对英雄岭构造带制定了“先易后难、先浅后深、整体部署、分步实施”的勘探思路，纵向上确定由深层碳酸盐岩向浅层碎屑岩转变，平面上确定由局部复杂区向相对稳定区转变。通过对英雄岭地区前期地震勘探攻关方法和效果分析总结，认识到大基距组合激发、大基距组合接收及高覆盖次数是取得较好地震资料的有效方法。2005—2010 年再次针对干柴沟、狮子沟、油砂山和大乌斯实施高密度二维宽线地震 890km。通过采用宽线大组合地震采集攻关，提高了地震资料的覆盖次数和压制干扰能力，资料品质得到明显提升，构造格局与局部轮廓得到进一步落实。其中在狮 20 井西侧 10km 处解释出一形态相对完整的断背斜圈闭，狮 20 井控油的狮北 1 号断层也延伸到此处。2005 年实施狮 35 井风险井，钻探过程中油气显示活跃，对 4206~4275m 井段中途测试折算日产油 19.86m^3，高密度二维宽线攻关成果初步显现（图 5-3-6）。2010 年，在英雄岭构造相对简单的英东地区实施砂 37 井，获得重大油气突破，擒获油龙、拿下大油田的曙光展现眼前。

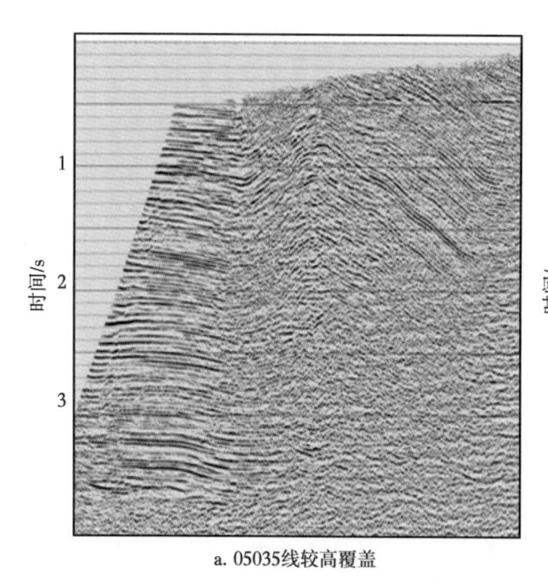

a. 05035线较高覆盖

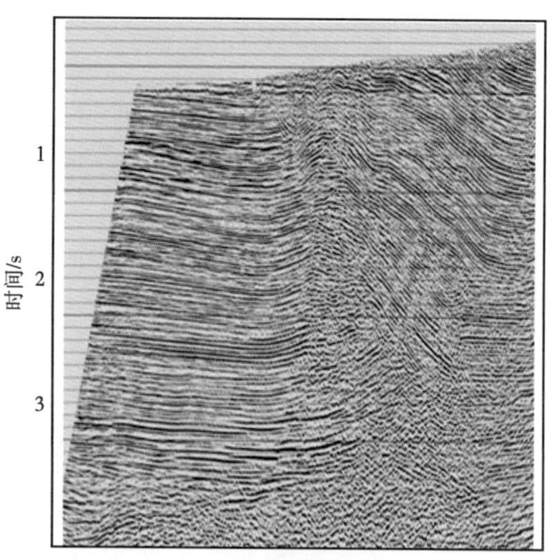

b. 10034线高密度宽线

图 5-3-6　二维测线地震剖面对比

5. 第五阶段：实施复杂山地三维地震勘探显神威，助力多领域勘探结硕果（2011 年至今）

砂 37 井突破后，为快速扩大战果、落实构造细节和储量规模，提出了英雄岭要突破必须上三维地震的战略决策，确定了“整体部署、分步实施、采集处理解释一体化攻关”的原则，2011 年，在英东地区拉开了“六上英雄岭”的序幕。针对英雄岭地面沟壑纵横、地表干燥疏松、山高水低、地下构造高陡、断裂发育等巨大技术挑战，采集上通过采用高覆盖、高密度、宽方位“两高一宽”采集技术方法和观测系统设计，通过提高覆盖次数

（312~468 次）、覆盖密度［（69~104）$\times10^4$ 道 /km^2］和宽方位（方位宽度 0.7）观测，地震资料品质实现了“从无到有”的历史性突破，油沙山断层上盘背斜、下盘断鼻构造形态清晰，小断裂断点干脆、组合特征明显（图 5-3-7）。地震采集取得突破后，处理上探索形成了潜水面标志层综合静校正、分域分阶段叠前去噪及一体化速度建模技术，解释上形成多信息复杂构造建模技术等多项配套技术，逐步落实了英东中浅层断层展布和构造圈闭细节，为英东油田的快速探明、规模建产奠定了坚实基础。英东油田成为目前盆地单个油藏储量规模最大、丰度最高、物性最好、效益最佳的整装油气田，创新形成了复杂山地三维地震勘探的“英东”模式，填补了柴达木盆地复杂山地三维“两宽一高”地震勘探空白。

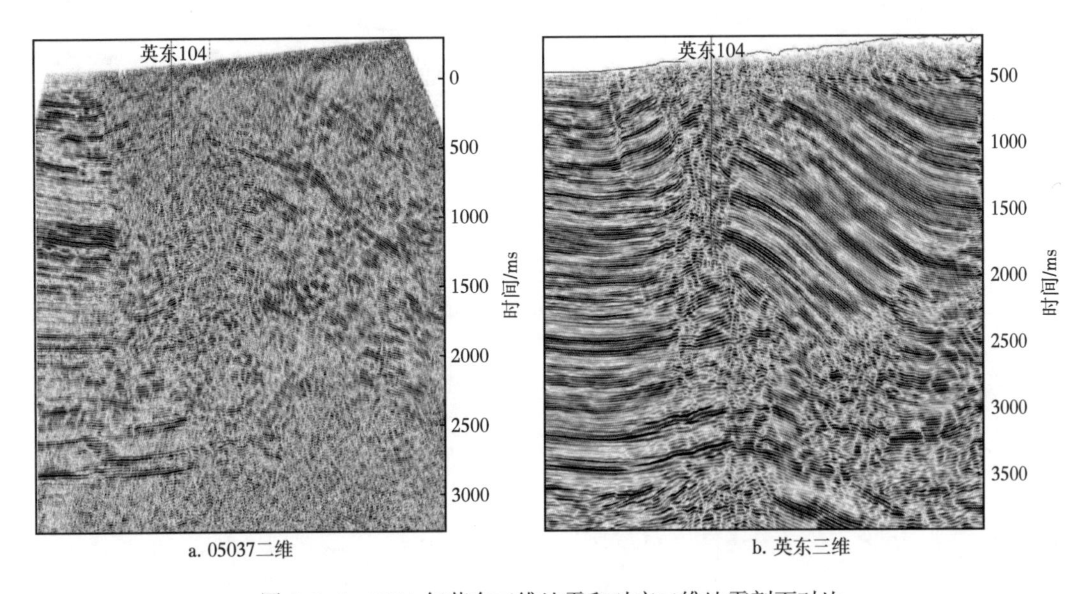

图 5-3-7　2011 年英东三维地震和对应二维地震剖面对比

借鉴英东三维勘探的成功模式，2012—2013 年向西实施了英西、英中两块三维地震勘探，推广以“高密度高覆盖观测 + 震检组合 + 标志层静校正”为核心的复杂山地地震采集技术方案，其井炮覆盖次数 312~476 次，覆盖密度（69~104）$\times10^4$ 道 /km^2，地震资料品质再次实现“从无到有”的突破，狮子沟断层断面清晰，盐下地层分布特征明显，揭开了英西—英中盐下构造的神秘面纱，由“看不见”到“看得清”（图 5-3-8 和图 5-3-9）。处理上加强浅层速度建模和深层一体化速度建模，将真地表 TTI 叠前深度偏移处理理念贯穿处理全过程，攻克了英西—英中盐下构造成像技术瓶颈，构造认识不断深化，由最初的走滑构造样式到叠瓦冲断、再到盐相关双层冲断构造样式，盐岩、湖相碳酸盐岩地震波组特征更加清晰，断裂及构造形态由“看得清”向“描得准”提升，落实了狮 41 井、狮 49 井、英西南带 3 个探明储量区，有力支撑了狮 205 井、狮 38 井、狮 210 井等近 10 口千吨井部署实施。特别是 2017 年优选有利圈闭向南甩开钻探狮 58 井获得高产工业油气流，在英中地区发现新的高产油气富集区。狮 58 井获得高产后，2018 年在英中一号构造钻探的狮新 58 井，揭示 E_3^2 发育优质灰云岩储层。该井投产后持续高产稳产，压力稳定，成为英中地区湖相碳酸盐岩高效井的典型。

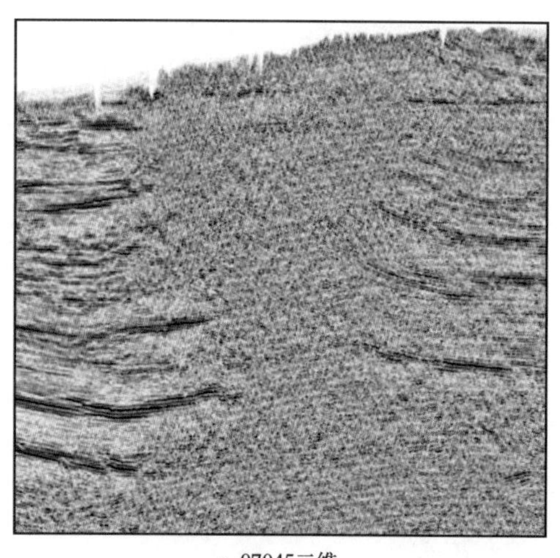

a. 07045二维

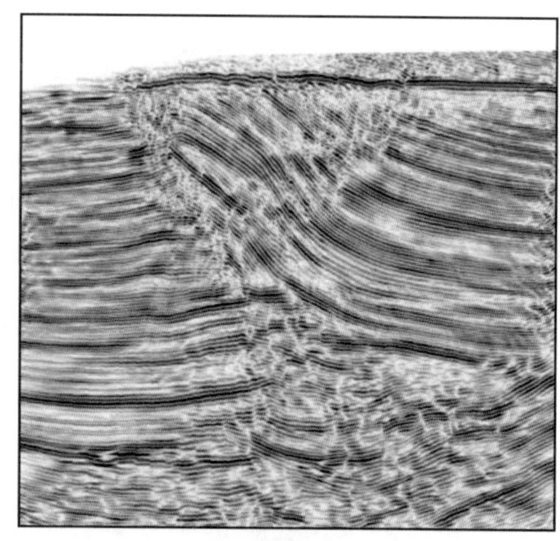

b. 英中三维

图 5-3-8　2012 年英中三维地震和对应二维地震剖面对比

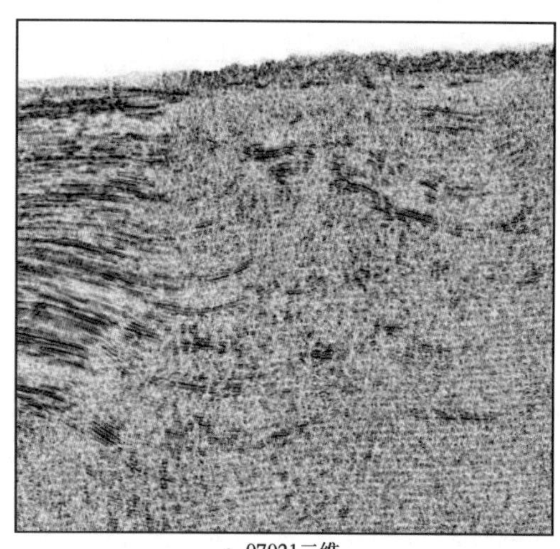

a. 07021二维

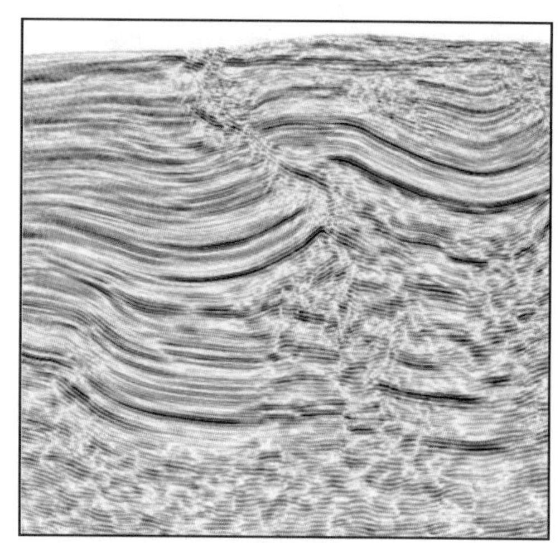

b. 英西三维

图 5-3-9　2013 年英西三维地震和对应二维地震剖面对比

英西—英中 E_3^2 湖相碳酸盐岩勘探取得重大发现后，为进一步探索英雄岭中带勘探潜力、扩展勘探接替阵地，2019—2022 年向英雄岭中带高海拔山地进军。按照“两增、两减、一融合”技术思路，发展和深化形成了以长排列 + 高密度宽方位观测、融合设计、小组合、井震联合为核心的高原双复杂极低信噪比区采集技术方案，井炮覆盖次数 900~1200 次，覆盖密度达到（200~300）$\times10^4$ 道 /km²，为以往的 5~8 倍。同时解放思想，优化激发接收参数，组合井从 9~13 口降到 5~7 口，检波器 3 串降到单串单点，首次在英雄岭腹地获得高品质地震资料，实现了资料的“从无至有”，整体成像清晰，断裂展布清楚，揭开了英雄岭腹部地区的神秘面纱（图 5-3-10 和图 5-3-11）。

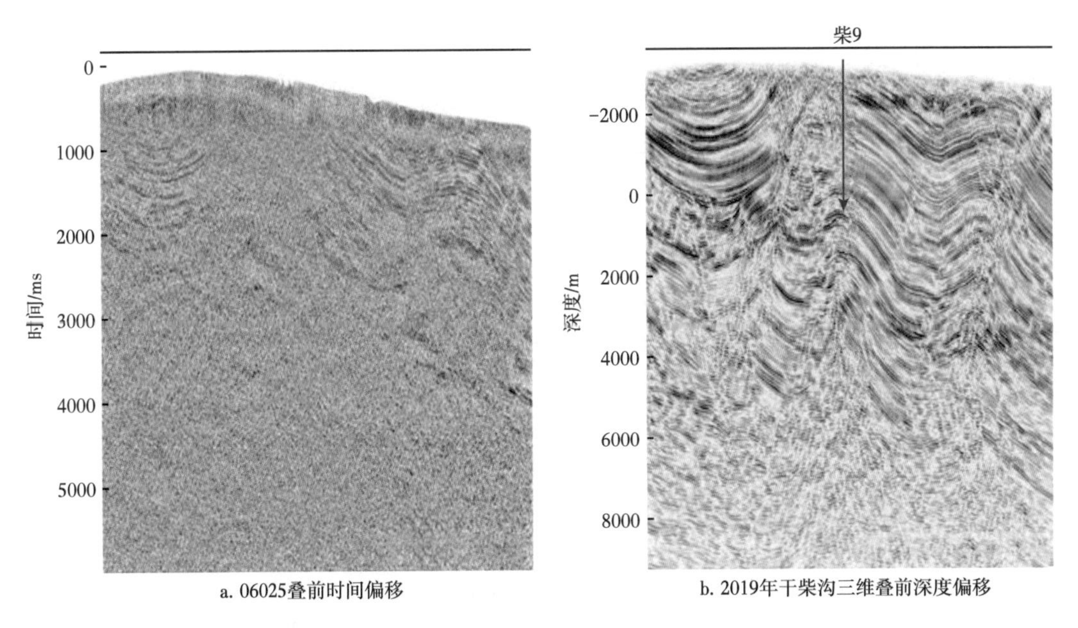

图 5-3-10　2019 年干柴沟三维地震和对应二维地震剖面对比

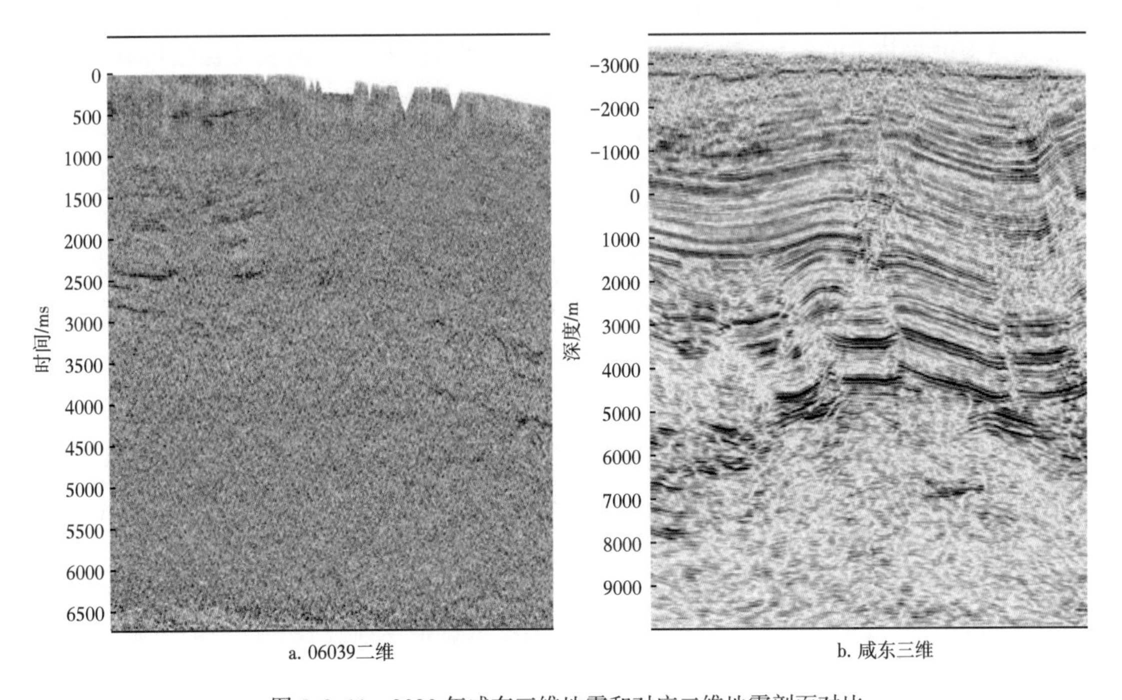

图 5-3-11　2020 年咸东三维地震和对应二维地震剖面对比

利用三维地震快速评价发现了新的构造圈闭，构造、沉积综合评价部署实施的柴 9 井 E_3^2 Ⅱ油组湖相碳酸盐岩勘探获得重大发现，快速落实了超千万吨探明储量规模的效益建产区。更可喜的是，在构造主体区钻探的柴 2-4 井揭开了英雄岭页岩油勘探序幕，开辟了柴达木盆地全新的勘探领域。目前，干柴沟地区已成为英雄岭页岩油勘探开发的主阵地，

新增储量规模可达 3×10^8t。2020 年利用咸东三维新发现柴深背斜构造带，落实柴深构造带南翼三排构造圈闭，E_3^2 累计圈闭面积 66km^2，有力支撑了风险探井柴 1 井部署实施，有望获得新的油气勘探发现。

二、真地表地震成像面临的主要问题

英雄岭构造带地表海拔高、高差大，地形起伏剧烈，沟壑纵横，形似刀片山；气候异常干燥，近地表风化严重，地表出露的砂泥岩地层风化后十分疏松，溶蚀空洞发育，分布较广，存在变化剧烈的巨厚低降速层；地下构造复杂、断裂发育、地层破碎、产状多变。这种复杂地表及复杂地下构造往往导致地震资料散射噪声发育，地震资料信噪比极低，地震波场复杂，成像归位不准确造成该区地震勘探难度之大，堪称“世界之最”。与西北其他探区相比，地表成岩程度低，土层松软，潜水面很深，山体多为风化严重的泥砂岩，几乎没有任何植被覆盖。与国内其他探区相比，英雄岭构造带山地表层地震地质条件的恶劣，表层受长期风化作用，干燥疏松，地震波吸收衰减严重，给地震施工作业和激发、接收效果带来十分不利的影响，野外地震采集选点布线、激发接收、室内静校正、提高信噪比处理等工作异常困难。山地地表交通条件差，气候多变，高寒缺氧，环境恶劣，对地震采集装备要求高，给野外地震采集施工和质量管理等带来极大的挑战。近年来，通过高密度三维地震勘探技术攻关，部分解决了极低信噪比区域的构造成像难题，但仍存在地震资料同相轴横向可追踪性差，盐下目的层构造形态、高点位置及断点成像不准等技术问题，难以满足岩性勘探阶段的小微构造、断裂及岩性圈闭精确刻画的地质需求。

综上所述，英雄岭构造带真地表地震成像主要面临以下三大难题及挑战：(1) 沟壑纵横，缝洞发育，干燥疏松的古近—新近系风化地表，给地震激发、接收，以及近地表调查带来极大挑战；(2) 地表海拔高 (3700m)、起伏大 (相对高差达 700m)，地处高原缺氧的恶劣环境，野外地震采集施工组织和质量控制面临极大挑战；(3) 近地表速度建模困难，静校正问题突出，地下构造复杂，地震资料信噪比极低，地震资料成像处理技术面临极大挑战。

1. 地震地质条件

1) 表层地震地质条件

英雄岭构造带属典型的内陆高原地貌，地表出露岩层风化剥蚀严重，工区海拔高度达到 2800~3700m，地表以复杂山地为主，山高沟深，最大相对高差达 600m 左右（图 5-3-12）。地表岩性以新近系砂泥岩为主，表层风化严重，结构疏松，表层调查结果显示低降速带厚度在 20~100m 不等，厚度由山体向两翼逐渐变薄，速度范围为 1000~1500m/s（图 5-3-13）。层析反演近地表模型显示该地区具有稳定的潜水面，深度在 50m 至几百米之间，最深可达 500m，高速层速度比较稳定，为 1600~2000m/s（图 5-3-14）。

2) 深层地震地质条件

从深层地震地质条件看，英雄岭处于两大冲断构造体系的交汇部位，自南向北分为狮子沟—油砂山构造带、干柴沟构造带、咸水泉—油泉子—开特米里克—油墩子构造带，由一系列北冲的逆冲推覆构造、楔状构造及断层传播褶皱组成，具有“南北分带、东西分段、上下

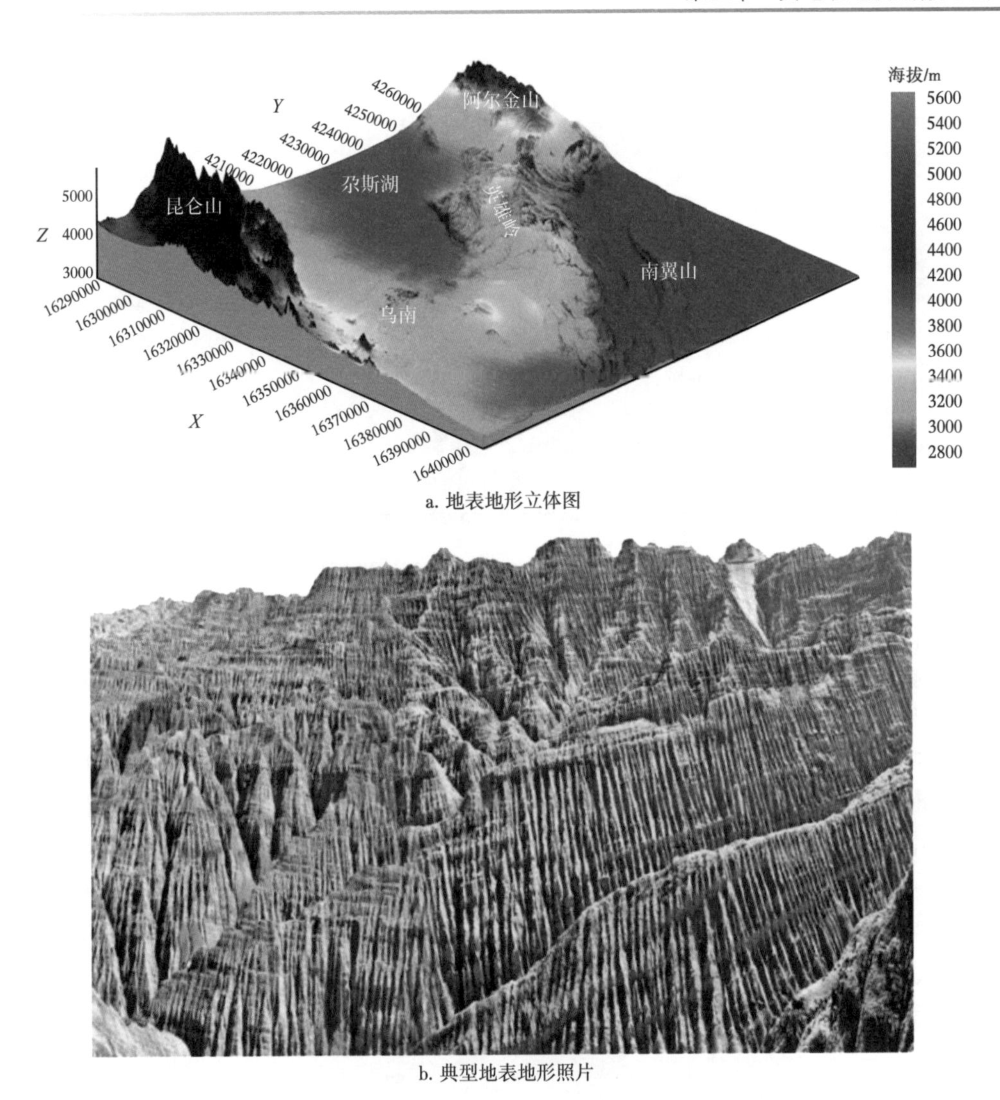

a. 地表地形立体图

b. 典型地表地形照片

图 5-3-12 英雄岭构造带地表地形立体图及典型地表地形照片

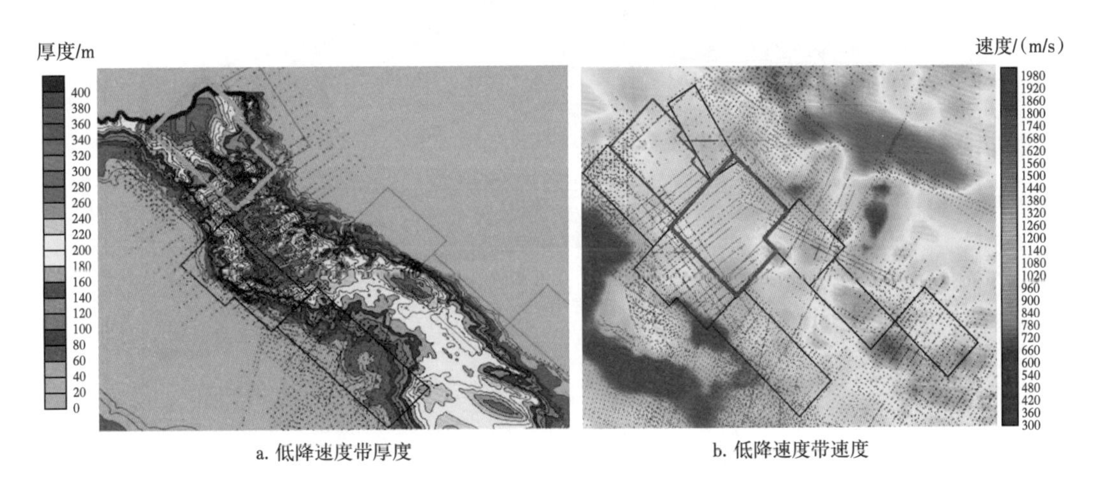

a. 低降速度带厚度　　b. 低降速度带速度

图 5-3-13 英雄岭构造带表层结构图（据青海油田）

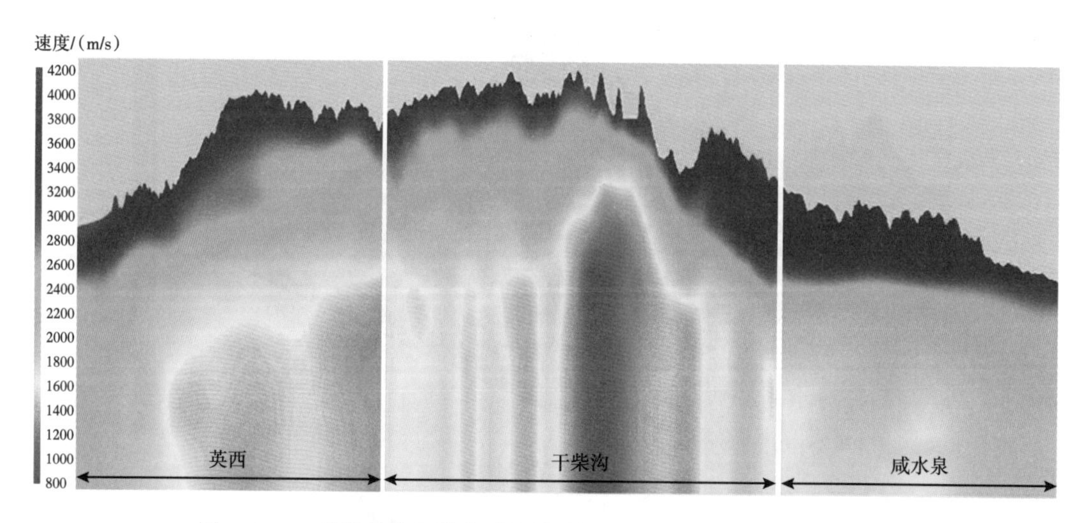

图 5-3-14 英雄岭构造带典型表层层析反演速度模型（据青海油田）

分层”的特征。受周缘山系构造演化控制，该区在古近纪处于凹陷中心附近，受晚喜马拉雅造山运动强烈影响，处于盆内构造反转区。南带由英西、英中和英东构造组成，英西—英中构造因下干柴沟组上段上部塑性盐岩层的存在，纵向上表现为“双层结构”，浅层受滑脱断层控制形成断层传播褶皱，深层则为一系列复杂的冲断构造（图 5-3-15）。油砂山逆冲断层的上盘的断层传播褶皱为不对称长轴背斜构造，其北翼地质结构相对简单，地层倾角变化不大；而南翼地层倾角较陡，地层产状变化大，倾角大部分都在 40° 以上，甚至出现直立和倒转现象。英东构造由于没有塑性盐岩层的存在，浅层和深层构造变形样式和破裂机制

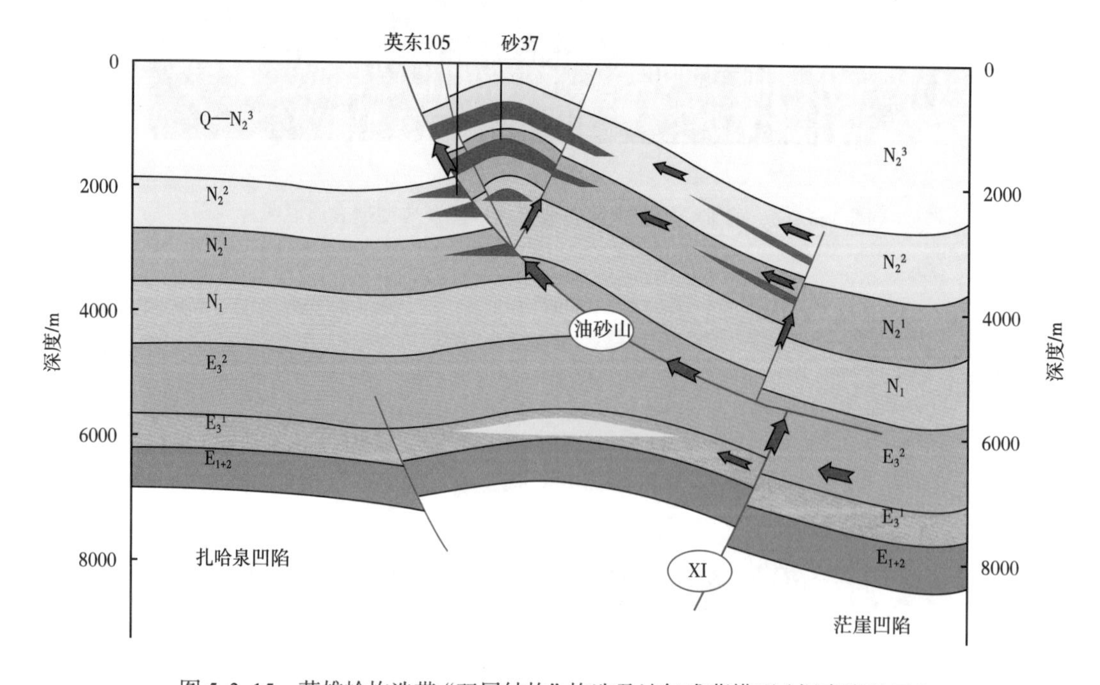

图 5-3-15 英雄岭构造带“双层结构”构造及油气成藏模型（据青海油田）

未发生显著分异，“双层结构”不发育，构造变形比英西和英中构造简单；北带由咸水泉、油泉子、开特米里克及油墩子构造组成，受英北断层控制发育一系列北西走向的断层传播褶皱，具有较大的差异性。从地质结构看，该区域复杂的断层结构和恶劣的表层地质条件，使得该区域的地震反射波的传播路径非常复杂，浅层资料成像效果整体较好，但中深层和基底资料成像困难。

2. 真地表地震成像技术应用难题

1）近地表严重风化带来的地震资料极低信噪比问题

英雄岭构造带地表条件复杂，受地表条件及地下构造的影响，原始记录和叠加剖面上干扰噪声严重，有效波完全淹没在噪声里，地震资料属于典型的极低信噪比类型。从单炮干扰波类型来看，受地势陡峭、地表强风化、地表结构变化剧烈影响，面波及其散射干扰严重，单炮记录信噪比非常低，该区干扰波能量强、衰减慢、规律性差，严重影响近道有效波反射，远排列发育视速度较高的多次反射折射波，干扰了远道的有效信息（图 5-3-16）。另外，由于地表存在陡峭的断崖，断崖与空气的接触面是一个强烈的波组抗界面，地震波传到这个界面上时，被反射回来，形成侧面强反射干扰，在记录中表现为具有不同视速度的干扰波。此外，逆掩推覆体地层倾角较陡，断裂发育，地震波散射与屏蔽作用强，使得目的层反射能量弱，在初叠加纯波剖面上，有效信息被干扰波完全淹没，很难识别。

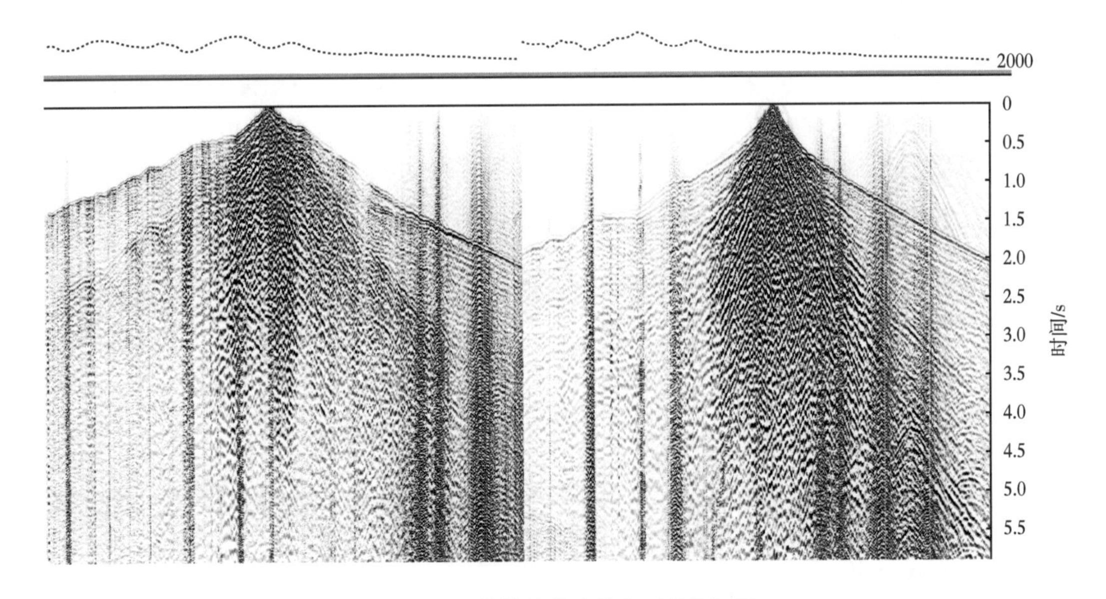

图 5-3-16　英雄岭构造带典型单炮记录

2）近地表带来的严重静校正问题

英雄岭构造带地表以老地层出露的陡峭山地为主，冲沟十分发育，地表风化严重，岩性干燥疏松，构造主体地层倾角变化较大。从表层调查模型来看区域低降速带厚度为 5~125m，平均厚度为 60m，低降速带速度为 400~1500m/s，工区南部速度较低，北部速度较高，山前过渡带存在巨厚低速堆积区及速度反转。如图 5-3-17 所示为应用高程静校正后的叠加剖面，从叠加剖面上看，从浅层至深层均无有效地震反射层，说明静校正问题十分突出。

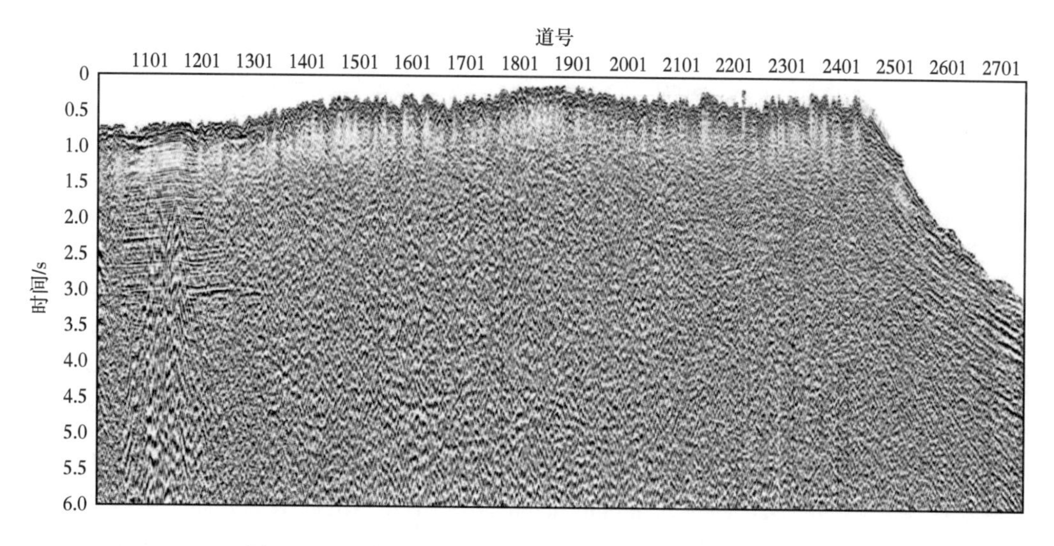

图 5-3-17 英雄岭构造带应用高程静校正后的叠加剖面

3）逆冲带地质结构复杂和速度场分布异常问题

英雄岭构造带具有地表、地下结构双复杂的特点，研究区构造主体部位浅层地层倾角变化大，断层发育，资料信噪比低，逆冲断裂带地层破碎，波场复杂，速度纵、横向变化较大，速度建模及叠前深度偏移技术应用难度大，造成逆冲断裂上、下盘偏移归位困难。受逆冲推覆构造的影响，探区内发育多组断裂体系和剧烈的速度倒转，目的层结构十分复杂，断块小、断阶落差大、地层破碎严重且地震资料品质整体很低，地震准确成像十分困难。

三、真地表地震成像关键技术

针对强风化疏松地表极低信噪比资料及高陡复杂逆冲推覆构造存在的原始资料信噪比极低、表层静校正问题严重和地震成像精度低三大难题，经过多年真地表成像技术研发和配套技术攻关，结合英雄岭地质构造和地震资料特点，逐步形成了以偏移前波场保真处理和全深度速度建模为核心的真地表全深度成像处理技术系列。

1. 自适应加权初至层析反演技术

利用复杂山地高密度三维地震大炮初至具有大炮分布密集、初至信息丰富、排列较长等有利优势，开展基于网格层析技术的近地表层析速度反演，利用网格速度的空间变化来描述速度的横向及纵向变化，很好地适应于英雄岭双复杂区的近地表速度模型构建。

为了求得更接近真实情况的近地表速度模型，采用自适应加权初至层析反演方法并充分利用区内已有微测井信息来约束大炮初至层析反演的结果。如图 5-3-18 所示为自适应加权层析反演与常规层析反演近地表模型，图 5-3-18a 为常规层析算法反演模型，图 5-3-18b 为自适应加权及微测井约束层析反演模型，可以看到约束后的近地表低速带模型速度特征更符合地质认识：速度更低，成层性更好。如图 5-3-19 所示为约束模型速度与 VSP 速度对比，可以看到约束反演得到的近地表速度与 VSP 速度吻合较好，说明求取的近地表速度模型具有较高的精度，可以用来建立叠前深度偏移所需的浅层速度模型。如图 5-3-20 所示为静校正攻关前后效果对比，可以看到，通过本次基准面静校正攻关，在山前过渡带位置叠加成像效果明显改善，同相轴连续性增强，在山体区叠加成像质量也略有改善，潜水面的光滑度也有所增强。

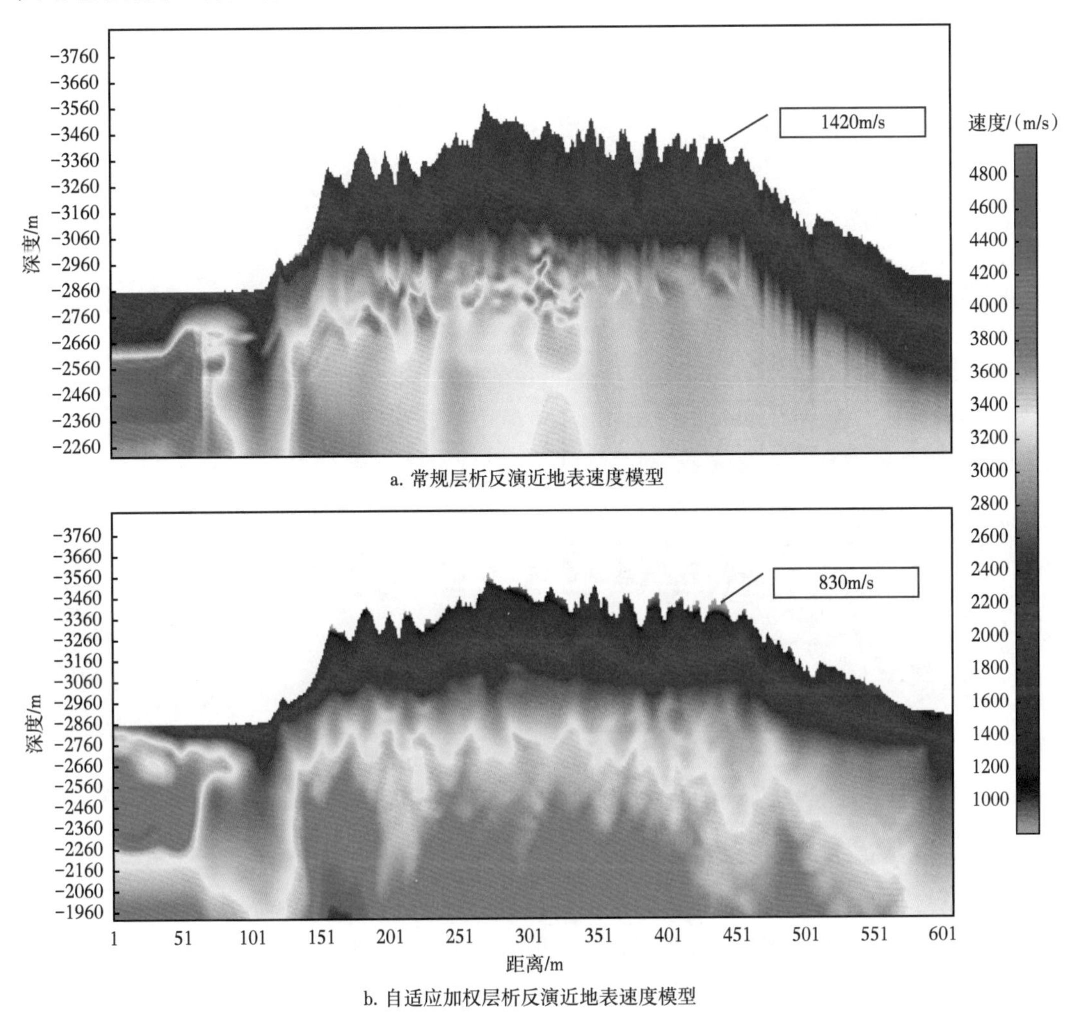

a. 常规层析反演近地表速度模型

b. 自适应加权层析反演近地表速度模型

图 5-3-18　常规层析与自适应加权层析反演近地表速度模型

2. 基于“六分法”思想的叠前保真去噪技术

英雄岭构造带地震资料信噪比极低，在静校正问题解决好的基础上，必须下大力气解决干扰波压制问题。针对区内干扰波规律性差的不利局面，采取了先强后弱的噪声压制思路，分区、分域、分步去噪。采用基于面波模拟散射干扰压制面波及散射面波，采用非规则采样十字排列锥形滤波技术压制线性噪声，采用分频去噪技术在炮域和共中心点域压制异常振幅噪声。针对复杂山地区域不断变化激发接收的特点，叠前去噪需要与振幅处理相结合，提高叠前道集能量的一致性；另外，对低信噪比资料区，把叠前去噪与偏移成像分开考虑，即仅仅应用去噪较强的资料做速度分析迭代，有利于提高偏移道集速度拾取的精度和速度建模精度，而最后用于叠前偏移成像的输入数据需要开展保真去噪，有利于保幅及提高断点的成像精度。最终根据噪声发育的特点，以面向偏移的弱信号保护为前提，采用低频保护的逐级压噪技术，分区分域分频压制噪声，逐步提高资料信噪比。

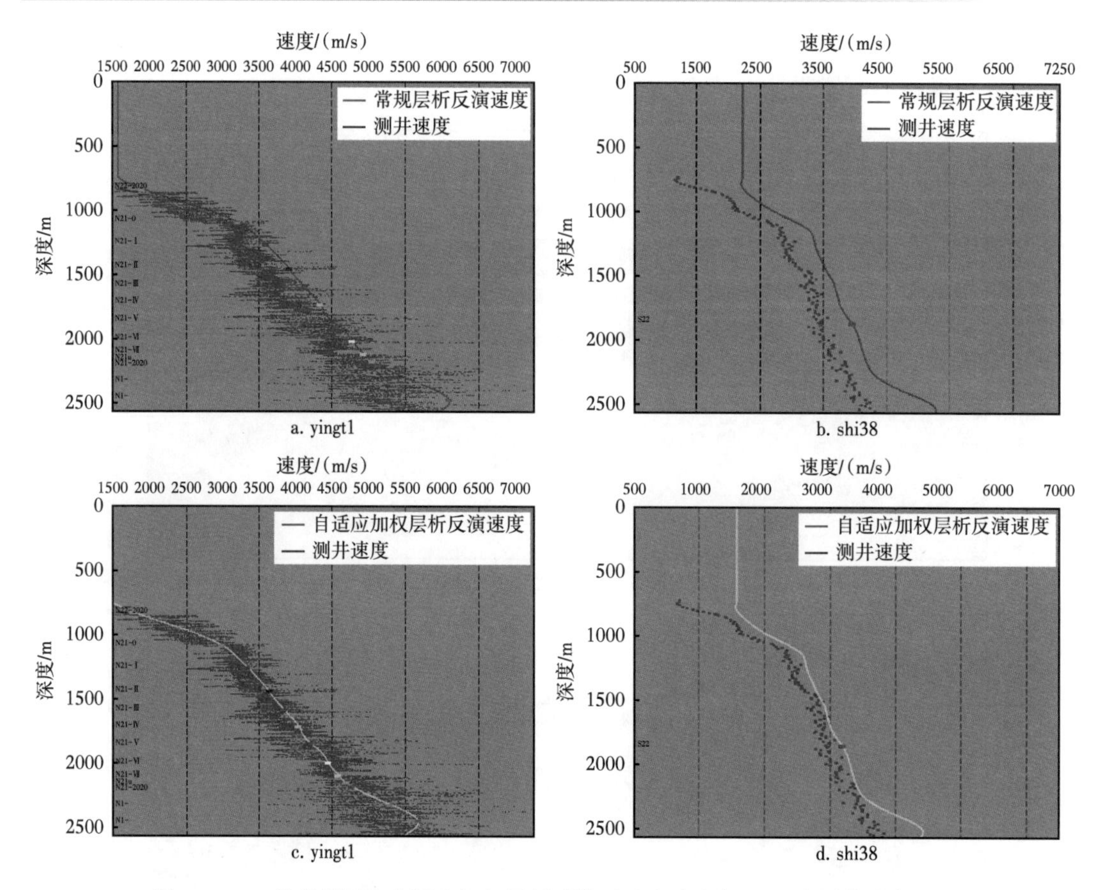

图 5-3-19　常规层析和自适应加权层析反演近地表速度与 VSP 和测井速度对比

1）分频异常振幅及外源干扰压制

针对异常强能量干扰采用分频异常振幅压制技术进行压制。该方法是在给定的频率段、给定的空间时窗内对地震数据进行快速傅里叶变换，在频率域对各频率成分能量进行统计，并与相邻空间时窗进行对比，当某一频率的能量大于相邻时窗的能量给定的门槛值时，对该频率的能量进行压制，从而使有效信号能量不会被破坏。如图 5-3-21 所示为在炮域进行异常振幅衰减前后的单炮对比，可以看出异常强能量干扰得到了有效压制。在十字排列域由于外源噪声的普遍发育，有效信号和噪声的区分度不明显，基于局部强能量差异的异常能量压制技术去噪效果不佳，需要开展多域组合的滤波技术压制外源干扰，即在时空域和频空域开展联合外源干扰压制（图 5-3-22）。

2）频散曲线模拟压制面波及散射面波干扰

面波及散射干扰是英雄岭构造带主要发育的噪声类型，常规 *F-K* 类方法在去噪后，会出现很多蚯蚓状残余噪声。而基于“面波模拟 + 减去法”去噪技术在准确拾取面波频散曲线的基础上模拟面波及散射干扰波，不仅可以避免空间采样不足带来的假频问题，而且能够相对准确地模拟不规则散射面波，进而有效压制面波及散射面波。面波模拟的关键参数有：（1）频散曲线拾取密度：检波点方向间隔 200m，接收线方向间隔 400m；（2）模拟噪声包括规则面波及散射面波；③迭代去除三阶面波。通过优化谱计算参数，提升面波频散曲线的拾取精度，改善面波模拟预测和去噪效果。散射面波模拟去噪技术能够有效衰减具有空间假频特征的相干或散射面波，该方法具有较好的保幅性，在有效去除面波噪声的同时也不会伤害有效信号（图 5-3-23 和图 5-3-24）。

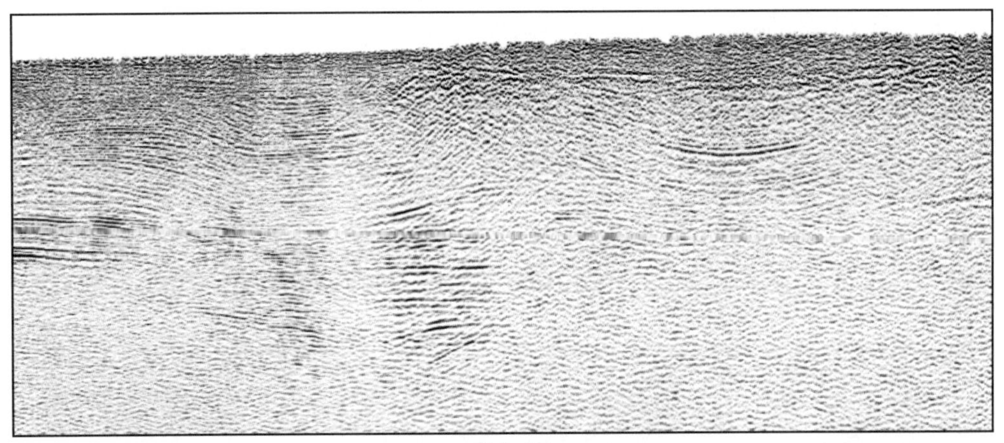

a. 静校正前

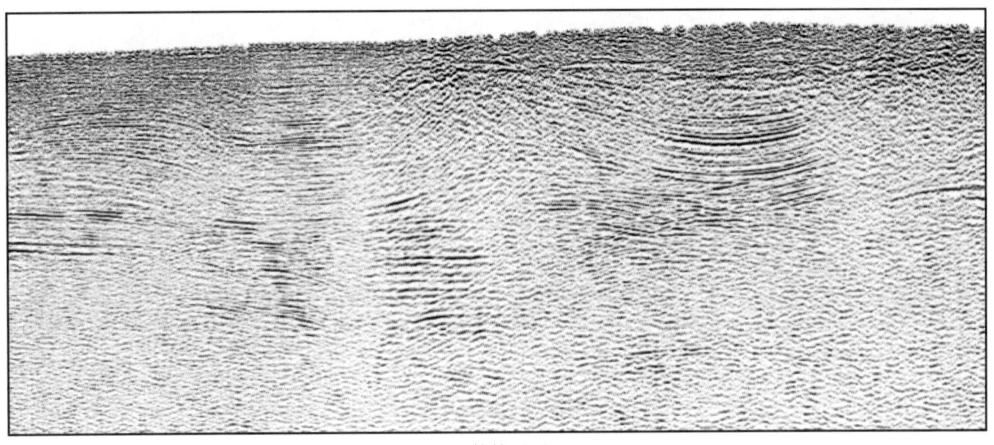

b. 静校正后

图 5-3-20　静校正前后剖面对比

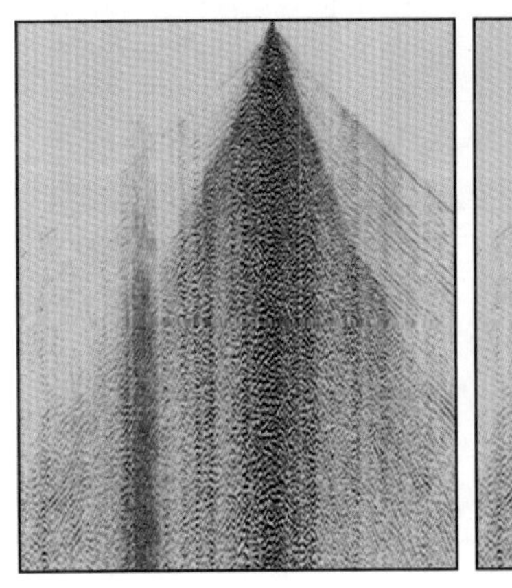
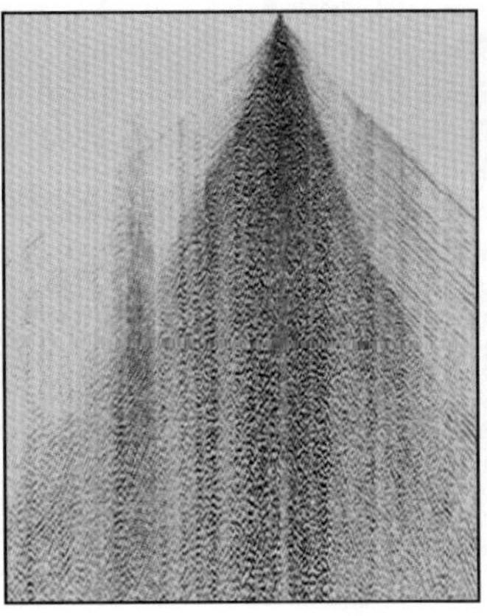
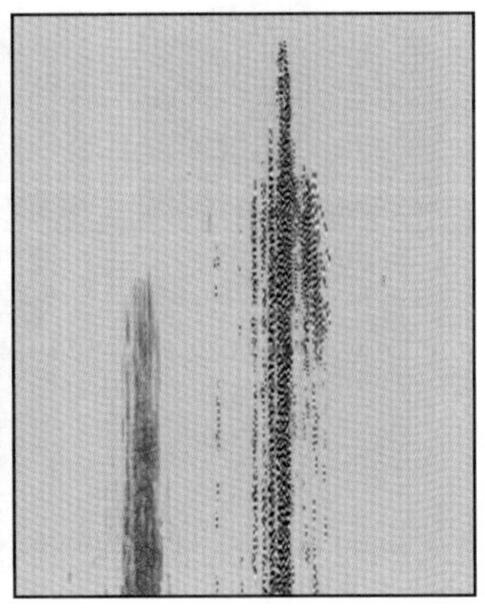

图 5-3-21　炮域分频异常单振幅压制去噪前、后及噪声效果对比

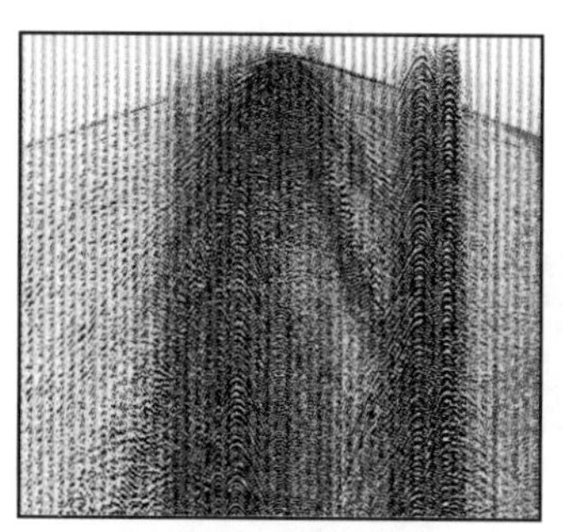
a. 去除外源干扰前单炮

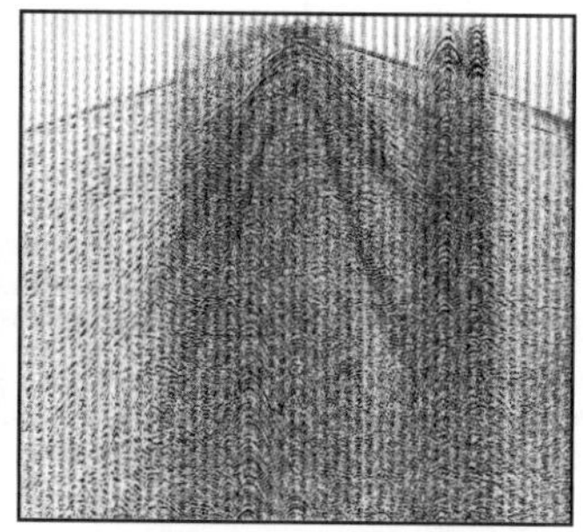
b. 异常能量法去除外源干扰

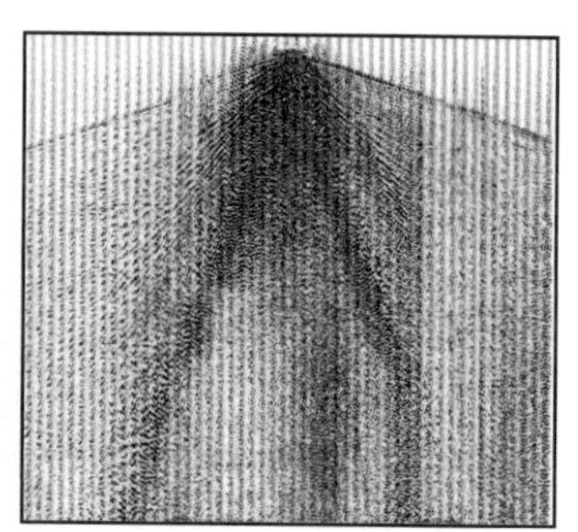
c. 双向相干法去除外源干扰

图 5-3-22　多域组合的滤波技术压制外源干扰效果对比

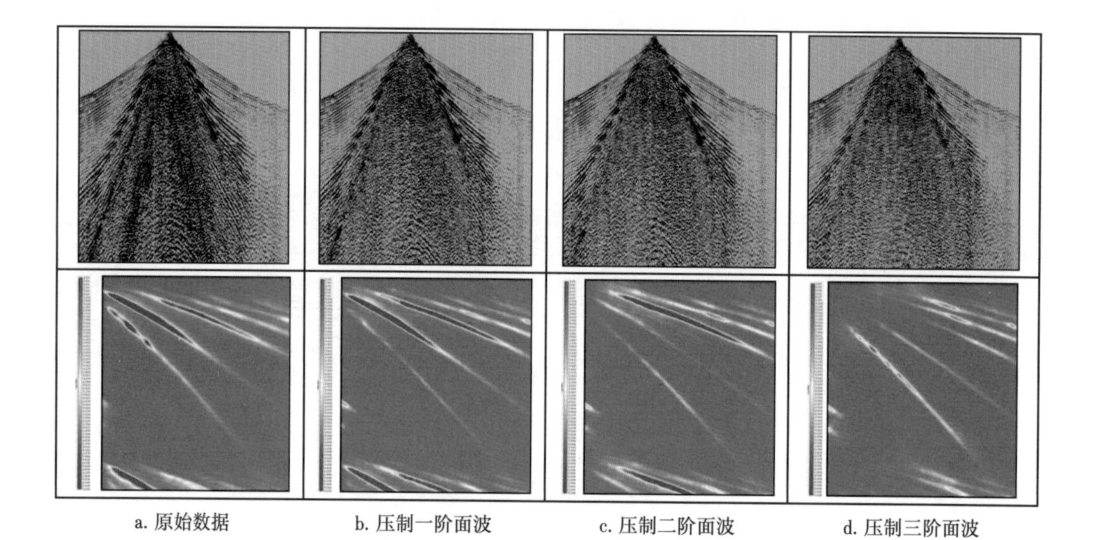

图 5-3-23　戈壁平坦区不同阶面波压制效果及频散曲线

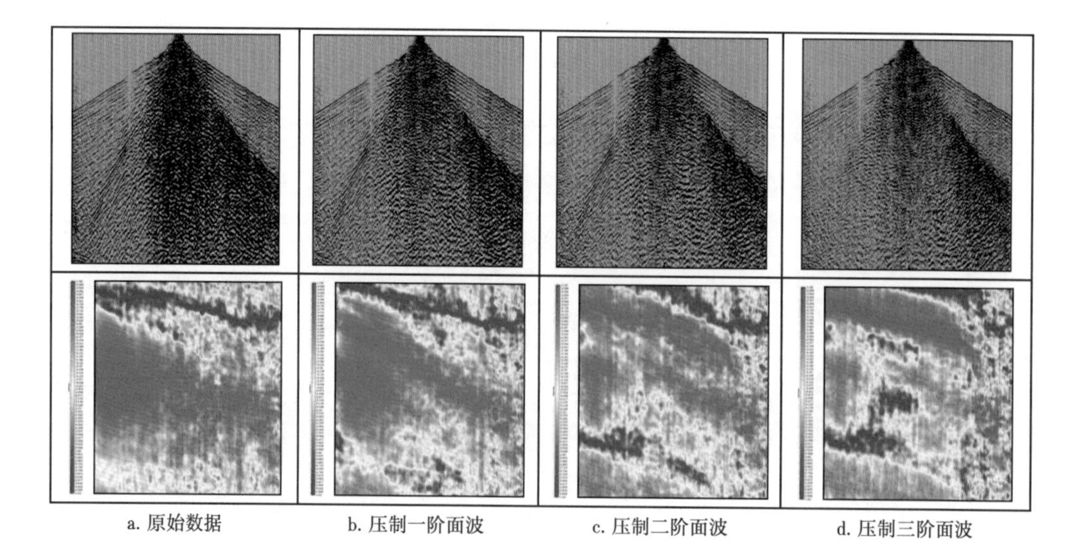

图 5-3-24　山体区不同阶面波压制效果及频散曲线

3）十字排列域非规则采样线性干扰压制

地震采集中接收到的地震信号为空间范围内各个方向的信号，而通常应用的二维视速度滤波技术却忽略了地震信号空间分布这一特征。综合应用视速度和地震信号空间分布特征的三维锥形滤波技术，能够在不损害有效信号的前提下，有效去除面波及其残余噪声。大量的处理经验表明，三维十字排列域锥形滤波技术在压制远排列端双曲型面波方面优于传统二维视速度滤波技术。在十字排列中，具有相同绝对炮检距的地震道中心点均在一个圆上。因此，一个常速同相轴在横切十字排列数据的每个时间切片上都位于一个圆上，该同相轴的三维形状是一个圆锥。线性噪声具有若干个速度有所不同的线性同相轴，而十字排列就包含了一整套圆锥。该地区地震野外采集受复杂地表条件影响，地震数据空间域为非规则采样，数据道间隔并非完全相同，导致十字排列域中线性同相轴不再表现为一个规则的圆锥形。因此，去噪中采用真实坐标信息驱动的非规则采样去噪方法及三维圆锥形防假频滤波器能够较好地去除此类非规则采样线性噪声（图 5-3-25）。

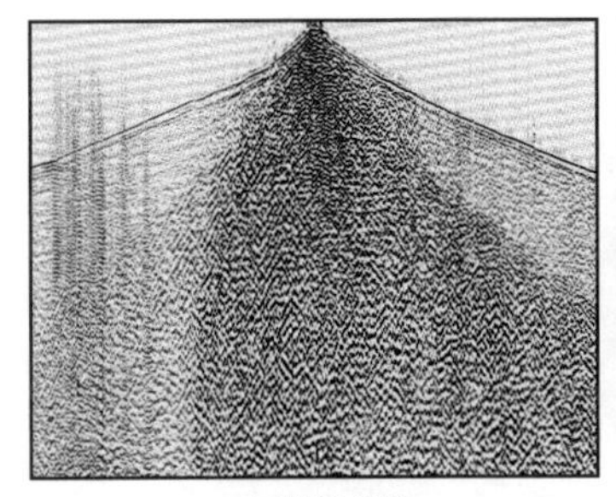
a. 压制前单炮

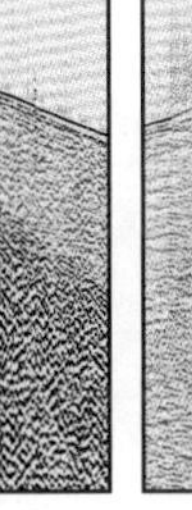
b. 压制后单炮

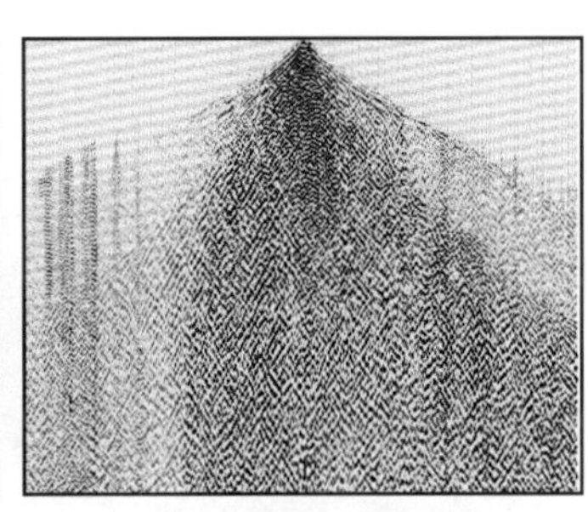
c. 去除的噪声

图 5-3-25　自适应线性噪声压制前单炮、压制后单炮及去除的噪声

4）浅层三角区剩余散射干扰压制

常规去噪处理后浅表层极强的散射噪声干扰仍然存在较多残留，严重制约中浅层成像效果。因此，在开展常规十字域线性散射噪声压制的基础上，进一步开展多域组合散射噪声压制，去噪过程中需要充分考虑不同数据空间域采样规律性差的影响，在压制噪声的同时需要注意有效信号的保护处理（图 5-3-26）。

针对英雄岭构造带地震资料信噪比较低的问题，通过多域组合叠前噪声压制技术攻关，采取了多域、分区、分级去噪方法，最大限度压制了干扰波，较好提升了地震资料的信噪比，为叠前偏移成像打下良好基础（图 5-3-27）。

3. 全深度速度建模与真地表叠前深度偏移技术

由于该区地表起伏剧烈，浅中深资料信噪比整体极低，地下结构复杂，速度建模及偏移成像技术应用难度很大。深度—速度建模是叠前深度偏移处理工作的核心，因受多重地质及技术方法因素影响，这是一个复杂的迭代过程，包括偏移基准面的选择、速度初始模型的建立与模型优化迭代。初始模型建立应在叠前时间偏移的基础上，应用钻井资料划分速度控制层，建立时间域构造模型。在目标线叠前时间偏移的基础上，充分利用已钻井资料，掌握工区地层层速度空间分布规律，建立准确的层速度体，并在此基础上进行叠前深度偏移处理。

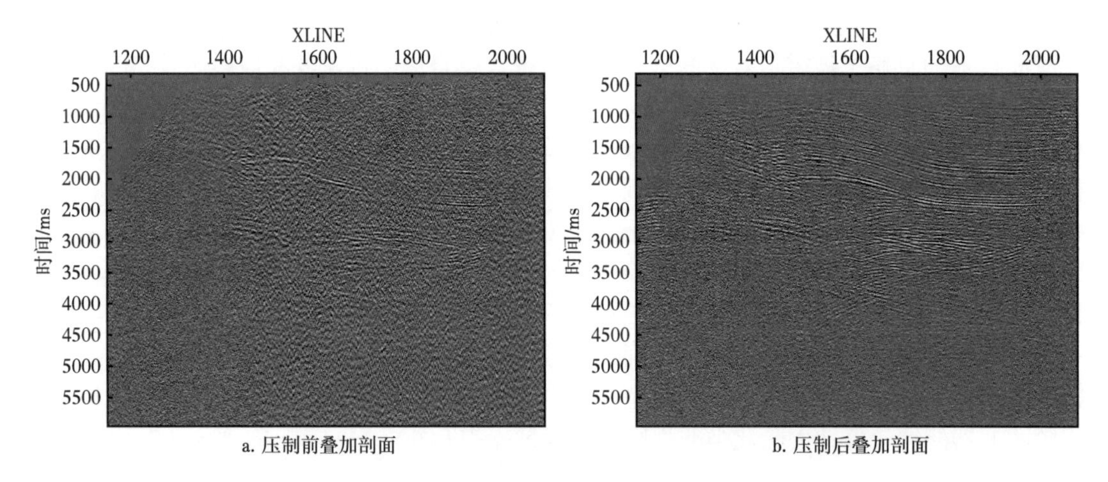

a. 压制前叠加剖面　　b. 压制后叠加剖面

图 5-3-26　多域组合散射噪声压制前叠加与压制后叠加剖面

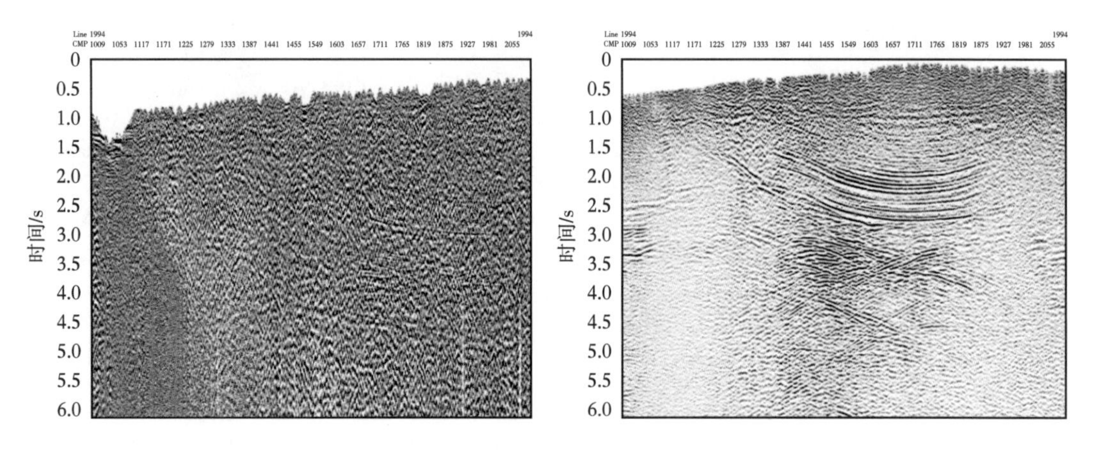

图 5-3-27　英雄岭三维原始叠加剖面和叠前保真去噪后剖面

1）真地表偏移面的建立

在地表起伏剧烈且速度横向变化较大的山体区，地表一致性的假设条件已不再满足。同时复杂的近地表形态和剧烈的横向速度变化会使地下反射的地震记录发生畸变，采用不合适的偏移基准面则难以进行准确成像，成像结果也会产生较大偏差，进而影响解释构造结果。因此，对于复杂地表条件下叠前深度偏移处理，偏移基准面的选取是影响偏移成像精度的关键环节（图 5-3-28）。

2）全深度速度建模

初始模型对于叠前深度偏移极为关键，其精度越接近真实模型，迭代次数越少，效率越高。英雄岭构造带地表—近地表结构复杂，浅层资料信噪比低，通过常规叠前深度偏移速度建模方法难以准确地反演近地表速度模型。在充分考虑研究区资料特征的基础上，采用微测井约束、全排列初至反演近地表模型，利用层位控制实现近地表与深层速度模型融合，从而提高浅层速度模型精度，为解决复杂构造成像奠定良好的基础（图 5-3-29）。

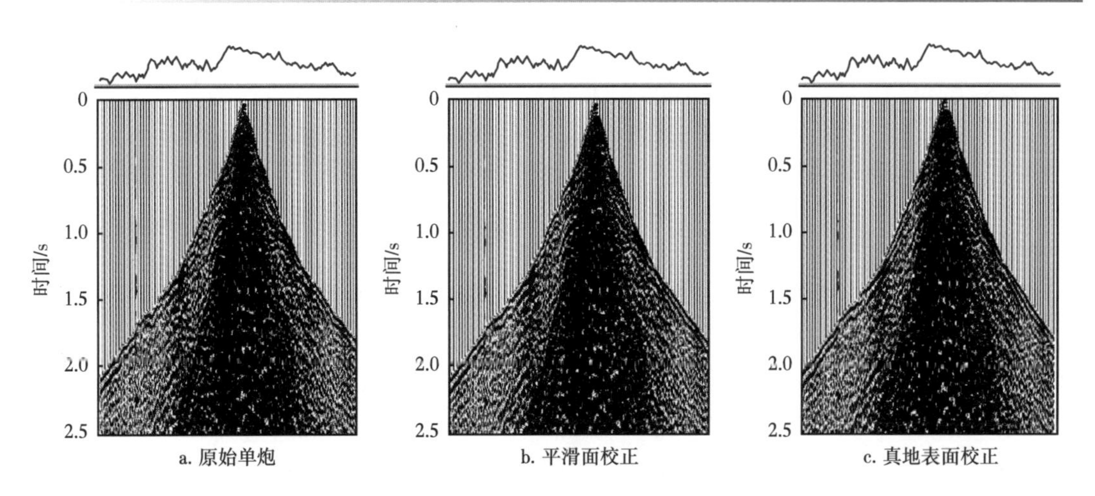

图 5-3-28　真地表偏移波场保真处理校正

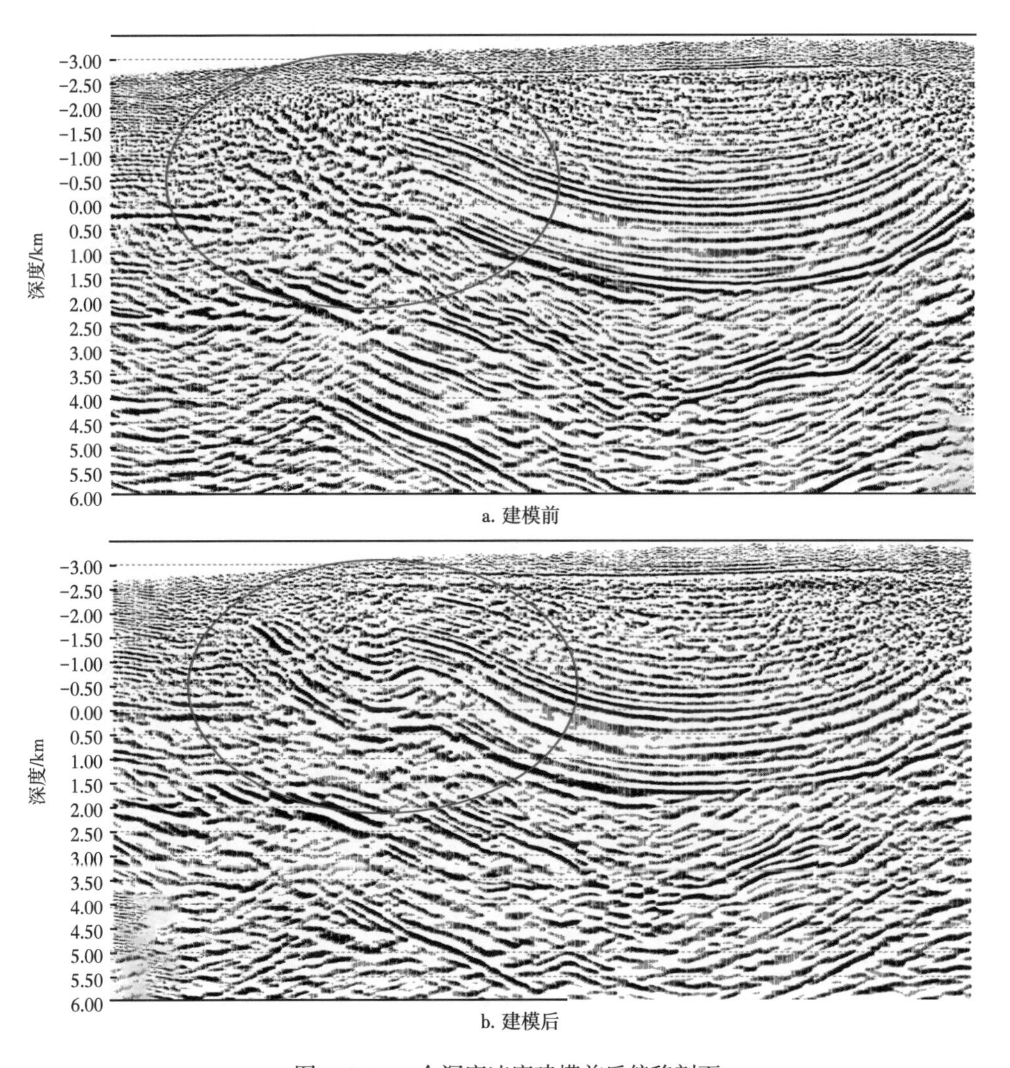

图 5-3-29　全深度速度建模前后偏移剖面

3）构造约束下的速度模型优化

深度—速度模型的优化是叠前深度偏移的关键环节。它要经过目标线叠前深度偏移和层析成像反复迭代来完成，处理时采用由浅到深、分组迭代的方式优化叠前深度偏移的速度模型。在本次速度建模迭代过程中，根据该区实际资料特点选择了多种方法结合使用，此次速度迭代主要采用以下方法：基于构造模型的沿层层析速度迭代和井约束网格层析速度迭代。

基于构造模型的沿层层析速度迭代是一种比较传统的速度迭代方式，也是比较稳定的迭代方法，可以从空间上利用构造模型更好地控制速度趋势，把控迭代过程，避免出现宏观速度异常。在叠前深度偏移速度模型优化过程中，充分利用井资料和地质层位对层速度模型进行约束，消除逆冲断层下盘速度反演的断层阴影的影响，对速度模型变化过程的合理性予以分析、解释，优化深层速度模型，进而改善成像效果（图 5-3-30 和图 5-3-31）。

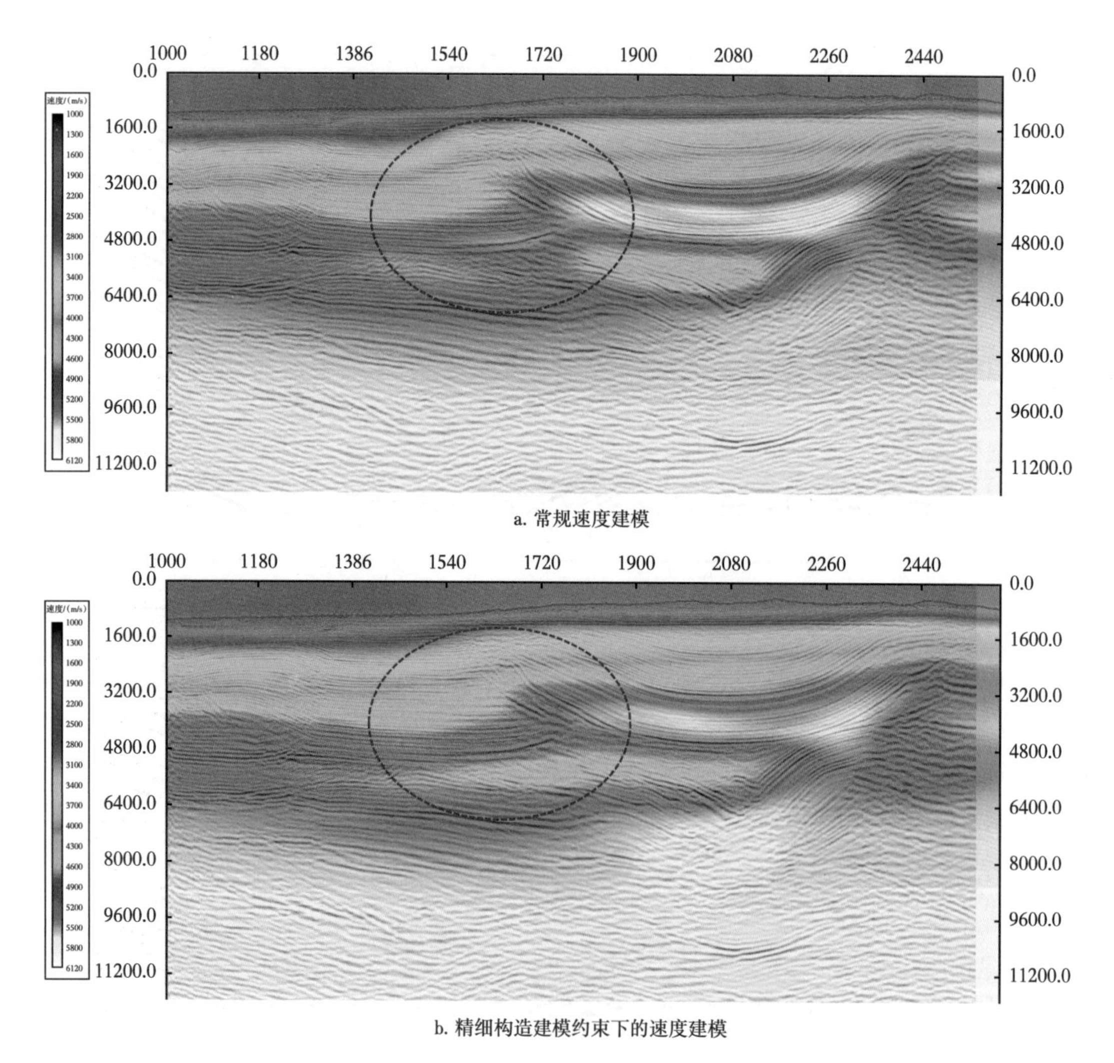

a. 常规速度建模

b. 精细构造建模约束下的速度建模

图 5-3-30　常规速度建模和精细构造建模约束下的速度建模模型对比

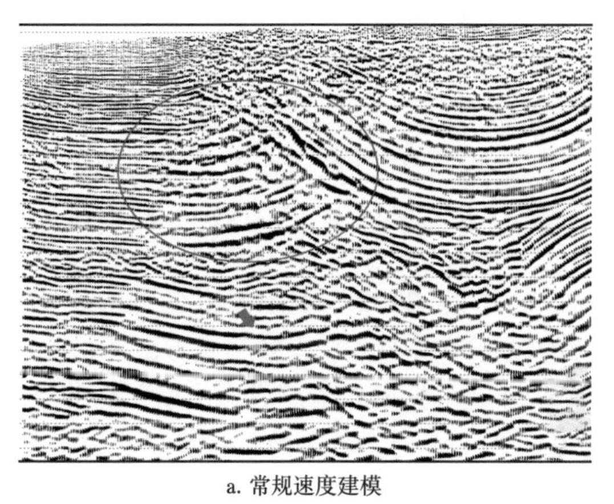
a. 常规速度建模

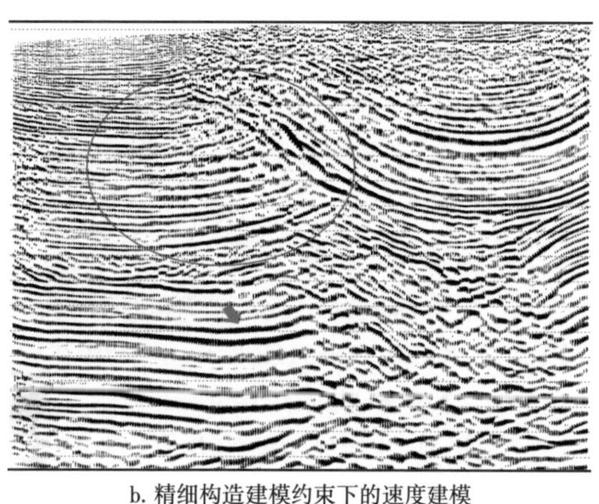
b. 精细构造建模约束下的速度建模

图 5-3-31　常规速度建模和精细构造建模约束下的速度建模深度域成像剖面对比

四、英雄岭构造带真地表地震成像技术应用效果

2012 年以来，经过多轮次地震资料成像处理攻关，英雄岭构造带地震资料品质有了突破性提升，极大推动了英雄岭构造带上多个构造或地层岩性圈闭的发现，圈闭钻探成功率大幅提升，有效支撑了英东中浅层碎屑岩构造油气藏、英西—英中地区 E_3^2 灰云岩构造—岩性油气藏、干柴沟地区 N_1 碎屑岩及黄瓜峁地区 N_1—N_2^1 混积岩的油气勘探突破和规模增储上产。早期通过英中地区叠前时间偏移及各向同性叠前深度偏移处理，相比原来的二维、三维地震资料，浅层、中层、深层信噪比均有大幅度提高，构造形态基本落实，实现了“从无到有”的突破（图 5-3-32）。

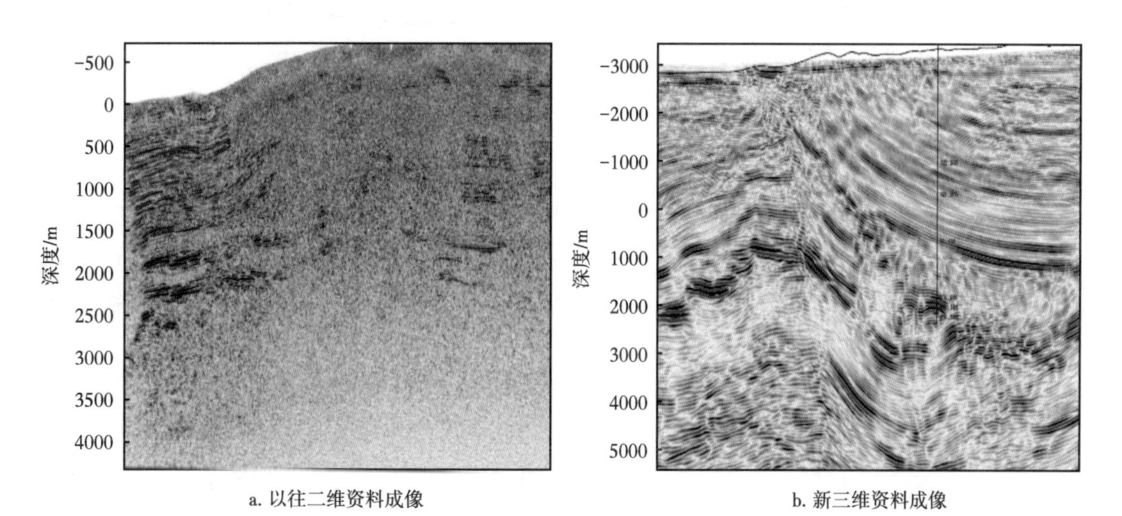

a. 以往二维资料成像

b. 新三维资料成像

图 5-3-32　以往二维资料与新采集三维资料剖面效果对比

近年来，通过进一步开展真地表各向异性叠前深度偏移技术攻关，地震资料品质不仅在信噪比、保幅性方面有提升而且在成像精度上都有了进一步提升，尤其是中深层资料成像取得了质的改善，剖面地质结构清楚（基底反射清楚、标志层波组特征清晰、连续性强），

断点归位准确、构造形态清晰可靠，可解释性强（图 5-3-33），同时高陡地层井震不符问题得到较大改善，地震剖面上地层倾向和倾角与钻井更加吻合（图 5-3-34 和图 5-3-35）。钻井证实 SX58 井与 SHI301 井整体井间油气显示差异较大，其中 SX58 井裂缝更为发育，油气显示好，新成像剖面 SX58 井圈闭断裂更发育，与 SHI301 井存在明显差异，两个圈闭的断层分割非常明确，断点清晰，与实钻地质规律更为吻合（图 5-3-36）。通过真地表成像英雄岭构造带地震解释实现了从“模式化”向“精确化”转变，构造圈闭解释符合率达到 80%。在英西地区以及环英雄岭地区新发现和落实圈闭 37 个，圈闭面积 213km^2，支撑了 CT1 井、SX58 井、SHI303 井、SHI70 井等井位的论证和部署，平均井震误差由“十三五”初期的 3% 下降到目前的 1.5%。以英东三维为例，开展了真地表地震成像之后预探井成功率由 18% 提高到 83%（预探井 6 口，成功 5 口），评价井成功率达 96%（部署 27 口，成功 26 口），试采及开发井成功率达 100%（部署 168 口，成功 168 口），有力支撑了探明石油地质储量 8272×10^{4}t。

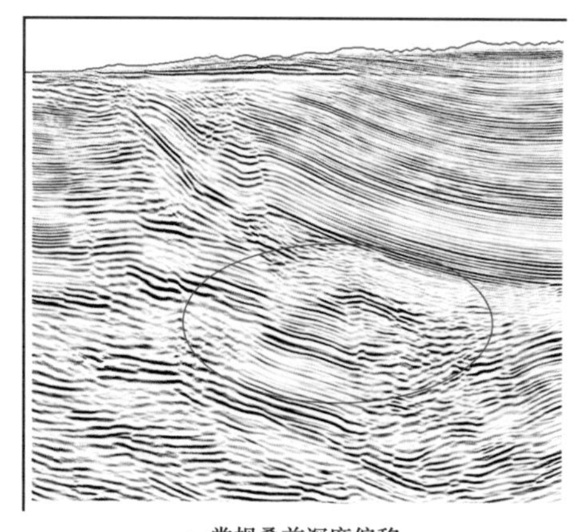

a. 常规叠前深度偏移

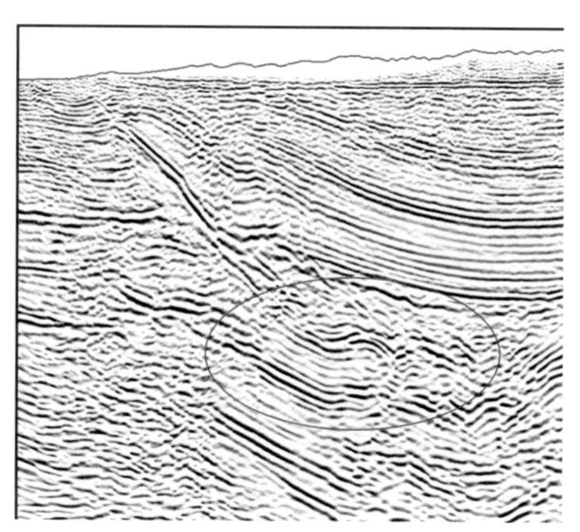

b. 真地表叠前深度偏移

图 5-3-33　过 SX58 井三维以往处理与真地表成像剖面效果对比

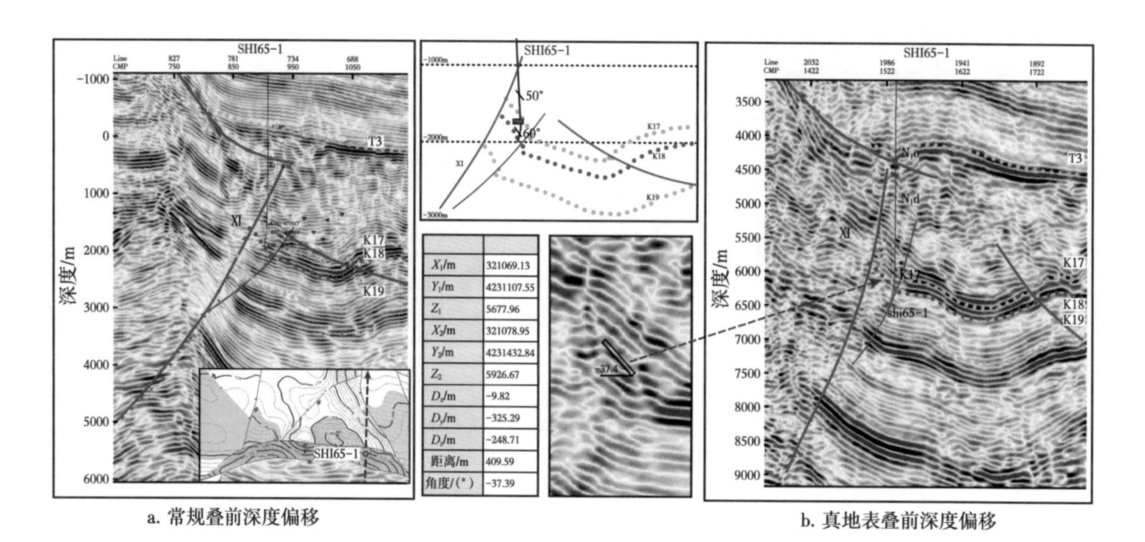

X_1/m	321069.13
Y_1/m	4231107.55
Z_1	5677.96
X_2/m	321078.95
Y_2/m	4231432.84
Z_2	5926.67
D_x/m	-9.82
D_y/m	-325.29
D_z/m	-248.71
距离/m	409.59
角度/(°)	-37.39

a. 常规叠前深度偏移　　b. 真地表叠前深度偏移

图 5-3-34　过 SHI65-1 井常规处理与真地表成像井震匹配效果对比

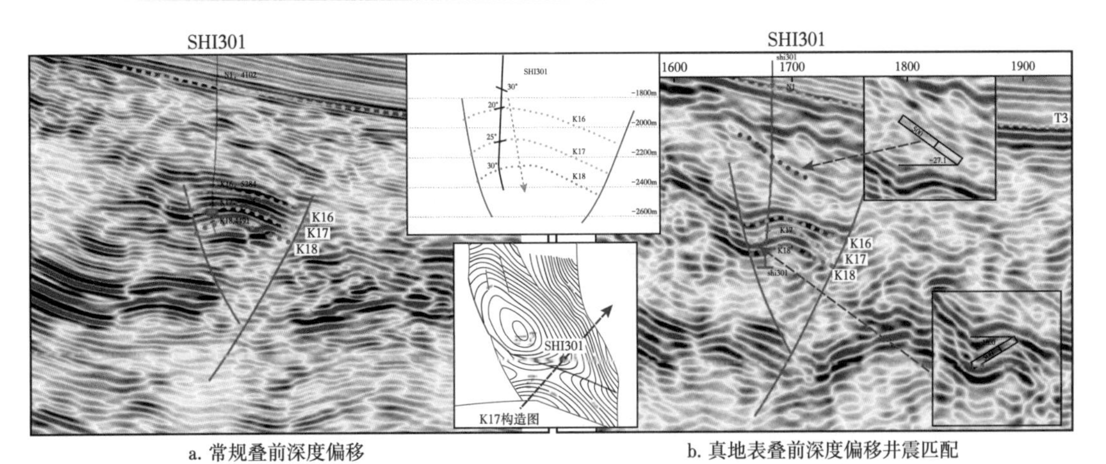

a. 常规叠前深度偏移　　b. 真地表叠前深度偏移井震匹配

图 5-3-35　过 SHI301 井常规处理与真地表成像井震匹配效果对比

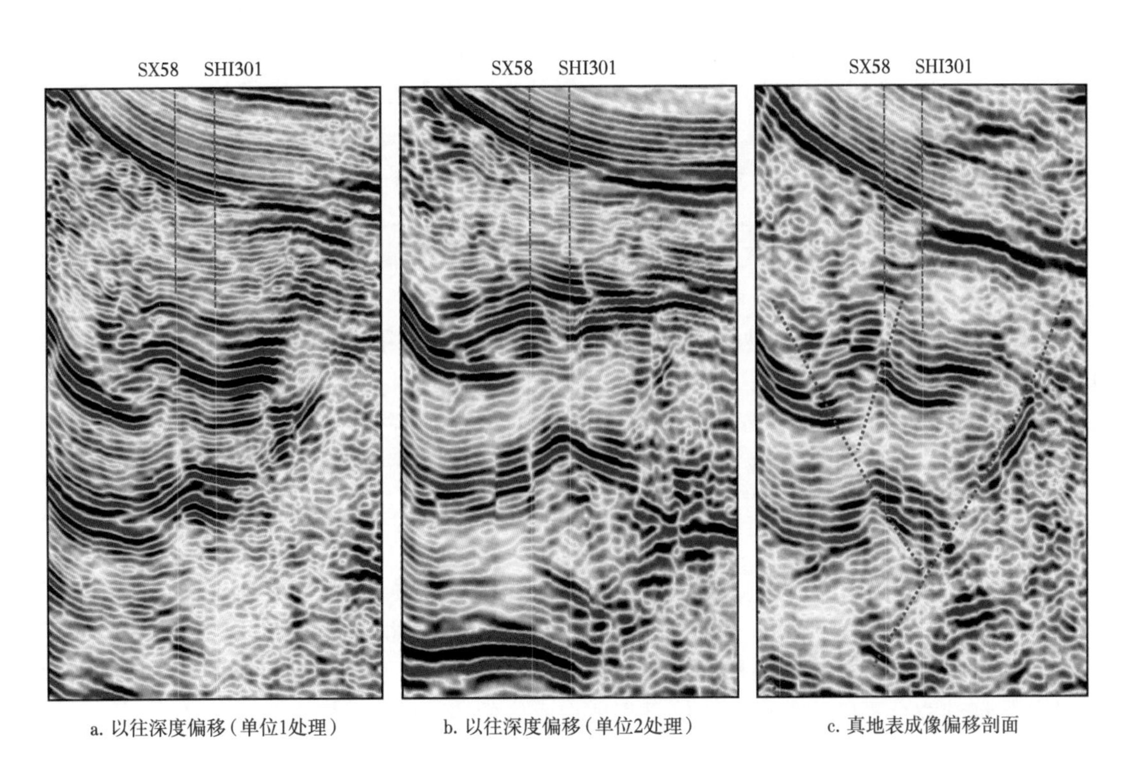

a. 以往深度偏移（单位1处理）　　b. 以往深度偏移（单位2处理）　　c. 真地表成像偏移剖面

图 5-3-36　过 SX58 井与 SHI301 井连井剖面效果对比

第六章　真地表地震成像攻关需求及技术展望

“十二五”以来，针对我国中西部前陆盆地复杂构造油气勘探生产需求，国内工业界以中国石油、中国石化为主，联合大专院校、科研院所、服务公司等专业机构围绕双复杂探区的复杂山地静校正、叠前去噪、速度建模与偏移成像等处理技术开展了大量针对性方法研究和技术攻关，形成了以高精度静校正、多域分步组合去噪、全深度速度建模、各向异性偏移为主的起伏地表地震成像处理技术系列，中国石油勘探开发研究院推出了以全深度速度建模为核心的双复杂条件下的真地表地震成像技术、处理流程及配套速度建模软件，山地复杂构造重磁电震联合深度域速度建模与深度域解释技术研究也进入起步阶段。近 10 年来，库车山前、准噶尔南缘、柴达木英雄岭、四川盆地周缘、鄂尔多斯西缘等复杂山地地震成像品质提升效果明显，真地表地震成像技术有效支撑了我国西部双复杂探区油气大发现和增储上产工作，为国家能源安全保障作出了重要贡献。

随着我国油气勘探开发业务不断向中西部复杂地表区和深层目标挺进，真地表地震成像技术还会面临更多的技术挑战。我国中西部双复杂探区面积大、领域广，地表地震地质条件类型多、变化快，类似塔里木盆地塔西南、民和盆地和鄂尔多斯盆地的巨厚黄土山地地震资料信噪比和成像精度仍未满足生产需求，受疏松地表和上覆复杂介质影响，深层、超深层勘探目标地震有效反射能量弱、信噪比极低，现阶段还需要深化发展极低信噪比资料真地表地震成像方法研究和技术攻关。

从成像技术应用角度来看，真地表地震成像处理是一项系统工程，涉及叠前去噪、子波一致性处理、数据规则化、速度和 Q 建模、偏移成像等很多关键环节，每个环节的进步对提高成像精度都具有重要作用，有的甚至起关键作用。长远来看，低信噪比地震数据能不能保证建立合理的速度模型依然是真地表成像的核心问题，需要引入地质、钻井、其他地球物理等先验信息约束速度建模，减少速度与成像结果的多解性，因此高精度真地表地震成像技术方法研究已是双复杂区地震成像技术发展的主要方向。

第一节　现阶段真地表地震成像技术攻关需求

以塔里木盆地塔西南和民和盆地为代表的巨厚黄土山地，地表地形起伏剧烈，出露地层风化严重，表层被巨厚黄土层所覆盖。例如，塔西南柯东 1 井附近黄土山地地貌（图 6-1-1），山地区表层黄土厚度大于 300m，黄土之下还有砾石夹层，潜水面深度不稳定且埋藏较深，导致低降速带的厚度和速度纵横向变化大，近地表非均质性极强。复杂的近地表结构为地震波激发、接收带来巨大麻烦，近地表介质非均匀性引起很强的面波频散现象，这种频散后的面波又与多次折射和面波散射等干扰交织在一起，使得野外单炮上各类地震波多次叠加、干扰分布十分复杂；再加上巨厚疏松黄土对地震波场的吸收衰减和砾石层对有效反射能量的屏蔽作用，致使野外原始单炮上有效信号能量极弱，原始资料信噪比极低。如图 6-1-2 所示为中国石油集团东方地球物理勘探有限责任公司分析塔西南巨厚黄土采集质量时展示的数值模拟结果。没有近地表巨厚黄土影响时，在单炮上很容易识别噪声和有效反射；增加近地表黄土层后（没有考虑黄土层的纵横向的非均匀性），单炮品质发生明显变化，除了初至走时扭曲、存在静校正问题外，最主要的是波场异常复杂，面波、多次折射、近地表散射等各类噪声交织在一起。实际原始地震记录信噪比极低，根本无法见到有效地震反射波。模拟分析可以看出，地震照明能量主要集中在地表附近的黄土层，近炮检距噪声能量强，下传的能量很弱，深层有效反射几乎看不到影子。

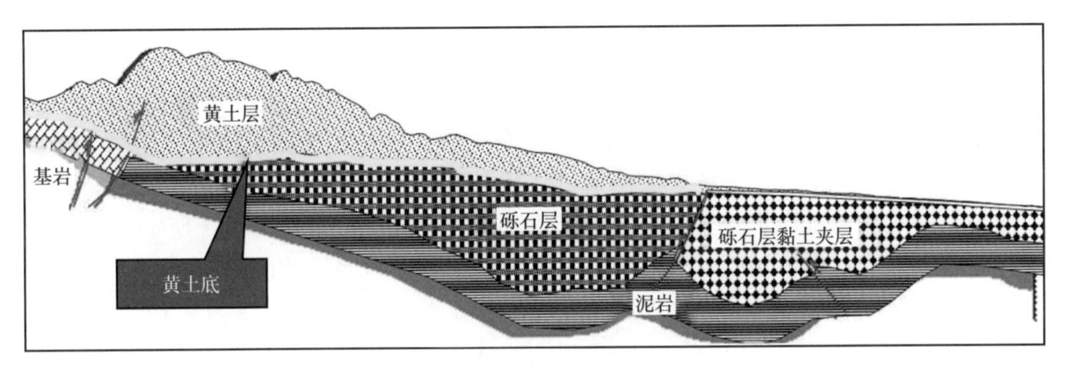

a. 塔西南柯东地区非地震表层调查解释结果

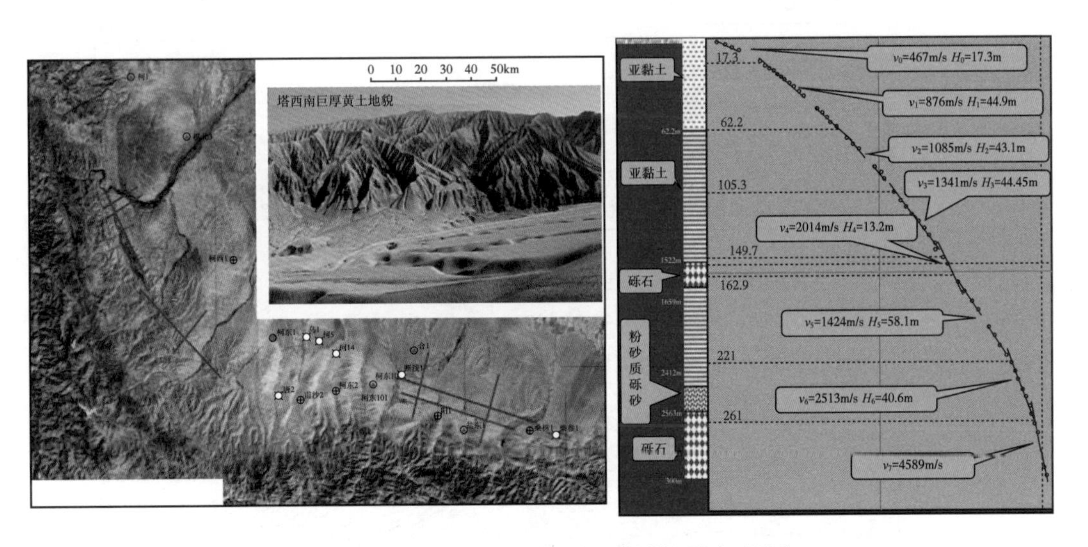

b. 塔西南柯东地区巨厚黄土山地地貌和超深微测井调查点时距图

图 6-1-1　塔西南柯东地区地表地貌和近地表结构示意图（据东方地球物理公司）

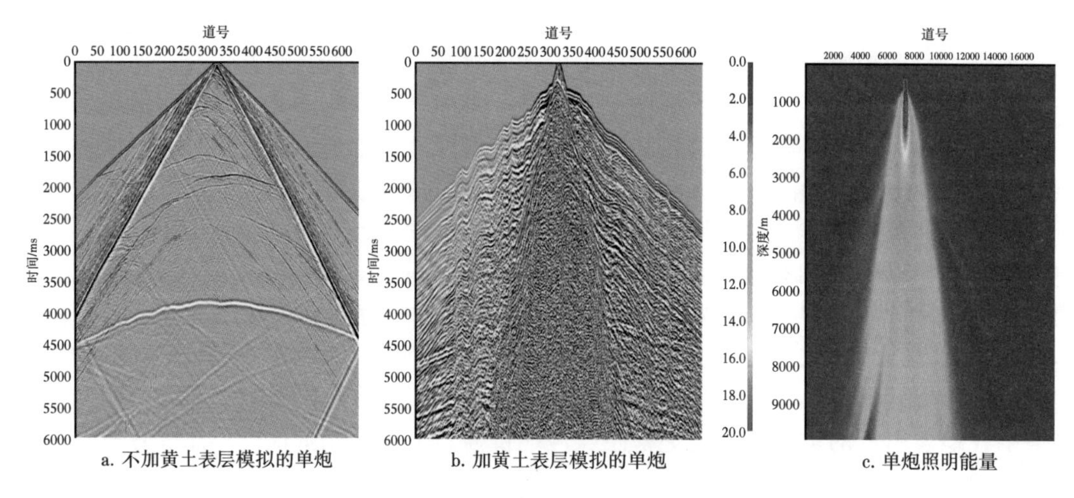

图 6-1-2　近地表黄土层对地震采集质量影响分析（据东方地球物理公司）

假如是单纯的近地表黄土覆盖和砾石夹层问题，地震采集、处理环节还是可以针对消除表层影响来开展相关研究工作加以克服。但是，柯东地区不仅表层是巨厚黄土和砾石夹层，地下是在山前强构造变形背景下形成的复杂构造，进一步加剧了地下介质的复杂性，从而导致柯东地区地下地震波场更加复杂，一是无法识别规则干扰予以压制，二是无法判断有效地层结构信息加以保护，三是无法准确建立速度结构。如图 6-1-3 所示为过柯东 1 井二维地震测线叠前深度偏移攻关处理结果，可见受黄土山地和砾石层影响，地震叠前数据信噪比低，巨厚黄土区的全深度速度场难以准确建立，导致黄土山下复杂构造成像品质极差。

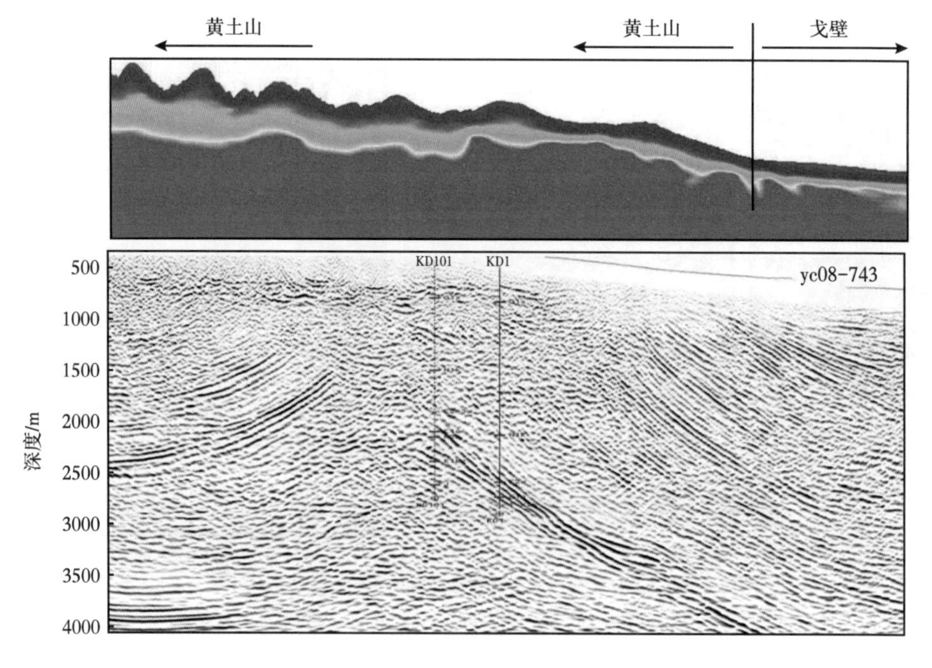

图 6-1-3　柯东地区二维线叠前深度偏移结果（据塔里木油田）

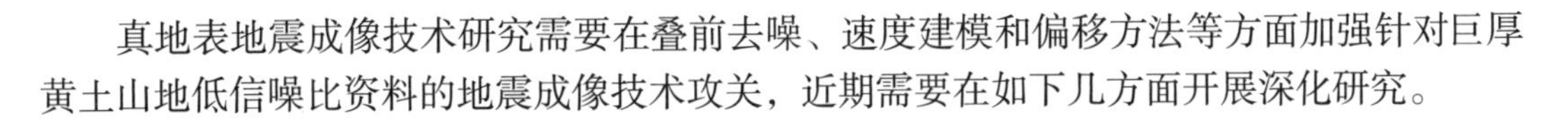

真地表地震成像技术研究需要在叠前去噪、速度建模和偏移方法等方面加强针对巨厚黄土山地低信噪比资料的地震成像技术攻关，近期需要在如下几方面开展深化研究。

一、面波及其散射噪声衰减技术

激发源附近由于存在各种地面障碍物（山体、沟、悬崖、沙丘、风蚀地貌等），以及近地表岩性变化，产生干扰波的种类繁多，且具有不同传播方向，使地震记录变得异常复杂。地形和近地表结构的复杂性往往会产生很强的面波干扰，当这些面波遇到起伏地表或近地表不均匀体时，又会产生二次散射，引起散射干扰。在黄土山地区面波和面波散射十分严重，在野外记录上占据主导地位，几乎完全淹没了地下目标体的反射。近地表面波和面波散射干扰已经成为阻碍成像质量最主要的原因之一。因此，开展近地表散射特征和近地表噪声分离方法研究，具有十分重要的现实意义。

从叠前散射噪声衰减技术应用角度看，正如本书第三章所述的策略一样，现阶段攻关思路仍然是先衰减线性规律强的散射噪声，对那些没有线性规律的散射噪声，一方面通过不同数据域组合找到线性规律；另一方面考虑把规律性不强的散射噪声抽取到能够展现随机特征的数据域进行压制。黄土山区的去噪应用还是要按照“六分法”思路进行分区、分步、分域、分级、分时、分频策略，从而更加精细地识别干扰类别和精准地保真去噪，同时结合叠前偏移后波场特征检查去噪质量，为速度建模和偏移成像提供相对较高信噪比数据。

从散射噪声衰减方法研究角度看，目前去噪方法有两类。一类是基于数学变换的方法，利用信号和噪声在变换域空间上的差异来分离，如频率—波数域滤波（*F–K* 变换）方法 、拉东变换法等。在 20 世纪八九十年代，该类方法得到快速发展，是迄今为止在实际地震资料处理中应用最普遍的去噪手段。另一类是基于模型的去噪方法。首先通过模拟来预测噪声，然后再自适应减去噪声，如正演方法、波场延拓方法等。后者发展较晚，主要兴起于 21 世纪初，工业化应用不如前者。但后者更符合波场传播规律，从理论上讲是较为先进的去噪方法。在山地、沙漠、黄土塬地区，由复杂表层产生很强的频散化面波和散射噪声，有效信号很微弱，往往掩埋在强噪声背景里，造成在复杂表层条件下信号与噪声很难区分，采用 *F–K* 类方法只能部分压制散射干扰，而对于那些具有与反射信号相似的非线性散射波，靠现有方法很难压制。在山地高陡构造区，相干噪声经常与广角反射干涉在一起，若利用 *F–K* 类方法，很容易伤害有效信号，常规数字滤波方法在复杂区的应用受到限制。从符合波动理论的观点来说，从第二类去噪方法出发，探索压制由近地表因素引起的噪声比较合理，如散射波法、波场延拓法、干涉测量法等。目前散射波法和波场延拓法受制于表层介质模型反演技术和精度，还未进入实用化阶段；基于干涉测量理论的面波及其散射噪声衰减方法已经基本成型，但是在工业化配套应用方面仍然面临较大问题，如复杂陆地观测方式、一致性等因素的影响还需要深入研究。以近地表非均匀介质正演、反演为基础的近地表散射噪声衰减方法尚处于研发阶段，解决巨厚黄土山地区的散射噪声衰减问题有待加强非均匀介质散射理论的实用化研究。

二、多次折射 / 反射噪声衰减技术

当近地表存在明显低降速带，或者说存在明显波阻抗界面时，会产生多次折射波、反

射波，即折射波、反射波遇到地表后又发生第二次反射和折射，甚至第三次反射和折射，这就是所谓的多次折射、反射鸣震现象。这种多次折射、反射波的同相轴与直达波或某个折射波或反射波的同相轴平行，当存在速度差异大的强波阻抗界面时，有时有很强的干涉带，甚至与浅层有效信号交织在一起。如图6-1-4所示为民和盆地黄土山地区单炮静校正前后的显示，在炮点两侧，紧挨着初至波的下面有平行于初至波的多次折射波出现，其速度较高，频率比面波的高，呈线性噪声分布，有时也出现浅层反射鸣震（多次反射波）。如果一个折射波被某个陡立界面（如断面）所反射，会产生折射—反射折射波，在许多地区，能够利用这样的波直接测定或绘出断层。这种波的特点是同相轴为折射波形式，具有负的视速度，在巨厚黄土山地区多次折射干扰十分发育。

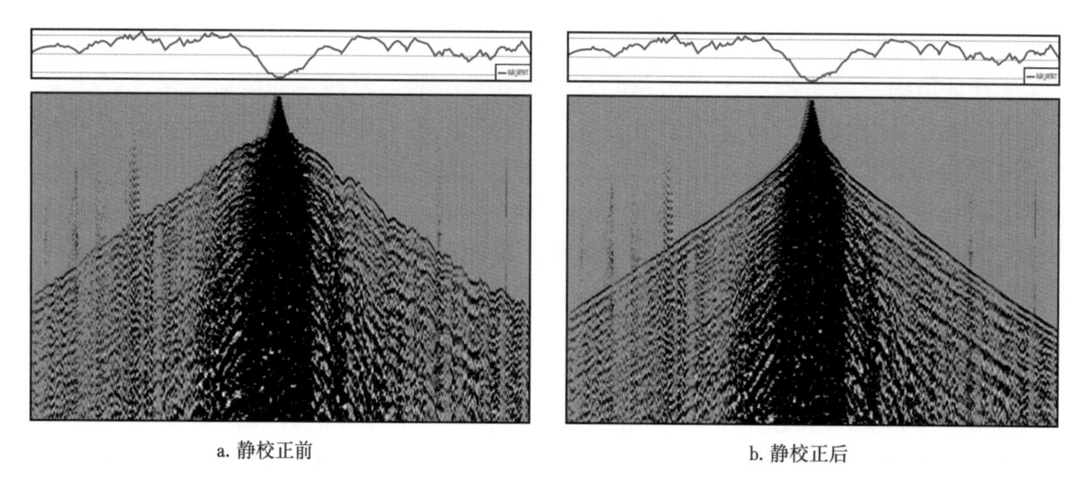

a. 静校正前　　b. 静校正后

图6-1-4　在黄土山地上激发的单炮静校正前后对比（单炮上部红色线条是高程反向显示）

实际处理中，处理员通常把多次折射当作线性干扰，依靠视速度不同进行压制。但是在黄土山区，有效反射与多次折射的视速度、频率、振幅特征非常接近，衰减多次折射时可能伤害有效反射，同时折射波速度空间变化大，很难采用统一线性噪声衰减参数进行压制。本书第三章给出了依据折射波走时将折射波校平后再开展线性噪声衰减的思路，实际处理中可以考虑三维空间内不同接收排列上多次折射线性速度不同，分排列压制。也可借鉴沙漠区压制沙丘鸣震的做法，利用反褶积技术衰减多次折射或反射。

在压制多次折射的方法研究方面，通常把多次折射归为近地表导波，可以考虑借助近地表速度反演构建空间模型，再通过波场模拟与分离的思路进行衰减，或者借助波场向下延拓的思路进行剥离。无论哪种方法目前都不是万能的，如何消除折射层空间速度变化的影响是目前地震资料处理的难点所在，在衰减浅层多次折射时如何保护有效反射波场也是无法回避的难题。总之，如何高效精准地衰减复杂陆地资料的多次折射、反射干扰也是下一步重点研究方向。

三、高精度近地表速度建模技术

巨厚黄土山地区表层不仅仅有疏松的黄土堆积，在黄土层中还夹杂着非均质性较强的砾石层及砂泥岩互层等，近地表低速带厚度大，空间变化更大。常规的射线层析反演方法只能得到近地表速度模型的低频背景，无法准确刻画黄土层内夹杂的薄厚不一的砾石层和其他非均质岩性体。如图 6-1-5 所示为中国石油集团东方地球物理勘探有限责任公司塔里木物探处 2017 年在塔西南柯东应用二维测线开展的初至走时层析速度反演实验。采用不同的初始速度模型进行反演，一种是常规的简单地表黄土初始速度模型，另一种是根据近地表调查结果细化表层分层构建的初始速度模型。显然，细化表层初始速度的反演结果与实际地表调查结果更接近，尤其是极浅层的低速变化趋势更合理。但是无论哪种反演结果都没有精细刻画出低速黄土中的高速砾石夹层，且极浅层黄土速度存在偏高的现象，与如图 6-1-1a 所示的非地震近地表调查解释结果差异较大。而且反演的近地表速度底界形态与地形起伏相关，没有完全反映近地表低速带底界的变化规律，或者说还无法根据初至反演结果找到低速带的底界，用这样的近地表模型进行低速带静校正显然会带来长波长问题，用这样的近地表速度进行全深度速度建模也会给偏移成像带来较大的误差。

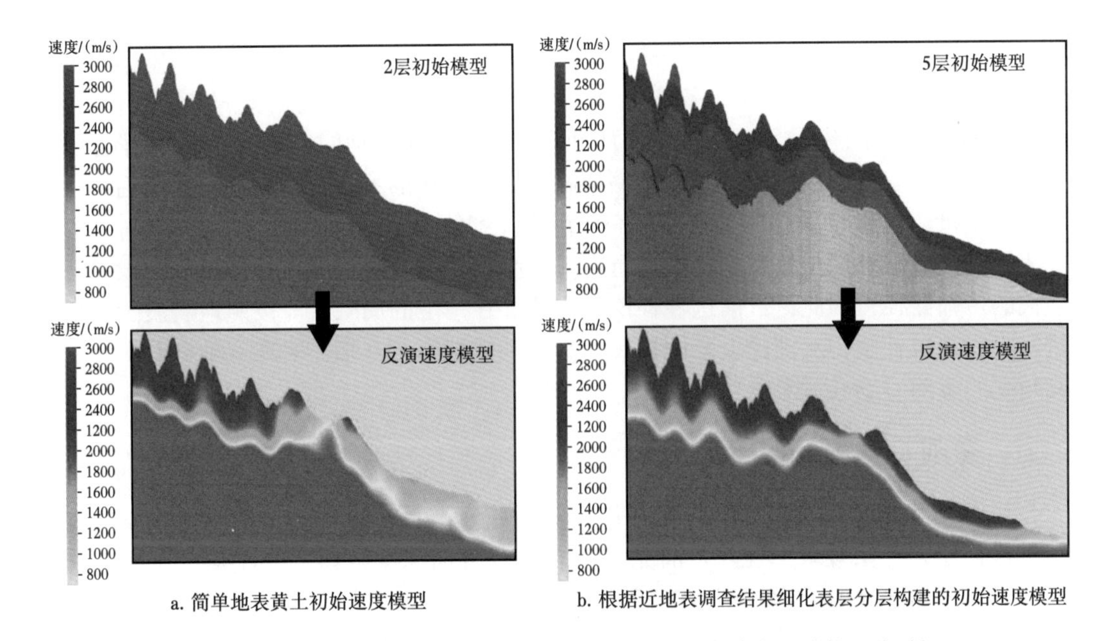

a. 简单地表黄土初始速度模型　　b. 根据近地表调查结果细化表层分层构建的初始速度模型

图 6-1-5　柯东地区不同初至走时层析反演实验（据东方地球物理公司）

黄土山地区的低速带底界找不准，为构造成像带来问题，所以深化近地表速度建模技术研究迫在眉睫。一方面要优化初至走时层析反演技术，例如，用波形层析的方法提高初至走时层析精度；另一方面要深化起伏地表全波形反演技术研发，针对极低速度黄土介质开展波动方程数值解法研究，减少数值频散，同时从应用层面开展多信息联合的表层速度建模技术研究，综合应用物探、地质、钻井、测井等信息约束表层反演。笔者团队开始研发基于地质露头、遥感、超深微测井、非地震等多种类型数据的联合近地表速度建模技术和配套软件，同时借助人工智能技术开展智能辅助全深度速度建模技术研发，在初始速度建模阶段利用深度学习网络构建多种类型数据的大数据智能初始速度建模，在成像域速度模型优化阶段充分利用智能算法，开展剩余曲率和构造倾角拾取等技术试验，辅助完成多信息约束、多尺度层析速度建模技术开发和工业化应用，期望在“十四五”末期初步形成基于地质遥感、地球物理表层调查、地震大炮初至数据的多信息约束近地表速度建模技术，以及智能辅助全深度速度建模技术。并且在前期研发的 iPreSeis.VI 全深度速度建模与成像软件基础上，开发形成多信息约束真地表全深度速度建模与成像软件，进一步减少深度域成像多解性。

四、表层吸收补偿技术

黄土山地区表层被巨厚黄土覆盖，松散黄土层和强风化表层对地震波有强烈的吸收衰减作用，尤其对高频成分的衰减更为严重，导致地震分辨能力降低。同时，由于近地表介质的吸收和频散作用的横向变化，也必然造成地震记录的能量和相位不一致。因此，做好近地表层的吸收补偿，也是提高地震资料分辨率处理首先要解决的问题。品质因子 Q 本身反映了地表层的岩石物理特性，利用表层 Q 补偿可以在时间、频率和空间三个域内有效地消除近地表的影响。表层吸收衰减补偿技术的难点在于准确的 Q 模型的建立。虽然已经提出了很多 Q 模型的建立方法，但由于地震波在浅地表地层中传播的复杂性（如激发接收条件的多变性），导致地震波振幅、波形、相位也复杂多变，使基于一定条件的 Q 模型建立方法求取的 Q 值存在或多或少的误差。因此，需要进一步研究开发适应性更强、精度更高的 Q 模型的建立方法。另外，从处理全流程来看，何时应用表层 Q 补偿也是需要关注的重点，它与叠前去噪、一致性振幅补偿、反褶积的关系密切，甚至是与后续反 Q 滤波、Q 层析建模和 Q 偏移的关系等都需要深入仔细的分析。

表层吸收衰减补偿虽然在炮集上进行，属于叠前补偿方法，但在补偿过程中没有考虑地震波的传播路径，因此，目前这种补偿方法还存在一定的局限性。按照地震波的传播路径进行吸收衰减补偿，从理论上来说具有更高的补偿精度。未来，实现这种补偿的方法就是高精度的叠前 Q 深度偏移技术。

五、叠前 Q 深度偏移技术

叠前 Q 深度偏移（QPSDM）技术在地震波吸收衰减补偿过程中，按照地震波的传播路径进行补偿，补偿效果更佳。目前克希霍夫法 Q 叠前深度偏移、单程波 Q 深度偏移和相应的 Q 层析建模方法已经工业化，Q 逆时偏移方法基本成熟。但是在 Q 叠前深度偏移技术实用化方面仍然存在许多问题。第一，与近地表吸收衰减补偿一样，叠前 Q 深度偏移补偿方法也会存在噪声和信号同等补偿的问题，在信号的振幅增强、频谱拓展的同时，噪声的振幅和频谱也得到了增强和拓宽，从而可能存在补偿后地震资料的信噪比降低的现象。因此，在补偿吸收衰减前，应尽量压制噪声。第二，在补偿过程中，也要克服补偿过程可能导致的数值计算不稳定问题，虽然已经提出了正则化等稳定方法，但会造成补偿不到位的问题。第三，现阶段 Q 建模以射线层析方法为主，与所用的速度模型有密切关系，但在类似黄土山地地形起伏和复杂近地表结构条件下，真地表 Q 叠前深度偏移虽然可以借鉴本书提出的全深度速度建模思路，重点研究表层 Q 补偿数据与全深度 Q 建模之间的关系，但在起伏地表条件下如何构建符合波场传播规律的 Q 场，是黄土山地 Q 叠前深度偏移需要重点研究的方向。第四，面向 Q 叠前深度偏移的叠前数据处理技术如何配套也需要系统研究和试验，如 Q 叠前深度偏移前的各种振幅补偿、压缩子波反褶积、反 Q 滤波等信号处理方法对 Q 层析反演、Q 叠前深度偏移的影响如何，叠前数据处理流程是否需要修正等，诸如此类的应用问题同样需要深化研究。上述主要问题都是 Q 叠前深度偏移技术推广中需要重点关注的研究方向。

第二节　真地表地震成像技术展望

纵观国内外地震成像技术发展历程不难发现，地震偏移方法的发展快于速度反演方法的发展，逆时偏移等高端算法在海域盐下构造和陆地简单地表复杂构造区得到了工业化应用，并取得较好的应用效果。但是工业界的地下复杂介质速度反演方法仍然以基于射线的走时反演为主，波动理论全波形反演技术在陆地的应用仍面临诸多挑战，尤其是陆地资料品质比海域资料差，导致速度反演方法与偏移算法的发展不同步。双复杂探区的地震波动方程正演数值模拟、地表相关噪声衰减方法、高精度各向异性速度反演与成像方法的研究仍然需要持续关注。以下围绕速度建模、偏移技术、偏移前预处理、成像处理流程等影响真地表成像效果的关键环节进行技术展望。

一、速度建模技术展望

速度模型的建立对偏移成像至关重要，准确的速度模型有助于获得高质量的偏移成像结果。在未来一段时间，针对不同的实际地震资料和地震地质条件，多种速度建模方法的综合应用仍是主流。

针对双复杂探区速度模型的建立，分成近地表速度建模和中深层速度建模两步，利用的地震信息也有所不同，浅层速度建模主要用初至波，中深层速度建模主要用反射波。近地表速度建模在某种程度上来说其作用更为关键，建模的难度也更大。对于陆上地震资料，尤其是地下和地表双复杂的山前带探区，原始单炮道集中的反射地震同相轴基本不可见。此时，地震初至是唯一能够直接识别的有效信号，且近地表介质的纵横向变化剧烈，非均质性强，需要发展实用化、高精度的近地表速度建模方法。目前，主流的商业软件多采用基于射线理论的初至层析，受制于高频近似假设，射线层析方法存在焦散现象及照明阴影区等问题，虽然建模效率高但难以实现高精度的近地表速度建模。基于波动方程的层析反演方法在理论上精度更高，但该方法隐含“弱散射”假设条件，与近地表介质非均质性极强的实际情况有明显出入，在实际应用时难以取得好的效果。另外，波动方程层析巨大的计算量及存储需求也是其至今难以应用于实际生产的客观影响因素。因此，适用于起伏地表、计算效率高、不需要较高精度初始模型的多信息约束的波动方程初至层析技术是未来的重要研究方向。

全波形反演是基于最优化理论的速度模型构建方法，可以利用地震波的全部信息，理论上可以获得高分辨率和高精度的速度模型，在地震速度建模方面应该能发挥重要作用。实际数据测试表明，基于射线层析方法构建的初始速度模型，经过全波形反演进行更新，虽然更新前后的速度模型差别不大，但以更新后的速度模型进行叠前深度偏移成像的效果改善明显。因此，用波动理论进行偏移成像的速度模型也需要用基于波动理论的速度建模方法提供的速度模型，才会得到更好的成像效果。然而，全波形反演的应用条件苛刻，尽管海上地震数据的全波形反演取得了一定的应用效果，但对于陆上数据，尤其是在起伏地表上采集的地震数据，使用全波形反演进行速度建模遇到了很多难以克服的困难，陆上资料观测孔径的限制、低频信息的缺失、反演问题的强非线性特征、对初始模型的依赖性、地震资料中强散射噪声和面波等干扰、波动方程刻画波动传播的精度不足、震源子波的强非一致性、计算量大效率低等诸多方面的应用难题需要研究解决。

针对全波形反演在陆上地震资料速度建模方面遇到的难题，在未来一段时间内全波形反演将持续成为研究热点。随着陆上“两宽一高”地震资料采集技术的广泛应用，可以解决陆上资料观测孔径的限制，为全波形反演提供宽方位地震资料。另外，更宽频带的陆地检波器及可控震源装备的应用，可以采集到较低频率的地震信号。即使地震资料处理采用常规的震源激发的地震波资料，研究低频信号的重构方法也可以部分解决低频信号缺失问题。随着全波形反演对初始模型的依赖和强非线性程度的缓解，既可以通过低频信息的采集或重构解决，也可以通过构建凸性更好的目标函数加以解决。由于全波形反演是所观测的数据和给定模型的模拟数据一个不断匹配的过程，地震数据中的噪声干扰也参与反演，影响目标函数的梯度方向的准确性，从而使反演过程按照不准确的方向更新模型，导致错误的结果。因此，地震资料中的强噪声干扰的压制是需要重点突破的难题。

全波形反演所选用的波动方程是否能够准确地刻画波动传播过程也影响着全波形反演结果。因此，在波动方程中加入吸收衰减、各向异性等因素使其更贴合实际介质的特性，也是未来研究的必要方向。当然，考虑的因素越多，反演的参数也越多，反演问题的不适定性就越强，不同反演参数间的耦合导致反演参数相互牵制，最终影响到反演结果的准确性，因此需要加强多参数反演方法的研究。由于地表条件的复杂性，震源激发的子波的一致性差，解决激发波形的不一致性问题对全波形反演而言十分必要。全波形反演遇到的这些难题解决后，能否应用于实际生产，还取决于全波形反演的计算效率，因此，低效的全波形反演的高效化是其实际应用前必须解决的突出问题。

经典的全波形反演方法的实用化还有一段路程要走，在全波形反演方法不断完善的同时，发展一种折中的反演流程，通过分步骤、分尺度、多种手段联合来实现全波形反演，大幅度提高目前的速度估计和成像的精度是必须探索的方向。事实上，为了减少双复杂探区低信噪比资料速度建模多解性，多信息约束全深度速度建模技术方法研究是真地表地震成像技术发展无法逾越的技术发展阶段。除了现阶段用于约束速度反演算法的微测井、VSP、地质构造模型等信息，还有适合构建高精度真地表偏移起始面的卫星遥感资料、重磁电等与介质速度相关的地球物理资料、沉积环境等多种信息，这些信息的利用可以帮助地震资料处理人员更为精细地进行深度域速度建模。现阶段多信息约束速度建模过程主要是通过处理、构造解释等研究人员联合工作模式，定性地完成多信息约束速度建模。虽然也有在反演方法里增加构造导向约束等策略，但是基于多种类型数据的联合反演还处于方法研究阶段，尚未进入工业应用阶段。多类型数据联合反演、智能化大数据速度模型表征技术是提高地震成像精度、降低多解性的有效手段，需要加快实用化技术研发。

深度域速度建模不同于单一的时间域处理步骤，也不是一个单独批量处理模块的应用，涉及的数据种类和数据域多样，速度建模是一种处理解释一体化迭代优化，逐渐逼近真实地下模型的过程。从应用角度考虑，全深度速度建模既需要一套包含交互解释和三维可视化的灵活交互建模软件平台，同时也需要能够支持高端速度反演和偏移方法高效率运算的并行处理环境。综合速度建模软件技术含量高，研发难度大，研究进展慢，研究投入高，因此，国内外油公司和地球物理服务公司十分重视深度域速度建模软件开发。未来需要能够支持便捷交互智能化建模、可视化显示、海量数据并行、多类型数据管理的速度建模软件。

二、偏移技术展望

地震偏移成像已经进入了以估计地下介质参数扰动量（速度扰动量或反射系数）为目标的反演成像阶段。基于线性反演理论的最小二乘逆时深度偏移方法，本质上就是以估计高波数参数扰动为目标的全波形反演。

相对于对常规偏移方法，最小二乘偏移（包括最小二乘克希霍夫积分叠前深度偏移、最小二乘逆时深度偏移等）其本质是对常规逆时深度偏移结果作用了一个海塞逆算子，可以降低或者去除由于照明不均或者存在采集脚印所导致的偏移假象，校正偏移结果的振幅误差，提高地震成像的分辨率和精度。最小二乘偏移是重要的研究方向，可望在实际资料成像处理中得到越来越多的应用。虽然最小二乘偏移理论具有十分明显的优势，但在实际应用中存在影响其发挥效果的多种因素。由于最小二乘偏移本质上也是一个波形匹配的过程，因此，也存在与全波形反演类似的问题，如噪声干扰、激发子波不一致性、波动方程刻画波动的准确性、速度模型的精度、运算量大效率低等。因此，全波形反演中存在的问题的解决也可促进最小二乘偏移方法的成熟，反之亦然。最小二乘偏移方法是今后一段时间的研究方向。当然，基于常规偏移成像理论的偏移成像技术向提高精度和起伏地表的适应性方向发展也是必然的趋势。

地下介质是弹性或者黏弹性的，为了能得到更准确的成像结果，多分量弹性波或黏弹性波的偏移成像（含弹性或黏弹性各向异性介质偏移成像）也是需要进一步研究的方向。

无论是起伏地表全波形反演还是真地表偏移成像，都离不开起伏地表条件下的波动方程正演模拟这一核心技术。因此，起伏地表波动方程正演模拟方法也是会持续受到关注的研究热点。

三、偏移前时间域预处理技术展望

前面已经提到，针对速度建模和偏移成像，地震资料中的噪声尤其是起伏地表地震资料中的强散射噪声，对建模和成像造成了极其负面的影响，因此，需要发展有效的噪声压制技术。偏移前数据的噪声衰减技术应用水平是决定速度建模和成像精度的重要因素。

常用的地震资料去噪方法依赖于有效信号或者相干噪声的物理特性，可大致分为三类。第一类，基于地震信号的可预测性的方法，如 f-x 反褶积和 t-x 预测滤波。叠前地震资料异常振幅噪声影响反射同相轴的连续性，进而影响这一类去噪技术的性能，这个问题在复杂陆地区尤其突出。现阶段大都从应用角度，在预测噪声模型之前对原始数据进行振幅补偿之后再进行预测，未来希望发展自适应性更好的相干噪声预测技术。第二类，基于低秩的去噪方法，包括低阶因子分解和核范数最小化两种滤波方法。通常，该类方法基于线性同相轴假设，后续一些改进方法多采用局部拉平同相轴的策略，提升了算法效果。第三类，稀疏先验分布方法。稀疏先验分布可广泛用于各种去噪方法上，但前提是有效信号或噪声在变换域是稀疏的。然而，在炮集或共中心点道集中叠前有效信号的振幅及相位随传播距离的变化明显，破坏有效信号在变换域的稀疏性假设前提，削弱了去噪性能。

深度学习在地震噪声衰减中的应用是未来值得探索的方向。深度卷积神经网络具有直观的网络架构和高效的残差学习策略，目前在随机噪声衰减、面波干扰压制、沙漠噪声去除、线性干扰抑制和混合采集数据分离等方面已表现出其优势。尽管深度卷积神经网络在抑制叠前相干噪声方面也进行了相关尝试，但与叠后地震资料噪声相比，叠前资料中的噪声具有类型多、差异大、振幅强等特点，且不同区域数据特征差异明显，这对深度学习抑制干扰噪声提出了严峻的挑战。叠前噪声智能压制方法存在诸如训练样本的选择等难点，极大地增加了相关技术的研发难度。因此，叠前噪声智能压制方法的研发是未来研究的一个重要发展方向。

除强干扰噪声外，另一个比较棘手的难题是激发子波的空变问题，迫切需要发展高精度子波处理方法，这也是全波形反演速度建模和最小二乘偏移成像获得高质量结果的主要影响因素之一。

另外一个影响偏移质量的因素是复杂陆地非规则、有限孔径观测导致的照明不均问题，地下面元覆盖次数变化直接导致地震数据能量不均，给克希霍夫等射线类偏移带来严重的“画弧”现象。目前五维插值等高端的叠前数据插值方法已经实现工业化应用，但是现有五维插值方法难以保持高陡构造和复杂断面的波场特征，导致插值后数据经过偏移丢掉了部分复杂波场特征。因此，未来研究发展适合陆地复杂资料的保真插值方法也十分必要。

四、地震资料处理技术发展总体趋势

面对双复杂探区复杂地震波场和低信噪比地震资料为地震处理带来的巨大技术挑战，需要发展新理念、新方法及相应的技术体系和软件流程。发展从真实地表出发的全深度地震处理与解释技术，是提高双复杂探区油气勘探开发成功率和降低勘探成本的必经之路。地震处理方法研究需要突破传统时间域处理技术中平缓地表、层状介质等假设条件，从地震处理方法源头入手，系统改进和优化现有处理技术，甚至是资料处理流程和配套处理软件，最终形成从真地表出发的深度域地震资料处理与解释技术，从根本上解决双复杂地区的油气地震勘探开发问题。

在全深度地震资料处理技术发展中，首先需要重新审视传统地震资料处理流程，本书第二章已经明确提出了面向深度域成像的处理流程，不再受以面向水平叠加处理为目标的处理流程限制。在这个处理流程中，现阶段为了提高偏移前数据信噪比，仍然保留了传统的低速带静校正、去噪和一致性处理等时间域环节，在深度域建模和偏移时再去掉低速带静校正量，然后进行真地表成像处理。为了满足全波形反演和最小二乘反演成像的数据预处理需求，未来处理方法发展的趋势预测是直接从野外接收的起伏地表炮集数据开始插值、叠前去噪、子波一致性等处理，不再做满足叠加需求的共中心点道集分选和叠加速度分析，直接在规则化和去噪后的数据上开展速度反演、Q 参数反演和反演成像。在这个处理流程框架下，真地表地震波场数值模拟、保持方向和倾角特性的插值方法、地表相关面波及其散射噪声衰减方法、强非均质条件下子波一致性处理方法、真地表和非规则采集条件下的走时和波形层析、全波形反演、逆时偏移、最小二乘反演成像方法等都存在需要重新审视和改进的方面。

伴随全深度处理技术的逐步工业化，需要更新处理思路，从炮域出发，直接进行数据规则化、去噪、反演和成像，同时发展处理解释一体化的、可视化程度更高的多信息约束速度建模软件和高性能并行处理技术。总之，在未来一段时期内，双复杂区地震资料处理技术以高精度深度域成像、高效处理、资料可靠性为原则，围绕复杂构造准确成像和地质目标精细描述需求，突出高保真、高精度发展方向，提升三维地震资料空间分辨率和保真性，为深度域构造解释和储层预测提供更加直观、准确和不可替代的基础资料。

参考文献

曹佳佳，2013. 基于虚拟偏移距的转换波叠前时间成像方法研究［D］. 西安：长安大学 .

陈汉明，周辉，田玉昆，2020. 分数阶拉普拉斯算子黏滞声波方程的最小二乘逆时偏移［J］. 石油地球物理勘探，55（3）：615-625.

陈泓竹，皮金云，高阳，等，2019. 松辽盆地高密度采集地震数据的面波压制方法［J］. 大庆石油地质与开发，38（4）：131-137.

程玖兵，康玮，王腾飞，2013. 各向异性介质 qP 波传播描述 I：伪纯模式波动方程［J］. 地球物理学报，56（10）：3474-3486.

崔兴福，徐凌，陈立康，2006. 复杂近地表波动方程波场延拓静校正［J］. 石油勘探与开发，33（1）：80-82，86.

崔永福，吴国忱，罗彩明，等，2015. 单点高密度地震数据的压制面波处理技术［C］//2015 中国地球科学联合学术年会论文集（十四）——专题 40 油气田与煤田地球物理勘探 .

董春晖，张剑锋，2009. 起伏地表下的直接叠前时间偏移［J］. 地球物理学报，52（1）：239-244.

杜金虎，田军，李国欣，等，2019. 库车坳陷秋里塔格构造带的战略突破与前景展望［J］. 中国石油勘探，24（1）：16-23.

符健，刘隼，李彬玉，等，2018. 瑞利波频散曲线反演中遗传算法及基于惯性权重改进的粒子群算法的应用［C］//2018 年中国地球科学联合学术年会 .

高志勇，周川闽，冯佳睿，等，2016. 中新生代天山隆升及其南北盆地分异与沉积环境演化［J］. 沉积学报，34（3）：415-435.

公亭，王兆磊，顾小弟，等，2019. 复杂山地配套处理技术的研究——以柴达木盆地英雄岭地区为例［C］//中国石油学会 2019 年物探技术研讨会论文集 .

谷志东，殷积峰，姜华，等，2016. 四川盆地宣汉—开江古隆起的发现及意义［J］. 石油勘探与开发，43（6）：893-904.

郭召杰，邓松涛，魏国齐，等，2007. 天山南北缘前陆冲断构造对比研究及其油气藏形成的构造控制因素分析［J］. 地学前缘，14（4）：123-131.

韩春瑞，李文建，安燕燕，等，2020. 柴达木盆地英雄岭北带地震勘探方法［C］// 中国地球科学联合学术年会 .

韩淼，白忠凯，杨有星，2016. 塔里木盆地西南坳陷山前带复杂地震资料“六分法”叠前去噪方法应用研究［J］. 地球物理学进展，31（3）：1088-1094.

韩永科，胡英，徐凌，等，2012. 复杂地区地震成像实用技术［M］. 北京：石油工业出版社 .

何海清，支东明，雷德文，杨迪生，等，2019. 准噶尔盆地南缘高泉背斜战略突破与下组合勘探领域评价［J］. 中国石油勘探，24（2）：137-146.

何樵登，1986. 地震勘探原理和方法［M］. 北京：地质出版社 .

何英，王华忠，马在田，等，2002. 复杂地形条件下波动方程叠前深度成像［J］. 勘探地球物理进展，25（3）：13-19.

胡峰，郑杰，徐苗，2019. 山地高密度三维地震采集技术在准噶尔盆地南缘地区的应用及效果［J］. 石油地质与工程，33（3）：44-48.

胡英，张东，袁建征，等，2015.Laplace-Fourier 域多尺度高效全波形反演方法［J］. 石油勘探与开发，42(3)：338-346.

胡英，张研，陈立康，等，2006. 速度建模的影响因素与技术对策［J］. 石油物探，45（5）：503-507.

黄建平，李闯，李庆洋，2016. 最小二乘偏移成像理论和方法［M］. 北京：科学出版社 .

李庆忠，1974. 绕射扫描叠加法［J］. 石油地球物理勘探（5）：3-42.

李献民，徐文瑞，杨万祥，等，2021. 准噶尔盆地南缘山前带地震采集技术及成效［J］. 新疆石油天然气，17（1）：6-14.

李振春，姚云霞，马在田，等，2003. 波动方程共成像点道集偏移速度分析建模［J］. 地球物理学报，46：86-93.

李振春，2014. 地震偏移成像技术研究现状与发展趋势［J］. 石油地球物理勘探，49（1）：1-21.

李志明，1991. 三维波动方程深度偏移和模型正演［J］. 石油地球物理勘探，26（1）：1-9.

李志娜，李振春，王鹏，等，2022. 地震资料 F-K 滤波去除相干噪声综合性实验［J］. 实验技术与管理，39（1）：6-10.

林伯香，孙晶梅，刘起弘，等，2005. 关于浮动基准面概念的讨论［J］. 石油物探，44（1）：94-97.

刘定进，蒋波，李博，等，2016. 起伏地表逆时偏移在复杂山前带地震成像中的应用［J］. 石油地球物理勘探，51（2）：315-325.

刘洪，刘国峰，李博，等，2009. 基于横向导数的走时计算方法及其在叠前时间偏移中的应用［J］. 石油物探，48（1）：3-8.

刘辉，李静，曾昭发，2021. 基于贝叶斯理论面波频散曲线随机反演［J］. 物探与化探，45（4）：951-960.

刘守伟，程玖兵，王华忠，等，2007. 偏移距域 / 角度域共成像点道集与偏移速度的关系［J］. 地球科学（中国地质大学学报），32（4）：575-582.

刘玉柱，程玖兵，董良国，2012. 面向起伏地表偏移成像的表层静校正方法［J］. 石油物探，51（6）：584-589.

刘玉柱，刘伟刚，吴世林，等，2020. 基于谱元法的全波形反演及其在海底地震数据中的应用［J］. 地球物理学报，63（8）：3063-3077.

龙国徽，王艳清，朱超，等 . 2021. 柴达木盆地英雄岭构造带油气成藏条件与有利勘探区带［J］. 岩性油气藏，33（1）：145-160.

鲁雪松，赵孟军，张凤奇，等，2022. 准噶尔盆地南缘前陆冲断带超压发育特征、成因及其控藏作用［J］. 石油勘探与开发，49（5）：859-870.

陆基孟，2009. 地震勘探原理［M］. 东营：中国石油大学出版社 .

罗良，漆家福，张明正，2015. 四川盆地周缘冲断带构造演化及变形差异性研究［J］. 地质论评，61（3）：524-535.

吕景贵，刘振彪，管叶君，等，2001. 压制叠前相干噪音的速度变换域滤波方法［J］. 石油物探，40（4）：94-99.

马婷，2011. 转换波叠前时间偏移方法研究［D］. 西安：长安大学 .

马在田，1983. 高阶方程偏移的分裂算法［J］. 地球物理学报，26（4）：377-388.

孟尔盛，1999. 复杂构造山区地震勘探问题［J］. 石油学报，20（3）：9-15.

牟永光，2007. 地震数据处理方法［M］. 北京：石油工业出版社 .

潘宏勋，方伍宝，2006. 地震速度分方法综述［J］. 勘探地球物理进展（5）：305-311.

钱荣钧，1999. 复杂地表区时深转换和深度偏移中的基准面问题［J］. 石油地球物理勘探，34（6）：690-695.

秦福浩，郭亚曦，王妙月，1988. 弹性波克希霍夫积分偏移法［J］. 地球物理学报，31（5）：577-587.

屈绍忠，杨振邦，2013. 叠前六分法去噪技术在地震资料处理中的应用 [J]. 煤炭技术，32（7）：104-105.

撒利明，杨午阳，杜启振，等，2015. 地震偏移成像技术回顾与展望 [J]. 石油地球物理勘探，50（5）：1016-1036.

邵绪鹏，管树巍，靳久强，等，2018. 柴西地区英雄岭构造带构造特征差异及控制因素 [J]. 油气地质与采收率，25（4）：67-72.

沈传波，梅廉夫，徐振平，等，2007. 四川盆地复合盆山体系的结构构造和演化 [J]. 大地构造与成矿学，31（3）：288-299.

胜利油田地质处，1974. 地震波的基本性质——复杂断块区的反射波、异常波与干扰波 [J]. 石油地球物理勘探（Z1）：14-18.

田军，王清华，杨海军，等，2021. 塔里木盆地油气勘探历程与启示 [J]. 新疆石油地质，42（3）：272-282.

佟远萍，2011. 大庆油田喇嘛甸地区转换波地震资料中十字排列去噪方法研究 [J]. 科学技术与工程，11（4）：710-714.

汪正江，汪泽成，余谦，等，2021. 川东北新元古代克拉通裂陷的厘定及其深层油气意义 [J]. 沉积与特提斯地质，41（3）：361-375.

王保利，高静怀，陈文超，等，2012. 地震叠前逆时偏移的有效边界存储策略 [J]. 地球物理学报，55（7）：2412- 2421.

王春明，赵锐锐，胡英，等，2017. 塔里木 DQ 高陡构造深度域成像技术应用研究 [J]. 中国石油学会 2017 年物探技术研讨会论文集 .

王华忠，刘少勇，杨勤勇，等，2013. 山前带地震勘探策略与成像处理方法 [J]. 石油地球物理勘探，48（1）：151-159.

王华忠，张兵，刘少勇，等，2012. 山前带地震数据成像处理流程探讨 [J]. 石油物探，51（6）：574-583.

王胜春，李进，胡珊珊，2018. 基于非局部均值滤波的复杂地表区浮动基准面计算方法 [J]. 地球物理学进展，33（5）：1985-1988.

王童奎，路鹏飞，孙明，等，2011. 基于散射理论的外源干扰压制方法研究 [J]. 地球物理学进展，26（6）：2033-2038.

王伟，高星，张小艳，等，2018. 复杂山区高分辨率地震采集分析与应用——以四川盆地及周缘地区为例 [J]. 地球物理学报，61（3）：1109-1117.

王伟，尹军杰，刘学伟，等，2007. 等效偏移距方法及应用 [J]. 地球物理学报，50（6）：1823-1830.

王永生，王传武，王海峰，等，2019. 英雄岭双复杂山地三维地震勘探技术及应用效果 [C]//2019 年油气地球物理学术年会论文集 . 北京：石油工业出版社 .

蔚远江，杨涛，郭彬程，等，2019. 前陆冲断带油气资源潜力、勘探领域分析与有利区带优选 [J]. 中国石油勘探，24（1）：46-59.

吴超，张敬州，崔永福，等，2007. 塔里木盆地大北地区三维叠前成像处理技术攻关总结（二）[C]//2006 年度物探技术攻关论文集 . 北京：石油工业出版社 .

伍坤宇，廖春，李翔，等，2020. 柴达木盆地英雄岭构造带油气藏地质特征 [J]. 现代地质，34（2）：378-389.

夏洪瑞，孙长赞，李晓光，等，2011. 矿区 / 城市地震资料环境噪声的消除 [J]. 石油物探，50（4）：410-417.

谢会文，罗浩渝，章学岐，等，2020. 秋里塔格构造带盐下构造层变形特征及油气勘探潜力 [J]. 新疆石油地质，41（4）：388-393.

徐基祥，2014. 近地表地震散射波分离［J］. 石油勘探与开发，41（6）：705-711.

徐宏斌，孙朋朋，2015. 频率波数域外源干扰压制方法探讨［J］. 化工管理（4）：88-89.

许卓，韩立国，廉玉广，2007. 基于等效偏移距的偏移成像方法［J］. 吉林大学学报（地球科学版）（S1）：57-60.

杨恺，郭朝斌，2012. 多次反射折射波的传播路径研究［J］. 石油地球物理勘探，47（3）：379-384.

杨敏，赵一民，闫磊，等，2018. 塔里木盆地东秋里塔格构造带构造特征及其油气地质意义［J］. 天然气地质学，29（6）：826-833.

杨勤勇，方伍宝，2008. 复杂地表复杂地下地区地震成像技术研究［J］. 石油与天然气地质，29（5）：676-689.

杨旭明，周熙襄，王克斌，等，2002. 消除近地表地震散射噪音的方法［J］. 成都理工学院学报，29（4），428-432.

杨学文，王清华，李勇，等，2022. 库车前陆冲断带博孜—大北万亿方大气区的形成机制［J］. 地学前缘，29（6）：175-187.

杨雨，姜鹏飞，张本健，等，2022. 龙门山山前复杂构造带双鱼石构造栖霞组超深层整装大气田的形成［J］. 天然气工业，42（3）：1-11.

于涵，刘财，王典，等 . 面波频散能量谱计算方法［J］. 吉林大学学报（地球科学版），2022，52（2）：602-612.

张才，胡英，首皓，等，2014. 一种深度域整体速度模型融合方法及装置：ZL201410830918.9［P］.2014-12-26.

张道伟，杨雨，2022. 四川盆地陆相致密砂岩气勘探潜力与发展方向［J］. 天然气工业，42（1）：1-11.

张军华，吕宁，田连玉，等，2006. 地震资料去噪方法技术综合评述［J］. 地球物理学进展，21（2）：546-553.

张凯，2008. 叠前偏移速度方法研究［D］. 上海：同济大学 .

张丽艳，刘洋，2008. 基于虚拟偏移距方法的各向异性转换波保幅叠前时间偏移［J］. 应用地球物理（3）：204-211.

张宓，刘洋，陈世军，2016. 三维线性相干噪音衰减［C］//2016 中国地球科学联合学术年会论文集（十九）——专题 40：油气田与煤田地球物理勘探 .

张研，徐凌，陈立康，2005. 前陆冲断带复杂构造地震成像技术对策［J］. 石油勘探与开发（5）：62-64.

张宇，2006. 振幅保真的单程波方程偏移理论［J］. 地球物理学报，49（5）：1410-1430.

张宇，徐升，张关泉，等，2007. 真振幅全倾角单程波方程偏移方法［J］. 石油物探，46（6）：582-587.

张岳桥，董树文，李建华，等，2011. 中生代多向挤压构造作用与四川盆地的形成和改造［J］. 中国地质，38（2）：233-250.

张志立，韩复兴，孙文艳，等，2021. 利用正演模拟实现面波衰减［J］. 吉林大学学报（地球科学版）51（6）：1890-1896.

赵邦六，董世泰，曾忠，等，2022. 中国石油物探技术支撑油气重大突破典型实例［M］. 北京：石油工业出版社 .

赵栋，张霁阳，2017. 柴达木盆地英雄岭构造带构造特征及油气成藏研究进展［J］. 石油地质与工程，31(3)：5-9.

赵桂萍，2011. 天山南、北冲断—褶皱带油气成藏条件对比与评价［J］. 石油与天然气地质，32（54）：903-908.

甄博然，陆文凯，2010. 地震资料外源噪声压制技术研究［C］// 中国地球物理 2010——中国地球物理学会第二十六届年会，中国地震学会第十三次学术大会论文集 .

郑鸿明，2009. 地震勘探近地表异常校正［M］. 北京：石油工业出版社 .

朱明，汪新，肖立新，2020. 准噶尔盆地南缘构造特征与演化［J］. 新疆石油地质，41（4）：9-17.

卓勤功，赵孟军，邹开真，等，2018. 中国中西部前陆冲断带油气分布规律及勘探领域［J］. 新疆石油天然气，39（2）：125-133.

AKI K，LEE W H K，1976. Determination of three-dimensional velocity anomalies under a seismic array using first P arrival times from local earthquakes：1. A homogeneous initial model[J]. Journal of Geophysical Research，81（23）：4381-4399.

AL-DOSSARY S，2014.Random noise cancellation in seismic data using a 3D adaptive median filter[C]//SEG Technical Program Expanded Abstracts 2014. Society of Exploration Geophysicists：2512-2516.

AL-YAHYA K M，1989.Velocity analysis by iterative profile migration[J]. Geophysics，54：718-729.

ALERINI M，LAMBARÉ G，PODVIN P，et al.，2003.Depth imaging of the 2D-4C OBC Mahogany dataset：application of PP-PS stereotomography[C]//SEG Technical Program Expanded Abstracts 2003. Society of Exploration Geophysicists：850-853.

ALKHALIFAH T，1995.Gaussian beam depth migration for anisotropic media[J]. Geophysics，60（5）：1474-1484.

ALKHALIFAH T，TSVANKIN I，1995.Velocity analysis for transversely isotropic media[J]. Geophysics，60：1550-1566.

ALKHALIFAH T，1998.Acoustic approximation for processing in transversely isotropic media[J]. Geophysics，63（2）：623-631.

ALKHALIFAH T，2000.An acoustic wave equation for anisotropic media[J]. Geophysics，65（4）：1239-1250.

ALKHALIFAH T，BAGAINI C，2004.Cost-effective datuming in presence of rough topography and complex nearsurface[C]//SEG Technical Program Expanded Abstracts，23：2024-2027.

BAI C，GREENHALGH S，2005.3D multi-step travel time tomography：Imaging the local，deep velocity structure of Rabaul volcano，Papua New Guinea[J]. Physics of the Earth and Planetary Interiors，151（3-4）：259-275.

BANCROFT J C，GEIGER H D，1994.Equivalent offset CRP gathers[C]//Expanded Abstract of 64th SEG Meeting：672-675.

BANIK N C，1984.Velocity anisotropy of shales and depth estimation in the North Sea basin[J]. Exploration Geophysics，15（3）：660-660.

BAYSAL E，KOSLOFF D D，SHERWOOD J W C，1983.Reverse time migration[J]. Geophysics，48（11）：1514-1524.

BAYSAL E，KOSLOFF D D，SHERWOOD J W C，1984.A two-way nonreflecting wave equation［J］. Geophysics，49，132-141.

BEASLEY C，LYNN W，1992.The zero-velocity layer：Migration from irregular surfaces[J]. Geophysics，57（11）：1435-1443.

BERRYHILL J R，1979.Wave-equation datuming[J]. Geophysics，44（8）：1329-1344.

BERRYHILL J R, 1996.System and method of seismic shot-record migration[P].U S Patent 5.

BERRYMAN J G, 1989.Weighted least-squares criteria for seismic traveltime tomography[J]. IEEE Transactions on Geoscience and Remote Sensing, 27 (3): 302-309.

BEVC D, 1997.Flooding the topography: Wave equation datuming of land data with rugged acquisition topography[J]. Geophysics, 62 (1): 1586-1595.

BILLETTE F, LAMBARE G, 1998.Velocity macro-model estimation from seismic reflection data by stereo-tomography[J]. Geophysical Journal International, 135: 671-690.

BILLETTE F, Le BEGAT S, PODVIN P, et al., 2003. Practical aspects and applications of 2D stereo-tomography[J]. Geophysics, 68 (3): 1008-1021.

BIONDI B, ALMOMIN A, 2013.Tomographic full-waveform inversion (TFWI) by combining FWI and wave-equation migration velocity analysis[J]. The Leading Edge, 32 (9): 1074-1080.

BIONDI B, SYMES W W, 2004.Angle-domain common-imaging gathers for migration velocity analysis by wavefield continuation methods[J]. Geophysics, 69: 1283-1289.

BLEISTEIN N, 1984.Mathematical Methods for Wave Phenomena[M]. New York: Academic Press.

BLEISTEIN N, 1987.On the imaging of reflectors in the earth[J]. Geophysics, 52 (7): 931-942.

BREGMAN N D, BAILEY R C, CHAPMAN C H, 1989.Crosshole seismic tomography[J]. Geophysics, 54 (2): 200-215.

BUNKS C, SALECK F M, ZALESKI S, et al., 1995.Multiscale seismic waveform inversion[J]. Geophysics, 60 (5): 1457-1473.

CAUSSE E, URSIN B, 2000.Viscoacoustic reverse-time migration[J]. Journal of seismic Exploration, 9 (1): 165-184.

CERVENÝ V, 1983.Gaussian beams in two-dimensional elastic inhomogeneous media[J]. Geophysical Journal Royal Astronomical Society, 72: 417-433.

CERVENÝ V, 2001.Seismic ray theory[M]. Cambridge: Cambridge University Press: 189-192.

CERVENÝ V, KLIMES L, 1984.Paraxial ray approximations in the computation of seismic wavefields in inhomogeneous media[J]. Geophysical Journal International, 79 (1): 89-104.

CERVENÝ V, POPOV M M, PSENCIK I, 1982.Computation of wave fields in inhomogeneous media–Gaussian beam approach[J]. Geophysical Journal Royal Astronomical Society, 70: 109-128.

CERVENÝ V, SOARES J E P, 1992.Fresnel volume ray tracing[J]. Geophysics, 57 (7): 902-915.

CHALARD P, Le BÉGAT, BERTHET D, 2002.3D Stereotomographic inversion on a real dataset[C]//Annual SEG Meeting: 946-948.

CHANG W F, MCMECHAN G A, 1986.Reverse-time migration of offset vertical seismic profiling data using the excitation-time imaging condition[J]. Geophysics, 51 (1): 139–140.

CHANG W F, MCMECHAN G A, 1987.Elastic reverse time migration[J]. Geophysics, 52 (3): 243-256.

CHANG W F, MCMECHAN G A, 1989.3D acoustic reverse-time migration[J]. Geophysical Prospecting, 37 (3): 243-256.

CHANG W F, MCMECHAN G A, 1994.3D elastic pre-stack reverse-time depth migration[J]. Geophysics, 59 (4): 597-609.

CLAERBOUT J F, 1971.Toward a unified theory of reflector mapping[J]. Geophysics, 36 (3): 467-481.

CLAPP R G, 2009.Reverse time migration with random boundaries[C]//SEG, Expanded Abstracts: 2809-2813.

CLAPP R G, BIONDI B L, CLAERBOUT J F, 2004.Incorporating geologic information into reflection tomography[J]. Geophysics, 69 (2): 533-546.

CLAUDIO J, SCHMELZBACH C, GREENHALGH S, 2016.Frequency-dependent traveltime tomography using fat rays application to near-surface seismic imaging[J]. Journal of Applied Geophysics, 131 (4): 202-213.

CLAYTON R W, 1983.A tomography analysis of mantle heterogeneities from body wave traveltimes[J]. EOS Trans, AGU, 64: 776.

COHEN J, 1996.Analytic study of the effective parameters for determination of the NMO velocity function in transversely isotropic media[R]. Center for Wave Phenomena, Colorado School of Mines, CWP-191.

COLE S, KARRENBACH M, 1992.Least-squares Kirchhoff migration[R]. Stanford: Stanford Exploration Project Report.

COX M, 1999.Static corrections for seismic reflection surveys[M].Tulsa: Society of Exploration Geophysicists.

CRAWLEY S, BRANDSBERG-DAHL S, MCCLEAN J, et al., 2010.TTI reverse time migration using the pseudo-analytic method[J]. The Leading Edge, 29 (11): 1378-1384.

CUI D, HU Y, ZHANG Y, ZHANG C, et al., 2018.Near-surface velocity modeling using correlation-based first arrival traveltime tomography[C]//2018 SEG International Exposition and Annual Meeting. OnePetro.

CURTIS A, 2009.Source-Receiver Seismic Interferometry[C]//SEG Technical Program Expanded Abstracts, 28 (1): 3655.

CURTIS A, HALLIDAY D, 2010.Directional balancing for seismic and general wavefield interferometry[J]. Geophysics, 75 (1): SA1-SA14.

DAHLEN F A, HUNG S H, Nolet G, 2000.Fréchet kernels for finite-frequency traveltimes—I. Theory[J]. Geophysical Journal International, 141: 157-174.

DAI W, BOONYASIRIWAT C, SCHUSTER G T, 2010.3D Multi-source least-squares reverse time migration[C]//SEG Technical Program Expanded Abstracts: 3120-3124.

DAI W, SCHUSTER G T, 2013.Plane-wave Least-squares Reverse Time Migration[J]. Geophysics, 78 (4): 165.

DELLINGER J, MUIR F, 1988.Imaging reflections in elliptically anisotropic media[J]. Geophysics, 53 (12): 1616-1618.

DEREGOWSKI S M, 1990.Common-offset migration and velocity analysis[J]. First break, 8 (6): 225-234.

DEVANVEY A J, 1984.Geophysical diffraction tomography[J]. IEEE Transactions on Geosciences and Remote Sensing, GE-22 (1): 3-13.

DINES K A, LYTLE R J, 1979.Computerized geophysical tomography[J]. Proceedings of the IEEE, 67 (7): 1065-1073.

DIX C H, 1955.Seismic velocities from surface measurements[J]. Geophysics, 20 (1): 68-86.

DOHERTY S M, CLAERBOUT J F, 1974.Velocity analysis based on the wave equation[J]. Stanford Exploration Project Report, 1: 160-178.

DUMBSER M, KÄSER M, 2006. An arbitrary high-order discontinuous Galerkin method for elastic waves on unstructured meshes—Ⅱ. The three-dimensional isotropic case[J]. Geophysical Journal International, 167

(1): 319-336.

DUQUET B, MARFURT K J, DELLINGER J A, 2000.Kirchhoff modeling, inversion for reflectivity, and subsurface illumination[J]. Geophysics, 65 (4): 1195-1209.

DUVENECK E, BAKKER P M, 1986.Stable P-wave modeling for reverse-time migration in tilted TI media[J]. Geophysics, 51 (10): 1954-1966.

DUVENECK E, MILCIK P, BAKKER P M, et al., 2008.Acoustic VTI wave equations and their application for anisotropic reverse-time migration[C]//SEG Technical Program Expanded Abstracts, 27: 2186-2190.

DZIEWONSKI A M, 1984.Mapping the lower mantle-determination of lateral heterogeneity in P velocity up to degree and order [J]. Journal of Geophysical Research, 89: 5929-5952.

ETGEN J T, BRANDSBERG-DAHL S, 2009.The pseudo-analysis method: Application of pseudo-Laplacians to acoustic and acoustic anisotropic wave propagation[C]//SEG Technical Program Expanded Abstracts, 28: 2552-2556.

FEI T W, LUO Y, YANG J R, et al., 2015.Removing false images in reverse time migration: The concept of de-primary[J]. Geophysics, 80 (6): S237-S244.

FENG B, WU R S, WANG H, 2019.A generalized Rytov approximation for small scattering-angle wave propagation and strong perturbation media[J]. Geophys. J. Int, 219: 968-974.

FENG B, XU R, ZHANG C, et al., 2021.3D wave-equation first-arrival tomography using monochromatic traveltime sensitivity kernel[C]//First International Meeting for Applied Geoscience & Energy. Society of Exploration Geophysicists: 3375-3379.

FLETCHER R P, DU X, FOWLER P J, 2009.Reverse time migration in tilted transversely isotropic (TTI) media[J]. Geophysics, 74 (6): WCA179-WCA187.

FOMEL S, 2007.Shaping regularization in geophysical-estimation problems[J]. Geophysics, 72 (2): R29-R36.

FOWLER P J, 1997.A comparative overview of prestack time migration methods[C]//Expanded Abstracts of 67th SEG Meeting.

FOWLER P J, KING R, 2011.Modeling and reverse time migration of orthorhombic pseudo-acoustic P-waves[C]//Expanded Abstracts of 81st Annual International SEG Meeting: 190-195.

FRENCH W S, 1974.Two-dimensional and three-dimensional migration of model experiment reflection profiles[J]. Geophysics, 39 (3): 165-277.

GARDENER, G, WANG S, PAN N, et al., 1990.Dip moveout and prestack imaging. In Extended Abstracts, 18th Ann. Offshore Tech. Conf.: 75–84.

GAZDAG J, SGUAZZERO P, 1984. Interval velocity analysis by wave extrapolation[J]. Geophysical prospecting, 32 (3): 454-479.

GAZDAG J, 1978.Wave equation migration with the phases-shift, method[J]. Geophysics, 43 (7): 1342-1351.

GRANDJEAN G, SANDRINE S, 2004.JaTS: a fully portable seismic tomography software based on Fresnel wavepaths and a probabilistic reconstruction approach[J]. Computers & Geosciences, 30 (9): 925-935.

GRAY S H, 2005.Gaussian beam migration of common-shot records[J]. Geophysics, 70 (4): S71-S77.

GRAY S H, MARFURT K J, 1995.Migration from topography: Improving the near-surface image[J]. Canadian

Journal of Exploration Geophysics, 31（1）: 18-24.

GRECHKA V, ZHANG L, RECTOR Ⅲ J W, 2004.Shear waves in acoustic anisotropic media[J]. Geophysics, 69（2）: 576-582.

GUDDATI M N, HEIDARI A H, 2005.Migration with arbitrarily wide-angle wave equations[J]. Geophysics, 70（3）: S61-S70.

GUIRIGAY T A, BANCROFT J B, 2010.Converted wave processing in the EOM domain[R]. 2010 The GREWES Project Research Report.

GUITTON A, KAELIN A, BIONDI B, 2006.Least-square attenuation of reverse time migration artifacts [C]//76th Annual International Meeting, SEG, Expanded Abstracts: 2348-2352.

GUITTON A, SYMES W W, 2003.Robust inversion of seismic data using the Huber norm[J]. Geophysics, 68（4）: 1310-1319.

HAGEDOORN J G, 1954.A process of seismic reflection interpretation [J]. Geophysical Prospecting, 3: 85-127.

HALLIDAY D , CURTIS A, 2008.Seismic interferometry, surface waves and source distribution[J]. Geophysical Journal International: 1365.

HALLIDAY D, CURTIS A, 2010.An interferometric theory of source-receiver scattering and imaging[J]. Geophysics, 75（6）: 1190.

HARLAN W, 1990.Tomographic estimation of shear velocities from shallow cross-well seismic data[C]//60th Annual International Meeting, Society of Exploration Geophysicists, Expanded Abstracts: 86-89.

HELBIG K, 1983.Elliptical anisotropy-Its significance and meaning[J]. Geophysics, 48（7）: 825-832.

HILDEBRAND S T, 1987.Revers time depth migration: Impedance imaging condition[J]. Society of Exploration Geophysicists, 52（8）: 1060-1064.

HILL N R, 1990.Gaussian beam migration[J]. Geophysics, 5（11）: 1416-1428.

HILL N R, 2001.Prestack Gaussian-beam depth migration[J]. Geophysics, 66（4）: 1240-1250.

HOKSTAD K, 2000.Multicomponent Kirchhoff migration[J]. Geophysics, 65（3）: 861-873.

HOOP M, ROUSSEAU J, WU R S, 2000.Generalization of the phase-screen approximation for the scattering of acoustic waves[J]. Wave Motion, 31（1）: 43-70.

HU H, LIU Y, ZHENG Y, et al., 2016.Least-squares Gaussian beam migration[J]. Geophysics Journal of the Society of Exploration Geophysicists, 81（3）: S87-S100.

HU H, ZHENG Y, 2019.Data-driven dispersive surface-wave prediction and mode separation using high-resolution dispersion estimation[J]. Journal of Applied Geophysics, 171: 103867.

HU L, ZHENG X, DUAN Y, et al, 2019.First arrival picking with a U-net convolutional network[J]. Geophysics, 84（6）: 1-58.

HU W, 2016.An improved immersed boundary finite-difference method for seismic wave propagation modeling with arbitrary surface topography[J]. Geophysics, 81（6）: 311-322.

HU W, MARCINKOVICH C, 2012.A sensitivity controllable target-oriented tomography algorithm[M]. SEG Technical Program Expanded Abstracts 2012. Society of Exploration Geophysicists: 1-5.

HU Y, XU L, WANG C, et al., 2013.PSDM-oriented processing workflow for topographic PSDM in thrust belts[C]//SEG Technical Program Expanded Abstracts 2013. Society of Exploration Geophysicist: 4076-4079.

HUBRAL P, 1977.Time migration some theoretical aspects[J]. Geophysical Prospecting, 25 (5): 728–745.

HUSEN S, KISSLING E, 2001.Local earthquake tomography between rays and waves: fat ray tomography[J]. Physics of the earth and Planetary Interiors, 123 (2–4): 127–147.

KAUR H , PHAM N , FOMEL S, 2020.Improving the resolution of migrated images by approximating the inverse Hessian using deep learning[J]. Geophysics, 85 (4): WA173–WA183.

KESSLER D , RESHEF M , CRASE E D , et al., 1995.Depth processing: An example[J]. The Leading Edge, 14 (9): 949–953.

KOSLOFF D, ZACKHEM U I, KOREN Z, 1997.Subsurface velocity determination by grid tomography of depth migrated gathers[C]//SEG Technical Program Expanded Abstracts 1997. Society of Exploration Geophysicists: 1815–1818.

KUEHL H, SACCHI M D, 2001.Split-step WKBJ least-squares migration/inversion of incomplete data[C]//In 5th SEG international symposium imaging technology.

KUGLIN C D, HINES D C, 1975.The Phase Correlation Image Alignment Method[C]//Proceeding of IEEE Conference on Cybernetics and Society, New York: 163–165.

LAFOND C F, LEVANDER A R, 1993.Migration moveout analysis and depth focusing[J]. Geophysics, 58: 91–100.

LAILLY P, SANTOSA F, 1984.Migration methods: Partial but efficient solutions to the seismic inverse problem[J]. Inverse problems of acoustic and elastic waves, 51: 1387–1403.

LAMBARÉ G, ALEME R, BAINA R, et al., 2003.Stereo-tomography: a fast approach for velocity macro-model estimation[C]//Expanded Abstracts of the 73rd Annual Internet SEG Meeting: 2076–2079.

LAMBARÉ G, ALERINI M, PODVIN P, 2004.Stereo-tomography Picking in Practice[C]//Expanded Abstracts of 74th Annual Internet SEG Meeting: 2347–2350.

LAMBARÉ G, 2004.Stereotomography: Past, present and future[C]//SEG Annual Meeting.

LARNER K L, HATTON L, GIBSON B S, et al., 1981.Depth migration of imaged time sections[J]. Geophysics, 46 (5): 734–750.

LAVAUD B, BAINA R, LANDA E, 2004.Automatic robust velocity estimation by poststack stereotomography[C]//SEG Technical Program Expanded Abstracts, 23.1: 2586.

Le BÉGAT, PODVIN P, LAMBARE G, 2000.Application of 2D Stereo-tomography to marine seismic reflection data[C]//Expanded Abstracts of the 70th Annual Internet SEG Meeting: 2142–2145.

LEE W, ZHANG L, 1992.Residual shot profile migration[J]. Geophysics, 57: 815–822.

LEVIN S A, 1984.Principle of reverse-time migration[J]. Geophysics, 49 (5): 581–583.

LI E Y, DU Y, YANG J, et al., 2018.Elastic reverse time migration using acoustic propagators[J]. Geophysics, 83 (5): S399–S408.

LI M, HU Y, CAO H, et al., 2020. Application of discontinous-Galerkin-based acoustic FWI on land data from the mountainous ragion of strong surface topography variations in China [C]//SEG Technical Program Expanded Abstracts 2020.

LI Q, ZHOU H, ZHANG Q, et al., 2016.Efficient reverse time migration based on fractional Laplacian viscoacoustic wave equation[J]. Geophysical Journal International, 204 (1): 488–504.

LI X Y, YUAN J, 2001.Converted-wave imaging in inhomogeneous, anisotropic media-Part I-Parameter estimation[C]//63rd EAGE Conference and Exhibition.

LI X, BANCROFT J C, 1997.A new algorithm for converted wave pre-stack migration[R].The GREWES Project Research Report, 9, chapter 26.

LIU F, MORTON S A, JIANG S, et al., 2009.Decoupled wave equation for P and SV waves in an acoustic VTI media[C]//SEG Technical Program Expanded Abstracts, 28: 2844-2848.

LIU F, ZHANG G, MORTON S A, et al., 2011.An effective imaging condition for reverse-time migration using wavefield decomposition[J]. Geophysics, 76 (1): S29-S39.

LIU S, WANG H, 2011.An effective 3D Kirchhoff PSDM and MVA procedure from rugged topography[C]//EAGE Technical Program Expanded Abstracts, 2011, 378.

LIU Z, BLEISTEIN N, 1995.Migration velocity analysis: Theory and an iterative algorithm[J]. Geophysics, 60: 142-153.

LIU Z, BLEISTEIN N, 1992.Velocity analysis by residual moveout[C]//Expanded Abstracts of 62th Annual International SEG Meeting, : 1034-1036.

LIU Z, 1997.An analytical approach to migration velocity analysis[J]. Geophysics, 62: 1238- 1249.

LOEWENTHAL D, LU L, ROBERSON R, et al., 1976.The wave equation applied to migration[J]. Geophysical Prospecting, 24 (2): 380-399.

LOEWENTHAL D, MUFTI I R, 1983.Reverse time migration in the spatial frequency domain[J]. Geophysics, 48 (5): 627-635.

LUO Y, MA Y, WU Y, et al., 2016.Full-traveltime inversion[J].Geophysics: Journal of the Society of Exploration Geophysicists, 81 (5): R261-R274.

LUO Y, SCHUSTER G T, 1991.Wave-equation traveltime inversion[J]. Geophysics, 56 (5): 645-653.

LYAKHOVISKY F, NEVSKY M, 1996.The traveltime curves of reflected waves of a transversely isotropic medium[J]. Dokl. Akad. Nauk SSSR, 327-330(in Russian).

MACKAY S, ABMA R, 1992.Image and velocity estimation with depth-focusing analysis[J]. Geophysics, 57 (12): 1608-1622.

MASON I M, 1981.Algebraic reconstructions of a two-dimensional velocity inhomogeneity in the High-Hazels seam of Thoresby colliery[J]. Geophysics, 46 (3): 298-308.

MCMECHAN G A, 1983.Migration by extrapolation of time-dependent boundary values[J]. Geophysical prospecting, 31 (3): 413-420.

MCMECHAN G A, YEDLIN M J, 1981.Analysis of dispersive waves by wave field transformation[J]. Geophysics, 46 (6): 869.

MEADOWS M, ABRIEL W L, 1994.3-D poststack phase-shift migration in transversely isotropic media[C]//SEG Technical Program Expanded Abstracts, 13: 1205-1208.

MEADOWS M, COEN S, 1986.Exact inversion of plane-layered isotropic and anisotropic elastic media by the state-space approach[J]. Geophysics, 51 (11): 2031-2050.

MENG Z, BLEISTEIN N, WYATT K D, 1999.3-D analysis migration velocity analysis: Two-step velocity estimation by reflector-normal update[C]//Expanded Abstracts of 69th Annual International SEG Meeting: 1727-1730.

MEROUANE A, YILMAZ O, BAYSAL E, 2015.Random noise attenuation using 2-dimensional shearlet transform[C]//2015 SEG Annual Meeting. OnePetro.

MÉTIVIER L, BROSSIER R, MÉRIGOT Q, et al., 2016a. Measuring the misfit between seismograms using an optimal transport distance: Application to full waveform inversion[J]. Geophysical Supplements to the Monthly Notices of the Royal Astronomical Society, 205 (1): 345-377.

MÉTIVIER, L, VIRIEUX, et al., 2016b. An optimal transport approach for seismic tomography: application to 3D full waveform inversion[J]. Inverse Problems, 32 (11): 1-36.

MICHELENA R J, HARRIS J M, 1991.Tomographic traveltime inversion using natural pixels[J]. Geophysics, 56 (5): 635-644.

NAG S, ALERINI M, URSIN B, 2010.PP/PS anisotropic stereotomography[J]. Geophysical Journal International, 181 (1), 427-452.

NECKLUDOV D, BAINA R, LANDA E, 2006.Residual stereotomographic inversion[J]. Geophysics, 71(4): E35-E39.

NEMETH T, WU C, SCHUSTER G T, 1999.Least-squares migration of incomplete reflection data[J]. Geophysics, 64 (1), 208-221.

NGUYEN B D, MCMECHAN G A, 2015.Five ways to avoid storing source wavefield snapshots in 2D elastic prestack reverse time migration[J]. Geophysics, 80 (1): S1-S18.

NGUYEN S, NOBLE M, BAINA R, et al., 2003.Slope tomography assisted by migration of attributes[C]//65th EAGE Conference and Exhibition. European Association of Geoscientists & Engineers: cp-6-00434.

OSYPOV K, 1999.Refraction tomography without ray tracing[C]//SEG Technical Program Expanded Abstracts 1999. Society of Exploration Geophysicists: 1283-1286.

PARK C, MILLER R, XIA J, 1998. Imaging dispersion curves of surface waves on multi-channelrecord[C]// Technical Program with Biographies SEG, 68th Annual Meeting, New Orleans, LA.: 1377-1380

PESTANA R C, STOFFA P L, 2010.Time evolution of the wave equation using rapid expansion method[J]. Geophysics, 75 (4): T121-T131.

PESTANA R C, URSIN B, STOFFA P L, 2011.Separate P- and SV-wave equation for VTI media[C]//12th International Congress of the Brazilian Geophysical Society.

PLESSIX R E, MULDER W A, 2004.Frequency-domain finite-difference amplitude-preserving migration[J]. Geophysical Journal International, (3): 157.

POPOV M M, SEMTCHENOK N M, VERDEL A R, et al., 2008.Reverse time migration with Gaussian beams and velocity analysis applications[C]//Expanded Abstracts of 70th EAGE Conference and Exhibition: F048.

PRATT R G, 1999.Seismic waveform inversion in the frequency domain, Part 1: Theory and verification in a physical scale model[J]. Geophysics, 64 (3): 888.

PRATT R G, GERHARD R, SHIN C, et al., 1998.Gauss-Newton and full Newton methods in frequency-space seismic waveform inversion.[J]. Geophysical Journal International, 133 (2): 341-362.

PRIOLO E, SERIANI G. 1991. A numerical investigation of Chebyshev spectral element method for acoustic wave propagation[C]//Dublin: Proceedings of the 13th IMACS Conference on Comparative Applied Mathematics. Dublin: Ireland: 551-556.

RAJASEKARAN S, MCMECHAN G A, 1995.Prestack processing of land data with complex topography[J]. Geophysics, 60 (6): 1875-1886.

RAO Y, WANG Y, 2009.Fracture effects in seismic attenuation images reconstructed by waveform tomography[J]. Geophysics, 74 (4): R25-R34.

REGONE C J, RETHFORD G L, 1990.Identifying, quantifying, and suppressing backscattered seismic noise[J]. SEG Technical Program Expanded Abstracts 1990: 748-751.

REGONE C J, 1998.Suppression of coherent noise in 3-D seismology[J]. The Leading Edge, 17 (11): 1584-1589.

RIABINKIN L A, 1957.Fundamentals of resolving power of controlled directional reception (CDR) of seismic waves [C]//Slant-stack processing SEG. Society of Exploration of Geophysicists: 36-60.

RIEBER F, 1936.A new reflection system with controlled directional sensitivity[J]. Geophysics, 1 (1): 97-106.

RISTOW D, RUHL T, 1994.Fourier finite-difference migration[J]. Geophysics, 59 (12): 1882-1893.

RUDIN L I , OSHER S , FATEMI E, 1992.Nonlinear total variation based noise removal algorithms[J]. Physica D Nonlinear Phenomena, 60 (1-4): 259-268.

SAVA P, ALKHALIFAH T, 2015.Anisotropy signature in reverse-time migration extended images[J]. Geophysical Prospecting, 63 (2): 271-282.

SAVA P, FOMEL S, 2006.Time-shift imaging condition in seismic migration[J]. Geophysics, 71 (6), S209-S217.

SCHNEIDER W A, 1978.Integral formulation for migration in two and three dimensions[J]. Geophysics, 43(1): 49-76.

SCHNEIDER W A, 1971.Developments in seismic data processing and analysis[J]. Geophysics, 36 (6): 1043-1073.

SCHONEWILLE M A, DUIJNDAM A J W, 1998.Efficient nonuniform Fourier and Radon filtering and reconstruction[C]//SEG Technical Program Expanded Abstracts 1998. Society of Exploration Geophysicists: 1692-1695.

SCHUSTER G T , SNIEDER R , 2009.Seismic Interferometry[M]. Cambridge: Cambridge University Press.

SEMTCHENOK N M, POPOV M M, VERDEL A R, 2009.Gaussian beam tomography [C]//Expanded Abstracts of 71st EAGE Conference & Exhibition, U032.

SEMTCHENOK N M, POPOV M M, VERDEL A R, 2009.Gaussian beam tomography[C]//71st EAGE Conference and Exhibition incorporating SPE EUROPEC 2009. European Association of Geoscientists & Engineers: cp-127-00382.

SENA A G, TOLSOZ M N, 1993.Kirchhoff migration and velocity analysis for converted and nonconverted waves in anisotropic media[J]. Geophysics, 58 (2): 265-276.

SETHIAN J A, POPOVICI A M, 1999.3-D traveltime computation using the fast marching method[J]. Geophysics, 62 (4): 516-523.

SHEN P, ALBERTIN U, 2015.Up-down separation using Hilbert transformed source for causal imaging condition [C]//85th Annual International Meeting, SEG Technical Program Expanded Abstracts: 5634.

SHERIFF R E, GELDART L P, 1995.Exploration seismology[M]. Cambridge: Cambridge university press.

SHIN C, 2012.Laplace-domain full-waveform inversion of seismic data lacking low-frequency information[J]. Geophysics, 77 (5): 199-206.

SHIN C, CHA Y H, 2008.Waveform inversion in the Laplace domain[J]. Geophysical Journal International, 173 (3): 922-931.

SHIN C, HA W, 2008.A comparison between the behavior of objective functions for waveform inversion in the frequency and Laplace domains[J]. Geophysics, 73(5): VE119–VE133.

SHIN C, HO CHA Y, 2009.Waveform inversion in the Laplace—Fourier domain[J]. Geophysical Journal International, 177 (3): 1067-1079.

SINHA M , SCHUSTER G T , 2018.Interferometric Full-Waveform Inversion[J]. Geophysics, 84: 1-67.

SIRGUE L, PRATT R G, 2004.Efficient waveform inversion and imaging: A strategy for selecting temporal frequencies[J].Geophysics, 69 (1): 231-248.

STOFFA P L, FOKKEMA J T, DE LUNA FREIRE R M, et al., 1990.Split-step Fourier migration[J]. Geophysics, 55 (4): 410-421.

STOLT R H, 1978.Migration by Fourier transform[J]. Geophysics, 43 (1): 23-48.

STORK C, FLENTGE D, 2015.Using 2D ring arrays to remove back-scattered surface noise from land seismic data[C]//2015 SEG Annual Meeting. OnePetro.

STORK C, 2019.Global land seismic acquisition optimization by accounting for varying noise, obstacles, non-uniform placement costs, and signal[C]//SEG International Exposition and Annual Meeting. OnePetro.

STORK, C, 2020.How does the thin near surface of the earth produce 10-100 times more noise on land seismic data than on marine data?[J]. First Break, 38 (1): 67-75.

STORK C, 2017.Game Changing Seismic Noise Attenuation Is Possible with Irregular Acquisition[C]//SEG Technical Program Expanded Abstracts 2017.

SWORD C H, 1987.Tomographic determination of interval velocities from reflection seismic data: The method of controlled directional reception [D]. Palo Alto: Stanford University.

SYMES W W , Carazzone J J, 1991.Velocity inversion by differential semblance optimization[J]. Geophysics, 56 (5): 654.

SYMES W W, 2007.Reverse time migration with optimal checkpointing[J]. Geophysics, 72 (5): SM213-SM221.

SYMES W W, 2008.Migration velocity analysis and waveform inversion[J]. Geophysical prospecting, 56 (6): 765-790.

TARANTOLA A, 1984.Inversion of seismic reflection data in the acoustic approximation[J], Geophysics, 49 (8), 1259-1266.

TARANTOLA A, 1986.A strategy for nonlinear elastic inversion of seismic reflection data[J]. Geophysics, 51 (10): 1893-1903.

TARANTOLA A, 2005.Inverse problem theory and methods for model parameter estimation[M]. Society for industrial and applied mathematics.

THOMSEN L, 1986.Weak elastic anisotropy[J]. Geophysics, 51 (10): 1954-1966.

TRICKETT S, 2008.F-xy Cadzow noise suppression[C]//SEG Technical Program Expanded Abstracts 2008. Society of Exploration Geophysicists: 2586-2590.

TSVANKIN I, THOMSEN L, 1994.Nonhyperbolic reflection moveout in anisotropic media[J]. Geophysics, 59 (8): 1290–1304.

VASCO D W, MAJER E L, 1993.Wavepath traveltime tomography[J]. Geophysical Journal International, 115 (3): 1055-1069.

VASCO D W, PETERSON J J, MAJER E L, 1995.Beyond ray tomography: Wavepaths and Fresnel volumes[J]. Geophysics, 60 (6): 1790-1804.

WANG B, BRAILE L W, 1994.Stochastic view of damping and smoothing, and applications to seismic tomography[C]//SEG Technical Program Expanded Abstracts 1994. Society of Exploration Geophysicists: 1343-1346.

WANG B, WHEATON D, AUDEBERT F, 2006.Separation of focusing and positioning effects using wave equation based focusing analysis and post-stack modeling[C]//Expanded Abstracts of 76th Annual International SEG Meeting: 2445-2448.

WANG C, TSINGAS P, 2002.Converted-wave prestack imaging and velocity analysis by pseudo-offset migration[J]. First Break, 20 (11): 694-704.

WANG H, CHEN Y, 2021.Adaptive frequency-domain nonlocal means for seismic random noise attenuation[J]. Geophysics, 86 (2): V143-V152.

WANG H, LI W, ZHANG Y, et al., 2007.Beam ray gather stacking for attenuating non-coherent noises and PSTM from rugged topography[C]//SEG Technical Program Expanded Abstracts, 26: 2635-2639.

WANG S, BANCROFT J C, LAWTON D C, 1996.Converted-wave (P-SV) prestack migration and migration velocity analysis[C]//SEG Technical Program Expanded Abstracts: 1575-1578.

WANG W, LONG D P, 2005.Pseudo-offset migration: US, US6856911 B2[P].

WANG Y, ZHOU H, ZHAO X, et al., 2019.CuQ-RTM: A CUDA-based code package for stable and efficient Q-compensated RTM[J]. Geophysics, 84 (1): F1-F15.

WANG Y, ZHOU H, ZHAO X, et al., 2019.Q-compensated viscoelastic reverse time migration using mode-dependent adaptive stabilization scheme[J]. Geophysics, 84 (4): S301-S315.

WARNER M, GUASCH L, 2014.Adaptive waveform inversion-FWI without cycle skipping-theory[C]//76th EAGE Conference and Exhibition 2014. European Association of Geoscientists & Engineers, (1): 1-5.

WATANABE T, MATSUOKA T, ASHIDA Y, 1999.Seismic traveltime tomography using Fresnel volume approach[C]//69th Annual International Meeting, SEG Expanded Abstracts: 1402-1405.

WHITMORE N D, 1983.Iterative depth migration by backward time propagation[C]//SEG Technical Program Expanded Abstracts 1983. Society of Exploration Geophysicists: 382-385.

WIGGINS J W, 1984.Kirchhoff integral extrapolation and migration of nonplanar data[J]. Geophysics, 49 (8): 1239-1248.

WU Q, LI F, LI Z, 2013.Improved subsalt imaging of full azimuth data with tilted orthorhombic PSDM[C]//Expanded Abstracts of 83rd Annual International SEG Meeting: 3810-3814.

WU R S, De HOOP M V, 1996.Accuracy analysis of screen propagators for wave extrapolation using a thin-slab model[C]//SEG Technical Program Expanded Abstracts, 15: 419-422.

XU J, DONG S, CUI H, et al., 2018. Near-surface scattered waves enhancement with source-receiver interferometry NSW enhancement[J]. Geophysics, 83 (6): Q49-Q69.

XU S, ZHANG Y, HUANG T, 2006.Enhanced tomography resolution by a fat ray technique[C]//76th Annual International Meeting, Society of Exploration Geophysicists: 3354-3357.

XU S, ZHOU H, 2014.Accurate simulations of pure quasi-P-waves in complex anisotropic media[J]. Geophysics, 79 (6): T41-T48.

XUE H, LIU Y, 2017.VSP reverse time migration based on complex wavefield decomposition[C]//SEG 2017 Workshop: Carbonate Reservoir E&P Workshop, Chengdu, China, 22-24 October.

YAN L, LINES L R, 2001.Seismic imaging and velocity analysis for an Alberta Foothills seismic survey[J]. Geophysics, 66 (3): 721-732.

YANG F , MA J, 2019.Deep-learning inversion: a next generation seismic velocity-model building method: GeoScienceWorld, 10.1190/geo2018-0249.1[P].

YAO G, JAKUBOWICA H, 2012.Least-squares reverse-time migration[C]//SEG Technical Program Expanded Abstracts: 1-5.

YARHAM C, BOENIGER U, HERRMANN F, 2006.Curvelet-based ground roll removal[C]//2006 SEG Annual Meeting. OnePetro.

YARHAM C, HERRMANN F J, 2008.Bayesian ground-roll separation by curvelet-domain sparsity promotion[C]//78th Annual International Meeting, SEG, Expanded Abstracts: 2576-2580.

YILMAZ O, CLAERBOUT J F, 1980.Prestack partial migration[J]. Geophysics, 45 (6): 1753-1779.

YOON K, MARFURT K, 2006.Reverse-time migration using the Poynting vector[J]. Exploration Geophysics, 37 (1): 102-107.

ZELT C A, CHEN J X, 2016.Frequency-dependent traveltime tomography for near-surface seismic refraction data[J]. Geophysical Journal International, 207 (3): 72-88.

ZHAN G, PESTANA R C, STOFFA P L, 2011.An acoustic wave equation for pure P wave in 2D TTI media[C]//12th International Congress of the Brazilian Geophysical Society.

ZHAN G, PESTANA R C, STOFFA P L, 2013.An efficient hybrid pseudo-spectral/finite-difference scheme for solving the TTI pure P-wave equation[J]. Journal of Geophysics and Engineering, 10 (2): 025004.

ZHANG C, SUN B, YANG H, et al., 2016.A non-split perfectly matched layer absorbing boundary condition for the second-order wave equation modeling[J]. Journal of Seismic Exploration, 25 (6): 513-525.

ZHANG C, SUN B, MA J, et al., 2016.Splitting algorithms for the high-order compact finite-difference schemes in wave-equation modeling Splitting compact finite difference[J]. Geophysics, 81 (6): T295-T302.

ZHANG H, ZHANG Y, 2011.Reverse time migration in vertical and tilted orthorhombic media[C]//Expanded Abstracts of 81st Annual International SEG Meeting: 185-189.

ZHANG J, ZHAO B, ZHOU H-W, 2009.Fat ray tomography with optimal relaxation factor[C]//79th Annual International Meeting, SEG: 4044-4048.

ZHANG R, LI X, 2002.A new approach to velocity estimation and depth imaging of converted waves: Pseudo-offset migration[J]. Progress in Exploration Geophysics, 25 (4): 27-30.

ZHANG Y, ZHANG H, ZHANG G, 2011.A stable TTI reverse time migration and its implementation[J]. Geophysics, 76 (3): WA3-WA11.

ZHANG Y, ZHANG P, ZHANG H, 2010.Compensating for visco-acoustic effects in reverse-time migration[C]//SEG Technical Program Expanded Abstracts: 3160-3164.

ZHAO X, ZHOU H, WANG Y, et al., 2018.A stable approach for Q-compensated viscoelastic reverse time migration using excitation amplitude imaging condition[J]. Geophysics, 83 (5): S459-S476.

ZHAO Y, LIU Y, REN Z, 2014.Viscoacoustic prestack reverse time migration based on the optimal time-space domain high-order finite-difference method[J]. Applied Geophysics, 11（1): 50-62.

ZHENG Y, HU H, 2017.Nonlinear Signal Comparison and High-Resolution Measurement of Surface-Wave Dispersion[J]. Bulletin of the Seismological Society of America, 107（3): 1551-1556.

ZHOU H, 2003.Multiscale traveltime tomography[J]. Geophysics, 68（5): 1639-1649.

ZHOU H, ZHANG G, BLOOR R, 2006.An anisotropic acoustic wave equation for modeling and migration in 2D TTI media[C], SEG Technical Program Expanded Abstracts, 25: 194-198.

ZHOU H, ZHANG M K, WANG Y F, et al., 2020.Local cross-correlation imaging condition for reverse time migration[C]//90th SEG Annual Meeting, Expanded Abstracts: 3033-3036.

ZHU T, GRAY S H, WANG D, 2007.Prestack Gaussian-beam depth migration in anisotropic media[J]. Geophysics, 72（3): S133-S138.

ZHU T , HARRIS J M , BIONDI B, 2014.Q-compensated reverse-time migration[J]. Geophysics, 79（3): S77-S87.

ZHU X, ANGSTMAN B G, SIXTA D P, 1998.Overthrust imaging with tomo-datuming: A case study[J]. Geophysics, 63（1): 25-38.

附录 1　地震偏移成像理论和技术的发展脉络

1971 年，Claerbout 首次提出单程波波动方程有限差分偏移。

1971 年，Schneider 创立地震偏移的波动方程积分法。

1974 年，French 等发展地震偏移的波动方程积分法。

1974 年，李庆忠提出绕射波扫描叠加偏移技术（胜利油田地质处，1974）。

1976 年，Loewenthal 等提出“爆炸反射界面”的概念。

1977 年，Hubral 提出射线成像的概念。

1978 年，Stolt 和 Gazdag 等提出 $F\text{–}K$ 域波动方程偏移方法，即相移法偏移。

1978 年，Schneider 等提出克希霍夫积分偏移法。

1980 年，Yilmaz 和 Claerbout 建立双平方根算子偏移理论。

1981 年，Larner 等提出深度偏移方法。

1983 年，McMechan，Whitmore，Baysal 等几乎同时提出基于双程波方程的针对叠后资料的逆时偏移方法。

1983 年，马在田提出适应 65° 倾角的高阶波动方程分裂算法。

1984 年，Gazdag 和 Sguazzero 提出“相移 + 插值法”。

1984 年，Tarantola 等提出全波形反演概念。

1986 年，Chang 和 McMechan 实现了声波有限差分叠前逆时偏移，将逆时偏移由叠后偏移推进到叠前偏移，从而奠定了逆时偏移进一步发展的基础。

1987 年，Chang 和 McMechan 将声波逆时偏移推广到弹性波叠前逆时偏移。

1990 年，Hill 提出高斯束偏移。

1990 年，Stoffa 以相移法为基础提出裂步傅里叶偏移方法。

1991 年，李志明将无边界深度延拓算子进行了推广。

1992 年，Cole 和 Karrenbach 提出最小二乘克希霍夫偏移。

1994 年，Ristow 和 Ruhl 在裂步傅里叶方法的基础上提出傅里叶有限差分深度偏移成像方法。

1996 年，Wu 等提出相位屏偏移方法。

2000 年，Alkhalifah 提出垂直对称轴横向各向同性（VTI）介质的拟声波方程，为垂直对称轴横向各向同性介质的逆时偏移打下了基础。

2000 年，De Hoop 等提出广义屏算法。

2001 年，Kuehl 和 Sacchi 将最小二乘思想应用于单程波方程偏移方法。

2004 年，Plessix 和 Mulder 提出频率域的保真偏移方法。

2006 年，Sava 等提出时移成像原理，并用于提取逆时偏移角道集。

2010 年，Dai 等提出最小二乘逆时偏移。

2011 年，Fowler 和 King 提出正交各向异性拟声波逆时偏移。

2011 年，Zhang 和 Zhang 提出垂直和倾斜正交各向异性逆时偏移。

2014 年，Xu 和 Zhou 提出只有纯 P 波的倾斜对称轴横向各向同性（TTI）介质拟声波方程，克服了诸多从弹性波方程出发推导的各向异性拟声波方程用于逆时偏移的不足。

2014 年，Zhu 等提出 Q 补偿逆时偏移方法。

2015 年，Fei 等提出消除逆时偏移虚假同相轴的方法，用于改善盐丘等强反射界面的成像精度。

2016 年，Liu 等提出最小二乘高斯束偏移。

2020 年，Kaur 等提出基于深度学习的逆海森矩阵求解算法，用于改善偏移成像的空间分辨率。

附录 2　地震速度分析方法的发展脉络

1955 年，Dix 提出叠加速度分析方法。

1957 年，Riabinkin 提出并实施“控制方向接收法”，它是立体层析的起源。

1974 年，Doherty 和 Claerbout 提出深度聚焦分析（DFA）法。

1976 年，Aki 和 Lee 将层析成像引入地震领域。

1982 年，Červený 等率先将高斯射线束理论引入到地球物理学。

1984 年，Devanvey 提出绕射层析方法。

1984 年，Tarantola 提出全波形反演方法。

1989 年，Al-Yahya 提出剩余曲率偏移速度分析法。

1990 年，Deregowski 提出一种基于时间偏移域的共偏移距道集的速度模型修正方式，即 Deregowski 环速度分析方法。

1990 年，Harlan 等人首次利用井间透射波数据通过菲涅尔体层析获得井间储层的精细结构。

1991 年，Michelena 和 Harris 将定义实际射线路径的复杂空间函数近似为宽度和高度都是常数的方程，提出胖射线的概念。

1992 年，Červený 和 Soares 首次用旁轴近似法计算胖射线。

1995 年，Vasco 等提出基于准轴体射线近似的菲涅尔体旅行时层析成像方法，并成功地应用于井间旅行时层析成像。

1997 年，Kosloff 等提出使用网格层析解决深度模型无法确定的问题。

1998 年，Billette 和 Lambaré 把炮点、接收点的斜率和双程走时作为观测数据，提出一类斜率层析成像方法，称之为立体层析成像。

1998 年，Pratt 等提出基于高斯牛顿迭代的频率域全波形反演算法，并分析了梯度矩阵与海森矩阵的关系。

1999 年，Watanabe 等将胖射线层析应用于地震走时层析，用胖射线来代替射线表示波的传播。

1999 年，Osypov 利用 Herglotz-Wiechert 公式实现了一种不需要初始模型或者射线追踪的不同于常规走时层析反演的折射层析方法。

2000 年，Dahlen 等建立有限频层析成像理论。

2008 年，Popov 等提出高斯束层析方法。

2008 年，Shin 和 Cha 提出拉普拉斯域全波形反演方法。

2009 年，Semtchenok 等提出振幅约束的束层析技术，在旅行时信息基础上再加上振幅信息从而进一步提高射线层析的可靠性。

2010 年，Nag 等提出 PP/PS 各向异性立体层析成像方法。

2015 年，Diaz 和 Sava 提出基于逆时偏移背向散射原理的全波场层析方法。

2016 年，Luo 等提出全走时层析反演方法。

2016 年，Métivier 等提出基于最优传输理论的全波形反演方法，极大地提高了全波形反演的算法收敛性和稳定性。

2016 年，Warner 和 Guasch 提出自适应波形反演方法。

2019 年，Sinha 和 Schuster 提出干涉测量全波形反演方法。

2019 年，Yang 和 Ma 等提出基于深度域学习的速度建模方法。

附录 3　英文专业名词注译

ADCIGS：Angle Domain Common Image Gathers，角度域共成像点道集
ART：Adaptive Resonance Theory，自适应共振理论
Backscattered Wave：背向散射波
CCSP：Common Conversion Scatter Point，共转换点道集
CDR：Controlled Directional Reception，控制方向接收法
CFA：Common Reflection Point Velocity Analysis，共聚焦点速度分析
CIG：Common Image Gather，共成像点道集
CMP：Common Middle Point，共中心点
CRP：Common Reflection Point，共反射点
CRS：Common Reflection Surface，共反射面元
CT：Computerized Tomography，电子计算机断层扫描
CVI：Constrained Velocity Inversion，约束层速度反演
DFA：Depth Focus Velocity Analysis，深度聚焦分析
DG：Discontinuous Galerkin，间断伽辽金
DMO：Dip Moveout，倾角时差校正
DSO：Differential Semblance Optimization，微分相似优化
DSR：Double Square Root，双平方根
EOM：Equivalent Offset Migration，等效偏移距偏移
FFT：Fast Fourier Transformation，快速傅里叶变换
Final Datum：最终基准面
Floating Datum：浮动基准面
FWI：Full Waveform Inversion，全波形反演
Gauss-Beam：高斯束
Hessian：海森矩阵
HTI：Horizontal Transverse Isotropy，水平对称轴横向各向同性
Kirchhoff：克希霍夫
LS-PSDM：Least Squares Pre-Stack Depth Migration，最小二乘叠前深度偏移
LS-RTM：Least Squares Reverse Time Migration，最小二乘逆时深度偏移
LTI：Linear Traveltime Interpolation，线性走时插值
MNLSC：Multi-Channel Nonlinear Signal Comparison，多道非线性信号比较法
MZO：Migration to Zero Offset，偏移到零偏移距技术
NMO：Normal Moveout，动校正

POM：Pseudo Offset Migration，虚拟偏移距偏移
Prismatic Wave，棱柱波
PSDM：Pre-Stack Depth Migration，叠前深度偏移
PSI：Pre-Stack Imaging，叠前偏移成像
PSTM：Pre-Stack Time Migration，叠前时间偏移
QPSDM：Q Pre-Stack Depth Migration，*Q* 叠前深度偏移
QRTM：Q Reverse Time Migration，*Q* 逆时偏移
Radon Transform：拉东变换
RCA：Residual Curvature Analysis，剩余曲率分析
RFWI：Reflection Full-Waveform Inversion，反射波全波形反演
RTM：Reverse Time Migration，逆时偏移
TI：Transverse Isotropy，横向各向同性
Tikhonov Regularization：吉洪诺夫正则化
Tilted Orthorhombic Anisotropy：倾斜正交各向异性
Tomography：层析成像
Topography-Related Datum：地形相关平滑面
TTI：Tilted Transverse Isotropy，倾斜对称轴横向各向同性
Turning Wave：回折波
VTI：Vertical Transverse Isotropy，垂直对称轴横向各向同性
Zero-Velocity Layer：零速层